Standardized Planting Guide for Chinese Herbal Medicine with Chongqing Local Characteristics

重庆特色道地中药材 规范化种植指南

陈绍成　柯剑鸿　赵　欣　蒲盛才　刘　成　编著

重庆大学出版社

内容提要

本书根据重庆市中药资源状况及全国药材产销情况，对重庆109味道地中药材规范化种植进行了介绍，分为根及根茎类药材，皮类药材，茎木类药材，花、叶类药材，果实种子类药材，全草类药材，菌类药材等7章。并按来源、原植物形态、资源分布及生物学习性、规范化种植技术、采收加工、炮制、贮藏、产销情况、药材性状、商品规格、化学研究、药理作用、性味归经、功能主治、临床应用、用法用量、使用注意、综合利用和基地建设进行了系统研究和全面总结。

本书可作为中药材种植工具书，也可以作为各级管理部门指导中药材种植、质量控制和资源开发的指导用书和培训教材，同时也可供广大药学爱好者参考。

图书在版编目（CIP）数据

重庆特色道地中药材规范化种植指南 / 陈绍成等编著
. — 重庆：重庆大学出版社，2023.9
ISBN 978-7-5689-4170-9

Ⅰ . ①重… Ⅱ . ①陈… Ⅲ . ①药用植物—栽培技术—重庆—指南 Ⅳ . ①S567—62

中国版本图书馆CIP数据核字（2023）第177942号

重庆特色道地中药材规范化种植指南

陈绍成 等 编著

策划编辑：杨粮菊

责任编辑：陈 力 版式设计：杨粮菊

责任校对：刘志刚 责任印制：张 策

*

重庆大学出版社出版发行

出版人：陈晓阳

社址：重庆市沙坪坝区大学城西路21号

邮编：401331

电话：（023）88617190 88617185

传真：（023）88617186 88617166

网址：http://www.cqup.com.cn

邮箱：fxk@cqup.com.cn（营销中心）

全国新华书店经销

重庆升光电力印务有限公司印刷

*

开本：889mm×1 194mm 1/16 印张：32.25 字数：1022千

2023年9月第1版 2023年9月第1次印刷

ISBN 978-7-5689-4170-9 定价：398.00元

《重庆特色道地中药材规范化种植指南》
编辑委员会

顾　问

李隆云（重庆市中药研究院）

操复川（重庆市中医药行业协会）

总主编

陈绍成（重庆第二师范学院）

主　编

陈绍成（重庆第二师范学院）

柯剑鸿（重庆市农业科学院）

赵　欣（重庆第二师范学院）

蒲盛才（重庆市药物种植研究所）

刘　成（重庆第二师范学院）

副主编

杨成前（重庆市药物种植研究所）

袁　泉（重药控股股份有限公司）

陈永春（重庆市巫溪县农业农村委员会）

石燕红（上海中医药大学）

易东阳（重庆三峡医药高等专科学校）

陈大霞（重庆市中药研究院）

瞿显友（重庆市中药研究院）

李柏群（重庆大学附属三峡医院）

熊有明（重庆市食品药品检验检测研究院）

周贤文（重庆市开州区农业发展服务中心）

张　毅（重庆市食品药品检验检测研究院）

宋　丹（重庆市药品技术评审查验中心）

徐　冲（重庆市中医院）

唐中全（云阳县中医院）

任彦荣（重庆第二师范学院）

杨相波（中国中药控股有限公司）

编　委（以姓氏笔画排列）

王清刚（巫山县农业农村委员会）

文双全（巫山县农业农村委员会）

母　力（太极集团重庆涪陵制药有限公司）

全　健（重庆市药物种植研究所）

刘　翔（重庆市中药研究院）

刘　翔（重庆市万州区多种经营技术推广站）

杜伦静（重庆市农业科学院）

李筱姣（重庆市农业科学院）

杨　娟（重庆市药物种植研究所）

杨天健（重庆市药物种植研究所）

杨宗燊（国药集团上海同济堂药业有限公司）

吴叶宽（重庆第二师范学院）

余中莲（重庆市药物种植研究所）

宋宁宁（重庆市农业科学院）

张　利（重庆市开州区农业农村委员会）

张德伟（重庆市万州食品药品检验所）

陈义嘉（重庆市开州区农业发展服务中心）

明兴加（重庆市中药研究院）

周益权（重庆市中药研究院）

金　华（国药集团同济堂（贵州）制药有限公司）

胡世文（重庆第二师范学院）

夏清清（重庆第二师范学院）

郭　进（重庆市开州区农业农村委员会）

唐　鑫（重庆市农业科学院）

唐　谦（浙江省药品化妆品评审中心）

蒋万浪（重庆市食品药品检验检测研究院）

韩　风（重庆市药物种植研究所）

韩　亮（重庆市药物种植研究所）

雷美艳（重庆市药物种植研究所）

魏　培（重庆第二师范学院）

Standardized Planting Guide for Chinese Herbal Medicine with
Chongqing Local Characteristics

作者简介
ABOUT THE AUTHORS

陈绍成

重庆第二师范学院教授、主任药师，中国植物学会药用植物及植物药专业委员会委员，北大中文核心期刊医药类遴选评审专家库专家，重庆市及河北省人民政府科技成果评审专家库成员，博士后导师，三峡库区特色道地中药材重庆市野外科学观测研究站站长，重庆市食品药品安全教育研究会秘书长。先后在核心期刊发表学术论文80余篇；主编《长江三峡天然药用植物志》等专著5部；完成省、部级科研课题7项（其中获省部级科学技术进步一等奖一项、二等奖两项、三等奖一项）；完成市级高等教育教学改革重点项目3项；主编全国高等院校药学类专业规划教材1部；发表高等药学教育教学改革论文12篇；研制获批国家保健食品批文5个、医疗机构制剂注册批件和药用辅料注册批件13个。主要研究方向为中药材品质评价、种植适宜技术及天然产物的制剂研究。

柯剑鸿

研究员，博士生导师，重庆市农业科学院武陵山研究院院长。重庆英才创新领军人才，中华中医药学会中药资源学分会委员，国家中药材标准化与质量评估创新联盟专家、贵州、四川及河北省科技计划项目网络评审专家，重庆市标准化专家；长期从事中药材、甜糯玉米等特色资源植物研究。先后主持主研各类科研项目50余项；发表论文40多篇，著作4部；获省部奖5项；选育新品种、新品系53个，获专利3项、新品种权8项、标准6项。

作者简介/ABOUT THE AUTHORS

赵 欣

赵欣，理学博士，教授，正高级工程师，重庆市功能性食品协同创新中心主任，重庆市高校创新团队带头人，重庆市高等学校青年骨干教师，中国食品药品企业质量安全促进会区块链委员会专家委员，重庆市食品药品安全教育研究会常务理事，重庆市营养学会第四届理事会营养分析与保健食品专业委员会委员。发表学术论文100多篇，授权中国、韩国和澳大利亚专利14项，出版中英文专著8部、主持省部级科研项目8项。研究方向为药食两用中药材资源开发及功能性食品研究。

蒲盛才

蒲盛才，研究员、硕士生导师、国务院政府特殊津贴获得者。现任重庆市药物种植研究所道地药材规范化生产研究中心主任，国家科技奖励评审专家，国家现代服务业重点专项评审专家，国家中药材产业扶贫技术指导专家，重庆市科技计划项目评审专家，重庆市非主要农作物品种鉴定委员会药用植物专业委员会委员。全国卫生系统先进工作者，国家中医药管理局中医药科技管理优秀工作者。长期从事药用植物资源、栽培、良种选育、病虫害防治及产地初加工等研究工作。主持主研省部级项目13项，厅局级项目10余项。获省部级科技进步二等奖1项、三等奖6项，获重庆中医药科技成果奖等13项。主编参编专著6部、发表论文30余篇，获授权专利1项，鉴定中药材新品种1个。

刘 成

刘成，博士，三峡库区特色道地中药材重庆市野外科学观测研究站特聘研究员，国家三区科技人才，重庆第二师范学院高层次特聘岗位人才。曾任北大荒现代农业研发中心主任，药联集团中药材有限公司总经理。主要从事药用植物育种、栽培、连作障碍机制以及数字中药材绿色种植技术体系的研究。主持或参与国家、省部级科技攻关项目10余项，发表论文20余篇，开发微生态防控产品3个，制定种植技术标准2项，编写相关专著3部。

顾问简介

博士，研究员，重庆市中药良种选育与评价工程技术中心主任，国家中医药管理局中药生药学和中药鉴定学学术带头人，科技部优秀科技特派员，国家中药材产业技术体系重庆综合站负责人，重庆市学术技术带头人，市中药标准化专业委员会主任，市现代农业中药材产业技术体系牵头人。先后主持国家攻关、支撑计划、省市部级攻关项目等27项，获国家科技进步二等奖1项、省部级一等奖1项、省部级二等奖2项、省部级奖三等奖共2项。主编专著2部，参编6部，发表论文200余篇，专利20余项，培育出青蒿、金银花等新品种8个，获良种证书7个，制定重庆市地方标准36个。

李隆云

副主任中药师、国家药监局GMP、GAP资深认证专家、中国中药行业协会黄连专委会副主任、国家药监局《中药GAP标准（2018版征求意见稿）》起草组成员、国家新版《药品GMP指南（口服固体制剂）》审稿、全国中医药职业教育集团常务理事、重庆中药饮片专委会主任委员、重庆市中医药行业协会书记、秘书长。

操复川

Standardized Planting Guide for Chinese Herbal Medicine with
Chongqing Local Characteristics

序 言
PREFACE

重庆丰富的自然气候条件和生态环境特别适合各类药用植物生长，是国内少有的生物避难所和生物多样性基因库，境内有城口大巴山、巫山五里坡、巫溪阴条岭、开州雪宝山、南川金佛山和北碚缙云山等国家级自然生态保护区6个，其中巫山五里坡还属于世界自然遗产保护地，在全国乃至全世界中有一个区域能分布这么多的国家级自然生态保护区，实属罕见；区域内丰富的生态群落为中药材的生物多样性创造了良好的生存条件，特别适合中药材的种植。有些中药材通过人工种植已经形成了一套独特的种植加工方法，部分品种已成为享有全国盛誉的道地药材，成为当地政府调整工农业产业结构，指导乡村振兴的重要经济物种和可持续发展的重要产业，为当地经济发展做出了重大贡献，但还没有形成一套完整的可供种植示范作业的标准。编辑出版一部指导重庆中药材规范化种植的专业工具书十分必要和迫切。由陈绍成、蒲盛才等作者编著的《重庆特色道地中药材规范化种植指南》选择了区域内109味特色道地中药材，从物种来源、原植物形态、资源分布及生物学习性、规范化种植技术、质量标准和市场前景等方面进行了详细技术研究，该著作既是作者长期从事中药材资源开发及种植适宜技术研究的经验总结，也是一本全面指导重庆中药材规范种植的重要工具书，具有极高的技术应用推广价值。

《重庆特色道地中药材规范化种植指南》的出版有利于重庆市中药材种植技术的普及推广，有助于产业发展、乡村振兴，用实际行动模范践行了习近平总书记"把论文写在祖国的大地上"的殷殷嘱托；是充分发挥区域内中药种质资源优势，将绿水青山变为金山银山的具体体现，填补了重庆地区中药材规范化种植技术指导用书的空白；对实现中药材乡村振兴和产业可持续融合发展具有重要的现实指导意义；该著作既可作为各级农业农村委员会及有关单位指导中药材种植、质量控制和资源开发的指导用书和培训教材，也可作为广大药学爱好者了解重庆特色道地中药材种植的重要技术专著和科普读物。

本书的出版，是一件大好事，在一定程度上弥补了重庆在中药材种植方面的空白，针对性很强，因此乐为之作序。

国家中医药管理局原党组成员、副局长
中国中药协会原会长、中药专家委员会主任

2023年8月3日

Standardized Planting Guide for Chinese Herbal Medicine with
Chongqing Local Characteristics

前 言

FOREWORD

重庆是中国西部地区集大城市、大农村、大库区、大山区和民族自治地区于一体的直辖市，是长江上游地区的经济中心，一带一路的重要接点，辖26个区、8个县、4个自治县；204个街道、611个镇、193个乡、14个民族乡；人口3 200万余人。地跨东经105°11′～110°11′、北纬28°10′～32°13′之间的青藏高原与长江中下游平原的过渡地带，与湖北、湖南、贵州、四川、陕西接壤；东西长470 km，南北宽450 km，面积8.24万 km²。境内山高谷深，沟壑纵横，有大巴山，巫山，武陵山，大娄山等山脉，著名的长江三峡也在其境内。海拔高度73.1～2 796.8 m，高差达2 723.7 m。山地面积占76%，丘陵占22%，河谷平坝占2%。地势由南北向长江河谷逐级降低，西北部和中部以丘陵、低山为主，东北部靠大巴山、东南部靠武陵山山脉，坡地较多。境内属亚热带季风性湿润气候，冬暖春早，夏热秋凉，四季分明，无霜期长；空气湿润，降水丰沛；太阳辐射弱，日照时间短；多云雾，少霜雪；光温水同季，立体气候显著，气候资源丰富，年平均气温13.7～18.5 ℃，年平均降水量1 000～1 350 mm，年平均相对湿度70%～80%，年平均日照时数1 000～1 400 h，日照百分率仅为25%～35%，属中国年日照较少的地区之一。

重庆市境内有城口大巴山、巫山五里坡、巫溪阴条岭、开州雪宝山、南川金佛山、北碚缙云山等国家级的自然保护区6个，其中五里坡和金佛山还属于世界自然遗产地，丰富的自然气候条件和生态环境特别适合各类药用植物生长，是国内少有的生物避难所和生物多样性基因库。据记载，重庆有6 000多种各类植物，其中被称为植物"活化石"的桫椤、水杉、银杉、珙桐、荷叶铁线蕨等珍稀药用植物就有100余种；仅位于主城的缙云山，亚热带植物就达1 700多种，还存留着1.6亿年以前的"活化石"水杉及伯乐树、飞蛾树等世界罕见的珍稀植物；巫山五里坡有维管植物3 001种，其中种子植物2 790种、蕨类植物211种，并拥有水杉、银杏、珙桐、红豆杉、南方红豆杉等国家一级重点保护野生植物16种；巫溪阴条岭有植物1 500多种，代表性生态系统特征的国家珍稀濒危物一级保护植物珙桐、腊梅、红豆杉等15种；城口大巴山有植物3 481种，其中有银杉、独叶草等国家一级保护植物40余种；南川金佛山有植物5 880种，有银杏、大茶树等国家珍稀濒危植物52种；开州雪宝山有植物1 807种，有我国典型植被格局及生物多样性保护的世界极危物种崖柏等；江津四面山有1 500多种植物，其中国家重点保护植物47种；长江三峡地区有药用植物5 032种，珍稀濒危药用植物97种。这些植物中有部分属于重庆道地特色中药材，除野生外，少部分品种还大量引种进行人工栽培，作为政府调整工农业产业结构，指导乡村振兴的重要经济物种和可持续发展的重要产业。如黄连、独活、枳壳、青蒿、玄参、太白贝母、白术、金银花、川党参、天麻、厚朴、黄柏、杜仲、延胡索、紫菀、葛根等品种。但是部分品种种植不规范、品牌影响力不够、示范性不强、病虫害严重、产量不高，且多数品种是以提供原生态中药材资源和粗放型初级加工产品为主，经济效益低下。针对这种情况，编辑出版一部指导重庆中药材规范化种植的专业工具书十分必要和迫切，对此编写组在重庆市科技局"三峡库区特色道地中药材重庆市野外科学观测研究站"、重庆市教育委员会"基于产业扶贫的重庆前胡优质高效关键技术集成示范（KJZD-M201901601）"等项目的资金支持下，组织重庆第二师范学院、重庆市药物种植研究所、重庆市农业科学院、重庆市中药研究院、重庆市食品药品检验检测研究院、中国中药控股有限公司、重药控股集团股份有限公司、太极集团等相关单位的专家，教授，深入各区县农业林业管理部门和各级中药材种植专业合作社进行调研，并根据重庆市中药资源状况结合全国药材产销情况，选择了109个中药材作为全书研究对象，从物种来源、原植物形态、资源分布、生物学习性、规范化种植技术、质量标准和市场前景等方面进行了研究撰写。

《重庆特色道地中药材规范化种植指南》是在国家乡村振兴大背景下，加强区域内中药材资源的价值挖掘与开发利用，充分发挥区域内中药种质资源优势，加强成渝双城经济圈和长江三峡生态文明建设在中药方面的创新发展和具体行动；对形成独具区域特色的中药大农业产业链和新业态集群，实现乡村振兴和产业可持续融合发展具有重要的现实指导意义，填补了重庆地区中药材规范化种植技术指导用书的空白。该专著不但是中药材种植工具书，也可以作为各级农业农村委员会、林业林草局和药品监督管理部门指导中药材种植、质量控制和资源开发的指导用书和培训教材，是广大药学爱好者了解重庆特色道地中药材产业发展、品种选择、保健养生的活地图，还可作为医药卫生、生物医药、地方高等院校、中小学学生科学普及的参考书。

编著者

2022年12月

编辑说明

EDIT MEMO

1. 品种目录大类按照药用部位进行分类排列，每类再按照植物自然分类系统排列。

2. 药材原植物的科名、植物名、拉丁学名、药用部位及采收季节和产地初加工等，均属药材的来源范畴，药用部位一般系指已除去非药用部分的商品药材。

3. 同一名称有多种来源的药材，其原植物及药材性状有明显区别的均分别描述。先重点描述一种，其他仅分述其区别点。

4. 原植物描述均按照《中国植物志》记载描述，少数品种因产地环境变化，略有细微变动。

5. 原植物分布不仅限于重庆，主要是考虑读者对品种的资源分布有全面了解，有利于更好地科学规划种植。

6. 规范化种植技术大量采用了通俗易懂的平常语言，主要考虑广大药农的接受度，扩大指南的受众面。

7. 药材产地加工的干燥方法如下：①烘干、晒干、阴干均可的，用"干燥"；②不宜用较高温度烘干的，则用"晒干"或"低温干燥"（一般不超过60 ℃）；③烘干、晒干均不适宜的，用"阴干"或"晾干"；④少数药材需要短时间干燥，则用"暴晒"或"及时干燥"。

8. 药材的质量标准，按干品制定，"性状"系指药材的形状、大小、表面（色泽与特征）、质地、断面（折断面或切断面）及气味等特征。性状的观察方法主要用感官来进行，如眼看（较细小的可借助于放大镜或体视显微镜）、手摸、鼻闻、口尝等方法。显微鉴别系指用显微镜对药材和饮片的切片、粉末、解离组织或表面以及含有饮片粉末的制剂进行观察，并根据组织、细胞或内含物等特征进行相应鉴别。

9. 药材质量"检查"系指对药材的纯净度、有害或有毒物质进行的限量检查，包括水分、灰分、杂质、毒性成分、重金属及有害元素、二氧化硫残留、农药残留、黄曲霉毒素等。除另有规定外，水分通常不得过13%；药屑及杂质通常不得过3%；二氧化硫残留量不得过150 mg/kg；禁用农药，重金属及有害元素不得过定量限，具体每个品种质量标准及附录中均有说明。

10. 药材质量标准中所标注的通则，是根据国家药品标准《中华人民共和国药典》现行版附录明确指定的检验方法，如通则0832为水分测定法，通则2303为灰分测定法，通则2201为浸出物的测定法，通则0512为高效液相色谱法等，便于读者查阅，均在检测相应检测指标中标明。

Standardized Planting Guide for Chinese Herbal Medicine with
Chongqing Local Characteristics

目 录
CONTENTS

第一篇 | 总 论

重庆是国务院公布的第二批国家历史文化名城之一，巴渝文化的发祥地，距今已有3 000多年的历史，从先秦时期的巴国发展成为现代文明的长江上游地区经济中心和金融中心，西部大开发的重要战略支点，"一带一路"和长江经济带的联结点，内陆出口商品加工基地和扩大对外开放的先行区，中国重要的现代制造业基地，长江上游科研成果产业化基地，长江上游生态文明示范区，中西部地区发展循环经济示范区，国家高技术产业基地，长江上游航运中心，国家统筹城乡综合配套改革试验区，国家西部科学城聚集地，我国面积最大的直辖市；集大城市、大农村、大山区、大库区于一体，如何促进城乡区域协调发展，促进新型工业化和农业现代化同步发展，我们认为应结合我国大健康产业，调整农业产业结构，利用山区丰富特有的药用植物资源，大力发展生物医药产业，既可持续保障长江上游重要生态屏障，又可推动城乡自然资源资本加快增值，使重庆成为山清水秀美丽之地。

1　重庆市自然环境状况

1.1　地形地貌特征

重庆位于东经105°11′至110°11′、北纬28°10′至32°13′之间的青藏高原与长江中下游平原的过渡地带，地处北部大巴山、东部巫山—武陵山、南部大娄山、西部华蓥山的围合范围内，由数条大致平行的东西—西南走向的典型隔挡式背斜和盆缘山地构成基本地貌骨架。长江干流自西向东横贯全境，以长江干流为轴线，汇集上百条大小支流。地势沿河流、山脉起伏，形成南北高、中间低、从南北向河谷倾斜的地貌，构成以山地、丘陵为主的总体地形特征。在大地构造上，重庆分属川中褶带、川东褶带、川东南陷褶带和大巴山弧形断褶带4个单元。

1.1.1　地势起伏大，层状地貌分明

地势起伏大，层状地貌明显，市域东北部、东部、东南部和南部以低山、中山为主，大部分山地海拔在1 500 m以上，地势较高；中西部和西北部以海拔300～800 m的条形背斜山相间的丘陵和河谷平坝为主，地势相对低缓开阔。全市最低点在巫山县碚石村鱼溪口，海拔73.1 m；最高点为巫溪、巫山和湖北神农三县交界的阴条岭，海拔2 796.8 m，相对高差2 723.7 m。

1.1.2　地貌类型多样，以山地丘陵为主

地貌类型复杂多样，以山地、丘陵为主。全市地貌类型分为中山、低山、高丘陵、中丘陵、低丘陵、缓丘陵、台地、平坝等8大类。其中，山地面积为6.24万 km²，占全市总面积的76%；丘陵面积近1.499万 km²，占全市总面积的22%；河谷平坝面积1 976.14 km²，占全市总面积的2%。

1.1.3　地貌形态组合的地区分异明显

地质构造十分复杂，地貌形态组合的地区分异明显。华蓥山—巴岳山以西，包括潼南、大足、双桥全境，合川、铜梁西部和荣昌北部为丘陵地貌；华蓥山至方斗山之间，包括合川、铜梁、荣昌东部、永川、璧山、渝北、长寿、垫江、梁平、万州、丰都全部，开州、巫溪、奉节、巫山、丰都、忠县、涪陵、南川等县（市）的一部分为平行岭谷区；北部包括城口县全部、开州、巫溪大部，奉节、云阳的北部为大巴山中山山地；东部、东南部和南部属巫山大娄山山区。

1.1.4　喀斯特地貌分布广泛

重庆东部和东南部地区，喀斯特地貌大量集中分布，地下水和地表喀斯特形态发育较好。在北斜条形

山地中发育了渝东地区特有的喀斯特槽谷奇观。在东部和东南部的喀斯特山区分布着典型的石林、峰林、洼地、浅丘、落水洞、溶洞、暗河、峡谷等喀斯特景观。

1.2　气候特征

重庆市属于亚热带季风气候区。由于冬季受东北季风控制，夏季受西南气流影响，加之盆地周围山脉阻挡，地形复杂，江河纵横，植被分布不均等，形成了重庆独特的气候特征。有谚曰："春早老天常变脸，夏长酷热多伏天，秋晚绵绵多阴雨，冬暖尽是云雾天。"气候的主要特点表现在以下方面。

1.2.1　气温高于同纬度其他地区

重庆气候温和，属亚热带季风性湿润气候，是宜居城市，大部分地区的年平均气温为13.7～18.5 ℃，全年最高气温≥35 ℃的日数可达20～50 d，高于同纬度其他地区。受西太平洋副高压和青藏高压的影响，加之重庆南有云贵高原，东有巫山和武陵山，夏季偏南风越过盆周围山地产生焚风效应，加重了炎热程度，使长江、嘉陵江、乌江等河谷地带夏季多酷暑。

1.2.2　雨量充沛，分布不均

重庆市大部分地区的年降水日数为150～165 d，年平均降水量为1 000～1 350 mL，降水多集中在5—9月，占全年总降水量的70%左右。雨量地域差异较大，总体上呈现出自东部向西部、山地向平坝河谷逐渐减少的趋势。春季多夜雨，具有"巴山夜雨"的气候特色，年夜雨量占年总降水量的60%～70%。夏季盛行变性的热带海洋气团，是降水最多的季节，形成雨热同期的季风气候特征。秋季受大气环流和地形的影响，降水强度较小，历时较长，形成秋雨绵绵的气候特色。

1.2.3　日照少，云雾多

重庆市地处四川盆地且位于长江、嘉陵江交汇处，湿润少风。受工业污染和逆温层作用，重庆常年多雾，尤以冬春为甚，年平均雾日为70 d，雾日最多的年份达140 d以上，使重庆市多数地区年日照数比同纬度地区显著偏少，是中国日照最少城市之一，年平均日照时数仅为1 000～1 400 h，为可日照时数的25%～35%。7至8月略高，月均日照时数230 h。其他月份在150 h以下，全年日照时数较少的时段是冬季，可能出现全月无日照的极端现象。重庆亦有"雾都"之称。每年秋末至春初多雾，年均雾日为68 d。每逢雾日，满城云缠雾绕，大街小巷缥纱迷离，恍若仙境。

1.2.4　立体气候明显

重庆市因地势起伏大，山地众多，地形对气候的影响突出。在河谷地区，尽管夏季已是炎热的酷暑，但在大多数山地仍然十分凉爽，宛若春秋。大多数山地冬季均有积雪，相关资料显示，由于受特定自然环境和大气环流的影响，重庆市天气复杂多变，旱、涝、风、雹、高温、冷害、雾害、雪灾、泥石流和雷电灾害常有发生，尤以旱、涝、风、雹为甚。其中，干旱是重庆市的主要气象灾害，不仅频繁且危害严重，民间更有"三年一大旱，年年有小旱"之说。

1.3　水系水文特征

重庆地处长江流域上游，水系十分发达，大小支流均属长江水系，有长江、嘉陵江、乌江、綦江等36条入境河流，除北部城口县任河向西北流入汉水，东南部酉水向东流入沅江，西部濑溪河和大清河汇入沱江外，其余河流均在市域内流入长江。重庆流域面积大于3 000 km²的主要河流有：长江：长江自江津羊石镇入境，于巫山碚石出境，境内河长683.8 km。嘉陵江：嘉陵江在合川区古楼镇入境，在合川接纳渠江、涪江两大支流后于渝中区朝天门汇入长江，境内河长153.8 km。乌江：自酉阳土家族苗族自治县黑獭坝入境，经彭水和武隆，在涪陵城东汇入长江，境内河长219.5 km。乌江横切构造，峡多流急，被称为乌江"天险"。綦江：在綦江羊角镇入境，在江津顺江镇汇入长江，境内河长153 km。小江：发源于开州白泉乡青草坪，在云阳县附近注入长江。干流长117.5 km。大宁河：发源于巫溪县大圣庙，在巫山县城汇入长江，河长142.7 km。

该河形成了著名的大宁河小山峡，小小三峡等自然景观。御临河：在渝北区洛碛镇太洪岗注入长江。境内河长58.4 km。龙溪河：发源于梁平县天台乡，经垫江县，在长寿区注入长江。除了密集的河网外，重庆市拥有长寿湖、大洪湖、小南海、龙水湖、青龙湖、白石湖、双龙湖等大大小小的湖泊不计其数。

2　人文环境状况

重庆古称江州，以后又称巴郡、楚州、渝州、恭州。南北朝时，巴郡改为楚州。公元581年隋文帝改楚州为渝州，公元1189年，宋光宗先封恭王，后即帝位，自诩"双重喜庆"，升恭州为重庆府，重庆由此得名，距今已有800余年。巴渝文化是长江上游富有鲜明个性的民族文化之一。巴渝文化起源于巴文化，它是指巴族和巴国在历史的发展中形成的地域性文化。巴人一直生活在大山大川之中，大自然的熏陶、险恶的环境，练就了一种顽强、坚韧和剽悍的性格，因此巴人以勇猛、善战著称。大山大川铸就了重庆男儿热情似火而又坚韧豪迈，女儿柔情似水而又英气勃勃的性格。巴渝文化代表：川剧（变脸、喷火、巴剧、渝剧）、码头文化、川江号子、蜀绣、龙门阵、重庆方言、川菜等。

3　行政区划及人口状况

重庆市东临湖北省和湖南省，南接贵州省，西依北靠四川省，东北部与陕西省相连。辖区东西长470 km，南北宽450 km，辖区总面积8.24万 km²，为北京、天津、上海三市总面积的2.39倍，是中国面积最大的城市，其中主城区面积为647.78 km²；常住人口3 200余万人，下辖38个行政区县、611个镇、193个乡、14个民族乡，人口以汉族为主体，此外有土家族、苗族、回族、满族、彝族、壮族、布依族、蒙古族、藏族、白族、侗族、维吾尔族、朝鲜族、哈尼族、傣族、傈僳族、佤族、拉祜族、水族、纳西族、羌族、仡佬族等54个少数民族。少数民族总人口210.3万人（占全市人口6.5%）；主要为土家族（142.4万人，占全市人口5%，少数民族人口的72.2%）、苗族（约50.2万人，占全市人口的2%，少数民族人口的25.4%）等；少数民族较多的乡镇有45个，其中8个民族乡主要分布在黔江、彭水、酉阳、秀山、石柱等区县。

4　药用经济植物资源及研究情况

4.1　药用经济植物资源状况

重庆市处于我国东西及南北植物区系交错渗透的地带，同时该地区大部处于我国三大植物自然分布中心之一的"鄂西川东植物分布中心"，且第四纪冰川时期本地区所受侵袭程度较为轻微，湿润的气候，复杂的地形地貌，形成了重庆特有复杂多样的生态环境，有利于多种生物共存，生物资源种类多，具有明显的森林垂直分布、典型的生物群落适宜于众多野生动植物的发育和繁衍，动植物种类丰富；据不完全统计，全市有维管束植物296科1 900余属6 500余种，其中中药材种质资源5 832种，占全国药用动植物种类总数的48%；全国363种重点中药材品种，我市有306种，占84%；中药材资源储藏量163万t，仅次于川广云贵，名列全国前茅。其中既包括牡丹皮、黄连、款冬花、党参、木香、小茴香、青蒿、白芷、玄参等大宗中药材品种，也有荷叶铁线蕨、毛黄堇、朱砂莲、散血沙、胡豆莲、头顶一颗珠、水灵芝等民间珍稀草药品种。丰富的药用植物中有野生的天麻、竹节人参、党参、荷叶铁线蕨、毛黄堇、胡豆莲、朱砂莲等品种，也有引种并大规模人工种植的党参、黄连、太白贝母、独活、杜仲、川厚朴、川黄柏、玄参、白术、盾叶薯蓣、穿龙薯蓣、黄山药和五倍子等大宗品种；有本地栽培生产的牡丹、半夏、小茴香等品种，也有在21世纪加工成中成药的鱼腥草、金荞麦、金银花、四季青等品种。其中的牡丹皮、玄参、补骨脂、葛根、白芷、半夏、青蒿、何首乌、金银花、党参、云木香等品种已经实现了规模化人工种植。杜仲、金荞麦、厚朴、银杏、红花、红豆杉、野生灵芝、野生天麻、白及等国家级保护植物或世界级珍稀植物分布在重庆各中药材主产区县，渝东北地区还是我国药材南—北与东—西引种驯化的重要过渡地带，如月见草、鸡骨草、草珊瑚、淫羊藿、何首乌、绞股蓝、五味子、刺五加、山茱萸等。

4.2　药用经济植物资源研究情况

中华人民共和国成立以来，结合全国中药资源普查，重庆先后开展了4次大规模的中草药资源调查，在各次调查中，相关研究机构及各区县相关部门参与开展了全区域范围的中药资源调查。通过研究，各地基本掌握了本地区范围内的药用资源概况，部分地区编著了药用植物或经济植物名录，如万州地区卫生局编著的《万县中草药》、重庆市药物种植研究所编著的《金佛山经济动植物名录》，各区县地方志均对本地区的药用植物资源品种情况作了记载；通过几十年的研究积累，先后出版了《重庆市药用植物名录》《长江三峡天然药用植物志》等区域性专著，为系统研究本地区天然药物资源具有重大现实指导意义。随着中药产业的发展和对野生药材资源需求量的逐步增加，各种野生资源逐渐呈现出不能满足社会需求的趋势，部分资源逐步趋于枯竭，我市根据资源情况有目的地开展了野生药用植物资源的保护和可持续利用研究，如大规模对常用中药材，如黄连、川党参、黄精、山银花、青蒿、玄参、木香、枳壳、佛手、栀子等的人工栽培研究，通过研究对推动我市中药材野生变家种，减少对野生资源的破坏，为推动中药材种植产业发展起到了技术支撑作用；目前我市种植的黄连交易占世界的80%；党参、木香、独活、味牛膝、玄参等品种也影响着60%的全国市场。

5　药用经济植物种植情况

5.1　药用经济植物种植区域分布情况

中药材种植业是农业的重要组成部分，是我国也是我市中医药事业发展的基础，中药材消耗总量的70%以上来源于人工种植，重庆是我国重要的中药材产区，人工种植历史悠久，自家启动中药现代化发展战略以来，得到了前所未有的发展，区域布局如图1所示。其中属重庆道地药材且栽培面积较大的有35种，除主城及潼南和万盛外，重庆市各区县均有中药材种植，主要分布于石柱、丰都、巫山、巫溪、奉节、酉阳、秀山、江津、武隆、綦江、合川等20多个区县，并以渝东北和渝东南分布最为集中。其中，黄连、木香、牡丹皮、白术、枳壳、款冬花、党参、小茴香、天麻、半夏、青蒿、厚朴、黄柏、独活等为国家重点发展品种；金银花、银杏、吴茱萸、佛手、红豆杉、辛夷、前胡等20多个品种为市级重点发展品种。

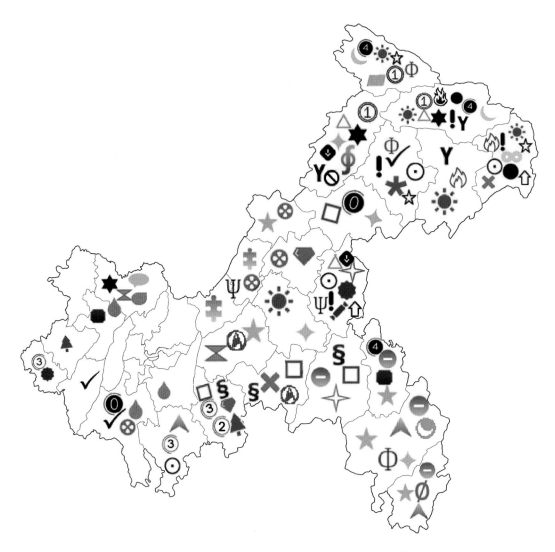

审图号：渝S（2023）085号

图1　重庆市中药材种植区域分布图

5.2　药用经济植物种植情况

重庆市药用植物资源十分丰富，大宗中药材品种达到200余种，常年收购的种类约400种，但其中实现规模化人工种植的仅有黄连、盾叶薯蓣、金银花、牡丹皮、玄参、补骨脂、葛根、天麻、白芷、白术、半夏、青蒿、何首乌、金银花、党参、云木香、栀子、吴茱萸、前胡等30余种，常年种植面积1.3万～1.7万 hm²，同时其他品种如小茴香、桔梗、使君子、大黄、芍药、白及、独活、款冬、防风、藁本、山药、乌头、升麻、川续断等近百种近年也有小范围的人工种植。在众多人工种植中药材中，以黄连、牡丹皮、前胡、金银花、白芷、青蒿、何首乌、玄参及白术等10余种的种植面积较大，种植技术较为成熟和规范，如牡丹皮、白术、黄连、白芷、款冬花、独活等品种已经完成了规范化栽培技术研究，并在产区开展了广泛的技术推广，取得了较好的社会经济效益。但其中的绝大多数种类的栽培还采用原始的方法，产量低而且经济效益低下，还需要开展深入的人工栽培技术研究和技术推广工作。经济动物还处于研究起步阶段，更没有形成规模化生产，只是对极少数的动物如麝香、鹿茸等药材进行人工繁殖科学研究。

进入21世纪以来，我市中药材产业发展规模、基地建设水平、区域化布局、生产组织模式、品牌影响力、市场化运营水平等方面取得了明显进展，据行业统计，我市中药材种植面积由21世纪初的20万亩左右，发展到目前的216万亩，约占全国中药材种植总面积的12%，产值近52.6亿元，综合产值接近480亿元。但产值不高、附加值低，仅占全市农业总产值的2.48%，远低于云南、贵州、四川的中药材种植业产值的218亿元、120亿元、122亿元，我市的产值仅为它们的24.1%、43.8%、43%，普遍以提供原料药材简单初级加工原料为主，并且原产地初加工水平也比较低，市场收购重庆原料药材的占有率也偏低，产业附加值最高的精深加工环节更低。全市中药材种植品种70余个，其中实现规模化种植的20余个，金银花、黄连、枳壳、玄参、独活、川党参、味牛膝等其产量和质量在全国名列前茅。随着中药材种植面积的逐渐扩大，区域化布局也合理展开。由渝东北和渝东南的主要种植区发展到渝西片区，中药材种植已逐步发展为山区的优势特色产业，成为我市农业增效、农民增收的重要途径。随着产业发展需求，中药材生产的组织化程度和产业化水平不断提升。医药工业龙头企业56家，规模普遍较小，产业集中度低。中药企业产值超亿元的企业极少，部分企业缺乏正确的市场定位，疲于应付市场变化，还有部分企业设备陈旧、管理落后、缺乏竞争和创新精神，产业空虚化严重，与东部和周边省份的中药企业相比，生产规模相差甚远，带动实力不强。大部分中药企业融资能力不强，虽然得到国家和市政府的大力支持，投入的资金远远不能满足中药企业新产品研发的需要，年销售收入超过10亿元的大型骨干中药企业1家，县级以上龙头企业240家，我市已成立中药材种植及销售专业合作社（公司）约500家；现有以中药材种植、中药饮片生产及销售为主业的规模以上龙头企业67家。建立万亩以上规模的中药材种植基地7处以上，通过中药材GAP（Good Agriculture Practice，良好农业规范）现场认证的有青蒿、山银花、独活、款冬花、黄连等10余个品种，"公司+基地+农户"和"合作社+基地+农户"正在成为我市中药材产业的主要发展模式。

5.3　中药产业发展存在的问题

随着人类保健意识增强、人口老龄化趋势加剧、药品消费结构变化、动植物及动植物产品生产安全门槛提高、自然生态环境恶化，中药材应用已从人类自身扩大到动植物的预防保健与治疗，中药材资源短缺与环境保护、中药材生产与市场需求的矛盾日益突出，中药材产业发展有着巨大的空间和潜力。目前，与快速增长的中医药战略需求和国内其他中药材产业发展强省相比，我市中药材产业发展仍存在一些突出问题。

一是基础设施投入少，生产条件差。国家和市对中药材基础设施建设缺乏专项投入，专业交易市场的仓储、晒场等配套设施简陋。二是种质资源家底不清，良种选育有待加强，中药材专业的专业科研机构仅2家。三是科技研发力量不足，支撑产业能力差，中药材生产的专业技术人员严重不足。四是技术服务体系不完善，多数科研成果侧重于基础研究或应用基础研究，科技成果转化率低。五是产业链条较短，产业化水平较低，大部分药材以原料和初级产品出售，精深加工程度较低，企业竞争力不强。六是市场宏观调控不足，产供销信息不畅，全市尚未建立规范统一的中药材市场供求信息平台，药农的种植、销售等存在很大盲目性。七是中药产业化水平低，尚未形成完备的产业结构，规范化程度仍较低，目前我市中药种植实现规模化、规范化种植的品种不多，多数中药材仍沿用传统栽培、农户自发分散种植，不注意因地制宜发展规模化种植，往往只重视产量，而忽略了质量，造成品质不稳定、农药残留和重金属超标等问题。种子种苗是药材生产的最基本、最重要的生产材料，优良的种子种苗是提高药材产量和质量的先决条件，但目前重庆市良种选育刚起步，如"渝葛1号""渝青1号""渝蕾1号"等新品种。八是缺乏统筹规划，生产盲目，常言道"药少了是宝，多了是草"。药材是一种特殊的商品，其有别于一般农作物，市场需求有限，对于农户比较容易掌握种植技术的品种，很容易形成一哄而上的"一窝蜂"现象。不经过科学规划和大数据统计，大面积种植会造成产量剧增，导致价格大幅度下降，损害了药农收益，同时还严重影响药材质量，致使市场贸易交易降低，部分中药材品种会不定期出现价格的大起大落现象。九是紧缺濒危中药材的人工栽培重视不足，缺乏资金支持，紧缺濒危中药材除了人为原因破坏比较严重外，多数还有其特殊的生物学特性，抗外界能力较差，如半夏倒苗、石斛附生、黄连根腐病、前胡病虫害等。其人工繁育极具挑战性，不仅周期长，且成本较高，由于重视不够或缺乏资金的持续支持，部分研究成果中途夭折。十是产业布局不合理，低水平重复建设造成过度竞争，产业集中度、关联度低，资源不能得到有效利用。十一是中药知识产权保护力度不够。目前，我国中药知识产权保护制度不健全，缺乏具体可操作规则，难以适用国际规则，因此造成中医药在国内拥有自主知识产权，但受到国际专利保护的不多，大多数中药产品难以申请到国际专利保护。同时，对国内中药产权保护力度不够，保护门槛低，由于不保护药品的多家生产，对企业投资新药的吸引力不大，从而造成中药企业专利市场转化率低，中药企业申请专利较少的现状。

5.4 中药材产业发展建议

5.4.1 强化中药材种质资源保护与利用

建立市级中药材资源保护与利用工程技术中心和市级药用植物种质资源库，搜集保存我市药用植物种质资源，建立种质资源鉴定与评价技术体系，以加强种质资源利用研究；在利用资源的同时注意资源保护和资源再生，采取隔年轮流采挖的方法，让药源有生息的机会；建设黄连、青蒿、牡丹皮、太白贝母、独活、川党参、川枳壳、川牛膝、川白芷、川续断、川厚朴、杜仲、巫山淫羊藿、乌天麻、补骨脂等种质资源圃，并在相应区域建立资源野生抚育区，以加强原产地保护。

5.4.2 加快中药材良种选育与引进

将传统育种方法和现代生物技术相结合，建立中药材育种技术体系，有重点地培育因品种退化和病虫害造成的道地中药材，如黄连、半夏等，加强中药材品种审定和知识产权保护，研究制订配套的良种繁育技术、种子种苗质量标准及相应的配套栽培技术，推进良种产业化。积极引进石斛、当归、浙贝母、大黄等中药材，开展人工种植和种性改良，并进行产业化生产及推广生产。

5.4.3 优化产品区域布局，做到一域一品和地理标志保护

加强对道地中药材产地的支持力度，打造品牌优势，申请地理标志进行产品保护，以保证特定质量、信誉或者其他特征。对已申请原产地产品保护的品种，如石柱黄连、巫溪独活、巫山党参等等要加强品牌培育和保护，同时积极引导垫江丹皮、酉阳青蒿、秀山山银花、开州木香等著名中药材产地申请中药材地理标志产品保护，给予相关的政策和资金支持，加大中药材种植基地的规模，形成规模效应、品牌效应。通过品牌提高产品的价值，较高的价格反过来又促进产品质量的保证，以此促进中药材的良性发展。渝东北片区主要发展太白贝母、独活、味牛膝、山楂、党参、款冬花、川黄柏、川厚朴、杜仲、前胡、藁本等；渝东南片区主要发展黄连、山银花、青蒿、川续断、银杏、白术、红豆杉等；渝西片区主要发展枳壳、栀子、佛手、吴茱

黄、使君子、百合、瓜蒌、花椒、柠檬、陈皮、木瓜、补骨脂等。

5.4.4　加强中药材科技示范园与规范化生产基地建设

依据产地适宜性原则，建立区域化种子种苗繁育基地。开展区域内等大宗道地中药材规范化种植技术研究，并制订相应的规范化生产标准操作规程，并逐步进行地理标志认证。

5.4.5　加强市场交易体系建设

积极扶持和提升重庆市解放西路国家级中药材市场的集散能力，培育区域性中药材交易市场，增强市场议价能力，通过相关政策和资金支持，发挥集聚和品牌效应，建成管理规范、服务一流的能辐射西南及全国的中药材交易市场，将有力地促进中药产业的整体发展。重点建设以石柱为主的黄连交易市场，以秀山为主的山银花交易市场，以巫山为主的川党参、巫山淫羊藿为主的交易市场，以巫溪为主的独活、款冬花为主的交易市场，以江津、云阳为主的枳壳、陈皮市场，加强基础设施和信息平台建设，建立健全物流网络，提升市场交易的现代化服务水平。

5.4.6　完善中药材质量监控技术体系建设，加强科技协同创新

以重庆市食品药品检验检测研究院、重庆市中药研究院、重庆市农业科学院等作为牵头单位，建立中药材质量检验检测中心，加强基础设施建设，提高质量检测技术水平，全面监控生产流通过程中的中药材的活性成分、重金属及农药残留变化，提升中药材质量标准，增强产品市场竞争力。加大科研协同创新，产学研合作引导，充分利用重庆科研机构和高等院校的优势，搭建中药创新平台，在科研院校和大型企业中建设一批国家和市级中医药重点研究室、重点实验室和中药工程技术研究中心。鼓励和支持产品深加工，引导中药生产企业对重点品种进行二次开发，进行深度研究开发，明确作用机理，提高质量标准，尽快形成一批具有自主知识产权、市场前景广阔的中药饮片精品和名优中成药。

5.4.7　推动中药材的深加工与综合开发

鼓励中药材加工企业引进先进设备，改进加工工艺，在规范化生产中药饮片、中成药等传统产品外，以药食两用中药材为重点，积极开展功能饮料为主的饮料、茶叶、功能性食品等延伸性产品研发；探索中药材非药用部位综合利用途径，加强中药材在中兽药、食品添加剂、饲料添加剂、化妆品等方面开发利用，培育5～10家产值过亿元的中药材精深加工龙头企业。

5.4.8　制定发展规划，统筹中药产业发展

通过加强中药产业发展的统筹规划，制定有利于中药产业发展的优惠政策，及早出台重庆市加快中医药事业发展方面的指导意见，引导重庆市中药产业迈向规模化、现代化、产业集群化，重庆中药产业一定会取得长足发展。

5.4.9　建立和推行中药产业循环经济模式

中药材生产应合理使用化肥和农药，减少资源的消耗和残留，倡导建设绿色中药材生产基地，从而减少随径流进入水体的氮、磷污染，防止耕地质量的退化。对于非药用部位的药用植物废弃物，秸秆可利用培育食用菌，栽培食用菌后的废渣可作为肥料进入药园，有效改善土壤结构；茎叶可收集并加以发酵处理，作为绿色肥料。此外，还应加强对药用植物非药用部位的成分开发研究，如将其作为提取物原料用于制药，或作为副食品、饲料等。制药企业应重点改进提取生产工艺，降低水、电、气和有机溶剂的消耗，排放的药渣、沉淀物等废弃物应尽量回收，用作生物肥料的原料，进入再循环。循环经济模式不但可以充分提高中药资源资源和能源的利用效率，最大限度地减少废物排放，切实转变过度消耗资源、不断恶化环境的传统产业生产方式，保护生态环境，而且在不同层面上将推动各个领域"产业共生""要素耦合""整体循环""综合利用"和"产业生态链"，实现社会、经济和环境的共赢，最终实现中药产业健康、可持续发展。

6 重庆市中药材产业发展规划设想

6.1 中药材产业在重庆地方经济发展中的地位

1997年前，重庆属四川省管辖，是西南地区出川的重要水道，中药材生产、商贸历史悠久，历代医学著作及各县地方志都记述了大量的重庆市道地药品品种和民间中草药品种。历来是"川药"集散、加工和出口的重要口岸，常年生产收购的地产药材350余种。2016年1月—2019年12月，重庆调整农业产业结构，将中药材种植纳入扶贫产业发展，全市产业扶贫项目19 454个，财政投入资金7.45亿元，带动贫困农户42万户，贫困人口产业增收3 369元。目前全市中药材扶贫产业面积71.46万亩，中药材种植产值52.6亿元，带动贫困人口91 097人，中药农业产业已成为重庆市推进农业农村战略性结构调整的重要产业，山区致富可持续发展不可缺失的产业。早在2000年"百万亩优质中药材产业化工程"就列入重庆市委市政府"十个农业产业化百万工程"，以渝东北和渝东南为主的多个区县已将中药材种植产业作为地方的支柱产业或重点产业来发展，对调整产业结构，实现城乡统筹发展和解决"三农"问题具有重要的战略作用。秀山金银花、石柱黄连、垫江牡丹皮、巫溪独活、巫山党参、奉节的湖北贝母等多个具有地方特色品种的种植、加工已成为山区脱贫致富的重要产业。重庆市启动了中药产业"重构提升"行动，并成立了"重庆市中药产业技术创新联盟"，延长产业链，进一步提升中药产业的技术创新能力，推动中药产业的跨越式发展。中药农业产业作为中药产业的重要组成部分，必将发挥重要作用。

6.2 指导思想

以党的二十大精神以及习近平总书记视察重庆重要讲话精神为指导，坚持安全、有效、稳定、可控理念，以市场需求为导向，以科技创新为驱动，以道地药材生产为重点，持续增加投入，改善生产条件，加强技术服务，强化质量控制，推进规范化种植、产业化经营，加快构建生产、加工、贸易一体化产业体系，推动全市中药材产业可持续健康发展。

6.3 基本原则

6.3.1 以市场需求为先导

紧跟中药材市场贸易变化，加强对中药材产业的宏观指导和信息化服务，优化调整产业结构和种植品种，协调中药材生产、加工、贸易、使用等产业链条中的各个环节，以保障供求关系基本平衡。

6.3.2 以科技创新为驱动力

加强中药材产业科技创新体系建设，提高协同创新能力，突出应用技术研究，强化良种选育和现代生产技术集成，支撑产业升级。通过建立中药创新体系和创新机制，加强中药研究开发支撑条件建设，整合科研力量，突破中药关键共性技术，建成中药现代化基础研究、应用开发及支撑条件平台，构筑重庆市中药创新体系。到2030年，建成重庆市新药研究中心、符合药品非临床研究质量管理规范实验室、符合药品临床研究质量管理规范的临床基地，承担起新药开发、中药药理、中药毒理、中药药效物质基础研究、药品临床研究的任务。建成中药现代化工程中心，承担起中药产业链条现代化关键技术的开发、集成和推广任务。

6.3.3 以可持续发展为动力

以资源保护为基础，突出地方特色，优化产业布局，提高资源可持续利用能力，在中药大健康产业上做长中药产业链，一是大力扶持中药保健食品的开发，培育新兴产业。目前全球范围对保健食品的关注和市场开发出现前所未有的热潮，保健食品以其独特功能具有广泛的市场前景，应充分利用丰富的中药材资源，采用现代科学技术，综合中医基础理论、营养学、食品工业学等多学科理论开发中药保健食品。二是大力扶持中药化妆品的研究开发，促进化妆品行业发展。据考证我国古代记载的美容方剂有1 000余种，涉及药物300余种，在我市资源均较丰富。现代研究充分表明了中药作为化妆品添加剂，具有良好的美容效果，在促进皮肤新陈代谢，增强肌肤免疫力，延缓皮肤衰老等方面疗效显著。目前国内以中药配方研制的化妆品日益增多，而重庆在这一领域的发展相对滞后。因此，重庆应加大力度开发出具有中药材特色的天然化妆品，促进化妆品行业发展。三是进行饮料添加剂、杀虫剂、果蔬保鲜等绿色环保产品的开发。

6.3.4　以产品质量保证为根本

以稳定、提高中药材质量为目标，构建生产加工质量监控技术体系，大力推行规范化生产和中药材GAP认证。中药材质量不稳定，严重影响中药产品的质量，我市多数中药沿用传统栽培、加工模式，不注意选择土壤，造成了农药、化肥残留量和重金属含量超标，不能保证产品的质量和中成药质量的稳定性、可控性。应按照《药用植物及制剂进出口绿色行业标准》，严格控制中药重金属、黄曲霉素、农药残留量、二氧化硫以及微生物含量，让我市标准与国际标准接轨，截至目前，我市只有巫溪县通过该标准认证，成为"绿色中药出口基地"（全国40家企业约100个品种取得认证）。

6.3.5　以产业规模规范化为前提

按照道地药材原产地进行布局的原则，建立健全中药产业化的GAP种植基地，按GAP（《中药材生产质量管理规范》）标准和《药用植物及制剂进出口绿色行业标准》规范生产，加快黄连、青蒿、红豆杉、党参、葛根、独活、天麻、佛手等特色中药材GAP规范化种植基地规划和建设，逐渐引导形成以巫溪、巫山、石柱等为中心的库区种植基地，以酉阳、秀山、黔江等为中心的渝东南种植基地，以合川等为中心的渝西北种植基地。培育壮大龙头企业，生产出符合绿色标准的药材，打造"绿色中药"国际品牌。进而扩大种植规模，延伸产业链条，实施品牌战略，提高产品市场竞争力，实现集约化经营，提高农民收入。

6.4　发展目标

预计到2028年，全市中药材种植面积达到600万亩，标准化、规范化基地200万亩，总产量达到200万t，种植业产值达到130亿元，综合产值达到1 000亿元，实现利税200亿元以上。做大做强黄连、太白贝母、湖北贝母、独活、前胡、川党参、川黄柏、川厚朴、川玄参、川白芷、川牛膝、川枳壳、川续断、黄精、栀子等渝产道地中药材大品种，注重大力发展药食两用中药材，建设中药材产业科技示范园3个，中药材规范化生产基地50个，种子种苗繁育基地5个，培育规模以上龙头企业20家。在现有市级中药材规范化种植工程技术中心、中药材良种选育工程技术中心的基础上，新建市级中药材资源保护与利用工程技术中心、中药材种子种苗繁育工程技术中心、中药材质量检验检测中心、中药材产地初加工工程技术中心等市级工程技术中心。建设市级药用植物种质资源库1个，选育符合《中华人民共和国药典》（现行版）标准要求的中药材良种20个以上，制定发布20种中药材生产技术规程，成立重庆市中医药学院1所。

6.5　区域布局

按品种分类指导原则，将全市重点区县区分为传统中药材成熟区、增长潜力区和现代示范区三类进行分类指导建设，打造"渝产绿色中药"品牌。发展成熟区包括石柱、秀山、酉阳、万州、开州、云阳等6个区县，稳定面积、提高仓储能力，加大后端产品研发；增长潜力区包括巫山、巫溪、城口、奉节等4个区县大力发展道地药食两用药材、企业需要的原料及加工药材；现代示范区包括渝北、南川、綦江等3个区县，以现代农业的方式发展黄精、栀子、百合、木瓜等品种；按照道地药材原产地进行布局的原则，形成一批规模中药材GAP种植基地：一是以三峡库区巫山、巫溪、城口、奉节、开州、万州、云阳等为主体的渝东北种植区；二是以石柱、秀山、酉阳等为主体的渝东南种植区；三是以南川、渝北、潼南等为中心的渝西种植区。各区县选择适合本地区种植的传统优势品种发展，如石柱黄连，奉节川牛膝，巫山党参，湖北贝母，巫溪太白贝母、独活、款冬花、杜仲、厚朴，城口天麻，南川黄精、栀子，开州延胡索、黄柏、厚朴，云阳乌天麻、山楂等。遵循"稳成熟、强成长、拓现代"的分类指导原则。

6.6 基地建设

在政府宏观指导下，遵循科技先行的原则，统筹规划，科学论证，推动"大企业""大品种""大基地"联动，支持优势企业并购重组，整合技术和品种资源，着力培育大企业；以大企业为主体，深度开发优势产品，培育大品种和知名品牌；由大企业带动，调整中药材种植结构，加大良种繁育和规范化生产技术研究，建设道地药材、大宗药材和濒危药材种植大基地。采取四种模式：即"政府（科技特派员）+药企（基地公司、合作社、农户）""药企+科技机构+基地公司（合作社、农户）""药企或公司（租赁土地）+科技机构""基地公司（合作社、农户）+科技机构"。并通过引入农业保险，多方合作建立共同抗风险能力的保障体系，以龙头企业带动、以协会带动、以市场带动、农场或庄园模式带动中药材建设，使基地建设健康稳定有序地发展壮大，建立起50万亩规范化优质药材生产基地。加快规范化栽培技术研究，在总结药农生产技术经验的基础上，对中药材栽培生产的各个环节进行科学研究，引进先进的农业模式化栽培技术，制订优质高产高效的栽培农艺措施最佳组合方案，革新传统粗放的中药材生产管理方式，提高道地药材的产量和质量。

药材基地的建设要根据区域社会经济及自然环境发展情况，防止药材基地的低水平重复建设，把重点放在特色上、优势上，充分考虑基地的道地性包括历史的道地性和生态的道地性，如渝东北地区垂直地带性将是制约三峡库区药材生产的生态决定因素，据此可将三峡库区分为以下3个区域：海拔高度800 m以上的广大中高山地区（主要分布于巫溪、巫山、奉节、石柱、武隆、云阳、秀山等县，著名药材有味连、川党参、独活、云木香、款冬花、金银花、华细辛、前胡、药用大黄、天麻、厚朴、杜仲、川黄柏、太白贝母、湖北麦冬、八角莲、七叶一枝花等）；海拔高度300～800 m的广大低山丘陵地区（主要分布于长寿、涪陵、丰都、开州、忠县、万州等区县，主要品种有延胡李、玄参、牡丹皮、白术、青蒿、地黄、南沙参、枳壳、佛手等）；海拔300 m以下的浅丘河谷地带（即三峡水库正常蓄水位及其邻近地区），可在优先发展粮农、蔬菜和渔业等前提下，适度发展果桑及药材等。最好是结合庭院生态绿化，发展吴茱萸、使君子、花椒、川楝子、小茴香等药材。

基地建设还要充分考虑药材的农药残留、重金属残留等造成的污染；同时也要有市场客户基础，基地的药材应该有稳定的流通去向，如涪陵地区及周围的县、乡药材生产就尽可能面向太极制药生产的需要；渝西片区主要面向希尔安药业、华森制药、桐君阁等企业；渝东片区主要面向四川天府药业等。

6.7 品种选择

我市主要中药材品种有35种，根据产业成熟度分为成熟品种、成长新兴品种、生态品种三类。

一是成熟品种。主要有黄连、川党参、木香、独活、川牛膝、大黄、天麻、小茴香、山银花、青蒿、玄参等，它们的特点是在全国占据优势，产销量比较稳定。主要任务是稳定领先地位，提高抗风险能力。同时，由于川党参、川牛膝、天麻等市场需要量大、价格稳定上涨，根据市场适度加快发展。二是成长新兴品种。包括药食两用品种、用量快速增加品种、企业订单原料药、新资源品种、野生变家种品种、引进提高品种和深加工品种等。主要品种有太白贝母、黄精、淫羊藿、前胡、白芷、百合、菊花、金荞麦、半夏等，逐步扩大规模，加大科技试验示范，开展商品生产，提高市场占有率。三是生态品种。渝东北、渝东南作为生态屏障区域，在不适宜土地开垦的区域（坡度大、土地贫瘠的区域），大力发展木本药材、木质藤本和宿根药材，减少水土流失，主要品种有栀子、厚朴、黄柏、杜仲等。

6.8 重点任务

一是中药产业规模化和规范化建设。以道地药材、道地产区为重点，连片集中打造300个，150万亩中药材商品基地，其中木本药材基地50万亩、规范化种植基地50万亩。二是良种繁育及新技术试验示范基地建设。建成良种繁育及新技术试验、示范基地5万亩，其中试验基地10个，示范基地20个。三是加工处理。建成300个初加工、仓储或电商示范基地。针对个别品种，尝试进行深加工，开发中药材旅游产品、健康食品等。四是产业融合。以药食两用和药用花卉品种为重点，依托风景名胜区、城市郊区建设一批具有中医药特色的休闲观光养生园，达到200个。

6.9　中药林农复合系统良性循环模式的运用示范

传统中药材生产多为单茬栽培，农业资源利用率低，加之目前正在实施的"退耕还林"政策，用地矛盾更加突出。因此，亟需从农业系统结构整体效益角度出发，研究和开发中药林农复合系统良性循环模式，以保证药材生产的相对稳定。组建我市区域药林农复合系统良性循环模式，根据区域生态立体气候特征，从生态系统工程与大农业开发角度，充分利用山区丰富的自然资源及药用植物的生态生物学特性，大力发展包括药材立体种植在内的现代生态农业经济，特别是要注意开发应用间作套种、带作混种、半野半家、人工抚育等药林农生产管理技术，筛选和推广最佳组合方案，从而丰富山区传统农林业生产结构，提高自然资源利用率，多快好省发展中草药材。如黄连是老式的"毁林栽连"，毁林重，产量低，目前结合了植树造林，推广"林连间作""林间栽连"；独活与洋芋、玉米等粮食作物套种等的科学栽培技术，天麻在保护生态植被的情况下采用仿野生栽培技术，这些新科学栽培技术的使用既能促进库区植被恢复和发展，增强山区生态系统的生产力和抗逆性，又能实现大农业开发移民与国土综合整治相结合。同时要采取"差别化竞争"，在生产上还应根据市场需求，抢先发展紧缺骨干栽培品种，继而开发独特疗效的民族医药。

6.10　保障措施

6.10.1　加强组织领导，强化日常监督和考评

各级政府应将中药种植产业作为农业发展的重要内容，制订出台扶持中药材种植产业发展优惠政策，认真做好中药材生产信息发布、市场调剂、质量监管等工作，切实发挥中药材生产对农业增效、农民增收的重要作用。建立由农业、发展改革、财政、科技、中医药管理、林业、畜牧等部门参加的产业发展协调推进机制，统筹推进产业发展规划的组织实施。农业部门要发挥主管部门职能，负责牵头协调，切实加强对中药材产业发展的指导和总体管理。发展改革、财政部门要加大基建资金和财政资金对中药材产业发展的支持力度，做好项目实施和资金监管工作。科技部门要努力改善中药材产业科技创新条件，加快推进科技项目成果转化。其他相关部门要根据各自职能范围，加强对中药材产业发展的支持力度。要建立健全中药材产业发展指标考核体系，并将考核结果纳入各主产区政府现代农业发展考核体系。市政府有关部门要制订全市中药材产业发展绩效考评办法，并将绩效考评结果作为市级选择扶持项目的重要依据。充分利用各种现代媒体，加大宣传与普及力度，形成发展中药材产业、支撑中医药事业、传承中医药优秀传统文化的共识，努力营造全社会关心支持中药材产业发展的良好氛围。

6.10.2　加大资金投入和政策扶持力度

建立以政府性资金为引导，企业投入为主体，社会资金广泛参与的投入机制，重点支持良种基地、示范园区基础设施建设、山丘区中药材扶贫开发等，为中药材产业发展提供资金保障。整合农业、林业、科技、卫生、商务等行业部门资金，在产业发展、科技研发方面集中投入，充分发挥资金规模效应。采用直接投资或以奖代补方式，对种质资源圃、野生抚育区、良种选育及引进、质量监控技术体系、中药材育苗基地、生产基地、科技示范园、加工企业等进行扶持。制定扶持产业发展优惠政策，实行生产资料补贴、农机具补贴等补贴制度。将中药材品种纳入重庆市种业发展规划扶持范围，给予资金扶持。探索将黄连、太白贝母、独活等中药材品种纳入政策性农业保险范围。完善信贷担保抵押模式和担保机制，出台对药材种植基地、加工企业及有关科研单位的信贷扶持政策。

6.10.3　建立健全中药材产业发展体系

完善"公司+基地+合作社""公司+农场（农户）"等模式，发挥龙头企业和专业合作社的引领带动作用，建立起风险共担、利益共享的合作机制，推动中药材产业稳定发展。提升中药材产业在农业公共服务中的地位，强化高等院校、科研单位、生产企业与广大药农的紧密合作关系，支持中药材专业合作社、专业服务公司、药农经纪人、龙头企业、家庭农场等提供多种形式的生产经营服务。鼓励并支持成立重庆市中药材种植销售行业协会，构建全市中药材组织管理体系。推进行业协会服务能力建设，加强与政府部门的沟通合作，及时传递政策动态，搭建交流协作和行业管理平台，充分发挥行业协会在技术支持、行业自律、营销网络等方面的积极作用。

6.10.4　加大品牌培育和交易平台建设

加大中药材GAP认证力度，从政策、资金等方面支持培育具有突出优势的知名品牌，打造重庆中药材品牌集群。建立出口产品生产，比如党参、独活、味牛膝、川续断等品种，品质优良，深受外商欢迎，今后应做好规划，与外贸部门密切配合，建立稳定的中药出口产品生产基地，充分发挥一带一路连接点优势，加强横向的经济联合，使产、供、销一条龙体系稳步发展。同时，在提高现有出口产品质量时，不断加强产品培育力度，争取多创优质出口产品，为农民增加收益，为国家多创外汇。举办重庆名优中药材交易博览会，为生产企业和药农搭建品牌展示、扩大交易的平台和渠道。引导企业参加全国中药材名优产品评选活动，大力推介优质中药材品牌，增强品牌的社会影响力。

6.10.5　加大科学技术协同创新和科技攻关

支持重庆市农业科学院、重庆市中药研究院、重庆市药物种植研究所、重庆第二师范学院等大专院校和科研机构，加强中药材良种工程和重大技术协同创新研究，构建中药材产业发展科技创新和资源共享平台。启动重庆市中药材产业技术体系建设，重点加强基础研究和生产关键技术研究，集中力量在良种培育、规范化生产技术、质量控制标准化体系建设、现代生产技术装备等方面取得突破，推动中药材产业升级改造。加快中药材品种的审（认）定工作，提高中药材良种覆盖率。

6.10.6　开发中草药资源时要注意环境污染

重庆属重工业生产基地，工业污染、生活污染、酸雨污染、农业污染均比较严重，对环境构成较大威胁。长江、乌江沿线城镇工矿企业较多，"三废"排放量大，处理处置能力较弱。在三斗坪坝址以上的库区，工业废水年排放总量达12亿t，生活废水年排入量3亿t，污染物达50种。大肠菌群、挥发性酚、COD、硫化物、氨氮、COD5、总汞等污染物在一些城市河段严重超标，给药材的生产，特别是出口国外增加困难；同时，在申办中药加工企业时充分考虑环境保护，不能造成环境污染，保持重庆山清水秀美丽之地。

6.10.7　建立健全基层中药种植技术推广网络

充分利用科研院所、高等院校的技术、人才优势创办科技型企业、建立科技示范点，开展科技承包和技术咨询服务，提高新技术、新成果的入户率和转化率。建立人才培养机制，充分利用泰山学者计划、引智计划等人才建设计划，培养一批在国内外有一定影响、比较优势明显的科技带头人和创新团队，引领全市中药材产业发展。作为药农群体，也要从中药农业创新发展和实现高产多收的角度，自觉进行知识更新和参加各类培训。虽然户传技术可以满足一般或单体的中药农业耕作，但无法满足大面积或群体的中药农业耕作，必须舍得时间和资金，合理掌握最新的中药农业生产技术，应加强对基层技术人员和生产大户的科技培训指导，将中药材生产管理培训纳入市人力资源和社会保障局培训范围，定期对中药材种植经营人员进行技术培训，将技术送到全市中药材种植户和经营户的家里。

第二篇 | 各 论

第一章 根及根茎类

1. 骨碎补

【来源】

本品为水龙骨科植物槲蕨*Drynaria fortunei*（Kunze）J. Sm.的干燥根茎。中药名：骨碎补；别名：崖姜、岩连姜、爬岩姜、肉碎补、石碎补、飞天鼠、牛飞龙、飞来风等。

【原植物形态】

通常附生岩石上，匍匐生长，或附生树干上，螺旋状攀援。根状茎直径1～2 cm，密被鳞片；鳞片斜升，盾状着生，长7～12 mm，宽0.8～1.5 mm，边缘有齿。叶二型，基生不育叶圆形，长（2～）5～9 cm，宽（2～）3～7 cm，基部心形，浅裂至叶片宽度的1/3，边缘全缘，黄绿色或枯棕色，厚干膜质，下面有疏短毛。

正常能育叶，叶柄长4～7（～13）cm，具明显的狭翅；叶片长20～45 cm，宽10～15（～20）cm，深羽裂到距叶轴2～5 mm处，裂片7～13对，互生，稍斜向上，披针形，长6～10 cm，宽（1.5～）2～3 cm，边缘有不明显的疏钝齿，顶端急尖或钝；叶脉两面均明显；叶干后纸质，仅上面中肋略有短毛。孢子囊群圆形，椭圆形，叶片下面全部分布，沿裂片中肋两侧各排列成2～4行，成熟时相邻2侧脉间有圆形孢子囊群1行，或幼时成1行长形的孢子囊群，混生有大量腺毛。

【资源分布及生物学习性】

产于江苏、安徽、江西、浙江、福建、台湾、海南、湖北、湖南、广东、广西、四川、重庆、贵州、云南。附生树干或石上，偶生于墙缝，海拔100～1 800 m。越南、老挝、柬埔寨、泰国北部、印度（阿萨姆）也有。模式标本采自我国香港。

槲蕨是一种典型的蕨类植物，可以产生孢子，长势旺盛，根状茎肥大，以贮藏丰富的营养物质，密生须根。槲蕨一般可作为树干附生植物，或裸石攀附的植物材料，槲蕨植株生命力旺盛，根状茎生长快，幼叶萌发迅速，易成活。温度：槲蕨产于热带温暖湿润的雨林中，一般附生在树干或林下岩石上。耐阴，喜湿热环境，低于12 ℃的低温会严重抑制生长甚至幼叶的萌发，生长适宜温度为25～32 ℃。湿度：相对湿度最低

50%，最佳湿度65%以上。光照：槲蕨对光照没有严格要求，耐阴蔽，但是适当强度的光照能促进植株生长。

【规范化种植技术】

1. 选地整地

槲蕨根状茎肥厚，贮藏有大量水分及营养物质，须根密集，吸水保水能力强，一般将其绑缚在树干或岩石上即可正常生长繁殖。此方法使植株的根系及根状茎完全裸露在空气中，最大限度地满足了气生根的需氧量，可以达到最佳的生长效果。

2. 繁殖方法

2.1　分株繁殖

分株繁殖是槲蕨最简易便捷的方式。具体方法是选取槲蕨健壮的根状茎，每20～30 cm截断作为一个繁殖条，繁殖条要保留健康正常的叶片，一般情况下，切口无需任何消毒处理。然后用铁线或其他东西直接将繁殖条绑缚在树干或岩石上即可，注意绑缚力度适中，松紧适度，待植株完全贴附在附主后可解开。

2.2　快速繁殖

适时采集足量、新鲜而成熟的槲蕨孢子，置4 ℃冰箱干燥保存，萌发力可保持两年以上，可随时播种。播种方法有土培法、水培法及组培法，最高效经济的方法是先期水培催萌、后期用土壤培养，组培法只适用于某些生理性研究，不适于生产实际。采用水培至土培法培养棚藏的最适环境条件是（25±2）℃、每天日光（2 000±300）lx光照14 h、环境相对湿度大于90%；发育节律是：5～7 d孢子萌发，2周左右发育成原丝体，约45 d原叶体始有成熟，两个月左右的受精率能达到13%～15%，若人工辅助受精，受精率可提高至75%，即1 dm²可产幼孢苗800株以上，培养3个月左右，可将幼孢苗分株复壮，复壮培养3个月后方可定植。孢苗复壮是提高定植成活率的关键环节，复壮基质以阔叶腐殖土为最佳，防止积水和空气干燥、避免高温，分株5 d后，给以约3 000 lx的散射日光光照。

3. 田间管理

3.1　日常管理

槲蕨属耐阴喜湿热植物，但荫蔽度不宜过低。适当强度的光照可促进叶片生长，植株健壮，同时可以使叶片颜色鲜艳。光照强度较弱，如连续阴天时，叶片颜色较深，反之则浅。当环境温度低于12 ℃时槲蕨的生长几乎处于停滞状态，甚至出现枯叶，此时可将枯叶直接剪掉，若低温持续时间较长，也可将所有叶片全部剪掉，以免浪费营养物质，待温度回升，新叶将会很快萌发。由于具有强大的根状茎及根系，环境相对湿度对栎叶槲蕨影响不大，但当植株同时萌发多个拳卷叶时，应保证环境相对湿度在65%以上，并注意及时补充根部水分。失水往往会造成严重的后果，刚伸展开的拳卷叶最幼嫩，如环境相对湿度过低，细胞极易失水，组织受损，严重影响叶片生长。

浇水方法为喷淋。初次绑缚植株后，每天早晚各喷淋少量水即可，直至植株的根系及根状茎完全贴附在附主上，这个过程需要2～3个月。绑缚在树干上的植株，其根状茎围绕树干一圈，形成一个圆环，最终整个植株可形成一个空中花篮的形状。

3.2　病虫害防治

3.2.1　槲蕨病害

发生较少，偶见褐斑病发生。感病后，应立即摘除病叶，并进行集中处理，以免病原进一步扩散。摘除病叶后，应立即用70%甲基托布津可湿性粉剂800～1 000倍液、70%甲基硫菌灵300～400倍液、或用50%多菌灵可湿性粉剂800～1 000倍液喷施，每5～7 d喷1次，连续2～3次，防治效果较好。

3.2.2 槲蕨主要虫害

主要虫害是蜗牛和红蜘蛛。蜗牛主要危害植株嫩叶。防治方法：将选用的栽培土壤以及烂树叶等用生石灰除虫，清洁栽培场所周围的沟渠并撒施生石灰，去除杂草，以减少蜗牛的发生；人工捕捉成贝和幼贝；撒施8%灭蜗灵颗粒剂或10%多聚乙醛颗粒剂。长期的环境干燥容易生长红蜘蛛。槲蕨受其危害后，叶片褪色，叶绿素受到破坏，表面出现密集的小黄点、小黄斑，并逐渐黄化，失去观赏价值。防治方法：红蜘蛛经常躲在枝条、叶片的背面或者叶片茂密的地方，拉网隐蔽，人工捕捉比较容易。如果用化学药剂防治，可用20%三氯杀螨醇乳剂800～1 000倍液喷洒，对成虫、若虫和虫卵都具有良好的杀伤作用。

4. 采收加工与贮藏

骨碎补全年可采，以冬末、春初所采为佳。鲜用者去净泥土，除去附叶即得。干用者除去杂质后晒干或蒸熟后晒干，用火燎去鳞片。

【药材质量标准】

【性状】本品呈扁平长条状，多弯曲，有分枝，长5～15 cm，宽1～15 cm，厚0.2～0.5 cm。表面密被深棕色至暗棕色的小鳞片，柔软如毛，经火燎者呈棕褐色或暗褐色，两侧及上表面均具突起或凹下的圆形叶痕，少数有叶柄残基和须根残留。体轻，质脆，易折断，断面红棕色，维管束呈黄色点状，排列成环。气微，味淡、涩。

【鉴别】（1）本品横切面：表皮细胞1列，外壁稍厚。鳞片基部着生于表皮凹陷处，由3～4列细胞组成；内含类棕红色色素。维管束周韧型，17～28个排列成环；各维管束外周有内皮层，可见凯氏点；木质部管胞类多角形。粉末棕褐色。鳞片碎片棕黄色或棕红色，体部细胞呈长条形或不规则形，直径13～86 μm，壁

稍弯曲或平直，边缘常有毛状物，两细胞并生，先端分离；柄部细胞形状不规则。基本组织细胞微木化，孔沟明显，直径37～101 μm。

（2）取本品粉末0.5 g，加甲醇30 mL，加热回流1 h，放冷，滤过，滤液蒸干，残渣加甲醇1 mL使溶解，作为供试品溶液。另取柚皮苷对照品，加甲醇制成每1 mL含0.5 mg的溶液，作为对照品溶液。照薄层色谱法（通则0502）试验，吸取上述两种溶液各4 μL，分别点于同一硅胶G薄层板上，以甲苯-乙酸乙酯-甲酸-水（1∶12∶2.5∶3）的上层溶液为展开剂，展开，取出，晾干，喷以三氯化铝试液，置紫外光灯（365 nm）下检视。供试品色谱中，在与对照品色谱相应的位置上，显

相同颜色的荧光斑点。

【检查】水分　不得过15.0%（通则0832第二法）。（通则均为《中国药典》现行版通则，余同）

总灰分　不得过8.0%（通则2302）。

【浸出物】按照醇溶性浸出物测定法（通则2201）项下的热浸法测定，用稀乙醇作溶剂，不得少于16.0%。

【含量测定】按照高效液相色谱法（通则0512）测定。

色谱条件与系统适用性试验 以十八烷基硅烷键合硅胶为填充剂；以甲醇-醋酸-水（35：4：65）为流动相；检测波长为283 nm，理论板数按柚皮苷峰计算应不低于3 000。

对照品溶液的制备 取柚皮苷对照品适量，精密称定，加甲醇制成每1 mL含柚皮苷60 mg的溶液，即得。

供试品溶液的制备 取本品粗粉约0.25 g，精密称定，置锥形瓶中，加甲醇30 mL，加热回流3 h，放冷，滤过，滤液置50 mL量瓶中，用少量甲醇分数次洗涤容器，洗液滤入同一量瓶中，加甲醇至刻度，摇匀，即得。

测定法 分别精密吸取对照品溶液与供试品溶液各10 μL，注入液相色谱仪，测定，即得。

本品按干燥品计算，含柚皮苷（$C_7H_{32}O_{14}$）不得少于0.50%。

【市场前景】

骨碎补作为常用中药，在民间有着广泛的药用经验和历史。对其化学成分和药理作用机制已经有广泛的研究。相信随着研究的不断深入，作为常用中药的骨碎补在未来的疾病治疗中将会有更好的应用前景。近年来国家监管越来越严格，药企对药材的要求从外观、杂质、含量上都有提高。而产区、品种、加工方式对骨碎补含量都有影响。含量差的货用量减少，优质货需求相对增加，流动加快。

2. 何首乌

【来源】

本品为蓼科植物何首乌*Polygonum multiflorum* Thunb.的干燥块根。秋、冬二季叶枯萎时采挖，削去两端，洗净，个大的切成块，干燥。中药名：何首乌；别名：首乌、地精、红内消、赤首乌、小独根等。

【原植物形态】

多年生草本。块根肥厚，长椭圆形，黑褐色。茎缠绕，长2～4 m，多分枝，具纵棱，无毛，微粗糙，下部木质化。叶卵形或长卵形，长3～7 cm，宽2～5 cm，顶端渐尖，基部心形或近心形，两面粗糙，边缘全缘；叶柄长1.5～3 cm；托叶鞘膜质，偏斜，无毛，长3～5 mm。花序圆锥状，顶生或腋生，长10～20 cm，分枝开展，具细纵棱，沿棱密被小突起；苞片三角状卵形，具小突起，顶端尖，每苞内具2～4花；花梗细弱，长2～3 mm，下部具关节，果时延长；花被5深裂，白色或淡绿色，花被片椭圆形，大小不相等，外面3片较大背部具翅，果时增大，花被果时外形近圆形，直径6～7 mm；雄蕊8，花丝下部较宽；花柱3，极短，柱头头状。瘦果卵形，具3棱，长2.5～3 mm，黑褐色，有光泽，包于宿存花被内。花期8—9月，果期9—10月。

【资源分布及生物学习性】

何首乌产陕西南部、甘肃南部、华东、华中、华南、四川、重庆、云南及贵州。生山谷灌丛、山坡林下、沟边石隙，海拔200～3 000 m。它喜欢温暖、湿润气候，其生长需要一定的积温与光照，土壤要保证养分充足，含水量适中、土壤疏松，保证其具有良好的通透性。何首乌种植最好选用半泥半沙土的地域种植，

但不喜黏土、粗沙、坚硬的岗地。何首乌不喜炎热与阳光直射。同时由于其前期生长缓慢、后期生长较快导致其生长期偏长。

【规范化种植技术】

1. 选地整地

选择疏松、排水良好的地块种植。种植前，深翻30 cm，结合耕翻，每亩施入腐熟厩肥或堆肥2 500 kg，加过磷酸钙50 kg，翻入土中作基肥，于播前再浅耕15 cm，整平耙细后，作宽1.3 m的高畦，畦沟宽40 cm，四周开好排水沟。

2. 繁殖方法

2.1 种子播种繁殖

播种期4月上旬。播前作好苗床，按行距20 cm开沟条播，沟深3～5 cm，将种子均匀撒于沟内，薄覆细土，以盖没种子为度，略加填压，盖上柴草一层，再淋透水。播后保持土壤湿润，10～20 d出苗。待出苗后，2～3 d浇水一次。这时要及时撤除盖草，在保持畦土湿润的同时要注意拔除杂草。苗高10～13 cm即可定植。每亩用种量1～1.5 kg。

2.2 扦插繁殖

主要以扦插繁殖为主，每年春季3—4月种植，将生长2年的枝条，截成30 cm长，按枝条头朝上插进垅里，然后用土把条全部封完，种植何首乌以扶垄为主，垅距60 cm。种植后温度若达到15 ℃，15 d左右就可以出苗。

2.3 根茎繁殖

每年8—9月或2—3月采挖何首乌块根，收获时，选带根茎的小块根种植，或将大块根分切几块，栽种在疏松肥沃、排水良好的地块，播种后必须浇定根水1次，出苗后则正常管理。以上繁殖方法，均按行距40 cm、株距33 cm定植，每穴栽苗1～2株。

2.4 组织培养

研究表明，适宜何首乌外植体消毒灭菌的方法为0.1%HgCl₂浸泡处理8 min；适宜不定芽诱导的初代培养基为MS+6-BA1.0 mg/L+NAA0.05 mg/L，腋芽萌发率达96.7%；适宜的继代增殖培养基为MS+TDZ2.0 mg/L+NAA0.05 mg/L，增殖系数为5.68，植株健壮；无菌苗的单芽茎段以浸没间歇式培养（TIBs）增殖系统效果最佳；适宜的生根培养基为1/2MS+NAA0.01 mg/L，生根率达91.33%。

3. 田间管理

3.1 中耕除草

出苗后，开始中耕除草，以后每个月除草1次，封行后停止除草。

3.2 追肥

移栽后，于翌年春、冬季各追肥1次，每亩追施腐熟圈肥1 000～1 500 kg，开沟施入行间，施后培土。

3.3 灌溉和排水

遇涝排水，遇旱灌溉。

3.4 设支架

苗高10 cm时，设立支架，引导茎蔓攀援生长，每株只留1个藤蔓，剪去分蘖苗、分蘖藤，只留33 cm以上的分枝。

3.5 病虫害防治

3.5.1 根腐病

发病初期，近地面的侧根和须根部分变黑褐色腐烂。

防治方法：用50%的甲基硫菌灵可湿性粉剂2 000倍液淋根，每隔7～10 d喷1次，连续浇淋2～3次。

3.5.2 叶斑病

为害叶片。病叶出现枯死病斑，后期病斑生有小黑点。

防治方法：发病初期，用50%的多菌灵可湿性粉剂1 000倍液喷雾防治。

3.5.3 蚜虫

为害嫩梢及嫩叶。

防治方法：喷50%杀螟松1 000～2 000倍液，每7～10 d喷1次，连续4次。

4. 采收加工与贮藏

何首乌是一种多年生的草本植物，移栽后3～4年收获。当秋后叶片枯黄后采挖。采挖时，先除去藤蔓，挖出块根，抖去泥土。将小块何首乌与其芦头埋入土中，保持湿润，留待明年进行收获。加工时，将收获的何首乌洗净，大块的切成1.5 cm厚的薄片，小的不切，晒干即成商品。藤蔓（夜交藤），于每年秋季收割1次，捆成小把晒干，即成商品。何首乌质量以体重、质坚实、粉性足者为佳。夜交藤质量以粗细均匀、表皮紫红色者为佳。置干燥处，防蛀。

【药材质量标准】

【性状】本品呈团块状或不规则纺锤形，长6～15 cm。直径4～12 cm。表面红棕色或红褐色，皱缩不平，有浅沟，并有横长皮孔样突起和细根痕。体重，质坚实，不易折断，断面浅黄棕色或浅红棕色，显粉性，皮部有4～11个类圆形异型维管束环列，形成云锦状花纹，中央木部较大，有的呈木心。气微，味微苦而甘涩。

【鉴别】（1）本品横切面：木栓层为数列细胞，充满棕色物。韧皮部较宽，散有类圆形异型维管束4～11个，为外韧型，导管稀少。根的中央形成层成环；木质部导管较少，周围有管胞和少数木纤维。薄壁细胞含草酸钙簇晶和淀粉粒。粉末黄棕色。淀粉粒单粒类圆形，直径4～50 μm，脐点人字形、星状或三叉状，大粒者隐约可见层纹；复粒由2～9分粒组成。草酸钙簇晶直径10～80（160）μm，偶见簇晶与较大的方形结晶合生。棕色细胞类圆形或椭圆形，壁稍厚，胞腔内充满淡黄棕色、棕色或红棕色物质，并含淀粉粒。

具缘纹孔导管直径17～178 μm。棕色块散在，形状、大小及颜色深浅不一。

（2）取本品粉末0.25 g，加乙醇50 mL，加热回流1 h，滤过，滤液浓缩至3 mL，作为供试品溶液。另取何首乌对照药材0.25 g，同法制成对照药材溶液。照薄层色谱法（通则0502）试验，吸取上述两种溶液各2 μL，分别点于同一以羧甲基纤维素钠为黏合剂的硅胶H薄层板上使成条状，以三氯甲烷-甲醇（7：3）为展开剂，展至约3.5 cm，取出，晾干，再以三氯甲烷-甲醇（20 mL）为展开剂，展至约7 cm，取出，晾干，置紫外光灯（365 nm）下检视。供试品色谱中，在与对照药材色谱相应的位置上，显相同颜色的荧光斑点。

【检查】水分　不得过10.0%（通则0832第二法）。

总灰分　不得过5.0%（通则2302）。

【含量测定】二苯乙烯苷　避光操作。照高效液相色谱法（通则0512）测定。

色谱条件与系统适用性试验　以十八烷基硅烷键合硅胶为填充剂；以乙腈-水（25∶75）为流动相；检测波长为320 nm。理论板数按2，3，5，4'-四羟基二苯乙烯-2-O-β-D-葡萄糖苷峰计算应不低于2 000。

对照品溶液的制备　取2，3，5，4'-四羟基二苯乙烯-2-O-β-D-葡萄糖苷对照品适量，精密称定，加稀乙醇制成每1 mL含0.2 mg的溶液，即得。

供试品溶液的制备　取本品粉末（过四号筛）约0.2 g，精密称定，置具塞锥形瓶中，精密加入稀乙醇25 mL，称定重量，加热回流30 min，放冷，再称定重量，用稀乙醇补足减失的重量，摇匀，静置，上清液滤过，取续滤液，即得。

测定法　分别精密吸取对照品溶液与供试品溶液各10 μL，注入液相色谱仪，测定，即得。

本品按干燥品计算，含2，3，5，4'-四羟基二苯乙烯-2-O-β-D-葡萄糖苷（$C_{20}H_{22}O_9$）不得少于1.0%。

结合蒽醌按照高效液相色谱法（通则0512）测定。

色谱条件与系统适用性试验　以十八烷基硅烷键合硅胶为填充剂；以甲醇-0.1%磷酸溶液（80∶20）为流动相；检测波长为254 nm。理论板数按大黄素峰计算应不低于3 000。

对照品溶液的制备　取大黄素对照品、大黄素甲醚对照品适量，精密称定，加甲醇分别制成每1 mL含大黄素80 μg，大黄素甲醚40 μg的溶液，即得。

供试品溶液的制备　取本品粉末（过四号筛）约1 g，精密称定，置具塞锥形瓶中，精密加入甲醇50 mL，称定重量，加热回流1 h，取出，放冷，再称定重量，用甲醇补足减失的重量，摇匀，滤过，取续滤液5 mL作为供试品溶液A（测游离蒽醌用）。另精密量取续滤液25 mL，置具塞锥形瓶中，水浴蒸干，精密加8%盐酸溶液20 mL，超声处理（功率100 W，频率40 kHz）5 min，加三氯甲烷20 mL，水浴中加热回流1 h，取出，立即冷却，置分液漏斗中，用少量三氯甲烷洗涤容器，洗液并入分液漏斗中，分取三氯甲烷液，酸液再用三氯甲烷振摇提取3次，每次15 mL，合并三氯甲烷液，回收溶剂至干，残渣加甲醇使溶解，转移至10 mL量瓶中，加甲醇至刻度，摇匀，滤过，取续滤液，作为供试品溶液B（测总蒽醌用）。

测定法　分别精密吸取对照品溶液与上述两种供试品溶液各10 μL，注入液相色谱仪，测定，即得。

结合蒽醌含量 = 总蒽醌含量 − 游离蒽醌含量

本品按干燥品计算，含结合蒽醌以大黄素（$C_{15}H_{10}O_5$）和大黄素甲醚（$C_{16}H_{12}O_5$）的总量计，不得少于0.10%。

【市场前景】

何首乌为蓼科植物何首乌的干燥块根，最早记载于《开宝本草》，作为传统的中药材，已有悠久的药用历史。何首乌依据炮制方法的不同分为生何首乌和制何首乌，两者虽同出一物但疗效各异，生何首乌可通便、消痈肿、解疮毒；制何首乌可补肝肾、益精血、乌须发、强筋骨。现代研究表明，何首乌含有多种化学成分，包括蒽醌类、二苯乙烯苷类、磷脂类、酚类和黄酮类等，具有降血脂、抗动脉粥样硬化、抗氧化、抗衰老、抗肿瘤、抗炎、抗菌、抗癌、抗诱变等药理作用。由于何首乌特殊的疗效及用途的广泛，不但畅销国内市场，还远销国际市场，两个市场对何首乌的需求量呈逐年增长之势，热销不衰，已成为市场的抢手俏货。从国内市场看，中国各大制药集团、保健品生产企业以及食品、化工、美容等厂家，用何首乌为主要原料研发生产了2 000余种产品，其中所生产的新药、特药、中成药和保健品等多达800余种，投入医药市场上颇受消费者青睐，部分产品供不应求。从国际市场需求看，何首乌是我国对外出口的传统中药材，更是出口创汇的重要商品之一。因此，何首乌的市场需求将不断升温，用量逐年增大。

3. 大黄

【来源】

本品为蓼科植物掌叶大黄 *Rheum palmatum* L.、唐古特大黄 *Rheum tanguticum* Maxim.ex Balf.或药用大黄 *Rheum officinale* Baill.的干燥根和根茎。中药名：大黄；别名：葵叶大黄、鸡爪大黄。

【原植物形态】

掌叶大黄 高大粗壮草本，高1.5～2 m，根及根状茎粗壮木质。茎直立中空，叶片长宽近相等，长达40～60 cm，有时长稍大于宽，顶端窄渐尖或窄急尖，基部近心形，通常成掌状半5裂，每一大裂片又分为近羽状的窄三角形小裂片，基出脉多为5条，叶上面粗糙到具乳突状毛，下面及边缘密被短毛；叶柄粗壮，圆柱状，与叶片近等长，密被锈乳突状毛；茎生叶向上渐小，柄亦渐短；托叶鞘大，长达15 cm，内面光滑，外表粗糙。大型圆锥花序，分枝较聚拢，密被粗糙短毛；花小，通常为紫红色，有时黄白色；花梗长2～2.5 mm，关节位于中部以下；花被片6，外轮3片较窄小，内轮3片较大，宽椭圆形到近圆形，长1～1.5 mm；雄蕊9，不外露；花盘薄，与花丝基部粘连；子房菱状宽卵形，花柱略反曲，柱头头状。果实矩圆状椭圆形到矩圆形，长8～9 mm，宽7～7.5 mm，两端均下凹，翅宽约2.5 mm，纵脉靠近翅的边缘。种子宽卵形，棕黑色。花期6月，果期8月。果期果序的分枝直而聚拢。

唐古特大黄

药用大黄

掌叶大黄

唐古特大黄 高大草本，高1.5～2 m，根及根状茎粗壮，黄色。茎粗，中空，具细棱线，光滑无毛或在上部的节处具粗糙短毛。茎生叶大型，叶片近圆形或及宽卵形，长30～60 cm，顶端窄长急尖，基部略呈心形，通常掌状5深裂，最基部一对裂片简单，中间三个裂片多为三回羽状深裂，小裂片窄长披针形，基出脉5条，叶上面具乳突或粗糙，下面具密短毛；叶柄近圆柱状，与叶片近等长，被粗糙短毛；茎生叶较小，叶柄亦较短，裂片多更狭窄；托叶鞘大型，以后多破裂，外面具粗糙短毛。大型圆锥花序，分枝较紧聚，花小，紫红色稀淡红色；花梗丝状，长2～3 mm，关节位于下部；花被片近椭圆形，内轮较大，长约1.5 mm；雄蕊多为9，不外露；花盘薄并与花丝基部连合成极浅盘状；子房宽卵形，花柱较短，平伸，柱头头状。果实矩圆状卵形到矩圆形，顶端圆或平截，基部略心形，长8～9.5 mm，宽7～7.5 mm，翅宽2～2.5 mm，纵脉近翅的边缘。种子卵形，黑褐色。花期6月，果期7—8月。

药用大黄 高大草本，高1.5～2 m，根及根状茎粗壮，内部黄色。茎粗壮，基部直径2～4 cm，中空，具细沟棱，被白色短毛，上部及节部较密。基生叶大型，叶片近圆形，稀极宽卵圆形，直径30～50 cm，或长稍大于宽，顶端近急尖形，基部近心形，掌状浅裂，裂片大齿状三角形，基出脉5～7条，叶上面光滑无毛，偶在脉上有疏短毛，下面具淡棕色短毛；叶柄粗圆柱状，与叶片等长或稍短，具楞棱线，被短毛；茎生叶向上逐渐变小，上部叶腋具花序分枝；托叶鞘宽大，长可达15 cm，初时抱茎，后开裂，内面光滑无毛，外面密被短毛。大型圆锥花序，分枝开展，花4～10朵成簇互生，绿色到黄白色；花梗细长，长3～3.5 mm，关节在中下部；花被片6，内外轮近等大，椭圆形或稍窄椭圆形，长2～2.5 mm，宽1.2～1.5 mm，边缘稍不整齐；雄蕊9，不外露；花盘薄，瓣状；子房卵形或卵圆形，花柱反曲，柱头圆头状。果实长圆状椭圆形，长8～10 mm，宽7～9 mm，顶端圆，中央微下凹，基部浅心形，翅宽约3 mm，纵脉靠近翅的边缘。种子宽卵形。花期5—6月，果期8—9月。

【资源分布及生物学习性】

掌叶大黄产甘肃、四川、青海、云南西北部及西藏东部等省区。生于海拔1 500～4 400 m山坡或山谷湿地，现在甘肃及陕西栽培较广。

唐古特大黄产甘肃、青海及青海与西藏交界一带。生于海拔1 600～3 000 m高山沟谷中。

药用大黄产陕西、四川、重庆、湖北、贵州、云南等省及河南西南部与湖北交界处。生于海拔1 200～4 000 m山沟或林下。多有栽培。

野生大黄多生于海拔2 000～3 700 m气候冷凉的高寒地区，生于林缘、灌木丛、山坡草地。栽培大黄多在土层深厚，质地疏松，排水良好的土壤种植。种子生命力强达3～4年，播种当年或第2年形成叶簇，每年3月中旬至4月返青，第3年5—7月开花结果，6月下旬至8月中旬果实成熟，11月地上部枯萎，生长期240 d左右。

【规范化种植技术】

1. 气候、土壤选择

栽种大黄，宜选择高寒阴湿地带和多雨雾的气候，高度应在1 400～2 500 m的北向或西北向阴坡，倾斜度为25°～30°；以排水良好，土层深厚的腐殖质土，或沙质壤土为佳；其次是较深的灰棕色土壤。不宜于黏重土质或过于粗松的土地，否则块根长不肥大或根系分歧较多，品质疏松。大黄不宜连作，宜与党参、马铃薯、菜子等轮作。

2. 种植方法

2.1　种子繁殖

选择3年生，无病虫害的健壮植株，6—7月抽出花茎时，应在花茎旁设立支柱，以免花茎被风折断，以及所结的种子被风摇落。四川地区较温暖，大黄在7月中、下旬待种子饱满变硬即可采摘。甘肃地区较寒冷，大黄须在10月间，待种子部分变为黑褐色而未完全成熟前（熟透易于落粒），将种子剪下阴干或晒干，再选其饱满成熟的种子供播种用。种子宜储于通气的布袋中，挂于通风干燥处，勿使受潮，影响发芽率；但不可储于密闭器中。

2.2　茎芽繁殖

在大黄收获时，采取母株根茎之芽或有芽的侧根栽植，其分离或切割的伤口容易腐烂，应涂以草木灰。用芽茎繁殖可以缩短种植时间，且品质优良，不易变种，但难获大量种芽扩大栽培，因此可因地制宜，两种办法同时采用。

3. 育苗与苗地管理

苗床多选择于山间向阳的腐殖质与生荒地，及时开荒整地，除去杂草石砾，挖地耙细，修整苗床，作成140 cm宽的高畦，并视土壤肥瘦酌量施以堆肥或人畜粪作为基肥，然后播种。播种又分秋播和春播2种，春播于3月初进行，翌年3月下旬至4月上旬定植；秋播于当年7月下旬，8月上旬采种之后立即进行，育成苗后，于翌年7～8月定植。播种方法，撒播条播均可。如条播，行距23～27 cm，开浅横沟播种其中，覆盖以草木灰，厚度以不现种子为度，并盖以藁草，防止鸦鹊啄食种子。如果土壤干燥，播种后应适当浇水，以促进种子的发芽。种子发芽后，除去盖草，并注意浇水和施2～3次稀薄的粪水，促进幼苗生长。幼苗过于稠密时，须间苗拔草，保持10～13 cm远1株，才能获得壮苗。幼苗在初冬的地上叶片枯萎时，应用草或落叶完全盖好，避免冻坏，到翌年春季解冻，幼苗开始萌发之后，才能揭去。每亩需要种5 kg左右。四川和甘肃宕昌等地育苗1年即可移栽，但文县地区需2年才能移栽。

4. 整地移栽

栽地一般选择荒地，越高越好；栽培党参和菜子的熟地种植大黄也好。如用生荒地，可在移栽前1个月将地里杂草铲除烧灰，然后深翻35 cm左右，充分碎土；熟地也应翻地1～2次。周围修沟排水，然后挖穴，穴深17 cm以上，株行距各68 cm左右，穴内可施少许堆肥或草木灰，作为基肥。春播的于翌年3月，秋播的于翌年7月将幼苗或根芽移栽穴内。每亩需种苗1 500～2 000株，能够栽种的幼苗、块根以中指粗壮为宜，并需剪去幼苗的侧根及主根的细长部分，这样，既便于定植，又能增进品质。然后将幼苗直栽于穴内，每穴1株，覆以细土或草木灰，压紧根部。如土壤过分干燥，栽后浇水定根。

5. 田间管理

5.1　中耕施肥

大黄栽后1～2年植株尚小，杂草容易滋生，除草中耕的次数宜多，至第3年植株生长健壮，能遮盖地面抑制杂草生长，每年中耕追草2次就可以。

大黄为耐肥植物，施肥是提高大黄产量的重要条件之一，而且能增强有效成分的含量，一般在移栽时每亩施草木灰500～700 kg，或人粪尿200 kg，堆肥1 000～1 500 kg。以后每年结合中耕除草施肥2～3次，每次施用桐枯50～75 kg或人粪尿1 000 kg。第1、第2年秋季每亩施磷矿粉30～40 kg。四川药农常以垃圾灰渣、杂草落叶堆于根际，既有肥效，又可防冻。

5.2 割花茎

大黄抽出花茎时，除留种的部分花茎之外，应及时用刀割去，不使其开花，以免消耗养分。花可做饲料。

5.3 壅土防冻

大黄根块肥大，不断向上增长，故在每次中耕除草施肥时，结合壅土于植株四周，逐渐做成土堆状，既能促进块根生长，又利排水，若能与堆肥和垃圾壅植株四周，效果更好。在冬季叶片枯萎时，用泥土或藁草堆肥等覆盖6～10 cm厚，防止根茎冻坏，引起腐烂。

6. 病虫害防治

6.1 根腐病

病症：大黄根腐病常在收获当年或前一年发生，但主要是发生在当年春季移栽的幼苗上。发病部位主要在根的下部和中部。初期表现出湿润性黑褐色不规则大小不等的病斑。发展严重时病斑不断扩大，深入根茎内部，使局部或全部组织腐烂变黑，呈水演状，与正常组织分界明显，易于剥离。地上部分叶部无明显症状，但在植株外缘叶柄基部有时出现棕褐色不规则病斑，逐渐蔓延，严重时会造成全株萎蔫死亡。病苗移栽后病轻时可以出苗，但生长弱小；病重时出不了苗，根茎全都腐烂在地里。

病原：大黄根腐病系由镰刀菌（*Fusarium* sp.）引起。病菌主要在土壤中和病苗根部越冬。病田土壤和病苗是侵染为害的初侵染源，销售和外运病苗是该病害扩散和传播的主要途径。

防治办法：①实行轮作。宜与马铃薯、豆类、蔬菜等轮作4～5年后才能复种。②及时疏沟排水，降低田间湿度。③发现病根及时拔除，烧毁深埋，用5%石灰乳灌病穴。④发病时用药材根腐灵800～1 000倍液灌根，每7～10 d一次，连续2～3次。⑤清洁田园，将枯枝残叶和杂草集中烧毁，消灭越冬病源。

6.2 叶斑病

6月下旬发病，7—8月危害严重。危害叶片，叶部初期出现黄色不规则状斑点，后扩大蔓延，使植株枯萎死亡。

防治方法：①收货后彻底清理枯枝残体，集中烧毁。②严格实行轮作，不宜重茬。③发病初期喷1∶1∶100波尔多液，每10 d一次，连喷2～3次。④发病严重时，喷50%多菌灵500～1 000倍液或托布津800倍液，7～10 d一次，连喷2～3次。

6.3 霉霜病

于4月中下旬发病，在高温多湿条件下发病严重。患病植株的叶片上出现呈多角形或不规则状病斑，黄绿色、无边缘、叶背面生有灰紫色的霜霉状物，致使叶片枯黄而死。

防治方法：①发现病株后，可连土移出深埋，并在穴内撒生石灰消毒。②实行轮作，避免造成留在地里的病叶侵染。③在发病前或发病时用58%瑞毒霉锰锌600～700倍液，或75%百菌清800倍液或25%甲霜灵600倍液喷雾，每10 d一次，共喷2～3次。

6.4 轮纹病

幼苗出土收获前均能发生。受害叶片出现近圆点形的病斑，红褐色，具有同心轮纹，边缘不明显，内密出黑褐色小点，严重时使叶片枯死。

防治办法：①秋季和早春彻底清除地面残病叶，并集中烧毁。②7月份喷洒1∶1∶150波尔多液保护植株。③发病期选用50%代森锰锌500倍液，或50%多菌灵500倍液喷雾两次。

6.5 蚜虫

蚜虫又名腻虫、蜜虫，属纲翅目蚜科。以成虫、若虫为害嫩叶。

防治方法：冬季清理园地，将枯株和落叶深埋或烧毁。发生期喷50%杀螟松1 000～2 000倍液，每7～10 d喷1次，连续4～5次。

6.6　甘蓝夜蛾

以幼虫为害叶片，造成缺刻。

防治方法：灯光诱杀，或在发生期掌握幼龄阶段，喷90%敌百虫800倍液或50%磷胺乳油1 500倍液，7～10 d 1次，连续2～3次。

6.7　金花虫

以成虫及幼虫为害叶片，造成孔洞。防治方法：用9%敌百虫800倍液或鱼藤精800倍液喷雾，每隔7～10 d 1次，连续2～3次。

6.8　蛴螬

又名白地蚕。以幼虫为害，咬断幼苗或幼根，造成断苗或根部空洞；白天常可在被害株根部或附近土下10～20 cm处找到害虫。

防治方法：①秋冬季节深耕土壤，避免与幼虫嗜食的作物连作或套种。②施用的有机肥料要充分腐熟，防止成虫产卵。③耕地时顺犁沟人工拣除。④用40%乐果乳油1 000倍液喷雾或50%硫磷乳油500 mL拌入细土，顺犁沟施入。

6.9　地老虎

9月下旬至10月上旬腐熟，以幼虫咬食叶片，8月严重时叶片被食光，只剩下主脉。

防治方法：在傍晚前后喷药防治，可选用2.5%功夫乳油3 000倍液或40%氰菊酯乳油1 000倍液喷雾，10 d一次，连续2～3次。

7. 收获与加工

7.1　留种

种子选生长健壮、无病虫害感染的三年生优良品种作留母株。于5—6月抽薹时在株旁放一支柱，用塑料绳轻轻捆住，避免折断。当7月中下旬大部分种子呈黑褐色时，剪取花梗，置于通风阴凉处使其后熟。数日后收集种子立即播种。如用于翌春播种，则要将种子阴干贮藏。种子自然寿命只有一年，隔年种子发芽率较低。

茎芽大黄根茎侧面萌生有芽眼，在收挖大黄时，将生长发育健壮的母株上的芽眼用刀割下，选芽饱满、无病虫害的大子芽移栽于苗床培育，至翌年秋季即可出圃定植。切割过子芽母株上的伤口，要用草木灰处理，以防伤口腐烂。

7.2　采收

一般移栽后3～4年便可收获，中秋至深秋当叶子由绿变黄时刨挖。采挖时选晴天先将地上茎割去，再将植株四周的土深刨40～60 cm，挖出地下根，抖去泥土，切去根茎部顶芽及芽穴，刮掉根茎部粗皮，对过粗的根纵劈成6 cm厚的片，小根不切，直接晒干或慢火熏干，呈黄色时可供药用，根茎部分称大黄，根及侧根可作兽用大黄（称水根、水大黄），4～5 kg鲜货，可烘干1 kg干货。一般亩产干品600 kg。栽培时间过久，根茎易被虫蛀发生腐烂。收获是在冬末秋初大黄叶片枯萎时进行，用锄头挖出根块，勿使受伤，除尽泥土，用刀削去地上部分，根块头部的顶芽必须全部挖掉，以防干燥期间产生糠心（即内部松弛变黑）。将鲜大黄用刀削去侧根，洗净泥土，晾干水汽，用瓷片刮去粗皮，大的纵切两半，长者横切成段，用细绳从尾部串起，挂在阴凉通风处阴干。修下的大黄侧根，径粗在4 cm者，可将粗皮刮去，切成10～13 cm的节，与大块大黄一起干燥。名"水根大黄"，亦一同供药用。

7.3　初加工

四川块黄是将鲜大黄刮去粗皮之后用刀横切成6～10 cm厚的磴子，用无烟煤烘烤或用太阳晒干。但是切忌急干，一定要其慢慢干燥，才不致造成黑心或糠心。最好是在半干时将其发汗2～3次，这样才能表里干燥一致，可以提高品质。其发汗方法是将其取下堆于木桶或屋角中，上面盖稻草或麻袋，一昼夜后，其表皮又将发软，然后再行烘烤，2 d以后再行发汗。如采用太阳晒时，则应昼晒夜堆，加以覆盖，若遇天气不好，则应摊开，久雨不晴，须用火烤，以免腐烂。

7.4 保存

大黄含有大量的淀粉，易生霉、虫蛀、变色。应贮存于通风干燥避光处，适宜温度为30 ℃以下，相对湿度70% ~ 75%，安全含水量为10% ~ 14%。贮藏发现受潮或轻度霉变、虫蛀，及时晾晒、堆垛通风或置50 ~ 60 ℃下烘烤1 h处理。虫情严重时，用磷化铝熏杀。最好采用密封抽氧充氮养护。

【药材质量标准】

【性状】本品呈类圆柱形、圆锥形、卵圆形或不规则块状，长3 ~ 17 cm，直径3 ~ 10 cm。除尽外皮者

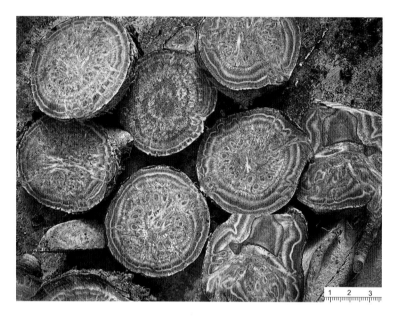

表面黄棕色至红棕色，有的可见类白色网状纹理及星点（异型维管束）散在，残留的外皮棕褐色，多具绳孔及粗皱纹。质坚实，有的中心稍松软，断面淡红棕色或黄棕色，显颗粒性；根茎髓部宽广，有星点环列或散在；根木部发达，具放射状纹理，形成层环明显，无星点。气清香，味苦而微涩，嚼之粘牙，有沙粒感。

【鉴别】（1）本品横切面：根木栓层和栓内层大多已除去。韧皮部筛管群明显；薄壁组织发达。形成层成环。木质部射线较密，宽2 ~ 4列细胞，内含棕色物；导管非木化，常1至数个相聚，稀疏排列。薄壁细胞含草酸钙簇晶，并含多数淀粉粒。根茎髓部宽广，其中常见黏液腔，内有红棕色物；异型维管束散在，形成层成环，木质部位于形成层外方，韧皮部位于形成层内方，射线呈星状射出。

粉末黄棕色。草酸钙簇晶直径20 ~ 160 μm，有的至190 μm。具缘纹孔导管、网纹导管、螺纹导管及环纹导管非木化。淀粉粒甚多，单粒类球形或多角形，直径3 ~ 45 μm，脐点星状；复粒由2 ~ 8分粒组成。

（2）取本品粉末少量，进行微量升华，可见菱状针晶或羽状结晶。

（3）取本品粉末0.1 g，加甲醇20 mL，浸泡1 h，滤过，取滤液5 mL，蒸干，残渣加水10 mL使溶解，再加盐酸1 mL，加热回流30 min，立即冷却，用乙醚分2次振摇提取，每次20 mL，合并乙醚液，蒸干，残渣加三氯甲烷1 mL使溶解，作为供试品溶液。另取大黄对照药材0.1 g，同法制成对照药材溶液。再取大黄酸对照品，加甲醇制成每1 mL含1 mg的溶液，作为对照品溶液。照薄层色谱法（附录ⅥB）试验，吸取上述3种溶液各4 μL，分别点于同一以羧甲基纤维素钠为黏合剂的硅胶H薄层板上，以石油醚（30 ~ 60 ℃）-甲酸乙酯-甲酸（15：5：1）的上层溶液为展开剂，展开，取出，晾干，置紫外光灯（365 nm）下检视。供试品色谱中，在与对照药材色谱相应的位置上，显相同的5个橙黄色荧光主斑点；在与对照品色谱相应的位置上，显相同的橙黄色荧光斑点，置氨蒸气中熏后，斑点变为红色。

【检查】土大黄苷取本品粉末0.2 g，加甲醇2 mL，温浸10 min，放冷，取上清液10 μL，点于滤纸上，以45%乙醇展开，取出，晾干，放置10 min，置紫外光灯（365 nm）下检视，不得显持久的亮紫色荧光。

干燥失重取本品在105 ℃干燥6 h，减失重量不得过15.0%（附录ⅨG）。（附录均为药典附录，余同）

总灰分 不得过10.0%（通则0302）。

【浸出物】按照水溶性浸出物测定法（通则2201）项下的热浸法测定，不得少于25.0%。

【含量测定】按照高效液相色谱法（通则0512）测定。

色谱条件与系统适用性试验　以十八烷基硅烷键合硅胶为填充剂；以甲醇-0.1%磷酸溶液（85∶15）为流动相；检测波长为254 nm。理论板数按大黄素峰计算应不低于3 000。

对照品溶液的制备　精密称取芦荟大黄素对照品、大黄酸对照品、大黄素对照品、大黄酚对照品、大黄素甲醚对照品适量，加甲醇分别制成每1 mL含芦荟大黄素、大黄酸、大黄素、大黄酚各80 μg，大黄素甲醚40 μg的溶液；分别精密量取上述对照品溶液各2 mL，混匀，即得（每1 mL中含芦荟大黄素、大黄酸、大黄素、大黄酚各16 μg，含大黄素甲醚8 μg）。

供试品溶液的制备　取本品粉末（过四号筛）约0.15 g，精密称定，置具塞锥形瓶中，精密加入甲醇25 mL，称定重量，加热回流1 h，放冷，再称定重量，用甲醇补足减失的重量，摇匀，滤过。精密量取续滤液5 mL，置烧瓶中，挥去溶剂，加8%盐酸溶液10 mL，超声处理2 min，再加三氯甲烷10 mL，加热回流1 h，放冷，置分液漏斗中，用少量三氯甲烷洗涤容器，并入分液漏斗中，分取三氯甲烷层，酸液再用三氯甲烷提取3次，每次10 mL，合并三氯甲烷液，减压回收溶剂至干，残渣加甲醇使溶解，转移至10 mL量瓶中，加甲醇至刻度，摇匀，滤过，取续滤液，即得。

测定法　分别精密吸取对照品溶液与供试品溶液各10 μL，注入液相色谱仪，测定，即得。

本品按干燥品计算，含芦荟大黄素（$C_{15}H_{10}O_5$）、大黄酸（$C_{15}H_8O_6$）、大黄素（$C_{15}H_{10}O_5$）、大黄酚（$C_{15}H_{10}O_4$）和大黄素甲醚（$C_{16}H_{12}O_5$）的总量不得少于1.5%。

【市场前景】

大黄又称香大黄、川军，为蓼科多年生草本植物。性味苦寒，药性峻烈，素有"将军"之称。在复方中成药中，大黄是出现频率最高的药物之一。据目前不完全统计，含有大黄的国家标准复方中成药有801种。大黄在《神农本草经》中列为上品，其根茎及根加工干燥后入药，有泻实热、下积滞、行瘀、解毒等功效，主治实热便秘、急性阑尾炎、不完全性肠梗阻、积滞腹痛、血瘀经闭等症，临床应用十分广泛，涉及内、外、妇、儿、骨伤各科多种疾病。同时也是藏医、蒙医常用的良药。为常用中药材，历史悠久，为泄热通肠，凉血解毒，逐瘀通经的要药。驰誉于国内外，深受世人瞩目，为我国传统出口中药材之一。药用大黄，多分布于陕西南部、湖北西部、四川东部、贵州、云南的部分地区也种植有小部分大黄，四川和云南地区的大黄多为药用大黄。因为大黄在不同地区分布有不同品种，其植株外形性状气味都有差异，可区分其产地与药用方面的不同。

4. 虎杖

【来源】

本品为蓼科植物虎杖*Polygonum cuspidatum* Sieb. et Zucc.的干燥根茎和根。中药名：虎杖；花斑竹、酸筒杆、酸汤梗、斑杖根、黄地榆等。

【原植物形态】

多年生草本。根状茎粗壮，横走。茎直立，高1～2 m，粗壮，空心，具明显的纵棱，具小突起，无

毛，散生红色或紫红斑点。叶宽卵形或卵状椭圆形，长5～12 cm，宽4～9 cm，近革质，顶端渐尖，基部宽楔形、截形或近圆形，边缘全缘，疏生小突起，两面无毛，沿叶脉具小突起；叶柄长1～2 cm，具小突起；托叶鞘膜质，偏斜，长3～5 mm，褐色，具纵脉，无毛，顶端截形，无缘毛，常破裂，早落。花单性，雌雄异株，花序圆锥状，长3～8 cm，腋生；苞片漏斗状，长1.5～2 mm，顶端渐尖，无缘毛，每苞内具2～4花；花梗长2～4 mm，中下部具关节；花被5深裂，淡绿色，雄花花被片具绿色中脉，无翅，雄蕊8，比花被长；雌花花被片外面3片背部具翅，果时增大，翅扩展下延，花柱3，柱头流苏状。瘦果卵形，具3棱，长4～5 mm，黑褐色，有光泽，包于宿存花被内。花期8—9月，果期9—10月。

【资源分布及生物学习性】

产于陕西南部、甘肃南部、华东、华中、华南、重庆、四川、云南及贵州；生山坡灌丛、山谷、路旁、田边湿地，海拔140～2 000 m。喜温暖、湿润性气候，对土壤要求不十分严格，低洼易涝地不能正常生长。根系很发达，耐旱力、耐寒力较强，返青后茎条迅速生长，长到一定的高度时开始分枝，叶片随之展开，开花前基本达到年生长高度。

【规范化种植技术】

1. 栽培地选择与整地

林地选择地下水位较低、阴坡中下部、林分郁闭度0.3～0.5、要求土层深厚、质地疏松、肥沃的缓坡地；并于秋冬季节，对规划栽植虎杖的林地内的灌木、杂草等采伐剩余物进行全面清理或等高线间隔1 m堆积，按设计的株行距进行整地挖明穴（40 cm×30 cm×30 cm）；农田选择水资源丰富、土层深厚、质地疏松、肥沃的山垄田和耕地，栽前1个月翻耕晒土，要求细致整地做畦，畦宽为1～1.2 m，长度因地制宜。

2. 栽植

无论田间或林地，一年四季均可栽植，但以春季最为适宜。田间初植密度以株行距40 cm×50 cm或40 cm×40 cm，每亩植2 000～2 500株为宜；林地初植密度以株行距0.5 m×1.0 m或1.0 m×1.0 m，每亩植1 600～2 600株为宜。栽植前对种根进行分级，栽植要做到苗正、根舒，芽朝上、不打紧，填表层松土，覆土3～5 cm，使整个穴面高出地面5～10 cm。

3. 田间管理

3.1　深翻改土，熟化土壤

深翻扩穴主要对林地虎杖进行，在秋季枯萎落叶后沿植株根系生长点外围开始，逐年向外扩展40～50 cm。回填时混以绿肥或腐熟有机肥等，表土放在底层，心土放在表层。

3.2　中耕除草与培土

在生长季节进行人工锄草，尽量不使用除草剂。新造林林地栽植的虎杖，结合幼林抚育进行人工锄草。一年中耕1～2次，深度8～10 cm，同时培土8～10 cm。

3.3　间苗补苗

播种出苗后，幼苗有5～8片真叶时要开始间苗、补苗。幼苗过密的地方要进行疏苗，幼苗株距过大的地方要及时补植，使幼苗在整个畦面分布均匀，保持1.6万～2.4万株/hm²，补植后要及时浇水，确保成活。

3.4　科学施肥

科学施肥是确保虎杖高产的关键措施。因此，虎杖栽植后要视土壤肥力状况和植株长势，及时施肥。结合整地深翻，每亩施入绿肥或腐熟有机肥等基肥1 000～3 000 kg；在生长季节，结合人工锄草和扩穴培土追施速效肥料1～3次，肥料种类以无机矿质肥料为主，并配施生物菌肥和微量元素肥料，追肥用量以2～5 g/m²为宜。追肥时期分别为4月、6月和9月上旬，以采收茎叶为主的田间栽培，在每次采割后追施1次速效肥料。施肥方法：林地栽培采用放射状沟施，田间栽培采用沟施或兑水浇施。

3.5　水分管理

灌溉水的质量应符合《农田灌溉水质标准》（GB 5084—2021）中的规定。选择早上和傍晚，在定植期、嫩芽萌发期、幼苗生长期、畦面土壤开始发白以及发生干旱或施肥后应及时灌溉或浇水，使土壤经常保持湿润状态；在多雨季节或栽培地积水要及时排水，尤其是在高温高湿时，要加强通风，减少病虫害发生，提高虎杖产量和质量。

4. 病虫害防治

4.1 金龟子、叶甲防治

金龟子叶甲从5月上旬开始发生，危害相对集中，主要取食茎嫩顶梢和叶片，危害严重时，整株叶片吃光，而且速度很快。防治方法：①利用金龟子叶甲假死性，振落地上人工捕杀或利用金龟子叶甲的趋光性进行黑光灯诱捕杀灭，效果达90%以上；②用高效氯氟氰菊酯1 500倍液喷雾杀死金龟子、叶甲成虫，防治效果达90%以上。

4.2 蛾类害虫

主要发生在5月上旬以后，幼虫在每次采割萌发复壮的幼嫩植株上取食叶片和嫩梢，但严重影响茎叶生长和产量。防治方法：①在傍晚或清晨，叶面露水未干时，每亩施放白僵菌烟雾剂2～3枚防治；②将毛虫振落地上人工捕杀；③利用赤眼蜂等天敌进行生物防治，防治率达90%以上。

4.3 蛀干害虫

5月中旬期间，蛀干幼虫取食虎杖茎叶，影响发育，严重时，植株倒伏。防治方法：①割开茎干，取出虫体人工捕杀；②用棉花沾上1 000倍天牛威雷药液，堵住洞口，闷死害虫。

4.4 蚜虫

从5月上旬至落叶前均有发生，主要危害期是在采割后复壮的嫩叶和嫩梢上，使嫩梢和嫩叶的生长受到抑制，严重时使正在生长的嫩梢枯萎。防治方法：①使用10%吡虫啉4 000～6 000倍液喷雾，或用5%吡虫啉乳油2 000～3 000倍液喷雾，防治效果好，可达90%以上；②利用瓢虫、草蛉等天敌防治；③采取保护天敌、施放真菌、人工诱集捕杀、清除枯枝杂草等病虫残物、选育和推广抗性品种、施用农药等综合防治，控制蚜虫危害。

4.5 白蚁

一年四季均可发生，主要生在林下土壤中，危害虎杖根茎。防治方法：采用呋喃丹撒施土壤，毒死地下害虫。或用市场上销售的"灭蚁灵"药剂防治，蚁药放在白蚁穴中，让蚁吃食，干扰白蚁神经，互相撕咬而死。或设置黄油板、黄水盆等诱杀白蚁。

5. 采收与贮藏

5.1 茎叶采收

于虎杖5月上旬开始，间隔2个月采割1次，一年采割3～4次；并及时做好茎叶的贮运及加工利用。

5.2 根茎采收

每隔2～3年采挖一次，秋冬季节采挖。并及时做好根茎切段或切片、贮运及加工利用。

【药材质量标准】

【性状】本品多为圆柱形短段或不规则厚片，长1～7 cm，直径0.5～2.5 cm。外皮棕褐色，有纵皱纹和须根痕，切面皮部较薄，木部宽广，棕黄色，射线放射状，皮部与木部较易分离。根茎髓中有隔或呈空洞状。质坚硬。气微，味微苦、涩。

【鉴别】（1）本品粉末橙黄色。草酸钙簇晶极多，较大，直径30～100 μm。石细胞淡黄色，类方形或类圆形，有的呈分枝状，分枝状石细胞常2～3个相连，直径24～74 μm，有纹孔，胞腔内充满淀粉粒。木栓细胞多角形或不规则形，胞腔充满红棕色物。具缘纹孔导管直径56～150 μm。

（2）取本品粉末0.1 g，加甲醇10 mL，超声处理15 min，滤过，滤液蒸干，残渣加2.5 mol/L硫酸溶液5 mL，水浴加热30 min，放冷，用三氯甲烷振摇提取2次，每次5 mL，合并三氯甲烷液，蒸干，残渣加三氯甲烷1 mL使溶解，作为供试品溶液。另取虎杖对照药材0.1 g，同法制成对照药材溶液。再取大黄素对照品、大黄素甲醚对照品，加甲醇制成每1 mL各含1 mg的溶液，作为对照品溶液。照薄层色谱法（通则0502）试验，吸取供试品溶液和对照药材溶液各4 μL、对照品溶液各1 μL，分别点于同一硅胶G薄层板上，以石油醚（30～60 ℃）-甲酸乙酯-甲酸（15：5：1）的上层溶液为展开剂，展开，取出，晾干，置紫外光灯（365 nm）下检视。供试品色谱中，在与对照药材色谱和对照品色谱相应的位置上，显相同颜色的荧光斑点；置氨蒸气中熏后，斑点变为红色。

【检查】**水分**　不得过12.0%（通则0832第二法）。

总灰分　不得过5.0%（通则2302）。

酸不溶性灰分　不得过1.0%（通则2302）。

【浸出物】按照醇溶性浸出物测定法（通则2201）项下的冷浸法测定，用乙醇作为溶剂，不得少于9.0%。

【含量测定】大黄素根据高效液相色谱法（通则0512）测定。

色谱条件与系统适用性试验　以十八烷基硅烷键合硅胶为填充剂；以甲醇-0.1%磷酸溶液（80：20）为流动相；检测波长为254 nm。理论板数按大黄素峰计算应不低于3 000。

对照品溶液的制备　取经P_2O_5为干燥剂减压干燥，24 h的大黄素对照品适量，精密称定，加甲醇制成每1 mL含48 μg的溶液，即得。

供试品溶液的制备　取本品粉末（过三号筛）约0.1 g，精密称定，精密加入三氯甲烷25 mL和2.5 mol/L硫酸溶液20 mL，称定重量，置80 ℃水浴中加热回流2 h，冷却至室温，再称定重量，用三氯甲烷补足减失的重量，摇匀。分取三氯甲烷液，精密量取10 mL，蒸干，残渣加甲醇使溶解，转移至10 mL量瓶中，加甲醇稀释至刻度，摇匀，滤过，取续滤液，即得。

测定法　分别精密吸取对照品溶液与供试品溶液各5 μL，注入液相色谱仪，测定，即得。

本品按干燥品计算，含大黄素（$C_{15}H_{10}O_5$）不得少于0.60%。

虎杖苷　避光操作。照高效液相色谱法（通则0512）测定。

色谱条件与系统适用性试验　以十八烷基硅烷键合硅胶为填充剂；以乙腈-水（23：77）为流动相；检测波长为306 nm。理论板数按虎杖苷峰计算应不低于3 000。

对照品溶液的制备　取经P_2O_5为干燥剂减压干燥24 h的虎杖苷对照品适量，精密称定，加稀乙醇制成每1 mL含15 μg淄的溶液，即得。

供试品溶液的制备　取本品粉末（过三号筛）约0.1 g，精密称定，精密加入稀乙醇25 mL，称定重量，加热回流30 min，冷却至室温，再称定重量，用稀乙醇补足减失的重量，摇匀，取上清液，滤过，取续滤液，即得。

测定法　分别精密吸取对照品溶液与供试品溶液10 μL，注入液相色谱仪，测定，即得。

本品按干燥品计算，含虎杖苷（$C_{20}H_{22}O_8$）不得少于0.15%。

【市场前景】

虎杖为多年生草本植物，既是传统中草药，也是蓼科蓼属的观赏花卉，其根系发达、繁殖力极强，适宜性广；喜温和湿润气候，耐寒、耐涝，对土壤要求不严，但以疏松肥沃的土壤生长较好；虎杖管理方便，采收方式粗放，一年四季均可采挖，但以秋季采挖的质量最好。随着对其有效成分白藜芦醇研究的不断深入，虎杖作为一种资源植物而需求量剧增。

5. 金荞麦

【来源】

本品为蓼科植物金荞麦*Fagopyrum dibotrys*（D. Don）Hara的干燥根茎。中药名：金荞麦；别名：天荞麦、赤地利。

【原植物形态】

多年生草本。根状茎木质化，黑褐色。茎直立，高50~100 cm，分枝，具纵棱，无毛。有时一侧沿棱被柔毛。叶三角形，长4~12 cm，宽3~11 cm，顶端渐尖，基部近戟形，边缘全缘，两面具乳头状突起或被柔毛；叶柄长可达10 cm；托叶鞘筒状，膜质，褐色，长5~10 mm，偏斜，顶端截形，无缘毛。花序伞房状，顶生或腋生；苞片卵状披针形，顶端尖，边缘膜质，长约3 mm，每苞内具2~4花；花梗中部具关节，与苞片近等长；花被5深裂，白色，花被片长椭圆形，长约2.5 mm，雄蕊8，比花被短，花柱3，柱头头状。瘦果宽卵形，具3锐棱，长6~8 mm，黑褐色，无光泽，超出宿存花被2~3倍。花期7—9月，果期8—10月。

【资源分布及生物学习性】

产于陕西、华东、华中、华南及西南。生山谷湿地、山坡灌丛，海拔250～3 200 m。

适应性较强的金荞麦，喜欢温暖的气候，在15～30 ℃的温度下能够生长良好，但这个温度界限并不是绝对不可以改变的，在－15 ℃左右地区栽培可以安全越冬。种植金荞麦要选择肥沃疏松的沙壤土，如果采用黏土及排水差的地块种植，产量和质量都会很差。金荞麦的种子必须吸收其质量40%左右的水分才能萌发，在8～35 ℃的温度范围内均可萌发，但是适宜温度为12～25 ℃，温度低于8 ℃或高过35 ℃萌发均受到抑制。金荞麦在北京地区4月播种，保持一定的湿度，温度在12～18 ℃，大约15 d即可出苗，20 d为其出苗盛期。

【规范化种植技术】

1. 选地及整地

根据金荞麦的生长习性，要选择排水良好、地势较高、土层深厚的砂壤土种植。一般在年前耕翻抗冬，耕深30～60 cm，次年开春播种前耕翻1～2次。

2. 基肥施用

每亩施钙镁磷肥75 kg（含五氧化二磷12%）、硫酸钾20 kg（含氧化钾50%）、腐熟优质厩肥2 000～3 000 kg作基肥。

3. 种植

金荞麦采用种子、根茎种植均可。

3.1 种子繁殖

春、秋播都行，以春播为好。春播在3月下旬—4月上旬，条播按50 cm开沟，沟深3 cm，均匀播入种子，覆土盖平，播后土壤要保持土壤湿润，在气温10～18 ℃的条件下，15～20 d出苗；秋播在10月下旬—11月上旬下种，播种后覆盖秸秆，种子在土中越冬，次年3月中旬—4月上旬出苗。也可采取育苗移栽，在3月上、中旬覆膜育苗，苗2～3片真叶时移栽。种植规格：行距×株距为50 cm×30 cm。

3.2 根茎种植

在春季萌发前，将根茎挖出，选取健康根茎切成小段，按行距50 cm开沟，沟深10～15 cm，然后按株距30 cm把根茎栽入沟中，覆土。一般选根茎的幼嫩部分及根茎芽苞种植，出苗成活率及产量均较高。

4. 田间管理

4.1 除草
苗期要勤除杂草，进行松土1～2次。

4.2 追肥
在苗高50～60 cm时，进行1次追肥，也可在开花前追施，每亩用尿素10～15 kg。

4.3 防涝抗旱
金荞麦生育期间，若地块积水，要及时排水防涝；若遇上干旱，应及时浇水抗旱。

5. 病虫害防治

虫害主要有病毒病及钩刺蛾、粘虫、蚜虫等。
防治方法：对于钩刺蛾、粘虫、蚜虫，可采用药剂进行喷杀。

病毒病主要危害叶片，被害叶片呈花叶状或卷曲皱缩，在防治上一是采用无病株留种，也可对种子播前进行处理，钝化病毒；二是防治介体，拔除病株、清除田间杂草等，以减少田间侵染来源。

6. 采收与加工

6.1 采收

金荞麦若以采收根茎为目的，可在秋、冬季地上茎叶枯萎时，割去茎叶采挖，去净泥土，将部分健壮、无病害的根茎取出留种，其他加工入药。若以采收地上部分为目的，宜在结实期前进行，可将主茎保留，分枝割下利用。此期金荞麦生长旺盛，再生能力强，采割后可迅速再生。采收种子的，由于金荞麦落粒性很强，边成熟边落粒，故可在植株下部安放纱网，用以收集金荞麦种子。

6.2 加工

采收的金荞麦块根，去净泥土，清理干净，趁鲜切片，晒干即可。采取晒干、阴干或低于50 ℃炉火烘干都可以，但要注意干燥时温度不宜过高，最好不要超过50 ℃，若超过这一温度，药材质量就会明显下降。金荞麦药材，以个大、质坚硬者为佳。

【药材质量标准】

本品呈不规则团块或圆柱状，常有瘤状分枝，顶端有的有茎残基，长3～15 cm，直径1～4 cm。表面棕褐色，有横向环节和纵皱纹，密布点状皮孔，并有凹陷的圆形根痕和残存须根。质坚硬，不易折断，断面淡黄白色或淡棕红色，有放射状纹理，中央髓部色较深。气微，味微涩。

【鉴别】（1）本品粉末淡棕色。淀粉粒甚多，单粒类球形、椭圆形或卵圆形，直径5～48 μm，脐点点状、星状、裂缝状或飞鸟状，位于中央或偏于一端，大粒可见层纹；复粒由2～4分粒组成；半复粒可见。木纤维成束，直径10～38 μm，具单斜纹孔或十字形纹孔。草酸钙簇晶直径10～62 μm。木薄壁细胞类方形或椭圆形，直径28～37 μm，长约至100 μm，壁稍厚，可见稀疏的纹孔。具缘纹孔导管和网纹导管直径21～83 μm。

（2）取本品2.5 g，加甲醇20 mL，放置1 h，加热回流1 h，放冷，滤过，滤液浓缩至5 mL，作为供试品溶液。另取金荞麦对照药材1 g，同法制成对照药材溶液。再取表儿茶素对照品，加甲醇制成每1 mL含1 mg的溶液，作为对照品溶液。照薄层色谱法（附录ⅥB）试验，吸取供试品溶液5～10 μL、对照药材溶液和对照品溶液各5 μL，分别点于同一硅胶G薄层板上，以甲苯-乙酸乙酯-甲醇-甲酸（1∶2∶0.2∶0.1）为展开剂，展开，取出，晾干，喷以25%磷钼酸乙醇溶液，在110 ℃加热至斑点显色清晰。供试品色谱中，在与对照药材色谱和对照品色谱相应的位置上，显相同颜色的斑点。

【检查】水分　不得过15.0%（通则0832第一法）。

总灰分　不得过5.0%（通则2302）。

【浸出物】照醇溶性浸出物测定法（2201）项下的热浸法测定，用稀乙醇作溶剂，不得少于14.0%。

【含量测定】照高效液相色谱法测定。

色谱条件与系统适用性试验　以十八烷基硅烷键合硅胶为填充剂；以乙腈-0.004%磷酸溶液

（10：90）为流动相；检测波长为280 nm。理论板数按表儿茶素峰计算应不低于6 000。

对照品溶液的制备 取表儿茶素对照品适量，精密称定，加流动相制成每1 mL含25 μg的溶液，即得。

供试品溶液的制备 取本品粗粉约2 g，精密称定，置具塞锥形瓶中，精密加入稀乙醇50 mL，密塞，精密称定，放置1 h，加热回流1 h，放冷，再称定重量，用稀乙醇补足减失的重量，摇匀，滤过，精密量取续滤液25 mL，减压浓缩（50～70 ℃）至近干，残渣加乙腈-水（10：90）混合溶液分次洗涤，洗液转移至10 mL量瓶中，加乙腈-水（10：90）混合溶液至刻度，摇匀，离心（转速为3 000 r/min）5 min，精密量取上清液5 mL，加于聚酰胺柱（30～60目，内径为1.0 cm，柱长为15 cm，湿法装柱）上，以水50 mL洗脱，弃去水液，再用乙醇100 mL洗脱，收集洗脱液，减压浓缩（50～70 ℃）至近干，残渣用乙腈-水（10：90）混合溶液溶解，转移至10 mL量瓶中，加乙腈-水（10：90）混合溶液稀释至刻度，摇匀，即得。

测定法 分别精密吸取对照品溶液与供试品溶液各20 μL，注入液相色谱仪，测定，即得。

本品按干燥品计算，含表儿茶素（$C_{15}H_{14}O_6$）不得少于0.030%。

【市场前景】

金荞麦为荞麦属多年生草本植物，以干燥块根入药，具有清热解毒，排脓祛瘀之功效，为我国民间传统用药，具有润肺补肾、健脾止泻、祛风湿之功效，常用于治疗肺脓疡、麻疹、肺炎、扁桃体周围脓肿等疾病，具有重要的药用价值。分布于我国黄河以南的多个省区，而云、贵、川野生金荞麦资源最为集中。20世纪90年代，因金荞麦野生资源遭受了极大的破坏，国家林业局、农业部联合将金荞麦列入首批《国家重点保护野生植物名录》，为Ⅱ级保护植物。目前云贵川金荞麦资源虽然分布较广，但由于缺乏相应的资源保护，其野生天然植物资源已急剧减少，为了加强金荞麦野生植物资源保护，农业部2003年在重庆黔江建立了我国第一个"野生金荞麦原生境保护区"，进行金荞麦的原产地保护。然而，随着金荞麦使用日益广泛、资源需求量逐渐增加，野生资源的保护并不能迅速解决金荞麦药材来源的问题，有学者开展了金荞麦野生资源的人工驯化和规范化种植技术研究，用人工种植产品逐步取代野生药材，并逐步实现了茎秆制饲料的综合利用研究及加工，实现金荞麦资源的可持续利用，可更好地对金荞麦的资源进行保护和开发。

6. 川牛膝

【来源】

本品为苋科植物川牛膝 *Cyathula officinalis* Kuan的干燥根。中药名：川牛膝；别名：甜牛膝、肉牛膝、天全川牛、川牛七、川牛夕等。有些因扭曲过大似拐杖，又有"拐牛膝"之称。

【原植物形态】

多年生草本，高50～100 cm；根圆柱形，鲜时表面近白色，干后灰褐色或棕黄色，根条圆柱状，扭曲，味甘而黏，后味略苦；茎直立，稍四棱形，多分枝，疏生长糙毛。叶片椭圆形或窄椭圆形，少数倒卵形，长3～12 cm，宽1.5～5.5 cm，顶端渐尖或尾尖，基部楔形或宽楔形，全缘，上面有贴生长糙毛，下面毛较密；叶柄长5～15 mm，密生长糙毛。花丛为3～6次二歧聚伞花序，密集成花球团，花球团直径1～1.5 cm，淡绿色，干时近白色，多数在花序轴上交互对生，在枝顶端成穗状排列，密集或相距2～3 cm；在花球团内，两性花在中央，不育花在两侧；苞片长4～5 mm，光亮，顶端刺芒状或钩状；不育花的花被片常为4，变成具钩的坚

硬芒刺；两性花长3～5 mm，花被片披针形，顶端刺尖头，内侧3片较窄；雄蕊花丝基部密生节状束毛；退化雄蕊长方形，长0.3～0.4 mm，顶端齿状浅裂；子房圆筒形或倒卵形，长1.3～1.8 mm，花柱长约1.5 mm。胞果椭圆形或倒卵形，长2～3 mm，宽1～2 mm，淡黄色。种子椭圆形，透镜状，长1.5～2 mm，带红色，光亮。花期6—7月，果期8—9月。

【资源分布及生物学习性】

川牛膝产四川、重庆、云南、贵州。野生或栽培。生长在1 200～2 400 m的地区，以1 500～1 800 m生长最好。适宜的生长环境为阴冷湿润、光照充足、雨量充沛的高山，年均光照1 000 h以上，降雨量1 000～1 500 mm，相对湿度69%以上，温度11～19 ℃。以土层深厚，富含腐殖质，湿润而排水良好，略带黏性的重壤土至重壤土为好。

【规范化种植技术】

1. 选地整地

选疏松、肥沃的壤土栽培为宜，山坡一般以向阳坡为佳。每亩施圈肥4 000～5 000 kg，捣细，加过磷酸钙25 kg，草木灰250 kg，撒于地内，同时拌入适量农药主要用于消灭地下害虫。年前深翻土地45 cm左右，翻后休闲冻土；翌年清明前后，再翻1次，播前10 d耙细整平，作1.3 m左右的高畦。播种前先向畦内浇透水，待水渗下后，表土稍干松时，再耧平畦面，以待播种。

2. 繁殖方法

2.1 种子播种繁殖

陈种子不可用，应采收3～4年生植株的种子作种。播种分春播和秋播，春播3—4月，秋播9月。一般以清明、谷雨前后（整地后约10 d）播种为宜。穴播按株行距30 cm×20 cm，条播按行距25～30 cm开横沟，沟宽10 cm，深3～5 cm，均匀撒入拌灰种子，覆土，稍加镇压，使种子与土紧密接触，上边用杂草覆盖，防止风干，影响出苗。生产中一般采用穴播。每亩用种量1 kg左右。

2.2　组织培养

研究表明，以腋芽作外植体比茎尖好，较适宜的诱导培养基组成为 MS+NAA0.1～0.2 mg/L+6-BA0.5～1.0 mg/L；根分化培养基为 MS+NAA1.0 mg/L+KT2.0 mg/L，适宜培养条件为25 ℃，1 500 lx光照10 h/d和18 ℃黑暗14 h/d。

3. 田间管理

3.1　间苗定株

苗高3～6 cm时，结合松土，按株距6 cm左右间苗，苗高9～12 cm时，按株距12～15 cm定苗。去弱留强，缺苗补苗，使苗全、苗旺，为丰产打好基础。

3.2　中耕除草

每年中耕除草3～4次。播种当年的第一次在5月中、下旬，宜浅锄或用手扯，这次除草很重要，宜早尽早；第二次在6月中、下旬；7—8月再进行1次中耕除草。第二年中耕除草2～3次。第三年若要收获，就只进行1～2次。

3.3　追肥

结合中耕除草，每年追肥3次。第一次中耕除草后，每亩用豆饼50 kg，经发酵后掺入适量农药，在株旁开浅沟施入，随即锄地，以土盖肥，旱时浇水。第二次在立秋前后，每亩用尿素10 kg或追施磷肥，在行间开浅沟施入。培土厚度，以使根头幼芽埋入土里约7 cm为宜。如不培土，根头易被冻坏，造成缺窝减产。

3.4　灌溉和排水

播种后至出苗前，旱时浇水，保持畦内湿润。15 d左右出苗后，分次揭去覆盖的草，在行间划锄保墒，保持表土疏松、下层湿润，以利根向下生长。夏季遇干旱，在早晚浇水。

3.5　病虫害防治

3.5.1　根腐病

夏季高温多湿地内积水易发生，在根与茎交界处腐烂。

防治方法：选高燥排水良好的土地，伏天雨后注意排涝，并及时灌井水降温；在靠近地面茎叶上，喷洒1∶1∶120波尔多液。

3.5.2　白锈病

为害叶片，发病时在叶背产生白色孢子堆。

防治方法：选凉爽通风地块，清除地内残茎落叶；发病初期用1∶1∶120波尔多液或65%可湿性代森锌500倍液喷雾，每10d喷1次，连喷2～3次。

3.5.3　黑头病

多发生于春夏季，主要是芦头覆盖太薄，冬季受冻害，引起发黑霉烂。

防治方法：注意排水防涝，冬季培土。

3.5.4　线虫病

多发生在低海拔地区，在根上形成凹凸不平的肉瘤。

防治方法：注意选土；每亩用滴滴混剂35～45 kg处理土壤。

3.5.5　大猿叶虫

5—6月发生，将叶咬吃成小孔。

防治方法：用亚胺硫磷800倍或敌百虫1 000倍液喷杀。

3.5.6　蚜虫、红蜘蛛

5—9月均可发生，特别是天气干旱时严重。

防治方法：用50%马拉硫磷1 500倍液喷雾防治。

4. 采收加工与贮藏

播种后3～4年的10月中旬左右的20 d内为最佳采收期，挖起，抖去泥土，将鲜根砍去芦头，剪去须根和侧根，使主根和侧根均成一堆，然后按根的粗细分级（过细的不能用），放到阳光下晒或用火炕烘，半干后堆放，使内部水分向外蒸发变软后，再晒或烘，如此反复数次，待到九成干时，扎成小捆再晒干，即可供药用。

可用麻袋包装贮运，置阴凉通风干燥处，适宜温度28 ℃以下，相对湿度70%～75%。商品安全水分12%～17%。本品易虫蛀，受潮生霉，久贮泛油。吸潮质地返软，断面变为灰褐色或黑色，散发异味，有的呈现霉斑。储藏期间，应保持环境干燥、整洁，注意调节仓库温湿度，必要时采用吸潮剂吸湿。高温高湿季节前，可进行密封抽氧充氮养护。

【药材质量标准】

【性状】本品呈近圆柱形，微扭曲，向下略细或有少数分枝，长30～60 cm，直径0.5～3 cm。表面黄棕色或灰褐色，具纵皱纹、支根痕和多数横长的皮孔样突起。质韧，不易折断，断面浅黄色或棕黄色，维管束点状，排列成数轮同心环。气微，味甜。

【鉴别】（1）本品横切面：木栓细胞数列。栓内层窄。中柱大，三生维管束外韧型，断续排列成4～11轮，内侧维管束的束内形成层可见；木质部导管多单个，常径向排列，木化；木纤维较发达，有的切向延伸或断续连接成环。中央次生构造维管系统常分成2～9股，有的根中心可见导管稀疏分布。薄壁细胞含草酸钙砂晶、方晶。粉末棕色。草酸钙砂晶、方晶散在，或充塞于薄壁细胞中。具缘纹孔导管直径10～80 μm，纹孔圆形或横向延长呈长圆形，互列，排列紧密，有的导管分子末端呈梭形。纤维长条形，弯曲，末端渐尖，直径8～25 μm，壁厚3～5 μm，纹孔呈单斜纹孔或人字形，也可见具缘纹孔，纹孔口交叉成十字形，孔沟明显，疏密不一。

（2）取本品粉末2 g，加甲醇50 mL，加热回流1 h，滤过，滤液浓缩至约1 mL，加于中性氧化铝柱（100～200目，2 g，内径为1 cm）上，用甲醇-乙酸乙酯（1∶1）40 mL洗脱，收集洗脱液，蒸干，残渣加甲醇1 mL使溶解，作为供试品溶液。另取川牛膝对照药材2 g，同法制成对照药材溶液。再取杯苋甾酮对照品，加甲醇制成每1 mL含0.5 mg的溶液，作为对照品溶液。照薄层色谱法（通则0502）试验，吸取供试品溶液5～10 μL、对照药材溶液和对照品溶液各5 μL，分别点于同一硅胶G薄层板上，以三氯甲烷-甲醇（10∶1）为展开剂，展开，取出，晾干，喷以10%硫酸乙醇溶液，在105 ℃加热至斑点显色清晰，置紫外光灯（365 nm）下检视。供试品色谱中，在与对照药材色谱和对照品色谱相应的位置上，显相同颜色的荧光斑点。

【检查】水分　不得过16.0%（通则0832第二法）。

总灰分　取本品切制成直径在3 mm以下的颗粒，依法检查，不得过8.0%（通则2302）。

【浸出物】取本品直径在3 mm以下的颗粒，照水溶性浸出物测定法（通则2201）项下的冷浸法测定，不得少于65.0%。

【含量测定】按照高效液相色谱法（通则0512）测定。

色谱条件与系统适用性试验　以十八烷基硅烷键合硅胶为填充剂；以甲醇为流动相A，以水为流动相B，按下表中的规定进行梯度洗脱；检测波长为243 nm。理论板数按杯苋甾酮峰计算应不低于3 000。

时间/min	流动相A/%	流动相B/%
0~5	10	90
5~10	10→37	90→63
15~30	37	63
30~31	37→100	63→0

对照品溶液的制备　取杯苋甾酮对照品适量，精密称定，加甲醇制成每1 mL含25 μg的溶液，即得。

供试品溶液的制备　取本品粉末（过三号筛）约1 g，精密称定，置具塞锥形瓶中，精密加入甲醇20 mL，密塞，称定重量，加热回流1 h，放冷，再称定重量，用甲醇补足减失的重量，摇匀，滤过，取续滤液，即得。

测定法　分别精密吸取对照品溶液10 μL与供试品溶液5~20 μL，注入液相色谱仪，测定，即得。

本品按干燥品计算，含杯苋甾酮（$C_{29}H_{44}O_8$）不得少于0.030%。

【市场前景】

川牛膝为著名川产道地药材之一，药用历史悠久，临床疗效显著，为常用大宗药材。其味甘、微苦，性平，归肝、肾经，具有逐瘀通经、通利关节、利尿通淋之功，常用于治疗经闭癥瘕、胞衣不下、跌打损伤、风湿痹痛、足痿筋挛、尿血血淋等病症。川牛膝的化学成分主要包括甾酮、多糖、生物碱等。现代药理研究表明，川牛膝有抗血小板聚集、改善微循环、促进蛋白质合成、延缓衰老的作用。随着川牛膝市场的扩大及需求量的剧增，野生资源远远不能满足市场的需求，而栽培川牛膝质量参差不齐，品质退化严重，通过筛选优良品种，提高有效成分含量等有效措施以保障川牛膝供求矛盾。有的产区栽培的川牛膝中已出现了混杂类群，如金口河的"延边牛膝"（麻牛膝），为苋科（Amaranthaceae）植物头花杯苋*Cyathula capitata*（wall.）Moq.的根。雅安的"红牛膝"，尤其是红牛膝在雅安地区已形成主流品种，并作为川牛膝进入流通领域。牛蒡根属川牛膝伪品，不能混充川牛膝入药。另外，味牛膝也为川牛膝之误品。味牛膝，又称野牛膝、窝牛膝，历代本草无记载。主产湖北，现偶见流通于市场。最早记载见于《中药志》（1959），确定其原植物为爵床科味膝马兰*Strobilanthes nemorosus* R. Benoist.。

7. 黄连

【来源】

本品为毛茛科植物黄连*Coptis chinensis* Franch.、三角叶黄连*Coptis deltoidea* C.Y.Cheng et Hsiao或云连

Coptis teeta wall.的干燥根茎。中药名：黄连；别名：味连、川连、鸡爪连、雅连、云连。

【原植物形态】

黄连根状茎黄色，常分枝，密生多数须根。叶有长柄；叶片稍带革质，卵状三角形，宽达10 cm，三全裂，中央全裂片卵状菱形，长3~8 cm，宽2~4 cm，顶端急尖，具长0.8~1.8 cm的细柄，3或5对羽状深裂，在下面分裂最深，深裂片彼此相距2~6 mm，边缘生具细刺尖的锐锯齿，侧全裂片具长1.5~5 mm的柄，斜卵形，比中央全裂片短，不等二深裂，两面的叶脉隆起，除表面沿脉被短柔毛外，其余无毛；叶柄长5~12 cm，无毛。花葶1~2条，高12~25 cm；二歧或多歧聚伞花序有3~8朵花；苞片披针形，三或五羽状深裂；萼片黄绿色，长椭圆状卵形，长9~12.5 mm，宽2~3 mm；花瓣线形或线状披针形，长5~6.5 mm，顶端渐尖，中央有蜜槽；雄蕊约20，花药长约1 mm，花丝长2~5 mm；心皮8~12，花柱微外弯。蓇葖长6~8 mm，柄约与之等长；种子7~8粒，长椭圆形，长约2 mm，宽约0.8 mm，褐色。2—3月开花，4—6月结果。

三角叶黄连根状茎黄色，不分枝或少分枝，节间明显，密生多数细根，具横走的匍匐茎。叶3~11枚；叶片轮廓卵形，稍带革质，长达16 cm，宽达15 cm，三全裂，裂片均具明显的柄；中央全裂片三角状卵形，长3~12 cm，宽3~10 cm，顶端急尖或渐尖，4~6对羽状深裂，深裂片彼此多少邻接，边缘具极尖的锯齿；侧全裂片斜卵状三角形，长3~8 cm，不等二裂，表面沿脉被短柔毛或近无毛，背面无毛，两面的叶脉均隆起；叶柄长6~18 cm，无毛。花葶1~2，比叶稍长；多歧聚伞花序，有花4~8朵；苞片线状披针形，三深裂或栉状羽状深裂；萼片黄绿色，狭卵形，长8~12.5 mm，宽2~2.5 mm，顶端渐尖；花瓣约10枚，近披针形，长3~6 mm，宽0.7~1 mm，顶端渐尖，中部微变宽，具蜜槽；雄蕊约20，长仅为花瓣长的1/2左右；花药黄色，花丝狭线形；心皮9~12，花柱微弯。蓇葖长圆状卵形，长6~7 mm，心皮柄长7~8 mm，被微柔毛。3—4月开花，4—6月结果。

云连根状茎黄色，节间密，生多数须根。叶有长柄；叶片卵状三角形，长6~12 cm，宽5~9 cm，三全裂，中央全裂片卵状菱形，宽3~6 cm，基部有长达1.4 cm的细柄，顶端长渐尖，3~6对羽状深裂，深裂片斜长椭圆状卵形，顶端急尖，彼此的距离稀疏，相距最宽可达1.5 cm，边缘具带细刺尖的锐锯齿，侧全裂片无柄或具长1~6 mm的细柄，斜卵形，比中央全裂片短，长3.3~7 cm，二深裂至距基部约4 mm处，两面的叶脉隆起，除表面沿脉被短柔毛外，其余均无毛；叶柄长8~19 cm，无毛。花葶1~2条，在果期时高15~25 cm；多歧聚伞花序具3~4（~5）朵花；苞片椭圆形，三深裂或羽状深裂；萼片黄绿色，椭圆形，长7.5~8 mm，宽2.5~3 mm；花瓣匙形，长5.4~5.9 mm，宽0.8~1 mm，顶端圆或钝，中部以下变狭成为细长的爪，中央有蜜槽；花药长约0.8 mm，花丝长2~2.5 mm；心皮11~14，花柱外弯。蓇葖长7~9 mm，宽3~4 mm。

【资源分布及生物学习性】

黄连分布于四川、重庆、贵州、湖南、湖北、陕西南部。生海拔500~2 000 m的山地林中或山谷阴处，野生或栽培。

三角叶黄连特产四川峨眉及洪雅一带。生海拔1 600~2 200 m的山地林下，常栽培，野生的已不多见。

云连在我国分布于云南西北部及西藏东南部。生海拔1 500~2 300 m的高山寒湿的林荫下，野生或有时栽培。

黄连为浅根系植物。水平分布31~35 cm，垂直分布10 cm以下。移栽当年，须根生长旺盛。4月为新叶盛发期，第3年叶面积达最大值。叶芽呈二叉分枝，混合芽为合轴分枝，使根茎呈连珠状的节结向上生长。根茎开花结实期，小檗碱含量最低，以后逐渐升高，至10月达最大值，然后下降。移栽后3年，小檗碱含量最高或基本稳定，是黄连由营养生长转向生殖生长时期，黄连开花率达75%以上。8—10月花芽分化，其顺序为花萼、雄蕊、花瓣及雌蕊。在石柱县黄水地区，9月中旬为小孢子分化发育阶段，10月中旬为大孢子分化发育阶段，12月上中旬为胚囊分化发育阶段，2月中旬胚囊成熟。3月中旬为胚的形成与发育阶段，5月中旬为球形胚发育，7—8月心形胚分化，第3年2月胚完全成熟。胚需在13~17 ℃下经3~6个月或在0~5 ℃下2~3个月才能完成后熟。2月下旬至3月上旬为精卵细胞受精阶段。花葶弯曲出土，然后伸直，当花草高达11.9 cm时，开始开花，主花葶先开，分枝花葶后开，在一根花葶上，由下而上。在一朵花内，花药由外向内散开，开花后2~3 d，花丝伸至3~6 cm，花药散开，散粉后第9 d达高峰，昼夜均可裂药散粉，以9~13点的散粉最多。开花6 h后，花粉生活力下降，22 h后完全丧失生活力。成熟柱头10 d内仍有生活力。自由授粉率与自交率均为95%以上。人工授粉率在46%以上，故黄连常为异花授粉植物。黄连种子平均产78~441 kg/hm^2，随苗龄的增长，波动地上升，每隔1~2年即可有一个种子丰产年。而以移栽后第3年的种子质量最好，饱满度、千粒重和发芽率均高。

【规范化种植技术】

1. 育苗技术

选地：宜选择在避风的阴山或日晒时间短的半阳山，土壤肥沃、腐殖质层深厚、排水良好的山腰、山脚和槽地的轮作地作苗圃地。坡度不宜过大，一般在20°以内。

整地：在每年11月进行整地。先清除地上的杂物，挖出树根和草根。将枯枝草根等杂物堆集成堆，用火烧熏，只要土壤受熏发黑，土壤表面凝聚了水汽即可。然后粗挖翻土，再进行细耕，将土块打碎以备开厢作畦。

搭棚蔽荫：荫蔽度要求达到80%左右。现多采用水泥桩搭棚蔽荫。一般先埋桩，后拉铁丝，然后自下而上将遮盖物盖上。

开厢：土地整平后，根据地势，按150 cm开厢，厢面宽120 cm，沟宽20 cm，沟深10~12 cm。厢做好后施基肥，每亩施腐熟的厩肥500~1 000 kg，或100 kg磷肥，均匀铺于厢面，与表土拌匀。再盖上3 cm左右厚的熏土即可播种。

播种：每年10—11月或翌年2月初播种。播种时，将种子与20~30倍细腐殖质土或干牛粪粉拌匀撒于厢面。撒后用木板将厢面稍稍压实，使种子与土壤相接触，然后再覆盖一层稀疏的谷壳，黄连种子每亩播种量2.5 kg左右。

勤除草：由于黄连苗床土壤肥沃，杂草容易滋生，所以，必须勤除草，做到除早、除小、除净。除草时操作必须小心细致，拔草时，应一手按住连苗根，一手将草拔起。除草时结合间苗，约1 cm处进行间苗。

追肥：在5月，幼苗长出1~2片真叶时，每亩施尿素8 kg左右。第二次追肥，在7月，追施尿素12 kg，加施过筛的腐殖土150 kg撒于厢面。10—11月，每亩以干厩肥500~1 000 kg撒于苗床，以备越冬。到第三年春季，再施尿素10 kg一次，使幼苗生长更快。这时的秧苗称为"当年秧子"，就可选取合格苗移栽了。每次扯秧后，必须进行追肥管理（追肥量尿素10 kg氮肥），这样可以多次选合格苗移栽。

2. 种苗标准

黄连种苗应选择2~3年生，具有6片以上真叶，株高6 cm以上的健壮苗作为移栽苗。

3. 种植地准备

选地一般应选择在海拔1 200～1 600 m的早晚阳山，坡度为10°～20°，腐殖质含量高、上层疏松、下层较紧密（上泡下实）的紫红泥、森林黄棕壤、腐殖质黄棕壤等土壤的轮作地。

整地荒山土、撂荒土整地方法类同育苗的整地方法。多在11月整地，经过冻垡以减少病虫害发生。如果所选地是轮作土，厢整好后，可亩撒生石灰粉500 kg消毒灭菌，并采用复土（客土）栽连技术。

起厢根据地势，开沟做厢（同育苗方法），特别要做好排水沟，以免积水造成黄连根茎腐烂和病虫害发生。

蔽荫搭制荫蔽棚的时间为10—12月。黄连栽后第一年只需透光20%～25%，第二、三年需透光35%～40%，第四年透光需增加到60%左右，收获当年要全日照。

水泥（石）柱搭棚棚桩长2 m、厚（7 cm×7 cm）的水泥预制（石）柱。根据地势，按1.5～2.0 m的距离栽柱。水泥桩或石柱埋入土内约50 cm，使地面上部桩高有1.7 m左右。桩栽好后，后拉铁丝，然后自下而上将遮盖物放上，使棚内荫蔽度达60%～70%。棚的四周的小树竿或小竹杆编制成篱笆。完成后在每桩旁栽一树苗（即一桩一树）。

木桩搭棚木权粗3～5 cm，长160 cm左右，下端砍成渐尖的三棱形，上端留权口6 cm左右；竖杆（檩子）粗3～6 cm，长300 cm以上的树枝或竹竿；横杆：粗3 cm，长130～160 cm。先将木权按2 m距离插入木中固定，再在其上端权口纵放檩子，横放横杆，用绳固定。盖上遮盖物。完成后在每桩旁栽一树苗（即一桩一树）。

林下蔽荫选择荫蔽良好的林地，以常绿林、混交林为宜，一般树以3～5 m为宜，冠幅在3.5 m左右的大灌木或小乔木为好。树间距离约为3 m，修剪树枝，使其树冠的遮荫度保持在70%左右。在荫蔽不够的地方，要栽树或补搭蔽荫棚。在移栽第三年后，砍掉部分上层树枝，增加透光度，以后逐年增加树枝的修剪量，使光照逐渐加强，但应防止砍死或砍掉树木。

施基肥基肥一般以腐熟厩肥为主，每亩施2 000～3 000 kg，同时施过磷酸钙150 kg。把腐熟厩肥捣碎与

专家指导种植

磷肥混合，均匀铺于厢面，然后用锄头浅挖，把厩肥与表土拌匀。若厩肥不足也可拌施沤肥、堆肥和其他土杂肥料。施基肥后，再盖3～5 cm的熏土称"面泥"。"面泥"中最好拌施适量腐熟的人粪尿或碳酸氢铵50 kg，然后均匀摊平在厢面上。

4. 移栽

秧苗准备移栽宜在阴天进行，先剪去黄连秧苗部分须根，留1.5～2.0 cm长，剪须根后，用水把秧苗根上的泥土淘洗干净，用多菌灵水浸0.5 h后栽植。栽后容易成活。如起挖的苗，当天未栽完，应摊放阴湿处。次日再栽时应再次浸根。通常上午扯秧子，下午栽种，当天栽完。

在2—3月所栽的秧苗，雪化后，黄连新叶未长出前，栽后成活率高，移栽后不久即发新叶，长新根，生长良好，入伏后，死苗少，是比较好的栽连时间。第二个时期是在5—6月，此时新叶已经长成，秧苗较大，栽后成活率高，生长亦好。

移栽时间黄连可移栽的时期较长，一年四季均可移栽，尤以3—5月移栽为佳，称为"春排"。在9—10月移栽称"秋排"。剪口秧子在采收后及时栽培，一般在11月进行栽培。

栽植密度种植规格一般为10 cm的方窝，即连农习惯称"一跨三窝"，为正四方形，每亩6万株左右。若土壤特别肥沃的地方也可采用12 cm×12 cm的株行距。

栽植深度依苗大小及移栽期而定。小苗栽浅些，大苗栽深些。春栽稍浅有利发叶，秋栽要深有利防冻。天旱时可栽深些，一般以土表刚好壅过根茎处为度，过深过浅皆不适宜。在栽秧苗时，应注意不能将苗子根部或叶柄弯曲栽下（即所谓栽"弯脚秧"），也不要栽双株秧子。

栽培方法栽秧苗前，选阴天用齿耙将厢面梳去草根石块，现梳现栽，如果当天的梳土没有栽完，第2天栽秧苗前应再行梳地一次才能移栽。

栽秧用具为专用木柄心形小铁铲或一端削尖的小竹片。栽秧时用栽秧刀或一端削尖的小竹片，并用大、食、中指兼拿秧苗一把，左手从右手中取1株秧苗，用大、食、中指拿住苗子的上部，随即将铁铲垂直插入土中，深4～6 cm，并向胸前平拉2～3 cm，使成一小穴，把秧苗端正地插入穴中，立刻取出小铲，推土向前掩好穴口，用铲背压紧秧苗。再在孔边斜插1刀培土，将苗压紧，一般以土表刚好壅过根茎处为度（上半年移栽时，可略浅，而下半年可略深。最后平土扶苗浇足水即成）。

徒手栽植以左手握秧苗的柄叶，右手取苗1株，并用右手食指压住幼苗根茎向土中插下旋转半周后，取出手指将连苗留在孔穴中，然后把秧苗扶正，将手指留下的孔穴覆土填盖即可。

栽植顺序为由上至下，边栽边退，并随之弄松畦土，弄平脚印。栽苗不宜过浅，一般适龄苗应使叶片以下完全入土，最深不超过6 cm，方易成活。

5. 施肥

黄连是喜肥作物，开始第一、二年生长较慢，直到第三、四年才进入旺长期。根据这一特点，除在移栽前施足基肥外，每年都需要大量追肥，追肥重于基肥，才能提高黄连产量和质量。

黄连根茎具有向上生长而又不长出土面的特性，必须逐年培土（习惯称"上泥"），以促进根茎生长（伸长）。"面泥"可以是腐殖土或者是生土。撒"面泥"时必须撒均匀，不能厚薄不一，也不能一次上得过多，以免引起根茎节间突然迅速伸长，形成细长的"过桥"，反而降低黄连的产量和质量。

第一年，在栽后7 d以内，即应施肥一次，连农称"刀口肥"。每亩以腐熟细碎的厩肥1 000 kg或熏土1 000 kg均匀撒于厢面。移栽约一个月秧苗发根后，每亩可用尿素7～10 kg拌细土在晴天无露水时撒施，撒肥后即用竹子或细树枝在厢面上轻扫一次，将肥料颗粒扫落土里，以免肥料烧叶。

春栽的秧苗，于8、9月份还可施尿素10～15 kg。秋末冬初（10—11月）施肥一次，连农称"越冬肥"。用捣碎的厩肥每亩1 000 kg拌过磷酸钙100 kg及石灰150 kg，尿素10～15 kg拌熏土1 500 kg均匀撒于厢面，连农称上"花花泥"。

第二年3月施春肥1次，每亩用厩肥1 500 kg，也可单用尿素10～15 kg拌细土撒施。5、6月份每亩施用捣碎腐熟的厩肥1 500 kg或熏土2 000 kg。10—11月又施冬肥1次，每亩可用厩肥2 000 kg拌100 kg过磷酸钙及石灰100 kg撒施厢面，或单施过磷酸钙150 kg后培土1 cm左右厚。

第三、四年黄连进入旺长的年龄时期，需肥量较多，因此，5、6月份追肥很重要，可用腐熟厩肥每亩3 000 kg，拌石灰100 kg施用。冬肥每亩用腐熟厩肥3 000 kg，或熏土4 000 kg，拌过磷酸钙150 kg。第5年：若不收获，追肥、培土的方法同第4年。若为收获的当年，则只施春肥，不需施秋肥。

第5年，若不收获，追肥、培土的方法同第四年。若为收获的当年，则只施春肥，不需施秋肥。

6. 田间管理

补苗黄连苗着根浅，易受强光直晒，雨水冲刷，冷冻等因素，导致黄连死亡。补苗最好能做到随时发现缺苗随时补上，但实践中一般分两次补苗。在移栽当年的秋季补一次，次年的春季补苗一次，保证黄连存苗率达到85%以上。补栽的黄连苗要求株高8 cm上，有6片以上真叶的健壮大苗。

拦棚边移栽后的黄连幼苗，最怕强光照射，极易被晒死。黄连栽秧苗后，立即用竹子、树枝插于棚周，或者用编好的篱笆拦在四周，以利荫蔽，保持一定的湿度和防止牛、马、羊进入践踏黄连。依照棚的大小和进出方便，需留一至4个门，在平时门应关闭，进棚内作业时将门打开，出棚后即关门。

除草松土在移栽后的第一、二年内，每年至少除草4～5次，要求基本上保持厢面上无杂草。林间栽黄连在第二年内结合除草进行一次树旁断根。第三、四年后，每年只需在春季、夏季采种后及秋季各扯草一次。第五年以后，一般不必除草。在拔除杂草时要一手按住连苗，再一手拔草，同时，必须结合撬松表土，以利新叶再生。但应注意不能把连苗撬松，避免造成黄连苗的死亡。

林间栽黄连在第三年内结合除草再进行一次树旁断根。

摘花苔除留种植株外，从移栽后第二年起，每年的1月底2月上中旬及时摘除花薹。

培土（上面泥）即在附近收集腐殖质土弄细后撒在厢上。施面泥可与施肥结合，即施肥后，即时上面泥（培土）。"面泥"可以是腐殖土、熏土或者是生土。撒"面泥"时必须撒均匀。

第二、三年撒1 cm左右厚，称为"上花泥"；第四年撒2 cm左右，称为"上饱泥"。

棚架修补与拆棚黄连栽后的1～4年中，应特别注意棚架棚盖，不能任其倒塌掉落，发现垮棚时亦应修补、调整。到第四年秋后，即收获的上年，必须拆去棚上盖材，使收获前的黄连得到充分光照，以抑制黄连地上部分生长，使根茎充实和品质提高。

7. 病虫害防治

7.1 白绢病

症状：黄连发病初期，地上部分无明显病症状，后期随着温度的增高，根茎内的菌丝穿出土层，向土表伸展，菌丝密布于根茎及四周的土表，最后在根茎和近土表上形成先为乳白色、淡黄色最后为茶褐色油菜籽大小的菌核。由于菌丝破坏了黄连的根茎的皮层及输导组织，被害株顶梢凋萎、下垂，最后整株枯死。

病源：黄连白绢病一般以成熟菌核及菌丝体在土壤、被害杂草或病株残体上越冬，成为第二年发病的主要初侵染源。据报道有的菌核在土中还能存活5、6年以上。病菌可通过带菌种苗及带菌厩肥、水流传播，以聚合和菌丝体蔓延进行再次侵染。

发病与环境关系：复土栽连白绢病的发生最重，熟土和二荒地栽连白绢病的发生相对较轻，林间（老山）栽连白绢病的发生与周围植被构成有关，十字花科、茄科等植物较多的林间栽连，白绢病的发生较重。地势低洼，雨后积水的黄连地比地势高、排水较好的黄连地发病重。海拔低的相对海拔高的，发病期较长，表现病重。荫蔽度70%与荫蔽度50%比较。荫蔽度大的，易发病。沙质土、酸性土或土壤湿度过高，有利于发病。黄连地下雨之后的冲积土，土壤持水量高，构成有利于本病发生的土壤因素。

防治时间：7—8月。

最佳防治期：土表有白色菌丝时。

农业防治：采收黄连后的土地可与豆科禾本科作物轮作。实行熟土轮作栽培的，可用生石灰粉500 kg翻入土中进行土壤消毒。棚块发病初期，可采用50%的石灰水浇灌。发现病株，及时带土移出黄连棚外深埋或者焚烧掉，并在病害周围撒生石灰粉进行消毒。

生物防治：麦麸皮10 kg，加水3 kg，放在蒸笼里蒸1 h，待麦麸凉后，拌入哈茨木霉菌种25 g，均匀即可使用，施在植株周围，使土壤中的木霉大量生长和繁殖，可大大抑制白绢病的发生和蔓延。

化学防治：有白绢病发生病史的园区，4月上旬—9月上旬用农药喷洒根际和土壤。可用25%多菌灵可湿性粉剂800倍液淋灌。50%多菌灵可湿性粉剂500倍液；70%甲基硫菌灵可湿粉剂800倍液。

7.2 白粉病

症状：黄连白粉病主要危害黄连叶子。发病时如遇干旱，在黄连叶背面呈现红黄不规则病斑，其上撒播小黑点，渐次扩大成大病斑，直径大小为2～25 mm，叶的正面呈现黄褐色不规则的病斑，有时误认为日灼病，严重者迅速引起叶片枯死。如遇潮湿，叶的正面有一层白色粉状物，叶背仍为一种红黄不规则病斑。以后变成水渍状暗褐斑点，严重时叶子凋落枯死。轻者次年可生新叶，重者死亡缺株。

病源：越冬后的黄连叶片残体上的白粉病子囊孢子是主要的侵染源。

发病与环境关系：复土栽连白粉病的发生最重，熟土和二荒地栽连白粉病的发生相对较轻，林间（老山）栽连白粉病的发生与周围植被构成有关，壳斗科植物较多的林间栽连白粉病的发生较重。温度高、湿度大、荫蔽度高的利于病菌生长。

防治时间：5—6月。

农业防治：在3—4月锄第一次草时应仔细将上年留下的枯叶和一些老叶随之除去，以减少初次侵染源。发病初期要及时将病株移出棚外烧毁，防止蔓延。同时，对荫蔽度过大、积水较多的地块应根据黄连的生长状况调节荫蔽度，拆除边棚，适当增加光照；及时排水，以降低湿度，减轻病害的流行和蔓延。此外，采取适宜的种植密度，密度大有利于白粉病的发生，如在施肥充足的前提下，可采用7寸3兜的种植密度；调节荫蔽同时，对荫蔽度过大、积水较多的地块应根据黄连的生长状况调节荫蔽度，拆除边棚，及时排水，以降低湿度，减轻病害的流行和蔓延。此外，采取适宜的种植密度，密度大有利于白粉病的发生，如在施肥充足的前提下，可采用7寸3兜的种植密度。

化学防治：可以喷洒70%代森锰锌可湿性粉剂800倍液；或45%晶体石硫合剂150倍液；或43%戊唑醇水分散粒剂3 000倍液；或15%三唑酮可湿性粉剂800倍液；或20%粉锈宁（三唑酮）可湿性粉剂1 000～500倍液，或50%嘧菌脂水分散粒剂240～360 g/hm^2。或"农抗120"200倍液防治，或用庆丰霉素80单位喷射，或25%多菌灵可湿性粉剂1 000～500倍液喷雾。

5—9月，发病株率20%以上，喷雾防治，每隔7 d 1次，连续2～3次。

也可用清尿泡谷壳撒于叶面，每亩约250 kg，撒后几天即可回青。

最佳防治期：叶片出现褪绿的黄色小斑点时。

7.3 根腐病

症状：发病初期，叶柄、叶等地上部分及根茎无明显症状，地下的须根呈黑褐色。发病时叶缘变紫红色，逐渐出现暗紫红色不规则病斑；枝叶呈萎蔫状；须根变黑褐色，干腐，再干腐脱落。叶面初期从叶尖、叶缘变紫红色不规则病斑，逐渐变暗紫红色，布满全叶；叶背由黄绿色变紫红色，叶缘紫红色。病变从外叶渐渐发展到心叶。病情继续发展，枝叶即呈萎蔫状，初旱期尚能恢复，后期则不再恢复，干枯至死。发病时，病株很易从土中拔起。

病源：附着在病残组织和叶片上的病原菌，越冬菌态主要是菌丝体和分生孢子。主要从伤口入侵。黄连炭疽病的分生孢子主要借雨水传播，可重复侵染发病，而气流只有在雨水将黏结在一起的分生孢子堆浸散开后才有相对较大的传播作用，风雨交加是远距离传播的主要途径。无雨天分生孢子粘在一起，不易被风吹散，气流传播作用小，所以干旱不利于病原菌分散传播及流行，发病则轻。

发病与环境关系：生长势弱，杂草多的黄连地易感染，湿度利于病菌的生长。

防治时间：4—5月。

农业防治：熟土栽连，一般与豆科禾本科作物轮作3～5年后才能再栽黄连。切忌连作或与易感此病的药材或农作物轮作。移栽前结合整地，每亩施用生石灰粉500 kg消毒土壤。在黄连生长期，要注意防治地老虎、蛴螬、蝼蛄等地下害虫，以减少发病机会。发现病株，及时拔除，并在病穴中施生石灰粉。

化学防治：在发病初期宜用75%百菌清可湿性粉剂600 g兑水喷雾防治，或50%多菌灵可湿性粉剂800倍液；或70%甲基硫菌磷可湿性粉剂1 000倍液。

有根腐病发生病史的园区，4—8月喷雾或灌根。

最佳防治期：叶尖、叶缘有紫红色不规则病斑。

7.4　炭疽病

症状：发病初期，在叶脉上产生褐色略下陷的小斑，病斑扩大后呈黑褐色，中部褐色，并有不规则的轮纹，上面着生小黑点。叶柄茎部常出现深褐色水渍状病斑，后期略向内陷，造成枯柄落叶。天气潮湿时病部可产生粉红色粘状物，即病菌的分生孢子堆。

防治时间：3—4月。

农业防治：发病后立即摘除病叶，消灭发病中心，冬季清园，将枯枝病叶集中烧毁。黄连炭疽病的初侵染源为越冬后附着在病残组织和叶片上的病原菌，因此，在第一次锄草时应仔细将上年留下的枯叶和老叶除去，集中深埋和烧毁，以减少初次侵染源。对荫蔽度过大、积水较多的地块应根据植株的生长状况调节荫蔽度，拆除边棚，及时排水，以降低湿度，减轻病害的流行和蔓延。加强肥水管理，增强黄连的长势，适当施用钾肥，提高植株抗病力。

化学防治：每亩用75%百菌清可湿性粉剂600 g兑水喷雾。或50%脒鲜胺可湿性粉剂1 000倍液；或70%甲基硫菌灵可湿性粉剂800倍液。3—9月份，发病率5%以上，喷雾防治，每隔7 d 1次，连续2～3次。

最佳防治期：叶脉上产生褐色下陷的小斑时。

7.5　霉素病（又名晚疫病）

症状：发病初期叶或叶柄上出现暗绿色不规则病斑，随后病斑变深色，患部变软，黄连叶片像开水烫过一样，卷曲、扭曲，呈半透明状，干枯或下垂。该病主要出现在轮作地或幼苗期。

防治时间：4—5月。

农业防治：荫棚适当，土壤疏松，厢沟排水良好。发病后，及时剪除病叶集中烧毁。

药物防治：每亩用75%百菌清可湿性粉剂600 g兑水喷雾。

最佳防治期：黄连叶或叶柄上出现暗绿色不规则病斑时。

7.6　蛴螬

症状：蛴螬一般在比较肥沃的土壤中较多，咬食叶柄基部，严重时，成片幼苗被咬断。危害特点是断口比较整齐，使幼苗枯萎死亡。主要有大黑金龟子、铜绿丽金龟子和黑绒金龟子3种。

防治时间：7—9月。

农业防治：栽连前，应于冬季清除杂草，深翻土地，消灭越冬虫卵；施用腐熟的厩肥、堆肥、施后覆土，减少产卵量；栽黄连秧子前半月，每亩用500 kg石灰撒于土面，翻入土中，杀死幼虫。

生物防治：白僵菌（2%粉粒剂）防治蛴螬能达到化学药剂防治效果的81%。

物理防治：利用成虫的趋光性，可利用频振式杀虫灯、黑光灯、白炽灯对成虫进行诱杀；利用成虫的假死性，可以进行人工捕捉。

化学防治：在危害期也可亩用90%敌百虫可湿性粉剂100 g（1 000～500倍液）浇注。或5%辛硫磷颗粒剂每亩2～2.5 kg；或10%二嗪磷颗粒剂2～2.5 kg/亩。于4—5月，8月下旬—9月上旬中耕投入土壤中。

最佳防治期：成虫期。

7.7 小地老虎

症状：常从地面咬断幼苗，并拖入洞内继续咬食，或咬食未出土的幼芽，造成断苗缺株。白天潜伏在土中，夜晚出土为害，为害特点是将茎基部咬断。

防治时间：3—4月。

农业防治：在3月下旬至4月上旬，清除黄连棚周围杂草和枯枝落叶，消灭越冬幼虫和蛹。清早日出之前，检查黄连地，发现新被害苗附近土面有小孔，立即挖出捕杀。

物理防治：诱杀小地老虎：利用草堆诱杀幼虫，在一年生黄连地旁边，堆放些新鲜杂草，每隔6 m左右放一堆，幼虫喜欢白天藏在草堆，每天翻查草堆，杀死幼虫；用糖醋液诱杀成虫，糖醋液的配制是：糖6份、醋3份、白酒1份、90%敌百虫晶体1份、水10份混合调匀装在罐或盆中置于田间，盆离地66～100 cm高，可诱杀成虫。

化学防治：2.5%氯氰菊酯乳剂2 000倍液；在为害盛期，每亩用90%敌百虫晶体粉100 g拌切碎的新鲜嫩草撒在黄连厢面诱杀。或5%辛硫磷颗粒剂每亩2～2.5 kg；或10%二嗪磷颗粒剂2～2.5 kg/亩。于4—5月中耕投入土壤中。

最佳防治期：幼虫期。

7.8 蝼蛄

症状：蝼蛄以成若虫食害黄连的根和靠近地面的幼茎，在地表层活动，钻成很多纵横交错的隧道。受害植株枯萎而死。为害特点是咬成乱麻状，同时蝼蛄在地表层活动，形成隧道，使幼苗根与土壤分离，造成幼苗凋枯死亡。

防治时间：3—5月。

农业防治：不施未腐熟的有机肥料，以防止招引成虫来产卵，精耕细作，及时镇压土壤，清除田间杂草，发生严重的地区，秋冬翻地可把越冬幼虫翻到地表使其风干、冻死或被天敌捕食，机械杀伤的防效特别明显。

物理防治：利用蝼蛄对马粪、灯光的趋性进行诱杀。

化学防治：50%辛硫磷乳油1 000倍液；或90%敌百虫晶体800倍液。

最佳防治期：幼虫期。

8. 留种

优质种子培育优质种子来源依赖于优良类型和良种的培育，因而在生产上应注意优良株型的选择和合理施肥技术。

选种时首先选择大叶型和花叶型两个类型，再在这基础上，选择芽苞数多，外侧芽发达，分枝多，叶数多且面积大，叶色正常，生成旺盛的四、五年黄连植物，作采种植株。最好在种植三年时，将符合上述要求的类型，集中栽培，作为优质种源来培育。

种子一般分为三级：在0.9 mm筛以上的种子为一级，占种子，二级种子为0.8～0.5 mm筛，三级种子在0.5 mm筛之下。一般只用一、二级种子作为良种育苗。

9. 采收与加工

9.1 采收时间

收获的年限和时期以移栽后5～6年采挖，其产量和质量都达到最佳效果。黄连的最适时收获时期为历年的10—11月。根据黄连经济量最大月份在7月，折干率最大在8月，而根茎的小檗碱的含量最高在9—10月，总生物碱的含量最高在10—11月。黄连作为药材，其成分含量在一定程度上代表其品质，所以，根据质量优先的原则，考虑到气候、海拔的因素，确定黄连最佳采收期为10—11月。

低海拔栽培的黄连可在9—10月采收，而海拔栽培的黄连可在10—11月采收。同时，采收时晴天利于干燥。

9.2　采收方法

在采收之前，须将待收的黄连棚折下，将盖材及木桩整理成捆，运回作为烘烤加工用柴。准备采收工具，采收工具主要有二齿耙及剪刀，此外，还要撮箕、背篓及运输工具。

不同产区的黄连采收方法并不完全一致，如重庆石柱采收黄连时，一般是将整株黄连挖起，剪去须、叶，此时，称为毛坨子，将毛坨子运回烘烤加工。湖北恩施太山庙药材采收黄连方法，则是先将黄连割去叶，再将黄连挖出、运回，最后剪除须根，上烘加工。

石柱黄连采收方法：选晴天挖连，抖落泥沙，用剪刀将须根、叶子连同叶柄一起剪掉，只剩下根茎部分称"毛坨子"。其剪法为"一左二右，三梗子"。剪时注意切勿剪伤根茎，以免影响产量。

剪好的毛坨子运回后，应及时烘烤。如遇晴天，也可将毛坨子在太阳下摊晒，待表面土色变干时，用齿耙翻晒，并拍打毛坨子，抖落粘附在毛坨子上的泥土，通过翻晒，尽量使毛坨子泥土抖净，减少烘烧的时间及温度，提高烘烤效率。

10. 干燥与加工

毛炕　把剪好的黄连根茎（坨子），放在炕上堆好，每炕放湿黄连300～800 kg。堆好后点火，火力开始不宜过强，应慢慢增大。以避免黄连根茎内湿外干或起泡，影响质量。其温度控制为50～110 ℃，即在点火加温的1 h之内，温度保持在50～65 ℃，加温后1～2 h，温度逐渐由65 ℃升至100 ℃内。要求勤翻动，每隔10～20 min，用造板翻动一次。水汽干时，用山把捶打搓动，抖掉泥土。待根茎表面颜色发白或最小的根茎已干时，便可停火出炕。出炕后，按黄连根茎的大小及干湿程度选分为档。分档后再进行加温烘炕（称为细炕）。

细炕　先将特大和相对较湿的黄连平铺于炕帘上，用中等火力烘炕，勤翻勤抖，待炕至干湿度与应参兑的相应级别时就将其加入其中，连农称"对货"，以此类推到炕满。火力由小到大，出炕前几分钟，火力逐渐加大，连农称"爆须"。即自生火的2 h内，温度保持为60～80 ℃；2～4 h内，温度保持为80～100 ℃；4～5 h，温度保持为100～110 ℃；在出炕的最后半小时内，温度逐渐升至150 ℃。在细炕干燥的整个过程中，翻造宜勤，可每隔3～5 min翻造一次，防止炕焦，使干燥均匀，直到全部炕干，外皮呈暗红色，内肉呈甘草色（淡黄色），即停火出炕。

脱毛　经细炕后的黄连根茎（坨子）立即趁热装入清洁无污染的槽笼进行脱毛（打槽笼）。黄连装入槽笼后，将盖子盖好，由2～6人将槽笼抬起来回冲撞，使黄连在槽笼中相互摩擦，去掉须根及所附泥土与残余叶柄（即桩口）。随后，将黄连倒在干燥、清洁无污染的篾席上，用大孔筛子（即炭筛）将黄连筛出，除去石子、土粒，异物及灰渣即为成品黄连。

【药材质量标准】

【性状】味连多集聚成簇，常弯曲，形如鸡爪，单枝根茎长3～6 cm，直径0.3～0.8 cm。表面灰黄色或黄褐色，粗糙，有不规则结节状隆起、须根及须根残基，有的节间表面平滑如茎秆，习称"过桥"。上部多残留褐色鳞叶，顶端常留有残余的茎或叶柄。质硬，断面不整齐，皮部橙红色或暗棕色，木部鲜黄色或橙黄色，呈放射状排列，髓部有的中空。气微，味极苦。

雅连多为单枝，略呈圆柱形，微弯曲，长4～8 cm，直径0.5～1 cm。"过桥"较长。顶端有少许残茎。

云连弯曲呈钩状，多为单枝，较细小。

【鉴别】（1）本品横切面：味连木栓层为数列细胞，其外有表皮，常脱落。皮层较宽，石细胞单个或成群散在。中柱鞘纤维成束或伴有少数石细胞，均显黄色。维管束外韧型，环列。木质部黄色，均木化，木纤维较发达。髓部均为薄壁细胞，无石细胞。

雅连髓部有石细胞。

云连皮层、中柱鞘及髓部均无石细胞。

（2）取本品粉末0.25 g，加甲醇25 mL，超声处理30 min，滤过，取滤液作为供试品溶液。另取黄连对照药材0.25 g，同法制成对照药材溶液。再取盐酸小檗碱对照品，加甲醇制成每1 mL含0.5 mg的溶液，作为对照品溶液。照薄层色谱法（附录Ⅵ B）试验，吸取上述三种溶液各1 μL，分别点于同一高效硅胶G薄层板上，以环己烷-乙酸乙酯-异丙醇-甲醇-水-三乙胺（3∶3.5∶1∶1.5∶0.5∶1）为展开剂，置用浓氨试液预饱和20 min的展开缸内，展开，取出，晾干，置紫外光灯（365 nm）下检视。供试品色谱中，在与对照药材色谱相应的位置上，显4个以上相同颜色的荧光斑点；对照品色谱相应的位置上，显相同颜色的荧光斑点。

【检查】水分　不得过14.0%（附录Ⅸ H第一法）。

总灰分　不得过5.0%（附录Ⅸ K）。

【浸出物】按照醇溶性浸出物测定法（附录 X A）项下的热浸法测定，用稀乙醇作溶剂，不得少于15.0%。

【含量测定】味连照高效液相色谱法（附录Ⅵ D）测定。

色谱条件与系统适用性试验　以十八烷基硅烷键合硅胶为填充剂；以乙腈-0.05 mol/L磷酸二氢钾溶液（50∶50）（每100 mL中加十二烷基硫酸钠0.4 g，再以磷酸调节pH值为4.0）为流动相；检测波长为345 nm。理论板数按盐酸小檗碱峰计算应不低于5 000。

对照品溶液的制备　取盐酸小檗碱对照品适量，精密称定，加甲醇制成每1 mL含90.5 μg的溶液，即得。

供试品溶液的制备　取本品粉末（过二号筛）约0.2 g，精密称定，置具塞锥形瓶中，精密加入甲醇-盐酸（100∶1）的混合溶液50 mL，密塞，称定重量，超声处理（功率250 W，频率40 kHz）30 min，放冷，再称定重量，用甲醇补足减失的重量，摇匀，滤过，精密量取续滤液2 mL，置10 mL量瓶中，加甲醇至刻度，摇匀，滤过，取续滤液，即得。

测定法　分别精密吸取对照品溶液与供试品溶液各10 μL，注入液相色谱仪，测定，以盐酸小檗碱对照品的峰面积为对照，分别计算小檗碱、表小檗碱、黄连碱和巴马汀的含量，用待测成分色谱峰与盐酸小檗碱色谱峰的相对保留时间确定。

表小檗碱、黄连碱、巴马汀、小檗碱的峰位，其相对保留时间应在规定值的±5%范围之内，即得。相对保留时间见下表。

待测成分（峰）	相对保留时间
表小檗碱	0.71
黄连碱	0.78
巴马汀	0.91
小檗碱	1.00

本品按干燥品计算，以盐酸小檗碱计，含小檗碱（$C_{20}H_{17}NO_4$）不得少于5.5%，表小檗碱（$C_{20}H_{17}NO_4$）不得少于0.80%，黄连碱（$C_{19}H_{13}NO_4$）不得少于1.6%，巴马汀（$C_{21}H_{21}NO_4$）不得少于1.5%。

【市场前景】

黄连是常用重要中药，在我国有悠久的入药历史。以干燥根茎入药，具有清热燥湿、泻火解毒等功效。根茎中主要含小檗碱、黄连碱、表小檗碱、巴马汀及药根碱等多种生物碱。黄连的利用至少经历了1 200多年历史，人类对当地资源的干扰由来已久，由于黄连长期利用，大量采挖，野生黄连极为稀少，黄连已被列为国家三级珍稀濒危植物；虽然历代人工种植都有相当规模，但采挖野生黄连从未停止过。当地民间对黄连的资源、环境及开发利用等具有深刻的认识，积累了丰富的栽培加工经验，具有较大的参考价值。但目前产品的场地加工、炮制工艺还相当简陋，加工开发的深度及广度也十分有限，产品附加值很低，仍然没有改变以销售原材料为主的被动局面。因此，深入开展黄连及其副产品深加工技术的研究与开发，突破黄连产业发展瓶颈，推动黄连产业可持续发展。

8. 川乌

【来源】

本品为毛茛科植物乌头*Aconitum carmichaelii* Debx.的干燥母根。6月下旬至8月上旬采挖，除去子根、须根及泥沙，晒干。中药名：川乌；别名：草乌、乌药、盐乌头、鹅儿花、铁花、五毒等。

【原植物形态】

块根倒圆锥形，长2～4 cm，粗1～1.6 cm。茎高60～150（～200）cm，中部之上疏被反曲的短柔毛，等距离生叶，分枝。茎下部叶在开花时枯萎。茎中部叶有长柄；叶片薄革质或纸质，五角形，长6～11 cm，宽9～15 cm，基部浅心形三裂达或近基部，中央全裂片宽菱形，有时倒卵状菱形或菱形，急尖，有时短渐尖近羽状分裂，二回裂片约2对，斜三角形，生1～3枚牙齿，间或全缘，侧全裂片不等二深裂，表面疏被短伏毛，背面通常只沿脉疏被短柔毛；叶柄长1～2.5 cm，疏被短柔毛。顶生总状花序长6～10（～25）cm；轴及花梗多少密被反曲而紧贴的短柔毛；下部苞片三裂，其他的狭卵形至披针形；花梗长1.5～3（～5.5）cm；小苞片生花梗中部或下部，长3～5（10）mm，宽0.5～0.8（～2）mm；萼片蓝紫色，外面被短柔毛，上萼片高盔形，高2~2.6 cm，自基部至喙长1.7~2.2 cm，下缘稍凹，喙不明显，侧萼片长1.5~2 cm；花瓣无毛，瓣片长约1.1 cm，唇长约6 mm，微凹，距长（1~）2~2.5 mm，通常拳卷；雄蕊无毛或疏被短毛，花丝有2小齿或全缘；心皮3~5，子房疏或密被短柔毛，稀无毛。蓇葖长1.5~1.8 cm；种子长3~3.2 mm，三棱形，只在二面密生横膜翅。9—10月开花。

【资源分布及生物学习性】

乌头分布于我国云南东部、四川、重庆、湖北、贵州、湖南、广西北部、广东北部、江西、浙江、江苏、安徽、陕西南部、河南南部、山东东部、辽宁南部。在四川西部、陕西南部及湖北西部一带分布于海拔850~2 150 m，在湖南及江西分布于700~900 m，在沿海诸省分布于100~500 m；生山地草坡或灌丛中。在越南北部也有分布。乌头喜温暖湿润气候，怕高温，怕涝，适应性较强，海拔2 000 m左右均可栽培。在土层深厚、疏松、肥沃、排水良好的沙壤上栽培为宜。阳光充足的高平地种植，前茬作物水稻、玉米、蔬菜、小麦为好。忌连作，否则品种退化。

【规范化种植技术】

1. 选地整地

乌头有"三喜""三怕"，即喜温、喜湿、喜光，怕热、怕旱、怕涝，应选择阳坡地势较高、阳光充足、土层深厚、疏松肥沃、排水良好的缓坡地，土质以中性油沙土或灰包土最好，以3年内未种过无头的地块最为理想。另外，忌重茬，必须与玉米等其他作物实施轮作换茬。提前深翻炕垡，加速土壤熟化，降低病虫基数。播种前再敲碎大土垡。精细翻整一次，按2 m宽开沟起厢。在厢面施足底肥，亩施圈肥或土杂肥1 000~1 500 kg（腐熟饼肥50 kg），优质三元复合肥40~50 kg，尿素5~6 kg，随后将厢面整平、表土整碎，使土壤与肥料混合均匀。最后清理厢沟，将畦整理成龟背形待种。确保排水流畅，地不渍水。

2. 繁殖方法

2.1 种子繁殖

乌头种子不易完全成熟，发芽率很低，出苗后块根的生长发育缓慢，且新生子根也很少，导致产量低，因此很少用作繁殖用种。

2.2 块根繁殖

播种时间一般在秋季11月上中旬（立冬前后），必须在高山土壤封冻前播种完毕。川乌种最好选色鲜、个圆、芽口紧包、无病斑、无损伤、个头中等大小（每千克150个左右）的块根，一般开沟条播，行距30~40 cm，株距18~20 cm，沟深20 cm左右，亩播块根约1.5万个，用种量100~120 kg。播种时需要注意，一是大小不等的块根应分类播种。确保出苗整齐一致。二是播种时块根应芽头向下，底朝上"倒栽"，这是乌头栽培的重要高产措施之一。栽种前，将种根放入50%退菌特800倍液中浸种3 h，捞出用清水冲洗去药液，在整好的畦面上分级栽种：1级大种按株行距17 cm，每畦栽3行，每亩栽1万~2万个；3级小种按株行距13 cm，每畦栽4行，每亩栽2万~4万个。栽后施入腐熟人畜粪水，提沟土覆盖畦面。栽种适期以冬至前1周即12月中旬为宜。最迟不超过12月下旬。因土温较高时栽下块根，先生根，后出苗，翌年幼苗生长健壮，产量高，质量好。过迟，则生长不良，产量亦低。

2.3 组织培养

研究表明，用不定根诱导愈伤组织时，在MS+6-BA2.5 mg/L+NAA 0.1 mg/L培养基上诱导率为100%，愈伤呈黄白色颗粒状，质地疏松。无菌叶片在MS+TDZ4 mg/L+NAA0.3 mg/L诱导率达到最高，为92.3%。

3. 田间管理

3.1 补苗

附子栽种后，在幼苗出土前，清理和疏通排水沟，使沟底平整，不致积水。齐苗后，如发现病株及时拔除，缺苗应及时补栽，栽后浇稀薄人粪尿定根，盖土与畦面齐平。

3.2 中耕除草

春季齐苗后，要结合追施苗肥进行第一次中耕除草，开花前再中耕一次，使土壤疏松，促块根迅速生长膨大。其他时间视杂草发生情况随时中耕除草，确保土壤疏松，地无杂草。

3.3 追肥

当幼苗长至6~7片叶时进行第一次追肥，一般亩追尿素5 kg左右；开花前进行第二次追肥，视苗情长势亩追优质复合肥30~40 kg。第一次追肥最好抢在雨前撒施，第二次追肥最好放在雨后，趁土壤湿润时于行间开沟，将肥料均匀撒入沟心，然后覆土盖严，以减少养分损耗、流失。

乌头喜肥，一般结合中耕除草追肥3次。当苗高5~6 cm时，在行间挖穴进行第1次施肥，每亩施用腐熟厩肥或堆肥1 000 kg，加饼肥50 kg，再浇施人畜粪水2 000 kg，施后覆土盖肥；第2次在第1次修根后追肥，肥料种类和施肥方法与第1次相同，但施肥穴要与第1次错开；第3次于第2次修根后施入，肥料种类和方法同前，但施肥量要稍增加，以促块根发育肥大。每次施肥后都要覆土盖肥，然后整理畦面呈龟背形，以防积水。

3.4 修根

修根是栽培乌头的特殊管理措施，是提高产量质量、促进块根肥大的根本措施。一般进行2次。第1次修

根于4月上旬苗长出4～5片叶，苗高15 cm左右时进行。用心脏形小铁铲将乌头根部周围的泥土轻轻挖开，裸露母根和子根，只留两个对生大子根，其余的均除去。修好第1株后，在修第2株时，将刨出的泥土覆盖于第1株的穴内，顺次修完。第2次修根于5月上旬立夏前后进行，方法同前，削去母根上新生的小附子及所保留的大附子上的须根，只留下面一个独根，使附子表面光滑。但在操作时不要损伤叶片和主根。

3.5 灌溉和排水

生长期要经常保持田间湿润，尤其是在修根后，遇天旱要及时浇水。但一次灌水不可太多，切勿淹没畦面，如有积水，应立即排除。入夏以后，由于天气炎热，应停止灌溉，大雨后要及时排除积水，以免在高温高湿条件下发生附子腐烂病。

3.6 打尖除芽

为了抑制地上部分生长，在第1次修根后7～8 d进行打尖。用铁签或竹签轻轻地挑去茎顶嫩尖，不要损伤顶叶和其他叶片。叶小而生长密的可保留8～9片，一般每株留6～8片叶。打尖一共要进行2～3次，打尖后可控制地上茎叶生长，使养分集中输送根部生长，促使附子发育膨大，从而提高药材质量和产量。附子经打尖后，去掉了"顶端优势"，下部腋芽随即萌发生长。因此，应随时进行抹芽，以减少养分的无谓消耗。见腋芽萌生就除，除尽为止。操作时注意不要损伤叶片。

3.7 病虫害防治

3.7.1 霜霉病

苗期为害较为普遍，植株发病时，以叶片背面有一层霜霉层为主要特征。霉层初为白色，后变为灰黑色，致使叶片枯黄而死。一般常见于晚秋低温多雨、多湿时。发病初期，叶片先端扭曲，并出现灰白色，继而全株发病，逐步萎蔫死亡。

防治方法：发病初期采用50%多菌灵500倍液进行喷雾防治。

3.7.2 菌核病

是乌头生长后期最严重的病害，在6—7月高温高湿的气候条件下发病。植株受害后叁基先呈褐色很快长出白色系状菌，当环境适宜时，病菌很快扩大并逐渐形成菌核萌核，初为白色小粒髓后扩大为淡黄色最后变成褐色，在病症表现的同时植株开始凋萎病部软腐最后全株死亡。

防治方法：与霜霉病相同，拔除病株，采用波尔多液哆菌灵喷施。

3.7.3 叶斑病

初期在叶片背面出现灰色斑点，继而整个叶片出现灰褐色大小圆形病斑，最后造成叶片及植株萎蔫、死亡。

防治方法：在发病初期及高峰期前用65%代森锌400倍液，或1∶1∶100波尔多液防治。收获后彻底清理枯枝残体，集中烧毁。

3.7.4 白粉病

初期在嫩叶的表面出现白色粉状物，随后蔓延至茎秆及下部叶片，使其叶片扭曲，叶背面产生褐色斑块，逐渐焦枯。

防治方法：发病时可用25%粉锈宁可湿性粉剂2 000倍液喷雾，连续喷2～3次进行防治。

3.7.5 根腐病

危害根部，使附子根茎处表皮出现水渍状病斑，后逐渐扩大根部腐烂，根茎处见有白色霉状物；植株萎蔫，叶片似开水烫过样，最后病株干枯死亡。

防治方法：发病初喷50%多菌灵1 000倍液防治，7～10 d 1次，连喷2～3次。

3.7.6 白绢病

危害乌药及附子近地面处的根颈部位。发病时基部叶片变黄，块根逐渐开始腐烂，呈褐色水渍状病斑，后逐渐加重腐烂，上面长出1层白色绢丝物，并有黑色似油菜籽大小的菌核。最后地上部分倒伏，全株死亡。块根腐烂后有臭味。

防治方法：发病初期，拔除病株，挖出病穴土壤；用5%石灰乳或50%多菌灵1 000倍液灌穴及周围健株，以防蔓延。

3.7.7 蚜虫

成虫和若虫的危害主要集中在植株顶端嫩芽上，使其幼芽变形、皱缩，从而影响植株生长。

防治方法：可用5%马拉硫磷1 500倍液喷雾防治。

4. 采收加工与贮藏

栽后第二年7月收获，留种地冬季随挖随栽。用锄头刨出块根去掉须根泥土，去掉地上茎叶，将附子和母根分开。母根晒干称为川乌。每亩产量500 kg左右。置通风干燥处，防蛀。

【药材质量标准】

【性状】本品呈不规则的圆锥形，稍弯曲，顶端常有残茎，中部多向一侧膨大，长2～7.5 cm，直径1.2～2.5 cm。表面棕褐色或灰棕色，皱缩，有小瘤状侧根及子根脱离后的痕迹。质坚实，断面类白色或浅灰黄色，形成层环纹呈多角形。气微，味辛辣、麻舌。

【鉴别】（1）本品横切面：后生皮层为棕色木栓化细胞；皮层薄壁组织偶见石细胞，单个散在或数个成群，类长方形、方形或长椭圆形，胞腔较大；内皮层不甚明显。韧皮部散有筛管群；内侧偶见纤维束。形成层类多角形。其内外侧偶有1至数个异型维管束。木质部导管多列，呈径向或略呈"V"形排列。髓部明显。薄壁细胞充满淀粉粒。

粉末 灰黄色。淀粉粒单粒球形、长圆形或肾形，直径3～22 μm；复粒由2～15分粒组成。石细胞近

无色或淡黄绿色，呈类长方形、类方形、多角形或一边斜尖，直径49～117 μm，长113～280 μm，壁厚4～13 μm，壁厚者层纹明显，纹孔较稀疏。后生皮层细胞棕色，有的壁呈瘤状增厚突入细胞腔。导管淡黄色，主为具缘纹孔，直径29～70 μm，末端平截或短尖，穿孔位于端壁或侧壁，有的导管分子粗短拐曲或纵横连接。

（2）取本品粉末5 g，加氨试液2 mL润湿，加乙醚30 mL，超声处理30 min，滤过，滤液挥干，残渣加二氯甲烷1 mL使溶解，作为供试品溶液。另取乌头双酯型生物碱对照提取物，加异丙醇-三氯甲烷（1∶1）混合溶液制成每1 mL各含3 mg的混合溶液，作为对照提取物溶液。照薄层色谱法（通则0502）试验，吸取上述两种溶液各10 μL，分别点于同一硅胶G薄层板上，以正己烷-乙酸乙酯-甲醇（6.4∶3.6∶1）为展开剂，置氨蒸气预饱和20 min的展开缸内，展开，取出，晾干，喷以稀碘化铋钾试液，置日光下检视。供试品色谱中，在与对照提取物色谱相应位置上，显相同颜色的斑点。

【检查】水分　不得超过12.0%（通则0832第二法）。

总灰分　不得超过9.0%（通则2302）。

酸不溶性灰分　不得超过2.0%（通则2302）。

【含量测定】照高效液相色谱法（通则0512）测定。

色谱条件与系统适用性试验　以十八烷基硅烷键合硅胶为填充剂；以乙腈为流动相A，以0.2%冰醋酸溶液（三乙胺调节pH值至6.20）为流动相B，按下表中的规定进行梯度洗脱；检测波长为235 nm。理论板数按新乌头碱峰计算应不低于2 000。

时间/min	流动相A/%	流动相B/%
0～44	21～31	79～69
44～65	31～35	69～65
65～70	35	65

对照提取物溶液的制备　取乌头双酯型生物碱对照提取物（已标示新乌头碱、次乌头碱和乌头碱的含量）20 mg，精密称定，置10 mL量瓶中，加0.01%盐酸甲醇溶液使溶解并稀释至刻度，摇匀，即得。

标准曲线的制备　精密量取上述对照提取物溶液各1 mL，分别置2 mL、5 mL、10 mL、25 mL量瓶中，加0.01%盐酸甲醇溶液稀释至刻度，摇匀。分别精密量取对照提取物溶液及上述系列浓度对照提取物溶液各10 μL，注入液相色谱仪，测定，以对照提取物中相当于新乌头碱、次乌头碱和乌头碱的浓度为横坐标，相应色谱峰的峰面积值为纵坐标，绘制标准曲线。

测定法　取本品粉末（过三号筛）约2 g，精密称定，置具塞锥形瓶中，加氨试液3 mL，精密加入异丙醇-乙酸乙酯（1∶1）混合溶液50 mL，称定重量，超声处理（功率300 W，频率40 kHz；水温在25 ℃以下）30 min，放冷，再称定重量，用异丙醇-乙酸乙酯（1∶1）混合溶液补足减失的重量，摇匀，滤过。精密量取续滤液25 mL，40 ℃以下减压回收溶剂至干，残渣加0.01%盐酸甲醇溶液使溶解，转移至5 mL量瓶中，并稀释至刻度，摇匀，滤过，精密吸取10 μL，注入液相色谱仪，测定，按标准曲线计算，即得。

本品按干燥品计算，含乌头碱（$C_{34}H_{47}NO_{11}$）、次乌头碱（$C_{33}H_{45}NO_{10}$）和新乌头碱（$C_{33}H_{45}NO_{11}$）的总量应为0.050%～0.17%。

【市场前景】

乌头是我国乌头属中分布最广的种，被我国劳动人民利用的历史也较悠久，《神农本草经》中将乌头列为下品。具有祛风除湿、温经止痛功效，现代药理研究表明具有抑瘤、镇痛、麻醉、调节免疫、抗炎以及扩张冠状血管和四肢血管等作用。乌头的镇痛疗效尤其突出，对各种疼痛均起作用，且无成瘾性，一直受到中医医家的青睐。现在乌头、附子的主产区仍是四川江油、平武、陕西的汉中固城、重庆部分区县亦大量种植。通常药用商品主要是栽培品，主根（母根）加工后称"川乌"，侧根（子根）则称"附子"，所含的化学成分有次乌头碱、乌头碱、新乌头碱、塔拉地萨敏、川乌碱甲、川乌碱乙等化合物。现代临床中，川乌和草乌主要用来治疗类风湿性关节炎、关节肿痛以及骨关节炎、肩周炎等风湿病，腰椎骨质增生腰痛和坐骨神经痛，胃癌、肝癌及癌症疼痛。附子在临床上主要用于强心、增加冠脉流量、扩张血管、增强免疫、抗炎、镇痛抗心律失常，抗休克、抗血栓等作用。乌头的花美丽，可供观赏，清人吴其浚在《植物名实图考》一书中写过较生动的描述："其花色碧，殊娇纤，名鸳鸯菊，花镜谓之双鸾菊，朵头如比邱帽，帽拆内露双鸾并首，形似无二，外分二翼一尾"。（"双鸾"指的是两个花瓣）毛叶乌头 *A. carmichaeli* var. *Pubescens*、黄山乌头 *A. carmichaelii* var. *Hwangshanicum*、深裂乌头 *A. carmichaeli* var. *Tripartitum*、展毛乌头 *A. carmichaeli* var. *truppelianum*这些变种的块根也都各在自己的分布地区被当作"草乌"利用。

9. 牡丹皮

【来源】

本品为毛茛科植物牡丹*Paeonia suffruticosa* Andr.的干燥根皮。秋季采挖根部，除去细根和泥沙，剥取根皮，晒干或刮去粗皮，除去木心，晒干。前者习称连丹皮，后者习称刮丹皮。中药名：牡丹皮；别名：丹皮、粉丹皮、木芍药、条丹皮、洛阳花等。

【原植物形态】

落叶灌木。茎高达2 m；分枝短而粗。叶通常为二回三出复叶，偶尔近枝顶的叶为3小叶；顶生小叶宽卵形，长7~8 cm，宽5.5~7 cm，3裂至中部，裂片不裂或2~3浅裂，表面绿色，无毛，背面淡绿色，有时具白粉，沿叶脉疏生短柔毛或近无毛，小叶柄长1.2~3 cm；侧生小叶狭卵形或长圆状卵形，长4.5~6.5 cm，宽2.5~4 cm，不等2裂至3浅裂或不裂，近无柄；叶柄长5~11 cm，和叶轴均无毛。花单生枝顶，直径10~17 cm；花梗长4~6 cm；苞片5，长椭圆形，大小不等；萼片5，绿色，宽卵形，大小不等；花瓣5，或为重瓣，玫瑰色、红紫色、粉红色至白色，通常变异很大，倒卵形，长5~8 cm，宽4.2~6 cm，顶端呈不规则的波状；雄蕊长1~1.7 cm，花丝紫红色、粉红色，上部白色，长约1.3 cm，花药长圆形，长4 mm；花盘革质，杯状，紫红色，顶端有数个锐齿或裂片，完全包住心皮，在心皮成熟时开裂；心皮5，稀更多，密生柔毛。蓇葖长圆形，密生黄褐色硬毛。花期5月；果期6月。

【资源分布及生物学习性】

牡丹全国栽培甚广，在栽培类型中，主要根据牡丹花的颜色，可分成上百个品种，又可分为观赏、油用和药用等栽培品种。药用牡丹在我国主要分布于安徽凤凰山一带、安徽亳州、山东菏泽、陕西商洛、重庆垫江等地。其中安徽铜陵等凤凰山一带的牡丹花为白色花，名为凤丹；重庆市垫江地区牡丹花主要为红色花。牡丹喜温和，较耐寒及耐旱，海拔400～700 m均适宜种植。年日照时数在1 200 h以上，年平均气温15～17 ℃，12～15 ℃为好，≥10 ℃年积温为5 403 ℃，无霜期289 d。年平均降水量1 160～1 300 mm，年平均相对湿度82%。牡丹系深根植物，土层深厚、质地疏松、略带黏性能保水、微酸至微碱性土壤均能生长。

【 规范化种植技术 】

1. 选地整地

选向阳、排水良好、地势高、坡度为15°～25°的团粒砂壤或麻砂土、土层深厚的土地，施入腐熟杂粪，深翻，整平耙细作畦。前作以豆科植物为好，土地实行轮休轮换种植，忌连作。生荒地在秋冬或初春。将杂草和荆棘、灌木砍倒，晒干后焚烧。熟地（老荒地）在7、8月将前茬作物残留的秸秆、杂草砍倒，进行焚烧。在夏季或秋季，将深翻过的土块打碎整细并整平。

平地做成沟深30 cm以上的高畦，畦宽2～3 m，做成馒头状或屋脊状，保持沟底平整，排水畅通。平整过程中分别用50%辛硫磷和50%多菌灵对土壤进行杀虫、杀菌。

2. 繁殖方法

2.1 种子播种繁殖

牡丹种子从8月下旬开始成熟，应分批采收，采收后置室内阴凉条件下，促进后熟，待果荚裂开，种子脱出，即可进行播种，或在湿沙土中贮藏，晾干的种子不易发芽。播种前，可用50 ℃温水浸种24～30 h，使种皮变软脱胶，吸水膨胀，促进萌发。8月上旬至10月下旬播种，播种方式有穴播和条播，生产量大多采用条播法。条播用种量每亩需25～35 kg。一般采用高畦，宽1.2 cm，行距10 cm，开浅沟将种子播入畦内，覆土3～5 cm。为防止干燥，可铺盖稻草。播种两年后。于9—10月移栽，株行距30 cm，覆土过顶芽约3 cm。

2.2 分株繁殖

8月下旬至10月收获时，剪下大、中根入药。细根不剪。从容易分株的地方剪下分成2～4株，9—11月即可移栽，以早栽为好。种前深翻土地，施足基地，按株行距25 cm×35 cm，每穴种2～3株，斜种成45°，覆土3～4 cm。

2.3 组织培养

牡丹组织培养技术历经约半个世纪的研究，主要进展包括器官组织培养再生、牡丹器官组织培养再生、胚珠和胚离体培养成苗和花药（花粉）离体培养成苗。但目前仍处于应用基础研究的初级阶段，后期还需要针对褐化、器官间接发生困难以及试管苗的生根和移栽问题进行技术优化，亟需从生理甚至是分子的层面对组织培养中的褐化、器官发生和顶芽休眠机理等展开研究，从而为组织培养技术的优化提供理论支撑。

3. 田间管理

3.1 中耕除草

生长期间常锄草松土。幼苗期应采用人工拔草，禁用化学除草剂，一年生的根系较浅，中耕宜浅，二、三年生可适当深锄。及时进行松土锄草，每年要求中耕4～6次，"谷雨"后到"立夏"第一次中耕除草，牡丹花谢后锄第二次除草，"芒种"到"处暑"进行第三次和第四次中耕除草。除草要浅锄，做到除早除小、不漏除，避免杂草与牡丹植株竞争水肥气热和空间，减少养分无谓消耗，促进牡丹植株健康生长。

3.2 追肥

除施足基肥外，春秋均应进行追肥，以农家肥和饼肥为主。每年应追肥2次，第一次在春分前后，第二次在开花后进行。追肥量为饼肥150～200 kg加磷二铵40～60 g，在行间开沟追施肥料并浇水灌溉。

3.3 灌溉和排水

田间忌积水。春季返青前及夏季干旱时应进行灌溉。

3.4 摘花蕾

春季现蕾后，要在3月底4月初将花蕾摘除，以节省养分消耗。摘蕾时间宜选在晴天的上午进行。

3.5 病虫害防治

3.5.1 灰霉病

主要为害牡丹下部叶片，其他部分也可受害，阴雨潮湿时发病较重。

防治方法：选择无病种苗，清洁田间；发病初期，喷50%甲基托布津500～1 000倍液或50%多菌灵800倍液或40%高多醇悬浮剂1 000倍进行防治，隔半月喷1次，连喷2～3次。

3.5.2 叶斑病

叶片上病斑圆形，直径2～3 mm，中部黄褐色，边缘紫红色。

防治方法：在牡丹展叶后用1：1：160倍的波尔多液进行防治；发病初期可用500～800倍的甲基托布津或多菌灵防治。"霜降"牡丹落叶后，打扫清洁牡丹园，把地里的枯枝落叶集中烧毁，以消灭病虫寄主，防患于未然。

3.5.3 白粉病防治

叶面常覆满一层白粉状物，后期叶片两面及叶柄、茎秆上都生有污白色霉斑，后期在粉层中散生许多黑色小粒点，即病原菌闭囊壳。

防治方法：可在发病初期用70%甲基硫菌灵可湿性粉剂800～1 000倍液或20%三唑酮600倍，隔半月喷1次，连喷2次。

3.5.4 根腐病防治

根腐病又称烂根病，主要为害植物根部，主根染病初在根皮上产生不规则黑斑，且不断扩展，致大部分根变黑，向木质部扩展，造成全部根腐烂，病株生长衰弱，叶小发黄，植株萎蔫直至枯死。

防治方法：可用40%拌种双或40%五氯硝基苯防治，每平方米用药量以6～8 g为宜，与土拌匀撒施。发病初期若土壤通透性差，田间湿度大，应及时改良土壤并进行充分晾晒，然后再用药防治。用30%噁霉灵水剂1 000倍或70%敌磺钠可溶性粉剂800～1 000倍，用药防治时尽量把药液喷洒或浇灌到植株病害感染受损的根茎部位，使药液与腐烂处充分接触，提高防治效果，根据病情的轻重程度，可连续防治2～3次，间隔时间7～10 d为宜。

3.5.5 锈病

5—8月发生，为害叶片。

防治方法：选排水良好地块，高畦种植；秋季枯萎后做好田间病残株处理工作，将病残株烧埋，减少越冬病原；发病初期喷97%敌锈钠200倍液。

3.5.6 蛴螬、蝼蛄

每亩可用敌百毒死蜱1～1.5 kg与细干土15～20 kg充分拌匀，或用辛硫磷拌成毒土或毒砂在树冠下开沟撒施进行防治。

4. 采收加工与贮藏

分根繁殖3～4年、种子繁殖5～6年，在立秋后，于8月中旬、10月上旬左右分两次采收。前者称"伏货"（新货），水分较多，容易加工，但产量和有效成分含量均偏低；后者称"秋货"（老货），质地偏硬，加工困难。但产量和有效成分含量均高。采收应在晴天进行。将根挖出，取粗、长的根切下，去净泥土，除去须根，抽去木心，按粗细分级、晒干。晒干至水分15%以下贮存。晾晒和贮存时，严防雨淋、夜露和触水。还有一种加工方法是用竹刀或碗片刮去外皮，抽出木质部，晒干。产品称刮丹皮。

【药材质量标准】

【性状】连丹皮呈筒状或半筒状，有纵剖开的裂缝，略向内卷曲或张开，长5～20 cm，直径0.5～1.2 cm，厚0.1～0.4 cm。外表面灰褐色或黄褐色，有多数横长皮孔样突起和细根痕，栓皮脱落处粉红色；内表面淡灰黄色或浅棕色，有明显的细纵纹，常见发亮的结晶。质硬而脆，易折断，断面较平坦，淡粉红色，粉性。气芳香，味微苦而涩。

刮丹皮外表面有刮刀削痕，外表面红棕色或淡灰黄色，有时可见灰褐色斑点状残存外皮。

【鉴别】（1）本品粉末淡红棕色。淀粉粒甚多，单粒类圆形或多角形，直径3～16 μm，脐点点状、裂缝状或飞鸟状；复粒由2～6分粒组成。草酸钙簇晶直径9～45 μm，有时含晶细胞连接，簇晶排列成行，或一个细胞含数个簇晶。连丹皮可见木栓细胞长方形，壁稍厚，浅红色。

（2）取本品粉末1 g，加乙醚10 mL，密塞，振摇10 min，滤过，滤液挥干，残渣加丙酮2 mL使溶解，作为供试品溶液。另取丹皮酚对照品，加丙酮制成每1 mL含2 mg的溶液，作为对照品溶液。照薄层色谱法（通则0502）试验，吸取上述两种溶液各10 μL，分别点于同一硅胶G薄层板上，以环己烷-乙酸乙酯-冰醋酸（4∶1∶0.1）为展开剂，展开，取出，晾干，喷以2%香草醛硫酸乙醇溶液（1→10），在105 ℃加热至斑点显色清晰。供试品色谱中，在与对照品色谱相应的位置上，显相同颜色的斑点。

【检查】水分　不得过13.0%（通则0832第四法）。

总灰分　不得过5.0%（通则2302）。

【浸出物】按照醇溶性浸出物测定法（通则2201）项下的热浸法测定，用乙醇作溶剂，不得少于15.0%。

【含量测定】按照高效液相色谱法（通则0512）测定。

色谱条件与系统适用性试验　以十八烷基硅烷键合硅胶为填充剂；以甲醇-水（45∶55）为流动相；检测波长为274 nm。理论板数按丹皮酚峰计算应不低于5 000。

对照品溶液的制备　取丹皮酚对照品适量，精密称定，加甲醇制成每1 mL含20 μg的溶液，即得。

供试品溶液的制备　取本品粗粉约0.5 g，精密称定，置具塞锥形瓶中，精密加入甲醇50 mL，密塞，称定重量，超声处理（功率300 W，频率50 kHz）30 min，放冷，再称定重量，用甲醇补足减失的重量，摇匀，滤过，精密量取续滤液1 mL，置10 mL量瓶中，加甲醇稀释至刻度，摇匀，即得。

测定法　分别精密吸取对照品溶液与供试品溶液各10 μL，注入液相色谱仪，测定，即得。

本品按干燥品计算，含丹皮酚（$C_9H_{10}O_3$）不得少于1.2%。

【市场前景】

牡丹皮始载于《神农本草经》，列为中品。具有清热凉血、活血化瘀、清肝降压等功效，适用于吐血衄血、经闭痛经、月经不调、疮痈肿毒、跌打伤痛、高血压、鼻炎等病症。含有黄酮类、酚及其苷类、单萜及其苷类、三萜及其苷类、甾体类、芪类、有机酸类、挥发油类、无机元素等多种化学成分，可应用于抗炎、镇静、解痉以及抗动脉粥样硬化，具有很高的药用价值。牡丹素有"国色天香""花中之王"之美誉，随着牡丹产业由观赏、药用拓展至食用、保健等多个领域，其种植面积逐年增加，市场前景广阔。

10. 白芍

【来源】

本品为毛茛科植物芍药 *Paeonia lactiflora* Pall. 的干燥根。夏、秋二季采挖，洗净，除去头尾和细根，置沸水中煮后除去外皮或去皮后再煮，晒干。中药名：白芍；别名：白芍药、金芍药、青羊参等。

【原植物形态】

多年生草本。根粗壮，分枝黑褐色。茎高40～70 cm，无毛。下部茎生叶为二回三出复叶，上部茎生叶为三出复叶；小叶狭卵形，椭圆形或披针形，顶端渐尖，基部楔形或偏斜，边缘具白色骨质细齿，两面无毛，背面沿叶脉疏生短柔毛。花数朵，生茎顶和叶腋，有时仅顶端一朵开放，而近顶端叶腋处有发育不好的花芽，直径8～11.5 cm；苞片4～5，披针形，大小不等；萼片4，宽卵形或近圆形，长1～1.5 cm，宽1～1.7 cm；花瓣9～13，倒卵形，长3.5～6 cm，宽1.5～4.5 cm，白色，有时基部具深紫色斑块；花丝长0.7～1.2 cm，黄色；花盘浅杯状，包裹心皮基部，顶端裂片钝圆；心皮4～5（～2），无毛。蓇葖长2.5～3 cm，直径1.2～1.5 cm，顶端具喙。花期5—6月；果期8月。

【资源分布及生物学习性】

白芍分布于东北、华北、陕西及甘肃南部。在东北分布于海拔480～700 m的山坡草地及林下，在其他各省分布于海拔1 000～2 300 m的山坡草地。在我国四川、重庆、贵州、安徽、山东、浙江等省及各城市公园也有栽培，栽培者，花瓣各色。喜温暖湿润气候，性耐寒，喜肥怕涝，喜土壤湿润，但也耐旱，喜阳光，夏季喜凉爽气候。对光照要求不严，在屋后、树下、林边也能生长，但不及阳光充足处茂盛。宜植于土层深厚、排水良好、疏松肥沃的沙质土壤，黏质土、盐碱土、瓦砾土均不宜，潮湿低洼之地也不宜。忌连作，可与红花、菊花、豆科作物轮作。

【规范化种植技术】

1. 选地整地

白芍生长年限较长，根系发达，应选择土层深厚、排水良好、疏松肥沃的沙壤土栽培。前作物收获后，深翻地30～40 cm，耕翻2次，要求精耕细作，结合翻耕每亩施厩肥或堆肥2 500～3 000 kg作基肥，耙平。雨水多的地区起宽1.2 m、高30 cm的畦，以利排水四周开好排水沟。

2. 繁殖方法

2.1　种子播种繁殖

在8月下旬至9月上旬，果实充分成熟时采摘，收获种子。如果条件允许，土壤湿润时可及时秋播。若条件不适宜，可将种子与湿沙按1∶3比例混匀后置于阴凉的室内待播。根据南方、北方不同的积温带，分别于翌年3月下旬至4月上中旬播种。作平畦，畦宽1.2 m，在畦面上开沟，行距15 cm、沟深2～3 cm，在播种沟内每隔3～5 cm播入种子。播种后覆土并稍加镇压，浇水。每亩播种量为3～4 kg。第2年4月上旬除去上层盖土，约半个月后即可出土，以后加强中耕除草追肥，幼苗生长2～3年后，可进行定植，每穴留苗1～2株壮苗。此法繁殖生长周期长，生产上少用，只作选育良种用。

2.2　种芽繁殖

生产上多采用种芽繁殖，此法可缩短白芍生长周期。白芍在收获时，剪除芦头上的根，选择粗大、芽头饱满、无病虫的芦头，按芦头大小切成2～4块，每块应有粗壮的芽孢2～3个作种苗。种芽以粗壮饱满有两个

芽苞的为好，种芽下留2 cm长的芦头，随切随栽。栽种白芍实行垄作，株行距40 cm×60 cm，每穴栽一个芽头，切面向下，芽头向上，使芽头低于地面3～5 cm。栽后覆土压实，再培土5～10 cm高，以保墒越冬。每亩保苗2 800株，每亩需种芽量85～100 kg。

2.3 组织培养

研究表明，白芍外植体消毒的最佳方法：种胚用10%次氯酸钠溶液消毒15 min，鳞芽用2%次氯酸钠溶液消毒10 min，无菌子叶和叶片用75%乙醇处理15 s。种胚最佳萌发培养基为 MS+GA$_3$1.0 mg/L+6-BA2.0 mg/L，最佳增殖培养基为1/2 MS+6-BA1.0 mg/L+KT0.5 mg/L，种胚生根的适宜培养基为 MS+GA$_3$0.2 mg/L。叶片和子叶最佳愈伤诱导培养基为 MS+6-BA1.0 mg/L+NAA0.5 mg/L，茎段最佳愈伤诱导培养基为 MS+6-BA1.0 mg/L+NAA0.5 mg/L。

3. 田间管理

3.1 中耕除草

白芍生育周期一般为4年，栽后翌年春季便有紫红色的嫩芽破土萌发，同时田间杂草也陆续滋生，需要结合中耕除草的方式进行田间管理。中耕除草宜浅，不能伤根碰芽。杂草较多时，可采取人工除草和化学除草相结合的方法除草。这种方式效率较高，省时省力。但必须要注重选择适当的化学药剂，根据实际情况可以用75%的巨星或者20%的使隆达梯度稀释来除阔类叶的一些杂草，用22%的伴地农乳油和36%的禾草灵乳油梯度稀释相应倍数之后，用于清除杂草。

3.2 追肥

白芍喜肥，除施足底肥外，栽后第一年，在7月每亩追施一次三元复合肥25 kg。第二年至第三年，每年追肥两次，第一次追肥在5月，每亩追施饼肥30 kg、尿素12 kg；第二次在8月，每亩追施三元复合肥45 kg。第四年只在5月追肥一次，每亩追施三元复合肥50 kg。施肥方法为穴施，施于芍头周围、深埋。

3.3 灌溉和排水

芍药系肉质根，根系发达，抗旱能力强，喜旱怕涝，一般不需灌溉，如春旱或伏旱时间较长，可浇水一到两次，宜在傍晚灌1次透水，最好用无污染的河水，冬季视土壤干湿情况，也可浇一次越冬水。多雨季节应及时清沟排水，减少根腐病的发生。

3.4 摘蕾

为集中养分，促进根部和植株的生长，已显蕾的芍药，除留种的外，选晴天将花蕾全部摘除。留种的植株，也应当留大去小，使种子粒大、饱满。

3.5 病虫害防治

3.5.1 灰霉病

主要是在白芍的茎、叶、花等部位出现病变，患病初期是从叶面开始出现圆形、淡褐色的斑点，随时间推移，在茎部会有病斑棱形，后期出现灰色霉状物，能够将茎部完全腐烂。

防治方法：需进行合理密植，植株之间注意通风透，适当施加磷氮钾肥，提高植株的抗病性，栽种前要选择无病的种根，播种之前也需要将芍头和种根用35%的代森锰锌浸泡之后，再进行播种，在发病初期也可以喷洒稀释后的多菌灵和乙磷铝，定时喷洒并进行交替喷洒，就可以有效防治这种灰霉病的产生。

3.5.2 叶斑病

常发生在夏季，主要为害叶片，病株叶片早落，生长衰弱。

防治方法：及时清除病叶，发病前用1：1：100倍波尔多液或50%退菌特800倍液，每7～10 d喷1次，连续多次。

3.5.3 锈病

为害叶片，5月上旬发生，7—8月发病严重。

防治方法：一般选地势高、排水良好的土地栽培。及时清除病株，发病初期喷0.3～0.4波美度石硫合剂或97%敌锈钠400倍液，每7～10 d喷1次，连续多次。

3.5.4　根腐病

夏季多雨积水时多发生，为害根部。

防治方法：选健壮芍芽作种，发病初期用50%多菌灵800～1 000倍液灌根。

3.5.5　软腐病

病原菌从种芽切口处侵入，是种芽储藏期间和芍药加工过程中的一种病害。

防治方法：种芽储藏要选通风处，使切口干燥，储放场所先铲除表土及熟土，后用1%甲醛或波美5度石硫合剂喷洒消毒。

3.5.6　紫斑病

主要为害叶片。受害叶正面为灰褐色近圆形病斑，有轮纹，上生黑色霉状物。

防治方法：发病前及发病初期喷1∶1∶100的波尔多液或70%甲基托布津1 000倍液，7～10 d一次，连续施药2～3次。

3.5.7　虫害

主要有蛴螬、地老虎等为害根部，5—9月发生。

防治方法：用90%的敌百虫1 000～1 500倍液浇灌根部杀虫。采收前7～10 d禁止使用任何农药，整个生长季节严禁使用高毒农药。

4. 采收加工与贮藏

白芍在移栽后第四年采收，采收适期在9月中下旬，此时白芍根粉足、品质好，晒干比率高，成色好。采收白芍应选天晴地干时进行，挖取全根，抖去泥土，留种芽作栽培种，切下芍根加工成药。将白芍根分成大、中、小三级，分别放入沸水中大火煮沸5～15 min，不时上下翻动，待芍根表皮发白时，迅速捞出放入冷水中浸泡20 min，然后用竹签、刀片刮去褐色的表皮，放在阳光下晒制。晾晒过程中，晒半天用麻袋或席子盖半天，俗称发汗。不经发汗的白芍外干内湿，不仅不易干透，而且抽油，粗糙，色泽不鲜艳，影响质量。

将白芍置通风干燥地方贮藏，严防受潮，要经常检查是否有受潮、霉变，要定期进行翻晒，翻晒要在温和的阳光下进行，忌烈日暴晒，以免变色翻红。为预防白芍在贮藏过程中发现虫蛀、霉变，在贮藏前可对芍根用挥发油熏蒸，方法是将芍根用10 000∶1比例的荜澄茄或丁香挥发油在密封状态下熏蒸6 d。

【药材质量标准】

【性状】本品呈圆柱形，平直或稍弯曲，两端平截，长5～18 cm，直径1～2.5 cm。表面类白色或淡棕红色，光洁或有纵皱纹及细根痕，偶有残存的棕褐色外皮。质坚实，不易折断，断面较平坦，类白色或微带棕红色，形成层环明显，射线放射状。气微，味微苦、酸。

【鉴别】（1）本品粉末黄白色。糊化淀粉粒团块甚多。草酸钙簇晶直径11～35 μm，存在于薄壁细胞中，常排列成行，或一个细胞中含数个簇晶。具缘纹孔导管和网纹导管直径20～65 μm。纤维长梭形，直径15～40 μm，壁厚，微木化，具大的圆形纹孔。

（2）取本品粉末0.5 g，加乙醇10 mL，振摇5 min，滤过，滤液蒸干，残渣加乙醇1 mL使溶解，作为供试品溶液。另取芍药苷对照品，加乙醇制成每1 mL含1 mg的溶液，作为对照品溶液。照薄层色谱法（通则0502）试验，吸取上述两种溶液各10 μL，分别点于同一硅胶G薄层板上，以三氯甲烷-乙酸乙酯-甲醇-甲酸（40∶5∶10∶0.2）为展开剂，展开，取出，晾干，喷以5%香草醛硫酸溶液，加热至斑点显色清晰。供试品色谱中，在与对照品色谱相应的位置上，显相同的蓝紫色斑点。

【检查】水分　不得过14.0%（通则0832第二法）。

总灰分　不得过4.0%（通则2302）。

重金属及有害元素　照铅、镉、砷、汞、铜测定法（通则2321原子吸收分光光度法或电感耦合等离子体质谱法）测定，铅不得过5 mg/kg；镉不得过0.3 mg/kg；砷不得过2 mg/kg；汞不得过0.2 mg/kg；铜不得过20 mg/kg。二氧化硫残留量照二氧化硫残留量测定法（通则2331）测定，不得过400 mg/kg。

【浸出物】按照水溶性浸出物测定法（通则2201）项下的热浸法测定，不得少于22.0%。

【含量测定】按照高效液相色谱法（通则0512）测定。

色谱条件与系统适用性试验　以十八烷基硅烷键合硅胶为填充剂；以乙腈-0.1%磷酸溶液（14∶86）为流动相；检测波长为230 nm。理论板数按芍药苷峰计算应不低于2 000。

对照品溶液的制备　取芍药苷对照品适量，精密称定，加甲醇制成每1 mL含60 μg的溶液，即得。

供试品溶液的制备　取本品中粉约0.1 g，精密称定，置50 mL量瓶中，加稀乙醇35 mL，超声处理（功率240 W，频率45 kHz）30 min，放冷，加稀乙醇至刻度，摇匀，滤过，取续滤液，即得。

测定法　分别精密吸取对照品溶液与供试品溶液各10 μL，注入液相色谱仪，测定，即得。本品按干燥品计算，含芍药苷（$C_{23}H_{28}O_{11}$）不得少于1.6%。

【市场前景】

白芍为中医常用药物，始载于《神农本草经》，列为中品，且赤、白不分。味苦、酸，性微寒，归肝、脾经，主要有平抑肝阳、养血敛阴、柔肝止痛等功效。临床主要用于治疗。

头晕、目眩、胸胁疼痛、痛经、手足拘挛等。种子含油量约25%，供制皂和涂料用。近年来白芍被用作保健食品开发，出口量不断增加，市场需求量越来越大，呈现供不应求的趋势。

芍药与美丽芍药P. mairei很近似，但本种叶缘具白色骨质细齿，叶顶端渐尖，具数朵花，易与后者区别；尤以叶缘具骨质细齿为该属其他各种所没有的特征，栽培时注意区别。

11. 升麻

【来源】

本品为毛茛科植物大三叶升麻Cimicifuga heracleifolia Kom.、兴安升麻C. dahurica（Turcz.）Maxim.或升

麻*C. foetida* L.的干燥根茎。中药名：升麻；别名：周升麻、鬼脸升麻、莽牛卡架、龙眼根、窟窿牙根等。

【原植物形态】

根状茎粗壮，坚实，表面黑色，有许多内陷的圆洞状老茎残迹。茎高1~2 m，基部粗达1.4 cm，微具槽，分枝，被短柔毛。叶为二至三回三出状羽状复叶；茎下部叶的叶片三角形，宽达30 cm；顶生小叶具长柄，菱形，长7~10 cm，宽4~7 cm，常浅裂，边缘有锯齿，侧生小叶具短柄或无柄，斜卵形，比顶生小叶略小，表面无毛，背面沿脉疏被白色柔毛；叶柄长达15 cm。上部的茎生叶较小，具短柄或无柄。花序具分枝3~20条，长达45 cm，下部的分枝长达15 cm；轴密被灰色或锈色的腺毛及短毛；苞片钻形，比花梗短；花两性；萼片倒卵状圆形，白色或绿白色，长3~4 mm；退化雄蕊宽椭圆形，长约3 mm，顶端微凹或二浅裂，几膜质；雄蕊长4~7 mm，花药黄色或黄白色；心皮2~5，密被灰色毛，无柄或有极短的柄。蓇葖长圆形，长8~14 mm，宽2.5~5 mm，有伏毛，基部渐狭成长2~3 mm的柄，顶端有短喙；种子椭圆形，褐色，长2.5~3 mm，有横向的膜质鳞翅，四周有鳞翅。7—9月开花，8—10月结果。

【资源分布及生物学习性】

升麻分布于我国西藏、云南、四川、重庆、青海、甘肃、陕西、河南西部和山西。生于海拔1 700~2 300 m的山地林缘、林中或路旁草丛中。升麻喜温暖湿润气候，耐寒，幼苗怕强光直射，而开花结果期则需要较充足的光照，喜微酸性腐殖土，忌土壤干旱。

【规范化种植技术】

1. 选地整地

选择25°~40°的东、南、西山坡，林木郁闭度为0.5~0.6的天然林，腐殖质土层为30~40 cm的坡地整地。畦宽1~1.2 m，顺山挂线，作业道宽0.5 m，便于拔草和病虫害防治，畦高20~30 cm，畦帮用铁锹拍实，然后在畦上开沟，行距25 cm，将种子均匀播种沟内，覆土厚度0.5~1 cm，稍加镇压，种子亩播种量2.5 kg。

2. 繁殖方法

种子播种繁殖　春、秋两季均可育苗。春季在3月下旬至4月中旬育苗。播种时先在畦面上按行距20~25 cm顺畦开沟，沟深4~5 cm，把种子均匀地条播在沟内，盖细土1.5~2 cm，稍镇压，土壤干旱时用喷壶浇1次透水，畦面盖一层稻草保湿。秋季在10月中旬至11月上旬播种，播种方法与春季相同。

3. 田间管理

3.1　中耕除草
秧苗返青后中耕除草2~3次，中耕要浅，以防伤根，杂草要清除干净。

3.2　追肥
结合松土除草，6—7月份根据幼苗生长情况适量追施氮肥，7—8月培施腐熟牛粪可防止根部腐烂死苗。

3.3 灌溉和排水

栽后浇1次透水，干燥时要淋水保湿。

3.4 病虫害防治

3.4.1 蛴螬

主要为害根茎，发生在5—6月。

防治方法：可用苦参碱灌根防治。

3.4.2 灰斑病

为害叶片，发生在8—9月。

防治方法：可在发病前喷波尔多液预防。

4. 采收加工与贮藏

可于栽后四年采收。秋后选择晴天将根茎挖出、去掉泥土晒至八成干时或须根干时，燎去或除去须根，再晒至全干，撞去表皮及残存须根，用麻袋包装即可。贮于通风干燥处，应放干燥处贮藏，以防止发霉和虫蛀。

【药材质量标准】

【性状】本品为不规则的长形块状，多分枝，呈结节状，长10～20 cm，直径2～4 cm。表面黑褐色或棕褐色，粗糙不平，有坚硬的细须根残留，上面有数个圆形空洞的茎基痕，洞内壁显网状沟纹；下面凹凸不平，具须根痕。体轻，质坚硬，不易折断，断面不平坦，有裂隙，纤维性，黄绿色或淡黄白色。气微，味微苦而涩。

【鉴别】（1）本品粉末黄棕色。后生皮层细胞黄棕色，表面观呈类多角形，有的垂周壁及平周壁瘤状增厚，突入胞腔。木纤维多，散在，细长，纹孔口斜裂缝状或相交成人字形或十字形。韧皮纤维多散在或成束，呈长梭形，孔沟明显。

（2）取本品粉末1 g，加乙醇50 mL，加热回流1 h，滤过，滤液蒸干，残渣加乙醇1 mL使溶解，作为供试品溶液。另取阿魏酸对照品、异阿魏酸对照品，加乙醇制成每1 mL各含1 mg的溶液，作为对照品溶液。照薄层色谱法（通则0502）试验，吸取上述3种溶液各10 μL，分别点于同一硅胶G薄层板上，以苯-三氯甲烷-冰醋酸（6∶1∶0.5）为展开剂，展开，取出，晾干，置紫外光灯（365 nm）下检视。供试品色谱中，在与对照品色谱相应的位置上，显相同颜色的荧光斑点。

【检查】杂质　不得过5%（通则2301）。

水分　不得过13.0%（通则0832第二法）。

总灰分　不得过8.0%（通则2302）。

酸不溶性灰分　不得过4.0%（通则

2302）。

【浸出物】照醇溶性浸出物测定法（通则2201）项下的热浸法测定，用稀乙醇作溶剂，不得少于17.0%。

【含量测定】照高效液相色谱法（通则0512）测定。

色谱条件与系统适用性试验 以十八烷基硅烷键合硅胶为填充剂；以乙腈-0.1%磷酸溶液（13：87）为流动相；检测波长为316 nm。理论板数按异阿魏酸峰计算应不低于5 000。

对照品溶液的制备 取异阿魏酸对照品适量，精密称定，置棕色量瓶中，加10%乙醇制成每1 mL含异阿魏酸20 μg的溶液，即得。

供试品溶液的制备 取本品粉末（过二号筛）约0.5 g，精密称定，置具塞锥形瓶中，精密加入10%乙醇25 mL，密塞，称定重量，加热回流2.5 h，放冷，再称定重量，用10%乙醇补足减失的重量，摇匀，滤过，取续滤液，即得。

测定法 分别精密吸取对照品溶液与供试品溶液各10 μL，注入液相色谱仪，测定，即得。

本品按干燥品计算，含异阿魏酸（$C_{10}H_{10}O_4$）不得少于0.10%。

【市场前景】

升麻始载于《神农本草经》，列为上品，用根状茎入药，具有清热解毒、发表透疹、升阳举陷等功效，也治风热头痛、咽喉肿痛、斑疹不易透发等症（《中药志》），还也可作土农药，消灭马铃薯块茎蛾、蝇蛆等（《中国土农药志》）。主要含有苯丙素类化合物、三萜类化合物和苷类等，现代药理研究表明具有抗氧化、清除自由基及细胞保护、调节内分泌、舒张血管、抗骨质疏松、降压、镇静、解痉、抗惊厥、抗肿瘤作用。临床上主要用于治疗风热头痛，风热表征，齿痛，口疮，咽喉肿痛，麻疹不透，阳毒发斑；脱肛，子宫脱垂等病症。但长期以来依靠野生升麻商品，野生升麻存有量日益减少，人工驯化栽培十分必要，根据升麻的生物学特性，可结合透光抚育在林下进行种植，前景十分广阔。

12. 延胡索

【来源】

本品为罂粟科植物延胡索*Corydalis yanhusuo* W. T. Wang的干燥块茎。别名：延胡、玄胡索、元胡索、元胡等。

【原植物形态】

多年生草本，高10～30 cm。块茎圆球形，直径（0.5～）1～2.5 cm，质黄。茎直立，常分枝，基部以上具1鳞片，有时具2鳞片，通常具3～4枚茎生叶，鳞片和下部茎生叶常具腋生块茎。叶二回三出或近三回三出，小叶三裂或三深裂，具全缘的披针形裂片，裂片长2～2.5 cm，宽5～8 mm；下部茎生叶常具长柄；叶柄基部具鞘。总状花序疏生5～15花。苞片披针形或狭卵圆形，全缘，有时下部的稍分裂，长约8 mm。花梗花期长约1 cm，果期长约2 cm。花紫红色。萼片小，早落。外花瓣宽展，具齿，顶端微凹，具短尖。上花瓣长（1.5～）2～2.2 cm，瓣片与距常上弯；距圆筒形，长1.1～1.3 cm；蜜腺体约贯穿距长的1/2，末端钝。下花瓣具短爪，向前渐增大成宽展的瓣片。内花瓣长8～9 mm，爪长于瓣片。柱头近圆形，具较长的8乳突。蒴果线形，长2～2.8 cm，具1列种子。

【资源分布及生物学习性】

延胡索作为罂粟科多年生长草本植物，有着喜温厌阴、喜湿怕干的特征，野生资源主要分布于安徽、江苏、浙江、湖北、河南（唐河、信阳），生丘陵草地，现各地区有引种栽培（浙、陕、甘、川、渝、滇等）。人工种植以沙质土、富含腐殖质土的土壤为佳。

【规范化种植技术】

1. 选地整地

应选用地势较高，水利排灌条件优越，土壤有机质含量丰富，团粒结构疏松肥沃，每年都能实行水旱轮作的山垄田进行栽种为好。土壤酸碱度中性，微酸性或微碱性的沙质壤土均可种植。山区最好选择在土壤肥沃疏松，杂草少，土层深厚的黄泥沙田进行种植，切忌连作。前茬以水稻、小麦、豆科作物为好。早秋农作物收获后就要及时翻耕土地，并要把土块整碎，整平，把杂草、石块捡净，做到精细整地，再进行开沟整畦。畦宽0.8~1.0 m，沟宽0.20~0.25 m，沟深0.25~0.30 m，并要开好围沟和腰沟，把畦面整成"弓"背形。结合整地，每亩地一般用15%三元复合肥50~75 kg或过磷酸钙50~60 kg，加碳酸铵75~100 kg，加氯化钾12.5 kg作基肥。

2. 繁殖方法

块茎繁殖：以9月下旬至10月中旬为适宜期。选用大个色泽鲜黄，无破损，无病斑的块茎进行播种，下种深度以7~10 cm为宜，每亩用种50~60 kg。在平整的畦面上，沿畦沟方向用锄头沿畦边开5 cm深的平底沟，再在沟内两旁按株距5~7 cm互相排列两行元胡种。头条播种沟种好后，再开第二条沟，与头条沟间隔11~15 cm，将沟内提出的土覆盖在头条沟的块茎上，依次类推。

播种后每亩要再施稻草或栏肥1 500~2 000 kg作为盖种肥，然后在稻草或栏肥上再覆盖细土，厚度1~2 cm，以淹没栏肥为度。

3. 田间管理

3.1 除草

延胡索出苗前，除草一般在冬至前后进行。每亩一般用50%丁草胺乳油75~100 mL加10%草甘膦750~1 000 mL冲水40~50 kg进行均匀喷雾为好。采用这种方法除草对元胡比较安全，可起到较好的除草护苗的作用。

延胡出苗后宜采用人工拔草，除草应结合追肥进行。

3.2 追肥

元胡追肥宜多次少量为佳。

立春后还应及时追肥,用硫酸铵15 kg兑水750 kg在苗高3～4 cm,第一张叶片展开时再进行一次追肥。

延胡开花时,每亩用尿素5～6 kg冲水500～600 kg进行1次追肥,或每亩用尿素6～7 kg选择雨天进行撒施。

3.3 灌溉和排水

①元胡在冬季冰冻前要浇1次水,以利安全越冬。

②春后在发芽前也要浇1次水。

③一般每次追肥后都要适当浇水,以促肥料分解便于元胡吸收。

④多雨季节应确保排水,切忌畦沟积水。干旱时节要及时灌水,保持土壤湿润。灌水应在晚上进行,水不能淹过畦面,次日早晨放水。

3.4 病虫害防治

防病主要是霜霉病、锈病、菌核病等,其中以霜霉病最为突出,应选择地势高、干燥、排水良好的砂质土壤进行种植,春季做好田间排水;与禾本科或豆科作物进行轮作,切忌连作;注意氯、磷、钾肥料配合施用,防止偏施,重施氮肥;发病初期可用65%代森锌可湿性粉剂600倍液喷雾,连喷3～4次,每次间隔7 d。

4. 采收加工

一般在立夏后5～10 d,地上茎叶完全枯死,即为元胡收获最适期。选择晴天采挖,将收获的元胡分成大小两级,洗去泥土杂质,搓擦外皮,沥干水分,倒入沸水锅中烧煮5～6 min,烫到茎中心呈黄色,用刀切开元胡看横断面无白心时就可全部捞出让它暴晒3 d,然后搬进室内回潮1～2 d,再晒2～3 d,这样反复3～4次,直到晒干为止。如果遇到阴雨天,就要在烘房中用微火烘烤,温度控制在50～60 ℃,直到块茎烘干,即可作为药用商品上市销售。

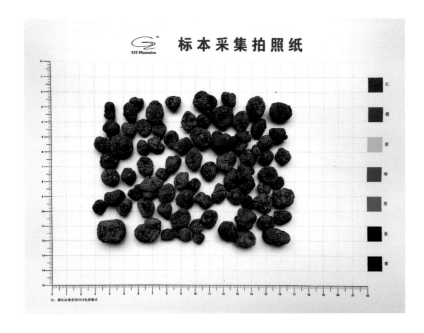

【药材质量标准】

【性状】 本品呈不规则的扁球形，直径0.5～1.5 cm。表面黄色或黄褐色，有不规则网状皱纹。顶端有略凹陷的茎痕，底部常有疙瘩状突起。质硬而脆，断面黄色，角质样，有蜡样光泽。气微，味苦。

【鉴别】（1）本品粉末绿黄色。糊化淀粉粒团块淡黄色或近无色。下皮厚壁细胞绿黄色，细胞多角形、类方形或长条形，壁稍弯曲，木化，有的成连珠状增厚，纹孔细密。螺纹导管直径16～32 μm。

（2）取本品粉末1 g，加甲醇50 mL，超声处理30 min，滤过，滤液蒸干，残渣加水10 mL使溶解，加浓氨试液调至碱性，用乙醚振摇提取3次，每次10 mL，合并乙醚液，蒸干，残渣加甲醇1 mL使溶解，作为供试品溶液。另取延胡素对照药材1 g，同法制成对照药材溶液。再取延胡索乙素对照品，加甲醇制成每1 mL含0.5 mg的溶液，作为对照品溶液，薄层色谱法（通则0502）试验，吸取上述3种溶液各2～3 μL分别点于同一用1%氢氧化钠溶液制备的硅胶G薄层板上，以甲苯-丙酮（9：2）为展开剂，展开，取出，晾干，置碘缸中约3 min后取出，挥尽板上吸附的碘后，置紫外光灯（365 nm）下检视。供试品色谱中，在与对照药材色谱和对照品色谱相应的位置上，显相同颜色的荧光斑点。

【检查】水分 不得过15.0%（通则0832第二法）。

总灰分 不得过4.0%（通则2302）。

【浸出物】 按照醇溶性浸出物测定法（通则2201）项下的热浸法测定，用稀乙醇作溶剂，不得少于13.0%。

【含量测定】 按照高效液相色谱法（通则0512）测定。

色谱条件与系统适用性试验 以十八烷基硅烷键合硅胶为填充剂；以甲醇-0.1%磷酸溶液（三乙胺调pH值至6.0）（55：45）为流动相；检测波长为280 mn。理论板数按延胡索乙素峰计算应不低于3 000。

对照品溶液的制备 取延胡索乙素对照品适量，精密称定，加甲醇制成每1 mL含46 μg的溶液，即得。

供试品溶液的制备 取本品粉末（过三号筛）约0.5 g，精密称定，置平底烧瓶中，精密加入浓氨试液-甲醇（1：20）混合溶液50 mL，称定重量，冷浸1 h后加热回流1 h，放冷，再称定重量，用浓氨试液-甲醇（1：20）混合溶液补足减失的重量，摇匀，滤过。精密量取续滤液25 mL，蒸干，残渣加甲醇溶解，转移至5 mL量瓶中，并稀释至刻度，摇匀，滤过，取续滤液，即得。

测定法 分别精密吸取对照品溶液与供试品溶液各10 μL，注入液相色谱仪，测定，即得。

本品按干燥品计算，含延胡索乙素（$C_{21}H_{25}NO_4$）不得少于0.050%。

【市场前景】

延胡索又名元胡、玄胡等，性温，味辛苦，入心、脾、肝、肺，是活血化瘀、行气止痛之功效，其提取物中含有20多种生物碱，主要功效活血化瘀、理气止痛，由于其止痛无成瘾性，还可用于癌症晚期，与"三七"的功用相仿，由于三七价格很高，延胡索作为其替代品，市场需求量大不断增加，随着我国中药产品逐渐开始走出国门，国外延胡索的需求也在不断增加，总需求量在2万t以上，是生产量的近2倍。

近年来我国延胡索产销两旺，价格稳中有升，随着延胡索在医药领域的应用越来越广泛，需求量不断增大，具有很高的种植前景和种植效益。

13. 地榆

【来源】

本品为蔷薇科植物地榆 *Sanguisorba officinalis* L. 或长叶地榆 *Sanguisorba officinalis* L. Var. *longifolia* （Bert.）Yü et Li 的干燥根。中药名：地榆；别名：黄爪香、玉札、山枣子、绵地榆。

【原植物形态】

地榆多年生草本，高30~120 cm。根粗壮，多呈纺锤形，稀圆柱形，表面棕褐色或紫褐色，有纵皱及横裂纹，横切面黄白或紫红色，较平正。茎直立，有棱，无毛或基部有稀疏腺毛。基生叶为羽状复叶，有小叶4~6对，叶柄无毛或基部有稀疏腺毛；小叶片有短柄，卵形或长圆状卵形，长1~7 cm，宽0.5~3 cm，顶端圆钝稀急尖，基部心形至浅心形，边缘有多数粗大圆钝稀急尖的锯齿，两面绿色，无毛；茎生叶较少，小叶片有短柄至几无柄，长圆形至长圆披针形，狭长，基部微心形至圆形，顶端急尖；基生叶托叶膜质，褐色，外面无，毛或被稀疏腺毛，茎生叶托叶大，草质，半卵形，外侧边缘有尖锐锯齿。穗状花序椭圆形，圆柱形或卵球形，直立，通常长1~3（4）cm，横径0.5~1 cm，从花序顶端向下开放，花序梗光滑或偶有稀疏腺毛；苞片膜质，披针形，顶端渐尖至尾尖，比萼片短或近等长，背面及边缘有柔毛；萼片4枚，紫红色，椭圆形至宽卵形，

背面被疏柔毛，中央微有纵棱脊，顶端常具短尖头；雄蕊4枚，花丝丝状，不扩大，与萼片近等长或稍短；子房外面无毛或基部微被毛，柱头顶端扩大，盘形，边缘具流苏状乳头。果实包藏在宿存萼筒内，外面有斗棱。花果期7—10月。

长叶地榆基生叶小叶带状长圆形至带状披针形，基部微心形，圆形至宽楔形，茎生叶较多，与基生叶相似，但更长而狭窄；花穗长圆柱形，长2～6 cm，直径通常0.5～1 cm，雄蕊与萼片近等长。花果期8—11月。

【资源分布及生物学习性】

地榆产于黑龙江、吉林、辽宁、内蒙古、河北、山西、陕西、甘肃、青海、新疆、山东、河南、江西、江苏、浙江、安徽、湖南、湖北、广西、四川、重庆、贵州、云南、西藏。生草原、草甸、山坡草地、灌丛中、疏林下，海拔30～3 000 m。

长叶地榆产黑龙江、辽宁、河北、山西、甘肃、河南、山东、湖北，安徽、江苏、浙江、江西、四川、重庆、湖南、贵州、云南、广西、广东，台湾。生山坡草地、溪边、灌丛中、湿草地及疏林中，海拔100～3 000 m。

喜温暖湿润环境，耐寒，对土壤要求不严。宜选腐殖质壤土或沙质壤土栽培。高温多雨季节生长最快，怕干旱。

【规范化种植技术】

1. 种植方法

用种子繁殖和分株繁殖。种子繁殖：分春播和秋播。春播于春分至谷雨节；秋播在处暑节前后。播前施足基肥，深翻整地做畦。按行距17～20 cm划浅沟，将种子均匀播入沟内，覆土镇压，浇水。出苗前要保持畦面湿润。一般地温在18 ℃左右，20 d可出苗。每亩约需种子5 kg。分株繁殖：秋季采挖地榆时，选细小带茎芽的根做种秧，每株可分成4～5小株（每株须有茎芽）。而后按行距28～33 cm，株距20～28 cm开穴，每穴栽植种秧1株，覆土3 cm，埋实浇水。

2. 田间管理

用种子繁殖的，当年不抽茎开花，翌年开花结籽。幼苗生长期要及时松土、锄草，小水勤浇，肥少施，勤施。氮肥施用量最多每次每亩不超过10 kg。开花时，要增施些磷肥，如不计划采收种子，可除掉花蕾，以集中养分供根部生长。

3. 主要病虫害

根腐病春末、夏初易发生，可用10%可湿性多菌灵粉剂每亩3～5 kg或50%可湿性多菌灵粉剂每亩0.5～0.75 kg于种前处理土壤。

蛴螬和地老虎地下虫害咬食根茎，可用50%辛硫磷1 000～1 500倍液浇注毒杀。

金龟子，为害期间用50%马拉硫磷800～1 000倍浇灌防治幼虫。

4. 采收加工

药用根。用种子繁殖的生长期为2～3年，分株繁殖的生长期为1年。春、秋两季均可刨收，除去残茎、须根及泥土，晒干。或趁鲜切片晒干。

【药材质量标准】

【性状】本品呈不规则纺锤形或圆柱形，稍弯凸，长5～25 cm，直径0.5～2 cm。表面灰褐色至暗棕色，粗糙，有纵纹。质硬，断面较平坦，粉红色或淡黄色，木部略呈放射状排列。气微，味微苦涩。

绵地榆本品呈长圆柱形，稍弯曲，着生于短粗的根茎上；表面红棕色或棕紫色，有细纵纹。质坚韧，断面黄棕色或红棕色，皮部有多数黄白色或黄棕色绵状纤维。气微，味微苦涩。

【鉴别】（1）本品根横切面：地榆木栓层为数列棕色细胞。栓内层细胞长圆形。韧皮部有裂隙。形成层环明显。木质部导管径向排列，纤维非木化，初生木质部明显。薄壁细胞内含多数草酸钙簇晶、细小方晶及淀粉粒。

绵地榆栓内层内侧与韧皮部有众多的单个或成束的纤维，韧皮射线明显；木质部纤维少。

地榆粉末灰黄色至土黄色。草酸钙簇晶众多，棱角较钝，直径18～65 μm。淀粉粒众多，多单粒，长11～25 μm，直径3～9 μm，类圆形、广卵形或不规则形，脐点多为裂缝状，层纹不明显。木栓细胞黄棕色，长方形，有的胞腔内含黄棕色块状物或油滴状物。导管多为网纹导管和具缘纹孔导管，直径13～60 μm。纤维较少，单个散在或成束，细长，直径5～9 μm，非木化，孔沟不明显。草酸钙方晶直径5～20 μm。

绵地榆粉末红棕色。韧皮纤维众多，单个散在或成束，壁厚，直径7～26 μm，较长，非木化。

（2）取本品粉末2 g，加10%盐酸的50%甲醇溶液50 mL，加热回流2 h，放冷，滤过，滤液用盐酸饱和的乙醚振摇提取2次，每次25 mL，合并乙醚液，挥干，残渣加甲醇1 mL使溶解，作为供试品溶液。另取没食子酸对照品，加甲醇制成每1 mL含0.5 mg的溶液，作为对照品溶液。照薄层色谱法（附录ⅥB）试验，吸取供试品溶液5～10 μL、对照品溶液5 μL，分别点于同一硅胶G薄层板上，以甲苯（用水饱和）-乙酸乙酯-甲酸（6∶3∶1）为展开剂，展开，取出，晾干，喷以1%三氯化铁乙醇溶液。供试品色谱中，在与对照品色谱相应的位置上，显相同颜色的斑点。

【检查】水分 不得过14.0%（附录ⅨH第一法）。

总灰分 不得过10.0%（附录ⅨK）。

酸不溶性灰分 不得过2.0%（附录ⅨK）。

【浸出物】按照醇溶性浸出物测定法（附录ⅩA）项下的热浸法测定，用稀乙醇作溶剂，不得少于23.0%。

【含量测定】鞣质取本品粉末（过四号筛）约0.4 g，精密称定，照鞣质含量测定法（附录ⅩB）测定，在"不被吸附的多酚"测定中，同时作空白试验校正，计算，即得。

按干燥品计算，不得少于8.0%。

没食子酸照高效液相色谱法（附录ⅥD）测定。

色谱条件与系统适用性试验 以十八烷基硅烷键合硅胶为填充剂；以甲醇-0.05%磷酸溶液（5∶95）为流动相；检测波长为272 nm。理论板数按没食子酸峰计算应不低于2 000。

对照品溶液的制备 取没食子酸对照品适量，精密称定，加水制成每1 mL含30 μg的溶液，即得。

供试品溶液的制备 取本品粉末（过四号筛）约0.2 g，精密称定，置具塞锥形瓶中，加10%盐酸溶液10 mL，加热回流3 h，放冷，滤过，滤液置100 mL量瓶中，用水适量

分数次洗涤容器和残渣，洗液滤入同一量瓶中，加水至刻度，摇匀，滤过，取续滤液，即得。

测定法 分别精密吸取对照品溶液与供试品溶液各10 μL，注入液相色谱仪，测定，即得。

本品按干燥品计算，含没食子酸（$C_7H_6O_5$）不得少于1.0%。

【市场前景】

我国有地榆属植物7个物种，其中地榆种下有4个变种。均含有皂苷、鞣制和黄酮类等化学成分，具有止血、抗氧化、抗肿瘤、抗菌消炎等活性，药用历史悠久。地榆属植物在我国各地分布较广，适应性很强，抗寒、耐旱、喜光，在贫瘠、干旱的土壤中能正常生长。在欧美地区地榆早已被驯化栽培，并对其药用与食用价值进行了开发。而在我国地榆属植物多见于野生，人工驯化栽培的数量很少，除作为中药应用外，并未被充分开发利用。地榆属为多年生草本植物，根系发达，在护坡、防治水土流失方面发挥着重要作用。近年来，由于盲目、无计划采挖，野生资源破坏严重，积极开展人工驯化栽培研究尤为重要，以达到满足市场需求。地榆属植物具有多种经济用途，但目前深度开发利用不足，应在加强化学、药理等基础性研究的基础上，深化开发，促进该属植物资源充分利用，推动地方经济发展。

14. 板蓝根

【来源】

本品为十字花科植物菘蓝*Isatis indigotica* Fort.的干燥根。中药名：板蓝根；别名：茶蓝、板蓝根、大青叶。

【原植物形态 】

二年生草本，高40～100 cm；茎直立，绿色，顶部多分枝，植株光滑无毛，带白粉霜。基生叶莲座状，长圆形至宽倒披针形，长5～15 cm，宽1.5～4 cm，顶端钝或尖，基部渐狭，全缘或稍具波状齿，具柄；基生叶蓝绿色，长椭圆形或长圆状披针形，长7～15 cm，宽1～4 cm，基部叶耳不明显或为圆形。萼片宽卵形或宽披针形，长2～2.5 mm；花瓣黄白，宽楔形，长3～4 mm，顶端近平截，具短爪。短角果近长圆形，扁平，无毛，边缘有翅；果梗细长，微下垂。种子长圆形，长3～3.5 mm，淡褐色。花期4—5月，果期5—6月。

【资源分布及生物学习性 】

原产我国，全国各地均有栽培。

板蓝根对自然环境和土壤适应性强，要求不严。它可以在山区、丘陵和平地上播种，而且耐寒。

【规范化种植技术 】

1. 选地整地

选择地势平坦、排水良好、疏松肥沃的沙土。播种前将土地翻耕一次，每亩施用2 000 kg堆肥或肥料（或50 kg磷肥、25 kg氯化钾和10 kg尿素）作为基肥，然后平整和耙平土地，平整高垄沟的宽度，并在其周围修建排水沟。

2. 田间管理

2.1 除草

出苗后杂草即时拔出。

2.2 追肥

当苗高约15 cm时，在行间追肥一次，每亩施用500 kg人畜粪便或3 kg尿素，以促进幼苗生长。当芽出现时，再次施肥，使用800 kg人和动物粪便或每亩5 kg尿素来促进根生长和增加产量。

2.3 排水和灌溉

如果播种后长期干旱，应及时浇水以保持土壤湿润，使幼苗或植物能够正常生长。灌溉用水应在晚上进行。雨季应注意及时排水，防止田间积水，避免根腐。

3. 病虫害防治

初次种植板蓝根的地块很少发生病虫害，老产区有时会发生。

3.1 霜霉病

霜霉病为害叶子，在疾病开始时，在患病叶子的背面造成白色或灰白色的霉变，在后期，叶子上出现淡绿色的斑点，最终导致叶子死亡。

防治方法：①雨季及时排水，以降低场地湿度，改善通风和透光条件；②每7～10 d用波尔多液或65锌500～800倍溶液喷洒叶子2～3次。

3.2 根腐病

根腐疾病会损害根系，在雨季容易发生，并在发病后腐烂。

防治方法：①雨季应进行排水，以防止田间积水；②及时拔掉患病的植物，把它们从田地里拿出来，烧掉或者深埋。

3.3 蚜虫

危害幼嫩的茎和叶，将幼虫或成虫聚集在叶和幼嫩的茎的背面吮吸汁液，使叶枯黄，导致生长不良。

防治方法：喷洒1 000倍50种松脂乳剂或1 500倍40种乳剂或800倍90种昆虫乳剂。

4. 采收加工

当地茎叶枯萎时及时收割。方法是：沿着斜坡方向挖，尽量不要切断根，并将挖好的根排成行。对于幼苗健壮没有疾病的植物，可以移植到明年的收成中。挖掘后，等待幼苗稍微干燥，除去枯黄的叶子，从芦苇头上切下或切下，除去杂质土壤，将其干燥至70～80 ℃，捆成小捆，然后干燥至完全干燥，从而获得产品。

【药材质量标准】

【性状】本品呈圆柱形，稍扭曲，长10～20 cm，直径0.5～1 cm。表面淡灰黄色或淡棕黄色，有纵皱纹、横长皮孔样突起及支根痕。根头略膨大，可见暗绿色或暗棕色轮状排列的叶柄残基和密集的疣状突起。体实，质略软，断面皮部黄白色，木部黄色。气微，味微甜后苦涩。

【鉴别】（1）本品横切面：木栓层为数列细胞。栓内层狭。韧皮部宽广，射线明显。形成层成环。木质部导管黄色，类圆形，直径约至80 μm；有木纤维束。薄壁细胞含淀粉粒。

（2）取本品粉末0.5 g，加稀乙醇20 mL，超声处理20 min，滤过，滤液蒸干，残渣加稀乙醇1 mL使溶解，作为供试品溶液。另取板蓝根对照药材0.5 g，同法制成对照药材溶液。再取精氨酸对照品，加稀乙醇制成每1 mL含0.5 mg的溶液，作为对照品溶液。照薄层色谱法（附录ⅥB）试验，吸取上述3种溶液各1～2 μL，分别点于同一硅胶G薄层板上，以正丁醇-冰醋酸-水（19∶5∶5）为展开剂，展开，取出，热风吹干，喷以茚三酮试液，在105 ℃加热至斑点显色清晰。供试品色谱中，在与对照药材色谱和对照品色谱相应的位置上，显相同颜色的斑点。

（3）取本品粉末1 g，加80%甲醇20 mL，超声处理30 min，滤过，滤液蒸干，残渣加甲醇1 mL使溶解，作为供试品溶液。另取板蓝根对照药材1 g，同法制成对照药材溶液。再取（R，S）—告依春对照品，加甲醇制成每1 mL含0.5 mg的溶液，作为对照品的溶液。照薄层色谱法（附录ⅥB）试验，吸取上述3种溶液各5～10 μL，分别点于同一硅胶GF254薄层板上，以石油醚（60～90 ℃）-乙酸乙酯（1∶1）为展开剂，展开，取出，晾干，置紫外光灯（254 nm）下检视。供试品色谱中，在与对照药材色谱和对照品色谱相应的位置上，显相同颜色的斑点。

【检查】水分　不得过15.0%（附录ⅨH第一法）。

总灰分　不得过9.0%（附录ⅨK）。

酸不溶性灰分　不得过2.0%（附录ⅨK）。

【浸出物】照醇溶性浸出物测定法

（附录ⅩA）项下的热浸法测定，用45%乙醇作溶剂，不得少于25.0%。

【含量测定】照高效液相色谱法（附录ⅥD）测定。

色谱条件与系统适用性试验 以十八烷基硅烷键合硅胶为填充剂；以甲醇-0.02%磷酸溶液（7∶93）为流动相；检测波长为245 nm。理论板数按（R，S）—告依春峰计算应不低于5 000。

对照品溶液的制备 取（R，S）—告依春对照品适量，精密称定，加甲醇制成每1 mL含40 μg的溶液，即得。

供试品溶液的制备 取本品粉末（过四号筛）约1 g，精密称定，置圆底瓶中，精密加入水50 mL，称定重量，煎煮2 h，放冷，再称定重量，用水补足减失的重量，摇匀，滤过，取续滤液，即得。

测定法 分别精密吸取对照品溶液与供试品溶液各10～20 μL，注入液相色谱仪，测定，即得。

本品按干燥品计算，含（R，S）-告依春（C_5H_7NOS）不得少于0.020%。

【市场前景】

板蓝根是我国传统常用中药材。始载于东汉《神农本草经》，列为上品，有清热解毒、凉血利咽的功效。其叶为大青叶，或将鲜叶加工成青黛，均可入药。板蓝根分布较广，全国很多地区均有分布。安徽亳州是板蓝根的主产区之一。目前，国内外市场对板蓝根需求量较大，为板蓝根生产提供了广阔的发展前景。板蓝根属1年生草本植物，对革兰氏阳性和阴性细菌有抑制作用，根和叶均可用药，具有清热、解毒、凉血、消斑功效，对防治流感和肝炎的作用显著，被广泛用于感冒发热、扁桃体炎、急慢性肝炎、腮腺炎、乙型脑炎、丹毒等疾病的防治。随着板蓝根预防和治疗作用越来越被人们所认可，国内外的需求量也越来越大。我们对国内外板蓝根市场进行了初步调查，全球每年板蓝根需求量约为12万t，国内需求量约5万t，板蓝根的生产有着广阔的市场前景。

15. 葛根

【来源】

本品为豆科植物野葛*Pueraria lobata*（Willd.）Ohwi的干燥根。中药名：葛根；别名：葛藤。

【原植物形态】

粗壮藤本，长可达8 m，全体被黄色长硬毛，茎基部木质，有粗厚的块状根。羽状复叶具3小叶；托叶背着，卵状长圆形，具线条；小托叶线状披针形，与小叶柄等长或较长；小叶三裂，偶尔全缘，顶生小叶宽卵形或斜卵形，长7～15（～19）cm，宽5～12（～18）cm，先端长渐尖，侧生小叶斜卵形，稍小，上面被淡黄色、平伏的疏柔毛。下面较密；小叶柄被黄褐色绒毛。总状花序长15～30 cm，中部以上有颇密集的花；苞片线状披针形至线形，远比小苞片长，早落；小苞片卵形，长不及2 mm；花2～3朵聚生于花序轴的节上；花萼钟形，长8～10 mm，被黄褐色柔毛，裂片披针形，渐尖，比萼管略长；花冠长10～12 mm，紫色，旗瓣倒卵形，基部有2耳及一黄色硬痂状附属体，具短瓣柄，翼瓣镰状，较龙骨瓣为狭，基部有线形、向下的耳，龙骨瓣镰状长圆形，基部有极小、急尖的耳；对旗瓣的1枚雄蕊仅上部离生；子房线形，被毛。荚果长椭圆形，长5～9 cm，宽8～11 mm，扁平，被褐色长硬毛。花期9—10月，果期11—12月。

【资源分布及生物学习性】

产于我国南北各地，除新疆、青海及西藏外，分布几遍全国。生于山地疏或密林中。

葛根适应性和萌芽力较强，易繁殖，病虫害少，喜温暖、阳光充足的气候。其根系发达、块根肥大，宜选择土层深厚、土质肥沃、排灌方便、地下水位低、土壤pH值为6～8、非连作的地块；在土层瘦薄或过黏、排水不良的土壤中生长不良。

【规范化种植技术】

1. 培育壮苗

1.1 苗床准备

宜选择地势平坦、背风向阳、排水良好、土层深30 cm以上的疏松肥沃砂质壤土作苗床，每亩施有机肥1 500 kg，翻耕30 cm，东西方向筑畦，畦高25 cm、畦面宽150 cm，并喷洒70%甲基托布津可湿性粉剂800倍液消毒。

1.2 扦插繁殖

12月上旬藤蔓进入休眠期，选取蔓粗0.6 cm以上、生长健壮的中下段藤蔓，剪除叶片。每条插穗截成20 cm长，有1～2个节，芽节上端留3～5 cm、下端留6～8 cm，用70%甲基托布津或50%多菌灵1 000倍液浸泡葛藤芽节5 min进行消毒处理，捞起晾干后扦插。扦插株行距为20 cm×25 cm，每亩栽1.2万株左右，扦插角度为30°。

1.3 苗床管理

育苗期保持苗床湿润，可覆盖小拱棚保温保湿。冬季扦插育苗需70～80 d，新生根长2 cm以上、蔓长20 cm以上即可移栽。

2. 幼苗移栽

2.1 整地施肥

葛根食用部分为根茎，因此应选择耕层深厚、质地疏松、肥力中上的沙质壤土种植。栽苗前深耕晒垡，剔除田间杂物，每亩施有机肥2 000 kg、40%磷酸二氢钾复合肥70 kg，筑畦面宽15 m左右。

2.2 移栽定植

3月上旬—4月上旬定植。选取无病且生长良好的壮苗（直径为2 cm左右）放入长40 cm、深50 cm的定植穴，盖土并露出苗头，每亩栽800～1 000株。定植后浇透水。

3. 田间管理

3.1 肥水管理

葛根耐肥，可多次追肥。第1次在苗高30 cm时，每亩施有机肥1 500 kg、40%硫酸钾复合肥20 kg，以后每个月追肥1次，第4～5次追肥可相隔40 d。追肥时加入高钾复合肥，促进块根形成。

3.2 搭架整蔓

苗高30 cm时，每株选留1根粗壮苗培育成主蔓，剪除其余侧蔓，用竹条或木条搭篱笆或三角形支架，并把苗扶牵上架，使其缠绕支架生长。主蔓长到1.3 m之前不留分枝，随时剪除侧蔓、侧芽及基部须根。待茎蔓长至2 m时，应摘除顶芽，促进分枝多长叶片，增强光合作用。

3.3 修根

6月中下旬—7月上旬，选择晴天早上或傍晚进行修根。块根形成后，扒开植株四周土壤，选留1～2个生长粗壮的块根，其余剪除，减少养分消耗，以利集中养分促进块根形成，提高产品品质。

4. 病虫害防治

4.1 虫害

葛根病虫害较少，虫害主要有葛卷叶蛾、葛黑叶甲、葛黄叶甲和葛蝗。

防治方法：葛卷叶蛾可用甲维盐1 500倍液或阿维菌素防治，葛黑叶甲、葛黄叶甲、葛蝗可用溴氰菊酯1 000倍液或氯氰菊酯1 500倍液防治。

4.2 病害

葛根病害主要有红黄粉病和根腐病。

防治方法：红黄粉病可用粉锈宁500倍液或三唑酮800倍液防治，根腐病可选用甲基托布津700倍液或多菌灵可湿性粉剂800倍液防治。

5. 采收

葛根一般在11月—翌年3月采收。选晴天去除支架和地上藤蔓，然后挖开葛株基部泥土，小心挖出块根，避免损伤和碰破葛根皮，趁鲜切成厚片或小块；干燥。

【药材质量标准】

【性状】本品呈纵切的长方形厚片或小方块，长5～35 cm，厚0.5～1 cm。外皮淡棕色，有纵皱纹，粗糙。切面黄白色，纹理不明显。质韧，纤维性强。气微，味微甜。

【鉴别】（1）本品粉末淡棕色。淀粉粒单粒球形，直径3～37 μm，脐点点状、裂缝状或星状；复粒由2～10分粒组成。纤维多成束，壁厚，木化，周围细胞大多含草酸钙方晶，形成晶纤维，含晶细胞壁木化增厚。石细胞少见，类圆形或多角形，直径38～70 μm。具缘纹孔导管较大，具缘纹孔六角形或椭圆形，排列

极为紧密。

（2）取本品粉末0.8 g，加甲醇10 mL，放置2 h，滤过，滤液蒸干，残渣加甲醇0.5 mL使溶解，作为供试品溶液。另取葛根对照药材0.8 g，同法制成对照药材溶液。再取葛根素对照品，加甲醇制成每1 mL含1 mg的溶液，作为对照品溶液。照薄层色谱法（附录ⅥB）试验，吸取上述3种溶液各10 μL，分别点于同一硅胶G薄层板上，使成条状，以三氯甲烷-甲醇-水（7:2.5:0.25）为展开剂，展开，取出，晾干，置紫外光灯（365 nm）下检视。供试品色谱中，在与对照药材色谱和对照品色谱相应的位置上，显相同颜色的荧光条斑。

【检查】水分　不得过14.0%（通则0832第一法）。

总灰分　不得过7.0%（通则2302）。

【浸出物】按照醇溶性浸出物测定法（通则2201）项下的热浸法测定，用稀乙醇作溶剂，不得少于24.0%。

【含量测定】按照高效液相色谱法（通则0512）测定。

色谱条件与系统适用性试验　以十八烷基硅烷键合硅胶为填充剂；以甲醇-水（25:75）为流动相；检测波长为250 nm。理论板数按葛根素峰计算应不低于4 000。

对照品溶液的制备　取葛根素对照品适量，精密称定，加30%乙醇制成每1 mL含80 μg的溶液，即得。

供试品溶液的制备　取本品粉末（过三号筛）约0.1 g，精密称定，置具塞锥形瓶中，精密加入30%乙醇50 mL，称定重量，加热回流30 min，放冷，再称定重量，用30%乙醇补足减失的重量，摇匀，滤过，取续滤液，即得。

测定法　分别精密吸取对照品溶液与供试品溶液各10 μL，注入液相色谱仪，测定，即得。

本品按干燥品计算，含葛根素（$C_{21}H_{20}O_9$）不得少于2.4%。

【市场前景】

葛始载于我国汉代的《神农本草经》，列为中品。既是我国常用的传统中药材，也是药食两用中药材。葛根块根肥厚，产量高，淀粉含量较高，在20%以上，世界粮农组织预测有望成为世界第六大粮食作物。我国葛资源相当丰富，除西藏、青海和新疆以外，野葛资源遍布于其他地区，是世界上储量最高、使用较广的品种。经调查，葛属在中国有近10多种，但多属野生，人工驯培育时间不长。根据葛的食用价值和医疗价值，对葛根资源进行开发利用具有极其重要的意义。葛根具有良好的加工性能和广阔的开发前景，它不仅为食品工业提供了新原料，也作为一种经济作物在社会经济发展过程中被人们广泛地栽培与利用。随着生产力水平的不断提高和科学技术的不断发展，人们越来越注重生活质量的提高，由于葛具有多种功效，具有广阔的开发前景，加之人们对葛根的认识不断加深，葛的栽培和葛根的加工利用也呈现逐步上升的趋势。近年来，日本每年从中国和韩国等国大量进口粗葛粉，加工成葛冻或者加入牛奶等制成流质食品等特种食品，销往欧洲和拉丁美洲，换取大量外汇，由此可见，葛的开发利用前景极其广阔。

16. 苦参

【来源】

本品为豆科植物苦参*Sophora flavescens* Ait.的干燥根。春、秋二季采挖，除去根头和小支根，洗净，干燥，或趁鲜切片，干燥。中药名：苦参；别名：地槐、白茎地骨、山槐、野槐等。

【原植物形态】

草本或亚灌木，稀呈灌木状，通常高1 m左右，稀达2 m。茎具纹棱，幼时疏被柔毛，后无毛。羽状复叶长达25 cm；托叶披针状线形，渐尖，长6～8 mm；小叶6～12对，互生或近对生，纸质，形状多变，椭圆形、卵形、披针形至披针状线形，长3～4（～6）cm，宽（0.5～）1.2～2 cm，先端钝或急尖，基部宽楔形或浅心形，上面无毛，下面疏被灰白色短柔毛或近无毛。中脉下面隆起。总状花序顶生，长15～25 cm；花多数，疏或稍密；花梗纤细，长约7 mm；苞片线形，长约2.5 mm；花萼钟状，明显歪斜，具不明显波状齿，完全发育后近截平，长约5 mm，宽约6 mm，疏被短柔毛；花冠比花萼长1倍，白色或淡黄白色，旗瓣倒卵状匙形，长14～15 mm，宽6～7 mm，先端圆形或微缺，基部渐狭成柄，柄宽3 mm，翼瓣单侧生，强烈皱褶几达瓣片的顶部，柄与瓣片近等长，长约13 mm，龙骨瓣与翼瓣相似，稍宽，宽约4 mm，雄蕊10，分离或近基部稍连合；子房近无柄，被淡黄白色柔毛，花柱稍弯曲，胚珠多数。荚果长5～10 cm，种子间稍缢缩，呈不明

显串珠状，稍四棱形，疏被短柔毛或近无毛，成熟后开裂成4瓣，有种子1~5粒；种子长卵形，稍压扁，深红褐色或紫褐色。花期6—8月，果期7—10月。

【资源分布及生物学习性】

野生苦参产于我国南北各省区。生于山坡、沙地草坡灌木林中或田野附近，海拔1 500 m以下。苦参系深根植物，喜温暖气候，多野生在海拔200~2 500 m的向阳山坡或河滩荒地。苦参对土壤要求不严，一般砂壤和黏壤上均可生长，为深根植物，一般选择地下水位低、排水良好地块种植。海拔1 000~1 400 m，适宜气温20~25 ℃，适宜湿度50%~70%，适宜的pH值为6.0~7.5，最佳光照时数12~14 h。

【规范化种植技术】

1. 选地整地

选土层深厚、向阳、土层深厚、疏松肥沃、排水良好的沙质壤土为好。冬前深耕30 cm，清除残枝败叶，杀灭虫卵，结合深耕每亩施入充分腐熟的农家肥料2 000~3 000 kg。为防蛴螬危害，在整地时每亩撒施15 kg的硫酸亚铁。翌年早春浅犁大约20 cm，耕后耙糖塌墒。耙糖保墒，无尖草、苦菊的秋耕壮堡地，可春免耕，耙糖保墒。在整地的同时，深耕20~25 cm，整平耙细，作宽1.2~1.3 m高畦。

2. 繁殖方法

2.1 种子播种繁殖

播种时间为春、夏、秋、冬播，具体播种时间，各地按照当地的气候决定。播种前可用温汤浸种（用40~50 ℃的温水浸泡10~12 h）或沙藏催芽的方法解决苦参种子重皮硬实不易发芽的问题。生产上有撒播、沟播两种方法，撒播：在整好的苗床上将催芽种子混3倍沙子均匀撒在地表，再耙磨1次，使种子入土1~2 cm。沟播：按行距25~30 cm，开深3 cm播幅宽10 cm的浅沟，种子和沙土按等份拌匀，一边开沟一边均地撒入沟内，覆土2~3 cm后稍加镇压。每亩播种量5 kg。

2.2 分株繁殖

苦参也可分株繁殖，一般在春秋两季进行。春季出芽时进行，秋季落叶后进行分株。把母株挖出，剪下粗根作药用，然后按母株上生芽和生根的多少，用刀切成数株。每株必须具有根和芽2~3个。按上述株、行距栽苗，每穴栽1株。栽后盖土、浇透水。

2.3 组织培养

研究表明，以苦参种子作为外植体，采用75%乙醇8s+0.1%升汞8 min消毒后，污染率低，易获得无菌材料。MS培养基中分别添加0.1 mg/L、3.0 mg/L6-BA和0.5 mg/LNAA、3.0 mg/L6-BA的组培苗增殖效果较好，增殖率最高可达120.2%；在1/2 MS培养基中添加0.1 mg/L的NAA，更利于苦参组培苗生根。根长1~2 cm的无菌苗，在自然光下驯化培养5 d后移栽至蛭石基质中成活率较高，移栽后5~15 d的成活率达80%以上。

3. 田间管理

3.1　中耕除草

间、定苗结合中耕锄草，每年要中耕3次，当苗高4～5 cm时进行第一次中耕除草，7～8 cm时进行第二次中耕，以后视田间杂草情况及时拔除，以防止草荒影响苦参的生长，禁止使用除草剂除草。

3.2　追肥

苦参是多年生喜肥植物，追肥是苦参高产优质必不可少的关键措施。苦参肥料以农家肥为主，化肥为辅。每年追肥3次，第一次在3月中下旬，苦参尚未发芽前进行，每亩施农家肥1 500 kg以上或磷酸二铵30 kg，撒施后浅锄一遍；当苗高60 cm左右时，施第二次肥，以尿素撒施为主，每亩用量为5 kg；秋季地上茎叶枯萎后，结合中耕，沟施饼肥50 kg、过磷酸钙50 kg和适量的有机肥。

3.3　灌溉和排水

天旱时，对于能灌溉的田块要及时浇灌，保证水分供应。多雨季节时要及时排除积水，防治过多的积水浸泡，引起苦参烂根。

3.4　摘蕾

为提高苦参根的产量，除留种田外，需要在第2、第3年的田间管理工作中，减少养分消耗、促进养分向根部积累、提高根条的产量，故在6月10日—7月10日进行打顶处理。

3.5　病虫害防治

3.5.1　白粉病

7月中下旬开始发病，9月中旬达高峰期。主要发生于苦参叶片正面，开始出现极小的白色稀疏粉状物，随着病害的发展，粉状霉层不断加厚，病斑面积不断扩大，受害部位由绿变褐，无霉层覆盖部位逐渐变黄，致使全叶卷曲，最终脱落。该病还可侵染叶柄和果荚。

防治方法：可以喷施15%粉锈宁1 000倍液或2%抗霉菌素水剂200倍液或10%多抗霉素1 000至1 500倍液。

3.5.2　叶斑病

发病初期叶片出现褐色小点，后病斑扩大、变白，病斑呈圆形，斑上出现黑色小颗粒，颗粒埋于叶片皮层之下，颗粒物排列成同心轮纹，发病叶片在病斑以上逐渐变黄，提早脱落。

防治方法：可选用70%甲基托布律可湿性粉剂600倍液，或77%可杀得可湿性粉剂500倍液，或80%大生可湿性粉剂800倍液喷雾防治。

3.5.3　苦参野螟

6月出现幼虫，初龄幼虫取食叶片下表皮，造成圆形"天窗"；8月下旬—9月上旬，大龄幼虫取食叶片边缘，造成"缺刻"，或将叶片吃光，仅残留叶柄。

防治方法：在幼虫盛孵期，可用20%杀灭菊酯乳油2 000～3 000倍液、80%敌百虫可湿性粉剂1 000倍液喷雾；利用黑光灯诱杀成虫。

4. 采收加工与贮藏

苦参叶片脱落初期的10月中旬—11月下旬，土壤封冻前为最佳采收期，适宜采收年限为第3～第5年。应尽量深挖，保持苦参根条完整，无撕裂，无断条。挖出的苦参根条除去泥土，去掉根头残枝，晾晒至全干贮藏，或洗净泥土趁鲜切片，切成1 cm厚的圆片或斜片。晒干或烘干即成苦参片。置于干燥处贮藏。

【药材质量标准】

【性状】本品呈长圆柱形，下部常有分枝，长10～30 cm，直径1～6.5 cm。表面灰棕色或棕黄色，具纵皱纹和横长皮孔样突起，外皮薄，多破裂反卷，易剥落，剥落处显黄色，光滑。质硬，不易折断，断面纤维

性；切片厚3～6 mm；切面黄白色，具放射状纹理和裂隙，有的具异型维管束呈同心性环列或不规则散在。气微，味极苦。

【鉴别】（1）本品粉末淡黄色。木栓细胞淡棕色，横断面观呈扁长方形，壁微弯曲；表面观呈类多角形，平周壁表面有不规则细裂纹，垂周壁有纹孔呈断续状。纤维和晶纤维，多成束；纤维细长，直径11～27 μm，壁厚，非木化；纤维束周围的细胞含草酸钙方晶，形成晶纤维，含晶细胞的壁不均匀增厚。草酸钙方晶，呈类双锥形、菱形或多面形，直径约237 μm。淀粉粒，单粒类圆形或长圆形，直径2～20 μm，脐点裂缝状，大粒层纹隐约可见；复粒较多，由2～12分粒组成。

（2）取本品横切片，加氢氧化钠试液数滴，栓皮即呈橙红色，渐变为血红色，久置不消失。木质部不呈现颜色反应。

（3）取本品粉末0.5 g，加浓氨试液0.3 mL、三氯甲烷25 mL，放置过夜，滤过，滤液蒸干，残渣加三氯甲烷0.5 mL使溶解，作为供试品溶液。另取苦参碱对照品、槐定碱对照品，加乙醇制成每1 mL各含0.2 mg的混合溶液，作为对照品溶液。照薄层色谱法（通则0502）试验，吸取上述两种溶液各4 μL，分别点于同一用2%氢氧化钠溶液制备的硅胶G薄层板上，以甲苯-丙酮-甲醇（8：3：0.5）为展开剂，展开，展距8 cm，取出，晾干，再以甲苯-乙酸乙酯-甲醇-水（2：4：2：1）10 ℃以下放置的上层溶液为展开剂，展开，取出，晾干，依次喷以碘化铋钾试液和亚硝酸钠乙醇试液。供试品色谱中，在与对照品色谱相应的位置上，显相同的橙色斑点。

（4）取氧化苦参碱对照品，加乙醇制成每1 mL含0.2 mg的溶液，作为对照品溶液。照薄层色谱法（通则0502）试验，吸取［鉴别］（3）项下的供试品溶液和上述对照品溶液各4 μL，分别点于同一用2%氢氧化钠溶液制备的硅胶G薄层板上，以三氯甲烷-甲醇-浓氨试液（5：0.6：0.3）10 ℃以下放置的下层溶液为展开剂，展开，取出，晾干，依次喷以碘化铋钾试液和亚硝酸钠乙醇试液。供试品色谱中，在与对照品色谱相应的位置上，显相同的橙色斑点。

【检查】水分　不得过11.0%（通则0832第二法）。

总灰分　不得过8.0%（通则2302）。

【浸出物】按照水溶性浸出物测定法（通则2201）项下的冷浸法测定，不得少于20.0%。

【含量测定】按照高效液相色谱法（通则0512）测定。

色谱条件与系统适用性试验　以氨基键合硅胶为填充剂；以乙腈-无水乙醇-3%磷酸溶液（80：10：10）为流动相；检测波长为220 nm。理论板数按氧化苦参碱峰计算应不低于2 000。

对照品溶液的制备　取苦参碱对照品、氧化苦参碱对照品适量，精密称定，加乙腈-无水乙醇（80：20）混合溶液分别制成每1 mL含苦参碱50 μg、氧化苦参碱0.15 mg的溶液，即得。

供试品溶液的制备　取本品粉末（过三号筛）约0.3 g，精密称定，置具塞锥形瓶中，加浓氨试液0.5 mL，精密加入三氯甲烷20 mL，密塞，称定重量，超声处理（功率250 W，频率33 kHz）30 min，放冷，再称定重量，用三氯甲烷补足减失的重量，摇匀，滤过，精密量取续滤液5 mL，加在中性氧化铝柱（100～200目，5 g，内径1 cm）上，依次以三氯甲烷、三氯甲烷-甲醇（7：3）混合溶液各20 mL洗脱，合并收集洗脱液，回收溶剂至干，残渣加无水乙醇适量使溶解，转移至10 mL量瓶中，加无水乙醇至刻度，摇匀，即得。

　　测定法　分别精密吸取上述两种对照品溶液各5 μL与供试品溶液5～10 μL，注入液相色谱仪，测定，即得。

　　本品按干燥品计算，含苦参碱（$C_{15}H_{24}N_2O$）和氧化苦参碱（$C_{15}H_{24}N_2O_2$）的总量不得少于1.2%。

【市场前景】

　　苦参为常用中药。具有清热、燥湿，杀虫、利尿功效。主治黄疸、痢疾、疮疡、皮肤瘙痒等症；外用可治滴虫性阴道炎、外阴瘙痒等症；有明显的抗菌、消炎、杀虫作用。从其根、茎、叶和种子中提取的苦参碱、苦参素被大量应用到医药、保健等方面，提取苦参碱、苦参素后的残渣也是生产有机肥的好原料；茎皮纤维可织麻袋等；苦参中的苦参碱作为植物杀虫剂，杀虫效果好，对人、畜无毒害，且不产生抗药性，具有广阔的发展前景。长期以来，苦参生药资源以采挖野生植物为主，超限量采挖造成野生资源日益枯竭。前几年贵州、河南、山西资源较多，经过几年大面积采挖之后，产区资源明显减少，现在已难有大货应市。随着各大产区资源的萎缩，苦参资源产量下滑的趋势难以逆转，为价格上升提供了有力的支撑。加之目前苦参还广泛用于生物农药的开发，开发前景十分广阔。

17. 独活

【来源】

　　本品为伞形科Umbelliferae当归属*Angelica*植物重齿毛当归*Angelica pubescens* Maxim. f. biserrata Shan et Yuan的干燥根。俗称肉独活、川独活，又名独摇草、独滑、长生草。

【原植物形态】

　　多年生草本，高达1～1.5 m。根圆锥形，分枝，淡黄色。茎单一，圆筒形，中空，有纵沟纹和沟槽。叶膜质，茎下部叶一至二回羽状分裂，有3～5裂片，被稀疏的刺毛，尤以叶脉处较多，顶端裂片广卵形，3分裂，长8～13 cm，两侧小叶较小，近卵圆形，3浅裂，边缘有楔形锯齿和短凸尖；茎上部叶卵形，3浅裂至3深裂，长3～8 cm，宽8～10 cm，边缘有不整齐的锯齿。复伞形花序顶生和侧生。花序梗长22～30 cm，近于光滑；总苞少数，长披针形，长1～2 cm，宽约1 mm；伞辐16～18，不等长，长2～7 cm，有稀疏的柔毛；小总苞片5～8，线披针形，长2～3.5 cm，宽1～2 mm，被有柔毛。每小伞形花序有花约20朵，花柄细长；萼齿不显；花瓣白色，二型；花柱基短圆锥形，花柱较短、柱头头状。果实近圆形，长6～7 mm，背棱和中棱丝线状，侧棱有翅。背部每棱槽中有油管1，棒状，棕色，长为分生果长度的一半或稍超过，合生面有油管2。花期5—7月，果期8—9月。

【资源分布及生物学习性】

独活主产四川、重庆、湖北、甘肃。野生于山坡阴湿的灌丛林下。喜阴凉，在土层深厚、土质疏松、富含腐殖质、排水良好的砂壤土或黄棕壤土，种植地周边植被丰富，土壤有机质含量高环境生长最佳。最适宜生长温度为10～24 ℃。

【规范化种植技术】

1. 种子繁育

独活采用种子繁育，以在地3年生植株生产种子作繁殖材料。

2. 种植方法

独活通常与马铃薯、玉米、川乌等套作，也可净作。

3. 整地

待前茬作物收获后，于11月将地进行深耕30 cm以上，独活移栽前耙细，施入农家肥2 500～3 000 kg作底肥，四周开好排水沟。

4. 育苗移栽

4.1 育苗

传统栽培方法是育苗移栽。按种子田与大田比为1∶20确定育苗地面积。苗床地选择背风向阳、土层深

厚、土质疏松、排水较好的半阴半阳的非重茬坡地。在11月中旬前种子收获后及时播种。播前先将种子用50～55 ℃的温水浸泡12 h，捞出后装入纱布袋中，沥去多余水分，置温暖处保湿催芽，催芽过程中注意浇水保湿。待芽萌动后，趁土壤墒情适宜时播种，右可条播和穴播，条播按行距50 cm，开沟3～4 cm深，将种子均匀撒入沟内；穴播按行距50 cm，穴距20～30 cm点播，每穴播种10～20粒；覆细土或火灰2～3 cm，稍许压实，并盖上一层草以保温保湿，亩用种量2.5～3 kg。

4.2 移栽

次年11月起苗移栽至大田。与马铃薯、玉米套作按1 m开厢，1行马铃薯或玉米套1行独活，株距30～35 cm，亩栽植株数2 600～3 000株。净作4 400～4 600株。

5. 田间管理

5.1 除草施肥

独活出苗后，应加强田间管理。特别是苗期杂草生长特别快，应经常进行除草，与马铃薯、玉米套作的，结合马铃薯、玉米除草一同进行，净作田块特别在苗期和夏季各除草一次。后期独活植株封行后杂草就少了。同时要看苗追肥。全年分两次追肥，第一次在春季苗高10 cm左右时，结合中耕除草亩追施尿素5～10 kg提苗；第二次在夏季苗高30 cm左右时，再次结合中耕看苗酌量追施速效氮肥，净作的同时培土，套作的在马铃薯收获时培土。

5.2 摘苔

在7—8月，对有抽薹植株及时摘除。

5.3 病虫害防治

独活最常见的病虫害为根腐病和蚜虫。

5.3.1 根腐病

该病在高温多雨季节、湿度较大地块发病最为严重。其防治措施：一是不可在地势低洼、土质黏重的地块种植独活；二是避免重茬；三是选择健壮无病种苗；四是种苗栽前，用多菌灵或恩益碧对根部进行喷雾处理；五是盛夏多雨季节疏通沟渠，防洪排涝；六是抢在发病初期，及时喷多菌灵、甲基硫菌灵等进行药剂防治。

5.3.2 蚜虫

发现后可喷施噻螨酮、联苯菊酯、灭多威等对症杀虫剂进行防治。

6. 收获加工

6.1 收获

于春初苗刚发芽或秋末茎叶枯萎时采挖。开挖前先割除地上茎部，挖时注意用较长的锄头，在距离独活根部15 cm处下锄，最好一锄一翻，防止将根部挖破、挖断或遗失。挖出的独活，在田间略摊晾后，抖落泥土运回。

6.2 加工

先切去芦头和细根，摊晾至水分稍干后，入炕房内加热，炕至六七成干后移出炕房，堆放至回潮后再抖尽泥土、须根，理顺扎成小捆，再次搬入炕房，码放时注意根头部向下，用文火炕至全干，装入麻袋储藏于低温、干燥、通风良好处。

【药材质量标准】

【性状】本品根略呈圆柱形，下部2～3分枝或更多，长10～30 cm。根头部膨大，圆锥状，多横皱纹，直径1.5～3 cm，顶端有茎、叶的残基或凹陷。表面灰褐色或棕褐色，具纵皱纹，有横长皮孔样突起及稍突起的细根痕。质较硬，受潮则变软，断面皮部灰白色，有多数散在的棕色油室，木部灰黄色至黄棕色，形成层环棕色。有特异香气，味苦、辛、微麻舌。

【鉴别】（1）本品横切面：木栓细胞数列。栓内层窄，有少数油室。韧皮部宽广，约占根的1/2；油室较多，排成数轮，切向径约至153 μm，周围分泌细胞6～10个。形成层成环。木质部射线宽1～2列细胞；导管稀少，直径约至84 μm，常单个径向排列。薄壁细胞含淀粉粒。

（2）取本品粉末1 g，加甲醇10 mL，超声处理15 min，滤过，取滤液作为供试品溶液。另取独活对照药材1 g，同法制成对照药材溶液。再取二氢欧山芹醇当归酸酯对照品、蛇床子素对照品，加甲醇分别制成每1 mL含0.4 mg的溶液，作为对照品溶液。照薄层色谱法（通则0502）试验，吸取供试品溶液和对照药材溶液各8 μL、对照品溶液各4 μL，分别点于同一硅胶G薄层板上，以石油醚（60～90 ℃）-乙酸乙酯（7：3）为展开剂，展开，取出，晾干，置紫外光灯（365 nm）下检视。供试品色谱中，在与对照药材色谱和对照品色谱相应的位置上，显相同颜色的荧光斑点。

【检查】水分　不得过10.0%（通则0832第四法）。

总灰分　不得过8.0%（通则2203）。

酸不溶性灰分　不得过3.0%（通则2203）。

【含量测定】照高效液相色谱法（通则0512）测定。

色谱条件与系统适用性试验　以十八烷基硅烷键合硅胶为填充剂；以乙腈-水（49：51）为流动相；检测波长为330 nm。理论板数按二氢欧山芹醇当归酸酯峰计算应不低于6 000。

对照品溶液的制备　取蛇床子素对照品、二氢欧山芹醇当归酸酯对照品适量，精密称定，加甲醇分别制成每1 mL各含150 μg、50 μg的溶液，即得。

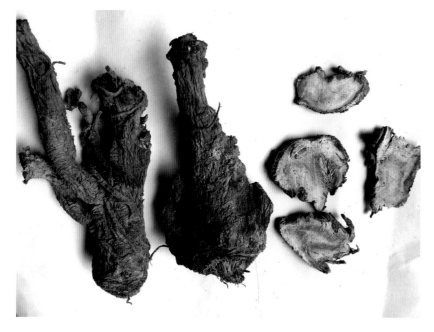

供试品溶液的制备　取本品粉末（过三号筛）约0.5 g，精密称定，置具塞锥形瓶中，精密加入甲醇20 mL，密塞，称定重量，超声处理（功率250 W，频率40 kHz）30 min，放冷，再称定重量，用甲醇补足减失的重量，摇匀，滤过，精密量取续滤液5 mL，置20 mL量瓶中，加甲醇至刻度，摇匀，滤过，取续滤液，即得。

测定法　分别精密吸取两种对照品溶液10 μL与供试品溶液10～20 μL，注入液相色谱仪，测定，即得。

本品按干燥品计算，含蛇床子素（$C_{15}H_{16}O_3$）不得少于0.50%，含二氢欧山芹醇当归酸酯（$C_{19}H_{20}O_5$）不得少于0.080%。

【市场前景】

独活始载于《神农本草经》，列为上品，具祛风除湿、通痹止痛之功效。现代药理研究发现，从独活中可分离出多种香豆素类成分，它们具有抑制血小板聚集和血栓形成、抗心律失常、扩冠、降压、钙拮抗、抗炎、免疫调节、镇痛、镇静、催眠、抗肿瘤、解痉、抗胃溃疡等作用。以独活为主要原料的中成药种类多样，有独活止痛搽剂、独活寄生合剂、独活寄生丸、复方独活吲哚美辛胶囊等。近年来，独活在保健领域的应用有所发展，尤其是进入了家畜保健领域。独活在防治植物病害中的作用已经得到前人的证实，以独活为原料的植物农药发展前景十分广阔。独活还进入了美容化妆领域，且已有多个发明专利获得授权，如独活草油化妆水、独活油茶乳液制备方法等。以独活作原料生产的中成药有追风丸、独活寄生丸、天麻丸等数十余个产品，年用量30 000 t左右。随着开发用途的增多，每年用量将大幅度增加。

独活的化学成分研究已经十分深入，独活的应用领域也十分广阔，这就决定了独活有着巨大的市场需求和广阔的市场前景，但其栽培、育种领域研究甚少，可资利用的高产高效种植技术不成熟，导致独活种植效益相对不高，无法充分调动农民扩大独活种植规模的积极性，造成独活药材价高而量少的市场格局，成了制约独活产业链发展的关键性障碍。因此独活的安全、优质、高效种植技术需要进一步深入研究，以便指导独活药材的生产，促进整个独活产业链条的发展。

18. 白芷

【来源】

本品为伞形科植物白芷*Angelica dahurica*（Fisch.ex Hoffm.）Benth.et Hook.f.或杭白芷*Angelica dahurica*（Fisch.ex Hoffm.）Benth. et Hook. f. var. *formosana*（Boiss.）Shan et Yuan的干燥根。中药名：白芷；别名：大活、香大活、走马芹、川白芷。

【原植物形态】

白芷多年生高大草本，高1~2.5 m。根圆柱形，有分枝，径3~5 cm，外表皮黄褐色至褐色，有浓烈气味。茎基部径2~5 cm，有时可达7~8 cm，通常带紫色，中空，有纵长沟纹。基生叶一回羽状分裂，有长柄，叶柄下部有管状抱茎边缘膜质的叶鞘；茎上部叶二至三回羽状分裂，叶片轮廓为卵形至三角形，长15~30 cm，宽10~25 cm，叶柄长至15 cm，下部为囊状膨大的膜质叶鞘，无毛或稀有毛，常带紫色；末回裂片长圆形，卵形或线状披针形，多无柄，长2.5~7 cm，宽1~2.5 cm，急尖，边缘有不规则的白色软骨质粗锯齿，具短尖头，基部两侧常不等大，沿叶轴下延成翅状；花序下方的叶简化成无叶的、显著膨大的囊状叶鞘，外面无毛。复伞形花序顶生或侧生，直径10~30 cm，花序梗长5~20 cm，花序梗、伞辐和花柄均有短糙毛；伞辐18~40，中央主伞有时伞幅多至70；总苞片通常缺或有1~2，成长卵形膨大的鞘；小总苞片5~10余，线状披针形，膜质，花白色；无萼齿；花瓣倒卵形，顶端内曲成凹头状；子房无毛或有短毛；花柱比短圆锥状的花柱基长2倍。果实长圆形至卵圆形，黄棕色，有时带紫色，长4~7 mm，宽4~6 mm，无毛，背棱扁，厚而钝圆，近海绵质，远较棱槽为宽，侧棱翅状，较果体狭；棱槽中有油管1，合生面油管2。花期7—8月，果期8—9月。

杭白芷本种与白芷的植物形态基本一致，但植株高1~1.5 m。茎及叶鞘多为黄绿色。根长圆锥形，上部近方形，表面灰棕色，有多数较大的皮孔样横向突起，略排列成数纵行，质硬较重，断面白色，粉性大。

【资源分布及生物学习性】

白芷产我国东北及华北地区。常生长于林下，林缘、溪旁、灌丛及山谷草地。目前国内北方各省多栽培供药用。

杭白芷栽培于四川、重庆、浙江、湖南、湖北、江西、江苏、安徽及南方一些省区，为著名常用中药，销往全国并出口。各地栽培的川白芷或杭白芷的种子多引自四川或杭州。

白芷对水分要求以湿润为度。整个生长期怕干旱，播种后缺水将影响出苗，幼苗期干旱易造成缺苗，营养生长期则需水较多，但过于湿润或田间积水，易发生烂根，生长后期缺水易导致主根木质化，或出现根分支。白芷播种后，在温、湿度适宜的条件下，10～15 d出苗。幼苗初期长生缓慢，翌年4—5月植株生长最旺，4月下旬至6月根部生长最快，7月以后，植株渐变黄枯死，根已长成。留种植株8月下旬天气转凉时又重生新叶，第3年4月开始抽薹，5月下旬至6月上旬开花，6月下旬7月种子陆续成熟。种子发芽率为70%～80%，隔年种子发芽率低，甚至不发芽。

【规范化种植技术】

1. 选土整地

白芷适宜于土层深厚的黄泥壤土和二类土。净沙土或过黏的土壤以及地势低洼易于水淹的地方，均不宜栽种。整地时，每亩施用腐熟厩肥2 500～5 000 kg，犁耙2～3次，再深挖24～30 cm，使土粒充分细碎，然后耙平，做成方形或宽100～120 cm的畦，并开好排水沟，以备播种。

2. 播种

以寒露至霜降期间播种为宜。先于整好的畦面开20 cm宽，2～3 cm深的小淘，每亩用种子1 kg左右，种子的排列要播成1条线，每粒籽距0.5～1 cm，然后轻轻盖土。种子播下土后，盖一层土灰（用小便拌和），再于土灰上盖老糠壳，防雨水冲击而流失，以利种子安全生长。此外，还可采用穴播法：先用绳子拉成宽380 cm的行子，按株距9～12 cm，用锄头挖成浅窝，种子与堆肥灰均匀拌和（堆肥400～500 kg/亩），或拌以

泥土堆放2~3 d，这样可提早出苗。然后每窝播1小撮，使种子在浅窝中均匀分布，再用锄轻轻压紧，使种子与泥土密接。一般在播种后20~30 d出苗。如种子入土太深，覆土过厚或未与泥土密接，均不易发芽出苗。

3. 田间管理

3.1 匀苗锄草

无论是条播或穴播，均应适当地匀苗。苗高3 cm左右，先用小刀松土，扯去柔软细小的苗子，保留健壮的苗子。立春前后和雨水间进行清苗、定苗，清除徒长的苗子，保持株距6~10 cm。

3.2 追肥

第1次追肥是在苗长3.5 cm左右，追施淡粪水250~500 kg，第2次追肥在苗高10 cm左右，施用人粪尿750~1 000 kg，第3次追肥在3月下旬，施用稍浓的粪水1 500~2 000 kg或菜枯、桐枯、麻枯100~150 kg。施肥时开浅沟施下。如只施粪水，施后即须撒草木灰250 kg，以利白芷根茎生长粗壮。

4. 病虫害防治

4.1 斑枯病

防治方法：清除病残组织，集中烧毁；发病初期用1：1：100的波尔多液或多抗霉素100~200单位喷雾。

4.2 黄凤蝶

此外尚有蚜虫、红蜘蛛和根结线虫病等为害地上部和根部，要及时选用对口的药剂防治。

5. 采收加工

采挖时间以栽后第2年大暑后5~7 d为宜。在晴天，先用镰刀把距地面6~10 cm的枯萎根叶割掉，然后用圆形四齿耙深挖，翻出白芷，抖去泥土，去掉茎叶根须，放在篾折上摊开暴晒。晒时切忌沾水、沾雨和堆积，否则会黑心变质。同时须连续晒干，不能间歇，如遇雨天可用木炭火烘干。

选种留种：大暑节挖白芷时，选择生长健壮，无病虫害的植株作种，农历9月间移栽于田园土里（有的不移栽，就地留种），施用少量人粪尿，约9个月的时间，到翌年大暑时可收获种子。种子成熟时即分批陆续摘下，在微弱的太阳下晒干，散开摊放通风处，到下种前，再脱粒播种。

【药材质量标准】

【性状】本品呈长圆锥形，长10~25 cm，直径1.5~2.5 cm。表面灰棕色或黄棕色，根头部钝四棱形或近圆形，具纵皱纹、支根痕及皮孔样的横向突起，有的排列成四纵行。顶端有凹陷的茎痕。质坚实，断面白色或灰白色，粉性，形成层环棕色，近方形或近圆形，皮部散有多数棕色油点。气芳香，味辛、微苦。

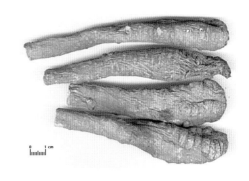

【鉴别】（1）本品粉末黄白色。淀粉粒甚多，单粒圆球形、多角形、椭圆形或盔帽形，直径3~25 μm，脐点点状、裂缝状、十字状、三叉状、星状或人字状；复粒多由2~12分粒组成。网纹导管、螺纹导管直径10~85 μm。木栓细胞多角形或类长方形，淡黄棕色。油管多已破碎，含淡黄棕色分泌物。

（2）取本品粉末0.5g，加乙醚10 mL，浸泡1 h，时时振摇，滤过，滤液挥干，残渣加乙酸乙酯1 mL使溶解，作为供试品溶液。另取白芷对照药材0.5g，同法制成对照药材溶液。再取欧前胡素对照品、异欧前胡素对照品，加乙酸乙酯制成每1 mL各含1 mg的混合溶液，作为对照品溶液。照薄层色谱法（附录VIB）试验，吸取上述3种溶液各4 μL，分别点于同一硅胶G薄层板上，以石油醚（30～60 ℃）-乙醚（3∶2）为展开剂，在25 ℃以下展开，取出，晾干，置紫外光灯（365 nm）下检视。供试品色谱中，在与对照药材色谱和对照品色谱相应的位置上，显相同颜色的荧光斑点。

【检查】水分 不得过14.0%（通则0832第二法）。

总灰分 不得过6.0%（通则2302）。

【浸出物】 按照醇溶性浸出物测定法（通则2201）项下的热浸法，用稀乙醇作溶剂，不得少于15.0%。

【含量测定】 按照高效液相色谱法（通则0512）测定。

色谱条件与系统适用性试验 以十八烷基硅烷键合硅胶为填充剂；以甲醇-水（55∶45）为流动相；检测波长为300 nm。理论板数按欧前胡素峰计算应不低于3 000。

对照品溶液的制备 取欧前胡素对照品适量，精密称定，加甲醇制成每1 mL含10 μg的溶液，即得。

供试品溶液的制备 取本品粉末（过三号筛）约0.4 g，精密称定，置50 mL量瓶中，加甲醇45 mL，超声处理（功率300 W，频率50 kHz）1 h，取出，放冷，加甲醇至刻度，摇匀，滤过，取续滤液，即得。

测定法 分别精密吸取对照品溶液与供试品溶液各20 μL，注入液相色谱仪，测定，即得。

本品按干燥品计算，含欧前胡素（$C_{16}H_{14}O_4$）不得少于0.080%。

【市场前景】

白芷以干燥根入药，味辛，性温，具有祛风除湿、通窍止痛、消肿排脓之功，为临床常用中药。我国为白芷主产地，占世界白芷总产量的95%以上。白芷除药用外，还广泛应用于保健品、化妆品、香料中。随着野生资源的减少，目前市场上主要使用的是白芷栽培品。根据产地不同，白芷分为川白芷、杭白芷、禹白芷、祁白芷、亳白芷等，但都均为栽培品。白芷适应性强，生长期短，繁殖快，药材丰富，价廉易得，仅四川省1984年白芷的产量就超过了1万t。白芷除对其根的使用外，茎、叶、种子均可制成香精；除药用外，还可制成蚊香、洗发水、调味剂等多种产品，还可以加强白芷资源的多种开发和利用。目前国内大规模白芷生产种植存在资源不统一，种质繁杂，良莠不齐，生物学特性及经济性状差异很大。白芷的需求量大，市场前景好。

19. 当归

【来源】

本品为伞形科植物当归*Angelica sinensis*（Oliv.）Diels.的干燥根。中药名：当归；别名：秦归、云归。

【原植物形态】

多年生草本，高0.4～1 m。根圆柱状，分枝，有多数肉质须根，黄棕色，有浓郁香气。茎直立，绿白色或带紫色，有纵深沟纹，光滑无毛。叶三出式二至三回羽状分裂，叶柄长3～11 cm，基部膨大成管状的薄膜质鞘，紫色或绿色，基生叶及茎下部叶轮廓为卵形，长8～18 cm，宽15～20 cm，小叶片3对，下部的1对小叶柄长0.5～1.5 cm，近顶端的1对无柄，末回裂片卵形或卵状披针形，长1～2 cm，宽5～15 mm，2～3浅裂，边缘有缺刻状锯齿，齿端有尖头；叶下表面及边缘被稀疏的乳头状白色细毛；茎上部叶简化成囊状的鞘和羽状分裂的叶片。复伞形花序，花序梗长4～7 cm，密被细柔毛；伞辐9～30；总苞片2，线形，或无；小伞形花序

有花13~36；小总苞片2~4，线形；花白色，花柄密被细柔毛；萼齿5，卵形；花瓣长卵形，顶端狭尖，内折；花柱短，花柱基圆锥形。果实椭圆至卵形，长4~6 mm，宽3~4 mm，背棱线形，隆起，侧棱成宽而薄的翅，与果体等宽或略宽，翅边缘淡紫色，棱槽内有油管1，合生面油管2。花期6—7月，果期7—9月。

【资源分布及生物学习性】

主产甘肃东南部，以岷县产量多，质量好，其次为云南、四川、重庆、陕西、湖北等省，均为栽培。国内有些省区也已引种栽培。

当归大都生长于海拔1 500~3 000 m气候凉爽、湿润的高寒山区，具有喜肥、怕涝、怕高温的特性。适宜于土壤肥沃，质地疏松，排水良好的砂壤土上生长。从播种到结子成熟，要越2冬跨3年，整个生长期785 d。

1. 土壤和施肥

当归喜肥沃疏松、排水性好的腐殖质土壤，这种土壤可很好地提供当归生长所需的养分，同时当归是喜肥植物，对于肥力需求较为庞大。氮肥可促进植株生长，提高有机物质积累；磷肥可加强根系，提高养分和水分的吸收；钾肥可促进光合作用，提高当归的质量。所以合理施肥十分重要，尤其在后期施加磷钾肥可提高当归的质量和产量。

2. 温度

当归适宜生长在海拔较高的地区，所以适宜高寒气温条件，同时它对温度较为敏感。最佳适宜生长温度为20~24 ℃，苗期维持这个温度区间，可让其快速出苗。

3. 光照

当归是喜光植物，在光照充足环境下生长快速、强健，也易于抽薹，光照不足，会影响当归产量。因此在种植时都选择向阳的坡地，种植时适当调整种植密度，这样有利于根系生长。

【规范化种植技术】

1. 选地

当归产区多为气候寒冷的山区，土壤以沙质壤土为宜。一般以排水良好腐殖质多的红色沙质壤土为上等，黑色的为中等，黄色的为下等。岩石及大粒沙砾土壤不宜栽培。

2. 选种育苗

2.1 选种

在收获2年生的当归时，选定生长苗壮的植株留在田中，待第3年开花结实后，果实呈现紫色而未全熟时，即采收储藏，并选其肥壮饱满的种子供育苗用。

2.2 育苗

在农历5月间，选择高2 500～3 000 m的东向或东南向的阴凉生荒地，最好选半山或山湾间阴坡的沙质富腐殖质黑沙土，除去野草，就地烧成灰，既能充作基肥，又能消毒灭虫，然后翻地并做成宽34～50 cm的畦，整平畦面，畦中开沟距17 cm的小沟，以备排水及苗床管理。待阴雨或土壤湿润时进行播种。一般采用撒播，要求稀密合适均匀，然后耙平，上面覆盖野草或麦秆加以保护。每亩需种子6.5～8.5 kg，约经半个月，种子即可发芽，待出土3 cm时，除去覆盖物，并经常注意拔草。至寒露前后，苗高20～30 cm，将根挖出，稍微抖去泥土，在离根头2 cm处用刀切去地上部分，再用红柳枝枝皮或棕叶捆扎，每把0.5 kg左右，移置地窖内或置室内，以较干燥沙土隔层埋盖。埋盖后，切忌见水，供翌年栽种之用。

3. 整地移栽

3.1 整地

栽种用地以红色沙质壤土为佳，须无虫害，山、川地均可。在清明前后整地，深翻10～16 cm，每亩混入人粪尿、炕土、牛羊粪等4 000～4 500 kg。药农经验，用炕土作基肥，可杀土虫害，牛羊粪则肥效较大。栽地务使土壤疏松，排水良好。

3.2 植苗

栽地整理之后，即可栽种。每窝栽种幼苗2～3株，株行距20～30 cm，栽植深度13 cm左右。每亩需幼苗7～9 kg。

4. 田间管理

4.1　中耕除草

一般当归种植在3月中旬以后开始，在4月底5月初，开始对当归进行首轮除草，在除草方面，选择人工除草的方法进行，禁止使用化学除草剂除草，以免污染当归，其次化学药剂对当归的杀伤力更大，若不会正确使用，则有可能毁掉整块地的当归种植，所以不要使用除草剂进行除草，虽然人工慢一点，但是能保证当归的品质。6月初开始第二轮除草，还是选择人工除草的方法进行，7月初开始第三轮除草，在这轮除草中，要拔掉当归抽薹株，给其他品质优秀的当归腾出地方，使其有充足的阳光照射，促进当归头的增长。

4.2　合理施肥

除草时，要结合培土，并追施硫铵或尿系、饼肥、草木灰等肥料。

4.3　浇水灌溉

当归的灌溉一般在苗长到12～15 cm，特殊情况如遇见干旱时要及时补充灌溉。不能让土壤含水量低于约10%。同时，当秋雨季来临时也要对当归田及时排涝，防止当归田内大量积水。

4.4　控制早抽薹

当归一般在第三年留种时才抽薹开花结实，但在栽培过程中，有部分徒长植株于种后的第二年就抽薹开花，即称为提早抽薹。抽薹的植株肉质根木质化（"柴性"），不能供药用。提早拔除抽薹的植株，或及时打薹，以免给生产造成损失。

造成提早抽薹的原因：当归原产高寒山区，属于低温长日照类型，即当归生长发育要求先有一定的低温春化过程，接着要求一定的长日照时期，植株才能开花结实。故一年生当归从不抽薹，只有经过春化，积累一定的营养物质（主要是糖分）的大苗和含糖分高的苗容易抽薹，而含氮量高的则不抽薹，因含氮量高消耗一部分糖，使春化所需的糖分减少，而降低抽薹率。控制苗子越冬时的营养物质，关键在育苗，可以通过改进育苗技术，提高苗子的含氮量，从而达到控制抽薹的目的。

5. 病虫害防治

5.1　病害

当归病害种类较多，危害严重且常见的是麻口病，主要发生在根部，发病后，根表皮出现黄褐色纵裂，伤斑累累，内部组织呈海绵状、木质化。

麻口病系线虫为害所致，其病原线虫为垫刀科的腐烂茎线虫。它主要分布在10 cm之内的土层中，在土内1年可出现4个高峰期，即当归苗移栽后的4月中旬，田间发病始于6月中旬，发病盛期9月上旬和收获后11月的上旬。该线虫在甘肃岷县生态条件下1年发生6～7代，每代历期21～45 d，平均约34 d完成1代，以成虫在土壤和病残组织内越冬。

防治方法：可用益舒宝、种衣剂、克线磷、甲基异柳磷等农药防治。

5.2　虫害

当归主要虫害有金针成虫和地老虎幼虫。6月间既是细胸金针虫成虫盛发期，也是地老虎幼虫为害期。

防治方法：可利用其趋好青草堆下潜伏的习性，铲除田内外青草，堆成小堆，每天清晨检查捕捉；7～10 d后应换新鲜草，也可在草堆下放置油渣毒饵少许，将害虫毒杀。

6. 采收与加工

6.1　留种

选用无病虫害、生长良好的田块留种。翌年早春壅根追肥，7月花苔期去杂去劣去杂草，8月中旬种子由红转粉白色（即八成成熟）时，分批采收。采收后将果扎成把，放阴凉处晾干。于冬季晒干、脱粒、保存。

6.2 采收

寒露前后，将当归的地上部分割去，待至霜降前后，开始挖起根部，每亩平均产鲜当归400～500 kg，干燥后可得125～150 kg。土壤良好，管理细致的可得鲜品600 kg，由于水分少，含油量高，干燥后可得300 kg。

6.3 加工

当归挖出后，除去泥土，放置2～3 d，待水分稍微蒸发后，即用树枝皮或棕叶扎把，体形较大的每根扎成1把，较小的2～5根扎成1把，此时应严格不使其沾水，以免变黑发烂，然后立即进行干燥。鲜当归不能用太阳晒干，否则出油变质。产区主要干燥方法是采用"上棚熏干"，即在屋内离地面约350 cm处用竹梢或树枝搭棚，下面均为日常煮饭烧茶的火炉。由于当地均以木柴为主要燃料，因之少量药材即搁置棚上利用日常烟火熏干。如为大量时，可将当归在棚上放置3～7层，以枯豆茎用水喷湿后架火燃烟日夜熏之。此时必须有专人照料，不能使火过大而致当归变黑，每月将棚上的当归翻动1次，使其均匀干燥，直至翌年春风时节熏干为止。熏干后的当归再用竹竿剔去细小毛须，加以整形及除净泥土，然后依大小质量分等。

【药材质量标准】

【性状】本品略呈圆柱形，下部有支根3～5条或更多，长15～25 cm。表面黄棕色至棕褐色，具纵皱纹和横长皮孔样突起。根头（归头）直径1.5～4 cm，具环纹，上端圆钝，或具数个明显突出的根茎痕，有紫色或黄绿色的茎和叶鞘的残基；主根（归身）表面凹凸不平；支根（归尾）直径0.3～1 cm，上粗下细，多扭曲，有少数须根痕。质柔韧，断面黄白色或淡黄棕色，皮部厚，有裂隙和多数棕色点状分泌腔，木部色较淡，形成层环黄棕色。有浓郁的香气，味甘、辛、微苦。

柴性大、干枯无油或断面呈绿褐色者不可供药用。

【鉴别】（1）本品横切面：木栓层为数列细胞。栓内层窄，有少数油室。韧皮部宽广，多裂隙，油室和油管类圆形，直径25～160 μm，外侧较大，向内渐小，周围分泌细胞6～9个。形成层成环。木质部射线宽3～5列细胞；导管单个散在或2～3个相聚，呈放射状排列；薄壁细胞含淀粉粒。

粉末淡黄棕色。韧皮薄壁细胞纺锤形，壁略厚，表面有极微细的斜向交错纹理，有时可见菲薄的横隔。梯纹导管和网纹导管多见，直径约至80 μm。有时可见油室碎片。

（2）取本品粉末0.5 g，加乙醚20 mL，超声处理10 min，滤过，滤液蒸干，残渣加乙醇1 mL使溶解，作为供试品溶液。另取当归对照药材0.5 g，同法制成对照药材溶液。照薄层色谱法（附录ⅥB）试验，吸取上述两种溶液各10 μL，分别点于同一硅胶G薄层板上，以正己烷-乙酸乙酯（4：1）为展开剂，展开，取出，晾干，置紫外光灯（365 nm）下检视。供试品色谱中，在与对照药材色谱相应的位置上，显相同颜色的荧光斑点。

（3）取本品粉末3 g，加1%碳酸氢钠溶液50 mL，超声处理10 min，离心，取上清液用稀盐酸调节pH值至2～3，用乙醚振摇提取2次，每次20 mL，合并乙醚液，挥干，残渣加甲醇1 mL使溶解，作为供试品溶液。另取阿魏酸对照品、藁本内酯对照品，加甲醇制成每1 mL各含1 mg的溶液，作为对照品溶液。照薄层色谱法（附录ⅥB）试验，吸取上述3种溶液各10 μL，分别点于同一硅胶G薄层板上，以环

己烷-二氯甲烷-乙酸乙酯-甲酸（4：1：1：0.1）为展开剂，展开，取出，晾干，置紫外光灯（365 nm）下检视。供试品色谱中，在与对照品色谱相应的位置上，显相同颜色的荧光斑点。

【检查】水分　不得过15.0%（通则0832第二法）。

总灰分　不得过7.0%（通则2302）。

酸不溶性灰分　不得过2.0%（通则2302）。

【浸出物】照醇溶性浸出物测定法（通则2201）项下的热浸法测定，用70%乙醇作溶剂，不得少于45.0%。

【含量测定】挥发油照挥发油测定法（通则2204）测定。

本品含挥发油不得少于0.4%（mL/g）。

阿魏酸照高效液相色谱法（通则0512）测定。

色谱条件与系统适用性试验　以十八烷基硅烷键合硅胶为填充剂；以乙腈-0.085%磷酸溶液（17：83）为流动相；检测波长为316 nm；柱温35 ℃。理论板数按阿魏酸峰计算应不低于5 000。

对照品溶液的制备　取阿魏酸对照品适量，精密称定，置棕色量瓶中，加70%甲醇制成每1 mL含12 μg的溶液，即得。

供试品溶液的制备　取本品粉末（过三号筛）约0.2 g，精密称定，置具塞锥形瓶中，精密加入70%甲醇20 mL，密塞，称定重量，加热回流30 min，放冷，再称定重量，用70%甲醇补足减失的重量，摇匀，静置，取上清液滤过，取续滤液，即得。

测定法　分别精密吸取对照品溶液与供试品溶液各10 μL，注入液相色谱仪，测定，即得。

本品按干燥品计算，含阿魏酸（$C_{10}H_{10}O_4$）不得少于0.050%。

【市场前景】

当归以干燥根入药，其药用历史悠久，自东汉末年以来，历代本草均有记载。当归始载于东汉末年的《神农本草经》，将其列为中品。历代中医认为，当归有补血活血、调经止痛、润肠通便之效，常用于治疗血虚萎黄，眩晕心悸，月经不调，经闭痛经，虚寒腹痛，肠燥便秘，风湿痹痛，跌打损伤，痈疽疮疡等症，尤其是在治疗各种"血症"的方剂中，更是必不可少，因此，当归素有"妇科人参"及"十药九归"的说法。近年来，野生当归种质资源目前在中国的分布稀少，仅限于甘肃、四川、西藏、云南等省部分高寒地区人迹罕至的高山丛林中，因此，建议国家有关部门尽快将其列入国家重点保护的野生植物名录之中，进行保护。目前中国商品当归主要来源于栽培，据考证，当归最早出产于甘肃的陇西县首阳镇和武山县落门镇一带，目前主产于甘肃，并在甘肃、云南、四川、湖北等地形成道地产区。当归也是传统出口大宗药材，不仅用于配方，而且在保健品及传统膳食中均有较多应用，全年销量为13 000 ~ 15 000 t。随着当归新产品的开发与应用，人们对健康天然产品的需求及海外市场的开拓，前景广阔。

20. 前胡

【来源】

本品为伞形科植物白花前胡*Peucedanum praeruptorum* Dunn in Journ. Linn. 的干燥根。冬季至次春茎叶枯萎或未抽花茎时采挖，除去须根，洗净，晒干或低温干燥。

【原植物形态】

多年生草本，高0.6~1 m。根颈粗壮，径1~1.5 cm，灰褐色，存留多数越年枯鞘纤维；根圆锥形，末端细瘦，常分叉。茎圆柱形，下部无毛，上部分枝多有短毛，髓部充实。基生叶具长柄，叶柄长5~15 cm，基部有卵状披针形叶鞘；叶片轮廓宽卵形或三角状卵形，三出式二至三回分裂，第一回羽片具柄，柄长3.5~6 cm，末回裂片菱状倒卵形，先端渐尖，基部楔形至截形，无柄或具短柄，边缘具不整齐的3~4粗或圆锯齿，有时下部锯齿呈浅裂或深裂状，长1.5~6 cm，宽1.2~4 cm，下表面叶脉明显突起，两面无毛，或有时在下表面叶脉上以及边缘有稀疏短毛；茎下部叶具短柄，叶片形状与茎生叶相似；茎上部叶无柄，叶鞘稍宽，边缘膜质，叶片三出分裂，裂片狭窄，基部楔形，中间一枚基部下延。复伞形花序多数，顶生或侧生，伞形花序直径3.5~9 cm；花序梗上端多短毛；总苞片无或1至数片，线形；伞辐6~15，不等长，长0.5~4.5 cm，内侧有短毛；小总苞片8~12，卵状披针形，在同一小伞形花序上，宽度和大小常有差异，比花柄长，与果柄近等长，有短糙毛；小伞形花序有花15~20；花瓣卵形，小舌片内曲，白色；萼齿不显著；花柱短，弯曲，花柱基圆锥形。果实卵圆形，背部扁压，长约4 mm，宽3 mm，棕色，有稀疏短毛，背棱线形稍突起，侧棱呈翅状，比果体窄，稍厚；棱槽内油管3~5，合生面油管6~10；胚乳腹面平直。花期8—9月，果期10—11月。

【资源分布及生物学习性】

白花前胡产甘肃、河南、贵州、广西、四川、重庆、湖北、湖南、江西、安徽、江苏、浙江、福建（武夷山）。为宿根植物，喜冷凉湿润的气候，多生于海拔800~1 500 m的山区向阳山坡。土壤以土层深厚、疏松、肥沃的夹沙土为好。温度高且持续时间长的平坝地区以及荫蔽过度，排水不良的地方生长不良，且易烂根；质地黏重的黄泥土和干燥瘠薄的河沙土不宜栽种。宿生根3月初子芽萌动，中旬出苗，4—5月为营养生长盛期。5月下旬开始抽薹孕蕾，6—7月开花盛期，8—9月果实成熟，当年繁殖苗生长期比宿生植株要长。以根供药用，为常用中药。能解热、祛痰、治感冒咳嗽、支气管炎及疖肿。根含多种香豆精类（为白花前胡素甲、乙、丙、丁等）。

【规范化种植技术】

1. 繁殖方法

前胡种子发芽率较高，用种子繁殖直播，不宜育苗移栽。

2. 选地、整地

选择阳光充足、土壤湿润而不积水的平地或坡地栽种。最好是在进入冬季，将地上前作枯物及杂草除下，切碎加畜粪水堆码沤制发孝，然后深翻土地让其越冬。播种前施入腐熟的发酵肥后再翻1次土，除去杂草，耙细整平。

3. 播种

3.1 底肥

亩用腐熟农家有机肥（牛羊猪粪与火粪沤制发酵）2 000~3 000 kg，或专用配方有机肥（含有机质20%，NPK各为5%）100 kg，在播种前耙地时均匀撒施田间，耙地时混合均匀。

3.2 播种时间

（1）冬播：播种时间最好在11月上旬至次年1月下旬开始播种，由于前胡种子发芽缓慢（天气情况比较好的需要30 d以上发芽）一般年前播种完毕。将种子均匀撒于畦面，然后用竹扫帚轻轻扫平，使种子与土壤

充分结合。

（2）春播，在3月上旬播种，采用穴播或条播均可，在畦上以8寸见方开穴，穴深1寸左右。将种子拌火土灰匀撒穴内，然后盖一层土或草木灰，至不见种子为度。最后盖草保墒利于出苗整齐，发芽时揭去。

3.3 播种方法

净作，按1.2 m开厢，行距30 cm，株距30 cm，挖3~4 cm浅窝点播或按行距30 cm条播。与马铃薯、玉米等套作，按1 m开厢，40 cm开行种一行马铃薯或玉米，按行距30 cm种两行前胡。播种时，将种子与过筛细土或火粪按1：50的比例充分混合均匀后播种。播种时应注意不能挖深窝，不宜覆土，只要不见种子就行。

3.4 播种密度

亩用种子量1~1.5 kg。净作有效苗保证在8 000~10 000株/亩，套作有效苗保证在6 000株/亩。

4. 田间管理

4.1 除草

前胡栽培管理比较容易，主要是除草。除草的方式有化学药剂除草和人工除草。

4.1.1 化学药剂除草

（1）播种前除草。化学药剂除草应以播种前土壤施药为主，争取一次施药便能保证整个生育期不受杂草危害。播种前土壤处理常用1.48%氟乐灵乳油，氟乐灵杀草谱广，能有效防除1年生靠种子繁殖的禾本科杂草。田间有效期2~3个月，喷药时间：于种子播种前5~10 d杂草萌发出芽前，每亩地用48%氟乐灵乳油80~100 mL兑水40~50 kg，对表土进行均匀喷洒处理。应随喷随进行浅翻，将药液及时混入5~7 cm土层中，施药后隔5~7 d才可播种。2.50%乙草胺乳油：播种前或后，但必须在杂草出土前施用。每亩用该剂70~75 mL兑水40~60 kg均匀喷雾土表。

（2）播种后苗前除草。前胡播种后20 d以后出苗，因此，应在15 d以内，在杂草见绿、前胡尚未出苗前，可用专用除草剂田间喷洒。出苗后除草，必须慎重选择使用，按照专用除草剂兑水比例进行配药。

4.1.2　人工除草

中耕除草一般在封行前进行，中耕深度根据地下部生长情况而定。苗期中药材植株小，杂草易滋生，应勤除草。待其植株生长茂盛后，此时不宜用锄除草，以免损伤植株，可采用人工拔草，但费时费力。

4.2　施肥

前胡需肥量小，可看苗施肥。苗出齐后，若苗老、弱带红或红绿色时，可结合中耕除草施人畜粪水或尿素，亩用尿素5 kg兑清粪水1 000 kg淋施或直接开沟施用尿素于行间。以后可施些复合肥。施肥时注意不要伤根、伤叶。

4.3　摘苔

6月后，发现有抽薹的植株，应及时拔出或摘除抽薹部分，尽量减少生殖生长。

4.4　病虫防治

主要是白粉病，发病后，叶表面发生粉状病斑，渐次扩大，叶片变黄枯萎。防治方法：发现病株及时拔除烧毁，并喷施三唑铜防治。

5. 收获加工

在秋季11月份进行，先割去枯残茎杆，挖出全根，除净泥土晾2～3 d，至根部变软时晒干即成。置阴凉干燥处，防霉，防蛀。

【药材质量标准】

【性状】本品呈不规则的圆柱形、圆锥形或纺锤形，稍扭曲，下部常有分枝，长3～15 cm，直径1～2 cm。表面黑褐色或灰黄色，根头部多有茎痕和纤维状叶鞘残基，上端有密集的细环纹，下部有纵沟、纵皱纹及横向皮孔样突起。质较柔软，干者质硬，可折断，断面不整齐，淡黄白色，皮部散有多数棕黄色油点，形成层环纹棕色，射线放射状。气芳香，味微苦、辛。

【鉴别】（1）本品横切面：木栓层为10～20列扁平细胞。近栓内层处油管稀疏排列成一轮。韧皮部宽广，外侧可见多数大小不等的裂隙；油管较多，类圆形，散在，韧皮射线近皮层处多弯曲。形成层环

状。木质部大导管与小导管相间排列；木射线宽2～10列细胞，有油管零星散在；木纤维少见。薄壁细胞含淀粉粒。

（2）取本品粉末0.5 g，加三氯甲烷10 mL，超声处理10 min，滤过，液蒸干，残渣加甲醇5 mL使溶解，作为供试品溶液。另取白花前胡甲素对照品、白花前胡乙素对照品，加甲醇制成每1 mL各含0.5 mg的混合溶液，作为对照品溶液。照薄层色谱法（通则0502）试验，吸取上述两种溶液各5 μL，分别点于同一硅胶G薄层板上，石油醚（60～90 ℃）-乙酸乙酯（3∶1）为展开剂，展开，取出，晾干，置紫外光灯（365 nm）下检视。供试品色谱中，在与对照品色谱相应的位置上，显相同颜色的荧光斑点。

【检查】**水分**　不得过12.0%（通则0832第二法）。

总灰分　不得过8.0%（通则2302）。

酸不溶性灰分　不得过2.0%（通则2302）。

【浸出物】按照醇溶性浸出物测定法（通则2201）项下的冷浸法测定，用稀乙醇作溶剂，不得少于20.0%。

【含量测定】按照高效液相色谱法（通则0512）测定。

色谱条件与系统适用性试验　以十八烷基硅烷键合硅胶为填充剂；以甲醇-水（75∶25）为流动相；检测波长为321 nm。理论板数按白花前胡甲素峰计算应不低于3 000。

对照品溶液的制备　取白花前胡甲素对照品和白花前胡乙素对照品适量，精密称定，加甲醇制成每1 mL各含50 μg的混合溶液，即得。

供试品溶液的制备　取本品粉末（过三号筛）约0.5 g，精密称定，置具塞锥形瓶中，精密加入三氯甲烷25 mL，密塞，称定重量，超声处理（功率250 W，频率33 kHz）10 min，放冷，再称定重量，用三氯甲烷补足减失的重量，摇匀，滤过；精密量取续滤液5 mL，蒸干，残渣加甲醇溶解并转移至25 mL量瓶中，加甲醇至刻度，摇匀，即得。

测定法　分别精密吸取对照品溶液与供试品溶液各10 μL，注入液相色谱仪，测定，即得。

本品按干燥品计算，含白花前胡甲素（$C_{21}H_{22}O_7$）不得少于0.90%，含白花前胡乙素（$C_{24}H_{26}O_7$）不得少于0.24%。

【市场前景】

前胡具有降气化痰、散风清热的功能，多用于治疗痰多、咯痰黄稠、痰热喘满、肺热咳嗽和肺癌、鼻咽癌以及耳部肿瘤等属痰热互结的癌瘤生长。众多知名化痰止咳类的中成药，如急支糖浆、羚羊清肺丸、京制咳嗽痰喘丸、小儿清肺化痰颗粒等中成药处方中都有前胡成分。此外，前胡对抑制肿瘤生长具一定疗效。据统计，近年来前胡市场需求在17 000 t/年左右。

目前栽培有紫花前胡，因紫花前胡与白花前胡药用成分完全不一样，因此在栽培过程中，要注意与紫花前胡区分开来。

21. 川芎

【来源】

本品为伞形科植物川芎*Ligusticum chuanxiong* Hort.的干燥根茎。夏季当茎上的节盘显著突出，并略带紫色时采挖，除去泥沙，晒后烘干，再去须根。中药名：川芎；别名：山鞠穷、芎藭、胡藭、马衔、西芎、京芎、贯芎、抚芎等。

【原植物形态】

多年生草本，高40～60 cm。根茎发达，形成不规则的结节状拳形团块，具浓烈香气。茎直立，圆柱形，具纵条纹，上部多分枝，下部茎节膨大呈盘状（苓子）。茎下部叶具柄，柄长3～10 cm，基部扩大成鞘；叶片轮廓卵状三角形，长12～15 cm，宽10～15 cm，3～4回三出式羽状全裂，羽片4～5对，卵状披针形，长6～7 cm，宽5～6 cm，末回裂片线状披针形至长卵形，长2～5 mm，宽1～2 mm，具小尖头；茎上部叶渐简化。复伞形花序顶生或侧生；总苞片3～6，线形，长0.5～2.5 cm；伞辐7～24，不等长，长2～4 cm，内侧粗糙；小总苞片4～8，线形，长3～5 mm，粗糙；萼齿不发育；花瓣白色，倒卵形至心形，长1.5～2 mm，先端具内折小尖头；花柱基圆锥状，花柱2，长2～3 mm，向下反曲。幼果两侧扁压，长2～3 mm，宽约1 mm；背棱槽内油管1～5，侧棱槽内油管2～3，合生面油管6～8。花期7—8月，幼果期9—10月。

【资源分布及生物学习性】

川芎主产四川（彭县，今彭州市，现道地产区有所转移），在云南、贵州、广西、湖北、重庆、江西、浙江、江苏、陕西、甘肃、内蒙古、河北等省区均有栽培。川芎喜温和湿润气候，幼苗期忌强光和高温，阳光充足，需盖草荫遮。否则幼苗易枯死。土壤要求疏松肥沃、排水良好、含腐殖质丰富的中性或微酸性沙质壤土，忌连作、涝洼地。在四川多种植于海拔500～1 000 m的平坝地区或丘陵，繁殖材料则常在海拔900～1 500 m的山区培育，但川芎苓种培育阶段和贮藏期，则要求冷凉的气候条件。川芎采用无性繁殖，整个生育期280～290 d。

【规范化种植技术】

1. 选地整地

川芎的块茎生长较快，宜选择土层深厚、质地疏松肥沃、排气透气性能良好的油砂壤土或半沙半泥的土地栽培最好。栽种前应深翻土地，每亩用磷肥120 kg，拌农家肥1 500 kg作底肥，耙细整平，作畦。一般8月初为栽种适宜时期，最迟不能超过8月下旬，栽时宜选晴天。挑选大小一致，粗细相同，无病虫的健壮茎节作种秧，去掉上尖，剪成3 cm左右的小块，每块上带有一个节盘，节盘两端各长1.6 cm，剪好后用多菌灵1 000倍液浸种，也可用25%可湿性辛硫磷150倍药液喷洒，或用1∶10的大蒜汁浸一下，以防治地老虎等地下害虫。

采用育苗移栽，待水稻收获田腾出后再移栽。移栽按行距33 cm、株距26 cm挖穴，穴深3～7 cm，每穴放1～2个种秧，栽时芽口向上，覆盖稻草3 cm左右，然后用清粪水浇灌栽种窝。种后覆堆肥、盖稻草，出苗15 d左右揭草。适当密植可提高经济效益。

2.繁殖方法

2.1 茎节繁殖

川芎是采用地上茎的茎节繁殖。茎节俗称"苓子"，要在海拔1 200 m左右的山区培育（主要是为防止退化）。育苓用地，荒地熟地都可以，但不能连作。一般在1月上中旬，挖取平地栽培的川芎根茎（即"抚芎"），除去茎叶、泥土和须根，运到山区栽种。一般按行窝距各24 cm打窝，深7 cm。大抚芎可切成2～4块，每窝栽1块；中等抚芎每窝栽1个；小抚芎每窝栽2个。芽口向上，按紧栽稳，然后施上堆肥；盖土镇平。每亩"抚芎"量为150～250 kg。

2.2 组织培养

以川芎根、茎段和叶片作外植体进行组织培养，研究表明川芎根诱导愈伤组织的最佳培养基为 MS+6-BA0.8 mg/L+NAA1.2 mg/L；茎段及叶片诱导愈伤组织的最佳培养基均为 MS+6-BA0.5 mg/L+NAA1.5 mg/L；根愈伤组织分化不定芽的最佳培养基为 MS+6-BA2.2 mg/L+IAA0.3 mg/L；茎段及叶片愈伤组织分化不定芽的最佳培养基为 MS+KT2.0 mg/L+IAA0.5 mg/L。根外植体在愈伤组织、分化不定芽和生根方面的诱导率分别为84%、86%和87%；茎段和叶片愈伤组织的诱导率达到92%和96%，其不定芽分化率为98%，生根率为93%。经炼苗后，获得的组培苗的移栽成活率达98%。

3.田间管理

3.1 中耕除草

栽种后约20 d幼苗出齐时，揭去盖草。栽后60 d内，中耕除草3次，每隔20 d进行1次。第一次中耕深约6 cm，第二次深约3 cm，第三次只略耕土表，除去杂草，结合除草，把沟里的细土一起培到畦面上。在第一、二次中耕时及时补苗。

3.2 追肥

每次中耕后及时追肥，将人畜粪水和油饼或硫酸铵混合，或者用复合肥结合过磷酸钙施用。第一次追肥在定植后10多天进行，少施淡施，每亩用腐熟猪粪尿1 000 kg加腐熟油枯25 kg，第二、三次多施。第三次施水肥后应在霜降前，用土粪、草木灰、油饼、过磷酸钙等拌匀，撒在蔸部。第二年1月中旬返青后，还应在2月底或3月初用人畜粪水施春肥1次；如果雨水充足可以撒施追肥。

3.3 灌溉和排水

苓种在雨水多、湿度大的条件下生长健壮，产量高。因此，在2—3月苓种生长阶段如遇高温干旱要及时补水，以保证苓种正常生长。如遇大雨，注意排水。

3.4 掰苗、控苗

第二年开春后1月，茎叶已萎黄，应先除去茎叶，再中耕除草1次，并把行间泥土壅在畦面，保护块茎。掰苗后，待苗新发后根据长势决定是否控苗，如地上枝叶有徒长现象，则用矮壮素控苗，每亩用量为100 g矮壮素兑50 kg水，施用2次。

3.5 病虫害防治

3.5.1 根腐病

该病可通过种苓和土壤带菌传播蔓延。本病发生于每年的4—5月，5月下旬至6月中旬进入盛发期，是种植川芎的大害。

防治方法：实行轮作，切忌重茬；用无病健株留种，播种前注意汰除病种子；及时整地，适度深翻晾晒，雨后及时排水，降低田间湿度；发病初期喷淋或浇灌50%多菌灵可湿性粉剂800倍液或50%苯菌灵可湿性粉剂1 500倍液、36%甲基硫菌灵悬浮剂600倍液。

3.5.2 叶枯病

俗称"麻叶子",多在5—7月发生。发病时,叶部产生褐色、不规则的斑点,随后蔓延至全叶,致使全株叶片枯死。

防治方法:发病初期喷65%代森锌500倍液。或50%退菌特1 000倍液,或1∶1∶100波尔多液。每10 d 1次,连续3~4次。

3.5.3 白粉病

6月下旬开始至7月高温高湿时发病严重,先从下部叶发病,叶片和茎杆上出现灰白色的白粉,后逐渐向上蔓延,后期病部出现黑色小点,严重时使茎叶变黄枯死。

防治方法:收获后清理田园,将残株病叶集中烧毁;发病初期,用25%粉锈宁1 500倍液,或50%托布律1 000倍液喷洒,每10 d 1次,连喷2~3次。

3.5.4 川芎茎节蛾

主要虫害是川芎茎节蛾,其各代幼虫从叶鞘处蛀入茎杆,咬食节盘。

防治方法:可在贮藏苓子时,用敌百虫加水100~150倍喷射防治;也可在栽种前,除严格选择苓子外,用烟骨头和麻柳叶各5~6 kg,加水50 kg,共煮后晾冷浸泡苓子24 h;或用敌百虫加水150倍左右,浸泡苓子1 h后栽种。

3.5.5 小地老虎

主要为害川芎的幼苗,使之生长不好。

防治方法:栽种前敌百虫0.5 kg加水25 kg浸苓子;用黑光灯诱杀成虫;或用糖醋酒液诱杀成虫(红糖6份∶醋3份∶白酒1份,加少量胃毒剂,再加适量水。用5%西维因或10%巴丹粉剂进行土壤处理,幼虫期喷施20%卫士高可湿性粉剂1 000倍液防治,3龄幼虫前群集在杂草和幼苗上,抗药力低,是药剂防治的关键时期。

4. 采收加工与贮藏

在栽后第二年小满至芒种收获,即5月下旬—6月上旬。选择晴天,用双齿耙挖起植株,抖掉泥土,摘去茎叶,在田间略晒后,将块茎放在竹制撞篼里,撞去泥土,运回干燥。川芎通常用烘炕干燥,火力不宜过大,每天翻2~3次。把半干块茎取出,用撞篼撞1次。续炕时,下层放鲜块茎,上层放半干品。到上层有部分全干后。再分上下层各撞1次,除净泥沙和须根,选出全干的即为成品。未干的放到上层,继续干燥,如此每日翻动,直到全部干燥为止。另外,应放干燥处贮藏,以防止发霉和虫蛀。

【药材质量标准】

【性状】本品为不规则结节状拳形团块,直径2~7 cm。表面灰褐色或褐色,粗糙皱缩,有多数平行隆起的轮节,顶端有凹陷的类圆形茎痕,下侧及轮节上有多数小瘤状根痕。质坚实,不易折断,断面黄白色或灰黄色,散有黄棕色的油室,形成层环呈波状。气浓香,味苦、辛,稍有麻舌感,微回甜。

【鉴别】(1)本品横切面:木栓层为10余列细胞。皮层狭窄,散有根迹维管束,其形成层明显。韧皮部宽广,形成层环波状或不规则多角形。木质部导管多角形或类圆形,大多单列或排成"V"形,偶有木纤维束。髓部较大。薄壁组织中散有多数油室,类圆形、椭圆形或形状不规则,淡黄棕色,靠近形成层的油室小,向外渐大;薄壁细胞中富含淀粉粒,有的薄壁细胞中含草酸钙晶体,呈类圆形团块或类簇晶状。粉末淡黄棕色或灰棕色。淀粉粒较多,单粒椭圆形、长圆形、类圆形、卵圆形或肾形,直径5~16 μm,长约21 μm,脐点点状、长缝状或人字状;偶见复粒,由2~4分粒组成。草酸钙晶体存在于薄壁细胞中,呈类圆形团块或类簇晶状,直径10~25 μm。木栓细胞深黄棕色,表面观呈多角形,微波状弯曲。油室多已破碎,偶可见油室碎片,分泌细胞壁薄,含有较多的油滴。导管主为螺纹导管,亦有网纹导管及梯纹导管,直径

14 ～ 50 μm。

（2）取本品粉末1 g，加石油醚（30～60 ℃）5 mL，放置10 h，时时振摇，静置，取上清液1 mL，挥干后，残渣加甲醇1 mL使溶解，再加2% 3，5-二硝基苯甲酸的甲醇溶液2～3滴与甲醇饱和的氢氧化钾溶液2滴，显红紫色。

（3）取本品粉末1 g，加乙醚20 mL，加热回流1 h，滤过，滤液挥干，残渣加乙酸乙酯2 mL使溶解，作为供试品溶液。另取川芎对照药材1 g，同法制成对照药材溶液。再取欧当归内酯A对照品，加乙酸乙酯制成每1 mL含0.1 mg的溶液（置棕色量瓶中），作为对照品溶液。照薄层色谱法（通则0502）试验，吸取上述3种溶液各10 μL，分别点于同一硅胶GF254薄层板上，以正己烷-乙酸乙酯（3∶1）为展开剂，展开，取出，晾干，置紫外光灯（254 nm）下检视。供试品色谱中，在与对照药材色谱和对照品色谱相应的位置上，显相同颜色的斑点。

【检查】水分　不得过12.0%（通则0832第四法）。

总灰分　不得过6.0%（通则2302）。

酸不溶性灰分　不得过2.0%（通则2302）。

【浸出物】按照醇溶性浸出物测定法（通则2201）项下的热浸法测定，用乙醇作溶剂，不得少于12.0%。

【含量测定】按照高效液相色谱法（通则0512）测定。

色谱条件与系统适用性试验　以十八烷基硅烷键合硅胶为填充剂；以甲醇-1%醋酸溶液（30∶70）为流动相；检测波长为321 nm。理论板数按阿魏酸峰计算应不低于4 000。

对照品溶液的制备　取阿魏酸对照品适量，精密称定，置棕色量瓶中，加70%甲醇制成每1 mL含20 μg的溶液，即得。

供试品溶液的制备　取本品粉末（过四号筛）约0.5 g，精密称定，置具塞锥形瓶中，精密加入70%甲醇50 mL，密塞，称定重量，加热回流30 min，放冷，再称定重量，用70%甲醇补足减失的重量，摇匀，静置，取上清液，滤过，取续滤液，即得。

测定法　分别精密吸取对照品溶液与供试品溶液各10 μL，注入液相色谱仪，测定，即得。

本品按干燥品计算，含阿魏酸（$C_{10}H_{10}O_4$）不得少于0.10%。

【市场前景】

川芎，原名芎藭，始载于《神农本草经》，被列为上品，是著名的川产道地药材，具有活血祛瘀、祛风止痛的功效，为临床常用中药。具有活血化瘀、理气止痛、降压、扩张血管、抗血栓、镇静、解痉挛等疗效，常用于头痛、肋痛、风湿痹痛及心脑血管疾病的治疗。川芎主要有藁本内酯、3-丁酰内酯、魏酸、瑟单酸、香草醛、咖啡酸、原儿查酸、棕榈酸、亚油酸等成分，现代药理表明具有抑制血小板的聚集、降低血小板的表面活性、降低血液黏度、改善血液流动性、抑制体外形成的血栓、具有抗血小板聚集的作用，在促进功能恢复、调节血凝状态、改善血液流动性等方面有较好的疗效，可用于治疗脑血管疾病以及高血压等病症。除此之外，川芎还具有解痉作用，对胃功能也有影响。总之，川芎是一种具有广泛应用前景的中药品种，目前已有多位学者对其提取工艺、化学成分、质量控制、药理作用及临床应用做了大量的工作，具有良好的研究基础，亦有人将其有效开发为治疗缺血性脑血管疾病的新药软胶囊。据统计《中华人民共和国药典》一部有227个成方制剂中含有川芎，占所收载成方制剂的15.2%，其对中药临床用药的有效性和安全性有重要影响。川芎除销国内市场外，还大量出口日本、马来西亚、新加坡、韩国等国家和地区。此外，川芎种植方法简便，栽培技术成熟，是农民发家致富的重要农产品。因此，川芎具有良好的市场前景，适宜农民栽种。

22. 川续断

【来源】

本品为川续断科植物川续断*Dipsacus asperoides* C. Y. Cheng et T. M. Ai的干燥根。中药名：续断；别名：五鹤续断、萝卜七、和尚头、山萝卜等。

【原植物形态】

多年生草本，高达2 m；主根1条或在根茎上生出数条，圆柱形，黄褐色，稍肉质；茎中空，具6～8条棱，棱上疏生下弯粗短的硬刺。基生叶稀疏丛生，叶片琴状羽裂，长15～25 cm，宽5～20 cm，顶端裂片大，卵形，长达15 cm，宽9 cm，两侧裂片3～4对，侧裂片一般为倒卵形或匙形，叶面被白色刺毛或乳头状刺毛，背面沿脉密被刺毛；叶柄长可达25 cm；茎生叶在茎之中下部为羽状深裂，中裂片披针形，长11 cm，宽5 cm，先端渐尖，边缘具疏粗锯齿，侧裂片2～4对，披针形或长圆形，基生叶和下部的茎生叶具长柄，向上叶柄渐短，上部叶披针形，不裂或基部3裂。头状花序球形，径2～3 cm，总花梗长达55 cm；总苞片5～7枚，叶状，披针形或线形，被硬毛；小苞片倒卵形，长7～11 mm，先端稍平截，被短柔毛，具长3～4 mm的喙尖，喙尖两侧密生刺毛或稀疏刺毛，稀被短毛；

小总苞四棱倒卵柱状、每个侧面具两条纵纵沟；花萼四棱、皿状、长约1 mm、不裂或4浅裂至深裂，外面被短毛；花冠淡黄色或白色，花冠管长9~11 mm，基部狭缩成细管，顶端4裂，1裂片稍大，外面被短柔毛；雄蕊4，着生于花冠管上，明显超出花冠，花丝扁平，花药椭圆形，紫色；子房下位，花柱通常短于雄蕊，柱头短棒状。瘦果长倒卵柱状，包藏于小总苞内，长约4 mm，仅顶端外露于小总苞外。花期7—9月，果期9—11月。

【资源分布及生物学习性】

川续断野生分布于湖北、湖南、江西、广西、云南、贵州、四川、重庆和西藏等省区。生于海拔900~2 300 m沟边草丛、林边。川续断喜温暖而较凉爽湿润的环境，耐寒忌高温，适宜海拔1 000 m以上的地区栽培，对土壤的要求不太严，但以土层深厚、排水良好的疏松砂壤土为佳。海拔较低的闷热地区种植川续断，地上部分生长旺盛，但根茎产量低。土壤板结、肥力低的生地种埴，地下根茎分叉严重，影响药材的质量，且在阴雨天气中容易发生根腐病。环境湿度是川续断最重要的生态条件之一，要求较高的土壤持水量和空气相对湿度。较喜阳，但苗期适度遮光条件下，生长更茂盛。

【规范化种植技术】

1. 选地整地

选择土层深厚、排水良好的疏松砂壤土田地，育苗地应选择有灌溉条件的平地。大田移栽地可以选用坡地、减少土地成本。播种前深耕，每亩施入腐熟农家肥2 000~3 000 kg，复合肥750 kg作基肥，施肥后将地整平耙细，做成宽1.2 m、高20 cm的高畦。厢面呈龟背形。四周开排水沟。

2. 繁殖方法

2.1 种子播种繁殖

播种前厢面浇透水，种前将川续断种子用40 ℃温水浸泡10 h，捞出摊于盆内，种子与过筛的细土接1:3的比例混合，均匀播下种子。种子用量每亩一般为2.5 kg左右，播种方式可穴播或条播。穴播按株行距40 cm×35 cm开穴，穴深7~10 cm，每穴10粒左右种子；条播按行距25~30 cm开沟，沟深3 cm，宽7~10 cm，播种后先浇清人畜粪水，再覆土，以厢面上不见种子为标准，可盖2 cm厚的松毛，起到保水的作用。播种20 d后逐步出苗，要及时拔除杂草，并保持土壤湿度在60%以上。秋播在每年的11月份进行，方法与春播一致。

2.2 分株繁殖

在川续断采收时，充分利用药用部分剩下的细根和根头，重新栽种。分蘖苗的叶片可剪去部分，留下叶柄、心叶，以减少水分的蒸发。提高成活率。种苗最好当天栽种完，栽种密度为（25~30）cm×50 cm，幼苗成活后能自然露地越冬。

3. 田间管理

3.1 中耕除草

除草主要在幼苗期进行，根据实际情况确定除草次数，一般种植当年除草2次，以后每年除草1次即可。川续断相对于其他药用植物来说，田间杂草不是很多。每年植株封行后就不用除草了。

3.2 追肥

直播川续断出苗90 d以后，结合除草每亩施尿素15 kg，或用0.5%的云大120喷施叶面，喷施后6 h内淋雨需重喷。育苗移栽的川续断移栽20 d后苗返青，追施尿素20 kg左右，所施尿素禽苗5 cm左右，追肥应在阴雨天气进行。第2年开始萌芽生长时，有灌水条件的地方灌水1次，施一些磷肥，没有灌水条件的田地只能雨季追施，一般施50 kg左右。

3.3　灌溉和排水

除非遇到较为严重的干旱一般川续断不需要浇水，但雨季应及时排去积水，以免烂根。同时及时疏通排水沟渠，以免暴雨等造成土壤冲刷，影响根的生长。

3.4　摘花蕾

种植1年以上的川续断到了7月份抽薹开花，为了集中营养使根茎粗壮，不留种的植株应及时割除花茎，叶子太旺盛的植株也可以割除部分叶子。

3.5　病虫害防治

3.5.1　铁叶病

主要为害叶片。初发病时叶片上产生铁黑色不规则黑点，斑点逐步扩大，蔓延到全叶枯死，此病由植株下部向上蔓延。4月下旬开始发病，6—8月为发病盛期，摘蕾后发病最快，直至采收都有发生。

防治方法：冬季注意清洁田园，烧毁残株病叶；施足基肥，多施有机肥，增施磷、钾肥，对促进续断健壮生长，提高其抗病能力有重要作用；发病重的地方实行轮作，从而减少损失；发现病株及时拔除，并摘去续断株下部病叶，以防病害蔓延；发病初期用1∶1∶100的波尔多液进时行喷雾，喷雾时注意雾点要细、均匀，叶片正反面均要喷雾到，每隔10~15 d喷1次，连续3~4次。

3.5.2　白粉病

常在夏季高温干旱季节发生。

防治方法：发病初期用0.2%粉锈灵喷施。

3.5.3　根腐病

患病初期先是根部须根和根尖感病，并逐渐向主根扩展，早期地上部分不表现症状，随着根部感病加剧，地上部分开始枯萎，直至死亡，此时根部已经腐烂变成褐色。病菌在土壤中和病残体上过冬，一般多在4—5月发病，5月进入发病盛期。一般低温高湿易发病，有地下害虫为害造成伤口也是利于病原入侵而发病。

防治方法：种子消毒，对带病种子进行消毒处理可有效减少病原对续断的危害；轮作，通过对所栽培用地用几种不同作物进行2年以上轮作，可避免或减轻病害的发生；选择较高海拔地区透气好的土壤，凉爽的环境栽种和雨季开排水沟，从而改变根腐病适合生长的环境，减少其危害；及时防治地下害虫和线虫的为害，减少病原入侵；提前采收，如发病重时，可提前采收，以免造成较大损失；化学防治：发病初期每亩用立枯净0.1 kg兑水50 kg喷雾；另外也可在发病初期用50%甲基托布津1 000倍液喷雾。

3.5.4　根节线虫病

植物病原线虫，体积微小，多数肉眼不能看见。根结线虫造成寄主川续断受害根畸形膨大，可引起植株营养不良而生长衰弱、矮缩，甚至死亡。根结线虫以胞囊、卵或幼虫等在土壤或种苗中越冬，主要靠种苗、土壤、肥料等传播。

防治方法：根结线虫可采取雨季开排水沟改变其适生环境；土地轮作、提前翻地等方法外；主要采取土壤消毒处理，在发现病害的地块，按300~375 kg/hm²撒施生石灰，然后翻整地块；植物检疫，通过检疫，阻止根结线虫的传播。

3.5.5　小地老虎

1年发生3~4代。以蛹和幼虫越冬，从4月开始出现，白天栖息在杂草、土缝等蔽阴处，夜间飞出交尾、产卵和取食；卵散产于低矮杂草上，特别是贴近地面的叶背或嫩茎上，每次产卵量为1 000粒左右。卵期7~13 d。幼虫孵出后。1~2龄幼虫不入土，昼夜活动，啃食嫩叶，3龄后白天潜伏在表土2~3 cm的干湿土层间，夜晚及阴雨天出来活动为害，尤其是黎明前后露水多时为害最凶，常将川续断叶片吃成洞孔或缺刻，4龄以后常咬断川续断嫩茎，将茎头拖入土穴内取食，在移栽期可造成缺苗断垄。幼虫有假死习性（受惊后缩成环形）、迁移性和相互残杀的习性，在食料缺乏或寻找越冬场所时表现更为明显。成虫有较强趋光性（黑光）和趋化性（喜糖醋、酒的气味）。

防治方法：翻地：秋季、春季翻耕所选种植地，让土壤曝晒，可杀死大量幼虫和蛹；清洁田园：秋后或早春彻底清除地边和田间杂草，运出田间，集中堆沤，可消灭大量卵和幼虫，以减轻危害；诱杀幼虫：于移栽定植前，以小地老虎喜食的鲜菜叶拌药（如甲氰菊酯、敌百虫等），于傍晚撒入田间地面进行诱杀；诱杀成虫：4—10月，田间挂杀虫灯、黑光灯或糖醋挂排诱杀成虫；人工捕杀幼虫：移栽定植前，用鲜菜叶等于傍晚堆于田间地面上诱集小地老虎幼虫，次日清晨人工捕捉。移栽后，每天早上进行田间检查，发现断苗立刻刨开断苗附近的表土捕杀幼虫，连续捕捉几次，可收到满意的效果；天敌的保护和利用，小地老虎的天敌很多，如中华广肩步甲、夜蛾瘦姬蜂、螟蛉绒茧蜂等，通过保护利用田间自然天敌，可减轻小地老虎的发生和危害；药剂防治：移栽定植后，随时检查虫情，田间调查达0.5头/m²以上时。要及早喷药杀虫。可喷2.5%溴菊酯乳油5 000倍液，或喷10%氯氰菊酯乳油5 000倍液，一般6～7 d后，可酌情再喷1次。

3.5.6 蛴螬类

蛴螬是鞘翅目金龟甲总科幼虫的通称。成虫与幼虫都能为害，以幼虫为害最严重。幼虫是常见的地下害虫，以咬食根、地下茎为主，也咬食地上茎，常造成幼苗死亡或生长不良。成虫主要为害地上部分，但为害相对较轻，成虫具趋光性。

防治方法：灯光诱杀成虫；人工捕杀成虫；生物防治：可以用绿僵菌、白僵菌对蛴螬类害虫进行防治；化学药剂防治：发生期间用90%敌百虫1 000倍液释液浇灌洞穴；用25 g氯丹乳油拌炒香的麦麸5 kg加适量水配成毒饵。于傍晚撒于植株附近诱杀。

3.5.7 蚜虫类

4—9月发生。4—6月虫情严重，"立夏"前后，特别是阴雨天蔓延更快。其种类很多，形态各异，体色有黄、绿、黑、褐、灰等，为害时多聚集于叶、茎顶部柔嫩多汁部位吸食，造成叶子及生长点卷缩，生长停止。叶片变黄、干枯。

防治方法：彻底清除杂草，减少其迁入的机会；天敌的保护和利用：自然环境中存在大量蚜虫天敌，如瓢虫、食蚜蝇等，通过对其天敌的保护可以有效控制蚜虫的危害；在发生期可用40%乐果1 800～1 500倍液或灭蚜松（灭蚜灵）1 000～1 500倍液喷杀，连喷多次，直至杀灭。

4. 采收加工与贮藏

续断移栽的第1年不会开花和结果，根茎的粗度不够，药含量也不足，未能形成产品。不能采挖。直播川续断通常2年采收，育苗移栽的川续断一般需3年采收。秋季采收，将全根挖起，除去泥土，采挖时应运回加工，用微火烘至半干，堆置"发汗"至内心成绿色时，再烘干，撞去须根即可。忌日晒，以免影响质量。另外，应放干燥处贮藏，以防止发霉和虫蛀。

【药材质量标准】

【性状】本品根长圆柱形，略扁，微弯，长5～15 cm，直径0.5～2 cm，表面红褐色或灰褐色，有多数明显而扭曲的纵皱纹及沟纹，并可见横长皮孔及少数须根痕。质稍软，久置干燥后变硬。易折断，断面不平坦，皮部绿褐色或浅褐色，木部黄褐色，可见放射状花纹。气微香，味苦，微甜而后涩。

【鉴别】（1）本品横切面：木栓细胞数列。栓内层较窄。韧皮部筛管群稀疏散在。形成层环明显或不甚明显。木质部射线宽广，导管近形成层处分布较密，向内渐稀少，常单个散在或2～4个相聚。髓部小，细根多无髓。薄壁细胞含草酸钙簇晶。粉末黄棕色。草酸钙簇晶甚多，直径15～50 μm，散在或存在于皱缩的薄壁细胞中，有时数个排列成紧密的条状。纺锤形薄壁细胞壁稍厚，有斜向交错的细纹理。具缘纹孔导管和网纹导管直径约至72（90）μm，木栓细胞淡棕色，表面观类长方形、类方形、多角形或长多角形，壁薄。

（2）取本品粉末3 g，加浓氨试液4 mL，拌匀，放置1 h，加三氯甲烷30 mL，超声处理30 min，滤过，滤液用盐酸溶液（4→100）30 mL分次振摇提取，提取液用浓氨试液调节pH值至10，再用三氯甲烷20 mL分次振摇提取，合并三氯甲烷液，浓缩至0.5 mL，作为供试品溶液。另取续断对照药材3 g，同法制成对照药材溶液。照薄层色谱法（通则0502）试验，吸取上述两种溶液各5 μL，分别点于同一硅胶G薄层板上，以乙醚-丙酮（1∶1）为展开剂，展开，取出，晾干，喷以改良碘化铋钾试液。供试品色谱中，在与对照药材色谱相应的位置上，显相同颜色的斑点。

（3）取本品粉末0.2 g，加甲醇15 mL，超声处理30 min，滤过，滤液蒸干，残渣加甲醇2 mL使溶解，作为供试品溶液。另取川续断皂苷Ⅵ对照品，加甲醇制成每1 mL含1 mg的溶液，作为对照品溶液。照薄层色谱法（通则0502）试验，吸取上述两种溶液各5 μL，分别点于同一硅胶G薄层板上，以正丁醇-醋酸-水（4∶1∶5）的上层溶液为展开剂，展开，取出，晾干，喷以10%硫酸乙醇溶液，加热至斑点显色清晰。供试品色谱中，在与对照品色谱相应的位置上，显相同颜色的斑点。

【检查】水分　不得过10.0%（通则0832第二法）。

总灰分　不得过12.0%（通则2302）。

酸不溶性灰分　不得过3.0%（通则2302）。

【浸出物】按照水溶性浸出物测定法（通则2201）项下的热浸法测定，不得少于45.0%。

【含量测定】按照高效液相色谱法（通则0512）测定。

色谱条件与系统适用性试验　以十八烷基硅烷键合硅胶为填充剂；以乙腈-水（30∶70）为流动相；检测波长为212 nm。理论板数按川续断皂苷Ⅵ峰计算应不低于3 000。

对照品溶液的制备　取川续断皂苷Ⅵ对照品适量，精密称定，加甲醇制成每1 mL含1.5 mg的溶液。精密量取1 mL，置10 mL量瓶中，加流动相稀释至刻度，摇匀，即得。

供试品溶液的制备　取本品细粉约0.5 g，精密称定，置具塞锥形瓶中，精密加入甲醇25 mL，密塞，称定重量，超声处理（功率100 W，频率40 kHz）30 min，放冷，再称定重量，用甲醇补足减失的重量，摇匀，滤过，精密量取续滤液5 mL，置50 mL量瓶中，加流动相稀释至刻度，摇匀，即得。

测定法　分别精密吸取对照品溶液与供试品溶液各20 μL，注入液相色谱仪，测定，即得。

本品按干燥品计算，含川续断皂苷Ⅵ（$C_{47}H_{76}O_{18}$）不得少于2.0%。

【市场前景】

川续断在《神农本草经》中被列为上品，具有补肝肾、强筋骨、续折伤、止崩漏、安胎等功效，用于胎漏、胎动不安、滑胎、腰膝酸软、跌打损伤、骨折等症。含有三萜皂苷类、生物碱类、环烯醚萜类、挥发油类、β-谷甾醇、胡萝苷等化学成分，此外还含有Ca、Fe、Mg、Ma、Zn、Cu等微量元素。现代药理研究表明具有抗骨质疏松、促进骨损伤愈合、抗氧化、抗维生素E缺乏症等作用。临床用于治疗先兆性流产和早产、习惯性流产、腰椎骨质增生、崩漏、胎动不安、妊娠腿疼、妊娠尿失禁、男性精少不育、夜盲等疾病，均获得良好效果。日本续断*Dipsacus japonicus* Miq.、峨眉续断*D. asperoides* C. Y. Cheng et T. M. Ai var. emeiensis T. T. Yin、康定续断*D. Kangdingensis* T. M. Aiet X. F. Feng, sp. nov. 、大理续断*D. daliensis* T. M. Ai、深紫续断*D. atropurpureus* C. Y. Cheng et Z. T. Yin、涪陵续断*D. fulingensis* C. Y. Cheng et T. M. Ai 等地方习用作续断。

23. 丹参

【来源】

本品为唇形科植物丹参*Salvia miltiorrhiza* Bge.的干燥根和根茎。中药名：丹参；别名：赤参、逐乌、山参、郁蝉草、木羊乳、奔马草、血参根、野苏子根、烧酒壶根、大红袍、壬参、紫丹参、红根、赤参、红根赤参、血参、红丹参、夏丹参等。

【原植物形态】

多年生直立草本；根肥厚，肉质，外面朱红色，内面白色，长5~15 cm，直径4~14 mm，疏生支根。茎直立，高40~80 cm，四棱形，具槽，密被长柔毛，多分枝。叶常为奇数羽状复叶，叶柄长1.3~7.5 cm，密被向下长柔毛，小叶3~5（7），长1.5~8 cm，宽1~4 cm，卵圆形或椭圆状卵圆形或宽披针形，先端锐尖或渐尖，基部圆形或偏斜，边缘具圆齿，草质，两面被疏柔毛，下面较密，小叶柄长2~14 mm，与叶轴密被长柔毛。轮伞花序6花或多花，下部者疏离，上部者密集，组成长4.5~17 cm具长梗的顶生或腋生总状花序；苞片披针形，先端渐尖，基部楔形，全缘，上面无毛，下面略被疏柔毛，比花梗长或短；花梗长3~4 mm，花序轴密被长柔毛或具腺长柔毛。花萼钟形，带紫色，长约1.1 cm，花后稍增大，外面被疏长柔

毛及具腺长柔毛，具缘毛，内面中部密被白色长硬毛，具11脉，二唇形，上唇全缘，三角形，长约4 mm，宽约8 mm，先端具3个小尖头，侧脉外缘具狭翅，下唇与上唇近等长，深裂成2齿，齿三角形，先端渐尖。花冠紫蓝色，长2～2.7 cm，外被具腺短柔毛，尤以上唇为密，内面离冠筒基部2～3 mm有斜生不完全小疏柔毛毛环，冠筒外伸，比冠檐短，基部宽2 mm，向上渐宽，至喉部宽达8 mm，冠檐二唇形，上唇长12～15 mm，镰刀状，向上竖立，先端微缺，下唇短于上唇，3裂，中裂片长5 mm，宽达10 mm，先端二裂，裂片顶端具不整齐的尖齿，侧裂片短，顶端圆形，宽约3 mm。能育雄蕊2，伸至上唇片，花丝长3.5～4 mm，药隔长17～20 mm，中部关节处略被小疏柔毛，上臂十分伸长，长14～17 mm，下臂短而增粗，药室不育，顶端联合。退化雄蕊线形，长约4 mm。花柱远外伸，长达40 mm，先端不相等2裂，后裂片极短，前裂片线形。花盘前方稍膨大。小坚果黑色，椭圆形，长约3.2 cm，直径1.5 mm。花期4—8月，花后见果。

【资源分布及生物学习性】

丹参产河北、山西、陕西、山东、河南、江苏、浙江、安徽、重庆、江西及湖南；生于山坡、林下草丛或溪谷旁，海拔120～1 300 m。它喜温和湿润气候，耐寒，适应性强，光照充足，空气湿润，土壤肥沃的环境。生育期若光照不足，气温较低，则幼苗生长慢，植株发育不良。在年平均气温为17.1 ℃，平均相对湿度为77%的条件下，生长发育良好。以地势向阳，土层深厚，中等肥力，排水良好的砂质壤土上生长，对土壤酸碱度要求不高，中性、微酸及微碱性（pH值6～8）土壤均可种植。

【规范化种植技术】

1. 选地整地

选择地势向阳、排灌方便、土层深厚、肥力中等的中性土壤，不种重茬、蔬菜、花生地。1月中下旬，每亩撒施腐熟的农家肥2 000 kg，过磷酸钙30 kg，深翻40 cm，耙细整平，开好排水沟。按1 m放线开厢，垄底宽80 cm，在垄底中心40 cm宽平面上亩施复合肥（15-15-15）30～35 kg，再按垄高30 cm起垄（起垄不能把复合肥混到垄底之上，以免伤种根），垄间沟宽20 cm，沟深20 cm，黑膜覆盖。

2. 繁殖方法

2.1　种子播种繁殖

6月采集成熟的种子，待秋后雨水少时，集中苗床播种。条播撒播均可，每亩播种量约0.5 kg。将种子与河沙混合均匀，撒播于地面，用脚踩1遍，使种子与土贴紧，不必覆土，播后盖地膜，保温保湿，出苗后15～20 d，种苗3～5片真叶时间苗，间出的苗可另起行栽植培育，播种后2个月即可移栽大田。

2.2　分根繁殖

秋季收获时，留出部分地块不挖，到第2年2—3月起挖，选择直径为0.1～1 cm健壮无病虫害，皮色红的根作种根，取根条中上段萌发能力强的部分，剪成5 cm左右的节段，按株行距25 cm×30 cm开穴，穴深5～7 cm，每穴斜放入根段1～2段，使上端保持向上，繁殖根段现挖现剪现截，栽后立即覆土约3 cm。分根繁殖法种苗生长快，药材产量高。

2.3　芦头繁殖法

丹参收获时，选取健壮、无病害的植株剪下粗根药用，将细根连芦头心叶用作种苗进行种植，大棵苗按芽与根的自然状况分割成2～4株，然后再种植。

2.4　扦插繁殖法

6—7月，选取生长健壮、无病虫害的丹参枝条，切成13～16 cm长的小段，下部切口要靠近茎节部位，剪除下部叶片，按行株距20 cm×10 cm将插条斜插于苗床，插条插入深度为0.5～0.7 cm，覆土压紧，地上留叶1～2片。插后保持土壤湿润，适当遮阴，20 d后茎节处长出长10 cm根时定植。

2.5 组织培养

研究表明，用丹参植株的幼嫩芽为外植体，用2%次氯酸钠处理7.5 min灭菌效果最好；MS+6-BA1.0 mg/L+2，4-D0.5 mg/L是丹参最适宜的愈伤组织诱导和继代培养基；MS+6-BA1.0 mg/L+NAA0.51.0 mg/L为最适宜的芽诱导培养基；MS+IAA0.21.0 mg/L+NAA0.21.0 mg/L为最适宜的丹参试管苗生根培养基。

3. 田间管理

3.1 中耕除草

丹参前期生长较慢，应及时中耕除草，一般从移栽到封行前要中耕除草2～3次。宜浅松土，以防伤根。4月上旬齐苗后，进行第1次中耕除草；第2次于5月上旬—6月上旬进行；第3次于6月下旬至7月中下旬进行，封垄后停止中耕。

3.2 追肥

丹参属于喜肥药用植物，在移栽整地前必须施足基肥，在植株生长过程中，根据生长情况还至少应追肥2～3次，生长初期追肥以氮肥或人畜粪尿为主，每亩施用量为1 500 kg，生长中期看苗施肥，秋后重施长旺肥，以磷、钾肥为主。结合中耕除草，追肥2次。出苗后亩用清粪水兑少量尿素提苗。6月底7月初，亩用清粪水2 000 kg+高钾复合肥10 kg追肥。适当根外追肥：以磷酸二氢钾、锌、硼为主，叶面喷雾。

3.3 去花薹

4月下旬—5月丹参将陆续抽薹开花，除留做种子的植株外，必须分次剪除花薹；花蕾要早摘、勤摘、多摘几次，这是丹参增产的重要措施之一，及时摘去茎尖顶部，才能促使养分集中于根部生长。

3.4 灌溉和排水

丹参最忌积水，在雨季要及时清沟排水；遇干旱天气，要及时进行沟灌或浇水，多余的积水应及时排除，以免烂根。

3.5 病虫害防治

3.5.1 根腐病

5—11月发生，6—7月为害严重。受害植株根部发黑腐烂，茎叶枯萎死亡。

防治方法：发病初期用70%甲托悬浮剂1 000倍液灌根防治；实行水旱轮作或用生物农药抗120的200倍稀释液灌根；加强管理，增施磷、钾肥，疏松土壤，促进植株生长，提高抗病力。

3.5.2 叶斑病

5月初开始发生，可延续到秋末。发病初期叶面产生褐色圆形小斑，病斑不断扩大呈灰褐色，叶片焦枯，植株死亡，严重影响丹参产量。

防治方法：注意开沟排水，降低田间湿度；剥除茎部发病的老叶，以利通风，减少病源；发病初期用70%甲托悬浮剂800倍液叶面喷雾；发病后喷1：1：150波尔多液。

3.5.3 菌核病

5月上旬开始发病，6—7月尤为严重。侵染茎基部、芽头和根颈部，受害部位变褐腐烂，有鼠粪状菌核和白色菌丝体，茎叶发黄，植株死亡。

防治方法：保持土壤干燥，及时排除积水；发病初期用50%速克宁1 000倍液灌根防治；50%利克菌或50%速克灵的1 000倍稀释液喷雾或浇灌；发病期用50%氯硝铵0.5 kg加石灰10 kg拌成灭菌药，撒在病株茎的基部及附近土壤，以防止病害蔓延。

3.5.4 根结线虫病

根结线虫寄生于须根形成大大小小的根瘤，严重影响植株生长和品质。由种根和土壤传播。

防治方法：发病初期用5%阿维菌素微囊悬浮剂2 500倍灌根防治。

3.5.5 蚜虫

以成、若虫吸食茎叶汁液。

防治方法：用70%吡虫啉水分散粒剂3 000倍液喷雾。

3.5.6 银纹夜蛾

是丹参的主要虫害，5—10月为害，尤以5—6月为害严重。幼虫咬食叶片，该虫将丹参叶子咬成孔洞或缺刻，严重时叶片被吃光，

防治方法：在其幼龄期用90%敌百虫800～1 000稀释倍液，40%氧化乐果1 500倍液，或25%杀虫脒水剂300～350倍稀释液喷雾。

3.5.7 蛴螬

幼虫咬断苗或啃食根部，造成缺苗或根部空洞。

防治方法：田间发生期用90%敌百虫1 000倍液或75%辛硫磷乳油700倍液浇灌。

3.5.8 棉铃虫

幼虫专食蕾、花、果，影响种子产量。

防治方法：现蕾期开始喷洒25%的灭幼脲1 000倍液或2.5%的三氟氯氰菊酯1 000倍液进行防治，隔7 d喷1次，连喷2～3次；也可用杨树枝诱杀；释放赤眼蜂、草青蛉等天敌防治。

4. 采收加工与贮藏

无性繁殖丹参当年秋天下霜后或第2年春天萌发前收刨。种子繁殖的第2年秋后或第3年春季萌发前收刨，产量高，质量好。采收时间为1月上旬丹参茎叶枯萎采挖。先将茎叶除去，在垄一端开一深沟使参根露出，顺垄向前挖出完整的根条，防止挖断。挖出后，剪去残茎。挖出的丹参严禁水洗。如需条丹参，可将直径0.8 cm以上的根条在母根处切下，顺条理齐，曝晒，七八成干时，扎成小把，再曝晒至干，装箱即成条丹参。如不分粗细。晒干去杂后称统丹参。商品以足干，呈圆柱形、条短粗、有分枝、多扭曲；表面红棕色或深浅不一的红黄色，皮粗糙多鳞片、易剥落，体轻而质脆；断面红色、黄色或棕色，疏松有裂隙，显筋脉白点；气微，味甘微苦；无芦头，无杂质，无霉变者为佳。置干燥处贮藏。

【药材质量标准】

【性状】本品根茎短粗，顶端有时残留茎基。根数条，长圆柱形，略弯曲，有的分枝并具须状细根，长10～20 cm，直径0.3～1 cm。表面棕红色或暗棕红色，粗糙，具纵皱纹。老根外皮疏松，多显紫棕色，常呈鳞片状剥落。质硬而脆，断面疏松，有裂隙或略平整而致密，皮部棕红色，木部灰黄色或紫褐色，导管束黄白色，呈放射状排列。气微，味微苦涩。栽培品较粗壮，直径0.5～1.5 cm。表面红棕色，具纵皱纹，外皮紧贴不易剥落。质坚实，断面较平整，略呈角质样。

【鉴别】（1）本品粉末红棕色。石细胞类圆形、类三角形、类长方形或不规则形，也有延长呈纤维状，边缘不平整，直径14～70 μm，

长可达257 μm，孔沟明显，有的胞腔内含黄棕色物。木纤维多为纤维管胞，长梭形，末端斜尖或钝圆，直径12～27 μm，具缘纹孔点状，纹孔斜裂缝状或十字形，孔沟稀疏。网纹导管和具缘纹孔导管直径11～60 μm。

（2）取本品粉末1 g，加乙醇5 mL，超声处理15 min，离心，取上清液作为供试品溶液。另取丹参对照药材1 g，同法制成对照药材溶液。再取丹参酮ⅡA对照品、丹酚酸B对照品，加乙醇制成每1 mL分别含0.5 mg和1.5 mg的混合溶液，作为对照品溶液。照薄层色谱法（通则0502）试验，吸取上述3种溶液各5 μL，分别点于同一硅胶G薄层板上，使成条状，以三氯甲烷-甲苯-乙酸乙酯-甲醇-甲酸（6：4：8：1：4）为展开剂，展开，展至约4 cm，取出，晾干，再以石油醚（60～90 ℃）-乙酸乙酯（4：1）为展开剂，展开，展至约8 cm，取出，晾干，分别在日光及紫外光灯（365 nm）下检视。供试品色谱中，在与对照药材色谱和对照品色谱相应的位置上，显相同颜色的斑点或荧光斑点。

【检查】水分 不得过13.0%（通则0832第二法）。

总灰分 不得过10.0%（通则2302）。

酸不溶性灰分 不得过3.0%（通则2302）。

重金属及有害元素 照铅、镉、砷、汞、铜测定法（通则2321原子吸收分光光度法或电感耦合等离子体质谱法）测定，铅不得过5 mg/kg；镉不得过0.3 mg/kg；砷不得过2 mg/kg；汞不得过0.2 mg/kg；铜不得过20 mg/kg。

【浸出物】水溶性浸出物照水溶性浸出物测定法（通则2201）项下的冷浸法测定，不得少于35.0%。醇溶性浸出物照醇溶性浸出物测定法（通则2201）项下的热浸法测定，用乙醇作溶剂，不得少于15.0%。

【含量测定】丹参酮类照高效液相色谱法（通则0512）测定。

色谱条件与系统适用性试验 以十八烷基硅烷键合硅胶为填充剂；以乙腈为流动相A，以0.02%磷酸溶液为流动相B，按下表中的规定进行梯度洗脱；柱温为20 ℃；检测波长为270 nm。理论板数按丹参酮ⅡA峰计算应不低于60 000。

时间/min	流动相A/%	流动相B/%
0～6	61	39
6～20	61→90	39→10
20～20.5	90→61	10→39
20.5～25	61	39

对照品溶液的制备 取丹参酮ⅡA对照品适量，精密称定，置棕色量瓶中，加甲醇制成每1 mL含20 μg的溶液，即得。

供试品溶液的制备 取本品粉末（过三号筛）约0.3 g，精密称定，置具塞锥形瓶中，精密加入甲醇50 mL，密塞，称定重量，超声处理（功率140 W，频率42 kHz）30 min，放冷，再称定重量，用甲醇补足减失的重量，摇匀，滤过，取续滤液，即得。

测定法 分别精密吸取对照品溶液与供试品溶液各10 μL，注入液相色谱仪，测定。以丹参酮ⅡA对照品为参照，以其相应的峰为S峰，计算隐丹参酮、丹参酮Ⅰ的相对保留时间，其相对保留时间应在规定值的±5%范围之内。相对保留时间及校正因子见下表：

待测成分/峰	相对保留时间/min	校正因子
隐丹参酮	0.75	1.18
丹参酮Ⅰ	0.79	1.31
丹参酮ⅡA	1.00	1.00

以丹参酮ⅡA的峰面积为对照，分别乘以校正因子，计算隐丹参酮、丹参酮Ⅰ、丹参酮ⅡA的含量。

本品按干燥品计算，含丹参酮ⅡA（$C_{19}H_{18}O_3$）、隐丹参酮（$C_{19}H_{20}O_3$）和丹参酮Ⅰ（$C_{18}H_{12}O_3$）的总量不得少于0.25%。

丹酚酸B照高效液相色谱法（通则0512）测定。

色谱条件与系统适用性试验　以十八烷基硅烷键合硅胶为填充剂；以乙腈-0.1%磷酸溶液（22∶78）为流动相；柱温为20 ℃；流速为1.2 mL/min；检测波长为286 nm。理论板数按丹酚酸B峰计算应不低于6 000。

对照品溶液的制备　取丹酚酸B对照品适量，精密称定，加甲醇-水（8∶2）混合溶液制成每1 mL含0.10 mg的溶液，即得。

供试品溶液的制备　取本品粉末（过三号筛）约0.15 g，精密称定，置具塞锥形瓶中，精密加入甲醇-水（8∶2）混合溶液50 mL，密塞，称定重量，超声处理（功率140 W，频率42 kHz）30 min，放冷，再称定重量，用甲醇-水（8∶2）混合溶液补足减失的重量，摇匀，滤过，精密量取续滤液5 mL，移至10 mL量瓶中，加甲醇-水（8∶2）混合溶液稀释至刻度，摇匀，滤过，取续滤液，即得。

测定法　分别精密吸取对照品溶液与供试品溶液各10 μL，注入液相色谱仪，测定，即得。

本品按干燥品计算，含丹酚酸B（$C_{36}H_{30}O_{16}$）不得少于3.0%。

【市场前景】

丹参是我国常用的大宗中药材之一，始载于《神农本草经》，具有祛瘀止痛、活血通经、清心除烦、保护肾脏等功效，预防治疗冠心病、心绞痛的作用。已成为我国治疗心脑血管疾病的骨干药材。其主要化学成分有丹参酮、丹参酚酸类、挥发油及无机元素等。现代药理研究表明，丹参具有保护血管内皮细胞、抗心律失常、抗动脉粥样硬化、改善微循环等作用。临床用于治疗神经性衰弱失眠，关节痛，贫血，乳腺炎，淋巴腺炎，关节炎，疮疖痈肿，丹毒，急慢性肝炎，肾盂肾炎，跌打损伤，晚期血吸虫病肝脾肿大，癫痫；外用又可洗漆疮。随着人们生活水平的提高，丹参固有的保健功能使丹参身价倍增，丹参的需求量逐年递增。

24. 地黄

【来源】

本品为玄参科植物地黄 *Rehmannia glutinosa* Libosch. 的新鲜或干燥块根。秋季采挖，除去芦头、须根及泥沙，鲜用；或将地黄缓缓烘焙至约八成干。前者习称"鲜地黄"，后者习称"生地黄"。中药名：地黄；别名：野地黄、酒壶花、山烟根、山白菜等。

【原植物形态】

体高10～30 cm，密被灰白色多细胞长柔毛和腺毛。根茎肉质，鲜时黄色，在栽培条件下，直径可达5.5 cm，茎紫红色。叶通常在茎基部集成莲座状，向上则强烈缩小成苞片，或逐渐缩小而在茎上互生；叶片卵形至长椭圆形，上面绿色，下面略带紫色或成紫红色，长2～13 cm，宽1～6 cm，边缘具不规则圆齿或钝锯齿以至牙齿；基部渐狭成柄，叶脉在上面凹陷，下面隆起。花具长0.5～3 cm之梗，梗细弱，弯曲而后上升，在茎顶部略排列成总状花序，或几全部单生叶腋而分散在茎上；萼长1～1.5 cm，密被多细胞长柔毛和白色长毛，具10条隆起的脉；萼齿5枚，矩圆状披针形或卵状披针形抑或多少三角形，长0.5～0.6 cm，宽0.2～0.3 cm，稀前方2枚各又开裂而使萼齿总数达7枚之多；花冠长3~4.5 cm；花冠筒多少弓曲，外面紫红色，被多细胞长柔毛；花冠裂片，5枚，先端钝或微凹，内面黄紫色，外面紫红色，两面均被多细胞长柔毛，长5~7 mm，宽4~10 mm；雄蕊4枚；药室矩圆形，长2.5 mm，宽1.5 mm，基部又开，而使两药室常排成一直线，子房幼时2室，老时因隔膜撕裂而成一室，无毛；花柱顶部扩大成2枚片状柱头。蒴果卵形至长卵形，长1~1.5 cm。花果期4—7月。

【资源分布及生物学习性】

分布于辽宁、河北、河南、山东、山西、陕西、甘肃、内蒙古、江苏、湖北、重庆等省区。生于海拔50~1 100 m的砂质壤土、荒山坡、山脚、墙边、路旁等处。地黄是喜光植物，植地不宜靠近林缘或与高秆作物间作。整个生长期需要充足的阳光，性喜干燥，怕积水，能耐寒。否则病害严重。地黄有"三怕"，即怕旱、怕涝和怕病虫害。当土温在11~13 ℃，出苗要30~45 d，25~28 ℃最适宜发芽，在此温度范围内若土壤水分适合，种植后一星期发芽，15~20 d出土；8 ℃以下根茎不能萌芽。

【规范化种植技术】

1. 选地整地

地黄的生长对土壤、肥料要求较独特，宜选择土层深厚、疏松肥沃、排水良好的砂壤土。酸碱度要求中性或微碱性，有机质含量较高的地块最好。土壤黏重、涝洼积水、隐蔽的地块不能栽培。特别注意的是地黄不宜重茬，这也是在选地上应注意的关键措施。地黄栽培时，前作宜选禾本科作物，不宜选曾种植过棉、芝麻、豆类、瓜类等的土地，否则病害严重。结合整地，每亩施入腐熟的堆肥2 000 kg、过磷酸钙25 kg、复合肥50 kg做底肥深耕30 cm以上，然后，整平耙细作畦，一般畦宽1.2~1.3 m，同时可用50%福美双1.5~2 kg+1.8%阿维菌素0.8~1 kg拌30~40 kg细沙土制毒沙撒施翻耕（耙）土壤处理，防治地下害虫、线虫、枯萎病、茎基腐等病虫。

2. 繁殖方法

2.1 种子播种繁殖

于3月下旬—4月上旬，播种前于畦内灌透水，待水渗后将种子均匀撒在畦面上，随后撒一薄层细土，盖严种子。为保持畦面湿润，盖上塑料薄膜或草帘，播种后3~5 d即可出苗。幼苗长到5~6片真叶时，移栽到大田。亩用种量约1 kg。

2.2 鳞茎繁殖

一般栽培地黄以根茎作为繁殖材料，生产上称"栽子"。地黄的"栽子"一般选用上一年7—8月栽培

的"倒栽""栽子",这是因为"倒栽""栽子"作种用时,地黄产量高、质量好、且能防止品种退化。选新鲜无病、粗0.8～1.2 cm的块根,截成5～6 cm的小段,每段留3个以上的芽眼。多春栽,北方于4月上中旬,晚地黄(麦茬地黄)5月下旬—6月上旬。南方1年可种两季,第一季于3月上旬,第二季于7月上中旬。栽种时在畦上按行距20 cm、株距15～18 cm挖3 cm深的穴,每穴放种茎1～2段覆土3～4 cm,压实表土后浇水,然后覆膜(覆膜可以提高地温,同时具有保墒作用)确保苗全、苗齐。依土壤肥沃或瘠薄,每亩栽7 000～10 000株,适当密植能增产。每亩用种栽40～60 kg。

2.3 组织培养

研究表明,地黄块根、茎段、叶柄、叶片为外植体,均可诱导出愈伤组织,愈伤组织诱导培养基MS+2,4-0.5 mg/L+6-BA1.0 mg/L,诱导不定芽培养基为 MS+6-BA3 mg/L+NAA0.1 mg/L,生根培养基为1/2+NAA0.05 mg/L,经过15～20 d培养,生根率达100%。

3. 田间管理

3.1 中耕除草

地黄根茎入土较浅,中耕宜浅,松土深度要合理,防止损伤根茎。地黄中耕需做到:雨后或浇水后必锄,保持土壤疏松,防止土地板结。有草必锄,防止杂草丛生。一般生长期要求中耕4～5次,中耕的深度,要逐渐加深。但一定注意不能一次耕得过深,特别是天旱墒情差时,一次中耕过深,会掀起大块、损伤地黄根部过多,透风跑墒,对地黄生长不利。地黄茎叶封垄后,只拔田间杂草,不再进行中耕。

3.2 追肥

地黄喜肥,除施足基肥外,齐苗后到封行前追肥1～2次,定苗后每亩追施过磷酸钙50 kg、腐熟饼肥30 kg,以促进根茎发育膨大。封垄后于行间撒施草木灰或钾肥1次,以促植株健壮生长。

3.3 灌溉和排水

地黄生长前期要求土壤含水量较低,为10%～20%。因其根系少,吸水能力差,稍微干旱即易凋萎;土壤水分过多则肉质根茎易腐烂。所以得适当灌溉。生长中后期,也是块根膨大期,应保持土壤潮湿,但不能积水。地黄浇水的原则是三浇三不浇,三浇就是:出苗前干旱浇水,施肥后浇水,天久旱无雨、植株在中午呈萎蔫状态及时浇水。三不浇就是:天不旱不浇,中午气温、地温高时不浇,天阴遇雨不浇。雨后或浇水后有积水应及时排除。

3.4 病虫害防治

3.4.1 斑枯病

发病盛期为7—8月多雨季节,为害地黄的叶片,真菌性病害,叶面上有圆形不规则的黄褐色斑,并带有小黑点。严重时造成整叶或整个植株枯死,病株率20%～30%,可减产30%。

防治方法：采用无病区的种根留种，可减轻下一代地黄的病害；发病初期摘除病叶，并用50%多菌灵可湿性粉剂600倍液，或用60%代森锌400～500倍液，或75%甲基硫菌灵杀菌剂500～1 000倍液或75%百菌清可湿性粉剂600～800倍液喷雾进行防治进行叶面喷施，每隔7～10 d喷1次，连喷2～3次。

3.4.2　轮纹病

6—8月为盛发期，主要为害叶片，病斑圆形或近圆形，有的受叶脉限制呈半圆形或不规则形，大小为2～12 mm，初期呈浅褐色，后期中央略呈褐色或紫褐色，具同心轮纹。严重时病叶枯死。可造成减产15%以上。

防治方法：可在发病初期喷洒1∶1∶150波尔多液保护，发病盛期喷洒70%代森锰锌可湿性粉剂500倍液或75%百菌清可湿性粉剂600～700倍液，隔10～15 d 1次，连喷2～3次。

3.4.3　枯萎病

又称根腐病，5月始发，6—7月发病严重，为害根部和地上部茎。发病初期叶柄呈水浸状的褐色斑，叶柄腐烂，地上部枯萎下垂。可造成减产30%以上。

防治方法：用50%多菌灵1 000倍液浸种；发病初期用50%退菌特1 000～1 500倍液或用50%多菌灵1 000倍液浇灌，7～10 d 1次，连续2～3次。7月份以后，可用50%多菌灵等600～800倍液，每隔7～10 d轮换进行叶面喷施预防。

3.4.4　白粉病

夏季侵染叶片。被害叶片初期发生黄绿色斑点，以后在斑点上产生近圆形的白色粉斑，最后扩大，叶片上覆盖上一层白粉，严重时叶片早期脱落。

防治方法：用75%甲基硫菌灵杀菌剂或50%的多菌灵可湿性粉剂1 000～1 500倍液，在植株上喷洒进行防治。每隔7～10 d喷1次，连喷2～3次。

3.4.5　红蜘蛛

防治方法：可选用0.9%虫螨克2 000～3 000倍或威力特1 500倍喷雾防治。

3.4.6　地老虎、蝼蛄

防治方法：可用80%敌百虫可湿性粉剂100 g加少量水，拌炒过的麦麸或豆饼5 kg，于傍晚时分撒施于垄间诱杀；或用4.5%高效氯氰菊酯50 mL，兑水35～40 kg于傍晚时地面喷雾防治。

4. 采收加工与贮藏

春栽地黄于当年11月前后地上茎叶枯黄时应及时采挖。采收时可人工挖采，也可采用机械挖采。人工采挖时，应在畦的一端开35 cm的深沟，顺次小心摘取根茎，除净泥土即为鲜地黄。因鲜地黄含水量高，采挖及运输时很容易折断，应多加注意。一般每亩地块产鲜地黄3 000 kg，高产地块可达5 000 kg。将鲜地黄置焙床或日晒，需经常翻动，至内部逐渐干燥，颜色变黑，柔软，外皮变硬时，即为生地黄。将生地黄浸入盛黄酒的容器内，放入水锅内炖至酒被地黄吸收，然后取出将地黄晒干，即为熟地黄。鲜地黄埋在砂土中，防冻；生地黄置通风干燥处，防霉、防蛀。

【药材质量标准】

【性状】鲜地黄呈纺锤形或条状，长8～24 cm，直径2～9 cm。外皮薄，表面浅红黄色，具弯曲的纵皱纹、芽痕、横长皮孔样突起及不规则疤痕。肉质，易断，断面皮部淡黄白色，可见橘红色油点，木部黄白色，导管呈放射状排列。气微，味微甜、微苦。

生地黄多呈不规则的团块状或长圆形，中间膨大，两端稍细，有的细小，长条状，稍扁而扭曲，长6～12 cm，直径2～6 cm。表面棕黑色或棕灰色，极皱缩，具不规则的横曲纹。体重，质较软而韧，不易折断，断面棕黑色或乌黑色，有光泽，具黏性。气微，味微甜。

【鉴别】（1）本品横切面：木栓细胞数列。栓内层薄壁细胞排列疏松；散有较多分泌细胞，含橙黄色油滴；偶有石细胞。韧皮部较宽，分泌细胞较少。形成层成环。木质部射线宽广；导管稀疏，排列成放射状。生地黄粉末深棕色。木栓细胞淡棕色。薄壁细胞类圆形，内含类圆形核状物。分泌细胞形状与一般薄壁细胞相似，内含橙黄色或橙红色油滴状物。具缘纹孔导管和网纹导管直径约92 μm。

（2）取本品粉末2 g，加甲醇20 mL，加热回流1 h，放冷，滤过，滤液浓缩至5 mL，作为供试品溶液。另取梓醇对照品，加甲醇制成每1 mL含0.5 mg的溶液，作为对照品溶液。照薄层色谱法（通则0502）试验，吸取上述两种溶液各5 μL，分别点于同一硅胶G薄层板上，以三氯甲烷-甲醇-水（14：6：1）为展开剂，展开，取出，晾干，喷以茴香醛试液，在105 ℃加热至斑点显色清晰。供试品色谱中，在与对照品色谱相应的位置上，显相同颜色的斑点。

（3）取本品粉末1 g，加80%甲醇50 mL，超声处理30 min，滤过，滤液蒸干，残渣加水5 mL使溶解，用水饱和的正丁醇振摇提取4次，每次10 mL，合并正丁醇液，蒸干，残渣加甲醇2 mL使溶解，作为供试品溶液。另取毛蕊花糖苷对照品，加甲醇制成每1 mL含1 mg的溶液，作为对照品溶液。照薄层色谱法（通则0502）试验，吸取上述供试品溶液5 μL、对照品溶液2 μL，分别点于同一硅胶G薄层板上，以乙酸乙酯-甲醇-甲酸（16：0.5：2）为展开剂，展开，取出，晾干，用0.1%的2,2-二苯基-1-苦肼基无水乙醇溶液浸板，晾干。供试品色谱中，在与对照品色谱相应的位置上，显相同颜色的斑点。

【检查】水分　生地黄不得过15.0%（通则0832第二法）。

总灰分　不得过8.0%（通则2302）。

酸不溶性灰分　不得过3.0%（通则2302）。

【浸出物】按照水溶性浸出物测定法（通则2201）项下的冷浸法测定，不得少于65.0%。

【含量测定】梓醇　按照高效液相色谱法（通则0512）测定。

色谱条件与系统适用性试验　以十八烷基硅烷键合硅胶为填充剂；以乙腈-0.1%磷酸溶液（1：99）为流动相；检测波长为210 nm。理论板数按梓醇峰计算应不低于5 000。

对照品溶液的制备　取梓醇对照品适量，精密称定，加流动相制成每1 mL含10 μg的溶液，即得。

供试品溶液的制备　取本品（生地黄）切成约5 mm的小块，经80 ℃减压干燥24 h后，磨成粗粉，取约0.8 g，精密称定，置具塞锥形瓶中，精密加入甲醇50 mL，称定重量，加热回流提取1.5 h，放冷，再称定重量，用甲醇补足减失的重量，摇匀，滤过，精密量取续滤液10 mL，浓缩至近干，残渣用流动相溶解，转移至10 mL量瓶中，并用流动相稀释至刻度，摇匀，滤过，取续滤液，即得。

测定法　分别精密吸取对照品溶液与供试品溶液各10 μL，注入液相色谱仪，测定，即得。

生地黄按干燥品计算，含梓醇（$C_{15}H_{22}O_{10}$）不得少于0.20%。

毛蕊花糖苷照高效液相色谱法（通则0512）测定。

色谱条件与系统适用性试验　以十八烷基硅烷键合硅胶为填充剂；以乙腈-0.1%醋酸溶液（16：84）为

流动相；检测波长为334 nm。理论板数按毛蕊花糖苷峰计算应不低于5 000。

对照品溶液制备　取毛蕊花糖苷对照品适量，精密称定，加流动相制成每1 mL含10 μg的溶液，即得。

供试品溶液制备　精密量取［含量测定］项梓醇项下续滤液20 mL，减压回收溶剂近干，残渣用流动相溶解，转移至5 mL量瓶中，加流动相至刻度，摇匀，滤过，取续滤液，即得。

测定法　分别精密吸取对照品溶液与供试品溶液各20 μL，注入液相色谱仪，测定，即得。

生地黄按干燥品计算，含毛蕊花糖苷（$C_{29}H_{36}O_{15}$）不得少于0.020%。

【市场前景】

地黄以干燥块根入药，作为一种传统中药材。根据加工炮制方式的不同分为"生地"和"熟地"，鲜地黄清热生津、凉血止血，用于热病伤阴、舌绛烦渴、温毒发斑等；生地黄清热凉血、养阴生津，用于热入营血、津伤便秘、阴虚发热等；熟地黄补血滋阴、益精填髓，用于血虚萎黄、心悸怔忡、月经不调等。地黄含有环烯醚萜、苷类、有机酸、糖等成分，还含有20多种氨基酸，现代药理研究表明具有抗胃溃疡、保护胃黏膜、抗炎、解热、抗衰老、抗肿瘤、降血糖、抑制血栓形成、提高免疫力和人体的学习记忆能力的作用，临床用于小儿发烧、月经不调、痛经、崩漏、淋症、糖尿病等病症，且有显著疗效。地黄具有非常广泛的应用性，除了药用价值，地黄还拥有很高的食用价值和广阔的开发空间，它不仅是传统配方汤药和各种中成药中的重要原料，而且还在生产各种食品、化妆品和保健品，也具有相当高的应用价值。地黄在中医药处方中的使用十分广泛，如"六味地黄丸""知柏地黄丸"等，在中药方剂中的使用频率排名靠前。近年来，地黄已成为重要的出口产品之一，销售到东南亚、日本、韩国等，具有广阔的发展前景。

25. 玄参

【来源】

本品为玄参科植物玄参*Scrophularia ningpoensis* Hemsl.的干燥根。中药名：玄参；别名：元参、浙玄参、水萝卜、八秽麻、黑参等。

【原植物形态】

高大草本，可达1 m余。支根数条，纺锤形或胡萝卜状膨大，粗可达3 cm以上。茎四棱形，有浅槽，无翅或有极狭的翅，无毛或多少有白色卷毛，常分枝。叶在茎下部多对生而具柄，上部的有时互生而柄极短，柄长者达4.5 cm，叶片多变化，多为卵形，有时上部的为卵状披针形至披针形，基部楔形、圆形或近心形，边缘具细锯齿，稀为不规则的细重锯齿，大者长达30 cm，宽达19 cm，上部最狭者长约8 cm，宽仅1 cm。花序为疏散的大圆锥花序，由顶生和腋生的聚伞圆锥花序合成，长可达50 cm，但在较小的植株中，仅

有顶生聚伞圆锥花序，长不及10 cm，聚伞花序常2～4回复出，花梗长3～30 mm，有腺毛；花褐紫色，花萼长2～3 mm，裂片圆形，边缘稍膜质；花冠长8～9 mm，花冠筒多少球形，上唇长于下唇约2.5 mm，裂片圆形，相邻边缘相互重叠，下唇裂片多少卵形，中裂片稍短；雄蕊稍短于下唇，花丝肥厚，退化雄蕊大而近于圆形；花柱长约3 mm，稍长于子房。蒴果卵圆形，连同短喙长8～9 mm。花期6—10月，果期9—11月。

【资源分布及生物学习性】

为我国特产，是一分布较广，变异较大的种类，产河北（南部）、河南、山西、陕西（南部）、湖北、安徽、江苏、浙江、福建、江西、湖南、广东、贵州、重庆、四川。生于海拔1 700 m以下的竹林、溪旁、丛林及高草丛中；并大量栽培。

【规范化种植技术】

1. 选地整地

玄参喜温暖湿润气候，抗肥水、抗旱等能力较强，较耐寒，茎叶能经受轻霜。玄参适应性较强，对土壤要求不严，南北方均可生长，平原、丘陵以及低山地均可栽培，高、低海拔对玄参的生长影响不显著，玄参一般种植在低海拔（600 m）地区，但也有少数高海拔（1 200 m）地区种植，但是容易积水造成根部腐烂而减产。沙质壤土、腐殖质多、肥沃、土层深厚、结构良好、排灌方便的土壤有利于生长，黏土、排水不良的低洼地不宜种。玄参吸肥力强，病虫害多，忌连作。

根据玄参生物特性，玄参对土壤要求不严，海拔高低对玄参的生长影响也不显著，综合考虑选择，平原、丘陵以及低山地均可栽培。玄参是深根植物，在选地时应该选土壤深厚、疏松肥沃、排水良好、富含腐殖质的沙质壤土为最佳。不宜选择土质黏重、排水不良的低洼地，当土壤过于黏重、排水不良时，植株生长缓慢，根部易发生腐烂而减产。选择好地后进行深翻，施以足量的基肥，再配以适当的磷肥钾肥。深耕对玄参意义很大，通常深耕25 cm，整平、精耕细作后，做1.2～1.4 m宽平畦。

专家田间指导

2. 繁殖方法

玄参繁殖方法主要有子芽繁殖、种子繁殖为和分株扦插繁殖。但主要以子芽繁殖为主,用种子繁殖率低。对于选好的健壮芽头在栽培前必须进行处理,通常,用多菌灵500倍液或者用退菌特1 000倍液浸种3~6 h。

2.1 子芽繁殖

子芽繁殖根据地区和气候的不同分为冬种和春种。栽培前先挑选无病、粗壮、洁白的子芽留种,按行距40~50 cm、株距35~40 cm开穴,穴深8~10 cm,每穴1个芽头,芽朝上。冬种于12月中下旬至翌年1月上旬栽种,春种于2月下旬—4月上旬栽种。采用单垄种植模式:55 cm宽开畦起垄,垄宽25cm,沟宽30 cm,株距25 cm;采用宽垄双行种植模式:80 cm宽开畦起垄,垄宽50 cm,沟宽30 cm,株距33 cm;采用厢栽平作模式:1.3 cm开厢,厢宽1 cm沟宽30 cm,行株距25 cm×33 cm。

2.2 种子繁殖

种子繁殖有春播和秋播两种。秋播时幼苗于田间越冬,翌年返青后适当追肥,加强田间管理,培育1年即可收获。与秋播不同,春播宜在早春将种子播种到阳畦中进行育苗,至5月中旬苗高5~6 cm后定植,当年可收获。

2.3 分株与扦插繁殖

分株与扦插繁在玄参栽培种采用较少。分株的植株栽后成活快;扦插的植株要生新根,成活慢,但是成活后长势好,特别根的发育好且根多粗大。7月用嫩枝进行扦插成活率可达75%,第3年收获,产量高。扦插繁殖可以扩大玄参繁殖,增加生产面积,是提高产量的辅助繁殖方法。

3. 田间管理

3.1 中耕除草

玄参出苗后要注意中耕除草。中耕不宜过深,以免伤根。从4月中旬—6月中旬进行3~4次。6月中旬以后植株生产旺盛,杂草不易生长,不必再中耕除草。

3.2 培土

培土一般在6月中旬施肥后进行,培土是一项重要栽培措施。在玄参的种植和田间管理中培土可以保护子芽,使白色子芽增多,芽瓣闭紧,减少花序、青芽、红芽。提高子芽质量。培土还具有固定植株、防止倒伏、保湿抗旱和保肥作用。

3.3 灌溉排水

玄参一般不需要灌溉,干旱时需要灌溉,使土壤保持湿润,以利生长。多雨而造成田间积水时应及时排水,可减少烂根。

3.4 打顶

玄参药用部位是块根,茎上部分开花结实不仅没有生产价值,而且要消耗大量的养分,影响根茎的膨大,玄参开花时(7—8月)应将植株顶部花序摘除,不使其开花结子,使养分充分集中供给根部生长,促进根部膨大,提高产量。通常分2次打顶,第1次于7月中旬蕾末期至始花期选晴天露水干后打顶,第2次期间植株已高达1.5~2 m,用镰刀将上部1/3茎秆及侧枝割去,20~30 d后再将重新萌发的侧枝处理1次。打顶不宜过早或过迟,过早,会影响植株的成长壮大,且易刺激形成大量赘枝,干扰植株正常成长,过迟则消耗养分过多。

3.5 病虫害防治

3.5.1 斑枯病

4月中旬发生,6—8月发病较重,直到10月为止。

防治方法是:玄参收获后,采集残株落叶集中烧毁,减少越冬病源;实行轮作;加强田间管理,增施磷钾肥，增强抗病力；发病初期喷：1∶1∶100波尔多液，连续喷3～4次。

3.5.2 叶斑病

4月中旬开始发生，5—6月较重。7月后因气温上升病情逐渐减轻。高温多湿容易发病，同时发病与否、轻重程度还与土质、施肥情况、管理条件等因素。玄参收获后，清除田间残株病叶，减少越冬病原菌；同时与禾本科作物轮作；加强田间管理，合理施肥，中耕除草，促进植株健壮生长增加抗病力；从5月中旬开始，喷洒波尔多液（1∶1∶100），每隔10～14 d施用1次，连续喷4～6次。

3.5.3 白绢病

白绢病又名"白糖烂"，为害根部。一般发病于4月下旬，7—8月较重，9月停止。实行轮作；拔除病株，在病穴内用石灰水消毒；加强田间管理，提高抗病力；选用无病子芽。

3.5.4 蜗牛

蜗牛舔食玄参嫩叶或者咬断嫩茎而阻碍植株生长。3月中旬发病，4—5月较重。通常可以进行清晨人工捕杀；5月间及时中耕除草，清除底面杂草；喷洒1%石灰水。

3.5.5 棉红蜘蛛

棉红蜘蛛通常在叶背面吸食叶汁，受害叶片出现白色斑点，严重时叶片全部变红、卷缩、干枯脱落，影响植株正常生长，严重甚至干枯死亡，减少产量。5月下旬开始，7月下旬—8月中旬最为严重。在栽种前可以用600～800倍三氯杀螨砜每亩75～100 kg喷洒。

4. 采收加工与贮藏

4.1 采收

玄参于11月中旬茎叶枯萎时采收。收获选晴天进行，将全株挖起，抖去泥沙，掰下根茎和子芽，将玄参根茎运回洁净室内散堆晾放，急待加工。将子芽妥善运回晾放留种，严防碰伤或污染。

4.2 加工

玄参收获后，将块根摊放在晒场晒4～6 d，经常翻动，使块根受热均匀，每天晚上堆积起来，用物盖好，

不要受冻，受冻后会使块根空心，影响质量。晒到半干状态时，修剪节头和须根，再堆积4～5 d，然后再晒。经过反复堆晒，直至内黑身干。随着现代技术的发展，在阴干、晒干和烘干等传统干燥方法的基础上，已经出现一些新兴的干燥方法，主要有远红外干燥法、微波干燥法、真空冷冻干燥、高压电场干燥法等。

【药材质量标准】

【性状】本品呈类圆柱形，中间略粗或上粗下细，有的微弯曲，长6～20 cm，直径1～3 cm。表面灰黄色或灰褐色，有不规则的纵沟、横长皮孔样突起和稀疏的横裂纹和须根痕。质坚实，不易折断，断面黑色，微有光泽，气特异似焦糖，味甘、微苦。

【鉴别】（1）本品横切面：皮层较宽，石细胞单个散在或2～5个成群，多角形、类圆形或类方形，壁较厚，层纹明显。韧皮射线多裂隙。形成层成环。木质部射线宽广，亦多裂隙；导管少数，类多角

形，直径约113 μm，伴有木纤维。薄壁细胞含核状物。

（2）取本品粉末2 g，加甲醇25 mL，浸泡1 h，超声处理30 min，滤过，滤液蒸干，残渣加水25 mL使溶解，用水饱和的正丁醇振摇提取2次，每次30 mL，合并正丁醇液，蒸干，残渣加甲醇5 mL使溶解，作为供试品溶液。另取玄参对照药材2 g，同法制成对照药材溶液。再取哈巴俄苷对照品，加甲醇制成每1 mL含1 mg的溶液，作为对照品溶液。照薄层色谱法（通则0502）试验，吸取上述3种溶液各4 μL，分别点于同一硅胶G薄层板上，以三氯甲烷-甲醇-水（12∶4∶1）的下层溶液为展开剂，置用展开剂预饱和15 min的展开缸内，展开，取出，晾干，喷以5%香草醛硫酸溶液，热风吹至斑点显色清晰。供试品色谱中，在与对照药材色谱和对照品色谱相应的位置上，显相同颜色的斑点。

【检查】水分　不得过16.0%（通则0832第二法）。

总灰分　不得过5.0%（通则2302）。

酸不溶性灰分　不得过2.0%（通则2302）。

【市场前景】

玄参是一味大宗常用中药材，具有清热凉血、滋阴降火、解毒散结的功效，玄参中含有环烯醚萜、苯丙素苷、有机酸、萜类、苯醌、甾醇、黄酮、糖类等化学成分。现代药理研究表明，玄参具有抗心肌缺血、抗动脉粥样硬化、心室重构及抗心肌肥厚、抗脑缺血、抗血小板聚集、抗炎、保肝、调节免疫、抗细菌、保护神经元、抗高尿酸血症（抗痛风）等作用。

26. 太子参

【来源】

本品为石竹科植物孩儿参*Pseudostellaria heterophylla*（Miq.）Pax ex Pax et Hoffm.的干燥块根。中药名：太子参；别名：孩儿参、童参、双批七、四叶参、米参等。

【原植物形态】

多年生草本，高15～20 cm。块根长纺锤形，白色，稍带灰黄。茎直立，单生，被2列短毛。茎下部叶常1～2对，叶片倒披针形，顶端钝尖，基部渐狭呈长柄状，上部叶2～3对，叶片宽卵形或菱状卵形，长3～6 cm，宽2～17（～20）mm，顶端渐尖，基部渐狭，上面无毛，下面沿脉疏生柔毛。开花受精花1～3朵，腋生或呈聚伞花序；花梗长1～2 cm，有时长达4 cm，被短柔毛；萼片5，狭披针形，长约5 mm，顶端渐尖，

外面及边缘疏生柔毛；花瓣5，白色，长圆形或倒卵形，长7～8 mm，顶端2浅裂；雄蕊10，短于花瓣；子房卵形，花柱3，微长于雄蕊；柱头头状。闭花受精花具短梗；萼片疏生多细胞毛。蒴果宽卵形，含少数种子，顶端不裂或3瓣裂；种子褐色，扁圆形，长约1.5 mm，具疣状凸起。花期4—7月，果期7—8月。

【资源分布及生物学习性】

太子参产辽宁、内蒙古、河北、陕西、山东、江苏、安徽、浙江、江西、河南、湖北、重庆、湖南、四川。生于海拔800～2 700 m的山谷林下阴湿处。太子参喜温和、湿润、凉爽的气候，忌高温和强光曝晒，怕干旱、怕积水，土壤水分以60%～70%为宜，土壤pH值5～6，年日照时数1 197 h左右，年平均气温14～16 ℃，年总积温5 500 ℃左右，无霜期225～294 d，年降水量1 060～1 200 mm。较耐寒，秋季下种，冬季就可长根，春季发苗。在平均气温10～20 ℃时生长旺盛，气温达30 ℃时植株长势渐弱，继而停止生长，冬季能在－17 ℃下安全越冬。2—3月出苗，随后现蕾开花。4—5月植株生长旺盛，地下茎逐节发根、伸长、膨大。果期5—6月，6月种子成熟。6月中旬以后，地上茎叶枯萎，大量叶片脱落，"大暑"时植株枯死，参种腐烂，新参在土中互相散开，进入越夏休眠期。

【规范化种植技术】

1. 选地整地

太子参喜疏松、肥沃、透气、透水及保肥保水性能好、有良好团粒结构的富含腐殖质壤土、沙质壤土地块种植。不宜选择低洼积水、盐碱地、过分黏重或过分贫瘠的土壤地块种植。

应选择坡向向北、向东的丘陵缓坡或地势较高的平地，土壤疏松、排水良好、肥力中等以上、无污染的微酸性砂壤田地种植为好，低洼地、盐碱地、黏土地不宜种植。以二道荒地最佳，忌连作，连作2年比正茬的减产30%左右，连作3年以上比正茬减产50%以上，其总皂苷含量显著下降。前茬忌烟草、茄科作物，以豆类、蔬菜、花生、瓜类等为好。

收割秋季作物后，深翻土壤20～30 cm，厩肥、牲畜粪便充分混合腐熟后每亩5 000 kg，再施入硫酸钾20 kg，或者些许草木灰也可。施入充足的基肥后，把细整平，做成宽1.2～1.3 m、高20 cm的弓形畦，畦沟约30 cm。为了防止因肥烂种，基肥不能碰到种参，宜先在条沟中施肥，与土混匀，而后下种覆土口。

2. 繁殖方法

2.1 种子播种繁殖

5—6月种子成熟后将果柄剪下，置室内通风干燥处晾干，脱粒净选，混沙湿藏。即1份种子拌2～3份河沙，混匀置通风阴凉处贮藏。种子发芽温度下限为－5 ℃左右，春播或秋播，以秋播产量高。秋播于秋分播种，清水洗净种子，稍晾，用200 mg/kg赤霉素液浸泡10 min，可提高其发芽势及发芽率，再拌3倍湿沙播种。春播于2月下旬至3月上旬，可直播亦可育苗移栽。直播时可按10 cm的行距横向开沟条播，沟深1 cm，将种子均匀撒入沟内，覆盖柴草保湿；亦可撒播，即将种子拌10份河沙，均匀撒入畦面，用齿耙耧平，上盖柴草或草木灰保湿。播种后一般15 d可出苗。于春季4月初，参苗长至3～4对真叶时移栽。选择阴天将参苗挖起，根部带小土团移植到大田，行株距10 cm×6 cm，去掉下部2对真叶，把幼苗的茎节横放入沟内，仅留顶端1～2对叶片，以减少蒸发。

2.2 鳞茎繁殖

10月上旬（寒露）至地面封冻之前均可栽种。早下种太子参年前容易扎根，而且此时种芽尚短，不会对芽头有所损伤，有益于出苗从而获得高产量；时节太晚则天气严寒，地面温度低，不利于年前生根和混合芽的萌发，更会对第二年的生长发育不利。分根繁殖有斜栽栽种法和平栽栽种法两种方式。斜栽栽种法如下：在整好的畦面上，横挖10～13 cm的深沟，把种参芽头朝上斜栽于沟中，保持行距15 cm、株距5～7 cm，并做到"上齐下不齐"，以芽头离地表5~7 cm为宜。平栽栽种法则是在畦面上开直行条沟，沟深7~10 cm。开沟之后施入基肥，稍稍覆土，按株距5~7 cm、头尾相连的方式把种参平放于条沟中。一般芽头盖土4~5 cm。每亩用种参50~75 kg。

2.3 组织培养

以太子参冬芽为外植体进行组织培养试验，1/2 MS+NAA0.1 mg/L+6-BA2.0~3.0 mg/L能诱导太子参越冬芽的顶芽和腋芽生长；1/2 MS+NAA0.2 mg/L+6-BA1.0 mg/L适宜诱导丛生芽生长；1/2 MS+NAA0.2 mg/L+6-BA1.5 mg/L适宜太子参组培苗增殖继代培养；MS基本培养基适宜太子参壮苗生根。

2.4 间作套种

太子参怕高温、怕强光，为防止夏季地表高温、高湿引起种根腐烂，春季应在2个畦面之间套种玉米，或5月下旬—6月初，在参地里扦插甘薯苗或套种晚熟黄豆，到7—8月高温季节时，套种的作物正好生长茂盛，起到遮阴降温作用，有利种参越夏。一般在丘陵地域，多栽种早熟梨、宣木瓜、马尾松等经果林，也可以在这类经果林中套种太子参。

3. 田间管理

3.1 中耕除草

杂草严重妨害太子参的品质。太子参在幼苗尚未出土时即开始发根，所以早春出苗前要及时中耕松土，保墒增温；幼苗刚出土时，越冬杂草繁生，可用小锄轻锄疏松表土，以后见草就拔。植株封行后，除了拔除大草外，可停止除草，以免伤根影响生长，避免采用化学除草的方法，因为太子参叶片离地面太近，喷雾操作难度大。

3.2 追肥

坚持施足基肥、追肥辅之；有机肥为主、其他肥料辅之；大中微量元素配合使用平衡施肥原则。提倡使用生物菌肥，太子参施用生物菌肥后，土壤中的生物菌大量繁殖产生群体优势，分解固定在土壤中且不能被植株吸收使用的氮磷钾，并固定空气中的游离氮，持续供给生长营养，减少化肥用量，促进太子参增产增收。后期不宜中耕追肥，以避免块根受伤或肥料烧根霉烂，特别是后期更要注意平衡施肥，如果多施氮肥可导致茎叶徒长，养分无效消耗，产量和品质下降。施足基肥的田块不宜追肥，基肥不足、地瘦苗弱的地块，可每亩施入高效复合肥10 kg，或每亩用2%尿素水溶液+0.3%磷酸二氢钾水溶液叶面喷施。

3.3 灌溉和排水

太子参旱涝皆怕，在干旱少雨季节，要当心浇灌，使土壤保持湿润；雨后要及时排出雨水，畦面不要积水，此时也要保持湿润；块根进入膨大期后，注意勤浇水，可以使用半沟深的沟灌或喷灌。

3.4 病虫害防治

3.4.1 病毒病

病毒病又称花叶病，是太子参最主要、最重要的病害，发病率高，危害严重，受害植株及叶片皱缩，块根细而小，产量和品质低。

防治方法：可建立无病毒留种田，增施磷钾肥，增强植株抗病力，病株要随时拔除，并带出田外烧毁，注意防治蚜虫，防止其传播病毒。化学防治可用0.5%氨基寡糖素600倍液+70%吡虫啉可湿性粉剂1 000倍液连续喷雾2~3次，间隔7 d再喷1次。

3.4.2 叶斑病

叶斑病是太子参主要的叶部病害，4—5月发生。

防治方法：清除病株残叶，减少越冬菌源；化学防治可用60%唑醚代森联水分散粒剂1 000倍液+45%咪鲜胺水剂800倍液连续喷雾2~3次，间隔7 d再喷1次，或者用10%苯醚甲环唑水分散粒剂6 000倍液+40%福星乳油8 000倍液喷治。

3.4.3　根腐病

根腐病是太子参主要的根部病害，4—6月发生。

防治方法：收获后彻底清理枯枝残体，集中烧毁；实行轮作，不宜重茬；发病前及发病初期可选用50%多菌灵、70%甲基托布津、75%百菌清、25%甲霜灵1 000倍液浇灌病株。可用3%甲霜恶霉灵800倍液+50%多菌灵可湿性粉剂600倍液喷雾，7 d喷1次，连喷3次。

3.4.4　害虫

地下害虫主要包括蛴螬、蝼蛄、地老虎、金针虫等，主要为害地下根。

防治方法：施用腐熟的有机肥；用杀虫灯诱杀；采用高温堆肥；采用毒饵诱杀，定植前用2.5%劲彪150 g或5%辛硫磷颗粒剂1.5 kg拌适量细土撒于床土上，栽种后覆土。定植后将90%的敌百虫或40%的甲基异柳磷拌入麦麸（麦麸炒香但不要炒糊），麦麸、水与药的比例为100∶10∶1，混合后均匀撒于太子参的畦面；或用90%敌百虫晶体1 500倍液或50%辛硫磷1 000倍液于成虫盛发期喷雾，严重时可浇穴灌根。

地上害虫（蚜虫、菜青虫等）采用吡虫啉700倍液或1%的苦参素1 000～1 200倍液叶面喷施，叶片的背面要着重喷施。

4. 采收加工与贮藏

夏季茎叶大部分枯萎时采挖，此时参根饱满、呈黄色，成品率最高。过早或过晚采收粉质少、折干率低，品质差，延期收获还常因雨水过多造成腐烂。收获时宜选晴天，采收不要碰伤芽头，保持参体完整。采收时，先去茎叶，然后翻土挖根，翻土要细心，以免损伤块根。鲜参采挖后，用清水洗净，在日光下曝晒至干，然后将须根搓去。这种方法宜当天采挖当天清洗，清洗时间不宜过长，不宜直接摊放在水泥地面上，及时翻动，保证日光照射均匀。也可置室内通风干燥处摊晾至根部失水变软后，再用清水洗净，放入开水中浸烫2～3 min，浸烫时要不断翻动使受热均匀，然后捞出立即摊晒至干燥，搓去须根。剔除腐烂、损伤的参体及母块根等集中销毁，以防再次侵染。应放干燥处贮藏，以防止发霉和虫蛀。

【药材质量标准】

【性状】本品呈细长纺锤形或细长条形，稍弯曲，长3～10 cm，直径0.2～0.6 cm。表面灰黄色至黄棕色，较光滑，微有纵皱纹，凹陷处有须根痕。顶端有茎痕。质硬而脆，断面较平坦，周边淡黄棕色，中心淡黄白色，角质样。气微，味微甘。

【鉴别】（1）本品横切面：木栓层为2～4列类方形细胞。栓内层薄，仅数列薄壁细胞，切向延长。韧皮部窄，射线宽广。形成层成环。木质部占根的大部分，导管稀疏排列成放射状，初生木质部3～4原型。薄壁细胞充满淀粉粒，有的薄壁细胞中可见草酸钙簇晶。

（2）取本品粉末1 g，加甲醇10 mL，温浸，振摇30 min，滤过，滤液浓缩至1 mL，作为供试品溶液，另取太子参对照药材1 g，同法制成对照药材溶液。照薄层色谱法（通则0502）试验，吸取上述两种溶液各1 μL，分别点于同一硅胶G薄层板上，以正丁醇-冰醋酸-水（4：1：1）为展开剂，置用展开剂预饱和15 min的展开缸内，展开，取出，晾干，喷以0.2%茚三酮乙醇溶液，在105 ℃加热至斑点显色清晰。供试品色谱中，在与对照药材色谱相应的位置上，显相同颜色的斑点。

【检查】水分　不得过14.0%（通则0832第二法）。

总灰分　不得过4.0%（通则2302）。

【浸出物】按照水溶性浸出物测定法（通则2201）项下的冷浸法测定，不得少于25.0%。

【市场前景】

太子参始载于《本草从新》，描述为"人参之小者"。卫健委已把太子参纳入"可用于保健食品的中药材名单"，太子参可益气健脾、生津润肺，常用于脾虚体倦、食欲不振、病后虚弱、气阴不足、自汗口渴、肺燥干咳等病症。药理研究发现太子参具有降血脂、降血糖、抗疲劳、抗应激及增强免疫能力等功用。太子参作为常用中药材，得到广泛的开发与利用，始于中成药产品的市场发展，其中最具代表性的有江中健胃消食片、复方太子参颗粒、太子参口服液。随着野生资源的减少，栽培太子参迅速成为商品药材主流，形成了以安徽宣州、江苏句容、福建柘荣、贵州施秉为代表的太子参主要产区。太子参中含有多种化学成分，包括微量元素、氨基酸、糖类、核苷类、磷脂类、环肽类、脂肪酸类、油脂类、挥发性成分等，药理活性主要有心肌保护、增加免疫、抗氧化、降血糖、抗应激、抗疲劳等。随着对太子参研究的力度不断加大，会从其中挖掘出更多的化学成分，其药理作用机制会更加清晰。近年来，人们对其需求量逐渐增多，太子参不仅块根入药，而且茎叶、果肉等也含有药用成分，用太子参的副产品进行加工利用，可增加经济收入。

27. 川党参

【来源】

本品为桔梗科川党参*Codonopsis tangshen* Oliv植物的干燥根。秋季采挖，洗净，晒干。别称巫溪大宁党、巫山庙党、湖北板党。

【原植物形态】

植株除叶片两面密被微柔毛外，全体几近于光滑无毛。茎基微膨大，具多数瘤状茎痕，根常肥大呈纺锤状或纺锤状圆柱形，较少分枝或中部以下略有分枝，长15～30 cm，直径1～1.5 cm，表面灰黄色，上端1～2 cm部分有稀或较密的环纹，而下部则疏生横长皮孔，肉质。茎缠绕，长可达3 m，直径2～3 mm，有多数分枝，侧枝长15～50 cm，小枝长1～5 cm，具叶，不育或顶端着花，淡绿色、黄绿色或下部微带紫色，叶在主茎及侧枝上的互生，在小枝上的近于对生，叶柄长0.7～2.4 cm，叶片卵形、狭卵形或披针形，长2～8 cm，宽0.8～3.5 cm，顶端钝或急尖，基部楔形或较圆钝，仅个别叶片偶近于心形，边缘浅钝锯齿，上面绿色，下面灰绿色。花单生于枝端，与叶柄互生或近于对生；花有梗；花萼几乎完全不贴生于子房上，几乎全裂，裂片矩圆状披针形，长1.4～1.7 cm，宽5～7 mm，顶端急尖，微波状或近于全缘；花冠上位，与花萼裂片着生处相距约3 mm，钟状，长1.5～2 cm，直径2.5～3 cm，淡黄绿色而内有紫斑，浅裂，裂片近于正三角形；花丝基部微扩大，长7～8 mm，花药长4～5 mm；子房对花冠而言为下位，直径5～1.4 cm。蒴果下部近于球状，上部短圆锥状，直径2～2.5 cm。种子多数，椭圆状，无翼，细小，光滑，棕黄色。花果期7—10月。

【资源分布及生物学习性】

主产于四川北部及东部、重庆东北部、贵州北部、湖南西北部、湖北西部以及陕西南部。多分布在海拔1 000 m以上的山区，夏季最高气温在30 ℃以下，冬季最低气温在－15 ℃以内，无霜期180 d左右，在1 500～2 500 m最适宜。喜冷凉而湿润的气候，耐寒，根部能在土壤中露地越冬。幼苗喜潮湿、荫蔽、怕强光。播种后缺水不易出苗，出苗后缺水可大批死亡。高温易引起烂根。大苗至成株喜阳光充足。适宜在土层深厚、排水良好、土质疏松而富含腐殖质的沙质壤土栽培。

【规范化种植技术】

1. 育苗

1.1 选地整地

选择排水性良好、土层深厚、疏松肥沃、坡度为15～30°的半阴半阳坡地和二荒坡地，海拔以1 000～2 500 m为宜。整地时每亩施厩肥或堆肥3 000 kg、过磷酸钙30～50 kg，深耕20～30 cm，耙细整平，顺坡向做成宽约1.2 m、高20 cm的长畦。

1.2 播种

育苗海拔1 500 m以下适宜春播，于2月中上旬至3月中下旬；海拔1 500～2 000 m适宜秋播，在9月下旬—11月中旬前土壤冻结前进行。每亩用种量1～1.5 kg。春播时要进行种子处理，将种子放入40～50 ℃的温水中浸泡，然后，将种子取出装入布袋或麻袋中，用清水淋洗数次，与细砂混合，贮藏在瓦缸内，经7～10 d，种子多数裂口露白时筛出播种。播前，将种子与火土灰混拌均匀，撒于土表，若土壤干燥，可撒人畜粪水，以湿润土表为宜；随后盖上草垫或塑料薄膜，当土温在15 ℃左右时，5～7 d即可发芽，75%幼苗出土后及时揭去盖草或薄膜，并追施1次稀薄人畜粪水催苗。

1.3 苗期管理

苗高5～7 cm时适当间苗，保持株距3 cm；苗高9～12 cm时，按株距10 cm定苗。如有缺苗应及时补苗。出苗后的3个月内，每月施肥1次，每次每亩施人畜粪水1 000～1 500 kg、尿素10 kg、磷肥20 kg、硫酸钾5～8 kg。1年后即可移栽。

2. 移栽

2.1 土壤选择

应选择有一定坡度，土质疏松、土层深厚、排水良好、富含腐殖质的黑壤土或砂壤土。前茬以小麦、玉米、豆类为好，其次为马铃薯、当归茬，忌连作和在蔬菜地栽植。前茬作物收后及时深耕30 cm，移栽前每亩施腐熟厩肥或堆肥1 500～2 500 kg、磷肥50～100 kg。

2.2 移栽

春栽一般在2月下旬—3月中上旬，秋栽一般在10月中下旬—11月。选择生长健壮、苗根均匀、头梢完整、无分杈、无虫蛀、无发霉的种苗，无论春栽还是秋栽，都应随起苗随移栽，一般以参苗根直径2 mm的种苗为宜。移栽时，不要伤害根系，将参条顺沟的倾斜度放入，使根头抬起，根梢伸直；覆土要以参头不露出地面为度，一般高出参头5 cm。栽植密度一般为行距20 cm、株距4.0～4.4 cm，亩栽植7.5万～8.4万株。

2.3 田间管理

2.3.1 中耕锄草

移栽后每年在5月和6月的上旬、下旬以及7月上旬及时锄草松土，以保持土壤水分，以利于幼根生长。

2.3.2 摘心

当参苗长到50～100 cm时，结合锄草打尖，抑制党参主蔓生长，促进根系生长。

2.3.3 适时追肥

移栽后第1年5月上旬和第2年4月中下旬，当苗高10～30 cm时，施入人畜粪水1次，每亩1 000～1 500 kg，结合松土除草；在6月份茎叶旺盛生长前期（孕蕾前）、7月上旬根增重前期（初花前）趁降水，亩追施尿素5～7 kg和过磷酸钙15 kg。7月下旬或8月上旬用磷酸二氢钾0.4 kg/亩兑水50 kg叶面喷施。

2.3.4 严防田间积水

进入雨季降水后，疏通排水沟，如发现田间有积水，应及时排水，避免沤根和烂根发生。

2.3.5 田间搭架

应在党参苗高30 cm时，在田间均匀插上竹杆或树枝作为支架，使党参茎蔓缠绕其上，茎蔓过稠的地方，可适当疏枝，以利通风透光，增强光合作用。

2.3.6 病虫害防治

常见的病虫害有锈病、根腐病、蚜虫、蝼蛄、蛴螬等，应及时防治。锈病，喷50%二硝散200倍液或敌锈钠200倍液，7～10 d 1次，连续2～3次；或用15%粉锈宁可湿性粉剂750 g/hm²兑水750 kg喷雾防治。根腐病，可用50%多菌灵500倍液喷雾防治。蝼蛄、蛴螬和地蚕等，用敌百虫800倍液或喷施代森锌1 000倍液。蚜虫，可用40%乐果乳油2 000倍液喷雾。

3. 收获及粗加工

3.1 种子采收

3～4年生党参植株开花结实多，籽粒饱满，产量高，质量好，育的苗生长健壮，宜做种用。一般在9—10月，待果实由绿变为黄白，里面的种子变成黄褐时采收。3年生党参每亩可收种子约10 kg，4年生党参每亩可收12～15 kg，5年以上生党参每亩收种子3～4 kg。

3.2 根的采收

一般以3～5年生党参为好。党参地上部枯死后仍有积累有机质的能力，适当迟收可提高产量和品质。一般在11月上旬降霜后至土壤封冻前收挖为佳。收获前，先割去地上茎叶，再用羊角锄（一种似羊角状的铁叉锄头）收挖，要求收获时不伤根皮，不要造成断根，收挖的党参以保证根条完整为佳。

3.3 党参粗加工

党参收挖后，及时去掉泥土，用水清洗，再按大小、长短、粗细分为老条、大条和中条三级，分别晾晒至五六成干，至表皮略起润发软时（绕手指而不断），一把一把地顺握放在木板上揉搓，让根条韧皮部与木质部紧贴，使根条饱满而柔软；揉搓后再晾晒，晒后再揉搓，反复3～5次后再扎捆成小把，并继续晾晒；干后放在通风透气、距地面50 cm的木板或支架上存放，存放期间勤查看，以防返潮霉烂；晒至九成干（含水量15%左右）时可包装储藏。

【药材质量标准】

【性状】呈长圆柱形，稍弯曲，长10～35 cm，直径0.4～2 cm。表面灰黄色、黄棕色至灰棕色，根头部有多数疣状突起的茎痕及芽，每个茎痕的顶端呈凹下的圆点状；根头下有致密的环状横纹，向下渐稀疏，有的达全长的一半，栽培品环状横纹少或无；全体有纵皱纹和散在的横长皮孔样突起，支根断落处常有黑褐色胶状物。质稍柔软或稍硬而略带韧性，断面稍平坦，有裂隙或放射状纹理，皮部淡棕黄色至黄棕色，木部淡黄色至黄色。有特殊香气，味微甜。

长10～45 cm，直径0.5～2 cm。表面灰黄色至黄棕色，有明显不规则的纵沟。质较软而结实，断面裂隙较少，皮部黄白色。

【鉴别】（1）本品横切面：木栓细胞数列至10数列，外侧有石细胞，单个或成群。栓内层窄。韧皮部宽广，外侧常现裂隙，散有淡黄色乳管群，并常与筛管群交互排列。形成层成环。木质部导管单个散在或数个相聚，呈放射状排列。薄壁细胞含菊糖。

（2）取本品粉末1 g，加甲醇25 mL，超声处理30 min，滤过，滤液蒸干，残渣加水15 mL使溶解，通过D101型大孔吸附树脂柱（内径为1.5 cm，柱高为10 cm），用水50 mL洗脱，弃去水液，再用50%乙醇50 mL洗脱，收集洗脱液，蒸干，残渣加甲醇1 mL使溶解，作为供试品溶液。另取党参炔苷对照品，加甲醇制成每1 mL含1 mg的溶液，作为对照品溶液。照薄层色谱法（通则0502）试验，吸取供试品溶液2～4 μL、对照品溶液2 μL，分别点于同一高效硅胶G薄层板上，以正丁醇-冰醋酸-水（7：1：0.5）为展开剂，展开，取出，晾干，喷以10%

硫酸乙醇溶液，在100 ℃加热至斑点显色清晰，分别置日光和紫外光灯（365 nm）下检视。供试品色谱中，在与对照品色谱相应的位置上，显相同颜色的斑点或荧光斑点。

【检查】水分　不得过16.0%（通则0832第二法）。

总灰分　不得过5.0%（通则2302）。

二氧化硫残留量照二氧化硫残留量测定法（通则2331）测定，不得过400 mg/kg。

【浸出物】按照醇溶性浸出物测定法（通则2201）项下的热浸法测定，用45%乙醇作溶剂，不得少于55.0%。

【市场前景】

川党参是重要的药食两用药材，具有补气、养血、降压、健脾、生津、增强记忆力的功效，素有"小人参"之美称，一直受到商家和消费者青睐。随着消费者保健意识的提高，党参销量也在逐年增加。有关数据统计，目前全国有近千家药厂使用党参，中药饮片年用量约1万t，食用量在8 000～10 000 t，外贸出口4 500～5 000 t，全国年需求量3.5万～4万t。近年来，受库存逐渐减少，以及种植面积相对下降、种植成本提升、需求量有所增长等因素影响，党参行情会维持一个相对的中高位置。党参短期内不太可能出现大幅度的大涨大落现象。党参行情甚至还会出现螺旋式上升的过程。从长期来看，党参后市走势主要受货源走动量与天气情况影响，整体行情将有所震荡。

28. 桔梗

【来源】

本品为桔梗科植物桔梗*Platycodon grandiflorum*（Jacq.）A. DC.的干燥根。中药名：桔梗；别名：铃当花。

【原植物形态】

茎高20～120 cm，通常无毛，偶密被短毛，不分枝，极少上部分枝。叶全部轮生，部分轮生至全部互生，无柄或有极短的柄，叶片卵形，卵状椭圆形至披针形，长2～7 cm，宽0.5～3.5 cm，基部宽楔形至圆钝，顶端急尖，上面无毛而绿色，下面常无毛而有白粉，有时脉上有短毛或瘤突状毛，边缘具细锯齿。花单朵顶生，或数朵集成假总状花序，或有花序分枝而集成圆锥花序；花萼筒部半圆球状或圆球状倒锥形，被白粉，裂片三角形，或狭三角形，有时齿状；花冠大，长1.5～4.0 cm，蓝色或紫色。蒴果球状，或球状倒圆锥形，或倒卵状，长1～2.5 cm，直径约1 cm。花期7—9月。

【资源分布及生物学习性】

产于东北、华北、华东、华中各省以及广东、广西（北部）、贵州、云南东南部、重庆、四川、陕西。朝鲜、日本、俄罗斯远东和东西伯利亚地区的南部也有。生于海拔2 000 m以下的阳处草丛、灌丛中，少生于林下。

桔梗原野生于干燥山坡、丘陵坡地、林缘、灌木丛以及干草甸和草原。栽培于向阳背风、肥沃的地方。喜光、喜温暖气候。能耐寒、怕积水。在土层深厚肥沃，富含腐殖质壤土生长良好。土壤水分过多或积水易引起根部腐烂。

【规范化种植技术】

1. 选地整地

须选择向阳、背风、肥沃、土层深厚疏松、排水良好、富含腐殖质壤土栽种。冬季深耕25～40 cm，耕时先施足基肥，每亩施有机肥2 500 kg，过磷酸钾25 kg。翌年春季播种前再耕翻耙细，做成宽约150 cm的平畦或高畦，畦沟宽30 cm，深15 cm。有些地区采用垄播。

2. 培育方法

2.1　有性繁殖

采用直播种育苗移栽。直播的桔梗主根挺直粗壮，分叉少，便于加工。育苗移栽虽有利苗期集中管理，节省劳力、土地，但主根不明显，分叉多，刮皮加工困难。

直播春播于3月下旬—4月中旬（东北地区在4月上旬至5月下旬），播种前将种子放入50 ℃温水中，搅拌水凉后，再浸泡8 h捞出，用湿麻袋盖好，进行催芽。每天早晚各用温水冲滤一下，4～5 d后待种子萌动时即可播种。秋播于10月中旬—11月上旬。按行距20～25 cm在畦面开沟条播，将种子均匀地撒入沟内，覆土0.6～1 cm，稍加镇压后浇水，并保持畦面湿润。秋播后薄撒一层焦泥灰，以盖住种子为度，再覆盖稻草，防止雨水冲刷种子，并起保温保湿作用，一般在翌年4月出苗。

育苗移栽在整好的畦面上按行距10～15 cm开沟，播下种子，薄覆细土，轻压并盖草。出苗后，即将盖草除去。至秋末地上部分枯萎后或次年春季出苗前移栽，将根掘起，按行距20～25 cm开沟，株距6 cm，顺沟栽植，栽后覆细土，稍压即可。干旱时要在畦面盖草、浇水。

2.2　无性繁殖（根头部繁殖）

栽植期为3月下旬—4月上旬（东北地区要适当推迟），将采掘的桔梗根头部（根茎或芦头）切下，长4～5 cm，按行株距20～25 cm开穴，穴深8～9 cm，每穴栽1个。栽后覆土浇水。

3. 田间管理

3.1　间苗除草

在苗高3～6 cm时，间苗1～2次，疏过密的苗。当苗高至6 cm时，进行定苗，苗距6～10 cm。定苗时要除去小苗、弱苗和病苗。幼苗期必须经常除草、松土。苗期拔草要轻，以免带出小苗。间苗时要结合松土、除草。定苗后适时中耕、除草，保持土壤疏松无杂草。松土宜浅，以免伤根。定植地浇水后，在干湿适时进行浅松土。苗高约15 cm时，每亩追施过磷酸钾20 kg、硫酸铵12 kg，在行间开沟施入，施后松土，天旱时浇水。6—7月开花时，再追施稀粪1次。在雨季前结合松土，防止倒伏。定苗后如遇干旱，可适当浇水，雨季排除地内积水，以免烂根。

3.2　疏花、果

疏花、果主要为防倒伏，桔梗开花结果要消耗大量养分，影响根部生长，疏花、疏果是增产的一项重要措施，生产上曾采用人工摘花蕾。由于桔梗具有较强的顶端优势，摘除花蕾后，迅即萌发侧枝，形成新花蕾。这样每隔半月摘1次，整个花期需摘5~6次，不但费工，而且采摘不便，对枝叶也有损伤。可利用植物激素乙烯利，浓度750~1 000 mg/L，在盛花期喷雾花蕾，以花朵沾满药液为度，每亩用药液75~100 kg，可达到除花效果。此法效率高、成本低，使用安全，值得推广。

两年生桔梗植株高达60~90 cm，一般在开花前易倒伏，可在入冬后，结合施肥，做好培土工作；翌年春季不宜多施氮肥，以控制茎秆生长，在4—5月喷施500倍液矮壮素，可使植株增粗，减少倒伏。

3.3 留种

桔梗花期长，先从上部抽薹开花，果实也由上部先成熟，在北方后期结果的种子，常因气候影响不能成熟，可在9月上旬剪去小侧枝和顶端部分花序，促使果实成熟，种子饱满。9—10月，果实由绿转黄时，带果梗剪下，放通风干燥的室内后熟2~3 d，然后晒干、脱粒。

4. 防治病虫害

4.1 病害

4.1.1 立枯病

主要发生在出苗展叶时，病苗折倒死亡。

防治方法：播前每亩用75%五氯硝基苯1 kg进行土壤消毒。在发病初期，用五氯硝基苯200倍液灌浇病区，深度约5 cm。

4.1.2 轮纹病

主要危害叶部。

防治方法：于初冬清除田间枯枝、病叶和杂草，集中烧毁。夏季高温、高湿是发病季节，应保持四周和畦间排水良好，降低田间湿度，以减轻发病。在发病初期用1∶1∶100波尔多液或50%多菌灵、退菌特，或甲基托布津1 000倍液喷雾。

4.1.3 斑枯病

是真菌引起的叶部病害。发病严重时，病斑汇合，叶片枯死。

防治方法：同"轮纹病"。

4.1.4 紫纹羽病

为害根部。

防治方法：实行轮作，及早拔除病株烧毁；发病区用10%石灰水消毒，控制蔓延；多施有机肥，改良土壤，增强植株抗病力；山地每亩施用50~100 kg石灰粉，也可减轻为害。

4.1.5 根腐病

是由真菌引起的一种根部病害，发病严重时，整株死亡。

防治方法：选土壤深厚、不板结、排水良好的缓坡地种植，结合翻耕施肥，撒施石灰氮，每亩50~75 kg消毒，半月后作畦。在苗期结合防治地下害虫，浇灌40%乐果乳剂2 000倍液，15 d 1次，连续3~4次。

4.1.6 炭疽病

主要为害茎秆基部。此病发生后，蔓延迅速，常成片倒状、死亡。

防治方法：出苗前，喷洒70%退菌特500倍液；发病期喷1∶1∶100波尔多液，每10~15 d喷1次，连续喷3~4次。

4.1.7 疫病

主要为害叶片，根部亦可受害。

防治方法：加强田间管理，雨季及时排水；发病初喷1∶1∶120波尔多液或敌克松500倍液，2~10 d 1次，连续喷3~4次。

4.2 虫害

4.2.1 红蜘蛛

为害叶片，旱季最易发生。

防治方法：可用乐果防治。

4.2.2 小地老虎

主要咬食嫩茎叶。

防治方法：可采用人工捕杀或毒饵诱杀。

4.2.3 蚜虫

一般集结于叶背面或茎秆上，吸取汁液，使叶变厚、卷缩、植株矮化并生长不良。防治方法：可用乐果2 000倍液防治，每7～10 d喷洒1次，连续喷23次。

5. 收获与加工

桔梗种植后2或3年采收。于春、秋两季，以秋季采者体重坚实，质量较好。一般在地上茎叶枯萎时采挖，过早根部尚未充实，折干率低，影响质量；过迟收获不易剥皮。采时用镐刨取根部，去掉茎叶即可。将鲜根用瓷片刮去栓皮，洗净晒干。皮要趁鲜刮净，时间拖长，根皮难于刮剥；刮皮后应及时晒干，否则易发霉变质和生黄色水锈，影响质量。

【药材质量标准】

【性状】本品呈圆柱形或略呈纺锤形，下部渐细，有的有分枝，略扭曲，长7～20 cm，直径0.7～2 cm。表面白色或淡黄白色，不去外皮者表面黄棕色至灰棕色，具纵扭皱沟，并有横长的皮孔样斑痕及支根痕，上部有横纹。有的顶端有较短的根茎或不明显，其上有数个半月形茎痕。质脆，断面不平坦，形成层环棕色，皮部类白色，有裂隙，木部淡黄白色。气微，味微甜后苦。

【鉴别】（1）本品横切面：木栓细胞有时残存，不去外皮者有木栓层，细胞中含草酸钙小棱晶。栓内层窄。韧皮部乳管群散在，乳管壁略厚，内含微细颗粒状黄棕色物。形成层成环。木质部导管单个散在或数个相聚，呈放射状排列。薄壁细胞含菊糖。

（2）取本品，切片，用稀甘油装片，置显微镜下观察，可见扇形或类圆形的菊糖结晶。

（3）取本品粉末1 g，加7%硫酸乙醇-水（1∶3）混合溶液20 mL，加热回流3 h，放冷，用三氯甲烷振摇提取2次，每次20 mL，合并三氯甲烷液，加水洗涤2次，每次30 mL，弃去洗液，三氯甲烷液用无水硫酸钠脱水，滤过，滤液蒸干，残渣加甲醇1 mL使溶解，作为供试品溶液。另取桔梗对照药材1 g，同法制成对照药材溶液。照薄层色谱法（附录Ⅵ B）试验，吸取上述两种溶液各10 μL，分别点于同一硅胶G薄层板上，以三氯甲烷-乙醚（2∶1）为展开剂，展开，取出，晾干，喷以10%硫酸乙醇溶液，在105 ℃加热至斑点显色清晰。供试品色谱中，在与对照药材色谱相应的位置上，显相同颜色的斑点。

【检查】**水分** 不得过15.0%（ⅨH第一法）。

总灰分 不得过6.0%（附录ⅨK）。

【浸出物】按照醇溶性浸出物测定法（附录ⅩA）项下的热浸法测定，用乙醇作溶剂，不得少于17.0%。

【含量测定】按照高效液相色谱法（附录ⅥD）测定。

色谱条件与系统适用性试验 以十八烷基硅烷键合硅胶为填充剂；以乙腈-水（25：75）为流动相；蒸发光散射检测器检测。理论板数按桔梗皂苷D峰计算应不低于3 000。

对照品溶液的制备 取桔梗皂苷D对照品适量，精密称定，加甲醇制成每1 mL含0.5 mg的溶液，即得。

供试品溶液的制备 取本品粉末（过二号筛）约2 g，精密称定，精密加入50%甲醇50 mL，称定重量，超声处理（功率250 W，频率40 kHz）30 min，放冷，再称定重量，用50%甲醇补足减失的重量；摇匀，滤过，精密量取续滤液25 mL，置水浴上蒸干，残渣加水20 mL，微热使溶解，用水饱和的正丁醇振摇提取3次，每次20 mL，合并正丁醇液，用氨试液50 mL洗涤，弃去氨液，再用正丁醇饱和的水50 mL洗涤，弃去水液，正丁醇液蒸干，残渣加甲醇3 mL使溶解，加硅胶0.5 g拌匀，置水浴上蒸干，加于硅胶柱［100～120目，10 g，内径为2 cm，用三氯甲烷-甲醇（9：1）混合溶液湿法装柱］上，以三氯甲烷-甲醇（9：1）混合溶液50 mL洗脱，弃去洗脱液，再用三氯甲烷-甲醇-水（60：20：3）混合溶液100 mL洗脱，弃去洗脱液，继用三氯甲烷-甲醇-水（60：29：6）混合溶液100 mL洗脱，收集洗脱液，蒸干，残渣加甲醇溶解，转移至5 mL量瓶中，加甲醇至刻度，摇匀，滤过，即得。

测定法 分别精密吸取对照品溶液5 μL、10 μL，供试品溶液10～15 μL，注入液相色谱仪，测定，用外标两点法对数方程计算，即得。

本品按干燥品计算，含桔梗皂苷D（$C_{57}H_{92}O_{28}$）不得少于0.10%。

【市场前景】

桔梗是一种药食同源的常见植物，具有悠久的应用历史，有着多种药理活性。桔梗资源丰富，全国大部分地区均有分布，对桔梗的资源进行综述有利于对其价值的开发利用和深化研究。桔梗中含有多种活性物质如三萜皂苷（包括桔梗皂苷A、C、D，远志皂苷等）、多糖、氨基酸、微量元素以及脂肪酸、街醇和聚炔等。现代科学研究表明桔梗具有抗炎、解热镇痛，平喘，降血脂、降低胆固醇含量预防肝纤维化，抗溃疡作用，抗癌、抗过敏，抑制基质金属蛋白酶，胰脂肪酶抑制，抗肥胖等广泛的药理作用。另外，在保健食品、化妆品、酿造等方面也有使用。随着人类生活水平的日益提高，人们对健康的要求也越来越高绿色自然、健康饮食成为新的消费潮流，其中抗衰老食品、糖尿病患者专用食品、心血管病患者专用食品、癌症患者专用食品等成为功能食品研究领域的主要课题。桔便是一味疗效确切、市场需求量较大的传统中药，同时又是一种食品来源性植物。目前我国正常年份的产量为5 000 t以上，其中出口量占一半，出口大部分是销往韩国、日本以供食用。由此可见，桔梗在药用、食用及开发方面需求量大，具有可观的应用前景。

29. 白术

【来源】

本品为菊科植物白术 *Atractylodes macrocephala* Koidz. 的干燥根茎。中药名：白术。

【原植物形态】

多年生草本，高20～60 cm，根状茎结节状。茎直立，通常自中下部长分枝，全部光滑无毛。中部茎叶有长3～6 cm的叶柄，叶片通常3～5羽状全裂，极少兼杂不裂而叶为长椭圆形的。侧裂片1～2对，倒披针形、椭圆形或长椭圆形，长4.5～7 cm，宽1.5～2 cm；顶裂片比侧裂片大，倒长卵形、长椭圆形或椭圆形；自中部茎叶向上向下，叶渐小，与中部茎叶等样分裂，接花序下部的叶不裂，椭圆形或长椭圆形，无柄；或大部茎叶不裂，但总兼杂有3～5羽状全裂的叶。全部叶质地薄，纸质，两面绿色，无毛，边缘或裂片边缘有长或短针刺状缘毛或细刺齿。头状花序单生茎枝顶端，植株通常有6～10个头状花序，但不形成明显的花序式排列。苞叶绿色，长3～4 cm，针刺状羽状全裂。总苞大，宽钟状，直径3～4 cm。总苞片9～10层，覆瓦状排列；外层及中外层长卵形或三角形，长6～8 mm；中层披针形或椭圆状披针形，长11～16 mm；最内层宽线形，长2 cm，顶端紫红色。全部苞片顶端钝，边缘有白色蛛丝毛。小花长1.7 cm，紫红色。瘦果倒圆锥状，长7.5 mm，被顺向顺伏的稠密白色的长直毛。冠毛刚毛羽毛状，污白色，长1.5 cm，基部结合成环状。花果期8—10月。

【资源分布及生物学习性】

在江苏、浙江、福建、江西、安徽、四川、重庆、湖北及湖南等地有栽培，但在江西、湖南、浙江、四川有野生，野生于山坡草地及山坡林下。

白术喜阴凉的环境，最适宜生长的日平均温度为22～28 ℃，栽培地应避免长日照，日照时数以每天6～7 h为宜，相对湿度为75%～85%。白术适应性强，对土壤要求低，酸性的黏壤土、微碱性的沙质壤土都能生长，以排水良好的沙质壤土为好。土壤过黏、土壤透气性差易发生烂根现象，不宜在低洼地、盐碱地种植。育苗地最好选用坡度小于15°～20°的阴坡生荒地或撂荒地，以较瘠薄的地为好，地过肥则白术苗枝叶过于柔嫩，抗病力减弱。

【规范化种植技术】

1. 育苗技术

1.1 种子培育

3月下旬至4月上旬采用种子繁殖育苗，当年冬季至次年春季进行种茎、移栽。

1.2 整育苗地

白术栽育苗地宜选新开垦或肥力中等的二荒地，过于肥沃的土地易使白术苗生长过旺，抗病力减弱。于头年冬季翻耕土壤，使其风化，于春季播种前整平耙细后做高畦，畦宽1.5～1.8 m，并施腐熟农家肥1 000 kg。

1.3 种子处理与播种

选新鲜、有光泽、充实饱满的种子，用25～30 ℃的温水浸泡12 h以后，置于25～30 ℃的温室内催芽，每天早晚淋温水1次，4～5 d后种子裂口播种。一般3月下旬—4月上旬，地温稳定在12 ℃以上时为播种适期，在整理好的苗床上开横沟条播，行距15～20 cm，播幅6～8 cm，沟深3～5 cm，然后将已催芽的种子均匀播于沟内，盖土稍压，并覆草保墒，15 d后出苗，用种量50 kg/亩。

1.4 苗期管理

一般播后7～10 d出苗，幼苗出土后揭去覆盖物，浇施淡沼液1次，3叶时中耕除草并进行间苗。苗高7 cm时，按株距5～6 cm定苗，随后施腐熟沼液2 000 kg或用过磷酸钙50 kg、碳铵30 kg兑水浇灌。7月下旬白术根茎膨大期，中耕除草并施追肥，施用腐熟沼液2 000 kg+过磷酸钙20 kg，开沟条施。遇干旱时要勤浇水，保持根茎周围有足够水分。一般白术种茎500 kg/亩，可供大田栽培。

1.5 术栽贮藏

于10月下旬—11月上旬，地上茎枯黄时，选晴天挖取根茎抖去泥土，除去茎叶和须根留下根状茎，剪去尾须即成术栽。然后将术栽摊晾在阴凉通风处3～5 d，当表皮发白时用0.3%新波尔多液消毒后进行沙贮，堆厚20 cm左右，至当年冬季或翌年早春取出栽种。

2. 选地整地

选择5年未种过白术、土层深厚、疏松肥沃、排水性好的砂质壤土地。结合整地施入腐熟有机肥1 500 kg作基肥或碳酸氢铵50 kg/亩、磷肥10 kg/亩，整平耙细后做成宽1.5～1.8 m的高畦，沟宽30 cm，四周开好较深排水沟。

3. 白术栽种

12月下旬至翌年4月均可栽种，选择芽头饱满尾部圆大、个重5 g以上的茎作种茎。在整好的畦上，按行距25～30 cm、株距20～25 cm挖穴，穴深7 cm，大术栽每穴栽1个，小的每穴栽2个，栽时芽头向上按同一个方向栽入，覆盖细土，盖住顶芽为度，并稍压。冬栽应覆地膜，利于早春齐苗，生长健壮。亩栽用量100 kg/亩左右。

4. 田间管理

4.1 中耕除草

每年进行3～4次，生长前期中耕宜稍深，促进根系成长，后期宜浅，以免伤根，出苗后每隔1个月除草1次。

4.2 追肥

商品白术全生育期一般追肥3～4次。第1次于春季齐苗后结合中耕除草施入腐熟沼液2 000 kg；第2次于5月下旬根茎膨大期施入腐熟沼液2 000 kg，或碳酸氢铵50 kg/亩、过磷酸钙10 kg/亩；第3次于7—8月摘蕾后

5～7 d，施入腐熟农家肥2 000 kg+复合肥30 kg/亩，开沟深施；第4次于9月中、下旬用磷酸二氢钾25 kg/亩兑水浇灌，作根外追肥。

4.3 排灌水

前期适墒促苗，遇旱灌水保苗，雨时忌田间积水。

4.4 除花蕾

7月中旬摘除花蕾，促进根系发育，以利增产。

5. 病虫害防治

在栽培过程中，白术极易遭受多种病害侵袭，导致减产甚至绝收，严重影响药农的经济利益，有些药农甚至因此而不敢再种白术。总结了白术栽培过程中常见的几种病害，并提出了防治方法。

5.1 根腐病

根腐病对白术的危害相当严重，它是多种致病菌复合侵染的结果。主要致病菌有尖镰孢*Fusarium oxysporum*、腐皮镰孢*F. solani*、燕麦镰孢*F. arenaceum*、木贼镰孢*F. equiseti*、半裸镰孢*F. semitectum*以及立枯丝核菌*Rhizoctonia solani*等。

根腐病是维管束系统的病害。发病时，根首先受害呈黄褐色，随后变黑而干枯，蔓延到根茎部后，横切根茎可见维管束呈点状褐色病斑，并继续向茎杆蔓延。维管束系统受损导致植株养分运输受阻，枝叶萎蔫。根茎部的须状根全部干枯脱落后，根茎变软，外皮皱缩呈干腐状，严重时，可导致植株死亡。

根腐病的致病菌是土壤习居菌，所以首次种植白术应选择无病害或新开垦的肥沃砂壤土，以后可实行白术与禾本科作物轮作，降低土壤中病菌数量。在生长期若发现病株应立即带土挖掘，并在周围1 m的范围内撒生石灰粉进行消毒，或用新的净土替换受病菌污染的土壤。

防治方法：发病初期，可用50%多菌灵+70%代森锰锌可湿性粉剂750倍液防治，效果较明显。白术收获后应及时清除田间病残体，减少土壤中病原菌积累。

5.2 白绢病

白绢病的病原菌为*Sclerotium rolfsii*，主要为害白术根状茎。

发病初期少数叶片萎垂，植株生长势头减弱，但无明显症状，后随温、湿度的增高，根茎内菌丝穿出土层，向土表伸展，在土表形成初为乳白色或米黄色，后为茶褐色如油菜籽大小的菌核，同时在根部有大量菌丝存在。随病情发展，植株叶片逐渐全部变为土褐色，干枯，直到死亡。根茎腐烂有两种症状：一种是在较低温度下，被害根茎只存导管纤维，似"乱麻状"；另一种是在高温高湿下，蔓延较快，白色菌丝布满根茎，并溃烂成"烂薯状"。

防治方法：白绢病的防治与根腐病大体相同，与禾本科作物轮作为好，不可与易感染此病的附子、玄参、地黄、芍药、花生、黄豆等轮作；选用无病健栽作种，并用50%退菌特（1∶1 000倍液）浸种3～5 min，晾干后下种；及时挖除病株周围病土，用石灰消毒。另有研究发现菌毒清对白术白绢病有较好的防治效果，其次是农抗120，防治效果均达60%以上。

5.3 铁叶病

铁叶病也是白术的主要病毒之一。病原菌为壳针孢菌*Septoria atractylodis*，主要为害白术叶部，亦为害茎和术蒲。

发病初期，叶片上出现黄绿色小点，很快形成不规则黑色病斑，病斑边缘明显，中央逐渐变为灰白色，其上散生大量黑色小粒，即病原菌的分生孢子器。以后病斑不断扩大，蔓延全株，致使术株成片枯死。因受害后在田间呈现成片焦枯，颇似火烧，故俗称"火烧瘟"。白术的病残体是病害的越冬场所和初次侵染源，所以，白术收获后要及时清除烧毁残株落叶，减少菌源。

防治方法：发病初期可喷1∶1∶100波尔多液，1次/10～15 d，连续3～4次。

5.4　立枯病

立枯病的感染病原菌为*Rhizoctonia solani*，其发病症状类似于禾谷类作物的纹枯病。病斑椭圆形，中间浅褐色，边缘深褐色。病株可通过枝叶接触横向传染邻近白术，进入花蕾期后，病部亦可垂直扩展，由近地面基部向上蔓延至枝梢、顶部叶片及花蕾，最后整株枯死。遗留在田间的菌核是该病的重要初侵染源，此外，田间潮湿、植株徒长、密不透风也有利于发病。因此，雨后要及时松土并做好开沟排水工作，降低田间湿度；防治方法：发病初期可用50%多菌灵1 000倍液浇灌，或用5%的石灰水淋灌，1次/7 d，连续3～4次即可。

总之，对付白术病害，应做到以防为主，防治结合。选择优良、无菌种栽；一般不重茬、不连作；加强田间管理，多施有机肥，增施磷钾肥，提高白术抗病能力；发现病株及早彻底清除并采用药物防治以防蔓延。再加上精心的田间管理，必定能获得白术栽培的丰收。

6.采收与加工

采收白术种栽生长期1年，于10月下旬—11月上中旬选晴天顺行挖取全株，抖去泥土，剪去茎杆并立即晒干称为晒术，遇雨烘干的称烘术。商品术以坚实不空心、个体重、断面黄白色、香气浓郁者为佳品，一般产干货800 kg/亩，高产可达1 200 kg/亩。

干燥白术收获后要及时烘干或晒干，除去须根，不能堆放太久，否则块茎内淀粉糖化后，烘干时体内糖分易焦枯，使体内呈棕黑色，影响品质。烘干的成品称"烘术"，晒干的成品称"晒术"，日晒受天气条件的影响较大，因而通常用火烘法来加工。火烘法即是将挖回的白术根茎，经初步清洗除泥，倒入烘箱内。用木柴火烘至白术表皮发热，再慢慢减弱火势，烘至半干时，可取出剪尽茎杆，用力翻动，让须根脱落。并按大小分档，继续烘至八成干时，将术块移放至竹筐内，堆放约一周时间，让水分逐渐外渗，表皮变软，再继续用文火复烘，温度控制在40～50 ℃。烘干即为成品。

包装干燥后，及时包装，包装袋必须符合美观、新颖、防伪标准高，标注产地等，以确保白术的质量。

质量标准商品白术为不规则的肥厚团块，长3～13 cm，直径1.5～7 cm。表面灰黄色或灰棕色，有瘤状突起及断续的纵皱和沟纹，并有须根痕，顶端有残留茎基和芽痕。质坚硬不易折断，断面不平坦，黄白色至淡棕色，有棕黄色的点状油室散在。烘干者断面角质样，色较深或有裂隙。气味清香，味甘、微辛，嚼之略带黏性。

7.贮存

白术产品易受潮和生虫。因此，仓库必须防潮密封，严格执行在产品贮藏标准规定的温度和其他条件要求。

【药材质量标准】

【性状】本品为不规则的肥厚团块，长3～13 cm，直径1.5～7 cm。表面灰黄色或灰棕色，有瘤状突起及断续的纵皱和沟纹，并有须根痕，顶端有残留茎基和芽痕。质坚硬不易折断，断面不平坦，黄白色至淡棕色，有棕黄色的点状油室散在；烘干者断面角质样，色较深或有裂隙。气清香，味甘、微辛，嚼之略带黏性。

【鉴别】（1）本品粉末淡黄棕色。草酸钙针晶细小，长10～32 μm，存在于薄壁细胞中，少数针晶直径至4 μm。纤维黄色，大多成束，长梭形，直径约至40 μm，壁甚厚，木化，孔沟明显。石细胞淡黄色，类圆形、多角形、长方形或少数纺锤形，直径37～64 μm。薄壁细胞含菊糖，表面显放射状纹理。导管分子短小，为网纹导管及具缘纹孔导管，直径至48 μm。

（2）取本品粉末0.5 g，加正己烷2 mL，超声处理15 min，滤过，取滤液作为供试品溶液。另取白术对照药材0.5 g，同法制成对照药材溶液。照薄层色谱法（附录ⅥB）试验，吸取上述新制备的两种溶液各10 μL，分别点于同一硅胶G薄层板上，以石油醚（60～90 ℃）-乙酸乙酯（50∶1）为展开剂，展开，取出，晾干，喷以5%香草醛硫酸溶液，加热至斑点显色清晰。供试品色谱中，在与对照药材色谱相应的位置上，显相同颜色的斑点，并应显有一桃红色主斑点（苍术酮）。

【检查】水分　不得过15.0%（通则0832第二法）。

总灰分　不得过5.0%（通则2302）。

色度　取本品最粗粉1 g，精密称定，置具塞锥形瓶中，加55%乙醇200 mL，用稀盐酸调节pH值至2～3，连续振摇1 h，滤过，吸取滤液10 mL，置比色管中，照溶液颜色检查法（附录ⅪA第一法）试验，与黄色9号标准比色液比较，不得更深。

【浸出物】按照醇溶性浸出物测定法（通则2201）项下的热浸法测定，用60%乙醇作溶剂，不得少于35.0%。

【市场前景】

白术以干燥根茎入药，具有健脾益气、燥湿利水、止汗、安胎之功。用于脾虚食少，腹胀泄泻，痰饮眩悸，水肿，自汗，胎动不安等证。白术是一味重要的具有滋补保健价值常用补益类中药，俗有"北参南术""十方九术"之说，在医院配方、中成药和保健品方面需求量巨大，目前引种栽培范围甚广，而习以浙江于潜、安徽皖南山区为道地。据历史记载均有野生资源分布，由于近年来人们大量采挖，尤其在20世纪60年代后的生态环境的严重破坏，野生白术资源已濒临灭绝。当前白术药材来源主要为栽培，但病虫害严重，农药施用不规范。有必要进一步深入调查野生白术的居群，开展种质保护研究，加强规范化种植技术推广，以永续利用野生白术资源。

30. 木香

【来源】

本品为菊科植物木香*Aucklandia lappa* Decne.的干燥根。中药名：木香；别名：云木香、广木香、青木香。

【原植物形态】

多年生高大草本，高1.5～2 m。主根粗壮，直径5 cm。茎直立，有棱，基部直径2 cm，上部有稀疏的短柔毛，不分枝或上部有分枝。基生叶有长翼柄，翼柄圆齿状浅裂，叶片心形或戟状三角形，长24 cm，宽26 cm，顶端急尖，边缘有大锯齿，齿缘有缘毛。下部与中部茎叶有具翼的柄或无柄，叶片卵形或三角状卵形，长30～50 cm，宽10～30 cm，边缘有不规则的大或小锯齿；上部叶渐小，三角形或卵形，无柄或有短翼柄；全部叶上面褐色、深褐色或褐绿色，被稀疏的短糙毛，下面绿色，沿脉有稀疏的短柔毛。头状花序单生

茎端或枝端，或3～5个在茎端集成稠密的束生伞房花序。总苞直径3～4 cm，半球形，黑色，初时被蛛丝状毛，后变无毛；总苞片7层，外层长三角形，长8 mm，1.5～2 mm，顶端短针刺状软骨质渐尖，中层披针形或椭圆形，长1.4～1.6 cm，宽3 mm，顶端针刺状软骨质渐尖，内层线状长椭圆形，长2 cm，宽3 mm，顶端软骨质针刺头短渐尖；全部总苞片直立。小花暗紫色，长1.5 cm，细管部长7 mm，檐部长8 mm。瘦果浅褐色，三棱状，长8 mm，有黑色色斑，顶端截形，具有锯齿的小冠。冠毛1层，浅褐色，羽毛状，长1.3 cm。花果期7月。

【资源分布及生物学习性】

原产克什米尔；在我国四川（峨眉山）、云南（维西、昆明）、广西、贵州（贵阳、独山）、重庆（开州、巫溪）等区县有栽培。

木香多栽培于海拔2 700～3 300 m的高寒山区，土地肥沃，排水、保水性能良好的地方。喜冷凉、湿润的气候条件，具有耐寒、喜肥习性。

【规范化种植技术】

1. 选地整地

选择排水、保水性能良好、土层深厚肥沃的沙质壤土。对前茬要求不严，但忌连作。云南产区12月前翻耕1次，深35 cm左右，翌年2—3月再深翻1次，并施底肥，一般每亩施腐熟的厩肥2 500～5 000 kg，然后耙平、耙细，作100～120 cm宽的高畦，以利排水及管理。华北地区多作平畦。若原耕作层浅，则不宜深耕，以免翻出生土，影响木香生长。

2. 种植方法

通常采用种子繁殖，于春季或秋季用种子直播。土壤湿润地区，一般春分前后播种；干旱地区，在雨季来临之前播种。选干净的种子，用30 ℃温水浸种24 h，晾至半干后播种。如土壤干燥而无灌溉条件，则种子不宜（温水泡）处理，以免播后失水，丧失发芽能力。

秋播于9月上旬，不浸种，按行距50 cm开沟直接播种，而后覆土3～5 cm，稍镇压。每亩播种量0.5～1 kg。如果土壤潮湿，覆土宜薄些。

木香幼苗期怕强光，一般在早春畦面垄间，按适当距离点播玉米等高秆作物，既可遮阴，又充分利用土地。

采种木香2年后大部分开花结子，一般于8—9月，当茎叶由青变褐色，冠毛接近散开时，种子即成熟。

应及时分批割取健壮植株，剪下果穗，扎成小把，倒挂通风干燥处，促使总苞松散，打出种子，除去杂质，晒干后用麻袋或木箱包装，储藏通风干燥处。

3. 田间管理

（1）间苗

当苗高3～5 cm时，按株距4～6 cm间苗。苗高6～9 cm时，按株距15 cm定苗。采用穴播的，每穴留2株健壮苗。缺苗及时带土补栽。一般每亩留苗12 000株左右。

（2）中耕除草

第1年一般进行3～4次。幼苗期生长较缓慢，应及时除草，浅松土。当苗长出6～7片真叶时，进行第2次锄草；第3次和第4次分别在7月、8月进行。第2年新叶长出后，进行第1次松土锄草；7月进行第2次。第3年植株生长快，苗出土后进行深锄。以后则视杂草情况进行除草。

（3）追肥培土

生长前期施氮肥，以促进植株生长茂盛。生长后期要多施磷钾肥，促使根部生长粗大，第1年以氮肥为主，配施一些磷肥；定苗后5～7 d及每年春季出苗后，应结合中耕，每亩追施腐熟饼肥50～100 kg，农家肥1 000～1 500 kg，开沟施肥后培土。雨水较少的地区，追肥后应及时灌溉。生长2年后的植株，要在秋末割去枯枝叶，并结合施肥培土盖苗，以增加根部产量。

（4）摘花薹

一般2年后开花结实。为促使根部生长，不留种的花薹应全部摘掉。在河北、山东等地，于花期每株选一个早期较大的花蕾留种，其余花薹全部摘掉，以保证种子饱满，发芽率高，也利于根部的生长。在云南，对2年或3年生的植株于7—8月，配合中耕除草，每株打去4～5片老叶。

4. 病虫害防治

4.1 病害

根腐病是由一种真菌引起的病害，病株地上部分枯萎，根部发黑，呈水渍状腐烂，最后导致死亡。一般

于5月初发病，在高温多雨，排水不良的地块发病严重，全年均可发生。

防治方法：选择地下水位低及排水良好的土地栽种；田间管理时尽量避免造成根部机械损伤；严格检疫，不用带菌种子，发现病株要及时拔除，并用生石灰进行土壤消毒，以防蔓延。发病时用50%托布津1 000～1 500倍液或50%多菌灵1 000～1 500倍液喷洒根部。

4.2 虫害

蚜虫成虫、若虫吸食茎叶液汁。严重时病株茎叶发黄、枯萎。

防治方法：冬季清除枯枝落叶，集中深埋或烧毁。发生期及时喷洒杀螟松1 000～2 000倍液，每7 d 1次，连续几次。

银纹底蛾幼虫咬食叶片。

防治方法：用90%敌百虫800倍液喷洒，每7 d 1次，连续几次。

短额负蝗习称"蚱蜢"，成虫及若虫咬食叶片，造成叶片孔洞和缺刻，严重时吃光大部分叶肉，仅剩叶脉。

防治方法：冬季铲除杂草，结合烧灰土积肥，减少虫卵越冬场所。若虫发生盛期，可人工捕杀，或用7.5%鱼藤精800倍液，每5～7 d喷1次，连续2～3次。

5. 采收与加工

采收木香种后第3年霜降前采挖。挖取根部，除去泥土须根，稍晒后，切成长8～12 cm的短块，粗大者纵剖2～4块，晒干或用微火烘干后，放于撞篓内撞去外皮即得。

加工烘炕时不宜用大火，否则油分挥发，成为"老油条"；沾水会引起木香腐烂，均应注意。

【药材质量标准】

【性状】本品呈圆柱形或半圆柱形，长5～10 cm，直径0.5～5 cm。表面黄棕色至灰褐色，有明显的皱纹、纵沟及侧根痕。质坚，不易折断，断面灰褐色至暗褐色，周边灰黄色或浅棕黄色，形成层环棕色，有放射状纹理及散在的褐色点状油室。气香特异，味微苦。

【鉴别】（1）本品粉末黄绿色。菊糖多见，表面现放射状纹理。木纤维多成束，长梭形，直径16～24 μm，纹孔口横裂缝状、十字状或人字状。网纹导管多见，也有具缘纹孔导管，直径30～90 μm。油室碎片有时可见，内含黄色或棕色分泌物。

（2）取本品粉末0.5 g，加甲醇10 mL，超声处理30 min，滤过，取滤液作为供试品溶液。另取去氢木香内酯对照品、木香烃内酯对照品，加甲醇分别制成每1 mL含0.5 mg的溶液，作为对照品溶液。照薄层色谱法（附录ⅥB）试验，吸取上述3种溶液各5 μL，分别点于同一硅胶G薄层板上，以环己烷-甲酸乙酯-甲酸（15∶5∶1）的上层溶液为展开剂，展开，取出，晾干，喷以1%香草醛硫酸溶液，加热至斑点显色清晰。供试品色谱中，在与对照品色谱相应的位置上，显相同颜色的斑点。

【检查】总灰分 不得过4.0%（通则2302）。

【含量测定】按照高效液相色谱法（通则0512）测定。

色谱条件与系统适用性试验 以十八烷基硅烷键合硅胶为填充剂；以甲醇-水（65∶35）为流动相；检测波长为225 nm。理论板数按木香烃内酯峰计算应不低于3 000。

对照品溶液的制备 取木香烃内酯对照品、去氢木香内酯对照品适量，精密称定，加甲醇制成每1 mL各含0.1 mg的混合溶液，即得。

供试品溶液的制备 取本品粉末（过四号筛）约0.3 g，精密称定，置具塞锥形瓶中，精密加入甲醇50 mL，密塞，称定重量，放置过夜，超声处理（功率250 W，频率50 kHz）30 min，放冷，再称定重量，用甲醇补足减失的重量，摇匀，滤过，取续滤液，即得。

测定法 分别精密吸取对照品溶液与供试品溶液各10 μL，注入液相色谱仪，测定，即得。

本品按干燥品计算，含木香烃内酯（$C_{15}H_{20}O_2$）和去氢木香内酯（$C_{15}H_{18}O_2$）的总量不得少于1.8%。

【市场前景】

本品根茎具有行气止痛，健脾消食的功效。主产于云南、广东、四川、贵州，其他省区亦有少量人工栽培。主产于云南省的称为云木香，其中以丽江和迪庆两地产量较大；主产于广东省的称为广木香；主产于四川阿坝、甘孜、雅安、西昌等地的木香，称为川木香。我市主要种植的为云木香，木香除药用外，在香料及化妆品市场具有广阔的前景。

31. 紫菀

【来源】

本品为菊科植物紫菀*Aster tataricus* L. f.的干燥根和根茎。中药名：紫菀；别名：山白菜、驴夹板菜、驴耳朵菜、青菀、还魂草。

【原植物形态】

多年生草本，根状茎斜升。茎直立，高40～50 cm，粗壮，基部有纤维状枯叶残片且常有不定根，有棱及沟，被疏粗毛，有疏生的叶。基部叶在花期枯落，长圆状或椭圆状匙形，下半部渐狭成长柄，连柄长20～50 cm，宽3～13 cm，顶端尖或渐尖，边缘有具小尖头的圆齿或浅齿。下部叶匙状长圆形，常较小，下

部渐狭或急狭成具宽翅的柄，渐尖，边缘除顶部外有密锯齿；中部叶长圆形或长圆披针形，无柄，全缘或有浅齿，上部叶狭小；全部叶厚纸质，上面被短糙毛，下面被稍疏的但沿脉被较密的短粗毛；中脉粗壮，与5～10对侧，脉在下面突起，网脉明显。头状花序多数，径2.5～4.5 cm，在茎和枝端排列成复伞房状；花序梗长，有线形苞叶。总苞半球形，长7～9 mm，径10～25 mm；总苞片3层，线形或线状披针形，顶端尖或圆形，外层长3～4 mm，宽1 mm，全部或上部草质，被密短毛，内层长达8 mm，宽达1.5 mm，边缘宽膜质且带紫红色，有草质中脉。舌状花20余个；管部长3 mm，舌片蓝紫色，长15～17 mm，宽2.5～3.5 mm，有4至多脉；管状花长6～7 mm且稍有毛，裂片长1.5 mm；花柱附片披针形，长0.5 mm。瘦果倒卵状长圆形，紫褐色，长2.5～3 mm，两面各有1或少有3脉，上部被疏粗毛。冠毛污白色或带红色，长6 mm，有多数不等长的糙毛。花期7—9月；果期8—10月。

【资源分布及生物学习性】

产于黑龙江、吉林、辽宁、内蒙古东部及南部、山西、河北、河南西部、陕西、甘肃南部、重庆。生于低山阴坡湿地、山顶和低山草地及沼泽地，海拔400～2 000 m。

紫菀为多年生宿根植物，喜温暖、湿润环境。野生于我国温带及暖温带地区，多见于阴坡、草地、河边，通常生长于潮湿的河边地带。

土壤：紫菀对土壤条件要求不严，除盐碱地和干旱沙土外均能生长，但以富含腐殖质的疏松肥沃湿润的壤土及砂壤土为最佳。

海拔：海拔400～2 000 m的低山阴坡湿地、山顶和低山草地及沼泽地。重庆市适宜生长于海拔800～1 400 m土层深厚的砂壤土。1 000～1 400 m，海拔较低，产量则高一些。

温度：性喜温暖湿润的气候，耐严寒，冬季气温达到 – 20 ℃时根可以安全越冬。

水分：较耐涝，怕旱，喜湿润，在地势平坦、补给水的土地上栽培紫菀长势好。与其他根类药材相比，紫菀比较耐涝，短时间浸水后仍能正常生长。在地势较高、没有灌溉条件的地方生长较差。6月是叶片生长茂盛时期，需要大量水分，9月正值根系发育期需适当灌水。

光照：生于阴坡、草地、河边。紫菀是短日照花卉，有报道称新比紫菀在长日照14～16 h只进行营养生长，日照14 h以下生殖生长，日照小于10 h休眠。上海地区6月—7月初日长大于14 h，是紫菀生长旺盛期，7月底营养生长基本完成，进行花芽分化，8月底—9月上旬盛花期；5月底—6月初第一次花期的出现是因为紫菀在完成一定量的营养生长后条件合适进行花芽分化而开花。

连作：忌连作。

【规范化种植技术】

1. 选地、整地

宜选取地势平坦、排灌方便、土层深厚、疏松肥沃的壤土或砂壤土种植，排水不良的洼地和黏重土壤不宜栽培。冬前深翻30 cm以上，让土壤充分风化。北方灌冬水。于播种的头一年秋季深翻土地，种植前深翻土壤30 cm以上，结合耕翻，每亩施入腐熟厩肥堆肥2 500～3 000 kg，过磷酸钙50 kg或100 kg饼肥，翻入土中作基肥，于播前再浅耕20 cm，清除杂草和石块，耙平，整平耢细后做宽1.2 m的高畦，畦（厢）沟宽40 cm，四周开好排水沟。

2. 繁殖方法

紫菀可以采用种子繁殖、扦插繁殖和分株繁殖，生产上一般采用根状茎分株无性繁殖。

2.1 根状茎分株繁殖

根状茎（种苗）采挖10月下旬—翌年2月采挖药材时，选择紫菀根状茎中带有1条或数条根毛的、具腋芽的粗壮、色白较嫩、紫红色、无虫伤斑痕、节密而短、近地根状茎作种栽，切除下部幼嫩部分及上端芦头部分，去净泥土与残留的枯叶，取其中下段，并将其截成5～10 cm的小段，每段需有2～3个休眠芽。用这种根状茎作繁殖材料，紫菀不会抽苔开花。用芦头部的根状茎作种栽，因这样的根状茎栽植后容易抽苔开花，影响根的产量和质量。

根状茎的储藏春栽的种茎，需放地窖储藏越冬。种苗稍晾干，放地窖贮藏，窖底铺砂，然后一层种栽一层砂，最上面盖砂，窖内温度以不结冰为度，防止发热霉烂，贮藏到翌春栽种。

2.2 扦插

5月，剪取紫菀顶部枝条扦插，介质为泥炭加珍珠岩。15 d左右主枝生根。主枝生根率为92.2%，侧枝为96.1%。生根部位在插穗基部。5月底—8月中旬，每隔15 d进行扦插试验，5 d左右生根，1个月后上盆养护，成活率均在90%左右。6月15日—7月15日温度较高，成活率也保持在85%左右。9月下旬—10月中旬，插穗为花后枝条，插穗长10 cm，扦插介质为珍珠岩。成活率较高为80%以上，插穗首先发出新芽，然后在新芽基部生根。

3. 种苗分级标准

生产中，紫菀种苗一般采用一、二级种苗，三级种苗不采用。选择粗壮、紫红色、色白较嫩、节密而短、具休眠芽的根状茎作种栽，截成5～10 cm的小段，每段需有2～3个休眠芽，随切随栽。以根状茎新鲜、芽眼明显的发芽力强。

紫菀种苗标准

项目	Ⅰ级	Ⅱ级	Ⅲ级
茎毛数/个	>4	≥2	<2
茎粗/cm	>0.3	≥0.25	<0.25

4. 栽培技术

时间紫菀种根发芽的适宜温度为15 ℃。5 cm土壤日平均气温稳定超过15 ℃的日期，为适宜栽种期。紫菀生产上用根状茎繁殖。栽植期分春播和秋播。春播在3月中下旬—4月上旬；秋播在霜降前后（9月下旬—10月下旬）。在此期内，南方栽植提前，北方偏后；秋栽产量高于春栽，栽植期适当提前，有利于高产。南方多秋栽，北方宜春栽，随切随栽。留种的秋栽要进行冬藏。北方春天土壤解冻10 cm后，根状茎随切随栽。一般气温为18～20 ℃时，约15 d出苗。

密度行距25 cm，株距15 cm，开5～7 cm深的浅沟。适宜密度1.7万穴/亩。

种苗用重量亩用种栽40～50 kg，精选种苗20～30 kg。

栽植方法每窝放2个小段，将种材平放沟内，然后覆土，与畦（厢）面齐平，栽后稍加压实，浇水1次，再盖一层草保温、保湿。齐苗后揭去盖草，保墒、保苗。

5. 田间管理

中耕除草、培土紫菀一般栽后15 d左右开始出苗，苗未出齐前注意保墒保苗，苗出齐后要加强松土、除草、肥水管理等。每年中耕除草3～4次。早春和初夏田间杂草较多，应勤除草。初期宜浅锄浅耕，防止伤害根部。夏季枝叶繁茂封垄后，只宜用手拔草。第一次在齐苗后，宜浅松土，避免伤根，第二次在苗高7～9 cm，第三次在植株封行前进行，夏季叶片长大封行之后，如有杂草用手拔除，保持田间整洁无杂草。

施肥紫菀追肥一般一个生长期内需要进行2~3次，第一次在齐苗后结合中耕亩施腐熟人畜粪水1 500 kg，第二次在6月苗高10 cm左右，施入腐熟人畜粪水1 500~2 000 kg，第三次在7月上、中旬，每次每亩植株旁开沟施腐熟人畜粪水1 500~3 000 kg，并配施25~30 kg过磷酸钙，施尿素5~10 kg或用药材专用氮磷钾高含量复合肥追肥20~30 kg，施后盖土。

灌排水紫菀生长喜土壤湿润。土壤干旱影响根系发育，但苗期应需适量浇水，不宜过湿，以免影响根系深扎。水的排灌应根据生长发育期和立地条件而定。6月是枝叶繁茂时期，需要大量浇水，灌水最好在早、晚进行，当水渗透畦面以后，应及时将沟水排净。

苗期需水量较小，生长期间应经常保持土壤湿润，尤其在北方干旱地区栽种应注意灌水，无论秋栽或春栽，在苗期均应适当灌水，但地面不能过于潮湿，以免影响根系生根。6月是叶片生长茂盛时期，需要大量水分，也是北方的旱季，应注意多灌水勤松土保持水分，宜采取小水勤灌，灌后松土保持水分。7—8月为北方雨季，紫菀虽然喜湿但不能积水，应加强排水，9月间雨季过后，正值根系发育期需适当灌水，总之紫菀的灌排水应根据生长发育期和地区不同而异。

剪除花苔紫菀6—7月开花后，需要消耗大量养分，除留种植株外，应将花苔及时打掉，使养分集中供应地下根茎生长，以促进地下根茎生长。紫菀进入花期后，应经常到田间检查，7—9月发现有抽薹的应立即将薹剪下，勿用手扯，以免带动根部影响生长。

6. 病虫害防治

6.1 叶枯病（斑枯病）

病原：为真菌中的一种半知菌，紫檀壳针孢 *Septoria tatarica*。或叶上的黑斑是由真菌链格孢菌侵染引起的。

症状：主要为害叶部，也为害茎、枝。高温多湿季节发病严重。一般从植株近地面的老叶开始发病，以后逐渐向上蔓延。发病初期，叶片上出现不明显的褐色小斑，以后逐渐扩大成不规则病斑。病斑之间也可以汇合成大病斑。病斑呈黑褐色。茎和茎上的病斑多发生在枝条分叉或摘芽的伤口部，发病植株长势弱，花形变小，严重时全株叶片枯死。

发生规律：夏季多发，尤以高温、高湿季节发病严重，主要为害叶片。病菌在病残体中越冬。第2年春天温湿度适宜时，借助风雨传播侵染。从4月下旬到10月均可发生，7—8月为发病高峰期。

防治措施：（1）实行轮作。清除病残体，集中烧掉或深埋，以减少病源。（2）发病前和发病初期喷施0.3~0.5波美度石硫合剂或1∶1∶100~120倍波尔多液或65%代森锌500倍液或200倍液多抗霉素喷雾，每隔7~10 d喷1次，连续喷施2~3次。

6.2 黑斑病

病原：半知菌亚门交链孢菌属。

症状：为害叶片及叶柄，病斑多发生在老叶片上。发病初期叶片出现紫黑色斑点，后扩大为近圆形暗褐色大斑。常在植株外围叶片的两面产生圆形或椭圆形或不规则形的暗褐色病斑，直径5~25 mm，略呈轮纹状，边缘明显。叶柄上染病产生褐色梭形病斑，暗褐色。发病后期病斑上生黑色霉状物（黑色小霉点），为病菌的分生孢子梗及分生孢子。病斑多时相互汇合，导致叶片局部或整株枯死。

发生规律：为害叶片及叶柄，高温高湿时发病较重，雨日多、湿气滞留发病重，5—10月均有发生。借风、雨传播。病菌在病残体上越冬，翌年条件适宜时产生分生孢子，借风雨传播，进行初侵染和再侵染。

防治措施：（1）选用无病种子。增施有机肥，提高抗病力。（2）收获后清洁田园，集中烧掉病残体；（3）加强栽培管理，雨后及时开沟排水，降低田间湿度。（4）发病初期用65%的代森锌可湿性粉剂500倍液或50%的甲基硫菌灵可湿性粉剂1 000倍液或50%退菌特500倍液、75%达科宁（百菌清）可湿性粉剂600倍液、40%百菌清悬浮剂500倍液等药剂喷雾，喷雾防治，每隔7 d 1次，连喷3次。

6.3 根腐病

病原：真菌半知菌齐整小菌核菌*Sclerotium rolfsii*，茄丝核菌*Rhizoctonia solani*，腐霉属*Pythium* sp.

症状：主要为害植株茎基部与芦头部分。发病初期，根及根茎部分变褐腐烂，叶柄基部产生褐色梭形病斑，逐渐叶片枯死、根茎腐烂。

发生规律：在6—10月发生，为害根及根茎部。借雨水、灌水、农具等传播。低温、高湿，早春播种后遇持续低温或阴雨天病害流行。连作田或前茬为易感病作物发病重。

防治措施：（1）与禾本科实行3～5年轮作。（2）合理施肥，适施氮肥，增施磷、钾肥，提高植株抗病能力。（3）及时拔出病株，并携出田外烧毁。（4）在无病田留种。（5）降低田间湿度。（6）发病时，用50%多菌灵可湿性粉剂或甲基硫菌灵1 000倍液或50%（70%）甲基托布津可湿性粉剂1 000倍液淋穴或浇灌病株根部或喷雾防治或3%广枯灵（恶霉灵+甲霜灵）600～800倍液喷灌，隔7 d喷1次，连喷3次。拔出病株后，用以上药剂灌病穴，以防蔓延。

6.4 锈病（红粉病）

病原：紫菀春孢锈菌*Aecidium asterum*。重寄生菌鉴定为*Tuberculina persicina*。

症状：小舌紫菀锈痫初期，叶正面出现橙黄色小斑电1～12个，后逐渐扩大为圆形、近圆形和椭圆形病斑，病斑可相互愈合呈不规则形。形病斑大小3.5～12 mm，平均7.5 mm，椭圆形病斑大小为（5～l2）mm×（4～10）mm，平均为9.2 mm×7.1 mm叶面病斑凹陷，叶背突起。中部橙黄色，外缘淡黄色，中部生有橙黄色针头大的小点（性子器），稍隆起，半球形，潮湿时，其上溢出淡黄色黏液，即性孢子；干燥时，小黏点变为黑色。叶背面病部长出淡黄褐色、极短柱状物（春孢于器），开口于叶背表面。春孢子器成熟后，顶端破裂，散发出黄褐色粉末（春孢子）。病叶片扭曲、病斑呈黑褐色坏死和病叶脱落。

紫菀锈菌重寄生现象于6月中旬始见，重寄生现象出现在锈墒病斑背面，被寄生的锈病病斑无柱状春孢子器伸出叶背表面，初生近同形、灰褐色、淡灰紫色或紫红色疱疹状物，待突破表皮后变为浅红褐色的粉状物（重寄生菌的分生孢子）。

发生规律：紫菀发生此病较少。5月下旬即进入发生期，始见锈病发生在展叶上。6—10月发生，为害叶片。病株大量出现锈色孢子堆，在叶、茎等部位先出现淡绿色小斑点，后扩大成锈褐色疱斑，表皮破裂后散发出黄褐色粉状物，为夏孢子堆。有的呈橘红色到黑色小粉堆，为冬孢子堆。有的呈蜜黄色到暗褐色点或粒状，为性孢子器。

防治措施：同叶斑病。

6.5 银纹夜蛾

形态特征：成虫体长15～17 mm，翅展32～35 mm，体灰褐色。前翅灰褐色，具2条银色横纹，中央有1个银白色三角形斑块和一个似马蹄形的银边白斑。后翅暗褐色，有金属光泽。胸部背面有两丛竖起较长的棕褐色鳞毛。卵直径0.4～0.5 mm，半球形，初产时乳白色，后为淡黄绿色，卵壳表面有格子形条纹。老熟幼虫体长25～32 mm，体淡黄绿色，前细后粗，体背有纵向的白色细线6条，气门线黑色。第1、2对腹足退化，行走时呈曲伸状。蛹长18～20 mm，体较瘦，前期腹面绿色，后期全体黑褐色，腹部1，2节气门孔明显突出，尾刺一对，具薄茧。

为害症状：以幼虫食害叶片，造成缺刻和孔洞，发生严重时将叶片食尽。幼虫在5—10月为害叶片，咬成孔洞或缺刻。

发生规律：生活史和习性银纹夜蛾年发生4～5代，每年发生代数因地区而异，以蛹越冬。翌年4月可见成虫羽化，羽化后经4～5 d进入产卵盛期。卵多散产于叶背。第2～3代产卵最多，成虫昼伏夜出，有趋光性和趋化性，趋化性弱。卵产于叶背，单产。初孵幼虫多在叶背取食叶肉，留下表皮，3龄后取食嫩叶成孔洞，且食量大增。幼虫共5龄，有假死性，受惊后会卷缩掉地。在室温下，幼虫期10 d左右。老熟幼虫在寄主叶背吐白丝作茧化蛹。11月底—12月初仍可见成虫出现。成虫迁移扩散为害。温度为22～30 ℃有利于此虫扩散。

发生与环境的关系：银纹夜蛾的发生和为害程度主要受虫源和温、湿度的影响，第一代虫源基数少、土壤湿度低，因此孵化率和初龄幼虫的成活率低，发生为害轻。第三代发生于7月中旬，由于田间土壤湿度、虫源基数、幼虫成虫率和孵化率均高，有利于幼虫发生为害。

防治措施：（1）加强栽培管理，冬季清除枯枝落叶，以减少来年的虫口基数。（2）严格进行检疫，根据残破叶片和虫粪，人工捕杀幼虫和虫茧。（3）利用成虫的趋光性，可用黑光灯诱杀成虫。（4）保护和利用天敌。（5）化学防治：一般不需单独防治。如果发生较重，应以药剂防治为主。尽量选择在低龄幼虫期防治。最佳时期为卵孵化盛期至3龄幼虫以前，在叶的正反两面都要喷到。此时虫口密度小，危害小，且虫的抗药性相对较弱。防治时用药剂可选用0.36%苦参碱水剂800倍液，或天然除虫菊（5%除虫菊素乳油）1 000～1 500倍液，或用烟碱（1.1%绿浪）1 000倍液，或1.8%阿维菌素乳油3 000倍液，或45%丙溴辛硫磷1 000倍液，或20%氰戊菊酯1 500倍液+乐克（5.7%甲维盐）2 000倍混合液，或50%辛硫磷乳油1 000～1 500倍液，40%啶虫毒（必治）1 500～2 000倍液喷杀幼虫，或2.5%溴氰菊酯乳油2 000～3 000倍液，或高效氯氟氰菊酯（2.5%功夫乳油）4 000倍液，或联苯菊酯（10%天王星乳油）1 000倍液，或10%吡虫啉可湿性粉剂2 500倍液，连用1～2次，间隔7～10 d。可轮换用药，以延缓抗性的产生。

6.6 小地老虎

形态鉴定：成虫体长16～23 mm，翅展42～54 mm；前翅黑褐色，有肾状纹、环状纹和棒状纹各一，肾状纹外有尖端向外的黑色楔状纹与亚缘线内侧2个尖端向内的黑色楔状纹相对。卵半球形，直径0.6 mm，初产时乳白色，孵化前呈棕褐色。老熟幼虫体长37～50 mm，黄褐至黑褐色；体表密布黑色颗粒状小突起，背面有淡色纵带；腹部末节背板上有2条深褐色纵带。蛹长18～24 mm，红褐至黑褐色；腹末端具1对臀棘。幼虫一般有6龄，1～2龄幼虫对光不敏感，栖息在表土、寄主的叶背或者心叶里，昼夜活动。3龄后幼虫的耐受力显著升高。幼虫具假死性，受惊或者被触动时立即卷缩呈"C"形。

习性与危害：1～2龄幼虫取食作物心叶或者嫩叶，3龄以上幼虫咬断作物幼茎，叶柄，切断幼苗近地面的根茎部，使整株死亡，造成缺苗断垄，严重地块甚至造成绝产。为害特点是将茎基部咬断，常造成作物严重缺苗断条，甚至毁种。

发生规律：成虫迁移扩散。在温度18～26 ℃，相对湿度70%下，此虫为害较重。凡地势低湿，雨量充沛的地方，发生较多；头年秋雨多、土壤湿度大、杂草丛生有利于成虫产卵和幼虫取食活动，是第二年大发生的预兆；但降水过多，湿度过大，不利于幼虫发育，初龄幼虫淹水后很易死亡；土壤含水量在15%～20%的地区危害较重。砂壤土较重黏土和沙土发生重。

防治措施：小地老虎幼虫1～3龄为防治适期。成虫交配期是诱杀适期。

农业防治早春清除杂草，在田埂的阳面土层铲掉3 cm，可有效降低小地老虎化蛹量，减少虫口密度；在作物幼苗期进行肥水灌溉，可消灭大量卵和幼虫；施用农家肥时应充分腐熟，防止发酵物引诱成虫产卵。

物理防治：幼虫：清晨人工捕杀。成虫：黑光灯诱杀；配制糖醋液诱杀成虫。糖醋液配制方法：糖6份、醋3份、白酒1份、水10份（或者3∶4∶1∶2）90%的敌百虫晶体1份调匀，在成虫发生盛期设置；某些发酵变酸的食物，如甘薯、胡萝卜、烂水果等加入适量药剂，也可诱杀成虫，减少来年虫口密度。

生物防治：地老虎的捕食性天敌有鸟类、蟾蜍、蚂蚁、步甲、草蛉、蜘蛛等；寄生性天敌有姬蜂、寄生蝇、寄生螨等；也可利用苏云金杆菌、地老虎、六索线虫、斯氏线虫等防治地老虎。

诱杀防治：配置毒饵：播种后即在行间或株间进行撒施。毒饵配制方法：①豆饼（麦麸）毒饵：豆饼（麦麸）20～25 kg，压碎、过筛成粉状，炒香后均匀拌入40%辛硫磷乳油0.5 kg，农药可用清水稀释后喷入搅拌，以豆饼（麦麸）粉湿润为好，然后按每亩用量4～5 kg撒入幼苗周围。或每亩用90%敌百虫晶体0.5 kg或50%辛硫磷乳剂0.5 kg，加水8～10 kg喷到炒过的40 kg棉籽或麦麸上制成毒饵，于傍晚撒在秧苗周围，诱杀幼虫。②青草毒饵：青草切碎，每50 kg加入农药0.3～0.5 kg，拌匀后成小堆状撒在幼苗周围，每亩用毒草

20 kg。油渣炒香后用90%敌百虫拌匀，撒在幼苗周围。用泡桐叶或莴苣叶诱捕幼虫：将新采集的泡桐叶或者是莴苣叶用清水浸泡20～30 min，傍晚放入田中，每亩60～80片叶。清晨将聚集在泡桐叶上的幼虫捕杀。毒土防治：每亩用90%敌百虫粉剂1.5～2 kg，加细土20 kg配制成毒土，顺厢撒在幼苗根际附近。或用50%辛硫磷乳剂0.5 kg加适量水拌细土50 kg，在翻耕时撒施。

化学防治在小地老虎1～3龄幼虫期，48%乐斯本乳油或48%天达毒死蜱2 000倍液、80%的敌百虫可溶性粉剂800～1 000倍液地表喷雾。

6.7 蛴螬（金龟子）

蛴螬为金龟甲幼虫的总称，是地下害虫中种类最多，分布最广，危害最重的一个类群。

形态鉴定：蛴螬幼虫体肥大弯曲近C形，体大多白色，有的黄白色。体壁较柔软，多皱。体表疏生细毛。头大而圆，多为黄褐色，或红褐色，生有左右对称的刚毛，常成为分类的特征。胸足3对，一般后足较长。腹部10节，第十节称为臀节，其上生有刺毛，其数目和排列也是分种的重要特征。成虫体多为卵圆形，或椭圆形，触角鳃叶状，由9～11节组成，各节都能自由开闭。体壳坚硬，表面光滑，多有金属光泽。前翅坚硬，后翅膜质，多在夜间活动，有趋光性。有的种类还有拟死现象，受惊后即落地装死。成虫一般雄大雌小，夏季交配产卵，卵多产在树根旁土壤中。幼虫乳白色，体常弯曲呈马蹄形，背上多横皱纹，尾部有刺毛，生活于土中，一般称为"蛴螬"。

习性与危害：蛴螬食性复杂，可为害多种作物，幼虫啮食植物根和块茎或幼苗等地下部分，断口整齐、平截，常造成地上部幼苗枯死。成虫咬食叶片成网状孔洞和缺刻，严重时仅剩主脉，群集为害时更为严重。常在傍晚至晚上10时咬食最盛。成虫有假死性，性诱现象明显，趋光性不强。成虫迁移扩散。春秋季节，有机质多、土壤肥沃的地块发生较重。

发生规律：蛴螬年发生代数因种，因地而异，一般1年1代，或2～3年1代。蛴螬共3龄，1～2龄期较短，第三龄期较长。一般以老熟幼虫在深土层中越冬。蛴螬栖生土壤中，其活动主要与土壤的理化特性和温湿度等有关，凡耕作粗放、草荒地，施用未腐熟的有机肥的地方，蛴螬就多，为害也重。在一年中活动最适的土温平均为13～18 ℃，高于23 ℃，即逐渐向深土层转移，至秋季土温下降到其活动适宜范围时，再移向土壤上层。

防治措施：初孵幼虫为防治的最适时期。

农业防治：实行水旱轮作；冬前耕翻土地，可将部分成、幼虫翻至地表，使其风干、冻死或被天敌捕食、机械杀伤，防效明显。合理施肥，施用充分腐熟的有机肥，防止招引成虫飞入田块产卵，减少将幼虫和卵带入菜田；幼虫孵化盛期，灌水或者粪水对蛴螬有一定杀伤力。

物理防治：人工防治利用成虫的假死习性，捕杀成虫。诱杀成虫利用成虫的趋光性，当成虫大量发生时，于黄昏后点火诱杀。发生严重的基地可利用黑光灯大量诱杀成虫。

生物防治：在蛴螬卵期或幼虫期，每亩用蛴螬专用型白僵菌杀虫剂1.5～2 kg，与15～25 kg细土拌匀，在作物根部土表开沟施药并盖土。或者顺垄条施，施药后随即浅锄，能浇水更好。此法高效、无毒无污染，以活菌体施入土壤，效果可延续到下一年。

药剂防治：兼治小地老虎和蝼蛄。苗圃消毒：每亩用50%辛硫磷乳剂0.25 kg与敌敌畏乳油0.25 kg（1∶1）混合，拌细土30 kg，均匀撒施田间后浇水，提高药效。或用5%毒死蜱颗粒剂，每亩用0.60～0.90 kg，兑细土25～30 kg，或用3%辛硫磷颗粒剂3～4 kg混细沙土10 kg制成药土，在播种或栽植时撒施。或用90%敌百虫晶体，或50%辛硫磷乳油800倍液灌根。或发生初期用1.8%阿维菌素乳油2 000倍液，或用0.36%苦参水剂800倍液，或天然除虫菊素2 000倍液，或用73%克螨特乳油1 000倍液喷雾防治。

6.8 红蜘蛛

形态鉴定：成虫：雄蛾体长10～11 mm，翅展11～12.5 mm，触角羽状。雌蛾体长9～11 mm，翅展11～12.5 mm，触角线状。体色因季节的不同有两型：春型（越冬代成虫）为灰褐色，夏型（第1、2代成虫）

为杏黄色。但在第2代成虫中有少数个体表现为春型。前翅前缘略拱,外缘较直,内线为紫棕色,略呈波浪形,中室端部有一紫棕色圈,前缘顶角旁有一三角形紫棕色斑,下连外线,外线为一紫棕色宽带。后翅中线明显,紫棕色。前、后翅反面斑纹显著,显紫褐色。前、后翅外缘和后缘均有缘毛。

卵:椭圆形,底面略平,长约0.7 mm,宽约0.5 mm。

幼虫:老熟幼虫体长21~25 mm。体灰黑色,头部黑色。前胸黄色,有两排黑斑,第1排为4个小黑斑,第2排为8个稍大的黑斑。背线灰白色,气门线橘黄色,腹线灰白色,气门黑色。胸足3对,黑色,腹足两对,黄色,外侧有不规则黑斑。

蛹:纺锤形,长10~13 mm。初化蛹时为灰绿色,渐变为棕褐色,最后变为黑褐色,尾端臀棘8根。

习性与危害:红蜘蛛又名棉红蜘蛛,俗称大蜘蛛、大龙、砂龙等,多群集于金银花叶片背面吐丝结网为害。为害方式以口器刺入叶片内吮吸汁液,使叶绿素受到破坏,叶片出现灰黄色斑点,叶片枯黄、脱落。自身爬行扩散和借风力传播。气温29~31 ℃,相对湿度为60%,此虫为害较重。

发生规律红蜘蛛喜欢高温干燥环境,繁殖能力很强,最快5 d就可繁殖一代。红蜘蛛的传播蔓延除靠自身爬行外,风、雨水及操作携带是重要途径。红蜘蛛1年可以繁殖13代,以卵越冬,越冬卵一般在3月初开始孵化,4代以后为害金银花叶片。

防治措施:防治适期平均每叶3头。

农业防治:加强栽培管理,清除周围杂草枯枝,增强通风透光度。发现虫害叶片,及时摘除烧毁。

生物防治:0.3%印楝素乳油1 500~2 000倍液,或10%浏阳霉素乳油1 000~1 500倍液、2.5%华光霉素400~600倍液、仿生农药1.8%农克螨乳油2 000液喷雾。

化学防治:可选用1.8%阿维菌素乳油或20%螨克1 000~1 500倍液。因红蜘蛛抗药强,应注意杀螨药物的交替使用。

6.9 蚜虫

当春天植株萌发后,即有蚜虫飞来危害,吸食叶片的汁液,使被害叶卷曲变黄,幼苗长大后,蚜虫常聚生于嫩梢、花梗、叶背等处,使花苗茎叶卷曲婆缩,以至全株枯萎死亡。

习性与危害:以成、幼虫刺吸叶片汁液,使叶片卷缩发黄,花蕾期被害,花蕾畸形。为害过程中分泌蜜露,影响叶片的光合作用。

防治措施:防治适期叶片有虫率5%。

农业防治:春季松土、除草、将枯枝、烂叶集中烧毁或埋掉。清除越冬杂草,消灭部分越冬蚜虫,减少迁移的虫源;种植地远离桃杏李梅等越冬植物。

生物防治:饲养草蛉或七星瓢虫在田间施放;2.5%的鱼藤酮800~1 000倍液喷雾。

化学防治:25%阿泰克8 000~12 000倍液、20%啶虫脒可湿性粉剂6 000~10 000倍液、70%吡虫啉水分散粒剂20 000~30 000倍液喷雾,每隔7~10 d 1次,2~3次。

7. 采收与加工

7.1 采收

采收时间春季栽种当年秋后采收,秋季栽种第2年10月下旬霜降前后、叶片开始枯萎时采挖。如果秋季不采收,也可于翌春季萌发前采挖。北方应在11月中旬至12月初,药用部分与种苗同时收获,不能过早翻挖,因为根状茎是当年生长的,老熟期比较晚,根茎呈紫红色为成熟。

采收方法采收时先割去地上变黄枯萎的茎叶,稍浇水湿润土壤,使土壤稍疏散,再将地下根及根状茎小心刨出,抖净泥土,即可进行加工。挖掘要深,以免损伤根茎,要将根茎连同根丝整个翻起,不要挖断。选出部分健壮根状茎剪下做种苗。

7.2 干燥与加工

将采挖出的紫菀根茎，放干燥处晒至半干，再切成段或编成"辫子"晒至全干，干燥根及根茎即可入药。紫菀折干率为25%。

【药材质量标准】

【性状】本品根茎呈不规则块状，大小不一，顶端有茎、叶的残基；质稍硬。根茎簇生多数细根，长3～15 cm，直径0.1～0.3 cm，多编成辫状；表面紫红色或灰红色，有纵皱纹；质较柔韧。气微香，味甜、微苦。

【鉴别】（1）本品根横切面：表皮细胞多萎缩或有时脱落，内含紫红色色素。下皮细胞1列，略切向延长，侧壁及内壁稍厚，有的含紫红色色素。皮层宽广，有细胞间隙；分泌道4～6个，位于皮层内侧；内皮层明显。中柱小，木质部略呈多角形；韧皮部束位于木质部弧角间；中央通常有髓。

根茎表皮有腺毛，皮层散有石细胞和厚壁细胞。根和根茎薄壁细胞含菊糖，有的含草酸钙簇晶。

（2）取本品粉末1 g，加甲醇25 mL，超声处理30 min，滤过，滤液挥干，残渣加乙酸乙酯1 mL使溶解，作为供试品溶液。另取紫菀酮对照品，加乙酸乙酯制成每1 mL含1 mg的溶液，作为对照品溶液。照薄层色谱法（附录VIB）试验，吸取上述两种溶液各3 μL，分别点于同一硅胶G薄层板上，以石油醚（60～90 ℃）-乙酸乙酯（9:1）为展开剂，展开，取出，晾干，喷以10%硫酸乙醇溶液，在105 ℃加热至斑点显色清晰，分别置日光和紫外光灯（365 nm）下检视。供试品色谱中，在与对照品色谱相应的位置上，显相同颜色的斑点或荧光斑点。

【检查】水分 不得过15.0%（通则0832第一法）。

总灰分 不得过15.0%（通则2302）。

酸不溶性灰分 不得过8.0%（通则2302）。

【浸出物】按照水溶性浸出物测定法（通则2201）项下的热浸法测定，不得少于45.0%。

【含量测定】按照高效液相色谱法（通则0512）测定。

色谱条件与系统适用性试验 以十八烷基硅烷键合硅胶为填充剂；以乙腈-水（96:4）为流动相；检测波长为200 nm；柱温40 ℃。理论板数按紫菀酮峰计算应不低于3 500。

对照品溶液的制备 取紫菀酮对照品适量，精密称定，加乙腈制成每1 mL含0.1 mg的溶液，即得。

供试品溶液的制备 取本品粉末（过三号筛）约1 g，精密称定，置具塞锥形瓶中，精密加入甲醇20 mL，称定重量，40 ℃温浸1 h，超声处理（功率250 W，频率40 kHz）15 min，取出，放冷，再称定重量，用甲醇补足减失的重量，摇匀，滤过，取续滤液，即得。

测定法 分别精密吸取对照品溶液与供试品溶液各20 μL，注入液相色谱仪，测定，即得。

本品按干燥品计算，含紫菀酮（$C_{30}H_{50}O$）不得少于0.15%。

【市场前景】

紫菀化以根和根茎入药，是我国常用中药材，药用历史悠久，具有润肺化痰和止咳化痰的功效，主治痰多喘咳、新久咳嗽和劳嗽咳血等症，是常用止咳平喘复方制剂中的重要药物之一。现代药理研究表明，紫菀具有镇咳、祛痰、抗菌、抗病毒、利尿和抗肿瘤等作用。近年来，市售紫菀药材以栽培品为主，价格波动加大，人工种植面积萎缩严重。可见，紫菀使用需求量大，而种植面积小，价格将逐步回升，具有很好的市场前景。

32. 百部

【来源】

本品为百部科植物直立百部*Stemona sessilifolia*（Miq.）Miq.、蔓生百部*Stemona japonica*（Bl.）Miq，或对叶百部*Stemona tuberosa* Lour.的干燥块根。中药名：百部；别名：百部草、百条根、闹虱、玉箫、箭杆、药虱药等。

【原植物形态】

直立百部半灌木。块根纺锤状，粗约1 cm。茎直立，高30～60 cm，不分枝，具细纵棱。叶薄草质，通常每3～4枚轮生，很少为5或2枚的，卵状椭圆形或卵状披针形，长3.5～6 cm，宽1.5～4 cm，顶端短尖或锐尖，基部楔形，具短柄或近无柄。花单朵腋生，通常出自茎下部鳞片腋内；鳞片披针形，长约8 mm；花柄向外平展，长约1 cm，中上部具关节；花向上斜升或直立；花被片长1～1.5 cm，宽2～3 mm，淡绿色；雄蕊紫

红色；花丝短；花药长约3.5 mm，其顶端的附属物与药等长或稍短，药隔伸延物约为花药长的2倍；子房三角状卵形。蒴果有种子数粒。花期3—5月，果期6—7月。

蔓生百部块根肉质，成簇，常长圆状纺锤形，粗1~1.5 cm。茎长达1 m许，常有少数分枝，下部直立，上部攀援状。叶2~4（~5）枚轮生，纸质或薄革质，卵形、卵状披针形或卵状长圆形，长4~9（11）cm，宽1.5~4.5 cm，顶端渐尖或锐尖，边缘微波状，基部圆或截形，很少浅心形和楔形；主脉通常5条，有时可多至9条，两面均隆起，横脉细密而平行；叶柄细，长1~4 cm；花序柄贴生于叶片中脉上，花单生或数朵排成聚伞状花序，花柄纤细，长0.5~4 cm；苞片线状披针形，长约3 mm；花被片淡绿色，披针形，长1~1.5 cm，宽2~3 mm，顶端渐尖，基部较宽，具5~9脉，开放后反卷；雄蕊紫红色，短于或近等长于花被；花丝短，长约1 mm，基部多少合生成环；花药线形，长约2.5 mm，药顶具1箭头状附属物，两侧各具一直立或下垂的丝状体；药隔直立，延伸为钻状或线状附属物；蒴果卵形、扁的、赤褐色，长1~1.4 cm，宽4~8 mm，顶端锐尖，熟果2片开裂，常具2颗种子。种子椭圆形，稍扁平，长约6 mm，宽3~4 mm，深紫褐色，表面具纵槽纹，一端簇生多数淡黄色、膜质短棒状附属物。花期5—7月，果期7—10月。

对叶百部（大百部）块根通常纺锤状，长达30 cm。茎常具少数分枝，攀援状，下部木质化，分枝表面具纵槽。叶对生或轮生，极少兼有互生，卵状披针形、卵形或宽卵形，长6~24 cm，宽（2）5~17 cm，顶端渐尖至短尖，基部心形，边缘稍波状，纸质或薄革质；叶柄长3~10 cm。花单生或2~3朵排成总状花序，生于叶腋或偶尔贴生于叶柄上，花柄或花序柄长2.5~5（~12）cm；苞片小，披针形，长5~10 mm；花被片黄绿色带紫色脉纹，长3.5~7.5 cm，宽7~10 mm，顶端渐尖，内轮比外轮稍宽，具7~10脉；雄蕊紫红色，短于或几等长于花被；花丝粗短，长约5 mm；花药长1.4 cm，其顶端具短钻状附属物；药隔肥厚，向上延伸为长钻状或披针形的附属物；子房小，卵形，花柱近无。蒴果光滑，具多数种子。花期4—7月，果期（5—）7—8月。

【资源分布及生物学习性】

直立百部产于浙江、江苏、安徽、江西、山东、河南等省。常生于林下，也见于药圃栽培。日本引入栽培。模式标本采自日本。

喜温暖湿润气候，野生种常生长于山谷沟底或灌木林下。冬季受寒冻后，地上茎枯萎，但部分可安全越冬。一般土壤可种植，忌积水。

蔓生百部产浙江、江苏、安徽、江西等省；生于海拔300~400 m的山坡草丛、路旁和林下。日本曾引入栽培，有变为野生者。模式标本采自日本。

野生于山地、丘陵的灌木丛、林边及竹林下。适宜温暖湿润的气候。对土壤要求不严，一般土壤都可种植。耐寒，怕干旱，忌积水。

对叶百部（大百部）产长江流域以南各省区。生于海拔370~2 240 m的山坡丛林下、溪边、路旁以及山谷和阴湿岩石中。中南半岛、菲律宾和印度北部也有分布。

向阴处灌木林下、溪边、路边及山谷和阴湿岩石上的石缝、石穴。

【规范化种植技术】

1. 对叶百部

对叶百部为百部科多年生草木，别名大叶百部，以块根入药，具有润肺止咳、杀虫止痒的功能，主治百日咳、蛔虫、蛲虫、疥疖、头虱、支气管炎等症。

1.1 繁殖方法

一般采用种子和分根繁殖。

1.2　选地与整地

对叶百部为深根系植物，宜选土层深厚，含腐殖质多和排水良好的砂质壤土，深耕30 cm，施足底肥，耙平整平，做畦宽1.2 m，开排水沟，畦长不限。

1.3　繁殖技术

1.3.1　种子繁殖

于春秋季播种，秋播比春播好。条播按行距10 cm开沟，沟深3 cm，播后用草皮泥或细土覆盖1.5 cm，每亩播种量1.5～2 kg。待苗高10 cm时移植。按行距35～40 cm，株距30 cm开穴，选阴雨天定植。

1.3.2　分根繁殖

于2月下旬至3月上旬进行。挖起2年生以上植株的地下根部，剪去块根，分成每株带芽1～2个的株丛，以30 cm×40 cm的株行距开穴种植，压紧，浇足定根水。对叶百部分根繁殖生长快，能提早收获，但不如种子繁殖方便。

1.4　田间管理

1.4.1　中耕除草

幼苗萌发后，松土除草1次。以后隔月松土除草1次。

1.4.2　追肥

幼苗期每月追施人粪尿或尿素1次，之后在中耕除草时进行追肥。冬季地上植株枯萎后，在畦面施入土杂肥，培土。

1.4.3　设支柱

为了使田间通风透光，有利于植株光合作用，对2年生植株，于5月间在植株边插一小竹竿，使蔓生茎缠绕向上延伸。

1.5　病虫防治

1.5.1　叶斑病

由一种真菌引起的病害。受害后叶片上病斑圆形，直径1～2 mm，黄褐色，上生小黑点，一般在5月开始发生，6—8月严重。在发生初期及时摘除病叶，防止蔓延；喷洒1∶1∶100的波尔多液。

1.5.2　红蜘蛛

可喷洒0.1～0.2波美度的石硫合剂，或在6—8月结合防病喷洒65%代森锌600倍液。

1.5.3　蜗牛

可在清晨日出之前撒生石灰粉或喷洒1%石灰水，或每亩用茶籽饼粉4～5 kg撒施。叶斑病为害叶片，发病初期用1∶1∶100波尔多液喷射。红蜘蛛为害植株地上部分，可用0.1～0.2波美度石硫合剂。

1.6　采收加工

分株繁殖的2年可采收，种子繁殖的2～3年采收。一般在11月中旬至翌年2月。挖出根部，剪取块根，洗去泥沙，把块根先放在沸水中烫10 min，然后取出晒干。一般亩产干货400～500 kg。

2.蔓生百部

蔓生百部为百部科植物。别名百条根、药虱药、一窝虎，以块根入药，具有润肺止咳、灭虱杀虫功能，主治风寒咳嗽、支气管炎、老年咳喘。

2.1　繁殖方法

一般采用种子或分根繁殖。

2.2　选地与整地

块根分布于表土30 cm左右，因此，应选肥沃疏松、排水良好的壤土。每亩施2.5 t土杂肥作基肥，深耕25～30 cm，整细耙平，做宽1.2 m的畦。

2.3 种子繁殖

在北方于3月下旬至4月上旬春播育苗，按行距6～10 cm，开深1～1.5 cm的浅沟，将种子均匀撒入沟内，播后覆土1 cm左右，轻轻镇压一遍，浇透水。然后盖一层柴草，以保持土壤湿润。幼苗高5～10 cm时移栽。在南方于秋季8—9月种子采收后即可播种育苗。按行距30 cm开沟，播幅6 cm、深1～1.5 cm，将种子均匀播入沟内，覆土。翌年春出苗，于秋季按行株距分割成每株有2～3芽个，并带有小块根2～3个，进行栽种。按行距35 cm、穴距25 cm定植，深浅视种秧大小而定，将种秧垂直埋入穴内，浇透水。

2.4 田间管理

同对叶百部。

2.5 病虫防治

同对叶百部。

2.6 采收加工与贮藏

分根繁殖的2年后，种子繁殖的4～5年于春季新芽出土前或秋季苗将枯萎时采挖。洗净泥土，除去须根，置入沸水中浸烫后，取出晒干，亩产干品300 kg左右。置通风干燥处、防潮、防霉。

3. 直立百部

直立百部为百部科植物。别名百条根、九十九条根、九丛根，以块根入药，具有润肺止咳、杀虫功能，主治肺结核、百日咳、蛲虫病；外用灭虱。其生长习性、繁殖方法、田间管理、采收加工与蔓生百部同，参照蔓生百部。

【药材质量标准】

【性状】直立百部呈纺锤形，上端较细长，皱缩弯曲，长5～12 cm，直径0.5～1 cm。表面黄由色或淡棕黄色，有不规则深纵沟，间或有皱纹。质脆，易折断，断面平坦，角质样，淡黄棕色或黄白色，皮部较宽，中柱扁缩。气微，味甘、苦。

蔓生百部两端稍狭细，表面多不规则皱褶和横皱纹。

对叶百部呈长纺锤形或长条形，8～24 cm，直径0.8～2 cm。表面浅黄棕色至灰棕色，具浅纵皱纹或不规则纵槽。质坚实，断面黄白色至暗棕色，中柱较大，髓部类白色。

【鉴别】（1）本品横切面：直立百部根被为3～4列细胞，壁木栓化及木化，具致密的细条纹。皮层较宽。中柱韧皮部束与木质部束各19～27个，间排排列，韧皮部束内侧有少数非木化纤维；木质部束导管2～5个，并有木纤维和管胞，导管类多角形，径向直径约至48 μm，偶有导管深入髓部。髓部散有少数细小纤维。

蔓生百部根被为3～6列细胞。韧皮部纤维木化，导管径向直径约至184 μm，通常深入髓部，与外侧导管束作2～3轮

排列。

对叶百部根被为3列细胞,细胞壁无细条纹,其最内层细胞的内壁特厚。皮层外侧散有纤维,类方形,壁微木化。中柱韧皮部束与木质部束各32~40个。木质部束导管圆多角形,直径至107 μm,其内侧与木纤维和微木化的薄壁细胞连接成环。

(2)取本品粉末5 g,加70%乙醇50 mL,加热1 h,滤过,滤液蒸去乙醇,残渣加浓氨试液调节pH值至10~11,加三氯甲烷5 mL振摇提取,分取三氯甲烷层,蒸干,残渣加1%盐酸溶液5 mL使溶解,滤过。滤液分为2份:一份中滴加碘化铋钾试液,生成橙红色沉淀;另一份中滴加硅钨酸试液,生成乳白色沉淀。

【浸出物】照水溶性浸出物测定法(通则2201)项下热浸法测定,不得少于50.0%。

【市场前景】

百部以块根入药,具有润肺下气止咳、杀虫的功能。现在市场上的百部主要以采挖野生的为主,人工种植规模不大,近年上市量逐年减少,货源常供不应求,现已成为市场上的畅销货,人工种植尚未形成规模,近年上市量逐年减少,常供不应求,价格不断走高。种植百部前景看好。但大规模种植需做好市场调研之后再进行。

33. 天冬

【来源】

本品为百合科植物天门冬*Asparagus cochinchinensis*(Lour.)Merr. 的干燥块根。中药名:天冬;别名:三百棒,丝冬,老虎尾巴根,天冬草,明天冬,非洲天门冬,满冬等。

【原植物形态】

攀援植物。根在中部或近末端成纺锤状膨大，膨大部分长3~5 cm，粗1~2 cm。茎平滑，常弯曲或扭曲，长可达1~2 m，分枝具棱或狭翅。叶状枝通常每3枚成簇，扁平或由于中脉龙骨状而略呈锐三棱形，稍镰刀状，长0.5~8 cm，宽1~2 mm；茎上的鳞片状叶基部延伸为长2.5~3.5 mm的硬刺，在分枝上的刺较短或不明显。花通常每2朵腋生，淡绿色；花梗长2~6 mm，关节一般位于中部，有时位置有变化；雄花：花被长2.5~3 mm；花丝不贴生于花被片上；雌花大小和雄花相似。浆果直径6~7 mm，熟时红色，有1颗种子。花期5—6月，果期8—10月。

【资源分布及生物学习性】

从河北、山西、陕西、甘肃等省的南部至华东、中南、西南各省区都有分布。生于海拔1 750 m以下的山坡、路旁、疏林下、山谷或荒地上。也见于朝鲜、日本、老挝和越南。

天门冬喜温暖，不耐严寒，忌高温常分布于海拔1 000 m以下山区。夏季凉爽、冬季温暖、年平均气温18~20 ℃的地区适宜生长。喜阴、怕强光，幼苗在强光照条件下.生长不良，叶色变黄甚至枯苗。天门冬块根发达，入土深达50 cm，适宜在土层深厚、疏松肥沃、湿润且排水良好的砂壤土（黑砂土）或腐殖质丰富的土中生长。

【规范化种植技术】

天门冬为雌雄异株植物，自然条件下雌雄比例为1∶2左右，种子少，发芽及出苗成活率低，且种子育苗生长缓慢，费工费时，因此主要采用无性繁殖育苗。由于组织培养育苗成本过高，而其根头却有许多芽眼和小块根，具有很好的发根能力，且操作简单，所以生产上一般采用分株繁殖。一般在10月至次年3月，待气温回升至15 ℃以上时进行分株繁殖。在设施完善的温室大棚全年均可育苗。

1. 选地整地

选择水源充足、灌排方便、土层深厚、疏松、肥沃的沙壤地块。经多次深翻（30 cm）碎土后连续晒土5 d以上，起宽120~140 cm、高20~25 cm的畦。结合整地，施腐熟有机肥20~30 t/hm²，复合肥450~600 kg/hm²，均匀撒于畦面，将肥料翻入土层，平整畦面，四周开好排水沟，待种。

2. 定植

在秋冬季、初春采挖天门冬时，选择生长茂盛、无病虫害、块根多且粗长的植株，剪除地上茎蔓，将直径1.3 cm以上的粗大块根摘下加工药材商品，将1年生且长有较多芽眼的根头用刀分割成数株，使每株有芽2个以上和3~4个小块根，并附带适量须根。切口不宜过大，并蘸上石灰粉或草木灰，以免感染病菌而导致根头腐烂。处理后的块根摊晾1 d后即可种植。在整好的畦面上按株行距30 cm×40 cm（密度为67 500~75 000株/hm²），深度6~10 cm开沟种植，每穴1株，将小块根向四周摆匀，以使根伸、苗正，撒上草木灰，覆土压实，以刚盖过芦头1.5~2 cm为宜，然后浇足定根水，并喷施乙草胺防除杂草。天门冬为多年生植物，忌干旱、喜阴湿环境。一般新栽植的天门冬当年可适当与木薯、玉米、高粱等间作套种，避免强烈光照，形成荫蔽环境，促进其生长并提高复种系数；第2年可适当间种花生、大豆、蔬菜等矮秆作物；第3年不再间种任何作物，让其迅速生长，发育块根。若采取连片纯种方式，须搭建高1 m左右的矮架，覆草或遮阳网遮阴，并让其茎蔓攀援。

3. 田间管理

3.1 补苗

定植后15~20 d进行一次全面检查，若发现死亡缺株，应及时拔除并补苗。

3.2 水分管理

天门冬喜湿润环境，整个生长期需水量大，抗旱、耐涝能力差，因此遇旱要注意浇（灌）水，雨后及时排涝，忌持久干旱或长期积水，保持土壤相对湿度为70%左右。

3.3 中耕除

草天门冬栽植后，幼苗生长缓慢，杂草滋生，要经常松土除草，并铲除畦面周边垄沟、水沟及路边的杂草，尽量不施用除草剂。若施用除草剂，可用敌草胺在无风、无露水的早晚进行定向喷雾，尽量压低喷头，避免喷及天门冬。当苗高30 cm时进行第1次中耕除草，以后视杂草生长和土壤板结情况，每年适时进行3~4次中耕除草，最后1次中耕除草应在霜冻前结合培土进行，以保护株丛基部，以利越冬。除草要小心，勿锄断茎蔓，中耕宜浅，以免伤根。保持土壤疏松，畦内无杂草。

3.4 追肥

结合中耕除草及时追肥，第1次追肥可在定植后40~60 d进行，过早施肥容易导致根头切口感染病菌，影响成活率。施腐熟人粪水10~15 t/hm^2。此后结合中耕除草施腐熟厩肥、草木灰或草皮灰等有机肥10~15 t/hm^2，适当添加尿素和钙镁磷肥等肥料，每次70~100 kg/hm^2。施肥时，应在畦边或行间开沟穴施下，注意避免肥料接触根部，施肥后覆土压实。若施肥后持续干旱，应及时浇水，促进天门冬对肥料的吸收。

3.5 搭架修剪

天门冬栽植1年后生长迅速，当藤蔓长至40~50 cm时须插上竹竿（高1.0~1.5 m，入土20 cm），并将相邻竹竿顶端绑扎在一起作为支柱，使之能够攀附以防倒伏，并利于其光合作用和块根生长，同时方便田间管理。当叶状枝出现过密及病枝、枯枝时，应适当修剪疏枝。

3.6 病虫害防治

3.6.1 天门冬病害主要为根腐病

一般是由土质过于潮湿或被地下害虫咬伤或培土施肥碰伤所致，先从1条块根的尾部烂起，逐渐向根头蔓延，内部呈浆糊状，1个月后，整个块根变成黑色空泡状。一经发现病株，即刻拔除，并在周围撒施生石灰，同时做好排水工作，以防病菌蔓延成灾。

3.6.2 天门冬虫害主要有蚜虫、短须螨、红蜘蛛

（1）蚜虫为害芽芯和嫩藤，导致整株藤蔓萎缩，为害初期可用10%吡虫啉1 000~2 000倍液，如为害严重可剪除全部藤蔓并施肥，20 d后即可发出新芽蔓；短须螨5—6月为害叶部，可用2%阿维菌素1 000~2 000倍液或20%双甲脒乳油100倍液喷雾防治。

（2）红蜘蛛5—6月为害叶部，可用杀虫脒水剂500~1 000倍液喷雾防治，并在冬季清园，将枯枝落叶集中销毁或深埋。

4. 采收加工与贮藏

以2~3年采收为宜。过早收获，块根小而少，产量低，且浸出物含量低。收获期以10月至次年3月最好，因为此时块根水分少、粉质饱满、质量好、出品率高。采收时先把支柱拔除，割去茎蔓，挖起全株，将直径1.3 cm以上的块根剪下作药材进行加工，小块根带根头适当分割，留作种用。洗去块根上的泥沙，将两头须根和病、残、受损伤的部分剪除，然后按大、中、小分批放入沸水中煮10~15 min，以刚煮透心、容易剥皮为宜，及时捞出浸入清水中，剥去外皮，剥不干净者以刀刮净，勿留残皮。沥干表面水分，晒干或低温烘干至含水量为10%~13%即可，晒时如光照强烈，应用竹帘或白纸盖上，以防变色。

将天门冬充分干燥后用内有塑料袋的编织袋包装，置于通风阴凉干燥处，注意防虫、防鼠、防潮霉变，定期检查，如有受潮现象及时翻出晒干或低温烘干。成品以干净，条粗肉厚，无破皮，无虫蛀，无霉变，味甜微苦，表面黄白色，半透明，有糖质，断面角质状，中央有白色中柱为佳。

【药材质量标准】

【性状】本品呈长纺锤形，略弯曲，长5～18 cm，直径0.5～2 cm。表面黄白色至淡黄棕色，半透明，光滑或具深浅不等的纵皱纹，偶有残存的灰棕色外皮。质硬或柔润，有黏性，断面角质样，中柱黄白色。气微，味甜、微苦。

【鉴别】本品横切面：根被有时残存。皮层宽广，外侧有石细胞散在或断续排列成环，石细胞浅黄棕色，长条形、长椭圆形或类圆形，直径32～110 μm，壁厚，纹孔和孔沟极细密；黏液细胞散在，草酸钙针晶束存在于椭圆形黏液细胞中，针晶长40～99 μm。内皮层明显。中柱韧皮部束和木质部束各31～135个，相互间隔排列，少数导管深入髓部，髓细胞亦含草酸钙针晶束。

【检查】水分　不得过16.0%（通则0832第二法）。

总灰分　不得过5.0%（通则2302）。

二氧化硫残留量　按照二氧化硫残留量测定法（通则2331）测定，不得过400 mg/kg。

【浸出物】按照醇溶性浸出物测定法（通则2201）项下的热浸法测定，用稀乙醇作为溶剂，不得少于80.0%。

【市场前景】

天冬具有养阴润燥、清肺生津的功效，临床常用于内热消渴、热病津伤，咽干口渴，肠燥便秘等病症。据有关资料，从天冬中提炼出的天冬甜素，世界年需求量约为600万 kg，在美国售价约为150美元/ kg，预计以后几年天冬甜素的消费量将继续增加，这必将加大天冬的年需求量。再加上天冬长期以来依靠野生资源，使野生资源日趋减少，国家已颁布政策禁止野生天冬在市场上销售。随着国内用药量和出口量的增加，天冬的价格在近几年可能会呈现上升趋势。

34. 黄精

【来源】

本品为百合科植物滇黄精*Polygonatum kingianum* Coll. et Hemsl.、黄精*P. sibiricum* Red. 或多花黄精*P.*

cyrtonema Hua的干燥根茎。中药名：黄精；别名：大黄精、鸡头黄精、姜形黄精、老虎姜、救荒草等。

【原植物形态】

滇黄精：根状茎近圆柱形或近连珠状，结节有时作不规则菱状，肥厚，直径1~3 cm。茎高1~3 m，顶端作攀援状。叶轮生，每轮3~10枚，条形、条状披针形或披针形，长6~20（~25）cm，宽3~30 mm，先端拳卷。花序具（1~）2~4（~6）花，总花梗下垂，长1~2 cm，花梗长0.5~1.5 cm，苞片膜质，微小，通常位于花梗下部；花被粉红色，长18~25 mm，裂片长3~5 mm；花丝长3~5 mm，丝状或两侧扁，花药长4~6 mm；子房长4~6 mm，花柱长（8~）10~14 mm。浆果红色，直径1~1.5 cm，具7~12颗种子。花期3—5月，果期9—10月。

黄精：根状茎圆柱状，由于结节膨大，因此"节间"一头粗、一头细，在粗的一头有短分枝（中药志称这种根状茎类型所制成的药材

为鸡头黄精），直径1~2 cm。茎高50~90 cm，或可达1 m以上，有时呈攀缘状。叶轮生，每轮4~6枚，条状披针形，长8~15 cm，宽（4~）6~16 mm，先端拳卷或弯曲成钩。花序通常具2~4朵花，似成伞形状，总花梗长1~2 cm，花梗长（2.5~）4~10 mm，俯垂；苞片位于花梗基部，膜质，钻形或条状披针形，长3~5 mm，具1脉；花被乳白色至淡黄色，全长9~12 mm，花被筒中部稍缢缩，裂片长约4 mm；花丝长0.5~1 mm，花药长2~3 mm；子房长约3 mm，花柱长5~7 mm。浆果直径7~10 mm，黑色，具4~7颗种子。花期5—6月，果期8—9月。

多花黄精：根状茎肥厚，通常连珠状或结节成块，少有近圆柱形，直径1~2 cm。茎高50~100 cm，通常具10~15枚叶。叶互生，椭圆形、卵状披针形至矩圆状披针形，少有稍作镰状弯曲，长10~18 cm，宽2~7 cm，先端尖至渐尖。花序具（1~）2~7（~14）花，伞形，总花梗长1~4（~6）cm，花梗长0.5~1.5（~3）cm；苞片微小，位于花梗中部以下，或不存在；花被黄绿色，全长18~25 mm，裂片长约3 mm；花丝长3~4 mm，两侧扁或稍扁，具乳头状突起至具短绵毛，顶端稍膨大乃至具囊状突起，花药长3.5~4 mm；子房长3~6 mm，花柱长12~15 mm。浆果黑色，直径约1 cm，具3~9颗种子。花期5—6月，果期8—10月。

【资源分布及生物学习性】

滇黄精产云南、四川、贵州。生林下、灌丛或阴湿草坡，有时生岩石上，海拔700~3 600 m。调查发现滇黄精主要集中在海拔1 400~2 600 m，上层植物以灌木丛为主，土壤多为红壤，分布十分稀疏。它喜生长

在山地或林下，腐殖质土壤，且适应性强，耐阴、耐寒，幼苗能露地越冬，喜阴湿潮润环境。

黄精产黑龙江、吉林、辽宁、河北、山西、陕西、内蒙古、宁夏、甘肃（东部）、河南、山东、安徽（东部）、浙江（西北部）。生林下、灌丛或山坡阴处，海拔800～2 800 m。朝鲜、蒙古和苏联西伯利亚东部地区也有。实地调查发现黄精自然条件下常生长在海拔1 000 m以下的林下、灌丛中、山坡或沟谷溪边。海拔1 000 m以上，黄精常以散生，零星或小片状方式生长于阴湿的落叶阔叶林下、林缘及山地灌丛、荒草坡、岩石缝中。

多花黄精产四川、重庆、贵州、湖南、湖北、河南（南部和西部）、江西、安徽、江苏（南部）、浙江、福建、广东（中部和北部）、广西（北部）。生林下、灌丛或山坡阴处，海拔500～2 100 m。对生长环境条件要求较高，喜阴湿气候条件，具有喜阴、耐寒、怕干旱的特性，在湿润荫蔽、土层深厚、疏松肥沃、排水和保水性能较好的环境中生长良好；在强光照条件下生长不良且易被阳光灼伤。因此要选择排水良好、土壤较肥沃、透光率为40%～70%的林下环境，海拔在400～800 m，土壤为疏松、排水良好的黄壤或黄红壤，有效土层厚度30～40 cm，pH值为5.2～6.5，以pH5.8尤为适宜，土壤温度以16～20 ℃为宜，超过27 ℃生长受到抑制，气温超过32 ℃地上部分易枯死，根状茎失水皱缩干硬。

【规范化种植技术】

1. 选地整地

选择湿润和有充分荫蔽的地块，土壤以质地疏松、保水力好的壤土或砂壤土为宜。播种前先深翻1遍，土壤深翻30 cm以上，结合整地每亩施农家肥2 000 kg，翻入土中作基肥，然后耙细整平，作畦，一般畦面宽1.2～1.3 m，畦面高出地平面10～15 cm。在畦内施足底肥，优质腐熟农家肥1 000 kg，三元素复合肥40 kg，均匀施入畦床土壤内，使肥土充分混合，再进行整平耙细后待播。

2. 繁殖方法

2.1 种子播种繁殖

选择生长健壮，无病虫害的二年生植株留种，加强田间管理，秋季浆果变黑成熟时采集，冬前进行湿沙低温处理，将1份种子与3份细砂充分混拌均匀，砂的湿度以手握之成团，落地即散，指间不滴水为度，将混种湿砂放入坑内。然后用细砂覆盖，保持坑内湿润，经常检查，防止落干和鼠害，待翌年春季3—4月初取出种子，筛去湿沙播种，在整好的苗床上按行距15 cm开沟深3～5 cm，将处理好催芽种子均匀播入沟内。覆土厚度2.5～3 cm，稍加镇压，保持土壤湿润，土壤墒情差地块，播种后及时浇一次透水，然后插拱条，扣塑料农膜，加强拱棚苗床管理，及时通风、炼苗，等苗高3 cm时，昼敞夜覆，逐渐撤掉拱棚，及时除草、烧水，促使小苗健壮成长。秋后或翌年春出苗移栽到大田。

2.2 根茎繁殖

在留种栽田选择健壮，无病虫害的植株，秋季或早春挖取根状茎，秋季挖需妥善保存好，南方可直接栽植大田，早春采挖直接栽取5～7 cm长小段，芽段2～3节。然后用配置好的药水处理伤口稍干后，立即进行栽种，秋末至开春前进行，在整好的畦面上按行距25～30 cm开横沟，沟深8～10 cm，种根芽眼向上，顺垄沟摆放，每隔30～40 cm平放一段。覆盖细土5～6 cm厚。稍加镇压，对土壤墒情差田块，栽后浇一次透水，确保成活率，亩用块茎常规种植200 kg，林下种植100 kg。

3. 田间管理

3.1 中耕除草

幼苗期的黄精生长势弱，杂草生长较快，为促进幼苗生长，防治杂草为害，每年于4—6月分别除草一次。秋冬季黄精枯萎后，把杂草全部清理干净，施肥后再重新覆土。

3.2 追肥

每年结合中耕除草进行追肥，前3次中耕后每亩施用土杂肥1 500 kg，与过磷酸钙50 kg，饼肥50 kg，混合拌匀后于行间开沟施入，施后覆土盖肥。夏末秋初每亩施含钾丰富的草木灰150～200 kg，10月下旬清理晒土后每亩施牛羊粪土杂肥等1 200～1 500 kg。

3.3 灌溉和排水

黄精喜湿怕旱，田间要经常保持湿润状态，遇干旱气候应及时浇水，但是雨季又要防止积水及时排涝，以免导致烂根。

3.4 遮阴

黄精是喜阴植物，怕强阳光连续照射，若遇强阳光连续照射和干旱，会出现减产或死苗，高温季节要采取遮阴方法；直接选择有遮阴的林地种植；套种，选择与高秆植物和瓜蒌一起套种，每畦与畦之间可点播玉米遮阴；亩可套种20株瓜蒌搭架遮阴，并且还能增加收入。

3.5 摘除花朵

黄精的花果期持续时间较长，并且每一茎枝节腋生多朵伞形花序和果实，致使消耗大量的的营养成分，影响根茎生长，为此，要在花蕾形成前及时将花芽摘去。以促进养分集中转移到根茎部，促使产量提高。

3.6 病虫害防治

3.6.1 叶斑病

主要为害叶片，多发生在夏秋季。一般叶部产生褐色圆斑，边缘紫红色。

防治方法：以预防为主。入夏时可用粉锈宁或65%代森锌可湿性粉剂500～600倍喷洒，预防喷药2～3次。

3.6.2 根腐病

主要为害根茎，发病初期根茎产生水泽状褐色坏死斑点，严重时整个根茎内部腐烂，病部呈褐色或红褐色，湿度大时，根茎表面产生白色霉层。

防治方法：农用链霉素200 mg/L+25%多菌灵可湿性粉剂粉剂250倍液混合后喷淋或灌根；或70%根腐灵600倍液，每隔10 d交替灌根，连续2～3次。

3.6.3 黑斑病

5月底该病开始在老植株叶上发生7月初在新生植株上出现，7—8月该病发生较严重。染病叶病斑呈圆形或椭圆形，紫褐色，后变黑褐色，严重时多个病斑可连接成斑，遍及全叶。病叶枯死发黑，不脱落，悬挂于茎秆。染病果实病斑黑褐色，略凹陷。

防治方法：以消灭和摘除病残体为主，收获后，集中烧毁枯枝和病残体，消灭越冬病源。发病初期用50%退菌特1 000倍液喷雾防治，每隔7～10 d喷药1次，连续喷2～3次。或喷施1∶1∶100波尔多液，每隔7 d喷药1次，连续3次。

3.6.4 炭疽病

该病于4月下旬始发，8—9月最为严重，主要为害叶片和茎秆，植株受害后，病斑多从叶尖叶缘开始，初为水渍状褐色小斑，后向下向内扩展成楔状、椭圆形至不定形褐斑，斑面云纹明显或不明显，斑边缘有黄色变色部，发病部位与健康部位分界不明晰。潮湿时，斑面出现许多针头大小的黑点病征，当天气干燥时，病斑中央龟裂或脱落穿孔。

防治方法：可用64%哑霜锰锌可湿性粉剂和75%代森锰锌可湿性粉剂。

3.6.5 蛴螬、地老虎

以幼虫咬食幼嫩的根茎，伤害幼苗。

防治方法：整地时人工捕杀；用50%辛硫磷制成毒饵诱杀。

4.采收加工与贮藏

一般春、秋两季采收，以秋季采收质量好，栽培后需2～3年采挖，4～5年产量更高，秋季地上部枯萎后采收，挖取根茎，除去地上部分及须根，洗去泥土，置蒸笼内蒸至呈现油润时，取出晒干或烘干，或置水中煮沸后，捞出晒干或烘干。有的地区，在产区直接经蒸煮制成色黑的熟黄精，也称制黄精。

【药材质量标准】

【性状】大黄精呈肥厚肉质的结节块状，结节长可达10 cm以上，宽3～6 cm，厚2～3 cm。表面淡黄色

至黄棕色，具环节，有皱纹及须根痕，结节上侧茎痕呈圆盘状，圆周凹入，中部突出。质硬而韧，不易折断，断面角质，淡黄色至黄棕色。气微，味甜，嚼之有黏性。鸡头黄精呈结节状弯柱形，长3～10 cm，直径0.5～1.5 cm。结节长2～4 cm，略呈圆锥形，常有分枝。表面黄白色或灰黄色，半透明，有纵皱纹，茎痕圆形，直径5～8 mm。姜形黄精呈长条结节块状，长短不等，常数个块状结节相连。表面灰黄色或黄褐色，粗糙，结节上侧有突出

的圆盘状茎痕，直径0.8～1.5 cm。味苦者不可药用。

【鉴别】（1）本品横切面：大黄精表皮细胞外壁较厚。薄壁组织间散有多数大的黏液细胞，内含草酸钙针晶束。维管束散列，大多为周木型。鸡头黄精、姜形黄精维管束多为外韧型。

（2）取本品粉末1 g，加70%乙醇20 mL，加热回流1 h，抽滤，滤液蒸干，残渣加水10 mL使溶解，加正丁醇振摇提取2次，每次20 mL，合并正丁醇液，蒸干，残渣加甲醇1 mL使溶解，作为供试品溶液。另取黄精对照药材1 g，同法制成对照药材溶液。照薄层色谱法（通则0502）试验，吸取上述两种溶液各10 μL，分别点于同一硅胶G薄层板上，以石油醚（60～90 ℃）-乙酸乙酯-甲酸（5∶2∶0.1）为展开剂，展开，取出，晾干，喷以5%香草醛硫酸溶液，在105 ℃加热至斑点显色清晰。供试品色谱中，在与对照药材色谱相应的位置上，显相同颜色的斑点。

【检查】水分 不得过18.0%（通则0832第四法）。

总灰分 取本品，80 ℃干燥6 h，粉碎后测定，不得过4.0%（通则2302）。

【浸出物】按照醇溶性浸出物测定法（通则2201）项下的热浸法测定，用稀乙醇作溶剂，不得少于45.0%。

【含量测定】对照品溶液的制备 取经105 ℃干燥至恒重的无水葡萄糖对照品33 mg，精密称定，置100 mL量瓶中，加水溶解并稀释至刻度，摇匀，即得（每1 mL中含无水葡萄糖0.33 mg）。

标准曲线的制备 精密量取对照品溶液0.1 mL、0.2 mL、0.3 mL、0.4 mL、0.5 mL、0.6 mL，分别置10 mL具塞刻度试管中，各加水至2.0 mL，摇匀，在冰水浴中缓缓滴加0.2%蒽酮-硫酸溶液至刻度，混匀，放冷后置水浴中保温10 min，取出，立即置冰水浴中冷却10 min，取出，以相应试剂为空白。按照紫外-可见分光光度法（通则0401），在582 nm波长处测定吸光度。以吸光度为纵坐标，浓度为横坐标，绘制标准曲线。

测定法 取60 ℃干燥至恒重的本品细粉约0.25 g，精密称定，置圆底烧瓶中，加80%乙醇150 mL，置水浴中加热回流1 h，趁热滤过，残渣用80%热乙醇洗涤3次，每次10 mL，将残渣及滤纸置烧瓶中，加水150 mL，置沸水浴中加热回流1 h，趁热滤过，残渣及烧瓶用热水洗涤4次，每次10 mL，合并滤液与洗液，放冷，转移至250 mL量瓶中，加水至刻度，摇匀，精密量取1 mL，置10 mL具塞干燥试管中，照标准曲线的制备项下的方法，自"加水至2.0 mL"起，依法测定吸光度，从标准曲线上读出供试品溶液中含无水葡萄糖

的重量（mg），计算，即得。

本品按干燥品计算，含黄精多糖以无水葡萄糖（$C_6H_{12}O_6$）计，不得少于7.0%。

【市场前景】

黄精具有补气养阴，健脾，润肺，益肾的功效。用于治疗脾胃气虚，胃阴不足，肺虚燥咳，精血不足，腰膝酸软，内热消渴等症。黄精有着两千多年的药用历史，已确定黄精中主要含有多糖、甾体皂苷、三萜皂苷、黄酮、蒽醌等成分，其中甾体皂苷、三萜皂苷、黄酮为黄精属植物的特征性成分，甾体皂苷和多糖在黄精中含量较高且为其主要的活性成分。当前已发现黄精药理作用主要有降血糖、降血脂、抗动脉粥样硬化、抗衰老、调节免疫力、抗炎抗菌等。黄精不仅被用于医药和食品行业，在美容和化学等领域也有广泛的应用。目前，国际社会越来越重视环境与健康，健康产品的研发已在世界各国成为一个新热点，而药食两用的生物资源是健康产品研发的主要资源宝库，黄精的药效及食用价值已被人们广泛应用，以黄精为主要原料开发健康产品无疑是一个很有潜力的研发方向。因此，黄精广泛用于医药、食品、观赏、美容等领域，具有广阔的市场前景。

35. 白及

【来源】

本品为兰科植物白及*Bletilla striata*（Thunb.）Reichb. f.的干燥块茎。中药名：白及；别名：白鸡娃、白给、羊角七、白芨等。

【原植物形态】

植株高18～60 cm。假鳞茎扁球形，上面具荸荠似的环带，富黏性。茎粗壮，劲直。叶4～6枚，狭长圆形或披针形，长8～29 cm，宽1.5～4 cm，先端渐尖，基部收狭成鞘并抱茎。花序具3～10朵花，常不分枝或极罕分枝；花序轴或多或少呈"之"字状曲折；花苞片长圆状披针形，长2～2.5 cm，开花时常凋落；花大，紫红色或粉红色；萼片和花瓣近等长，狭长圆形，长25～30 mm，宽6～8 mm，先端急尖；花瓣较萼片稍宽；唇瓣较萼片和花瓣稍短，倒卵状椭圆形，长23～28 mm，白色带紫红色，具紫色脉；唇盘上面具5条纵褶片，从基部伸至中裂片近顶部，仅在中裂片上面为波状；蕊柱长18～20 mm，柱状，具狭翅，稍弓曲。花期4—5月。

【资源分布及生物学习性】

白及野生分布于陕西南部、甘肃东南部、江苏、安徽、浙江、江西、福建、湖北、湖南、广东、广西、四川、重庆和贵州等省区市；生于海拔100～3 200 m的常绿阔叶林下，栎树林下或针叶林下、溪谷边及阴蔽草丛中或林下湿地或岩石缝中，朝鲜半岛和日本也有分布。有野生分布的地区均适宜种植，北京和天津亦有栽培。喜温暖、湿润、阴凉的气候环境，常野生于丘陵、低山溪谷边及荫蔽草丛中或林下湿地。白及生产环境年均温度14～26 ℃，年均日照数915～2 688 h，年均降水量468～1 687 mm，土壤以黄壤、黄棕壤、黄红壤、紫色土、褐土、红壤等均可种植，但以肥沃、疏松、排水良好的沙壤土或者腐殖土为好。三峡地区各区县均可种植。

【规范化种植技术】

1. 选地整地

选择疏松肥沃的沙质壤土和腐殖质壤土，温暖、稍阴湿环境，不耐寒。排水良好的山地栽种时，宜选阴坡生荒地栽植。把土翻耕20 cm以上，起宽1.30 m、高0.20 m的畦，施厩肥和堆肥，每亩施农家肥1 000 kg，没有农家肥可撒施三元复合肥50 kg。再翻地使土和肥料拌均匀。栽植前浅耕一次，把土整细、耙平、作宽130～150 cm的高畦。

2. 繁殖方法

2.1　种子播种繁殖

由于白及的种子非常细小且无胚乳，因此在自然状况下很难萌发和生长，若要进行种子繁殖，则选择11—12月成熟的种子，低温保存，及时播种。

2.2　鳞茎繁殖

9—11月初将白及挖出，选大小中等，芽眼多，无病的块茎，每块带1～2个芽，沾草木灰后栽种。开沟深5～6 cm，沟距20～25 cm，按株距10～12 cm放块茎一个，芽向上，填土，压实，浇水，覆草，经常保持潮湿，3—4月出苗。亩用种苗100 kg。

2.3　组织培养

可以快速繁殖大量种苗，在不同培养基上进行无菌播种，种子萌发后用组织培养方法进行无性系繁殖，实现白及种苗的规模化生产。

3. 田间管理

3.1　中耕除草

白及对田间管理除草要求很严格，种植好喷洒除草剂乙草胺封闭。白及苗出齐后，5—6月份生长得很旺盛，杂草也长得很快，必须及时除草。

3.2 追肥

白及是喜肥的植物，每个月喷施一次磷酸二氢钾或稀薄的人畜粪尿，7—8月停止生长进入休眠，但是要防止杂草丛生。

3.3 灌溉和排水

白及喜阴，经常保持湿润，干旱时要浇水，7—9月早晚各浇一次水。白及又怕涝，大雨及时排水避免伤根。

3.4 病虫害防治

3.4.1 叶斑灰霉病

防治方法是清除病株残体，发病早期摘除下部病叶；及时采取药剂防治。可以轮换使用以下药剂：50%多菌灵可湿性粉剂500～600倍液、75%百菌清可湿性粉600～800倍液、65%代森锌可湿性粉400～500倍液喷施。

3.4.2 黑斑病

病菌以菌丝体或分生孢子盘在枯枝或土壤中越冬。翌年5月中下旬开始侵染发病，7—9月为发病盛期。孢子借风、雨或昆虫传播、扩大再侵染。防治方法一般可以用50%的多菌灵500倍液或70%甲基托布津湿性粉剂1 000倍液浸种，也可在栽苗时浸苗基部10 min。

3.4.3 根腐病

以预防为主，雨水过多是病害流行的主要条件，降雨早而多的年份，发病早而重。低洼积水、通风不良、光照不足、肥水不当等条件有利于发病。一般可以用50%的多菌灵800倍液或50%百菌清800倍液喷施，苗床加强通风排水。

3.4.4 蛴螬

金龟子的幼虫，取食作物的幼根、茎的地下部分，常将根部咬伤或咬断，为害特点是断口比较整齐，使

幼苗枯萎死亡。

3.4.5 金针虫

金针虫是叩头虫的幼虫，危害是咬食块茎，特点是将幼根茎食成小孔，致使死苗、缺苗或引起块茎腐烂。

3.4.6 蝼蛄

在地下咬食刚播下的种子或发芽的种子，并取食嫩茎、根，为害特点是咬成乱麻状，同时蝼蛄在地表层活动，形成隧道，使幼苗根与土壤分离，造成幼苗凋枯死亡。

3.4.7 地老虎

幼虫食性很杂，白天潜伏土中，夜晚出土为害，为害特点是将茎基部咬断，常造成作物缺苗断条。在蛴螬、金针虫发生严重地区，应以拌肥、闷种为主，蝼蛄发生严重地区，以毒饵为主；地老虎发生严重地区，以深翻灭卵，除草杀虫和药剂防治相结合的办法。用75%辛硫磷1 000～1 500倍液灌根。

4. 采收加工与贮藏

白及种植2～3年后，9—10月份地上茎枯萎时，挖块茎洗净泥土，除留种外，其余放沸水中煮5～10 min，并不断搅拌至透心时取出，烘或者晒至全干。去净粗皮及须根，筛去杂质。一般亩采收鲜品800～1 000 kg，可加工200～300 kg。

【药材质量标准】

【性状】本品呈不规则扁圆形，多有2～3个爪状分枝，长1.5～5 cm，厚0.5～1.5 cm。表面灰白色或黄白色，有数圈同心环节和棕色点状须根痕，上面有突起的茎痕，下面有连接另一块茎的痕迹。质坚硬，不易折断，断面类白色，角质样。气微，味苦，嚼之有黏性。

【鉴别】（1）本品粉末淡黄白色。表皮细胞表面观垂周壁波状弯曲，略增厚，木化，孔沟明显。草酸钙针晶束存在于大的类圆形黏液细胞中，或随处散在，针晶长18～88 μm；纤维成束，直径11～30 μm，壁木化，具人字形或椭圆形纹孔；含硅质块细胞小，位于纤维周围，排列纵行。梯纹导管、具缘纹孔导管及螺纹导管直径10～32 μm。糊化淀粉粒团块无色。

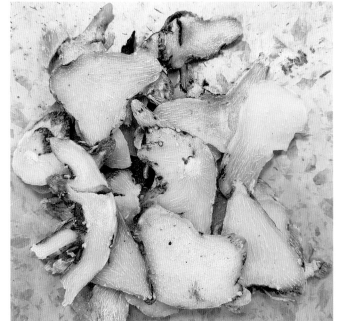

（2）取本品粉末2 g，加70%甲醇20 mL，超声处理30 min，滤过，滤液蒸干，残渣加水10 mL使溶解，用乙醚振摇提取2次，每次20 mL，合并乙醚液，挥发至1 mL，作为供试品溶液。另取白及对照药材1 g，同法制成对照药材溶液。照薄层色谱法（通则0502）试验，吸取供试品溶液5～10 μL、对照药材溶液5 μL，分别点于同一硅胶G薄层板上，以环己烷-乙酸乙酯-甲醇（6：2.5：1）为展开剂，展开，取出，晾干，喷以10%硫酸乙醇溶液，在105 ℃加热数 min，放置30～60 min。供试品色谱中，在与对照药材色谱相应的位置上，显相同颜色的斑点；置紫外光灯（365 nm）下检视，显相同的棕红色荧光斑点。

【检查】水分　不得过15.0%（通则0832第二法）。

总灰分 不得过5.0%（通则2302）。

二氧化硫残留量 按照二氧化硫残留量测定法（通则2331）测定，不得过400 mg/kg。

【含量测定】根据高效液相色谱法（通则0512）测定。

色谱条件与系统适用性试验 以十八烷基硅烷键合硅胶为填充剂；以乙腈-0.1%磷酸溶液（22∶78）为流动相，检测波长为223 nm。理论板数按1，4-二［4-（葡萄糖氧）苄基］-2-异丁基苹果酸酯峰计算，应不低于2 000。

对照品溶液的制备 取1，4-二［4-（葡萄糖氧）苄基］-2-异丁基苹果酸酯对照品适量，精密称定，加稀乙醇制成每1 mL含0.15 mg的溶液，即得。

供试品溶液的制备 取本品粉末（过三号筛）约0.2 g，精密称定，置具塞锥形瓶中，精密加入稀乙醇25 mL，称定重量，超声处理（功率300 W，频率37 kHz）30 min，放冷，再称定重量，用乙醇补足减失的重量，取上清液滤过，即得。

测定法 分别精密吸取对照品溶液与供试品溶液各10 μL，注入液相色谱仪，测定，即得。

本品按干燥品计算，含1，4-二［4-（葡萄糖氧）苄基］-2-异丁基苹果酸酯（$C_{34}H_{46}O_{17}$）不得少于2.0%。

【市场前景】

白及为我国传统中药，用药历史悠久，具有收敛止血，消肿生肌的功效。用于咳血吐血，外伤出血，疮疡肿毒，皮肤皲裂；肺结核咳血，溃疡病出血。随着现代药理学的研究不断深入，发现其对结核杆菌，肿瘤细胞等有明显抑制作用。白及富含淀粉、葡萄糖、挥发油、黏液质等，外用涂擦，可消除脸上痤疮留下的痕迹，让肌肤光滑无痕。白及野生资源较少，已被国家列为重点保护野生药用植物名录，白及人工种植可缓解医药市场需求，缓解野生资源保护压力，也可作发展乡村旅游产业的观赏花卉，实现白及产业可持续利用。在种植过程中，一定要注意区分，目前市场上有华白及（*Bletilla sinensis*（Rolfe）Schltr.）、黄花白及（*Bletilla ochracea* Schltr.）、小白及（*Bletilla formosana*（Hayata）Schltr），在不同地区作白及使用，栽培时注意区别。

36. 百合

【来源】

本品为百合科植物卷丹*Lilium lancifolium* Thunb.、百合*Lilium brownii* F. E. Brown var. *viridulum* Baker 或细叶百合*Lilium pumilum* D. C.的干燥肉质鳞叶。秋季采挖，洗净，剥取鳞叶，置沸水中略烫，干燥。

【原植物形态】

卷丹

鳞茎近宽球形，高约3.5 cm，直径4～8 cm；鳞片宽卵形，长2.5～3 cm，宽1.4～2.5 cm，白色。茎高0.8～1.5 m，带紫色条纹，具白色绵毛。叶散生，矩圆状披针形或披针形，长6.5～9 cm，宽1～1.8 cm，两面近无毛，先端有白毛，边缘有乳头状突起，有5～7条脉，上部叶腋有珠芽。花3～6朵或更多；苞片叶状，卵状披针形，长1.5～2 cm，宽2～5 mm，先端钝，有白绵毛；花梗长6.5～9 cm，紫色，有白色绵毛；花下垂，花被片披针形，反卷，橙红色，有紫黑色斑点；外轮花被片长6～10 cm，宽1～2 cm；内轮花被片

稍宽，蜜腺两边有乳头状突起，尚有流苏状突起；雄蕊四面张开；花丝长5～7 cm，淡红色，无毛，花药矩圆形，长约2 cm；子房圆柱形，长1.5～2 cm，宽2～3 mm；花柱长4.5～6.5 cm，柱头稍膨大，3裂。蒴果狭长卵形，长3～4 cm。花期7～8月，果期9～10月。

百合

鳞茎球形，直径2～4.5 cm；鳞片披针形，长1.8～4 cm，宽0.8～1.4 cm，无节，白色。茎高0.7～2 m，有的有紫色条纹，有的下部有小乳头状突起。叶散生，通常自下向上渐小，披针形、窄披针形至条形，长7～15 cm，宽（0.6～）1～2 cm，先端渐尖，基部渐狭，具5～7脉，全缘，两面无毛。花单生或几朵排成近伞形；花梗长3～10 cm，稍弯；苞片披针形，长3～9 cm，宽0.6～1.8 cm；花喇叭形，有香气，乳白色，外面稍带紫色，无斑点，向外张开或先端外弯而不卷，长13～18 cm；外轮花被片宽2～4.3 cm，先端尖；内轮花被片宽3.4～5 cm，蜜腺两边具小乳头状突起；雄蕊向上弯，花丝长10～13 cm，中部以下密被柔毛，少有具稀疏的毛或无毛；花药长椭圆形，长1.1～1.6 cm；子房圆柱形，长3.2～3.6 cm，宽4 mm，花柱长8.5～11 cm，柱头3裂。蒴果矩圆形，长4.5～6 cm，宽约3.5 cm，有棱，具多数种子。花期5—6月，果期9—10月。

山丹（细叶百合）

鳞茎卵形或圆锥形，高2.5～4.5 cm，直径2～3 cm；鳞片矩圆形或长卵形，长2～3.5 cm，宽1～1.5 cm，白色。茎高15～60 cm，有小乳头状突起，有的带紫色条纹。叶散生于茎中部，条形，长3.5～9 cm，宽1.5～3 mm，中脉下面突出，边缘有乳头状突起。花单生或数朵排成总状花序，鲜红色，通常无斑点，有时有少数斑点，下垂；花被片反卷，长4～4.5 cm，宽0.8～1.1 cm，蜜腺两边有乳头状突起；花丝长1.2～2.5 cm，无毛，花药长椭圆形，长约1 cm，黄色，花粉近红色；子房圆柱形，长0.8～1 cm；花柱稍长于子房或长1倍多，长1.2～1.6 cm，柱头膨大，径5 mm，3裂。蒴果矩圆形，长2 cm，宽1.2～1.8 cm。花期7—8月，果期9—10月。

【资源分布及生物学习性】

卷丹分布在江苏、浙江、安徽、江西、湖南、湖北、广西、四川、重庆、青海、西藏、甘肃、陕西、山西、河南、河北、山东和吉林等省区。生山坡灌木林下、草地，路边或水旁，海拔400～2 500 m。各地有栽培。日本、朝鲜也有分布。

鳞茎富含淀粉，供食用，亦可作药用；花含芳香油，可作香料。

百合分布在广东、广西、湖南、湖北、江西、安徽、福建、浙江、四川、云南、贵州、陕西、甘肃和河南。生山坡、灌木林下、路边、溪旁或石缝中。海拔（100～）600～2 150 m。

山丹主要分布在河北、河南、山西、陕西、宁夏、山东、青海、甘肃、内蒙古、黑龙江、辽宁和吉林。生山坡草地或林缘，海拔400～2 600 m。俄罗斯、朝鲜、蒙古也有分布。卷丹喜温暖稍带冷凉而干燥的气候，属半阴性植物，适应性强，对气候土壤要求不严格，以肥沃、腐殖质丰富，排水良好的微酸性土壤为好，怕水涝，忌黏土。

百合耐寒，生长、开花的适温为15～20 ℃，5 ℃以下或是30 ℃以上，生长近乎停止；百合是生长中进行花芽分化的，鳞茎首先感受2～4 ℃的低温，然后才能解除休眠；幼苗期适当遮阴对植株有益；生长季节要求阳光充足。

卷丹自然状态下多生长于山坡灌木林下、草地，路边或水旁，海拔400～2 500 m，日本、朝鲜也有分布。江苏、浙江、安徽、江西、湖南、湖北、广西、四川、贵州、云南、西藏、甘肃、陕西、山西、河南、河北、山东、吉林等省区均有栽培。

卷丹主产区生态因子范围：大于等于10 ℃积温2 613.3～5 773.0；年平均气温11.4～21.5 ℃；1月平均气温－15.9～5.2 ℃；1月份最低气温－22.2 ℃；7月平均气温20.5～29.0 ℃；7月份最高温度33.8 ℃；年平均相对湿度59.1%～82.4%；年平均日照时数1 166～2 670 h；年平均降水量558～1 410 mm；土壤类型以棕壤、黄壤、红壤、褐土等为主。

【规范化种植技术】

1. 选种

百合通常采用无性繁殖。常规的方式是把小鳞茎、珠芽和鳞片精心栽培，培育而成较大鳞茎，供做次年种球。也可在收获时，选取田间的小鳞茎繁殖，或将大鳞片剥除，留下中心鳞茎作种球繁殖。也可采用百合组织培养快繁技术，利用百合株芽、腋芽、珠芽或采用其他营养组织作为外植体进行培养，培育成百合组培种苗，用作大田生产栽培种球。

选择色泽为白色，圆形或长圆形、形态端正，鳞片抱合紧密，根系部平圆微凹，种子根健壮发达、须根繁茂未腐烂、无病虫、无损伤以及大小适中较一致，净重为25～100 g的种球为宜。分球数量少，子球大，无病虫害。

2. 选地、整地

2.1 栽植地选择

百合栽植应选择土壤肥沃、地势高爽、排水良好、土质疏松、向阳地段的砂壤土或夹砂土或腐殖质土壤。在山区，也可选半阴半阳的疏林下或缓坡地种植，稻田或土质疏松富含腐殖质的坡旱地均适宜百合的种植。百合喜欢略偏酸性的环境，一般土壤pH值5.5～6.5较好。有研究报道，百合种植土壤pH值在5.5～6.5的微酸性土壤中才能正常生长。前作一般应选择豆科、瓜类等地为好，以减少病菌源。忌前作是辣椒、茄子等作物的地块。

2.2 整地施基肥

先撒施优质腐熟厩肥20～30 t/hm²，然后耕翻25～30 cm，耕细整平，在栽培中宜用畦作。地下水位低、排水良好的地块可做成平畦，畦面宽100～120 cm，畦长由大田的地势确定，以便于作业、利于排水为度。畦间距离30～35 cm。地下水位高、排水不通畅的地块可做成高畦，畦面应窄，以利于排水，一般畦宽100 cm，高15～20 cm，长度以利于排水和便于作业为度。畦间距30～40 cm，既是作业道，又是排水沟，畦的方向也应利于排水。畦做好后，将畦刮平，待用。基肥：每亩用腐熟的有机肥（猪、羊、鸡粪等）2 000～2 500 kg，过磷酸钙25～50 kg，硫酸钾型复合肥25 kg。犁匀耙平，做沟深40～50 cm，畦宽1.2 m的苗床待种。

2.3 消毒处理

种球消毒：种球在播种前用50%多菌灵600倍或50%代森锰锌可湿性粉剂800倍液浸种30 min，或者用甲基托布津1 000倍与三氯杀螨醇500倍混合液浸种5～10 min，杀死种球表面的病菌，取出后阴干待种。

土壤消毒：土壤是传播百合病害的主要途径。因此，种前用敌杀死+安泰生对栽培穴进行消毒，防治地下害虫和病原微生物。

3. 栽植技术

3.1 栽植时期

百合每年9月至次年1月都可随时下种，一般以9—11月栽植为宜。据气候变化因地制宜，栽种过早，导致发芽过早，易受冻害；栽种过迟，影响新根的形成，不利于翌春出苗。

3.2 栽植密度

百合种植行距30～33 cm，株距15～20 cm，根据种球的大小宜在8 000～10 000株/亩范围内选择优质高产高效的适宜密度。种球大，适当稀栽。

3.3 栽植深度

百合栽植深度以覆土5～10 cm为宜，开沟深度15 cm左右，种球位置处于10 cm深的土层中。栽植深度要适宜，过浅，鳞茎易分瓣；过深，出苗迟，生长细弱，缺苗率较高。用种量为250～350 kg/亩。

3.4 栽植方法

栽植百合种球，一定要扶正种球的位置，将仔鳞茎一一分开播种，鳞茎顶朝上，盖一层火土灰后，再盖厚约5 cm细土。播后浇5%的稀粪水或沼液，增加土壤湿度，栽好后进行覆盖，覆盖物：稻草、蕨类、薄膜等。但湖南隆回等地农民认为不覆盖较利于病虫害的防治。

4. 田间管理

4.1 日常管理

出苗前，若干旱过久，应洒水保持土壤湿润，松土保墒防除杂草；出苗后，雨后应及时排水防渍水。防人畜踩踏。

4.2 肥水管理

百合是一种喜肥的作物，丰富的有机肥和硝硫基复合肥，能促进百合生长及开花。百合需钙很多，在加钙肥的同时必须增加镁和铁。结合松土除草及时补肥，以促百合出苗。出齐苗后，追施壮苗肥，每亩施三元复合肥（≥45%）25～30 kg，或腐熟的人粪尿液1 000 kg（或沼液1 000 kg），深施于行间或培于苞旁，并壅土兜，防倒伏。开花前，施用硝硫基复合肥20 kg/亩；开花后主要是延缓衰老，此后视百合长势，适当追施硫酸钾型复合肥及中微量元素肥。预防病害，延长百合的生长期。

4.3 中耕除草培土

在出苗前及苗高10 cm各进行1次中耕除草，浅锄3 cm，防止伤及种球。苗高20 cm时，结合开沟排水，进行1次培土养苑，厚度7~8 cm为宜。苗高20 cm以上则不宜中耕。

4.4 摘蕾打顶

百合现蕾后，选晴天露水干后视长势及时摘蕾打顶，长势旺的重打，长势差的迟打并只摘除花蕾，以减少养分消耗，有利于地下鳞茎生长发育。摘除花蕾后，应施复合肥，以促种球膨大。打完后喷EML或多菌灵700倍液，从头至地面全喷，地面重一些。如畦种每隔10~15 d可用冲施肥一次，也可冲施杀虫药。

5. 病虫害防治

百合是一种集观赏、食用、药用于一体的经济作物，具有较好的经济效益。但百合栽培过程中，病害种类多，是影响百合种植效益的重要因素。

根据调查百合常见的病害有病毒病、炭疽病、疫病、灰霉病、根腐病、软腐病等。常见的害虫有蚜虫、红蜘蛛、地老虎、蛴螬等。

6. 百合草害的防控

重庆地区，常年雨水充沛，适合各类杂草的生长，对规划种植百合的土地，提前做好除草处理，播种后，施用封闭性除草剂，杀死杂草种子。百合出苗后，通过中耕铲除杂种。也可通过覆膜技术等，控制百合行间杂草，百合专用除草剂价位较高，对百合也有一定的影响，建议做好播前除草。

7. 采收及加工

采收时期以8月上中旬为宜，当植株地上部枯萎，鳞茎已充分成熟时选晴天分批采收，分级保管。

留种百合也可到播种时边挖、边选、边播。也可用冷库贮藏。用作种球的百合春化处理：入库10 d内，由室温逐渐降至2~5 ℃冷藏，保持空气相对湿度为95%，通风量为0.3~3.0 m/s，贮藏30 d即可打破休眠。百合保鲜温度为−1~1 ℃，可贮藏6个月。

【药材质量标准】

【性状】本品呈长椭圆形，长2~5 cm，宽1~2 cm，中部厚1.3~4 mm。表面黄白色至淡棕黄色，有的微带紫色，有数条纵直平行的白色维管束。顶端稍尖，基部较宽，边缘薄，微波状，略向内弯曲。质硬而脆，断面较平坦，角质样。气微，味微苦。

【鉴别】取本品粉末1 g，加甲醇10 mL，超声处理20 min，滤过，滤液浓缩至1 mL，作为供试品溶液。另取百合对照药材1 g，同法制成对照药材溶液。照薄层色谱法（通则0502）试验，吸取上述两种溶液各10 μL，分别点于同一硅胶G薄层板上，以石油醚（60~90 ℃）乙酸乙酯-甲酸（15:5:1）的上层溶液为展开剂，展开，取出，晾干，喷以10%磷钼酸乙醇溶液，加热至斑点显色清

晰。供试品色谱中，在与对照药材色谱相应的位置上，显相同颜色的斑点。

【浸出物】照水溶性漫出物测定法（通则2201）项下的冷浸法测定，不得少于18.0%。

【含量测定】对照品溶液的制备　精密称取经105 ℃干燥至恒重的无水葡萄糖对照品50 mg，置50 mL量瓶中，加水溶解并稀释至刻度，摇匀，即得（每1 mL中含无水葡萄糖1 mg）。

标准曲线的制备　精密量取对照品溶液2.0 mL、2.5 mL、3.0 mL、3.5 mL、4.0 mL、4.5 mL，分别置50 mL量瓶中，加水至刻度，摇匀，精密量取上述各溶液1 mL，分别置棕色具塞试管中，分别加0.2%蒽酮-硫酸溶液4.0 mL，混匀，迅速置冰水浴中冷却后，置沸水浴中加热10 min，取出，置冰水浴中放置5 min，室温放置10 min，以相应试剂为空白，照紫外-可见分光光度法（通则0401），在580 nm的波长处测定吸光度，以吸光度为纵坐标，浓度为横坐标，绘制标准曲线。

测定法　取本品粉末（过四号筛）约1 g，精密称定，置圆底烧瓶中，精密加水100 mL，称定重量，加热回流2 h，放冷，再称定重量，用水补足减失的重量，摇匀，离心，精密量取上清液1.5 mL，加乙醇7.5 mL，摇匀，离心，取沉淀加水溶解，置50 mL量瓶中，并稀释至刻度，摇匀，精密量取1 mL，按照标准曲线的制备项下的方法，自"加0.2%蒽酮-硫酸溶液4.0 mL"起，依法测定吸光度，从标准曲线上读出供试品溶液中含无水葡萄糖的重量（mg），计算，即得。

本品按干燥品计算，含百合多糖以无水葡萄糖（$C_6H_{12}O_6$）计，不得少于21.0%。

【市场前景】

百合作为高档蔬菜和临床常用中药，最早被收录于《神农本草经》，具有养阴润肺、清心安神的功效，已经有2 000多年食用药用历史。现代药理研究表明，百合在抗疲劳、抗抑郁、抗肿瘤、降血糖、抗氧化、免疫调节、止咳等方面有很好的疗效。以百合为主要原料的中成药有百合固金片（丸、口服液、颗粒、胶囊），川贝雪梨膏，蛤蚧定喘丸（胶囊），解郁安神颗粒，灵莲花颗粒等。

截至2015年底，全国食用百合面积大约30万亩，产量大约15万t。其中兰州百合种植面积达到9.5万亩、产量达到4.6万t；龙牙百合种植面积12.5万亩，产量达到8万t；卷丹百合6.2万亩，产量达到3.2万t。在我国的沿海城市及香港，以及东南亚一些国家和地区，都流行食用百合，因此，种植百合是重要的创汇产业之一，是改变农业种植结构，发展多种经营，使山区农民脱贫致富的好产品。

37. 重楼

【来源】

本品为百合科植物云南重楼*Paris polyphylla* Smith var. *yunnanensis*（Franch.）Hand.- Mazz. 或七叶一枝花*P. polyphylla* Smith var. *chinensis*（Franch.）Hara的干燥根茎。中药名：重楼；别名：蚤休、螯休、独脚莲、三层草、草河车、七叶一盏灯等。

【原植物形态】

七叶一枝花：植株高35～100 cm，无毛；根状茎粗厚，直径达1～2.5 cm，外面棕褐色，密生多数环节和许多须根。茎通常带紫红色，直径（0.8～）1～1.5 cm，基部有灰白色干膜质的鞘1～3枚。叶（5～）7～10枚，矩圆形、椭圆形或倒卵状披针形，长7～15 cm，宽2.5～5 cm，先端短尖或渐尖，基部圆形或宽楔形；

叶柄明显，长2～6 cm，带紫红色。花梗长5～16（30）cm；外轮花被片绿色，（3～）4～6枚，狭卵状披针形，长（3～）4.5～7 cm；内轮花被片狭条形，通常比外轮长；雄蕊8～12枚，花药短，长5～8 mm，与花丝近等长或稍长，药隔突出部分长0.5～1（～2）mm；子房近球形，具棱，顶端具一盘状花柱基，花柱粗短，具（4～）5分枝。蒴果紫色，直径1.5～2.5 cm，3～6瓣裂开。种子多数，具鲜红色多浆汁的外种皮。花期4—7月，果期8—11月。

云南重楼变种与七叶一枝花的区别为：叶（6～）8～10（～12）枚，厚纸质、披针形、卵状矩圆形或倒卵状披针形，叶柄长0.5～2 cm。外轮花被片披针形或狭披针形，长3～4.5 cm，内轮花被片6～8（12）枚，条形，中部以上宽为3～6 mm，长为外轮的1/2或近等长；雄蕊（8～）10～12枚，花药长1～1.5 cm，花丝极短，药隔突出部分长1～2（～3）mm；子房球形，花柱粗短，上端具5～6（10）分枝。花期6—7月，果期9—10月。

【资源分布及生物学习性】

云南重楼产福建、湖北、重庆、湖南、广西、四川、贵州和云南。生于海拔（1 400～）2 000～3 600 m的林下或路边。宽瓣重楼顶芽萌芽最适宜温度为18～20 ℃，需20 ℃以上才会出苗，地上植株继续生长需16～20 ℃，地下部根茎生长则为14～18 ℃。适宜生长在海拔2 000～3 000 m的林下荫蔽处，光照较强会使叶片枯萎，其最适合在海拔为2 300～2 700 m、气候凉爽、雨量适当的地方生长。在透水性好的微酸性腐殖土或红壤土中生长良好，黏重易积水和易板结的土壤不宜生长。

七叶一枝花产江苏、浙江、江西、福建、台湾、湖北、湖南、广东、广西、四川、重庆、贵州和云南。生于林下阴处或沟谷边的草丛中，海拔600～1 350（2 000）m。华重楼最宜生长于腐殖质含量丰富的壤土或肥沃的沙质壤土，在碱土或黏土中不能生长。喜凉爽、阴湿、水分适度的环境，既怕干旱又怕积水。植株较耐寒，低温无冻害；2月下旬至3月上旬，气温5 ℃，乃至最低气温2 ℃也能出芽生长。属喜阴植物，喜斜射或散光，忌强光直射。

【规范化种植技术】

1. 选地整地

选择质地疏松、保水性较强的、有机质含量较高的壤土，如果选择坡地，则坡度不宜超过15°，以免雨水冲刷。整地在深秋季节进行，根据地块情况再翻挖3～4次，充分自然消毒。种植前1个月，结合整地，每

亩施入3 000 kg腐熟农家肥，50 kg过磷酸钙，耙细耙平，做成120 cm宽、20 cm高的墒，整平待种。

2. 繁殖方法

2.1 种子播种繁殖

选饱满、成熟、无病害、霉变和损伤的重楼种子，因为其种子有"二次休眠"的生理特性，种子的萌发率很低，因此需要进行催芽处理。将种子与干净的细沙以2：1混合，搓擦除去外种皮，洗净，并用50%多菌灵500倍液浸种1 h，稍晾干后，将种子装入网袋，埋入湿沙中，进行层积催芽处理，即5~10 ℃处理2个月，然后放入18~20 ℃处理3个月，再放入5~10 ℃处理。保持沙子湿度为30%~40%（用手抓一把砂子紧握能成团，松开后即散开为宜）。处理后的种子可进行播种，播后覆土1.5~2 cm，再盖一层松毛以保水分，苗床上面搭遮阳网遮荫，在此期间要保持苗床湿润，荫蔽的环境。

2.2 根茎繁殖

根茎切断繁殖是重楼植物生产中最为常用的繁殖方式之一。秋季采收时，挖起地下根茎，选择有芽的根芽3~6 cm带顶芽的切块，或在老株从茎尖倒数3~5节处切下作种，按15 cm×20 cm株行距移栽进行定植。移栽后覆盖松毛或腐殖土保湿，保持荫蔽环境。移栽时间宜在春季、地上茎倒伏后、根茎休眠时进行，移栽过程中注意保护顶芽和须根不受损伤，栽18 000~22 000株/亩。

2.3 组织培养

应用于重楼属植物组培的外植体来源较为广泛，主要有种胚、种子、子房、根状茎、茎尖、茎段、芽、叶片、根、芽鞘等，但就目前已有的报道显示，仅有重楼的芽、根茎和子房易于培养，能不同程度地诱导愈伤组织，但大多遇到污染严重、愈伤组织诱导率低、增殖困难等问题。

3. 田间管理

3.1 间苗补苗

5月中、下旬对直播地进行间苗，同时查漏补缺。间苗前要先浇水，用木撬取苗，补苗时浇定根水，充分利用小苗，保证全苗和足够的密度。

3.2 中耕除草

要求土壤疏松，地上部分长势较弱，要特意松土除草。立春前后苗逐渐长出，发现杂草应及时人工拔除。一般在5月下旬到6月上旬，暴雨多，土壤易板结，要及时排水、防涝，要勤中耕、浅松土，随时注意清除杂草。在9—10月前后地下茎生长初期，用小锄轻轻中耕，不能过深，以免伤害地下茎。

3.3 遮荫

重楼喜荫蔽、惧强光，全生育期均以透光度40%~50%为宜。因此出苗、移栽后，就要采取遮阴措施。

在有条件的地方，最好采用遮阳网；没有条件的地方，可采取插树枝遮阴的办法。还可试行间、套玉米遮阴，但要注意密度和间、套方式。

3.4 追肥

在苗出齐后每亩施腐熟农家肥1 000～1500 kg，宽瓣重楼通常有上面开花、下面块茎就膨大的生长6月中、下旬到8月膨胀最快，必须在6月上旬重施追肥，每亩用牛羊厩粪或土杂肥2 000～3 000 kg，加复合肥20～30 kg，追于根部后结合清沟大培土，培上的土必须松散。一般在11月下旬—12月上旬进行，首先将表土轻轻中耕一次，选晴天，每亩施复合肥15～20 kg。

3.5 灌溉和排水

田块四周应开好排水沟，以利排水。重楼出苗后遇干旱应及时浇水，每隔10～15 d就及时浇水1次，保持土壤水分为30%～40%，促进重楼的生长，在地上茎出苗前不宜浇水，否则易烂根。雨季来临时要注意理沟，以保持排水畅通。

3.6 病虫害防治

3.6.1 黑斑病

该病从叶尖或叶基开始，产生圆形或近圆形病斑，有时病害蔓延至花轴，形成叶枯和茎枯。

防治措施：注意排水排湿，降低空气湿度，减轻发病；发病初期喷洒596菌毒清水剂300～500倍液，或50%托布津悬浮剂1 500～2 000倍液，或50%扑海因可湿性粉剂1 000～1 500倍液，任选1种效果均好。

3.6.2 茎腐病

多在苗床期发生，高温多雨湿度较大、排水不畅的情况下易发病。首先危害茎基部，然后出现黄褐色病斑，病斑逐渐扩大，叶片失水下垂，严重时茎基部湿腐倒苗，根茎腐烂，整株渐渐枯死。

防治措施：与禾本科作物3年以上轮作；移栽前苗床喷50%多菌灵可湿性粉剂1 000倍液；剔除病苗；大田发病初期用95%敌克松可湿性粉剂1 000倍液灌塘，或用50%腐霉利可湿性粉剂500～600倍液喷雾，每隔10 d 1次，连灌2～3次。

3.6.3 立枯病

此病在低温多雨季节的幼苗期易发生，造成大批幼株枯萎死亡。

防治方法：为害严重时应及时拔出病株，并喷洒85%可湿性代森锌500～700倍药液进行防治。

3.6.4 金龟子

以成虫（炒豆虫）为害叶片，以幼虫（白土蚕）咬食根茎，影响重楼生长。

防治措施：晚间火把诱杀成虫，用鲜菜叶喷敌百虫放于墒面诱杀幼虫；整地作墒时，每亩撒施596辛硫磷颗粒剂1.5～2 kg。

4. 采收加工与贮藏

移栽3～5年后，秋季倒苗前后（即11—12月）至翌年春季萌动前（即3月以前）均可收获。重楼块茎大多生长在表土层，容易采挖，但还是要注意保持块茎完整。采收前先清除杂草及枯叶，采收时尽量避免损伤根茎，挖出根际，抖落泥土，清水刷洗干净后，趁鲜开片，片厚2～3 mm，晒干即可。阴天可用30 ℃左右微火烘干，以免糊化显胶质。置阴凉干燥处，防蛀。

【药材质量标准】

【性状】本品呈结节状扁圆柱形，略弯曲，长5～12 cm，直径1.0～4.5 cm。表面黄棕色或灰棕色，外皮脱落处呈白色；密具层状突起的粗环纹，一面结节明显，结节上具椭圆形凹陷茎痕，另一面有疏生的须根或疣状须根痕。顶端具鳞叶和茎的残基。质坚实，断面平坦，白色至浅棕色，粉性或角质。气微，味微苦、麻。

【鉴别】（1）本品粉末白色。淀粉粒甚多，类圆形、长椭圆形或肾形，直径3~18 μm。草酸钙针晶成束或散在，长80~250 μm。梯纹导管及网纹导管直径10~25 μm。

（2）取本品粉末0.5 g，加乙醇10 mL，加热回流30 min，滤过，滤液作为供试品溶液。另取重楼对照药材0.5 g，同法制成对照药材溶液。照薄层色谱法（通则0502）试验，吸取供试品溶液和对照药材溶液各5 μL及［含量测定］项下对照品溶液10 μL，分别点于同一硅胶G薄层板上，以三氯甲烷-甲醇-水（15：5：1）的下层溶液为展开剂，展开，取出，晾干，喷以10%硫酸乙醇溶液，在105 ℃加热至斑点显色清晰，分别置日光和紫外光灯（365 nm）下检视。供试品色谱中，在与对照药材色谱和对照品色谱相应的位置上，显相同颜色的斑点或荧光斑点。

【检查】水分　不得过12.0%（通则0832第二法）。

总灰分　不得过6.0%（通则2302）。

酸不溶性灰分　不得过3.0%（通则2302）。

【含量测定】照高效液相色谱法（通则0512）测定。

色谱条件与系统适用性试验　以十八烷基硅烷键合硅胶为填充剂；以乙腈为流动相A，以水为流动相B，按下表中的规定进行梯度洗脱；检测波长为203 nm。理论板数按重楼皂苷Ⅰ峰计算应不低于4 000。

时间/min	流动相A/%	流动相B/%
0~40	30→60	70→40
40~50	60→30	40→70

对照品溶液的制备　取重楼皂苷Ⅰ对照品、重楼皂苷Ⅱ对照品、重楼皂苷Ⅵ对照品及重楼皂苷Ⅶ对照品适量，精密称定，加甲醇制成每1 mL各含0.4 mg的混合溶液，即得。

供试品溶液的制备　取本品粉末（过三号筛）约0.5 g，精密称定，置具塞锥形瓶中，精密加入乙醇25 mL，称定重量，加热回流30 min，放冷，再称定重量，用乙醇补足减失的重量，摇匀，滤过，取续滤液，即得。

测定法　分别精密吸取对照品溶液与供试品溶液各10 μL，注入液相色谱仪，测定，即得。

本品按干燥品计算，含重楼皂苷Ⅰ（$C_{44}H_{70}O_{16}$），重楼皂苷Ⅱ（$C_{51}H_{82}O_{20}$），重楼皂苷Ⅵ（$C_{39}H_{62}O_{13}$）和重楼皂苷Ⅶ（$C_{51}H_{82}O_{21}$）的总量不得少于0.60%。

【市场前景】

重楼最早记载于《神农本草经》，其味苦，性微寒，有小毒，具有清热解毒、消肿止痛、凉肝定惊之功效，用于痈疮、咽喉肿痛、毒蛇咬伤、跌打伤痛、凉风抽搐等症。研究发现，重楼属植物根茎中有50余种化合物，如甾体皂苷、离氨基酸、甾醇、β蜕皮激素、多糖及黄酮等。其中，甾体皂苷是重楼属植物的主要活性成分，目前已分离出70余种，主要包括异螺甾烷醇类的薯蓣皂苷和偏诺皂苷。现代药理学研究证明其有抗肿瘤、抑菌、止血、调节免疫、保护肝脏等作用。重楼作为云南白药、宫血宁胶囊、季德胜蛇药片、骨风宁胶囊等中成药及清热解毒通淋汤、重楼荠菜生化汤、连休蜈蚣地龙汤等中药组方的主要组成成分，被广泛运用于临床抗肿瘤、功能性子宫出血及各种炎症的治疗。近年来，对重楼的研究逐渐深入，应用范围也越来越广泛。长期以来，重楼药材主要来源于野生，过度采挖致其野生资源趋于枯竭，加之市场需求的不断扩大，种植重楼不失为山区致富的好产业。

38. 麦冬

【来源】

本品为百合科植物麦冬*Ophiopogon japonicus*（L. f.）Ker Gawl.的干燥块根。中药名：麦冬；别名：麦门冬、沿阶草等。

【原植物形态】

根较粗，中间或近末端常膨大成椭圆形或纺锤形的小块根；小块根长1～1.5 cm，或更长些，宽5～10 mm，淡褐黄色；地下走茎细长，直径1～2 mm，节上具膜质的鞘。茎很短，叶基生成丛，禾叶状，长10～50 cm，少数更长些，宽1.5～3.5 mm，具3～7条脉，边缘具细锯齿。花葶长6～15（～27）cm，通常比叶短得多，总状花序长2～5 cm，或有时更长些，具几朵至十几朵花；花单生或成对着生于苞片腋内；苞片披针形，先端渐尖，最下面的长可达7～8 mm；花梗长3～4 mm，关节位于中部以上或近中部；花被片常稍下垂而不展开，

披针形，长约5 mm，白色或淡紫色；花药三角状披针形，长2.5～3 mm；花柱长约4 mm，较粗，宽约1 mm，基部宽阔，向上渐狭。种子球形，直径7～8 mm。花期5—8月，果期8—9月。

【资源分布及生物学习性】

产于广东、广西、福建、台湾、浙江、江苏、江西、湖南、湖北、四川、重庆、云南、贵州、安徽、河南、陕西（南部）和河北（北京以南）。生于海拔2 000 m以下的山坡阴湿处、林下或溪旁；浙江、四川、广西等地均有栽培。也分布于日本、越南、印度。

麦冬喜温暖湿润，降雨充沛的气候条件5～30 ℃能正常生长，最适生长气温15～25 ℃，低于0 ℃或高于35 ℃生长停止，生长过程中需水量大，要求光照充足，尤其是块根膨大期，光照充足才能促进块根的膨大。

麦冬对土壤条件有特殊要求，宜于土质疏松、肥沃湿润、排水良好的微碱性砂质壤土，种植土壤质地过重影响须根的发生与生长，块根生长不好，沙性过重，土壤保水保肥力弱，植株生长差，产量低，最适宜种植在河流冲积坝的一、二级阶地，河流冲积坝地势平坦，土壤多为新冲积土，土壤黏沙适中，能满足麦冬生长需要，河流一、二级阶地多能形成自流灌溉渠道网，其灌溉条件能提供麦冬生长的水分需求。

【规范化种植技术】

1. 选地与整地

栽培麦冬应选择灌溉排水方便，土壤肥沃、疏松、湿润，地势平坦的沙质土壤。低洼积水的易涝地或寒冷干旱地方不宜栽培。因麦冬在长期进化过程中，形成了相对稳定的遗传特性，一旦环境不能满足它的生活要求时，就会出现生长不良甚至死亡的现象。

适宜耕地，深度以20～30 cm为宜，除去前作根茬，土粒细碎，使地面平整，耕层塌实。每亩施无害化处理的沤制肥3 000 kg，腐熟油枯50～100 kg，腐殖酸有机无机麦冬专用肥150～200 kg结合整地均混合于土壤全耕作层。结合整地亩用1～2 kg哈茨木霉菌施入表土层，能有效防治麦冬根腐病。

2. 轮作

实行合理的轮作，对防治麦冬病虫害、调节地力均具有良好的效果。在川麦冬主产区绵阳三台排灌方便的地方，最好实行麦冬与水稻轮作，切忌连作（即年年在同一块地种麦冬）。因为任何一种侵染性病害，都有一定的寄主，任何一种害虫，都有一定的食性，在同一块地上轮作不同的作物，能使那些对新环境和食料不适应的病虫害，逐渐减少或自然消亡。川麦冬最好采用以下轮作模式：绿肥—麦冬—水稻。

3. 间套作

采用麦冬与大蒜、玉米进行间套作，前期麦冬需一定的遮阴，玉米则起到此作用，而麦冬与大蒜间套作，由于大蒜能分泌大蒜素，对防治麦冬地下害虫具有很好的效果。

4. 栽植

4.1 种苗选择与处理

收获麦冬时，选择叶色深绿、生长健壮、无病虫害的植株，挖出后，抖掉泥土，剪下块根。在栽植前横切根茎，以切去种苗根茎的下部，根茎横切面出现菊花心而不散蘖为度，敲松基部，分成单株，用稻草捆成小把，剪去叶尖，以减少水分蒸发，立即栽种。栽不完的苗子可行养苗（将苗捆成小捆，置于清水中浸润），每日或隔日浇水1次。一般可养苗5～7 d。

4.2 栽种期

产地栽培经验是4月上、中旬栽种麦冬，易成活，发根快，为麦冬的最适宜栽种时节；一般选气温≤18 ℃的阴天栽苗为宜，晴天和雨天不宜采收。

4.3 栽种密度

以株行距10 cm×10 cm的正方形栽种。

4.4 栽种方法

采用麦冬栽培打孔器按株行距10 cm×10 cm进行打孔，每孔载一个分蘖，栽种时苗应垂直，用脚夹紧，使苗直立稳固，做到地平苗正。栽完一块地应立即灌水。定根水以淹灌方式进行，灌至地面水2~3 cm为宜。随后经常灌溉，保持土壤湿润。直至种苗走根分蘖。

5. 田间管理

5.1 补苗

栽后7~15 d对全田进行检查，扶正倒苗，用同一品种补足缺苗和死苗。确保全苗。

5.2 中耕除草

提倡人工除草，规模栽培的春草可以使用化学除草，化学除草的原则：选择芽前除草剂，禁止使用磺隆类、嘧啶类和醚类等高残留除草剂。选择最佳除草时间为春草萌发初期。秋草禁止使用除草剂除草。结合麦冬中耕进行人工除草。

5.3 追肥

早施追肥，少食多餐，后期稳控，叶面补肥。

5.3.1 第一次追肥

时间7月5—15日，结合间作玉米，攻包施好麦冬分蘖肥；亩用优质腐熟有机肥1 000~2 000 kg、腐殖酸有机无机麦冬专用肥75~100 kg和35~40 kg无机麦冬专用肥结合灌溉全田撒施（保证灌一次跑马水20~30 m³）。

5.3.2 第二次追肥

时间7月底至8月10日，间作玉米收获后5~7 d，施好麦冬提苗肥；亩用优质腐熟农家肥2 000~3 000 kg、腐殖酸有机无机麦冬专用肥60~75 kg和20~30 kg无机麦冬专用肥结合灌溉全田撒施（保证灌一次跑马水20~30 m³）。

5.3.3 第三次追肥

在二次追肥20 d后施麦冬保苗促根肥；亩用优质腐熟农家肥2 000~3 000 kg、腐殖酸有机无机麦冬专用肥60~80 kg（块根膨大肥）结合灌溉全田撒施（保证灌一次跑马水20~30 m³）。

5.3.4 第四次追肥

三次追肥后20~25 d（9月20日前）施用麦冬块根膨大肥。亩用优质农家肥3 000~4 000 kg。80~100 kg腐殖酸有机无机麦冬专用肥结合灌溉全田撒施（保证灌水20~30 m³）。

5.3.5 辅助施肥

霜降以后亩用草木灰1 000~1500 kg均匀撒施。补钾补钙，提高土温。11、12月和翌年2月各用磷酸二氢钾（KH_2PO_4）1~1.5 kg以5%浓度进行1~2次叶面施肥。有利于块根干物质积累。

5.4 排灌水

麦冬生长期需水量较大。立夏后气温上升，蒸发量增大，应及时灌水。特别是麦冬进入分蘖期和生长旺盛期间，耕层土壤水分低于田间最大持水量85%的苗地，应及时浇灌。在冬春雨水少的季节，特别注意结合施肥浇灌。

5.5 断根时间

可在9月中旬切断部分根系。

5.6 多效唑施用

可在每年10月施入多效唑，施用量严禁超过3 kg/亩。

5.7 病虫害防治

5.7.1 防治原则

应贯彻以"预防为主，综合防治"的方针。农药的使用应遵循《农药安全使用规定》。

5.7.2 防治对象

麦冬病虫害防治的主要对象有根腐病、立枯病、白绢病、根结线虫病、蛴螬和金花虫。

5.7.3 防治病虫害的基本方法

（1）农业防治：建立无病种苗繁育园。培育抗病新品种。选用无病健壮苗作种苗。采用科学的轮作模式。合理配方施肥，增施有机肥。加强田间管理，及时清除田间杂草和残存物。麦冬基地范围内，不种麻柳树、核桃树等，恶化害虫繁殖环境。降低病虫源基数。

（2）物理防治：使用频振灯诱杀成虫。

（3）生物防治：收挖麦冬和整地期间放家禽（鸡、鸭、鹅）啄食成虫和幼虫。保护害虫天敌。施用微生物农药。以菌治虫，以菌抑菌。

（4）人工防治：收挖麦冬和整地时人工捡出害虫成虫并杀灭，人工搬出腐朽玉米残兜，并捕捉栖息其间的蛴螬幼虫。

（5）化学防治：加强麦冬病虫监测和预报。根据病虫发生动态，选择高效、低毒、低残留的对口农药，选择最佳防治时间，把握最佳用量和浓度，运用最佳的方法科学进行防治。严格禁止使用国家规定禁止使用的农药。严格禁止超标滥用农药。严格禁止施用"三无"农药和过期农药。严格禁止违规操作施用农药。

6. 采收加工与贮藏

6.1 采收期

栽培后翌年4月中旬（清明前后）采收，植株功能叶由青绿色转变为枯黄色时应尽快采收。

6.2 采收方法

用特制的麦冬钉耙或麦冬捌撬挖松25 cm土层，手握麦冬苗，揉松泥土并轻抖掉泥土，摘去块根。将块根集中，选晴天用淘兜置于流水中淘洗干净待干燥加工。如果摘下的块根不能及时淘洗，需要堆放，则应选择通风处堆放，堆的厚度不能超过20～30 cm，堆放时间不能超过7 d。否则鲜活块根呼吸作用产生热量，堆内温度升高病菌活跃，迅速从摘剪伤口侵入，形成病果或乌花，影响品质。

6.3 产地粗加工

保留传统加工工艺：将淘洗干净的麦冬块根置于蔑制晒席内，晾晒2～3 d，块根两头萎蔫时，于晌午时分，轻轻团揉，使麦冬表皮余尘脱落。颜色变白。此为短水。继续晾晒1天，麦冬块根两头显干燥，块根膨大部萎蔫，继续稍重搓揉，膨大部与须根结合处出现断裂痕迹。此为团果。继续晾晒1天，块根膨大部略显干燥，手搓断痕增大且有须根与块根脱离，此时重力搓揉，此为一次脱根。再晾晒，能断根时就搓揉，当麦冬块根完全干燥时就在地上挖个坑，坑长4尺左右，宽2尺许，深1.5～2尺，椭圆形，用垫席铺上，将待搓揉的干燥麦冬盛于坑内垫席上，两人各坐土坑一头，双脚贴席，相互配合，双脚左伸右曲，进行蹬搓。使麦冬须根和麦冬表皮灰尘与块根完全脱离，蹬搓好后，用风车分离灰尘和须根，经分离后的麦冬块根即为产地麦冬粗加工产品。

【药材质量标准】

【性状】本品呈纺锤形，两端略尖，长1.5～3 cm，直径0.3～0.6 cm。表面淡黄色或灰黄色，有细纵纹。质柔韧，断面黄白色，半透明，中柱细小。气微香，味甘、微苦。

【鉴别】（1）本品横切面：表皮细胞1列或脱落，根被为3～5列木化细胞。皮层宽广，散有含草酸钙针晶束的黏液细胞，有的针晶直径至10 μm；内皮层细胞壁均匀增厚，木化，有通道细胞，外侧为1列石细胞，其内壁及侧壁增厚，纹孔细密。中柱较小，韧皮部束16～22个，木质部由导管、管胞、木纤维以及内侧的木化细胞连结成环层。髓小，薄壁细胞类圆形。

（2）取本品2 g，剪碎，加三氯甲烷-甲醇（7：3）混合溶液20 mL，浸泡3 h，超声处理30 min，放冷，滤过，滤液蒸干，残渣加三氯甲烷0.5 mL使溶解，作为供试品溶液。另取麦冬对照药材2 g，同法制成对照药材溶液。照薄层色谱法（通则0502）试验，吸取上述两种溶液各6 μm，分别点于同一硅胶GF254薄层板上，以甲苯-甲醇-冰醋酸（80：5：0.1）为展开剂，展开，取出，晾干，置紫外光灯（254 nm）下检视。供试品色谱中，在与对照药材色谱相应的位置上，显相同颜色的斑点。

【检查】水分　不得过18.0%（通则0832第二法）。

总灰分　不得过5.0%（通则2302）。

【浸出物】按照水溶性浸出物测定法（通则2201）项下的冷浸法测定，不得少于60.0%。

【含量测定】

对照品溶液的制备　取鲁斯可皂苷元对照品适量，精密称定，加甲醇制成每1 mL含50 μg的溶液，即得。

标准曲线的制备　精密量取对照品溶液0.5 mL、1 mL、2 mL、3 mL、4 mL、5 mL、6 mL分别置塞试管中，于水浴中挥干溶剂，精密加入高氯酸10 mL，摇匀，置热水中保温15 min，取出，冰水冷却，以相应的试剂为空白，照紫外-可见分光光度法（通则0401），在397 nm波长处测定吸光度，以吸光度为纵坐标，浓度为横坐标，绘制标准曲线。

测定法　取本品细粉约3 g，精密称定，置具塞锥形瓶中，精密加入甲醇50 mL，称定重量，加热回流2 h，放冷，再称定重量，用甲醇补足减失的重量，摇匀，滤过，精密量取续滤液25 mL，回收溶剂至干，残渣加水10 mL使溶解，用水饱和正丁醇振摇提取5次，每次10 mL，合并正丁醇液，用氨试液洗涤2次，每次5 mL，弃去氨液，正丁醇液蒸干。残渣用80%甲醇溶解，转移至50 mL量瓶中，加80%甲醇至刻度，摇匀。精密量取供试品溶液2～5 mL，置10 mL具塞试管中，照标准曲线的制备项下的方法，自"于水浴中挥干溶剂"起，依法测定吸光度，从标准曲线上读出供试品溶液中鲁斯可皂苷元的重量，计算，即得。

本品按干燥品计算，含麦冬总皂苷以鲁斯可皂苷元（$C_{27}H_{42}O_4$）计，不得少于0.12%。

【市场前景】

麦冬块根入药，是一种名贵的中草药，具有养阴生津，润肺止咳：用于肺胃阴虚之津少口渴、干咳咯血；心阴不足之心悸易惊及热病后期热伤津液等证。配沙参、川贝可治肺阴虚干咳。在市场上的价格不低，所以称为农户种植的一种高效经济作物，也是我国常用中药材，在中医临床上应用广泛，是多种中成药和保健品的原料。另外，还具有极高的绿化价值，在古时常常用于美化庭院，种植在台阶两边，在园林绿化方面前景广阔。综合以上的内容，即可当中药材种植，还可开发为盆栽观赏品，潜力巨大，种植前景广阔。

39. 玉竹

【来源】

本品为百合科植物玉竹*Polygonatum odoratum*（Mill）Druce的干燥根茎。秋季采挖，除去须根，洗净，晒至柔软后，反复揉搓、晾晒至无硬心，晒干；或蒸透后，揉至半透明，晒干。

【原植物形态】

根状茎圆柱形，直径5~14 mm。茎高20~50 cm，具7~12叶。叶互生，椭圆形至卵状矩圆形，长5~12 cm，宽3~16 cm，先端尖，下面带灰白色，下面脉上平滑至呈乳头状粗糙。花序具1~4花（在栽培情况下，可多至8朵），总花梗（单花时为花梗）长1~1.5 cm，无苞片或有条状披针形苞片；花被黄绿色至白色，全长13~20 mm，花被筒较直，裂片长3~4 mm；花丝丝状，近平滑至具乳头状突起，花药长约4 mm；子房长3~4 mm，花柱长10~14 mm。浆果蓝黑色，直径7~10 mm，具7~9颗种子。花期5—6月，果期7—9月。

【资源分布及生物学习性】

玉竹分布于黑龙江、吉林、辽宁、河北、山西、内蒙古、甘肃、青海、山东、河南、湖北、重庆、湖南、安徽、江西、江苏、台湾等地。生林下或山野阴坡，海拔500~3 000 m。欧亚大陆温带地区广布。

【规范化种植技术】

1. 选地

宜选择沙土或壤土，pH值为5.5~7.0土质疏松、耕作性好、保肥保水能力强。种植区周围没有污染企业。

2. 整地施肥

玉竹栽培一般为春、秋季进行，以春季为例，在选择好的地块亩撒施腐熟的有机肥1 500 kg，然后用旋耕机深耙25～30 cm深。做床高20～25 cm高，床宽1.4～1.5 m，步道沟宽30～40 cm，耙平床面待栽。

3. 种栽的选择

选择当年地下根茎所产的分枝，要求芽端整齐、壮、长7 cm左右，有节间和须根，若秋季采收的种茎，需挖深40～50 cm深贮藏坑。将种茎铺在坑底厚约20 cm，再用土盖厚20 cm左右即可，待春季取出栽培。栽植前种茎用50%多菌灵500倍液浸泡30 min，稍沥干水分即可栽植。

4. 栽植

春季在床面横开沟，沟深8～10 cm，床两侧各预留10 cm宽边际，以备种植遮阳作物玉米，玉米株距50 cm左右为宜。采用条栽方式，横开沟，株行距10 cm×25 cm。栽植后覆土。

5. 田间管理

5.1 中耕除草

栽植当年春季当苗高5 cm左右时浅锄除草。雨季时用人工拔草，保持床面无杂草滋生。第二年除草不宜采用锄头，只能手除草或在早春未出苗前用草甘膦床面封闭。

5.2 追肥

第一年栽后的秋季。在床面撒施人畜肥料，亩追1 000 kg左右，并培土越冬。翌年6月用腐熟的有机肥1 cm左右厚度撒施。有条件的可用稻草或玉米秆寸段覆盖床面行间。

5.3 加强田间排灌

种植地积水易造成玉竹烂根，土壤干旱根茎生长受阻。因此，春旱应在步道沟灌水，雨季来临疏通排水沟。

6. 灰斑病防控

此病多以为害地上茎叶为主，春季始发，初夏盛发。陈栽地、重茬地易发生且发生偏重，造成叶片早期脱落。防控上应采取综合防治措施。早春未出苗前，用1%CuSO₄药液喷洒床面及步道沟，晚秋及时清理田间枯枝落叶。发病初期用百菌清500倍液或70%甲托800倍液。每周一次，需喷2～3次。雨季1∶1∶200的波尔多液喷施。

7. 采收

栽植生长2年后于秋季采挖。先割去茎叶后挖掘，采收时防止根茎折断或机械损伤，尽可能保持根茎的最大长度，同时抖掉根茎上的泥土。

【药材质量标准】

【性状】本品呈长圆柱形，略扁，少有分

枝，长4~18 cm，直径0.3~1.6 cm。表面黄白色或淡黄棕色，半透明，具纵皱纹和微隆起的环节，有白色圆点状的须根痕和圆盘状茎痕。质硬而脆或稍软，易折断，断面角质样或显颗粒性。气微，味甘，嚼之发黏。

【鉴别】本品横切面：表皮细胞扁圆形或扁长方形，外壁稍厚，角质化。薄壁组织中散有多数黏液细胞，直径80~140 mm，内含草酸钙针晶束。维管束外韧型，稀有周木型，散列。

【检查】水分　不得过16.0%（通则0832第二法）。

总灰分　不得过3.0%（通则2302）。

【浸出物】按照醇溶性浸出物测定法（通则2201）项下的冷浸法测定，用70%乙醇作溶剂，不得少于50.0%。

【含量测定】对照品溶液的制备　取无水葡萄糖对照品适量，精密称定，加水制成每1 mL含无水葡萄糖0.6 mg的溶液，即得。

标准曲线的制备　精密量取对照品溶液1.0 mL、1.5 mL、2.0 mL、2.5 mL、3.0 mL，分别置50 mL量瓶中，加水至刻度，摇匀。精密量取上述各溶液2 mL，置具塞试管中，分别加4%苯酚溶液1 mL，混匀，迅速加入硫酸7.0 mL，摇匀，于40 ℃水浴中保温30 min，取出，置冰水浴中5 min，取出，以相应试剂为空白，照紫外-可见分光光度法（通则0401），在490 nm的波长处测定吸光度，以吸光度为纵坐标，浓度为横坐标，绘制标准曲线。

测定法　取本品粗粉约1 g，精密称定，置圆底烧瓶中，加水100 mL，加热回流1 h，用脱脂棉滤过，如上重复提取1次，两次滤液合并，浓缩至适量，转移至100 mL量瓶中，加水至刻度，摇匀，精密量取2 mL，加乙醇10 mL，搅拌，离心，取沉淀加水溶解，置50 mL量瓶中，并稀释至刻度，摇匀，精密量取2 mL，照标准曲线的制备项下的方法，自"加4%苯酚溶液1 mL"起，依法测定吸光度，从标准曲线上读出供试品溶液中无水葡萄糖的重量（mg），计算，即得。本品按干燥品计算，含玉竹多糖以葡萄糖（$C_6H_{12}O_6$）计，不得少于6.0%。

【市场前景】

玉竹具有养阴润燥、生津止渴之功能，用于肺胃阴伤，燥热咳嗽，咽干口渴，内热消渴等症。鲜根茎可做食品及多功能性保健产品。应用面广泛，需求量大，具有前瞻性商业价值。目前，全国玉竹年产量在8 000万kg以上。除药用外，80%以上用于制作食保品投入市场。仅关玉竹根茎加工的玉竹茶、玉竹浸膏、玉竹粉等保健食品远销东南亚、日、韩、美、加、澳等20多个国家和地区，年出口500多万kg，产品供不应求。

40. 太白贝母

【来源】

本品为百合科植物太白贝母*Fritillaria taipaiensis* P. Y. Li的干燥鳞茎。中药名：川贝母；别名：尖贝、太贝、秦贝等。

【原植物形态】

植株长30~40 cm。鳞茎由2枚鳞片组成，直径1~1.5 cm。叶通常对生，有时中部兼有3~4枚轮生或散生的，条形至条状披针形，长5～10 cm，宽3～7（～12）mm，先端通常不卷曲，有时稍弯曲。花单朵，绿黄色，无方格斑，通常仅在花被片先端近两侧边缘有紫色斑带；每花有3枚叶状苞片，苞片先端有时稍弯曲，但决不卷曲；花被片长3～4 cm，外三片狭倒卵状矩圆形，宽9～12 mm，先端浑圆；内三片近匙形，上部宽12～17 mm，基部宽3～5 mm，先端骤凸而钝，蜜腺窝几不凸出或稍凸出；花药近基着，花丝通常具小乳突；花柱分裂部分长3～4 mm。蒴果长1.8～2.5 cm，棱上只有宽0.5～2 mm的狭翅。花期5—6月，果期6—7月。

【资源分布及生物学习性】

太白贝母野生分布于中国陕西（秦岭及其以南地区）、甘肃（东南部）、重庆、四川（东北部）和湖北（西北部）。生于海拔1 650～3 150 m的山坡草丛中或水边。它喜阴凉湿润气候，耐寒、怕炎热、怕干旱、怕污水。以土质结构疏松、透水性良好、含腐殖质高的黑沙土上生长最好。适宜的生长温度为5～24 ℃。

【规范化种植技术】

1. 选地整地

选背风的阴山或半阴山为宜，并远离麦类作物，防止锈病感染；以土层深厚、疏松、富含腐殖质的壤土或油沙土为好。结冻前整地，清除地面杂草，深耕细耙，作1.3 m宽的畦。每亩用厩肥1 500 kg，过磷酸钙50 kg，油饼100 kg，堆沤腐熟后撒于畦面并浅翻；畦面作成弓形。

2. 繁殖方法

2.1 种子播种繁殖

6—7月采挖贝母时，选直径1 cm以上、无病、无损伤鳞茎作种。鳞茎按大、中、小分别栽种，做到边挖边栽。每亩用鳞茎100 kg。也可穴栽，栽后第2年起，每年3月出苗前，喷镇草宁，4月上旬出苗后，及时拔除杂草。并施稀人畜粪水。4月下旬至5月上旬，再施1次追肥。7—8月，果实饱满膨胀，果壳黄褐色或褐色，种子已干浆时剪下果实，趁鲜脱粒或带果壳进行后熟处理。按1∶4（种子∶腐殖土）混合贮藏，其间，保持土壤湿润，果皮（种皮）膨胀，约40 d，胚长度超过种子纵轴2/3，胚先端呈弯曲。完成胚形态后熟。9—10月下旬播种，条播、撒播或用蒴果分瓣点播均可。条播：于畦面开横沟，深1.5～2 cm；将拌有细土或草木灰的种子均匀撒于沟中。覆盖筛细腐殖土3 cm，并用山草或无叶树枝覆盖畦面。每亩用种子2～2.5 kg。撒播：将种子均匀撒于畦面，覆盖同条播。点播：趁果实未干时进行，将未干果实分成3瓣，于畦面按5～6 cm株行距开穴，每穴1瓣，覆土3 cm。此法较费工，但出苗率高。

2.2 鳞茎繁殖

7—9月收获时，选择无创伤病斑的鳞茎作种，用条栽法，按行距20 cm开沟，株距3～4 cm，栽后覆土5～6 cm。或在栽时分瓣，斜栽于穴内，栽后覆盖细土、灰肥3～5 cm厚，压紧镇平。

2.3 组织培养

研究表明，以太白贝母鳞茎为外植体，最佳消毒方式是用75%乙醇浸泡30 s，随后用10%次氯酸钠浸泡20 min，再用0.1%升汞消毒5 min，无菌水冲洗5次消毒效果最好。愈伤组织诱导的培养最佳配方为MS+NAA1.0 mg/L+6-BA3.0 mg/L，此培养基愈伤组织诱导率最高，且生长速度较快；再生小鳞茎诱导的最佳培养基为 MS+NAA1.0 mg/L+6-BA0.5 mg/L，此培养基鳞茎诱导率最高；愈伤组织诱导分化成不定芽的培养基为 MS+NAA0.5 mg/L+6-BA0.5 mg/L，此培养基不定芽的诱导率最高，且不定芽生长最为旺盛。

3. 田间管理

3.1 搭棚

太白贝母生长期需适当荫蔽。播种后，春季出苗前，揭去畦面覆盖物，分畦搭棚遮阴。搭矮棚，高15～20 cm，第一年郁闭度50%～70%，第二年降为50%，第三年为30%；收获当年不再遮阴。塔高棚，高约1 m，郁闭度50%。最好是晴天荫蔽，阴、雨天亮棚炼苗。

3.2 中耕除草

太白贝母幼苗纤弱，应勤除杂草，不伤幼苗。除草时带出的小贝母随即栽入土中。每年春季出苗前，秋季倒苗后各用镇草宁除草1次。

3.3 追肥

秋季倒苗后，每亩用腐殖土、农家肥，加25 kg过磷酸钙混合后覆盖畦面3 cm厚，然后用搭棚树枝、竹稍等覆盖畦面，保护贝母越冬。有条件的每年追肥3次。

3.4 灌溉和排水

生长中后期，需水量较大，如遇干旱应适时浇水，采用沟灌，不能漫灌，以土壤湿润为宜。雨季积水应及时排除，做到雨停田干。

3.5 病虫害防治

3.5.1 锈病

为太白贝母主要病害，病源多来自麦类作物，多发生于5—6月。

防治方法：选远离麦类作物的地种植；整地时清除病残组织，减少越冬病原；增施磷、钾肥，降低田间湿度；发病初期喷0.2波美度石硫合剂或97%敌锈钢300倍液。

3.5.2 立枯病

为害幼苗，发生于夏季多雨季节。

防治方法：注意排水、调节郁闭度，以及阴雨天揭棚盖；发病前后用1∶1∶100的波尔多液喷洒。

3.5.3 虫害

金针虫、蛴螬4—6月为害植株。防治方法：每亩用50%氯丹乳油0.5～1 kg，于整地时拌上或出苗后掺水500 kg灌上防治。

4. 采收加工与贮藏

太白贝母家种、野生均于6—7月采收。家种贝母，用种子繁殖的，播后第三年或四年收获。选晴天挖起鳞茎，清除残茎、泥土；挖时勿伤鳞茎。太白贝母忌水洗，挖出后要及时摊放晒席上；以1 d能晒至半干，次日能晒至全干为好，切勿在石坝、三合土或铁器上晾晒。切忌堆沤，否则冷油变黄。如遇雨天，可将贝母鳞茎窖于水分较少的沙土内，待晴天抓紧晒干。亦可烘干，烘时温度控制在50 ℃以内。在干燥过程中，贝母外皮未呈粉白色时，不宜翻动，以防发黄。翻动用竹、木器而不用手，以免变成"油子"或"黄子"。置通风干燥处，防蛀。

【药材质量标准】

【性状】呈类扁球形或短圆柱形，高0.5～2 cm，直径1～2.5 cm。表面类白色或浅棕黄色，稍粗糙，有的具浅黄色斑点。外层鳞叶2瓣，大小相近，顶部多开裂而较平。

【鉴别】（1）本品粉末类白色或浅黄色。太白贝母淀粉粒甚多，广卵形、长圆形或不规则圆形，有的边缘不平整或略作分枝状，直径5～64 μm，脐点短缝状、点状、人字状或马蹄状，层纹隐约可见。表皮细胞类长方形，垂周壁微波状弯曲，偶见不定式气孔，圆形或扁圆形。螺纹导管直径5～26 μm。

（2）取本品粉末10 g，加浓氨试液10 mL，密塞，浸泡1 h，加二氯甲烷40 mL，超声处理1 h，滤过，滤液蒸干，残渣加甲醇0.5 mL使溶解，作为供试品溶液。另取贝母素乙对照品，加甲醇制成每1 mL含1 mg的溶液，作为对照品溶液。照薄层色谱法（通则0502）试验，吸取供试品溶液1～6 μL对照品溶液2 μL，分别点于同一硅胶G薄层板上，以乙酸乙酯-甲醇-浓氨试液-水（18∶2∶1∶0.1）为展开剂，展开，取出，晾干，依次喷以稀碘化铋钾试液和亚硝酸钠乙醇试液。供试品色谱中，在与对照品色谱相应的位置上，显相同颜色的斑点。

（3）聚合酶链式反应—限制性内切酶长度多态性方法。模板DNA提取本品0.1 g，依次用75%乙醇1 mL、灭菌超纯水1 mL清洗，吸干表面水分，置乳钵中研磨成极细粉。取20 mg，置1.5 mL离心管中，用新型广谱植物基因组DNA快速提取试剂盒提取DNA〔加入缓冲液AP1 400 μL和RNA酶溶液（10 mg/ mL）4 μL，涡旋振荡，65 ℃水浴加热10 min，加入缓冲液AP2 130 μL，充分混匀，冰浴冷却5 min，离心（转速为14 000 r/min）10 min；吸取上清液转移入另一离心管中，加入1.5倍体积的缓冲液AP3/E，混匀，加到吸附柱上，离心（转速为13 000 r/min）1 min，弃去过滤液，加入漂洗液700 μL，离心（转速为12 000 r/min）30 s，弃去过滤液；再加入漂洗液500 μL，离心（转速为12 000 r/min）30 s，弃去过滤液；再离心（转速为13 000 r/min）2 min，取出吸附柱，放入另一离心管中，加入50 μL洗脱缓冲液，室温放置3～5 min，离心（转速为12 000 r/min）1 min，将洗脱液再加入吸附柱中，室温放置2 min，离心（转速为12 000 r/min）1 min〕，取洗脱液，作为供试品溶液，置4 ℃冰箱中备用。另取川贝母对照药材0.1 g，同法制成对照药材模板DNA溶液。

PCR-RFLP反应鉴别引物：5'CGTAACAAGGTTT-CCGTAGGTGAA3'和5'GCTACGTTCTTCATCGAT3'。

PCR反应体系：在200 µL离心管中进行，反应总体积为30 µL，反应体系包括10×PCR缓冲液3 µL，二氯化镁（25 mmol/L）2.4 µL，dNTP（10 mmol/L）0.6 µL，鉴别引物（30 µmol/L）各0.5 µL，高保真TaqDAN聚合酶（5 U/µL）0.2 µL，模板1 µL，无菌超纯水21.8 µL。将离心管置PCR仪，PCR反应参数：95 ℃预变性4 min，循环反应30次（95 ℃，30 s，55～58 ℃，30 s，72 ℃，30 s），72 ℃延伸5 min。取PCR反应液，置500 µL离心管中，进行酶切反应，反应总体积为20 µL，反应体系包括10×酶切缓冲液2 µL，PCR反应液6 µL，SmaI（10 U/µL）0.5 µL，无菌超纯水11.5 µL，酶切反应在30 ℃水浴反应2 h。另取无菌超纯水，同法上述PCR-RFLP反应操作，作为空白对照。

电泳检测照琼脂糖凝胶电泳法（通则0541），胶浓度为1.5%，胶中加入核酸凝胶染色剂GelRed；供试品与对照药材酶切反应溶液的上样量分别为8 µL，DNA分子量标记上样量为1 µL（0.5 µg/µL）。电泳结束后，取凝胶片在凝胶成像仪上或紫外透射仪上检视。供试品凝胶电泳图谱中，在与对照药材凝胶电泳图谱相应的位置上，在100～250 bp应有两条DNA条带，空白对照无条带。

【检查】水分　不得过15.0%（通则0832第二法）。

　　总灰分　不得过5.0%（通则2302）。

　　【浸出物】按照醇溶性浸出物测定法（通则2201）项下的热浸法测定，用稀乙醇作溶剂，不得少于9.0%。

　　【含量测定】对照品溶液的制备　取西贝母碱对照品适量，精密称定，加三氯甲烷制成每1 mL含0.2 mg的溶液，即得。

　　标准曲线的制备　精密量取对照品溶液0.1 mL、0.2 mL、0.4 mL、0.6 mL、1.0 mL，置25 mL具塞试管中，分别补加三氯甲烷至10.0 mL，精密加水5 mL、再精密加0.05%溴甲酚绿缓冲液（取溴甲酚绿0.05g，用0.2 mol/L氢氧化钠溶液6 mL使溶解，加磷酸二氢钾1 g，加水使溶解并稀释至100 mL，即得）2 mL，密塞，剧烈振摇1 min，转移至分液漏斗中，放置30 min。取三氯甲烷液，用干燥滤纸滤过，取续滤液，以相应的试剂为空白，照紫外-可见分光光度法（通则0401），在415 nm的波长处测定吸光度，以吸光度为纵坐标，浓度为横坐标，绘制标准曲线。

　　测定法　取本品粉末（过三号筛）约2 g，精密称定，置具塞锥形瓶中，加浓氨试液3 mL，浸润1 h，加三氯甲烷-甲醇（4∶1）混合溶液40 mL，置80 ℃水浴加热回流2 h，放冷，滤过，滤置50 mL量瓶中，用适量三氯甲烷-甲醇（4∶1）混合溶液洗涤药渣2～3次，洗液并入同一量瓶中，加三氯甲烷-甲醇（4∶1）混合溶液至刻度，摇匀。精密量取2～5 mL，置25 mL具塞试管中，水浴上蒸干，精密加入三氯甲烷10 mL使溶解，照标准曲线的制备项下的方法，自"精密加水5 mL"起，依法测定吸光度，从标准曲线上读出供试品溶液中西贝母碱的重量（mg），计算，即得。

　　本品按干燥品计算，含总生物碱以西贝母碱（$C_{27}H_{43}NO_3$）计，不得少于0.050%。

【市场前景】

　　贝母属药用植物的分类最早见于清代《本草纲目拾遗》，书中按照功效明确地将贝母分为2大类：川贝母与浙贝母。临床用药也将贝母分为"浙贝"和"川贝"2大类群。太白贝母为百合科贝母属多年生草本植物，以3～5年生植物地下鳞茎入药，是2015年版《中国药典》川贝母药材新收载的基源品种之一。具有清热润肺、化痰止咳，散结消痈的功效，主要用于治疗肺热燥咳、干咳少痰、阴虚劳咳、咯痰带血、瘰疬、乳痈、肺痈等症。化学成分主要是生物碱和水溶性非生物碱，还含有多种微量元素，如Ca、Mg、K、Fe、Co、Ni、Mn、Ba、Ti、Al、Sn、Cr、Sr。药理作用包括镇咳、祛痰、平喘、抗菌、镇静、镇痛、心血管活性、抗溃疡、抗血小板聚集、抗肿瘤等。近年来，川贝母的需求量不断增加，其价格一路飙升，但由于川贝母对气候、温度、土质等生长环境条件要求特殊，人工栽培很困难，商品药材全靠采挖野生资源，过度采挖造成资源日趋减少并面临枯竭，太白贝母因作为"川贝母"而进入药典，家种种源主要来源于野生移植，导致野生资源人为采挖严重。虽引种栽培，并已形成一定规模，且已证明能够保持原种质量，作为在海拔2 000 m左右适合种植的川贝母优良品种，前景广阔，以满足临床应用和中成药生产需求。

41. 湖北贝母

【来源】

本品为百合科植物湖北贝母 *Fritillaria hupehensis* Hsiao et K. C. Hsia 的干燥鳞茎。夏初植株枯萎后采挖，用石灰水或清水浸泡，干燥。中药名：湖北贝母；别名：称鄂贝、板贝、窑贝、奉贝等。

【原植物形态】

植株长26～50 cm。鳞茎由2枚鳞片组成，直径1.5～3 cm。叶3～7枚轮生，中间常兼有对生或散生的，矩圆状披针形，长7～13 cm，宽1～3 cm，先端不卷曲或多少弯曲。花1～4朵，紫色，有黄色小方格；叶状苞片通常3枚，极少为4枚，多花时顶端的花具3枚苞片，下面的具1～2枚苞片，先端卷曲；花梗长1～2 cm；花被片长4.2～4.5 cm，宽1.5～1.8 cm，外花被片稍狭些；蜜腺窝在背面稍凸出；雄蕊长约为花被片的1/2，花药近基着，花丝常稍具小乳突；柱头裂片长2～3 mm。蒴果长2～2.5 cm，宽2.5～3 cm，棱上的翅宽4～7 mm。花期4月，果期5—6月。

【资源分布及生物学习性】

湖北贝母产湖北，主要分布在湖北西部和西南部，重庆，在四川东部、湖南西北部、安徽、河南也有少量分布。在湖北建始、宣恩一带有栽培。它喜阳光充足而又凉爽、润湿的气候，不怕霜雪，怕高温、干旱和积水，尤其在栽植期干旱，会导致鳞茎霉烂。产区年平均气温12～18 ℃，最低气温3～10 ℃，5月平均气温20～25 ℃，年降雨量1 300～1 500 mm，无霜期160～220 d。在山区以半阴半阳的晚阳山坡地为好；对土壤要求不严，以新开垦的含腐殖质丰富、疏松肥沃、排水良好的土壤最佳。

【规范化种植技术】

1. 选地整地

湖北贝母喜凉爽，应选半阴半阳山地种植，晚阳山较早阳山好，因早阳山上午烈日暴晒后，如下午遇暴雨，易发生病害。地势应稍倾斜，排水良好，坡度以10°左右较好。对土壤要求不严，尤以新开垦的含腐殖质丰富、疏松肥沃、排水良好的土壤最佳。湖北贝母病虫害较多，不宜连作，应3~5年轮作。12月至翌年2月，翻挖土地20~30 cm深，采用分层翻挖的方法，不乱土层，耙净树根、竹根等杂物。第二年播种前再次清除杂草、落叶、石子，每亩施腐熟圈肥2 000 kg，复合肥50 kg作基肥，耕耙两次，将土整平，按地形和坡度做成宽1.2 m，沟宽30 cm，深20 cm的高畦。

2. 繁殖方法

2.1 种子播种繁殖

湖北贝母开花不结实的现象较普遍，这也是产区药农多采用鳞茎繁殖的主要原因。当年采收的种子于9月中旬—10月中旬播种。条播，行距6 cm左右，然后将种子均匀撒在灰土上，薄覆细土，畦面用秸秆覆盖，保持土壤湿润。

2.2 鳞茎繁殖

于植株枯萎后掘起鳞茎，收获敌后中即行栽种，时间在5月下旬至6月上旬；种茎按大小分级后用腐叶土或湿沙贮藏过夏，不得晚于9月中旬栽种。播种前必须严格选种，将染病虫害的鳞茎剔除，栽种当日，用手指或竹刀，将鳞茎纵切成2~4瓣，不能横切，每瓣宽应在1 cm以上，分瓣时必须保留内皮，否则不易出芽。选种后用0.3%高锰酸钾溶液或10%福尔马林溶液浸种10 min，捞出后不必用水冲洗，直接播种，应边分瓣边种植，在整好的畦面上开横沟，一般沟宽15~20 cm，沟深6~8 cm，以行株距3 cm将分瓣鳞茎摆在沟内，分瓣的伤口应向下，种茎小密栽，种茎大稀栽，覆盖腐殖质土5~6 cm厚，栽后覆土与畦面齐平，上盖杂草竹枝

一层，起抗旱保湿作用。每亩需种150～250 kg。

2.3 组织培养

研究表明，在湖北贝母的组织培养中，愈伤组织的诱导与采集外植体的时间和部位密切相关，以出苗期诱导愈伤组织的效果最好，鳞茎的诱导率最高。

3. 田间管理

3.1 中耕除草

湖北贝母种植较密，幼苗出土后，株行间很难进行松土，所以应勤除杂草，不伤幼苗。除草时带出的小贝母随即栽入土中。保证畦面无杂草。

3.2 追肥

一般不施追肥，不过在临落雨时洒粪水，或阴天时施腐质灰土，可使贝母生长良好。栽后8—9月，可追速效性氮磷等肥料。1月，将畦面盖草去掉，用竹耙轻轻耙松畦面，可淋人畜粪水2 000～3 000 kg/亩。2月下旬至4月中旬，可淋2次人畜粪水或用50～100 kg/亩油饼与人畜粪水混合，发酵10余日，拌腐殖质土撒于畦面。

3.3 灌溉和排水

天旱时应及时浇水，经常保持土壤湿润。雨季注意排水，以防积水使鳞茎腐烂。

3.4 摘花

因湖北贝母花而不实，即便结实，种子发芽能力也弱，因此应及时摘除花蕾，以利集中鳞茎的营养生长，提高单位面积产量。

3.5 病虫害防治

3.5.1 菌核病

菌核病又叫黑腐病，是土壤中发生的病害，也是为害贝母鳞茎最严重的病害。该病4—9月均可发生，一般从土壤解冻到展叶期一直到贝母枯萎后的7—9月为发病盛期。

防治方法：加强田间管理，随时检查，发现病株，立即挖除，病穴中撒施石灰粉进行消毒。合理密植，使其通风透光良好。合理施肥，农家肥一定要经过腐熟才能施用，避免病原传播。移栽时用菌核利、多菌灵、速克灵等药剂。下栽前，可用400倍菌核利或多菌灵浸种栽，晾干后下种。一旦发病可用500倍液的菌核利、多菌灵、速克灵、咪鲜胺EC等药液浇灌病区。

3.5.2 锈病

亦称"黄疸"病，主要侵染茎叶，是为害湖北贝母较重的病害之一，锈病在5月中旬返青幼苗期开始发病，5月末—6月初为发病盛期。

防治方法：选择土层深厚、质地疏松、肥沃、排水良好、透气性强的砂壤土；合理密植，降低田间郁闭度，改善田间通风透光条件。注意排水、施肥。增施有机肥，少施氮肥，适当增施磷、钾肥以增强贝母对锈病的抵抗力。低洼地注意开沟排水，防止田间积水。在贝母枯萎后出苗前各喷洒1次多菌灵500倍液或粉锈宁200倍液，进行土壤消毒。在贝母展叶后喷洒粉锈宁100倍液，防治效果达95%以上；甲基托布津800倍液，敌锈钠300～500倍液，萎锈灵400～600倍液，80%代森锌可湿性粉剂600倍液，25%嘧菌酯SC 1 000～1 200倍液，每隔7～10 d喷洒1次。连续喷洒2～3次。

3.5.3 灰霉病

俗称"旱枯""青塌腐""眼圈病"，是湖北贝母常见病害，发生普遍，叶、茎、花、果实均能受害。以叶片的症状最为显著。一般4月初开始发病。

防治方法：深耕、轮作、淹水等栽培措施可以减少土壤病原物。炎热夏季地面覆盖地膜20 d左右，利用太阳能可有效杀灭土壤中的多种病菌。生产地块收获后进行深翻，将越冬菌核深埋土中，使病菌不易萌发和侵染。清除残株病叶，集中烧毁。农家肥腐熟后施用，合理施用氮肥，增施磷、钾肥，增强鳞茎抗病能力。在发病初期选用40%施佳乐悬浮剂800～1 000倍液，或50%农利灵可湿性粉剂1 000倍液，或50%腐霉利可湿性粉剂1 500倍液，或50%扑海因可湿性粉剂1 000倍液，或50%多菌灵可湿性粉剂1 000倍液等喷雾防治。每隔7～10 d防治1次，连续防治2～3次。

3.5.4 金针虫

金针虫在每年土壤解冻后开始活动（3—4月）到展叶期至开花期（4—5月）为害最为严重。叶片被咬成缺口，钻入鳞茎或地上茎内，输导组织被切断导致植株萎蔫枯死。鳞茎被咬伤导致其他病菌浸染而腐烂。

防治方法：拟栽湖北贝母的地块，采用多次翻耕、细耙的措施。使金针虫或蛹暴露，以利机械杀灭和天敌取食。在作畦时，将80%敌百虫粉刺拌入土内或粪内，每亩用量为1.5～2 kg。用80%敌百虫粉剂1 kg、麦麸或其他饵料50 kg，加入适量的水分充分拌合，黄昏时，撒于被害田，特别是在雨后放入效果较好。结合人工作业，发现金针虫及时消灭。

3.5.5 蛴螬

5月中下旬为害较重，幼虫为害期可持续到7月初。一般在洼地或较湿润的旱地发生严重。主要咬食地下鳞茎，使鳞茎出现虫口空洞，鳞茎被咬伤也会导致其他病菌浸染而腐烂，从而导致植株萎蔫枯死。

防治方法：可参考金针虫的防治。此外。蛴螬主要寄生在未腐熟的粪肥中，因此在使用生粪时，可用80%敌百虫粉剂800～1 000倍液或50%辛硫磷乳油500倍液喷洒拌匀闷24 h即将其杀死。

3.5.6 蝼蛄

4—5月开始为害，5—6月最为严重。可在土层表面钻成很多隧道，扒断根和苗，并将鳞茎咬成缺口，导致植株因根部裸露或其他病菌浸染而腐烂死亡。

防治方法：选生马粪、鹿粪等纤维素含量高的粪肥每亩30～40 kg掺80%敌百虫粉剂0.3 kg，在作业道上堆成小堆，并用草覆盖。诱杀效果明显。在湖北贝母田附近安装电灯，晚间开灯诱捕，诱杀效果也十分明显。对虫害率较高的地块栽种后可用50%辛硫磷1 000液或80%敌百虫粉剂800～1 000倍液喷洒或浇灌畦面。

3.5.7 线虫病和尾足螨

夏秋季发生，引起鳞茎腐烂。

防治方法：采取精选无病种茎，栽种时用50%多菌灵可湿性粉剂500倍液或70%甲基托布津可湿性粉剂500倍液泡种40 min，间种荫蔽作物等综合防治措施。立枯病和猝倒病，多在苗期为害，引起地上植株枯死。

苗期喷1∶1∶100波尔多液预防，发病初期用70%敌克松可湿性粉剂或70%甲基托布津可湿性粉剂1 000倍液灌窝。

4. 采收加工与贮藏

在立夏后4月末到5月正是收获季节。收获用小镐锄将地面泥土锄松，再将贝母拔出，用手一棵一棵拾在篓内。在收捡时务须把泥土擦干净，收后挑选分成3个等级，大籽、中籽用以做种，小籽加工药用。加工方法，用石灰水浸泡，硫黄熏后，晒干或炕干。置通风干燥处，防蛀。

【药材质量标准】

【性状】本品呈扁圆球形，高0.8～2.2 cm，直径0.8～3.5 cm。表面类白色至淡棕色。外层鳞叶2

瓣，肥厚，略呈肾形，或大小悬殊，大瓣紧抱小瓣，顶端闭合或开裂。内有鳞叶2～6枚及干缩的残茎。内表面淡黄色至类白色，基部凹陷呈窝状，残留有淡棕色表皮及少数须根。单瓣鳞叶呈元宝状，长2.5～3.2 cm，直径1.8～2 cm。质脆，断面类白色，富粉性。气微，味苦。

【鉴别】（1）本品粉末淡棕黄色。淀粉粒甚多，广卵形、长椭圆形或类圆形，直径7～54 μm，脐点点状、人字状、裂缝状层纹明显，细密；偶见复粒，由2～3分粒组成，形小。表皮细胞方形或多角形，垂周壁呈不整齐的连珠状增厚；有时可见气孔，扁圆形，直径54～62 μm，副卫细胞4～5个。草酸钙结晶棱形、方形、颗粒状或簇状，直径可达50 μm。导管螺纹或环纹，直径6～20 μm。

（2）取本品粉末10 g，加乙醇50 mL，加热回流1 h，滤过，滤液蒸干，残渣加稀盐酸10 mL，搅拌使溶解，滤过，滤液用40%氢氧化钠溶液调节pH值至10以上，用二氯甲烷振摇提取2次，每次10 mL，合并二氯甲烷液，蒸干，残渣加无水乙醇1 mL使溶解，作为供试品溶液。另取湖北贝母对照药材10 g，同法制成对照药材溶液。再取湖贝甲素对照品，加无水乙醇制成每1 mL含0.5 mg的溶液，作为对照品溶液。照薄层色谱法（通则0502）试验，吸取上述3种溶液各10 μL，分别点于同一硅胶G薄层板上，以甲苯-乙酸乙酯-二乙胺（30：20：3.8）为展开剂，展开，取出，晾干，喷以稀碘化铋钾试液。供试品色谱中，在与对照药材色谱和对照品色谱相应的位置上，显相同颜色的斑点。

【检查】水分　不得过14.0%（通则0832第二法）。

总灰分　不得过6.0%（通则2302）。

【浸出物】按照醇溶性浸出物测定法（通则2201）项下的热浸法测定，用稀乙醇作溶剂，不得少于7.0%。

【含量测定】按照高效液相色谱法（通则0512）测定。

色谱条件与系统适用性试验　以十八烷基硅烷键合硅胶为填充剂；以乙腈-0.02%二乙胺溶液（75：25）为流动相；蒸发光散射检测器检测。理论板数按贝母素乙峰计算应不低于5 000。

对照品溶液的制备　取贝母素乙对照品适量，精密称定，加甲醇制成每1 mL含0.5 mg的溶液，即得。

供试品溶液的制备　取本品细粉约5 g，精密称定，置具塞锥形瓶中，精密加入盐酸-85%甲醇（2：98）混合溶液100 mL，称定重量，放置12 h，加热回流4 h，放冷，再称定重量，用盐酸-85%甲醇（2：98）混合溶液补足减失的重量，摇匀，滤过，精密量取续滤液50 mL，蒸至无醇味（3～4 mL），用水25 mL分次转移至分液漏斗中，加氨试液调节pH值至11，用乙醚振摇提取4次，每次25 mL，合并乙醚液，挥干，残渣加甲醇适量使溶解，转移至5 mL量瓶中，加甲醇至刻度，摇匀，滤过，取续滤液，即得。

测定法　分别精密吸取对照品溶液4 μL，12 μL，供试品溶液5～15 μL，注入液相色谱仪，测定，用外标两点法对数方程计算，即得。

本品按干燥品计算，含贝母素乙（$C_{27}H_{43}NO_3$）不得少于0.16%。

【市场前景】

湖北贝母主产于湖北省恩施自治州及重庆市奉节县等地，栽培和使用历史悠久，为湖北及四川、重庆市的地方常用药材。湖北贝母味苦、凉，具有清热润肺、化痰止咳的功效，用于治疗热痰咳嗽、阴虚肺燥、痰核瘰疬、痈疽肿毒等证。活性成分主要是生物碱、非碱性成分二萜及聚合二萜等，在生物碱中，除了浙贝甲素和浙贝乙素外，还有含量较高的湖贝甲素和β-谷甾醇非碱性物质，这两种物质的祛痰和平喘作用较好，镇咳作用显著，且低毒安全，有很好的应用和开发价值。从湖北贝母中所含的生物碱成分来看，其与浙贝、川贝、伊贝、平贝等所含的总碱比较，既有共性，也有其个性。鉴于贝母类药材目前尚不能满足医疗及市场需要，因而积极发展湖北贝母，并不断提高其产量及质量仍具有现实意义。

42. 薤白

【来源】

本品为百合科植物小根蒜*Allium macrostemon* Bge. 或薤*Allium chinense* G. Don. 的干燥鳞茎。中药名：薤白；别名：密花小根蒜、团葱、薤头、荞头。

【原植物形态】

小根蒜鳞茎近球状，粗0.7~1.5（~2）cm，基部常具小鳞茎（因其易脱落故在标本上不常见）；鳞茎外皮带黑色，纸质或膜质，不破裂，但在标本上多因脱落而仅存白色的内皮。叶3~5枚，半圆柱状，或因

背部纵棱发达而为三棱状半圆柱形，中空，上面具沟槽，比花葶短。花葶圆柱状，高30~70 cm，1/4~1/3被叶鞘；总苞2裂，比花序短；伞形花序半球状至球状，具多而密集的花，或间具珠芽或有时全为珠芽；小花梗近等长，比花被片长3~5倍，基部具小苞片；珠芽暗紫色，基部亦具小苞片；花淡紫色或淡红色；花被片矩圆状卵形至矩圆状披针形，长4~5.5 mm，宽1.2~2 mm，内轮的常较狭；花丝等长，比花被片稍长直到比其长1/3，在基部合、生并与花被片贴生，分离部分的基部呈狭三角形扩大，向上收狭成锥形，内轮的基部约为外轮基部宽的1.5倍；子房近球状，腹缝线基部具有帘的凹陷蜜穴；花柱伸出花被外。花果期5—7月。

薤鳞茎数枚聚生，狭卵状，粗（0.5~）1~1.5（~2）cm；鳞茎外皮白色或带红色，膜质，不破裂。叶2~5枚，具3~5棱的圆柱状，中空，近与花葶等长，粗1~3 mm。花葶侧生，圆柱状，高20~40 cm，下部被叶鞘；总苞2裂，比伞形花序短；伞形花序近半球状，较松散；小花梗近等长，比花被片长1~4倍，基部具小苞片；花淡紫色至暗紫色；花被片宽椭圆形至近圆形，顶端钝圆，长4~6 mm，宽3~4 mm，内轮的稍长；花丝等长，约为花被片长的1.5倍，仅基部合生并与花被片贴生，内轮的基部扩大，扩大部分每侧各具1齿，外轮的无齿，锥形；子房倒卵球状，腹缝线基部具有帘的凹陷蜜穴；花柱伸出花被外。花果期10—11月。

【资源分布及生物学习性】

小根蒜除新疆、青海外，全国各省区均产。生于海拔1 500 m以下的山坡、丘陵、山谷或草地上，极少数地区（云南和西藏）在海拔3 000 m的山坡上也有。

薤白原产我国。在长江流域和以南各省区广泛栽培，也有野生。

薤白多生长于山坡、丘陵、山谷、干草地、荒地、林缘、草甸以及田间，常成片生长，形成优势小群，薤白耐旱、耐瘠、耐低温、适应性很强，是一种易种好管的粗放型经济作物。

【规范化种植技术】

1. 整地播种

用当年的种子育苗移栽。一般在8月育苗，先将种子在50%水中泡4 h后，在20%下催芽，当50%萌动后则可播种。播种量75 kg/hm²，播后覆土并且保温（20 ℃）促出苗，出苗期要覆稻草，浇小水，可以提高出苗率。

2. 育苗管理

越冬前幼苗应长3~4片叶，苗高20~25 cm，假茎粗0.6 cm，苗龄90 d左右，一般在10月中旬可将壮苗假植贮藏越冬，即在封冻前将秧苗挖出捆把，假植在20 cm深厚的土沟中，然后随天气渐冷而增加盖土，直到早春土壤解冻后开始定植。

3. 定植与田间管理

早春土壤解冻后，4月施肥整地做畦，选根系小，叶直立的秧苗，按18 cm×1 cm的株行距试栽，45万株/hm²左右，深度以刚刚埋上小鳞茎，浇水不倒不漂秧为度。定植缓苗后要轻浇水，勤中耕以促耕生长，生长旺盛期则加大供水量。

4. 培土

培土是夺取薤白优质高产高效的一项关键性技术措施，尤其是新发展的产区，更应强调后期培土。在薤白生长中后期，地下鳞茎膨大迅速，如果暴露于表土，接触到空气，在阳光的照射下，暴露部分容易变绿，农户称为"绿籽"，"绿籽"食味差，直接影响到产品的商品性和经济效益。培土一般在小满前后进行，连续2~3次，把根茎部裸露的鳞茎全部深盖。

5. 病虫害防治

薤白的病虫害发生比较轻，但随着连作年限的增加而逐年加重，已成为薤白老产区的关键性问题。在生产实践中对病虫害防治主要采取综合防治措施：
①选择无病区的健壮薤白鳞茎作种子。
②轮作，对连续种植2~3年的土壤进行轮作换茬。
③开沟排水，降低田间湿度，特别是防止土壤内滞水。
④重视科学配方施肥，改变农户重氮肥轻磷钾肥，增加钾肥的施用量。
⑤药剂防治，薤白的虫害以蓟马为主，可用10%吡虫啉或25%菜喜进行防治；病害以霜霉病和炭疽病为主，霜霉病可用60%灭克锰锌防治，炭疽病可用80%炭疽福美防治。

6. 适时收获

在夏末秋初，当鳞茎基部有2~3叶枯黄，假茎失水变软倒伏，鳞茎外层鳞片革质化则可收获。收前一周停水，有利储运。

【药材质量标准】

【性状】小根蒜呈不规则卵圆形，高0.5~1.5 cm，直径0.5~1.8 cm。表面黄白色或淡黄棕色，皱缩，半透明，有类白色膜质鳞片包被，底部有突起的鳞茎盘。质硬，角质样。有蒜臭，味微辣。

薤呈略扁的长卵形，高1~3 cm，直径0.3~1.2 cm。表面淡黄棕色或棕褐色，具浅纵皱纹。质较软，断

面可见鳞叶2～3层。嚼之粘牙。

【鉴别】取本品粉末4 g，加正己烷20 mL，超声处理20 min，滤过，滤液挥干，残渣加正己烷1 mL使溶解，作为供试品溶液。另取薤白对照药材4 g，同法制成对照药材溶液。照薄层色谱法（附录ⅥB）试验，吸取上述两种溶液各10 μL，分别点于同一硅胶G薄层板上，以正己烷-乙酸乙酯（10∶1）为展开剂，展开，取出，晾干，喷以10%硫酸乙醇溶液，在105 ℃加热至斑点显色清晰，置紫外光灯（365 nm）下检视。供试品色谱中，在与对照药材色谱相应的位置上，显相同颜色的荧光斑点。

【检查】**水分** 不得过10.0%（附录ⅨH第二法）。

总灰分 不得过5.0%（附录ⅨK）。

【浸出物】照醇溶性浸出物测定法（附录ⅩA）项下的热浸法测定，用75%乙醇作溶剂，不得少于30.0%。

【市场前景】

薤白是一味传统的中药，始载于《神农本草经》，为百合科植物小根蒜*Alliummacrostemon* Bge.或薤*Alliumchinensis* G. Don.的干燥鳞茎。性味辛、苦、温，有温中通阳，理气宽胸，通阳散结行气导滞等功效。含有多种生物活性成分，药理作用广泛，在降脂、抗氧化、解痉平喘、抑菌、抗癌、调节免疫功能、镇痛及耐缺氧等方面疗效确切。其原植物主要产于东北、湖北、河北、江苏等地，是一种非常有开发价值的药物。同时因其兼可食用，亦可开发成保健品、食品等，市场前景十分广阔。

43. 土茯苓

【来源】

本品为百合科植物光叶菝葜*Smilax glabra* Roxb.的干燥根茎。中药名：土茯苓；别名：菝葜、金刚兜、光叶菝葜。

【原植物形态】

攀缘灌木；根状茎粗厚，坚硬，为不规则的块状，粗2～3 cm。茎长1～3 m，少数可达5 m，疏生刺。叶薄革质或坚纸质，干后通常红褐色或近古铜色，圆形、卵形或其他形状，长3～10 cm，宽1.5～6（～10）cm，下面通常淡绿色，较少苍白色；叶柄长5～15 mm，占全长的1/2～2/3，具宽0.5～1 mm（一侧）的鞘，几乎都有卷须，少有例外，脱落点位于靠近卷须处。伞形花序生于叶尚幼嫩的小枝上，具十几朵或更多的花，常呈球形；总花梗长1～2 cm；花序托稍膨大，近球形，较少稍延长，具小苞片；花绿黄色，外花被片长

3.5～4.5 mm，宽1.5～2 mm，内花被片稍狭；雄花中花药比花丝稍宽，常弯曲；雌花与雄花大小相似，有6枚退化雄蕊。浆果直径6～15 mm，熟时红色，有粉霜。花期2—5月，果期9—11月。

【资源分布及生物学习性】

土茯苓产山东（山东半岛）、江苏、浙江、福建、台湾、江西、安徽（南部）、河南、湖北、四川（中部至东部）、云南（南部）、重庆、贵州、湖南、广西和广东（海南岛除外）。生于海拔2 000 m以下的林下、灌丛中、路旁、河谷或山坡上。

喜温暖湿润气候，耐干旱和荫蔽。并土茯苓具有适应性强的特点，砂质壤土或黏壤土均可栽培。

【规范化种植技术】

1. 备料

把砍伐后不久，没虫蛀、未脱皮的松树头挖下来，截去周围横根，削去一部分树皮（深度至木质部）。削面间留1个3～5 cm宽不中断的树皮，以利于传菌。直径5 cm以上的横根或木尾，也可削皮作原料。然后将削皮后的木头放在通风、干燥、有光照的地方，按"井"字形叠起。待木料出现裂缝时便可种植。

2. 选地

选择坡度为30°，排水良好，阳光充足的山脊或山腰地为种植场地。土壤以中性或稍偏酸性的沙质土壤（即沙粉土）为好。种前1个月，铲除杂草和表土，深翻50～80 cm，不必打碎，让土壤充分风化。翻锄前每亩用3%米乐尔颗粒剂4～5 kg撒于地面防治白蚁。

3. 种植方法

3.1 种前准备
泥土翻松打碎，清除杂草、树根等杂物，把树头根锯平成新截面。选择圆形、蒂小、外皮淡褐色、有裂皮白纹、汁液多、呈白色的茯苓为菌种。

3.2 种植时间
春种在4—6月，秋种宜在9—11月。选择晴天，当泥土用手抓而不结团时种植。

3.3 开壕摆料
壕的宽和深视木头的长短和大小而定，壕底坡度为20°～30°。木料摆放在壕里，新截口向上。摆放方式有分窑种植和平列排放种植两种。

（1）分窑种植：把两根木头平排靠紧，上面放一截木尾或树根成"品"字形，两窑间隔15～20 cm。

（2）平列排放种植：将木头平列排在一起，逐根紧靠。每两根之间上面放一截木尾或树根。采用平列排放种植茯苓，传菌均匀，没有空窑，结苓多，产量高。摆好木料后，在下方覆土，压紧木料。

3.4 贴种修沟

将选好的茯苓种用竹刀切成小块，贴在木头与木尾交接的新口处，每处贴1块，每10 kg木料用种0.1～0.15 kg。贴种时种肉向内，种皮向外，培土压实，开沟，把畦与畦之间的泥土盖在木料上面，开1条宽30 cm的排水沟。春种覆土10 cm，秋种可厚些。

4. 管理

种植后45～60 d，菌丝基本传遍木料时，进行第一次松土。即扒开泥土，将木料下方底部的泥土挖松（勿松动木料）半天后培土。第二次松土在结苓后进行，把苓块周围的泥土挖松，再培上。茯苓膨大时若表土爆裂，应及时培土。久旱时适当增加培土的厚度或封沟（在沟中填泥），以保持水分。平时注意检查，发现白蚁蛀食木料即用白蚁药毒杀或每亩用3%米乐尔颗粒剂4～5 kg撒施。

5. 采收

茯苓生长4～5个月便成熟。成品外皮粗，呈黑褐色，没有裂皮白纹，质坚实。松树头种植茯苓可收获3～5批，每成熟一批采收一批，直至木头腐烂为止。

【药材质量标准】

【性状】本品略呈圆柱形，稍扁或呈不规则条块，有结节状隆起，具短分枝，长5～22 cm，直径2～5 cm。表面黄棕色或灰褐色，凹凸不平，有坚硬的须根残基，分枝顶端有圆形芽痕，有的外皮现不规则裂纹，并有残留的鳞叶。质坚硬。切片呈长圆形或不规则，厚1～5 mm，边缘不整齐；切面类白色至淡红棕色，粉性，可见点状维管束及多数小亮点；质略韧，折断时有粉尘飞扬，以水湿润后有黏滑感。气微，味微甘、涩。

【鉴别】（1）本品粉末淡棕色。淀粉粒甚多，单粒类球形、多角形或类方形，直径8～48 μm，脐点裂缝状、星状、三叉状或点状，大粒可见层纹；复粒由2～4分粒组成。草酸钙针晶束存在于黏液细胞中或散在，针晶长40～144 μm，直径约5 μm。石细胞类椭圆形、类方形或三角形，直径25～128 μm，孔沟细密；另有深棕色石细胞，长条形，直径约50 μm，壁三面极厚，一面菲薄。纤维成束或散在，直径22～67 μm。具缘纹孔导管及管胞多见，具缘纹孔大多横向延长。

（2）取本品粉末1 g，加甲醇20 mL，超声处理30 min，滤过，取滤液作为供试品溶液。另取落新妇苷对照品，加甲醇制成每1 mL含0.1 mg的溶液，作为对照品溶液。照薄层色谱法（附录ⅥB）试验，吸取上述两种溶液各10 μL，分别点于同一硅胶G薄层板上，以甲苯-乙酸乙酯-甲酸（13∶32∶9）为展开剂，展开，取出，晾干，喷以三氯化铝试液，放置5 min后，置紫外光灯（365 nm）下检视。供试品色谱中，在与对照品色谱相应的位置上，显相同颜色的荧光斑点。

【检查】水分 不得过15.0%（通则0832第一法）。

总灰分 不得过5.0%（通则2302）。

【浸出物】按照醇溶性浸出物测定法（通则

2201）项下的热浸法测定，用稀乙醇作溶剂，不得少于15.0%。

【含量测定】按照高效液相色谱法（通则0512）测定。

色谱条件与系统适用性试验　以十八烷基硅烷键合硅胶为填充剂；以甲醇-0.1%冰醋酸溶液（39∶61）为流动相；检测波长为291 nm。理论板数按落新妇苷峰计算应不低于5 000。

对照品溶液的制备　取落新妇苷对照品适量，精密称定，加60%甲醇制成每1 mL含0.2 mg的溶液，即得。

供试品溶液的制备　取本品粉末（过二号筛）约0.8 g，精密称定，置圆底烧瓶中，精密加入60%甲醇100 mL，称定重量，加热回流1 h，放冷，再称定重量，用60%甲醇补足减失的重量，摇匀，滤过，取续滤液，即得。

测定法　分别精密吸取对照品溶液与供试品溶液各10 μL，注入液相色谱仪，测定，即得。

本品按干燥品计算，含落新妇苷（$C_{21}H_{22}O_{11}$）不得少于0.45%。

【市场前景】

土茯苓性味甘、淡、平。具除湿，解毒，通利关节之功能。用于湿热，带下，痈肿，瘰疬，疥癣，梅毒及汞中毒所致的肢体拘挛，筋骨疼痛。目前，市面上土茯苓主要分红土苓、白土苓两种，而红、白土苓又分别有不同的药用植物来源。我国土茯苓植物资源丰富、分布广泛、蕴藏量大，对综合开发利用我国中草药资源、丰富祖国医药学宝库将具有深远的历史意义和现实意义，在栽培时应注意区分品种。

44. 泽泻

【来源】

本品为泽泻科植物泽泻*Alisma orientale*（Sam.）Juzep.的干燥块茎。中药名：泽泻；别名：水泽、如意花。

【原植物形态】

多年生水生或沼生草本。块茎直径1～3.5 cm，或更大。叶通常多数；沉水叶条形或披针形；挺水叶宽披针形、椭圆形至卵形，长2～11 cm，宽1.3～7 cm，先端渐尖，稀急尖，基部宽楔形、浅心形，叶脉通常5条，叶柄长1.5～30 cm，基部渐宽，边缘膜质。花葶高78～100 cm，或更高；花序长15～50 cm，或更长，具3～8轮分枝，每轮分枝3～9枚。花两性，花梗长1～3.5 cm；外轮花被片广卵形，长2.5～3.5 mm，宽2～3 mm，通常具7脉，边缘膜质，内轮花被片近圆形，远大于外轮，边缘具不规则粗齿，白色，粉红色或浅紫色；心皮17～23枚，排列整齐，花柱直立，长7～15 mm，长于心皮，柱头短，为花柱的1/9～1/5；花丝长1.5～1.7 mm，基部宽约0.5 mm，花药长约1 mm，椭圆形，黄色，或淡绿色；花托平凸，高约0.3 mm，近圆形。瘦果椭圆形，或近矩圆形，长约2.5 mm，宽约1.5 mm，背部具1～2条不明显浅沟，下部平，果喙自腹侧伸出，喙基部凸起，膜质。种子紫褐色，具凸起。花果期5—10月。

【资源分布及生物学习性】

泽泻产于黑龙江、吉林、辽宁、内蒙古、河北、山西、陕西、重庆、新疆、云南等省区。生于湖泊、河湾、溪流、水塘的浅水带，沼泽、沟渠及低洼湿地亦有生长。

泽泻野生于沼泽、河沟等潮湿地区；栽培地多在海拔800 m以下的肥沃而稍带黏性的土壤。具有喜光、喜湿、喜肥的特性。要求气候温和、光照充足、土壤湿润的生长条件。育苗移栽后约120 d就可收获。

【规范化种植技术】

1. 选地

泽泻宜栽于潮田及冬水田里，土质以黄泥田、白墙泥田等黏壤土为宜。水源要充足，必须具备能适时灌溉、排水的条件。前作物必须为早稻，早稻收后，将泽泻苗移栽于田中。

2. 育苗与施肥

2.1 苗床的选择与整地

选择地势平坦，排灌水便利，肥力适中的秧田或菜园为苗床。整地宜精细，应做到耙得烂、耙得净、耙得平。一般须3犁3耙，耙成极细的糊状泥土，施下腐熟的堆肥2 000 kg或人粪尿500 kg为基肥，然后用木板将土壤刮平，再分成若干小畦，宽100~120 cm，并挖好浅沟，以便排水及灌水。

2.2 适时播种

夏至前3~10 d或大暑前3~4 d播种。如果播种过早，在生长后期气温高，则易抽薹开花，使根部养分消耗，降低品质；如果播种过迟，则生长后期气温过低，会使球茎受冻，亦会影响品质及产量。播种前先将种子装在布袋里放于水田中浸1昼夜，取出在日光下晒种子，拌以草木灰和油饼粉，然后在晴天均匀撒在畦上，并用竹扫帚轻轻拍压，使种子与畦面泥土密切结合，避免骤雨和流水把种子冲走，以致苗疏密不匀。

2.3 苗床管理

播种2~3 d，即须灌浅水（如播种后即下雨，可不灌水），次日排水，2日后又须灌水。以后每天清晨排水晒田，晚间灌水。如白天日光强烈，要等晚上土壤温度降低时才进行灌水工作。否则由于温度骤然降低，会影响幼苗的发育。如遇大雨，不论日间或黑夜，必须马上灌深水，以免幼苗被雨打坏。灌水时，头几次宜浅，以后随幼苗长度增加其深度，但以不淹过苗尖为原则，到苗高5~7 cm时，苗床中经常保持4 cm深的浅水。久雨后必须排水晾苗，排水时必须排尽，以免蓄水晒热，烧死幼苗。

2.4 匀苗

苗高3~4 cm时，即开始匀苗，扯去柔弱细小的秧苗，株行距2~3 cm，对过稀过密的行子实行匀苗或补苗，等到补植返青时即施追肥。第1次追肥，每亩用猪粪水1 200 kg，浓度宜淡，施后仍灌水，勿使田土发生裂缝损伤幼根，以后在移栽前半月，看幼苗生长好坏，酌量增施追肥。

3. 移栽

选择排灌水便利，土壤肥沃的早稻田进行移栽。立秋后，处暑前开始收获早稻的第3 d，即放干田水（如无水源灌溉，可不放水）；收获早稻后，留矮谷桩，立即趁田水尚热时犁田，耕16~20 cm深，把谷桩踩入泥土中，耙1~2次，使泥土细碎、松软、平坦，然后移植。为了使株行距垂直，可采用拉绳法种植，行株距各34 cm，选择日光不太强烈的天气，在苗床上扯起幼苗，束成一小束，放在流水中冲洗，使藏在叶片及叶柄上的蚜虫顺流水冲去，同时去掉脚叶及黄萎的叶片，然后移栽。插时用大拇指及食指轻轻捏苗插入土中，一般插1.2~2 cm。每亩插5 000~6 000株，每穴栽1株。为了补苗便利，可每隔5行，相隔一穴多插1株，经20 d后，如无缺株，则把多余的苗拔掉，以免两株挤在一起，致使球茎变小。栽植后3~4 d如遇土壤干燥，应在傍晚灌水，翌晨排去，以后每隔3~5 d灌水1次。补苗后7~8 d时灌水入田，用脚在行子的两旁轻踏，使土壤形成凹陷，以便含蓄水分，使土壤松软，便于以后中耕除草。

4. 留种

4.1 四川

选择生长健壮、根茎肥大、无病虫害的植株留作种苗，在选好的植株上做一记号，冬至收获时，将留种的泽泻植株同时掘起（泽泻的茎叶已将近枯萎），栽到阳光不甚强烈而比较湿润的地方，将泽泻根茎斜埋，入土深浅要适度，过深则根茎容易腐烂，过浅易遭受冻害。翌年立春后即发出十多个芽子，清明前后挖出泽泻根茎，将芽分开，移栽于阳光充足，土壤肥沃的地方，窝距34 cm，小暑后即开花，1个月后种子逐渐变成黄褐色，已充分成熟，分批陆续采收。收种子时用刀割断着生果实的茎秆，扎成小把，悬挂于通风干燥之处，到翌年下种前晒1日，即脱粒播种。

4.2 福建

留种用泽泻夏至播种，立秋移植。到立秋即可陆续收获，由于植株抽薹开花前后参差不齐，故留种时应采用分期采收，一般在果穗中层（约第3层）的种子为熟，呈紫褐色时采下。成熟时应每日巡视田间，做到成熟1株，收获1株。

5. 栽培管理

5.1 追肥

一般每亩泽泻用人畜粪1 500~2 000 kg、油饼25 kg、草木150 kg，分3次施下。第1次追肥在栽后20 d，用猪粪尿400~500 kg（不加水），施后即中耕。如果是晴天，随即灌水3 cm深，如果是阴天，1 d后再灌水。第2次追肥（距第1次追肥10~15 d）施用人畜粪600~750 kg，施肥前先排出一部分水，留浅水，施后中耕，1~3 d灌水淹苗约6.5 cm深。第3次追肥（距第2次追肥约20 d）的施肥量及施肥法，大体上与第2次相同，匀苗后再用草木灰150 kg，拌腐熟的油饼25 kg，撒于泽泻苗苑的中心，然后灌水7 cm深。

5.2　中耕除草

每次追肥前，如田中杂草过多，须先扯去杂草，施肥后，再匀苗，把易于腐烂的杂草压入泥土中，使逐渐沤烂供泽泻吸收。发现缺苗，即带上移苗补栽。

5.3　打芽与摘心

在进行第3次中耕时，泽泻已发生有很多侧芽，必须摘除，以免徒耗养料，影响地下球茎的发育。以后每隔5～7 d，注意打芽1次，直到霜降时为止。抽茎时还要摘心（即打薹子），由茎的基部折尽，不可残留茎桩，否则又会发生侧芽。

6. 病虫害防治

6.1　病害

白斑病俗称"炭枯病"，为害叶。一般多在高温多湿条件下发病，在苗期发病，移栽后于8月病情发展，9月下旬至10月上、中旬病情严重，至11月停止。

防治方法：选育高产抗病良种，增施磷、钾肥，提高植株抗病能力；播种前用40%的甲醛800倍液浸种5 min，洗净晾干待播。发病初期喷50%代森铵500～600倍液或50%二硝散200倍液，每7～10 d喷1次，连续2～3次。也可用25%托布津可湿性粉剂5 000～6 000倍液喷洒，发现病叶立即摘除，再用1∶1∶100的波尔多液进行保护。

6.2　虫害

银纹夜蛾幼虫咬食泽泻叶片，一般幼虫于7月或8月为害泽泻秧田，9月上旬起为害本田。

防治方法：利用幼虫的假死性，进行人工捕捉，也可用80%敌百虫1 000～1 500倍液喷洒。

泽泻缢虫又名"蚜虫""乌油虫"。以无翅蚜群集于叶背和花茎上吸取叶液。受害植株叶片发黄，发育不良，生长矮小，产量降低，并影响开花结实。从泽泻秧田期开始为害，9—11月为害严重，害虫集中于花薹上吸取汁液。天气闷热天雨有利于害虫繁殖。

防治方法：发现害虫，可用40%乐果3 000倍液喷洒、每7 d 1次，连续3～4次。可用50%马拉硫磷乳油1 000倍液喷洒。

7. 采收加工

7.1　采收

自移栽后100～120 d就可收获。一般应掌握：立夏播的在冬至前收，大暑前播种的在冬至后收获。收获过早则球茎发育尚不完全，个头细小，同时顶端幼嫩，炕干后顶端则发生凹下状；如果收获过迟，又会再发生新芽，球茎的养料继续被消耗，降低质量。收获时，一手执镰刀在泽泻周围划破泥土，由于泽泻根浅，入泥土不深，一手即可轻轻提取球茎，刮去泥土，去掉叶子。但应留球茎中心的小叶片，以免炕时流出黑色液汁，干燥后发生凹陷，降低品质。

7.2　加工

将掘取的泽泻球茎去掉一部分大叶子，用微火烘干，火力不能过大，否则球茎色泽变黄。上炕24 h后即须翻炕1次，除去灰渣，大约3昼夜即可完全干燥，然后放置在两头尖的竹兜中，两人来回互相撞击，撞去须根及粗皮，即变成光滑淡黄白色的泽泻。

【药材质量标准】

【性状】本品呈类球形、椭圆形或卵圆形，长2～7 cm，直径2～6 cm。表面淡黄色至淡黄棕色，有不规则的横向环状浅沟纹和多数细小突起的须根痕，底部有的有瘤状芽痕。质坚实，断面黄白色，粉性，有多数细孔。气微，味微苦。

【鉴别】（1）本品粉末淡黄棕色。淀粉粒甚多，单粒长卵形、类球形或椭圆形，直径3～14 μm，脐点人字状、短缝状或三叉状；复粒由2～3分粒组成。薄壁细胞类圆形，具多数椭圆形纹孔，集成纹孔群。内皮层细胞垂周壁波状弯曲，较厚，木化，有稀疏细孔沟。油室大多破碎，完整者类圆形，直径54～110 μm，分泌细胞中有时可见油滴。

（2）取本品粉末2 g，加70%乙醇20 mL，超声处理30 min，滤过，滤液蒸至无醇味，通过HP20型大孔吸附树脂柱（内径为1 cm，柱高为5 cm，30%乙醇湿法装柱），用30%乙醇15 mL洗脱，弃去洗脱液，再用70%乙醇15 mL洗脱，收集洗脱液，蒸干，残渣加甲醇1 mL使溶解，作为供试品溶液。另取泽泻对照药材2 g，同法制成对照药材溶液。再取23-乙酰泽泻醇B对照品和23-乙酰泽泻醇C对照品，加甲醇制成每1 mL含1 mg的溶液，作为对照品溶液。照薄层色谱法（通则0502）试验，吸取上述4种溶液各10 μL，分别点于同一硅胶GF254薄层板上，以二氯甲烷-甲醇（15∶1）为展开剂，展开，取出，晾干，喷以2%香草醛硫酸溶液-乙醇（1∶9）混合溶液，在105 ℃加热至斑点显色清晰，分别置日光和紫外光灯（365 nm）下检视。供试品色谱中，在与对照药材色谱和对照品色谱相应位置上，分别显相同颜色的斑点或荧光斑点。

【检查】水分　不得过14.0%（通则0832第二法）。

总灰分　不得过5.0%（通则2302）。

【浸出物】按照醇溶性浸出物测定法（通则2201）项下的热浸法测定，用乙醇作溶剂，不得少于10.0%。

【含量测定】按照高效液相色谱法（通则0512）测定。

色谱条件与系统适用性试验　以十八烷基硅烷键合硅胶为填充剂；以乙腈为流动相A，以水为流动相B，按下表中的规定进行梯度洗脱，23-乙酰泽泻醇B检测波长为208 nm，23-乙酰泽泻醇C检测波长为246 nm。理论板数按23-乙酰泽泻醇B峰计算应不低于3 000。

时间/min	流动相A/%	流动相B/%
0～5	45	55
5～30	45～84	55～16
30～40	84	16

对照品溶液的制备　取23-乙酰泽泻醇B对照品和23-乙酰泽泻醇C对照品适量，精密称定，加乙腈制成每1 mL含23-乙酰泽泻醇B35 μg和23-乙酰泽泻醇C 5 μg的混合溶液，即得。

供试品溶液的制备　取本品粉末（过五号筛）约0.5 g，精密称定，置具塞锥形瓶中，精密加入乙腈25 mL，密塞，称定重量，超声处理（功率250 W，频率50 kHz）30 min，放冷，再称定重量，用乙腈补足减失的重量，摇匀，滤过，取续滤液，即得。

测定法　分别精密吸取对照品溶液与供试品溶液各20 μL，注入液相色谱仪，测定，即得。

本品按干燥品计算，含23-乙酰泽泻醇B（$C_{32}H_{50}O_5$）和23-乙酰泽泻醇C（$C_{32}H_{48}O_6$）的总量不得少于0.10%。

【市场前景】

泽泻为临床常用利水中药，在我国应用历史悠久，至今仍是临床常用药。其干燥块茎有利水、利尿、消肿、泻肾火的功效。泽泻叶可治疗慢性气管炎、乳汁不通，为临床常用利水中药，在我国应用历史悠久。泽泻果实药名泽泻实，可治疗风痹、消渴、益肾气、强阴、补不足、除邪湿。泽泻实作为附子理中丸、六味地黄丸、肾气丸、滋阴降火丸、济生肾气丸、七味都气丸等几十种中成药的重要原料，疗效显著，日益受到国内市场的青睐。泽泻商品药材分为建泽泻、川泽泻、浙江泽泻和江西泽泻，其中以建泽泻和川泽泻为主，《本草纲目》中建泽泻被列为上品，目前市场上的泽泻商品药材多以建泽泻为主。随着经济的发展，周边大片土地被开发利用，且生产成本的不断提高，使得泽泻种植面积呈直线下降趋势。目前生产上采用的泽泻种子基本上是自行选育和留种，并没有形成专家和相关政府主管部门认可的新品种，导致泽泻品种退化现象日益突出。而福建省曾对泽泻规范种植项目实施以后，极大地推动建泽泻的生产种植规模，市场前景较好。

45. 射干

【来源】

本品为鸢尾科植物射干*Belamcanda chinensis*（L.）DC.的干燥根茎。中药名：射干；别名：交剪草、野萱花。

【原植物形态】

多年生草本。根状茎为不规则的块状，斜伸，黄色或黄褐色；须根多数，带黄色。茎高1～1.5 m，实心。叶互生，嵌叠状排列，剑形，长20～60 cm，宽2～4 cm，基部鞘状抱茎，顶端渐尖，无中脉。花序顶生，叉状分枝，每分枝的顶端聚生有数朵花；花梗细，长约1.5 cm；花梗及花序的分枝处均包有膜质的苞

片，苞片披针形或卵圆形；花橙红色，散生紫褐色的斑点，直径4～5 cm；花被裂片6，2轮排列，外轮花被裂片倒卵形或长椭圆形，长约2.5 cm，宽约1 cm，顶端钝圆或微凹，基部楔形，内轮较外轮花被裂片略短而狭；雄蕊3，长1.8～2 cm，着生于外花被裂片的基部，花药条形，外向开裂，花丝近圆柱形，基部稍扁而宽；花柱上部稍扁，顶端3裂，裂片边缘略向外卷，有细而短的毛，子房下位，倒卵形，3室，中轴胎座，胚珠多数。蒴果倒卵形或长椭圆形，长2.5～3 cm，直径1.5～2.5 cm，顶端无喙，常残存有凋萎的花被，成熟时室背开裂，果瓣外翻，中央有直立的果轴；种子圆球形，黑紫色，有光泽，直径约5 mm，着生在果轴上。花期6—8月，果期7—9月。

【资源分布及生物学习性】

产于吉林、辽宁、河北、山西、山东、河南、安徽、江苏、浙江、福建、台湾、湖北、重庆、湖南、江西、广东、广西、陕西、甘肃、四川、贵州、云南、西藏。生于林缘或山坡草地，大部分生于海拔较低的地方，但在西南山区，海拔2 000～2 200 m处也可生长。

射干生长于光照充足、湿润的荒坡、旷地、沟谷或荆棘丛中；土壤为质地疏松、肥沃、排水良好的中性或微碱性的沙质壤土。能耐旱、耐寒，但怕积水。

【规范化种植技术】

1. 选地整地

选择地势高而干燥、排水良好、土层较深厚的沙质壤土或向阳的山地，但不宜在低洼积水地、盐碱地或有线虫病的土地种植。整地时要施足底肥，每亩施用人畜粪2 500 kg或饼肥、过磷酸钾20 kg。翻地，耙平后做高20 cm，宽1.2 m的畦，并开30 cm宽的沟，以利排水。

2. 种植方法

2.1 根状茎繁殖

秋季采挖射干时，选择无病虫害，色鲜黄的根状茎，按自然分枝切断，每段根状茎带有根芽1～2个和部分根须，留作种栽。于早春或秋季与收获同期进行栽种。在整地耙细的高畦上，按行距25 cm、株距20 cm，挖15 cm深的穴，每穴栽种2个，间距6 cm，芽头向上，填土压紧。栽后约10 d出苗。若根芽已呈绿色，可任其露在上面；呈白色而短者，应以土掩埋。每亩射干种可分种3 335～4 002 m²。

2.2 种子繁殖

留种与采种选择生长健壮，无病虫害的2年生射干作留种地，并加强管理。9—10月，当果壳变黄，将要裂口，种子变黑时，拣熟果分批采收，置室内通风处晾干后脱粒。

种子处理将已脱粒的种子先摊放在簸箕内，置通风干燥处，晾干外种皮水分，将种子和湿沙以1∶5的比例混合，堆积储藏，以备翌春取出播种。经处理后的种子发芽快，发芽率可高达80%以上（种子寿命2年）。

播种分育苗和直播两种。

育苗法：即在整平耙细的苗床上，于春季3月下旬—4月上旬，或秋冬季9—12月中旬，进行条播或点播，以春播为好。条播：按株距2 cm，横向开宽10 cm、深6 cm的播种沟，将种子均匀地撒在沟内，覆盖火土灰厚约5 cm，上盖草厚3 cm。每亩用种量约10 kg。点播：按行距20 cm，株距15 cm挖穴，深6 cm，穴底要平整，施入适量粪肥和饼肥，上盖细土3 cm，以防灼伤种子。每穴播入种子6～8粒，均匀排列，播后盖细土，加盖稻草。约半个月后发芽。每亩播种量2.5 kg左右。当苗高5～6 cm时，移至大田定植，株行距15 cm×20 cm。

直播法：即整地施肥后，按行距50 cm，做宽20 cm的高垄，在垄中间开沟将种子均匀地播入沟内，覆盖细土厚5 cm，稍压紧后浇水，上盖草3 cm。隔半个月出苗后，及时揭去盖草，加强田间管理。当苗高10 cm左右时按株20 cm定苗。每亩播种量4～5 kg。亦可直接挖穴点播，每穴下种5～6粒，方法同前；此法管理方便，并节省种子，每亩用种量2 kg。

摘蕾无性繁殖的当年开花结果；种子繁殖的2年开花。射干花期长，开花结果多，消耗大量养分，除留种者外，一律在抽薹时摘除花蕾。摘蕾应选晴天的早晨，露水干后进行，分期分株摘除。

3. 栽培管理

3.1 中耕除草

春季出苗后应勤除草、松土。1年之内进行3～5次，春、秋季各2次，冬季1次。2年生的射干在6月封行后，只能拔草，不能松土，但在根际部要及时培土，以防止倒伏和影响产量。

3.2 追肥与排灌

射干喜肥，除施足基肥外，对生长2年以上的植株要重视追肥。每年春、秋、冬3季，结合中耕除草每亩施人畜粪1 500 kg、饼肥50 kg，加适量草木灰和过磷酸钾。射干怕涝，雨水过多时，应及时清沟排水，防止积水烂根。射干耐干旱，但在出苗期和定苗期要灌水，保持田间湿润。在苗高10 cm后，可不用灌水。久晴不雨，可采用清粪水浇苗。

4. 病虫害防治

4.1 病害

锈病秋季危害叶片，出现褐色隆起的锈斑。成株发病早，幼苗发病晚。

防治方法：发病初期喷95%敌锈钠400倍液，每7～10 d 1次，连续2～3次。

根腐病多发生于春夏多雨季节，多因带菌的种子或土壤积水，或使用未腐熟的畜粪作底肥而发病。

防治方法：选无病的苗移栽定植。用1∶1∶120波尔多液喷洒植株，或每亩用茶饼7.5 kg。开水浸泡凉后浇于植株根部；及时拔除病株，病穴和病区用生石灰进行土壤消毒。

4.2 虫害

蛴螬为害地下茎。

防治方法：可用233乳剂150 g、六丹粉250 g加水500 kg喷杀。

钻心虫又名环斑蚀夜蛾，发生较为普遍，为害严重。幼虫孵化后钻进幼嫩的新叶取食，吃掉叶肉，留下表皮，叶上呈针头状大小或稍大的透明点。5月上旬多数幼虫蛀入叶鞘内，为害叶鞘，使叶鞘呈水渍状并枯黄。6月上中旬，幼虫为害茎基部，植株被咬断，枯萎致死。7—8月高龄幼虫为害根状茎，咬成通道或孔洞，受害后常导致病菌侵入，引起根状茎腐烂。9月上旬后老熟幼虫在受害的根状茎附近化蛹。

防治方法：针对射干钻心虫孵化期较一致的特点，在越冬孵化盛期，喷0.5%西维因粉剂，每亩用量1.5～2.5 kg；6月上旬在幼虫入土为害前用90%晶体敌百虫800倍液泼浇；利用钻心虫雌蛾能分泌性激素诱集雄蛾的效能，可捕捉几只雌蛾放养笼内并置于射干地里，把诱来的雄蛾集中消灭。

5. 收获与加工

种子直播的射干3～4年可采收，根状茎繁殖的2～3年采收。秋季当射干茎叶全枯萎（先采收种子）后挖出根状茎。挖回后，除去泥土，晒至半干，用火燎去毛须，再晒干或烘干。

【药材质量标准】

【性状】本品呈不规则结节状，长3～10 cm，直径1～2 cm。表面黄褐色、棕褐色或黑褐色，皱缩，有较密的环纹。上面有数个圆盘状凹陷的茎痕，偶有茎基残存；下面有残留细根及根痕。质硬，断面黄色，颗粒性。气微，味苦、微辛。

【鉴别】（1）本品横切面：表皮有时残存。木栓细胞多列。皮层稀有叶迹维管束；内皮层不明显。中柱维管束为周木型和外韧型，靠外侧排列较紧密。薄壁组织中含有草酸钙柱晶、淀粉粒及油滴。

粉末橙黄色。草酸钙柱晶较多，棱柱形，多已破碎，完整者长49～240（315）μm，直径约至49 μm。淀粉粒单粒圆形或椭圆形，直径2～17 μm，脐点点状；复粒极少，由2～5分粒组成。薄壁细胞类圆形或椭圆形，壁稍厚或连珠状增厚，有单纹孔。木栓细胞棕色，垂周壁微波状弯曲，有的含棕色物。

（2）取本品粉末1 g，加甲醇10 mL，超声处理30 min，滤过，滤液浓缩至1.5 mL，作为供试品溶液。另取射干对照药材1 g，同法制成对照药材溶液。照薄层色谱法（附录ⅥB）试验，吸取上述两种溶液各1 μL，分别点于同一聚酰胺薄膜上，以三氯甲烷-丁酮-甲醇（3∶1∶1）为展开剂，展开，取出，晾干，喷以三氯化铝试液，置紫外光灯（365 nm）下检视。供试品色谱中，在与对照药材色谱相应的位置上，显相同颜色的荧光斑点。

【检查】水分　不得过10.0%（通则0832第二法）。

总灰分　不得过7.0%（通则2302）。

【浸出物】按照醇溶性浸出物测定法（通则2201）项下的热浸法测定，用乙醇作溶剂，不得少于18.0%。

【含量测定】按照高效液相色谱法（通则0512）测定。

色谱条件与系统适用性试验　以十八烷基硅烷键合硅胶为填充剂；以甲醇-0.2%磷酸溶液（53∶47）为流动相；检测波长为266 nm。理论板数按次野鸢尾黄素峰计算应不低于8 000。

对照品溶液的制备　取次野鸢尾黄素对照品适量，精密称定，加甲醇制成每1 mL含10 μg的溶液，即得。

供试品溶液的制备　取本品粉末（过四号筛）约0.1 g，精密称定，置具塞锥形瓶中，精密加入甲醇25 mL，称定重量，加热回流1 h，放冷，再称定重量，用甲醇补足减失的重量，摇匀，滤过，取续滤液，即得。

测定法　分别精密吸取对照品溶液10 μL与供试品溶液10～20 μL，注入液相色谱仪，测定，即得。

本品按干燥品计算，含次野鸢尾黄素（$C_{20}H_{18}O_8$）不得少于0.10%。

【市场前景】

射干为川产道地药材之一。具有清热解毒、消痰利咽等功效。主要用于咽喉肿痛、痰咳气喘等。现已在多种中成药中被广泛应用，如抗病毒颗粒、咽喉舒颗粒、美声喉泰含片等。射干药材主要来源于野生资源和人工种植。射干药用历史悠久，临床疗效确切，对类似"非典"等全球病毒性疾病的防治具有潜在的重要价值，是极具应用前景的特色高抗病毒类药材。

46. 天南星

【来源】

本品为天南星科植物天南星*Arisaema erubescens*（Wall.）Schott、异叶天南星*Arisaema heterophyllum* Bl.或东北天南星*Arisaema amurense* Maxim.的干燥块茎。中药名：天南星；别名：南星、半边莲、狗爪半夏、虎掌半夏、麻芋子、大半夏、独足伞、山魔芋、虎掌、蛇头蒜、锁喉莲、蛇草头、独脚莲、蛇包谷、独叶一枝枪、青杆独叶一枝枪、蛇六谷、天凉伞、蛇棒头、双隆芋、逢人不见面、不求人等。

【原植物形态】

天南星*Arisaema erubescens*（Wall.）Schott块茎扁球形，直径可达6 cm，表皮黄色，有时淡红紫色。鳞

叶绿白色、粉红色、有紫褐色斑纹。叶1，极稀2，叶柄长40~80 cm，中部以下具鞘，鞘部粉绿色，上部绿色，有时具褐色斑块；叶片放射状分裂，裂片无定数；幼株少则3~4枚，多年生植株有多至20枚的，常1枚上举，余放射状平展，披针形、长圆形至椭圆形，无柄，长（6~）8~24 cm，宽6~35 mm，长渐尖，具线形长尾（长可达7 cm）或否。花序柄比叶柄短，直立，果时下弯或否。佛焰苞绿色，背面有清晰的白色条纹，或淡紫色至深紫色而无条纹，管部圆筒形，长4~8 mm，粗9~20 mm；喉部边缘截形或稍外卷；檐部通常颜色较深，三角状卵形至长圆状卵形，有时为倒卵形，长4~7 cm，宽2.2~6 cm，先端渐狭，略下弯，有长5~15 cm的线形尾尖或否。肉穗花序单性，雄花序长2~2.5 cm，花密；雌花序长约2 cm，粗6~7 mm；各附属器棒状、圆柱形，中部稍膨大或否，直立，长2~4.5 cm，中部粗2.5~5 mm，先端钝，光滑，基部渐狭；雄花序的附属器下部光滑或有少数中性花；雌花序上的具多数中性花。雄花具短柄，淡绿色、紫色至暗褐色，雄蕊2~4，药室近球形，顶孔开裂成圆形。雌花：子房卵圆形，柱头无柄。果序柄下弯或直立，浆果红色，种子1~2，球形，淡褐色。花期5—7月，果9月成熟。

异叶天南星Arisaema heterophyllum Bl.块茎扁球形，直径2~4 cm，顶部扁平，周围生根，常有若干侧生芽眼。鳞芽4~5，膜质。叶常单1，叶柄圆柱形，粉绿色，长30~50 cm，下部3/4鞘筒状，鞘端斜截形；叶片鸟足状分裂，裂片13~19，有时更少或更多，倒披针形、长圆形、线状长圆形，基部楔形，先端骤狭渐尖，全缘，暗绿色，背面淡绿色，中裂片无柄或具长15 mm的短柄，长3~15 cm，宽0.7~5.8 cm，比侧裂片几短1/2；侧裂片长7.7~24.2（~31）cm，宽（0.7~）2~6.5 cm，向外渐小，排列成蝎尾状，间距0.5~1.5 cm。花序柄长30~55 cm，从叶柄鞘筒内抽出。佛焰苞管部圆柱形，长3.2~8 cm，粗1~2.5 cm，粉绿色，内面绿白色，喉部截形，外缘稍外卷；檐部卵形或卵状披针形，宽2.5~8 cm，长4~9 cm，下弯几成盔状，背面深绿色、淡绿色至淡黄色，先端骤狭渐尖。肉穗花序两性和雄花序单性。两性花序：下部雌花序长1~2.2 cm，上部雄花序长1.5~3.2 cm，此中雄花疏，大部分不育，有的退化为钻形中性花，稀为仅有钻形中性花的雌花序。单性雄花序长3~5 cm，粗3~5 mm，各种花序附属器基部粗5~11 mm，苍白色，向上细狭，长10~20 cm，至佛焰苞喉部以外之字形上升（稀下弯）。雌花球形，花柱明显，柱头小，胚珠3~4，直立于基底胎座上。雄花具柄，花药2~4，白色，顶孔横裂。浆果黄红色、红色，圆柱形，长约5 mm，内有棒头状种子1枚，不育胚珠2~3枚，种子黄色，具红色斑点。花期4—5月，果期7~9月。

东北天南星Arisaema amurense Maxim.块茎小，近球形，直径1~2 cm。鳞叶2，线状披针形，锐尖，膜质，内面的长9~15 cm。叶1，叶柄长17~30 cm，下部1/3具鞘，紫色；叶片鸟足状分裂，裂片5，倒卵形、倒卵状披针形或椭圆形，先端短渐尖或锐尖，基部楔形，中裂片具长0.2~2 cm的柄，长7~11 cm，宽4~7 cm，侧裂片具长0.5~1 cm共同的柄，与中裂片近等大；侧脉脉距0.8~1.2 cm，集合脉距边缘3~6 mm，全缘。花序柄短于叶柄，长9~15 cm。佛焰苞长约10 cm，管部漏斗状，白绿色，长5 cm，上部粗2 cm，喉部边缘斜截形，狭外，卷；檐部直立，卵状披针形，渐尖，长5~6 cm，宽3~4 cm，绿色或紫色具白色条纹。肉穗花序单性，雄花序长约2 cm，上部渐狭，花疏；雌花序短圆锥形，长1 cm，基部粗5 mm；各附属器具短柄，棒状，长2.5~3.5 cm，基部截形，粗4~5 mm，向上略细，先端钝圆，粗约2 mm。雄花具柄，花药2~3，药室近圆球形，顶孔圆形；雌花：子房倒卵形，柱头大，盘状，具短柄。浆果红色，直径5~9 mm；种子4，红色，卵形。肉穗花序轴常于果期增大，基部粗可达2.8 cm，果落后紫红色。花期5月，果9月成熟。

【资源分布及生物学习性】

天南星Arisaema erubescens（Wall.）Schott除内蒙古、黑龙江、吉林、辽宁、山东、江苏、新疆外，我国各省区都有分布，海拔3 200 m以下的林下、灌丛、草坡、荒地均有生长。自印度北部和东北部、尼泊尔、锡金至缅甸、泰国北部也有分布。

异叶天南星Arisaema heterophyllum Bl.除西北、西藏外，大部分省区都有分布，海拔2 700 m以下，生于林下、灌丛或草地。日本、朝鲜也有。

东北天南星Arisaema amurense Maxim.产北京、河北、内蒙古、宁夏、陕西、山西、黑龙江、吉林、辽宁、山东至河南信阳，海拔50～1 200 m，生于林下和沟旁。朝鲜、日本和苏联远东地区也有。

【规范化种植技术】

1. 选地整地

选好地后于秋季将土壤深翻20～25 cm，结合整地每亩施入腐熟厩肥或堆肥3 000～5 000 kg，翻入土内作基肥。栽种前，再浅耕1遍。然后，整细耙平成宽1.2 m的高畦或平畦，四周开好排水沟，畦面呈龟背形。

2. 繁殖方法

2.1 块茎繁殖

9—10月收获天南星块茎后，选择生长健壮、完整无损、无病虫害的中、小块茎，晾干后置地窖内贮藏作种栽。控窖深1.5 m左右，大小视种栽多少而定，窖内温度保持在5～10 ℃为宜。低于5 ℃，种栽易受冻害，高于10 ℃，则容易提早发芽。一般于翌年春季取出栽种。亦可于封冻前进行秋栽。春栽，于3月下旬—4月上旬，在整好的畦面上，按行距20～25 cm，株距14～16 cm挖穴，穴深4～6 cm。然后，将芽头向上，放入穴内，每穴1块。栽后覆盖土杂肥和细土，若天旱浇1次透水。约半个月即可出苗。大块茎作种栽，可以纵切两半或数块，只要每块有1个健壮的芽头，都能作种栽用。但切后要及时将伤口拌以草木灰，避免腐烂。块茎切后种植的，小块茎，覆土要浅，大块茎宜深。每亩种栽45 kg，小种栽20 kg左右。

2.2 种子繁殖

天南星种子于8月上旬成熟，红色浆果采集后，置于清水搓洗去果肉，捞出种子，立即进行秋播。在整好的苗床上，按行距15～20 cm挖浅沟，将种子均匀地播入沟内，覆土与畦南齐平。播后浇1次透水，以后经常保持床土湿润，10 d左右即可出苗。冬季用厩肥覆盖畦面，保湿保温，有利幼苗越冬。翌年春季幼苗出土后，将厩肥压入苗床作肥料，当苗高6～9 cm时，按株距12～15 cm定苗，多余的幼苗可另行移栽。

2.3 移栽

春季4—5月上旬，当幼苗高达6～9 cm时，选择阴天，将生长健壮的小苗，稍带土团，按行株距20 cm×15 cm移植于大田，栽后浇水1次定根水，以利成活。

3. 田间管理

3.1 松土与施肥

苗高8～10 cm时进行第1次松土除草，浅浅地把草除下即可。随后，每亩用0.5%尿素液100 kg喷洒小苗，10～15 d 1次，连喷3次。6月上旬进行第2次除草，结合中耕开沟每亩埋施磷酸二铵30 kg、硫酸钾高效复合肥45 kg、有机肥1 000 kg。第3次除草在7月中下旬，有草要拔掉。

3.2 排灌水

天南星植物喜湿润，栽后与施肥后要多浇水，常保持地面湿润。雨季注意排水，防止积水、苗叶变黄。

3.3 摘花薹

5—6月天南星的肉穗花序从鞘状苞片内抽出后，除留种地外，应及时全部剪掉，减少养分不必要的消耗。

3.4 间作

天南星栽后，在畦梗上按株距30 cm间作玉米、大豆、黑芝麻之类，既能为天南星遮阴，又能增加经济效益。

4　病虫害防治

4.1　炭疽病

主要危害成株。发病时叶片上病斑圆、近圆形，中心部分灰白色或淡褐色，边缘暗绿色或褐色；茎和叶柄上的病斑棱形，淡褐色，稍凹陷；浆果上病斑红褐色，稍凹陷。防治方法：入冬时搞好清园，烧毁枯茎烂叶；发病前喷施波尔多液（1：1：160）或无毒高脂膜200倍液；发病期喷施75%百菌清500倍液，7～10 d喷1次。

4.2　锈病

发病时叶片上病斑黄绿色，疣孢子器叶背面生，散生，直径250～450 mm，呈杯状。防治方法：发病前喷施波尔多液（1：1：160）；发病时喷97%敌锈钠300倍液。

4.3　病毒病

为全株性病害，发病时，天南星叶片上产生黄色不规则的斑驳，使叶片变为花叶症状，同时发生叶片变形、皱缩、卷曲，变成畸形症状，使植株生长不良，后期叶片枯死。防治办法：选择抗病品种栽种，如在田间选择无病单株留种。增施磷、钾肥，增强植株抗病力；及时喷药消灭传毒害虫。可使用病毒A病毒必克防治病毒病；5%高效氯氰菊酯3 000倍液杀死传毒害虫。

4.4　红蜘蛛

为害叶片，用73%克螨特3 000倍液喷雾防治。

4.5　红天蛾

5月以后发生，以幼虫为害叶片。防治方法：用90%晶体敌百虫800～1 000倍喷杀，或人工捕杀。

5. 采收加工与贮藏

秋季地上部分枯黄时采挖块茎，去掉泥土、茎叶及根须，然后装入筐内撞去表皮，用清水洗净，未撞净的表皮用竹片刮净。晒至半干时用硫酸熏，白天晒，晚上熏，至色白、全干即可。

【药材质量标准】

【性状】本品呈扁球形，高1～2 cm，直径1.5～6.5 cm。表面类白色或淡棕色，较光滑，顶端有凹陷的茎痕，周围有麻点状根痕，有的块茎周边有小扁球状侧芽。质坚硬，不易破碎，断面不平坦，白色，粉性。气微辛，味麻辣。

【鉴别】（1）本品粉末类白色。淀粉粒以单粒为主，圆球形或长圆形，直径2～17 μm，脐点点状、裂缝状，大粒层纹隐约可见；复粒少数，由2～12分粒组成。草酸钙针晶散在或成束存在于黏液细胞中，长63～131 μm。草酸钙方晶多见于导管旁的薄壁细胞中，直径3～20 μm。

（2）取本品粉末5 g，加60%乙醇50 mL，超声处理45 min，滤过，滤液置水浴上挥尽乙醇，加于AB-8型大孔吸附树脂柱（内径为1 cm，柱高为10 cm）上，以水50 mL洗脱，弃去水液，再用30%乙醇50 mL洗脱，收集洗脱液，蒸干，残渣加乙醇1 mL使溶解，离心，取上清液作为供试品溶液。另取天南星对照药材5 g，同法制成对照药材溶液。照薄层色谱法（通则0502）试验，吸取上述两种溶液各6 μL，分别点于同一硅胶G薄层板上，以乙醇-吡啶-浓氨

试液-水（8∶3∶3∶2）为展开剂，展开，取出，晾干，喷以5%氢氧化钾甲醇溶液，分别置日光和紫外光灯（365 nm）下检视。供试品色谱中，在与对照药材色谱相应的位置上，显相同颜色的斑点。

【检查】水分　不得过15.0%（通则0832第二法）。

总灰分　不得过5.0%（通则2302）。

【浸出物】按照醇溶性浸出物测定法（通则2201）项下的热浸法测定，用稀乙醇作溶剂，不得少于9.0%。

【含量测定】对照品溶液的制备　取芹菜素对照品适量，精密称定，加60%乙醇制成每1 mL含12 μg的溶液，即得。

标准曲线的制备　精密量取对照品溶液1 mL、2 mL、3 mL、4 mL、5 mL，分别置10 mL量瓶中，各加60%乙醇至5 mL，加1%三乙胺溶液至刻度，摇匀，以相应的试剂为空白，照紫外-可见分光光度法（通则0401），在400 nm的波长处测定吸光度，以吸光度为纵坐标，浓度为横坐标，绘制标准曲线。

测定法　取本品粉末（过四号筛）约0.6 g，精密称定，置具塞锥形瓶中，精密加入60%乙醇50 mL，密塞，称定重量，超声处理（功率250 W，频率40 kHz）45 min，放冷，再称定重量，用60%乙醇补足减失的重量，摇匀，滤过。精密量取续滤液5 mL，置10 mL量瓶中，按照标准曲线的制备项下的方法，自"加1%三乙胺溶液"起，依法测定吸光度，从标准曲线上读出供试品溶液中含芹菜素的重量，计算，即得。

本品按干燥品计算，含总黄酮以芹菜素（$C_{15}H_{10}O_5$）计，不得少于0.050%。

【市场前景】

天南星应用历史悠久，为常用中药，其性温，味苦、辛，有毒，具燥湿化痰、祛风定惊、消肿散结之功效，用于治疗顽痰咳嗽、风疾眩晕、中风、口眼歪斜、半身不遂、癫痫、惊风、破伤风等疾病，外用治疗疗疮肿毒、毒蛇咬伤。现代药理研究发现，天南星除了具有镇静及镇痛作用、抗惊厥作用、祛痰作用、抗炎作用、对心血管系统的作用、抗氧化作用外，应用天南星配伍治疗肿瘤、冠心病、宫颈癌、肺癌、中风等取得了较好的疗效，引起国内外广泛关注。

47. 半夏

【来源】

本品为天南星科植物半夏*Pinellia ternata*（Thunb.）Breit.的干燥块茎。中药名：根据炮制方法不同分为半夏、法半夏、姜半夏、清半夏；别名：三叶半夏、三步跳、麻芋果、田里心、无心菜、老鸦眼、老鸦芋头、燕子尾、地慈姑、球半夏、尖叶半夏、老黄咀、老和尚扣、野芋头、老鸦头、地星、三步魂、麻芋子、小天老星、药狗丹、三叶头草、三棱草、洋犁头、小天南星、扣子莲、生半夏、土半夏、野半夏、半子、三片叶、三开花、三角草、三兴草、地文、和姑、守田、地珠半夏等。

【原植物形态】

块茎圆球形，直径1～2 cm，具须根。叶2～5枚，有时1枚。叶柄长15～20 cm，基部具鞘，鞘内、鞘部以上或叶片基部（叶柄顶头）有直径3～5 mm的珠芽，珠芽在母株上萌发或落地后萌发；幼苗叶片卵状心形至戟形，为全缘单叶，长2～3 cm，宽2～2.5 cm；老株叶片3全裂，裂片绿色，背淡，长圆状椭圆形或披针形，两头锐尖，中裂片长3～10 cm，宽1～3 cm；侧裂片稍短；全缘或具不明显的浅波状圆齿，侧脉8～10对，细弱，细脉网状，密集，集合脉2圈。花序柄长25～30（～35）cm，长于叶柄。佛焰苞绿色或绿白色，管部狭圆柱形，长1.5～2 cm；檐部长圆形，绿色，有时边缘青紫色，长4～5 cm，宽1.5 cm，钝或锐尖。肉穗花序：雌花序长2 cm，雄花序长5～7 mm，其中间隔3 mm；附属器绿色变青紫色，长6～10 cm，直立，有时"S"形弯曲。浆果卵圆形，黄绿色，先端渐狭为明显的花柱。花期5—7月，果8月成熟。

【资源分布及生物学习性】

除内蒙古、新疆、青海、西藏尚未发现野生的外，全国各地广布，海拔2 500 m以下，常见于草坡、荒地、玉米地、田边或疏林下，为旱地中的杂草之一。朝鲜、日本也有。本种喜暖温潮湿，耐荫蔽；可栽培于林下或果树行间，或与其他作物间作，可用块茎、珠芽或种子繁殖。

【规范化种植技术】

1. 选地整地

选疏松肥沃，湿润，具有排灌条件的砂质壤土地块，山地选山侧面坡地，盐碱涝洼地不宜种植。前茬选豆科作物为宜。半夏根浅喜大肥，播种前，亩施农家肥5 000 kg，饼肥200 kg和过磷酸钙50 kg，浅耕细耙，整平作宽130～150 cm的高畦备播。

2. 繁殖方法

2.1　种子繁殖果实

在佛焰苞萎黄，花梗软弱无力时，轻轻剥下种子。夏季种子可剥下后即播种，秋季种子采收后应先用湿沙贮藏，第二年3月下旬播种。行株距为10 cm×1.0 cm，沟深2 cm，然后覆土盖膜，苗出齐后揭开地膜。

2.2　珠芽繁殖

珠芽遇土即可生根发芽，形成新植株。半夏植株生长过程中落在地面的珠芽不能入土的可以浅覆一层土，秋收珠芽湿沙保存，来年做种。

2.3　块茎繁殖

块茎是繁殖的主要材料，秋季收获后选择优良单株单收单贮。

2.4　组织培养

半夏的组培成功率在95%以上，极易成活。可取叶片、叶柄、珠芽、块茎的切块接种在MS培养基上，扩繁移植，无性繁殖容易成功，组织培养技术繁殖半夏不常用。

2.5　播种

（1）种栽处理　种植前，对要播种的块茎进行筛选，不符合选种标准的要剔除。播种前的块茎应进行灭

菌处理，用50%的多菌灵80倍液、75%的百菌清600倍液或5%的草木灰浸种2 h，晾干备播。春季播种前，地表层8 cm厚度的平均温低于12 ℃时，需进行催芽处理，可提高产量。把种栽装于编织袋放在20 ℃的温室，保持10～15 d；20～30 ℃保持8～10 d，待芽鞘开裂，有乳白色芽苞出现时即可终止。

（2）播种时间安排　冬季播种，选择在地面下5.0 cm处，地温为3～8 ℃时播种，上冻前大水浇透一次，开春化冻后及时盖地膜，促其提前出苗；春季播种，选择在地面下5.0 cm处地温为6 ℃左右时，播种盖膜，温度升到10 ℃以上即可揭开地膜。

（3）深度选择　直径在3 cm以上的块茎，栽培深度9 cm；直径1.5～3 cm的块茎，深度为7～8 cm；1.5 cm以下的块茎深度为6 cm。

（4）株行距和用种量　直径在2.5 cm以上的块茎，株行距25 cm×8 cm，每亩用种190 kg；直径1.5～2.5 cm的块茎，株行距25 cm×6 cm，用种150 kg；直径在1.0～1.5 cm的块茎，株行距20 cm×5 cm，用种100 kg；直径1 cm以下，株行距15 cm×3 cm，用种60 kg。

（5）方法　在做好的畦内，按种栽大小不同做成不同规格的播种沟，沟底宽5 cm，直径2 cm以上种沟内种一行，1～2 cm的块茎交错种两行，直径1 cm以下的，按沟撒播。然后覆土3～4 cm。

3. 田间管理

3.1　除草和中耕松土

揭开地膜以后，除去小草，注意第一次要除掉全株（特别是根）。不要过于接触半夏的根茎，严禁使用任何存在高残留的农药除草剂和未经过试验的除草剂。除草要和疏土结合起来，中耕用小锄在行株间松土，出现珠芽的及时培土。工具在使用前后应清洗，避免有妨碍半夏生长的有害物质。

3.2　追肥、培土

半夏长出三叶或有缺肥症状时，追施速效生物肥，以钾肥居多，其次是氮、磷肥。追肥撒在植株周围，然后覆土；或在植株旁边开沟撒在沟内或选择吸收良好的叶面肥，用喷雾器喷洒，注意要叶正反面全要施用。半夏生长中后期可叶面喷0.2%的KH_2PO_4溶液或500 ppm的三十烷醇以有利于增产效果。根据珠芽的生长适时培土。追肥培土前保证无杂草，培土后畦面干燥应及时浇水保墒。

3.3 降温防倒苗

半夏生长到6月中下旬会由于高温而发生部分甚至绝大部分倒苗，采用在畦面上撒2~4 cm厚当年新麦糠防止地面蒸发过度失水板结，高温倒苗。半夏行间套做高秆作物可给半夏遮阴。覆盖麦糠的厚度随当年的气温而定，温度偏高多盖。但遇多雨季节时则少盖或不盖，前期盖的，后期雨水大的天气需要去除麦糠，防止湿度过大而烂根。

3.4 灌溉和排水

半夏喜湿怕涝，温度低于20 ℃土壤含水量保持在15%~25%，后期温度升高达20 ℃以上时，特别是高于30 ℃时应使土壤的湿度达到20%~30%，9月以后，气温下降湿度要适当降低，防止块茎的腐烂和减少块茎的含水量。培土以前使用渗透法，不能漫灌导致土壤易于板结，培土后采用沟灌，浇透即可，禁止过量。灌溉时间选择在9时前，15时以后，灌溉水应符合农田灌溉水质量标准。垄间沟作为灌溉用，同时作为排水使用，防止雨水多而积水，特别注意垄间地头的排水通畅。

3.5 病虫害防治

3.5.1 块茎腐烂病

半夏块茎和珠芽的膨大期因灾害性天气高温、雨季、土壤湿度长时间过大会导致病害发生。发病初期块茎的周边出现不规则的黑色斑点，几天后，斑点迅速向四周和块茎内部侵染扩展，半夏根系开始萎缩，叶片也会逐渐由绿色变黄、最后枯萎，全株死亡。病菌会迅速蔓延侵染其他半夏块茎，短期内使整个半夏地块全部感染而腐烂，先腐烂大块茎后腐烂小块茎。

主要防治方法：

（1）异地调用良种。

（2）播前块茎消毒，50%多菌灵1 200倍液浸种12 h；5%草木灰溶液浸种2 h；40%乙磷铝300倍液+50%多菌灵浸种0.5 h；300倍食醋液和50 mL/L的高锰酸钾浸种，可预防腐烂病。

（3）发生阴雨天气和水涝时，田间及时排水。要多次中耕松土，打破土壤板结层，并及时喷施杀菌药剂或撒施5 kg/亩生石灰粉。

（4）半夏生长后期遇到连阴雨天气，如部分植株发生腐烂病，应及时果断抢收，收获的半夏块茎应马上脱皮加工，防止内部腐烂。

3.5.2 茎腐病

主要为害半夏幼苗的地上或地下部嫩茎。染病苗出土后在茎基部近地面处产生浅褐色水渍状斑，然后绕茎扩展，呈褐色状斑，最后幼苗倒伏死亡；地下部染病苗会出现基腐。以病苗为中心向田间四周蔓延，造成幼苗成片倒伏死亡，幼苗有田间虫伤或机械损伤会加重该病发生。

主要防治方法：

（1）使用充分腐熟的有机肥改良土壤。

（2）选用无病种茎播前用50%多菌灵可湿性粉剂500倍液浸种3~5 min后立即播种，可推迟发病约1个月。

（3）合理浇水，阴雨后及时排水，必要时进行中耕，疏松土壤，创造半夏生长发育良好的条件。

（4）病害流行时及时摘除病株，防止再次侵染为害。

（5）药剂防治，用50%苯菌灵可湿性粉剂1 500倍液，50%多菌灵可湿性粉剂500倍液，75%百菌清可湿性粉剂500倍液，60%防霉宝超微粉600倍液灌施或喷洒。

3.5.3 叶斑灰霉病

主要为害叶片。叶片染病初期为水渍状退色病变斑，呈灰白色点状或条状病变斑，然后扩大呈褐色不规则大型病斑，最后多个病斑可愈合成更大型病斑，通常会造成叶扭曲，造成叶过早枯死，叶背面病斑湿度大时形成灰色霉层病原孢子。通常连续阴雨时病情会迅速扩展。

主要防治方法：发病初期用69%安克锰锌可湿性粉剂600倍液，58%甲霜灵锰锌可湿性粉剂500倍液，65%代森铵500倍液，每7～10 d喷1次，连续喷3次。如果夏天温度过高，采用半遮阴栽培，创造适宜半夏生长的凉爽田间小气候环境，结合施用一定比例的磷钾肥或草木灰，提高半夏抗病能力。

3.5.4 病毒病

主要为害叶片，症状表现为花叶不规则褪绿或出现黄色条斑，致叶脉纵卷畸形，此病也可使半夏在储藏期间造成大量腐烂。初夏、高温多雨、发生蚜虫等情况下发生并传播。此病在桃叶型叶上发生较多，而在柳叶型叶上发生较少。病毒病通常通过蚜虫、蓟马、叶蝉、飞虱等虫媒或病株摩擦等方式传播。研究表明，半夏块茎传毒可能性很大。染病株叶片叶绿素受阻，影响正常光合作用，影响块茎产量、质量。

主要防治方法：

（1）选择无病地块，严格筛选无病半夏良种。

（2）半夏生长期及时消灭或预防蚜虫等虫害的发生和传播。

（3）半夏出苗后，要连续喷洒80%敌敌畏1 500倍液或40%乐果，每隔7～8 d 1次，连续喷3次。可用病毒清、毒霸、克毒威等新型低毒、低残留的药剂治疗，也可用磷酸二氢钾，20%病毒宁水溶性粉剂500倍液，20%毒克星可湿性粉剂500倍液等喷洒，每隔3 d 1次，连续3次，促叶片转绿、舒展以减轻危害。采收前10 d停止用药。

3.5.5 猝倒病

在人工种植半夏地块，猝倒病比较容易发。在高温高湿的环境条件下最易发生，特别是在通风透光比较差时，发病较重。发病初期叶和叶柄上出现绿色不规则病斑，随即病斑色泽加深，患部变软，叶片似开水烫过，呈半透明状下垂，相互粘在一起。此病发病快，传染迅速，一经发现，很快蔓延，防治非常困难。

防治方法：

（1）选择前茬作物没有发生过猝倒病的地块，不宜选择前茬为西红柿、茄子、黄瓜、白菜的菜地。

（2）土壤选好后，要进行冬季的冬耕晒垡。不施用未腐熟的肥料，适当施用或不施用化学肥料中的氮肥。

（3）以预防为主，发病前的高温雨后喷施，用75%百菌清800倍液；50%甲基托布津1 000倍液，每7 d 1次，交替喷施3次。近年来用66.5%的普力克800倍、72%杜邦克露500倍液，喷施防治，效果也较好。注意一定要喷药均匀，做到不重喷、不漏喷。

3.5.6 半夏蓟马

蓟马以成虫和若虫群集在半夏幼叶片正面，以锉吸式口器锉伤半夏幼嫩叶片正面组织，吸取叶片汁液取食为害。被害叶片呈白色或黑色小斑点并向内卷缩呈筒状，植株严重矮化，严重者干枯死亡。

防治方法：

（1）清除田间杂草，做到田园清洁。可减轻半夏蓟马的迁移危害。

（2）药剂防治。蓟马危害高峰初期可选用50%辛硫磷乳油1 500倍液，或75%吡虫啉可湿性粉剂7 000～8 000倍液喷施。

3.5.7 红天蛾

以幼虫为害，大量咬食叶片，食量很大，引起缺刻。发生严重时，叶片全部吃光，只剩叶脉。

防治方法：用20%杀来净800倍喷雾，喷2次，0.6%灭虫灵1 500倍液喷雾。

3.5.8 细胸金针虫

幼虫在土中取食播种下的种子、萌出的幼芽、农作物和菜苗的根部，使作物枯萎致死，造成缺苗断垄，甚至全田毁种。

防治方法：选用50%辛硫磷乳油1 000倍液、4%/敌百虫乳油500倍液或80%敌百虫可溶性粉剂1 000倍液喷洒或灌杀，可有效地兼治蛴螬、地老虎、跳甲幼虫、地蛆等地下害虫。

4. 采收加工与贮藏

（1）采收期　块茎和珠芽繁殖的在当年或第2年采收，种子繁殖的需在第3～4年采收。半夏的块茎春、秋季皆可采挖，而以秋季采挖为最好。在"秋分至霜降"叶片枯黄时收刨的块茎色白、成实、粉足、皮薄，质量既佳又易于加工去皮。采挖过早影响产量，过晚又难以去皮炕晒。

（2）采收方法　收刨时从畦的一头开始，用锨将半夏块茎挖出，翻撒在一边，挑拣干净，去净泥沙，按商品规格分大、中、小3类。

（3）去外皮　先去掉茎叶，用清水洗净泥土和外面粗皮。半夏去皮方法有：①将半夏放在粗布袋内，用手在袋外揉搓，皮即脱落，然后放入清水中漂去。②盛条筐内放入河中，用扫帚头或木棍一端包裹稻草在筐内撞擦，随擦随用水浮去浮皮。③装筐放入河内，穿着草鞋，用脚在筐内搓，随搓随洗，以去掉外皮为止。④将半夏块茎放入麻袋中，扎好口后放入河内，穿长筒胶靴用脚反复踩，去净皮后，解开放入盆内，用流水漂去外皮。半夏鲜时

脱皮较易，干后却难以去皮。因此，最好当天挖出，当天加工。如果当天不能加工，可将半夏暂时埋入湿砂土内，或泡在清水盆内，待1～2 d后加工时取出。此外，鲜半夏毒性很大，尤其对咽喉刺激最大，故不能入口；如加工时按触皮肤过久，也能因刺激而引起红肿（发生红肿时，用明矾化水和入生姜汁常洗患处即可）。

（4）干燥　选择宽广通风的场地，以便曝晒与通风吹晾相结合，使其迅速干燥。地上垫以苇席，将去净外皮的半夏块茎均匀摊于上面，不能过厚，并要常常翻动，晚间避免霜露，应收入屋内，但也要通风摊薄，以免发热、发黏、变质，第2天取出再晒，直至干燥为止。

（5）炮制加工　法半夏取半夏，大小分开，用水浸泡至内无干心，取出；另取甘草适量，加水煎煮二次，合并煎液，倒入用适量水制成的石灰液中，搅匀，加入上述已浸透的半夏，浸泡，每日搅拌1～2次，并保持浸液pH值至12以上，至剖面黄色均匀，口尝微有麻舌感时，取出，洗净，阴干或烘干，即得。

每100 kg净半夏，用甘草15 kg、生石灰10 kg。

姜半夏取净半夏，大小分开，用水浸泡至内无干心，取出；另取生姜切片煎汤，加白矾与半夏共煮透，取出，晾干，或晾至半干，干燥；或切薄片，干燥。

每100 kg净半夏，用生姜25 kg、白矾12.5 kg。

清半夏取净半夏，大小分开，用8%白矾溶液浸泡至内无干心，口尝微有麻舌感，取出，洗净，切厚片，干燥。

每100 kg净半夏，用白矾20 kg。

【药材质量标准】

【性状】半夏　本品呈类球形，有的稍偏斜，直径1～1.5 cm。表面白色或浅黄色，顶端有凹陷的茎痕，周围密布麻点状根痕；下面钝圆，较光滑。质坚实，断面洁白，富粉性。气微，味辛辣、麻舌而刺喉。

法半夏 本品呈类球形或破碎成不规则颗粒状。表面淡黄白色、黄色或棕黄色。质较松脆或硬脆，断面黄色或淡黄色，颗粒者质稍硬脆。气微，味淡略甘、微有麻舌感。

姜半夏 本品呈片状、不规则颗粒状或类球形。表面棕色至棕褐色。质硬脆，断面淡黄棕色，常具角质样光泽。气微香，味淡、微有麻舌感，嚼之略粘牙。

清半夏 本品呈椭圆形、类圆形或不规则的片。切面淡灰色至灰白色，可见灰白色点状或短线状维管束迹，有的残留栓皮处下方显淡紫红色斑纹。质脆，易折断，断面略呈角质样。气微，味微涩、微有麻舌感。

【鉴别】半夏

（1）本品粉末类白色。淀粉粒甚多，单粒类圆形、半圆形或圆多角形，直径2~20 μm，脐点裂缝状、人字状或星状；复粒由2~6分粒组成。草酸钙针晶束存在于椭圆形黏液细胞中，或随处散在，针晶长20~144 μm。螺纹导管直径10~24 μm。

（2）取本品粉末1 g，加甲醇10 mL，加热回流30 min，滤过，滤液挥至0.5 mL，作为供试品溶液。另取精氨酸对照品、丙氨酸对照品、缬氨酸对照品、亮氨酸对照品，加70%甲醇制成每1 mL各含1 mg的混合溶液，作为对照品溶液。照薄层色谱法（通则0502）试验，吸取供试品溶液5 μL、对照品溶液1 μL，分别点于同一硅胶G薄层板上，以正丁醇-冰醋酸-水（8：3：1）为展开剂，展开，取出，晾干，喷以茚三酮试液，在105 ℃加热至斑点显色清晰。供试品色谱中，在与对照品色谱相应的位置上，显相同颜色的斑点。

（3）取本品粉末1 g，加乙醇10 mL，加热回流1 h，滤过，滤液浓缩至0.5 mL，作为供试品溶液。另取半夏对照药材1 g，同法制成对照药材溶液。照薄层色谱法（通则0502）试验，吸取上述两种溶液各5 μL，分别点于同一硅胶G薄层板上，以石油醚（60~90 ℃）-乙酸乙酯-丙酮-甲酸（30：6：4：0.5）为展开剂，展开，取出，晾干，喷以10%硫酸乙醇溶液，在105 ℃加热至斑点显色清晰。供试品色谱中，在与对照药材色谱相应的位置上，显相同颜色的斑点。

法半夏

（1）本品粉末淡黄色至黄色。按照半夏项下的【鉴别】（1）项试验，显相同的结果。

（2）取本品粉末2 g，加盐酸2 mL，三氯甲烷20 mL加热回流1 h，放冷，滤过，滤液蒸干，残渣加无水乙醇0.5 mL使溶解，作为供试品溶液。另取半夏对照药材2 g，同法制成对照药材溶液。再取甘草次酸对照品，加无水乙醇制成每1 mL含1 mg的溶液，作为对照品溶液。照薄层色谱法（通则0502）试验，吸取供试品溶液和对照药材溶液各5 μL、对照品溶液2 μL，分别点于同一硅胶G薄层板上，以石油醚（30~60 ℃-乙酸乙酯-丙酮-甲酸（30：6：5：0.5）为展开剂，展开，取出，晾干，置紫外光灯（254 nm）下检视。供试品色谱中，在与对照药材色谱和对照品色谱相应的位置上，显相同颜色的斑点。

姜半夏

（1）本品粉末黄褐色至黄棕色。薄壁细胞可见淡黄色糊化淀粉粒。草酸钙针晶束存在于椭圆形黏液细胞中，或随处散在，针晶长20~144 μm。螺纹导管直径10~24 μm。

（2）取本品粉末5 g，加甲醇50 mL，加热回流1 h，放冷，滤过，滤液蒸干，残渣加乙醚30 mL使溶解，滤过，滤液挥干，残渣加甲醇0.5 mL使溶解，作为供试品溶液。另取半夏对照药材5 g，干姜对照药材0.1 g，同法分别制成对照药材溶液。按照薄层色谱法（通则0502）试验，吸取上述3种溶液各10 μL，分别点于同一硅胶G薄层板上，以石油醚（60~90 ℃）-乙酸乙酯-冰醋酸（10：7：0.1）为展开剂，展开，取出，晾干，喷以10%硫酸乙醇溶液，在105 ℃加热至斑点显色清晰。供试品色谱中，在与半夏对照药材色谱相应的位置上，显相同颜色的主斑点；在与干姜对照药材色谱相应的位置上，显一个相同颜色的斑点。

清半夏照半夏项下的【鉴别】试验，显相同的结果。

【检查】半夏水分 不得过14.0%（通则0832第二法）。

总灰分 不得过4.0%（通则2302）。

法半夏水分　不得过13.0%（通则0832第二法）。

总灰分　不得过9.0%（通则2302）。

姜半夏水分　不得过13.0%（通则0832第二法）。

总灰分　不得过7.5%（通则2302）。

白矾限量　取本品粉末（过四号筛）约5 g，精密称定，按照清半夏白矾限量项下的方法测定。

本品按干燥品计算，含白矾以含水硫酸铝钾［$KAl(SO_4)_2 \cdot 12H_2O$］计，不得过8.5%。

清半夏水分　不得过13.0%（通则0832第二法）。

总灰分　不得过4.0%（通则2302）。

白矾限量　取本品粉末（过四号筛）约5 g，精密称定，置坩埚中，缓缓炽热，至完全炭化时，逐渐升高温度至450 ℃，灰化4 h，取出，放冷，往坩埚中小心加入稀盐酸约10 mL，用表面皿覆盖坩埚，置水浴上加热10 min，表面皿用热水5 mL冲洗，洗液并入坩埚中，滤过，用水50 mL分次洗涤坩埚及滤渣，合并滤液及洗液，加0.025%甲基红乙醇溶液1滴，滴加氨试液至溶液显微黄色。加醋酸-醋酸铵缓冲液（pH6.0）20 mL，精密加乙二胺四醋酸二钠滴定液（0.05 mol/L）25 mL，煮沸3~5 min，放冷，加二甲酚橙指示液1 mL，用锌滴定液（0.05 mol/L）滴定至溶液自黄色转变为红色，并将滴定的结果用空白试验校正。每1 mL的乙二胺四醋酸二钠滴定液（0.05 mol/L）相当于23.72 mg的含水硫酸铝钾［$KAl(SO_4)_2 \cdot 12H_2O$］。

本品按干燥品计算，含白矾以含水硫酸铝钾［$KAl(SO_4)_2 \cdot 12H_2O$］计，不得过10.0%。

【市场前景】

半夏作为大宗药用植物，具有燥湿化痰，降逆止呕，消痞散结等功效，具有重要的药用价值。近年来随着对半夏药理药效的深入研究及不断发掘，发现半夏总生物碱具有抗癌、祛痰、抗炎、止呕以及改善学习能力、治疗帕金森的功效；半夏蛋白具有明显的生物活性，是半夏抗肿瘤和抗生育的主要有效成分；半夏多糖具有抗补体活性、止呕及消炎功效；半夏核苷具有改善大脑细胞代谢、镇静中枢神经及免疫调节的功效。半夏为我国主要出口药材品种之一，随着全世界对中药疗效的认可，半夏商品出口量不断增大。人工种植半夏易受栽培环境的影响，并且长期连作情况下其产量及品质均显著下降，不能满足市场需求。

48. 山药

【来源】

本品为薯蓣科植物薯蓣*Dioscorea opposita* Thunb.的干燥根茎。冬季茎叶枯萎后采挖，切去根头，洗净，除去外皮和须根，干燥，习称"毛山药片"；或除去外皮，趁鲜切厚片，干燥，称为"山药片"；也有选择肥大顺直的干燥山药，置清水中，浸至无干心，闷透，切齐两端，用木板搓成圆柱状，晒干，打光，习称"光山药"。

【原植物形态】

缠绕草质藤本。块茎长圆柱形，垂直生长，长可达1 m，断面干时白色。茎通常带紫红色，右旋，无毛。单叶，在茎下部的互生，中部以上的对生，很少3叶轮生；叶片变异大，卵状三角形至宽卵形或戟形，长3~9（~16）cm，宽2~7（~14）cm，顶端渐尖，基部深心形、宽心形或近截形，边缘常3浅裂至3深

裂，中裂片卵状椭圆形至披针形，侧裂片耳状，圆形、近方形至长圆形；幼苗时一般叶片为宽卵形或卵圆形，基部深心形。叶腋内常有珠芽。雌雄异株。雄花序为穗状花序，长2～8 cm，近直立，2～8个着生于叶腋，偶尔呈圆锥状排列；花序轴明显地呈"之"字状曲折；苞片和花被片有紫褐色斑点；雄花的外轮花被片为宽卵形，内轮卵形，较小；雄蕊6。雌花序为穗状花序，1～3个着生于叶腋。蒴果不反折，三棱状扁圆形或三棱状圆形，长1.2～2 cm，宽1.5～3 cm，外面有白粉；种子着生于每室中轴中部，四周有膜质翅。花期6—9月，果期7—11月。

【资源分布及生物学习性】

分布于东北、河北、山东、河南、安徽淮河以南（海拔150～850 m）、江苏、浙江（450～1 000 m）、江西、福建、台湾、湖北、湖南、广西北部、贵州、云南北部、四川（700～500 m）、重庆、甘肃东部（950～1 100 m）、陕西南部（350～1 500 m）等地。生于山坡、山谷林下、溪边、路旁的灌丛中或杂草中；或为栽培。朝鲜、日本也有分布。模式标本采自日本，但根据D. PrainetI. H. Burkill的意见认为本种原产中国。

【规范化种植技术】

1. 品种选择

目前主要种植的山药品种有细毛长山药、二毛山药和日本山药3个品种。细毛长山药和二毛山药都属于普通山药长柱变种。

2. 土壤选择和刨沟

种植山药，应该选择肥沃、疏松、排灌方便的砂壤土或轻壤土，忌盐碱和黏土地，而且土体构型要均匀一致，至少1～1.2 m土层内不能有黏土、土沙粒等夹层。否则会影响块茎的外观，对品质也有影响。刨沟应该在冬春农闲季节进行，按100 cm等行距或60～80 cm的大小行，采取"三翻一松"（即翻土3锹，第4锹土只松不翻）的方法。沟深要达到100～120 cm，有条件的可采取机械刨沟。

3. 种苗的制备

种苗制备方法有3种：一是使用山药栽子，取块茎有芽的一节，长20～40 cm；二是使用山药段子，将块茎按8～10 cm分切成段；三是使用山药零余子。选用种苗以零余子育苗较好，其次是栽种1～2年的山药栽子，超过3年的不能用。用山药块茎作种苗是比较先进的栽培方法，既能解决山药块茎数量不够，且产量高，又能防治品种退化。分切山药段子，一般栽种时边切边种，用300倍液多菌灵药液浸泡1～2 min，晾干后即可播种。细毛长山药和二毛山药可提前30 d切段，两端切口处粘一层草木灰和石灰，以减少病菌的侵染。

4. 整畦，灌墒

把山药沟刨出的土分层捣碎，捡除砖头石块，然后回填，做成低于地表10 cm的沟畦，只留耕层的熟化土，以备栽种时覆土用。沟畦做好后，应该先平整后灌水，水下渗后，即可栽种。

5. 种植方法

山药的种植，因各地气候条件不同而有差异，一般要求地表5 cm地温稳定超过9～10 ℃即可种植。有条件的也可使用地膜覆盖。一般的方法是：山药沟浇透水后，将种苗纵向平放在预先准备好的10 cm深的深畦中央，株距25 cm左右，密度为4 000～4 500株/亩，然后覆土5 cm，在山药两侧20 cm处施肥。一般施土杂肥3 000 kg/亩以上，尿素10～15 kg/亩，硫酸钾40～50 kg/亩，过磷酸钙60～75 kg/亩，腐熟棉籽饼30～40 kg/亩，施肥后，上面再覆土5 cm，使之成一小高垄。

6. 科学管理

6.1 高架栽培
山药出苗后几天就甩条，不能直立生长，因此需要支架扶蔓。一般选用1.5 m左右的小杆作支架最好。

6.2 浇水、排水及换水
山药性喜晴朗的天气、较低的空气湿度和较高的土壤温度，一生需浇水5～7次。在浇足底墒水的情况下，第一水一般于基本齐苗时浇灌，以促进出苗和发根，第二水宁早勿晚，不等头水见干即浇，以后根据降雨情况，每隔15 d浇水1次。伏雨季节，每次大的降雨后，应及时排出积水和进行涝浇园—换水，目的是降低地温，补充土壤空气，防治发病和死苗。

6.3 施肥
山药需肥量大，一般山药产量为2 000～2 500 kg/亩，需纯氮10.7 kg、磷2 057.3 kg、钾208.7 kg，其比例为1.5∶1.0∶1.2。据有关研究数据表明，氮磷钾比例以1.5∶1.0∶3.0的产量最高，在施足基肥的基础上，可在开花期进行1次追肥，此时即将进入块茎膨大期，可结合浇水追施尿素15 kg、硫酸钾15～20 kg，生长后期可叶面喷施0.2%磷酸二氢钾和1%尿素，防早衰。

6.4 中耕除草
山药发芽出苗期遇雨，易造成土壤板结，影响出苗，应立即松土破板。每次浇水和降水后，都应进行浅耕，以保持土壤良好的通透性，促进块茎膨大。在山药的生产过程中，应及时除草。出苗前，可用地落胺或乙草胺进行土壤封闭性除草。出苗前，可用盖草能或威霸防除各种杂草。

6.5 防治病虫
病害主要有褐斑病和炭疽病。褐斑病主要为害叶片，防治方法主要是避免行间郁闭高温，注意排涝，发病初期喷洒70%甲基托布津和75%百菌清可湿性粉剂，10 d喷洒1次，连续喷洒2次。炭疽病主要为害叶片

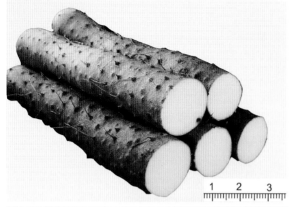

及藤茎，防治方法是实行轮作，及时消除病残体，发病初期喷洒50%的甲基托布津或50%福美双可湿性粉剂，10 d喷洒1次，连续喷洒2～3次。

虫害主要有山药叶蜂，主要啃食叶肉，把叶片吃成网状，造成严重减产。防治方法是用高效低毒的菊酯类农药（如敌杀死、百树得等）喷雾。

6.6. 收刨和贮藏

山药的茎叶遇霜就会枯死，一般正常收获期是在霜降至封冻前，零余子的收获期一般比块茎早30 d，收刨的山药，冬季贮藏在地窖中，温度以4～7 ℃为宜。

【药材质量标准】

【性状】**毛山药**　本品略呈圆柱形，弯曲而稍扁，长15～30 cm，直径1.5～6 cm。表面黄白色或淡黄色，有纵沟、纵皱纹及须根痕，偶有浅棕色外皮残留。体重，质坚实，不易折断，断面白色，粉性。气微，味淡、微酸，嚼之发黏。

山药片为不规则的厚片，皱缩不平，切面白色或黄白色，质坚脆，粉性。气微，味淡、微酸。

光山药呈圆柱形，两端平齐，长9～18 cm，直径1.5～3 cm。表面光滑，白色或黄白色。

【鉴别】（1）本品粉末类白色。淀粉粒单粒扁卵形、三角状卵形、类圆形或矩圆形，直径8～35 μm，脐点点状、人字状、十字状或短缝状，可见层纹；复粒稀少，由2～3分粒组成。草酸钙针晶束存在于黏液细胞中，长约至240 μm，针晶粗2～5 μm。具缘纹孔导管、网纹导管、螺纹导管及环纹导管直径12～48 μm。

（2）取本品粉末5 g，加二氯甲烷30 mL，加热回流2 h，滤过，滤液蒸干，残渣加二氯甲烷1 mL使溶解，作为供试品溶液。另取山药对照药材5 g，同法制成对照药材溶液。按照薄层色谱法（通则0502）试验，吸取上述两种溶液各5 μL，分别点于同一硅胶G薄层板上，以乙酸乙酯-甲醇-浓氨试液（9∶1∶0.5）为展开剂，展开，取出，晾干，喷以10%磷钼酸乙醇溶液，在105 ℃加热至斑点显清晰。供试品色谱中，在与对照药材色谱相应的位置上，显相同颜色的斑点。

【检查】**水分**　毛山药和光山药不得过16.0%；山药片不得过12%（通则0832第二法）。

总灰分　毛山药和光山药不得过4.0%；山药片不得过5.0%（通则2302）。

二氯化硫残留量　按照二氧化硫残留量测定法（通则2331）测定，毛山药和光山药不得过400 mg/kg；山药片不得过10 mg/kg。

【浸出物】按照水溶性浸出物测定法（通则2201）项下的冷浸法测定，毛山药和光山药不得少于7.0%；山药片不得少于10.0%。

【市场前景】

山药是药食两用的特色优质高产药材，具有完整的种植加工和市场产业体系，医疗用途广泛，具有补脾养胃、生津益肺、补肾涩精的作用。

49. 盾叶薯蓣

【来源】

本品为薯蓣科植物盾叶薯蓣*Dioscorea zingiberensis*的干燥根茎。中药名：盾叶薯蓣；别名：黄姜、火头根等。

【原植物形态】

缠绕草质藤本。根状茎横生，近圆柱形，指状或不规则分枝，新鲜时外皮棕褐色，断面黄色，干后除去须根常留有白色点状痕迹。茎左旋，光滑无毛，有时在分枝或叶柄基部两侧微突起或有刺。单叶互生；叶片厚纸质，三角状卵形、心形或箭形，通常3浅裂至3深裂，中间裂片三角状卵形或披针形，两侧裂片圆耳状或长圆形，两面光滑无毛，表面绿色，常有不规则斑块，干时呈灰褐色；叶柄盾状着生。花单性，雌雄异株或同株。雄花无梗，常2～3朵簇生，再排列成穗状，花序单一或分枝，1或2～3个簇生叶腋，通常每簇花仅1～2朵发育，基部常有膜质苞片3～4枚；花被片6，长1.2～1.5 mm，宽0.8～1 mm，开放时平展，紫红色，干后黑色；雄蕊6枚，着生于花托的边缘，花丝极短，与花药几等长。雌花序与雄花序几相似；雌花具花丝状退化雄蕊。蒴果三棱形，每棱翅状，长1.2～2 cm，宽1～1.5 cm，干后蓝黑色，表面常有白粉；种子通常每室2枚，着生于中轴中部，四周围有薄膜状翅。花期5—8月，果期9—10月。

【资源分布及生物学习性】

分布于河南南部、湖北、湖南、陕西秦岭以南、甘肃天水、四川、重庆，生于海拔100～1 500 m，多生

长在破坏过的杂木林间或森林、沟谷边缘的路旁，常见于腐殖质深厚的土层中，有时也见于石隙中，平地和高山都有生长。它生长的适宜温度为20～28 ℃，年降雨量600～1 500 mm，年日照时数1 750～2 000h。pH值为6～8。

【规范化种植技术】

1. 选地整地

栽培地一般要求土壤疏松，海拔700～800 m的山坡为好，也可与农作物间作。头年10月深翻清地，第二年2月开始整地，然后按1.2 m宽分厢，厢与厢之间的沟深要一致，这样既利于排水又可保持地面湿润。每厢开两条播种沟。

2. 繁殖方法

2.1 种子播种繁殖

每年10—11月采种，挑选褐色、种粒饱满、健康无病虫害的种子，用常规层积或保湿方法处理3～4个月后，即第二年春季就可以播种。采取条播方式，利于以后管理。半个月左右就可以出苗，出苗率可达95%以上。所以盾叶薯蓣适于种子繁殖，操作简单，出苗率高，能提高单产，降低成本。

2.2 根茎繁殖

盾叶薯蓣根茎上的芽眼在一般栽培条件下，不做任何处理，可以任意分切，凉干切口后栽种下去，均能形成不定芽，切刀需消毒。如果切块稍大些，可长不定芽1～3个，且长出的藤茎健壮，便于管理。切块过小（小于1 g），虽能长出藤茎，但细弱，苗期难于管理，只可以作为扩大繁殖的材料。根茎繁殖在每年2～3月，将新鲜的根茎分切成1 g左右的切块，按每平方米0.15 kg的栽种量条播在开好的沟里。沟内施足人畜粪作底肥，埋土厚10～15 cm，表面耙平即可。

2.3 组织培养

研究表明：盾叶薯蓣的雌花序和雄花序作外植体，诱导花序脱分化形成愈伤组织和再分化形成丛生苗的最佳培养基配方为：MS + 6-BA1.5 mg/L + KT0.5 mg/L + IBA0.5 mg/L + 糖30 g/L + 琼脂6.5 g/L；诱导生根效果较好的培养基为：1/2 MS + 6-BA0.2 mg/L + NAA1.0 mg/L + 活性炭1 g/L + Vc1 mg/L + 糖20 g/L + 琼脂6.5 g/L。以胚乳为外植体，愈伤组织诱导形成的适宜培养基为MS+2，4-D2.0 mg/L+6-BA0.5 mg/L，不定芽分化的适宜培养基为 MS+6-BA2.0 mg/L+NAA0.1 mg/L，生根的适宜培养基为1/2 MS+NAA0.3 mg/L；再生植株炼苗移栽后，成活率可达80%。

在幼叶、茎段和根状茎为外植体中，以带节茎段是盾叶薯蓣最适宜的组培外植体；以茎段作为外植体的最佳诱导培养基为 MS+6-BA2 mg/L+NAA0.20 mg/L；最佳增殖继代培养基为 MS+6-BA2 mg/L+NAA0.1 mg/L；最适生根培养基为1/2 MS+NAA0.5 mg/L。

3. 田间管理

3.1 中耕除草

当苗长到2 cm左右时，应小心除草一次。种子繁殖的苗比较细弱，根系还不很深，除草时要特别注意别碰坏苗。此外，要酌情间苗，将叶片小、藤茎细的苗拔除。再根据生长状况及时除草，一般在4—5月、6月下旬、7月底、8月初各除草一次。

3.2 追肥

4—5月浅除草后，重施一次追肥，以人畜粪水为宜，每亩用2 000 kg以上。在6月下旬至7月上旬之间黄姜地上部分生长进入高峰期时施一次肥，每亩用13～20 kg尿素；在7月下旬至8月中旬之间黄姜地下部分快速生长时，按每亩5～10 kg尿素再施追肥一次。一般选择雨中或雨后施入，遇伏旱时要推迟施肥时间。追肥可沟施，也可穴施，穴施将肥料施在两行中间并用土覆盖。黄姜生长后期叶面喷肥效果较好，在8月中旬和9月上旬期间分两次，亩用磷酸二氢钾0.5 kg加水25 kg进行叶面喷肥。

3.3 插杆搭架

当盾叶薯蓣藤茎长到8 cm时，在每一株藤茎附近立一木杆。木杆要求坚硬，不易折断，高1.8 m以上，直径2 cm左右。每4根木杆在上端的1/4处捆绑在一起，以增加稳固性。木杆插好后，将藤茎按照它本身缠绕的方向缠到木杆上，使其沿着木杆向上爬，以增加受光面积，有利于地下部分的营养积累，所以插木杆搭架是盾叶薯蓣丰产的关键。

3.4 培土

黄姜根系发达，耐旱怕渍，培土壅根必不可少，播种之后，雨水冲刷，沟土於塞，藤蔓上架时，应及时进行中耕培土，培土厚度10～15 cm，以覆盖植株基部为宜，7—9月要注意培土壅根，防止浅根外露影响生长。

3.5 灌溉和排水

在藤茎茂盛生长时，注意保持土壤湿润，又不能有过多的水分积累。如遇大雨积水较多，则应及时清淤排渍，防止烂根，导致植株死亡。

3.6 病虫害防治

3.6.1 叶斑病

夏季发生，若田间透光不良，则发病重。

防治方法：适当摘除下部叶片，并于发病初期喷1：1：120的波尔多液，每7～10 d喷一次，连续2～3次。

3.6.2 根腐病

夏季发生，排水不良处易发病害。

防治方法：注意排水，并用50%多菌灵可湿性粉剂500倍液灌窝。

3.6.3 炭疽病

7—8月发生较多，造成茎枯、落叶。

防治方法：出苗后喷波尔多液，每10 d一次，连续2～3次，发病后喷50%退菌特可湿性粉剂800～1 000倍液或65%代森锌可湿性粉剂500倍液。

3.6.4 锈病

多在7—8月发生，染病茎叶，起初出现淡黄色斑点，随后向外隆起，变成乳白色疙瘩，表皮破裂，散出白色粉末。严重时，可使地上部分逐渐枯萎。

防治方法：不与十字花科植物轮作，喷波尔多液63%代森锌可湿性粉剂500倍液。

3.6.5 蚜虫

为害嫩梢及叶片。

防治方法：可用20%吡蚜酮噻虫胺防治。

4. 采收加工与贮藏

盾叶薯蓣收获储藏比较简单。栽种3～4年后，在秋冬季节，当地上部分枯死时，将根茎采挖出来。块小的可以留作繁殖材料，块大质好的洗净泥土，晒干，即可出售。另外，应放干燥处贮藏，以防止发霉和虫蛀。

【药材质量标准】

【性状】本品呈不规则的圆柱形，多有分枝，长短不一，直径1～2 cm。根茎顶部有时可见薄膜状鳞片覆盖。表面灰棕色，皱缩，有白色点状的须根痕。质较硬，易折断，断面淡黄色或黄白色，粉性。味极苦。

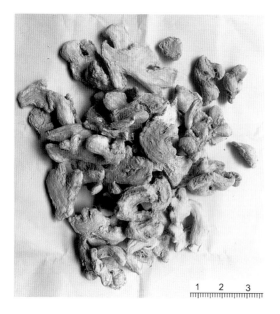

【鉴别】（1）本品横切面：木栓细胞数列。皮层较窄，黏液细胞散生，内含草酸钙针晶束。中柱散生外韧型维管束，有的维管束由一列鞘细胞包围。薄壁细胞含淀粉粒。

（2）取［含量测定］项下供试品溶液，作为供试品溶液。另取薯蓣皂苷元对照品适量，加甲醇制成每1 mL含0.5 mg的溶液，作为对照溶液。照薄层色谱法试验，吸取上述溶液各3 μL，分别点于同一硅胶G薄层板上，以三氯甲烷-甲醇（20∶0.2）为展开剂，展开，取出，晾干，喷以10%磷钼酸乙醇溶液，热风吹至斑点显示清晰。供试品色谱中，在与对照品色谱相应的位置上，显相同颜色的斑点。

【检查】水分　按照水分测定法（通则0832第二法）测定，不得超过13.0%。

总灰分　不得超过8.0%（通则2302）。

酸不溶灰分　不得超过2.0%（通则2302）。

【含量测定】按照高效液相色谱法（通则0512）测定。

系统适用性试验以十八烷基硅烷键合硅胶为填充剂；以甲醇-水（95∶5）为流动相；检测波长为203 nm。理论板数以薯蓣皂苷元计算应不低于4 000。

对照品溶液的制备　精密称取薯蓣皂苷元对照品适量，加甲醇制成每1 mL含0.5 mg的溶液，摇匀，即得。

供试品溶液的制备　取本品粉末（过四号筛）约1 g，精密称定，置锥形瓶中，加甲醇50 mL，超声处理（功率250 W，频率33 kHz）30 min，滤过，滤渣用甲醇20 mL洗涤，合并甲醇液，蒸干，残渣加3 mol/L盐酸溶液20 mL（10 mL，3 mL，3 mL）使溶解，转移至锥形瓶中，置水浴中加热回流30 min，取出，放冷，加入三氯甲烷30 mL，加热回流15 min，分取三氯甲烷液，用三氯甲烷30 mL同法处理一次，酸液再用三氯甲烷振摇提取3次，每次10 mL，合并三氯甲烷液，回收至干，残渣加甲醇溶解并转移至25 mL量瓶中，加甲醇至刻度，摇匀，滤过，取续滤液，即得。

测定法　分别精密吸取对照品溶液及供试品溶液各10 μL，注入高效液相色谱仪，测定，即得。

本品按干燥品计算，含薯蓣皂苷元（$C_{27}H_{42}O_3$）不得少于1.2%。

【市场前景】

在古代，盾叶薯蓣就作为一种珍贵的药用植物被人们发现，并在《山海经》《图经本草》《神农本草经》《本草纲目》等诸多名著中有所记载。它性苦、凉，与槲寄生，独活配伍内服，可以治疗大骨节病；它和苍术，黄柏配伍内服，可治陕西科技大学硕士学位论文疗风湿病、关节炎及腰腿痛等。其根状茎入药，有解毒消肿之功效。也能用于治疗皮肤急性化脓性感染、软组织损伤、蜂蜇、虫咬及各种外科炎症等病症。在现代，盾叶薯蓣的药用价值也得到了很大的应用。成都生物研究所研制的"地奥心血康"，就是利用其水溶性活性物质生产的盾叶冠心宁，对动脉硬化及心血管系统的疾病都有较好的疗效，广泛应用于冠心病的治疗；武汉植物所研究发现，其活性物质还可杀灭钉螺，成为治疗长江流域频发的吸血虫病的理想药物。其根茎含薯蓣皂苷，是合成避孕药、冠心宁以及多种甾体激素药物的主要原料。民间用于治疗肺热咳嗽、痈疖和各种急性化脓性皮肤感染。根茎除含皂苷外，还富含淀粉和纤维素，可综合利用生产酒精、酵母粉、葡萄糖以及羟甲基纤维素等。提取皂苷后的废液，可生产农用核酸，供农田肥料用。因此盾叶薯蓣是一种经济效益高，开发潜力大的植物资源。

50. 穿龙薯蓣

【来源】

本品为薯蓣科植物穿龙薯蓣*Dioscorea nipponica* Makino的干燥根茎。中药名：穿山龙；别名：穿龙骨、穿地龙、狗山药、山常山、穿山骨、火藤根、黄姜、土山薯等。

【原植物形态】

缠绕草质藤本。根状茎横生，圆柱形，多分枝，栓皮层显著剥离。茎左旋，近无毛，长达5 m。单叶互生，叶柄长10～20 cm；叶片掌状心形，变化较大，茎基部叶长10～15 cm，宽9～13 cm，边缘作不等大的三角状浅裂、中裂或深裂，顶端叶片小，近于全缘，叶表面黄绿色，有光泽，无毛或有稀疏的白色细柔毛，尤以脉上较密。花雌雄异株。雄花序为腋生的穗状花序，花序基部常由2～4朵集成小伞状，至花序顶端常为单花；苞片披针形，顶端渐尖，短于花被；花被碟形，6裂，裂片顶端钝圆；雄蕊6枚，着生于花被裂片的中央，药内向。雌花序穗状，单生；雌花具有退化雄蕊，有时雄蕊退化仅留有花丝；雌蕊柱头3裂，裂片再2裂。蒴果成熟后枯黄色，三棱形，顶端凹入，基部近圆形，每棱翅状，大小不一，一般长约2 cm，宽约1.5 cm；种子每室2枚，有时仅1枚发育，着生于中轴基部，四周有不等的薄膜状翅，上方呈长方形，长约比宽大2倍。花期6—8月，果期8—10月。

【资源分布及生物学习性】

穿龙薯蓣分布于东北、华北、山东、河南、安徽、浙江北部、江西（庐山）、陕西（秦岭以北）、重庆、甘肃、宁夏、青海南部、四川西北部。常生于山腰的河谷两侧半阴半阳的山坡灌木丛中和稀疏杂木林内及林缘，而在山脊路旁及乱石覆盖的灌木丛中较少，喜肥沃、疏松、湿润、腐殖质较深厚的黄砾壤土和黑砾壤土，常分布在海拔100～1 700 m，集中在300～900 m。穿龙薯蓣对温度的适应范围较广，适宜生长温度为15～25 ℃，土壤含水量为15%～20%，pH值5.5～7.0的微酸性至中性沙质壤土或壤土为宜。

【规范化种植技术】

1. 选地整地

选择土质疏松肥沃的沙质壤土，要求腐殖质含量高，通透性好，呈弱酸或弱碱性，排水良好，山地坡度在20°以下。春季土地解冻后深翻30 cm左右，清除残根、石块及杂草，每亩施入3 000~4 000 kg腐熟的农家肥（堆肥、鸡粪、羊粪等），将土块耙平，做成宽1.2 m，高20 cm的床。

2. 繁殖方法

2.1 种子播种繁殖

仔细挑选优质的种子，春播（栽）于3月上、中旬土壤解冻后，秋播于11月上、中旬土壤封冻前进行，播种前可用0.5%高锰酸钾消毒50 s，然后用清水冲洗3次，再用30~40 ℃温水浸泡48 h取出滤干，再与河沙混合。播种方式可采用条播或撒播，种子播种时，先在畦上开沟，沟深2~3 cm，行距8~10 cm，每畦播10行，亩用种量2.5 kg，将精选种子与细沙混匀后撒入沟内，覆土2 cm后稍用木板镇压，在距地面高10 cm处用遮阳网覆盖，以利保湿，约30 d后出苗。当种苗培养生长成熟以后就可以进行移植，一般进行移栽的时期为秋季树叶枯萎和春季树木发芽，这样不仅能够有效地促进其生长，还能够增加产量；还有利于薯蓣皂苷的积累。

2.2 根状茎繁殖

根状茎繁殖应该选择恰当的部位，一般选择其先端幼嫩部分，或者是其根部的中段，不宜使用的是老根茎。挑选出色泽鲜艳，没有病虫侵害的前段幼嫩部分或根部中段，将其切成3~5 cm的茎段，并且是每个茎段上都有2~3个潜伏芽。按照株行距30 cm×（45~60）cm的距离开挖深沟，沟深10~15 cm，将块茎摆放到沟内，然后盖上土压实，同时浇水充分，半个月后就能够出苗。

2.3 组织培养

研究表明，穿龙薯蓣带芽茎段、带芽根茎和茎尖以定芽成苗方式诱导成苗，带花蕾原基的花序轴以叶丛—不定芽方式诱导成苗。4 ℃处理外植体能提高愈伤组织诱导率，茎尖的诱导率最高，最适培养基为MS+6-BA1.0 mg/L+2, 4-D4.0 mg/L，不定芽诱导最适培养基为 MS+6-BA2.0 mg/L+NAA2.0 mg/L+AC0.5 mg/L，不定芽增殖最适培养基为 MS+6-BA1.5 mg/L+NAA0.5 mg/L，毛状根最适培养基为1/2 MS+6-BA2.0 mg/L+IBA1.0 mg/L，生根培养基以1/2 MS+6-BA0.5 mg/L+NAA0.5 mg/L生根最好。

3. 田间管理

3.1 中耕除草

按"除早，除小、除净"的原则及时除净田间杂草。4月中旬发出新叶时除草1次，5月中旬除草1次，6—8月中、下旬各除草1次，秋末冬初除草1次。松土除草一般在灌溉或雨后进行，除草深度幼苗生长初期为2~3 cm，速生期为4~5 cm。

3.2 追肥

种子播种的在移栽后第2、3年追肥，根状茎播种的在第2年（春季萌芽前）追肥。在苗高10 cm时，结合灌水每亩追施腐熟人粪尿1 000~1 500 kg，6—7月追施磷酸二铵和硫酸钾各5~10 kg。幼苗生长期可根外追肥3~4次，前期叶面喷施2~3 g/kg尿素溶液，后期叶面喷施3 g/kg磷酸二氢钾溶液。

3.3 灌溉和排水

根据土壤墒情适时灌水，忌土壤积水，造成根系腐烂，茎叶枯黄凋萎。一般，春季干旱浇1次透水，开花期（6—7月）和根系生长旺盛期（8—9月）各浇水1次。雨季注意及时排水。

3.4 搭架

穿龙薯蓣为缠绕性草本植物，在野生条件下，常攀缘杂灌植物上吸收光照，搭架可以使穿龙薯蓣的茎、叶、枝等器官立体分布在空间，有利于通风透光和光合作用，干物质积累多，根茎生长快，产量高，质量好。搭人字形支架，一般高1.5～1.8 m，每两行交叉成人字形，其交叉点上固定一横竹竿把人字形架串联，用绳绑紧。把攀缘不到支架上的茎蔓人工缠绕到支架上。

3.5 病虫害防治

3.5.1 根腐病

防治方法：发生时可用30%甲霜恶霉灵水剂500倍液灌根，或800倍液喷雾防治；用50%多菌灵可湿性粉剂500倍液，或20%双效灵水剂200倍液灌根防治，灌药量为100～200 mL/株。

3.5.2 锈病

防治方法：发病初期可用12.5%腈菌唑可湿性粉剂1 000倍液，或15%三唑酮可湿性粉剂600倍液，或65%世高可湿性粉剂800倍液对植株茎叶防治喷雾，或25%粉锈宁可湿性粉剂1 000～1 500倍，或40%多菌灵可湿性粉剂600倍液喷雾防治，每隔7～10 d喷1次，连喷2～3次。

3.5.3 褐斑病

防治方法：用50%福美双可湿性粉剂500～800倍液喷雾防治；炭疽病用80%代森锰锌可湿性粉剂500～600倍液喷雾防治，每隔7～10 d喷1次，连喷2～3次。

3.5.4 立枯病

防治方法：发现病株时，应立即拔掉病株并烧毁，对病穴深挖换土，每10 m^{2}用硫黄粉5 g消毒，或用60%代森锰锌可湿性粉剂500倍液喷洒植株茎部，每隔7～10 d喷1次，连喷2～3次。

3.5.5 麦红蜘蛛

防治方法：发生时可用24%螨危悬浮剂4 000～5 000倍液，或40%克螨特乳油1 000～1 500倍液，或20%螨死净可湿性粉剂2 000倍液喷雾防治。

3.5.6 四纹丽金龟

防治方法：成虫采用辛硫磷（50%乳油）2 000倍喷雾来防治；幼虫采用辛硫磷（1%颗粒）来防治。具体做法：每亩施2 kg，加入10～15倍煤渣颗粒，充分拌匀后于植株根围开沟撒施。

3.5.7 金针虫

防治方法：每亩采用辛硫磷（50%乳油）500 g防治。将药液与沙子25～30 kg拌匀制成毒沙，于植株根旁开沟撒施，随即覆土。

3.5.8 蝼蛄

防治方法：敌百虫每亩使用90%可溶剂性粉剂100 g。将敌百虫与炒熟玉米面或麦麸或碎豆饼5 kg及适量水充分拌匀，于傍晚每5～10 m挖小坑，放入毒饵诱杀。

4. 采收加工与贮藏

穿龙薯蓣种茎栽植后第3年产量和产值最高，因此，第3年的枯萎期和休眠期是最佳采收期。采挖时，先拆除支架，清理掉地上部分的枯萎藤蔓，然后由地的一边向另一边逐行逐株采挖，边挖边清理。采挖要做到"深挖细捡回头看"，避免挖断根茎。春、秋二季采挖，洗净，除去须根和外皮，晒干。另外，置于干燥处贮藏，以防止发霉和虫蛀。

【药材质量标准】

【性状】根茎呈类圆柱形，稍弯曲，长15～20 cm，直径1.0～1.5 cm。表面黄白色或棕黄色，有不规则纵沟、刺状残根及偏于一侧的突起茎痕。质坚硬，断面平坦，白色或黄白色，散有淡棕色维管束小点。气微，味苦涩。

【鉴别】（1）本品粉末淡黄色。淀粉粒单粒椭圆形、类三角形、圆锥形或不规则形，直径3～17 μm，长至33 μm，脐点长缝状。草酸钙针晶散在，或成束存在于黏液细胞中，长约至110 μm。木化薄壁细胞淡黄色或黄色，呈长椭圆形、长方形或棱形，纹孔较小而稀疏。具缘纹孔导管直径17～56p μm，纹孔细密，椭圆形。

（2）取本品粉末0.5 g，加甲醇25 mL，超声处理30 min，滤过，滤液蒸干，残渣加3 mol/L盐酸溶液20 mL使溶解，置水浴中加热水解30 min，放冷，再加入三氯甲烷30 mL，加热回流15 min，滤过，取三氯甲烷液蒸干，残渣加三氯甲烷-甲醇（1∶1）的混合溶液2 mL使溶解，作为供试品溶液，另取薯蓣皂苷元对照品，加甲醇制成每1 mL含1 mg的溶液，作为对照品溶液。照薄层色谱法（通则0502）试验，吸取上述两种溶液各3 μL，分别点于同一硅胶G薄层板上，以三氯甲烷-甲醇（20∶0.2）为展开剂，展开，取出，晾干。喷以10%磷钼酸乙醇溶液，在105 ℃加热10 min。供试品色谱中，在与对照品色谱相应的位置上，显相同颜色的斑点。

【检查】**水分**　不得过12.0%（通则0832第二法）。

总灰分　不得过5.0%（通则2302）。

【浸出物】按照醇溶性浸出物测定法（通则2201）项下的热浸法测定，用65%乙醇作溶剂，不得少于20.0%。

【含量测定】按照高效液相色谱法（通则0512）测定。

色谱条件与系统适用性试验　以十八烷基硅烷键合硅胶为填充剂；以乙腈-水（55∶45）为流动相；检测波长为203 nm。理论板数按薯蓣皂苷峰计算应不低于3 000。

对照品溶液的制备　取薯蓣皂苷对照品适量，精密称定，加甲醇制成每1 mL含0.3 mg的溶液，即得。

供试品溶液的制备　取本品粉末（过四号筛）约0.25 g，精密称定，置具塞锥形瓶中，精密加入65%乙醇25 mL，称定重量，超声处理（功率120 W，频率40 kHz）30 min，放冷，再称定重量，用65%乙醇补足减失的重量，摇匀，滤过，取续滤液，即得。

测定法　分别精密吸取对照品溶液与供试品溶液各10 μL，注入液相色谱仪，测定，即得。

本品按干燥品计算，含薯蓣皂苷（$C_{45}H_{72}O_{16}$）不得少于1.3%。

【市场前景】

穿龙薯蓣为薯蓣科薯蓣属，是一种多年生草质藤本植物，别名黄姜、地骨龙、土黄连等，其根部具有药用价值，能够起到活血化瘀、截疟祛痰的作用，对治疗慢性支气管炎、消化不良等具有良好效果。穿龙薯蓣的主要成分是甾体皂苷类，能够有效地改善冠脉循环，增强冠脉的流量，同时还能够起到脱敏、止咳以及降低胆固醇等药性，是合成心血管疾病的主要药源，此外还是合成多种激素和避孕药的重要组成成分，具有很强的实用性和很高的药用价值。穿龙薯蓣的用途也越来越广泛，现在除了直接作为中药处方外，主要还用于提取穿龙薯蓣所含有的薯蓣皂苷元。就目前的技术而言还不能通过化学方法进行合成，只能通过人工从穿龙薯蓣中提取，并且市场需求量很大。随着科技研究的不断深入，世界各国也都积极参与这个领域的研究和开发。先后研究出多种激素类物质投放市场，并且取得了良好的经济效益。据不完全统计，目前穿龙薯蓣供求国际市场处于严重的不平衡状态，并且正以较快速度增长，但是市场需求量很大，出现资源短缺，供不应求。近些年来，由于穿龙薯蓣的需求量不断增加，使各个地方都出现一定程度的过度采集，野生资源几乎接近枯竭，已经被列为国家保护植物。

51. 天麻

【来源】

本品为兰科植物天麻*Gastrodia elata* Bl. 的干燥块茎。根据茎秆颜色分为红天麻、乌天麻、青天麻等。中药名：天麻。

【原植物形态】

植株高30~100 cm，有时可达2 m；根状茎肥厚，块茎状，椭圆形至近哑铃形，肉质，长8~12 cm，直径3~5（~7）cm，有时更大，具较密的节，节上被许多三角状宽卵形的鞘。茎直立，橙黄色、黄色、灰棕色或蓝绿色，无绿叶，下部被数枚膜质鞘。总状花序长5~30（~50）cm，通常具30~50朵花；花苞片长圆状披针形，长1~1.5 cm，膜质；花梗和子房长7~12 mm，略短于花苞片；花扭转、橙黄、淡黄、蓝绿或黄白色，近直立；萼片和花瓣合生成的花被筒长约1 cm，直径5~7 mm，近斜卵状圆筒形，顶端具5枚裂片，但前方亦即两枚侧萼片合生处的裂口深达5 mm，筒的基部向前方凸出；外轮裂片（萼片离生部分）卵状三角形，先端钝；内轮裂片（花瓣离生部分）近长圆形，较小；唇瓣长圆状卵圆形，长6~7 mm，宽3~4 mm，3裂，基部贴生于蕊柱足末端与花被筒内壁上并有一对肉质胼胝体，上部离生，上面具乳突，边缘有不规则短流苏；蕊柱长5~7 mm，有短的蕊柱足。蒴果倒卵状椭圆形，长1.4~1.8 cm，宽8~9 mm。花果期5—7月。

【资源分布及生物学习性】

产于云南、陕西、湖北、湖南、四川、重庆、贵州、西藏、吉林、辽宁、内蒙古、河北、山西、陕西、甘肃、江苏、安徽、浙江、江西、台湾、河南等地。生于疏林下，林中空地、林缘、灌丛边缘，北方天麻多分布于海拔400 m以上的林地，南方见于海拔800～3 000 m以上的低山或高山地区。尼泊尔、不丹、印度、日本、朝鲜半岛至西伯利亚也有分布。种植天麻一般要求海拔1 200 m以上地区，土质疏松、排水较好的沙壤土，重庆地区以渝东北等地的高山地区可发展种植。

天麻生长的适宜温度10～30 ℃，最适温度20～25 ℃，空气相对湿度80%左右，土壤含水量0%～55%，pH值5～6，即偏酸性的生态环境。天麻无根无叶，不能进行光合作用，是依靠蜜环菌供应营养生长繁衍，种子萌发需要拌种萌发菌。因而种植天麻的第一步是培育出一定数量的优质蜜环菌菌材，第二步才是引购天麻种。并及时与蜜环菌菌材伴栽。

【规范化种植技术】

1. 选地整地

根据天麻性喜凉爽的特性，在海拔1 500 m以上的高山地区，一般温度低、湿度大，宜选用无荫蔽的阳山坡；在海拔1 000 m以下的低山地区，一般温度较高而干燥，尤其在夏秋季常出现连续高温干旱现象，宜选阴坡或半阴坡林间；在海拔1 100～1 600 m间的地区，其温湿度常介于高山区与低山区，根据当地气候情况，宜选半阴半阳的疏林山坡。天麻对土壤要求不十分严格，但以砂砾土和沙质壤土，土层深厚，富含腐殖质，疏松肥沃，排水良好的土地为宜。天麻对土壤湿度要求较大，一般常年要保持50%以上的湿度，但过于潮湿的涝积水地也不利于其生长。对于整地要求，只要砍掉地上过密的杂树、竹林或搬掉大块石头，把土石渣、杂草清除干净，就可直接挖穴或开沟栽种。

2. 天麻种的生产

有性种（俗称零代种）繁殖：选择重100 g以上的箭麻，无损伤、芽完好，埋入细沙中，浇水保湿。可于四月初抽薹、开花、结果，开花时要进行人工授粉。授粉时间可选上午9时左右，待天麻花刚开放时进行。授粉后当下部果实变软有少量裂缝时，表示种子已成熟，由下而上随熟随收。由于天麻种子寿命短，采下的蒴果应及时播种。将天麻种子与萌发菌拌种，播种于蜜环菌菌床，下半年种子可长成小米麻，俗称白头麻（即零代种）。采收商品天麻时也会有大量天麻无性繁殖产生的小米麻。根据栽培年限分为一代种、二代种，也可作为天麻种。无性繁殖产生的小米麻随着种植年限的增加，生产性能逐渐降低，所以优质的天麻种还是零代种。

3. 菌材培育

天麻必须与蜜环菌共生才能获取菌体营养得以繁殖生长的特性，所以栽培天麻首先应在木材（木棒）上培养好蜜环菌，即培养菌材，然后再栽培。

3.1 木材选择

能生长蜜环菌的树种很多，一般多用阔叶林树种。根据各地的经验，常用的树种有：槲栎、栓皮栎、板栗、青杠胡桃、枫杨、冬瓜杨、法桐、野樱桃、花楸树等树木。

3.2 培养时间

在室外培养于3—8月均可，通常以3—4月树干开始生长之前较好。6—8月培养菌材，土温高，蜜环菌长得快，可相对缩短培育时间，保持菌材充足的养分，但要注意避免杂菌感染。9月以后气温下降，蜜环菌生长缓慢，当年不能使用，不宜进行。若条件适宜四季培育菌材，可于天麻栽种前2—4月开始培育。

3.3 菌材培育的方法

培养菌材的方法有堆培、窖培和固定菌材培养等方法，相对后者而言，前两种方法也称活动菌材培法。所培养的菌材在栽天麻时可随用随取。

堆培法：选择临近栽培天麻的场所，把已准备好的段木新材一根挨一根地铺一层在地上，菌材堆的宽度为60 cm左右。第一层铺好后，在其上洒淋清水，并把已培养好无杂菌的种材均匀地铺一层，如菌种不够，可每隔两根段木间放进1~2块小段种材，并撒少量枯枝落叶或稻壳碎末作填充物，然后再铺第二层段木加种材与填充物，如此重复一层层地依次堆积，可铺放5~6层，堆培至60 cm高左右即可。

窖培法：可在林间空旷地或其他裸地挖土作窖，其大小根据地势和培养菌材的数量而定，一般一窖培150~200根为合适，不宜过多。

4. 天麻栽培

4.1 时间

天麻栽培一般为当年10月下旬至翌年4月。10月下旬至12月上旬土壤结冻之前播种为冬栽，春季3—4月土壤解冻之后播种为春栽，高海拔山区播种时间可延期至5月。

4.2 场地

栽培场地可选择房前屋后、荒野坡地、果园林地等任何土地田块，尤以透气渗水性强的沙质壤土为最佳。土壤pH值为5~6。

4.3 建畦

平地可就地按宽80 cm、深10 cm、长不限作畦；荒野坡地视坡势地形建成梯式横畦，畦与畦间距1 m左右，畦边树木、杂草尽量保留，便于遮阴、防畦坎或畦埂溃崩。果园林地依地形建畦，四周开挖排水沟。

4.4 栽培方法

于窖底摆一层菌材，菌材之间距离大约10 cm，在菌材的鱼鳞口附近摆上大小一致的天麻种子，覆3 cm左右腐殖土，再放一层菌材，摆上天麻种子，在覆盖10 cm腐殖土。上盖树叶或茅草等遮阳、保湿。

5. 田间管理

5.1 灌溉

天麻和蜜环菌的生长繁殖都需要充足的水湿条件。若土壤含水量保持50%以上，则不需进行人工灌溉；如果遇到干旱无雨，会造成新生幼芽大量死亡，特别是在天麻生长旺盛期的7—8月，干旱造成减产，损失更大。故在雨量较少的地区及干旱季节，应及时浇水，一般每隔3~4 d浇一次，但水量不能过大，应勤浇勤灌，保持土壤湿润。

5.2 除草松土

天麻一般可不进行除草，若作多年分批收获，在5月上、中旬箭麻出苗前应铲除地面杂草，否则箭麻出土后不易除草。蜜环菌是好气性真菌，空气流通对其生长有促进作用，故在大雨或灌好后，应松表土，以利空气畅通和保墒防旱。松土不宜过深，以免损伤新生幼麻与蜜环菌索。

5.3 补充菌材

天麻栽种2年后，冬季或早春要及时补充新鲜菌材，把新鲜菌材埋入旧菌材旁，以保证天麻有源源不断的营养供应，促进稳产高产。

5.4 检查地温

若地温低于-4 ℃，天麻易遭冻害；高于28 ℃，天麻生长受抑制，故越冬前要加厚盖土或覆草以防冻害；夏季应搭荫棚，以避高温的影响。

6. 病虫害防治

6.1 霉菌

以菌丝形式分布在菌材表面，呈片状，有的发黏有霉臭味，对蜜环菌和天麻有很大危害。防治措施：

（1）栽培地应选择透水、透气性好的砂壤土，不要选熟地、黏土或涝积水地。

（2）种麻与培菌的菌材一定要纯净，污染严重的菌材不应采用。

（3）栽种天麻与培养蜜环菌时菌材间隙要用土填实，以免留空易生杂菌。

（4）加大菌种量，促使蜜环菌旺盛生长，从而抑制杂菌的生长。

6.2 蚜虫

在6—8月，若夏季干旱时，往往有大量蚜虫集居于天麻茎秆上吸食汁液，危害箭麻植株生长及开花结果。

7. 采收加工

7.1 采收

商品麻（箭麻）是在1年之内长大，故于栽种后满1年即收挖。天麻一般在块茎进入休眠采挖（即冬挖）较适宜，其加工成率高，质量好；过早块茎发育不完全，过迟块茎养分消耗，均会影响产量和质量。秋季栽种的第二年秋天到第三年早春采收；春季栽种的当年秋季至第二年春采收。一般采收与栽种可同步进行。

收获方法是慢慢扒开表土，揭起菌材，即露出天麻，小心将天麻取出，防止撞伤，然后向四周挖掘，以搜索更深土层中的天麻。将挖起的商品麻、种麻、米麻分开盛放，种麻作种，米麻继续培育，商品麻加工入药。

7.2 加工

采收的天麻应及时加工，尤其是3—6月收挖的春麻不宜存放，不然会影响质量。加工时切断地上茎，洗净泥土，用薄铁片或瓦碗片刨皮后，按大、中、小分为3个等级，立即泡入水中。先把水烧开后加入少量的矾，再把刨好的天麻按等级先后放入沸水中煮10~20 min，并用竹筷搅动使其均匀受热。煮的时间应根据天麻大小及火力强弱而定，一般1~2级煮15~20 min，小的煮10~15 min，或取出一个天麻对着光看，已透明无黑心，或用手捏压天麻发出喳喳声，即为煮沸时间正适合，随即把天麻捞出投入冷水中。如煮沸时间过长，会降低折干率。冷却后即可上炕或晒干。

【药材质量标准】

【性状】本品呈椭圆形或长条形，略扁，皱缩而稍弯曲，长3~15 cm，宽1.5~6 cm，厚0.5~2 cm。表面黄白色至黄棕色，有纵皱纹及由潜伏芽排列而成的横环纹多轮，有时可见棕褐色菌索。顶端有红棕色至深棕色鹦嘴状的芽或残留茎基；另端有圆脐形疤痕。质坚硬，不易折断，断面较平坦，黄白色至淡棕色，角质样。气微，味甘。

【鉴别】（1）本品横切面：表皮有残留，下皮由2~3列切向延长的栓化细胞组成。皮层为10数列多角形细胞，有的含草酸钙针晶束。较老块茎皮层与下皮相接处有2～3列椭圆形厚壁细胞，木化，纹孔明显。中柱占绝大部分，有小型周韧维管束散在；薄壁细胞亦含草酸钙针晶束。粉末黄白色至黄棕色。厚壁细胞椭圆形或类多角形，直径70～180 μm，壁厚3～8 μm，木化，纹孔明显。草酸钙针晶成束或散在，长25～75（93）μm。用醋酸甘油水装片观察含糊化多糖类物的薄壁细胞无色，有的细胞可见长卵形、长椭圆形或类圆形颗粒，遇碘液显棕色或淡棕紫色。螺纹导管、网纹导管及环纹导管直径8～30 μm。

（2）取本品粉末0.5 g，加70%甲醇5 mL，超声处理30 min，滤过，取滤液作为供试品溶液。另取天麻对照药材0.5 g，同法制成对照药材溶液。再取天麻素对照品，加甲醇制成每1 mL含1 mg的溶液，作为对照品溶液。照薄层色谱法（通则0502）试验，吸取供试品溶液10 μL、对照药材溶液及对照品溶液各5 μL，分别点于同一硅胶G薄层板上，以乙酸乙酯-甲醇-水（9:1:0.2）为展开剂，展开，取出，晾干，喷以10%磷钼酸乙醇溶液，在105 ℃加热至斑点显色清晰。供试品色谱中，在与对照药材色谱和对照品色谱相应的位置上，显相同颜色的斑点。

（3）取对羟基苯甲醛对照品，加乙醚制成每1 mL含1 mg的溶液，作为对照品溶液。照薄层色谱法（通则0502）试验，吸取［鉴别］（2）项下供试品溶液10 μL、对照药材溶液及上述对照品溶液各5 μL，分别点于同一硅胶G薄层板上，以石油醚（60～90 ℃）-乙酸乙酯（1:1）为展开剂，展开，取出，晾干，喷以10%磷钼酸乙醇溶液，在105 ℃加热至斑点显色清晰。供试品色谱中，在与对照药材色谱和对照品色谱相应的位置上，显相同颜色的斑点。

特征图谱 按照高效液相色谱法（通则0512）测定。

色谱条件与系统适用性试验 以十八烷基硅烷键合硅胶为填充剂；以乙腈为流动相A，以0.1 %磷酸溶液为流动相B，按下表中的规定进行梯度洗脱；流速为0.8 mL/min；柱温为30 ℃，检测波长为220 nm。理论板数按天麻素峰计算应不低于5 000。

时间/min	流动相A/%	流动相B/%
0 ~ 10	3-*10	97-*90
10 ~ 15	10-*12	90-*88
15 ~ 25	12^18	88-*82
25 ~ 40	18	82
40 ~ 42	18 ~ 95	82-*5

参照物溶液的制备 取天麻对照药材约0.5 g，置具塞锥形瓶中，加入50%甲醇25 mL，超声处理（功率500 W，频率40 kHz）30 min，放冷，摇匀，滤过，取续滤液，作为对照药材参照物溶液。另取［含量测定］项下的对照品溶液，作为对照品参照物溶液。

供试品溶液的制备 取本品粉末（过四号筛）约0.5 g，根据对照药材参照物溶液制备方法同法制成供试品溶液。

测定法 分别精密吸取参照物溶液与供试品溶液各3 μL，注入液相色谱仪，测定，记录色谱图，即得。

供试品色谱中应呈现6个特征峰，并应与对照药材参照物色谱中的6个特征峰相对应，其中峰1、峰2应与天麻素对照品和对羟基苯甲醛对照品参照物峰保留时间相一致。

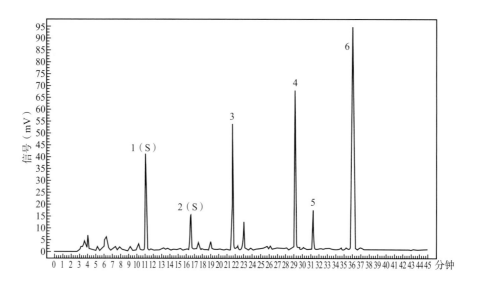

对照特征图谱

峰1（S）—天麻素；峰2（S）—对羟基苯甲醇；峰3—巴利森苷E；

峰4—巴利森苷B；峰5—巴利森苷C；峰6—巴利森苷

【检查】水分　不得过15.0%（通则0832第二法）。

总灰分　不得过4.5%（通则2302）。

二氧化硫残留量照二氧化硫残留量测定法（通则2331）测定，不得过400 mg/kg。

【浸出物】按照醇溶性浸出物测定法（通则2201）项下的热浸法测定，用稀乙醇作溶剂，不得少于15.0%。

【含量测定】按照高效液相色谱法（通则0512）测定。

色谱条件与系统适用性试验　以十八烷基硅烷键合硅胶为填充剂；以乙腈-0.05%磷酸溶液（3：97）为流动相；检测波长为220 nm。理论板数按天麻素峰计算应不低于5 000。

对照品溶液的制备　取天麻素对照品、对羟基苯甲醇对照品适量，精密称定，加乙腈-水（3：97）混合溶液制成每1 mL含天麻素50 μg、对羟基苯甲醇25 μg的混合溶液，即得。

供试品溶液的制备　取本品粉末（过三号筛）约2 g，精密称定，置具塞锥形瓶中，精密加入稀乙醇50 mL，称定重量，超声处理（功率120 W，频率40 kHz）30 min，放冷，再称定重量，用稀乙醇补足减失的重量，滤过，精密量取续滤液10 mL，浓缩至近干无醇味，残渣加乙腈-水（3：97）混合溶液溶解，转移至25 mL量瓶中，用乙腈-水（3：97）混合溶液稀释至刻度，摇匀，滤过，取续滤液，即得。

测定法　分别精密吸取对照品溶液与供试品溶液各5 uL，注入液相色谱仪，测定，即得。

本品按干燥品计算，含天麻素（$C_{13}H_{18}O_7$）和对羟基苯甲醇（$C_7H_8O_2$）的总量不得少于0.25%。

【市场前景】

天麻具有息风止痉、平抑肝阳、祛风通络功效，用于小儿惊风、癫痫抽搐、破伤风、头痛眩晕、手足不遂、肢体麻木、风湿痹痛，具有很好的疗效，现代药理证实对老年性痴呆、神经性头痛、失眠疗效独特。除广泛应用于医药制药外，食品化工、营养保健等行业市场需求量巨大。最新资料显示，全国目前有100多个厂家生产天麻制剂，中成药多达100多种，年出口量为200～300 t，国内天麻需求量已达5 000多t。由于目前天麻种植主要沿用传统落后的栽培模式，成本高、产量低，效益得不到保障，不少散户麻农已逐渐退出这一行业，曾经的天麻最大产区陕西汉中已经从天麻产业转向了香菇、木耳等食用菌的发展，以致种植面积大量萎缩，天麻种植业正面临区域结构性调整，天麻市场呈现供不应求的状况。

第二章 皮类药材

1. 黄柏

【来源】

本品为芸香科植物黄皮树*Phellodendron chinense* Schneid.的干燥树皮。中药名：黄柏；别名：黄檗、元柏、檗木、檗皮。

【原植物形态】

树高10~20 m，大树高达30 m，胸径1 m。枝扩展，成年树的树皮有厚木栓层，浅灰或灰褐色，深沟状或不规则网状开裂，内皮薄，鲜黄色，味苦，黏质，小枝暗紫红色，无毛。叶轴及叶柄均纤细，有小叶5~13片，小叶薄纸质或纸质，卵状披针形或卵形，长6~12 cm，宽2.5~4.5 cm，顶部长渐尖，基部阔楔形，一侧斜尖，或为圆形，叶缘有细钝齿和缘毛，叶面无毛或中脉有疏短毛，叶背仅基部中脉两侧密被长柔毛，秋季落叶前叶色由绿转黄而明亮，毛被大多脱落。花序顶生；萼片细小，阔卵形，长约1 mm；花瓣紫绿色，长3~4 mm；雄花的雄蕊比花瓣长，退化雌蕊短小。果圆球形，径约1 cm，蓝黑色，通常有5~8（~10）浅纵沟，干后较明显；种子通常5粒。花期5—6月，果期9—10月。

【资源分布及生物学习性】

产于内蒙古南部、吉林、辽宁、河北、山西、山东、江苏、浙江、福建、安徽、江西、河南、陕西、甘肃、四川、重庆、云南、贵州、湖北、湖南、广东北部及广西北部等省区。西藏德庆、达孜等地有栽培。多生于山地杂木林中或山区河谷沿岸。黄柏对气候适应性强，苗期稍能耐阴，成年树喜阳光。野生多见于避风山间谷地，混生在阔叶林中。喜深厚肥沃土壤，喜潮湿，喜肥，怕涝，耐寒，尤其是关黄柏比川黄柏更耐严寒。黄柏幼苗忌高温、干旱。黄柏种子具休眠特性，低温层积2～3个月能打破其休眠。

【规范化种植技术】

1. 选地与整地

黄柏为阳性树种，山区、平原均可种植，但以上层深厚、便于排灌、腐殖质含量较高的地方为佳，零星种植可在沟边路旁、房前屋后、土壤比较肥沃、潮湿的地方种植。在选好的地上，按穴距3～4m开穴，穴探30～60 cm、80 cm见方，并每穴施入农家肥5～10 kg作底肥。育苗地则宜选地势比较平坦、排灌方便、肥沃湿润的地方，每亩施农家肥3 000 kg作基肥，深翻20～25 cm，充分细碎整平后，作成1.2～1.5 m宽的畦。

2. 繁殖方法

2.1 种子繁殖

春播或秋播。春播宜早不宜晚一般在3月上、中旬，播前用40 ℃温水浸种1 d，然后进行低温或冷冻层积处理50～60 d，待种子裂口后，按行距30 cm开沟条播。播后覆土，搂平稍加镇压、浇水，秋播在11—12月进行，播前20 d湿润种子至种皮变软后播种。每亩用种2～3 kg。一般4—5月出苗，培育1～2年后，当苗高40～70 cm时，即可移栽。时间在冬季落叶后至翌年新芽萌动前，将幼苗带土挖出，剪去根部下端过长部分，每穴栽1株，填土一半时，将树苗轻轻往上提，使根部舒展后再填土至平，踏实，浇水。

2.2 分根繁殖

在休眠期间，选择直径1 cm左右的嫩根，窖藏至到年春解冻后扒出，截成15～20 cm长的小段，斜插于土中，上端不能露出地面，插后浇水。也可随刨随插。1年后即可成苗移栽。

3. 田间管理

3.1 间苗、定苗

苗齐后应拔除弱苗和过密苗。一般在苗高7～10 cm时，按株距3～4 cm间苗，苗高17～20 cm时，按株距7～10 cm定苗。

3.2 中耕除草

一般在播种后至出苗前，除草1次，出苗后至郁闭前，中耕除草2次。定值当年和发后2年内，每年夏秋两季，应中耕除草2～3次，3～4年后，树已长大，只需每隔2～3年，在夏季中耕除草1次，疏松土层，并将杂草翻入土内。

3.3 追肥

育苗期，结合间苗中耕除草应追肥2～3次，每次每亩施人畜粪水2 000～3 000 kg，夏季在封行前也可追施1次。定植后，于每年入冬前施1次农家肥，每株沟施10～15 kg。

3.4 排灌

播种后出苗期间及定植半月以内，应经常浇水，以保持土壤湿润，夏季高温也应及时浇水降温，以利幼苗生长。郁闭后，可适当少浇或不浇。多雨积水时应及时排除，以防烂根。

3.5　病虫害防治

3.5.1　锈病

5—6月始发，为害叶片。防治方法：发病初期用敌锈钠400倍液或25%粉锈宁700倍液喷雾。

3.5.2　花椒凤蝶

5—8月发生，为害幼苗叶片。防治方法：利用天敌，即寄生蜂抑制凤蝶发生；在幼龄期，用90%敌百虫800倍液或BT乳剂300倍液喷施。此外，尚有地老虎、蚜虫蛞蝓等为害。

4. 采收与加工

黄柏定植15~20年后即可采收，时间在5月上旬—6月下旬，砍树剥皮。也可采取只剥去一部分树皮，让原树继续生长，以后再剥的办法，连续剥皮，但再生树皮质量和产量不如第一次剥的树皮。剥下的树皮趁鲜刮去粗皮，至显黄色为度，晒至半干，重叠成堆，用石板压平，再晒干即可。产品以身干、色鲜黄、粗皮净、皮厚者为佳。

5. 留种技术

选生长快、高产、优质的15年以上的成年树留种，于10—11月果实呈黑色时采收，采收后，堆放于屋角或木桶里，盖上稻草，经10~15 d后取出，把果皮捣烂，搓出种子，放水里淘洗，去掉果皮，果肉和空壳后，阴干或晒干，于干燥通风处贮藏。

6. 商品规格

川黄柏树皮呈浅槽状或板片状，略弯曲，长宽不一，厚1~6 mm，外表面黄褐色或黄棕色，平坦，具纵沟纹，残存栓皮厚约0.2 mm，灰褐色，无弹性，有唇形横生皮孔，内表面暗黄色或淡棕色，具细密的纵棱纹。体轻，质硬，断面皮层部位略呈颗粒状，韧皮部纤维状，呈裂片状分层，鲜黄色。气微，味极苦，嚼之有黏性。均以皮厚、断面色黄者为佳。

7. 贮藏与运输

7.1　贮藏

加工后的黄檗皮首先要进行包装，选择长度，宽度相近的皮扎成一捆，捆扎2~3道线索，每捆重量以5 kg、10 kg为宜，再用专用纸箱或清洁、无毒、无异味的编织袋装好，系住口，在相应条款处注明产地、重量、日期等内容。最大包装重量应限制在25 kg以内，以便搬运、贮藏、运输。贮藏的仓库应当符合GAP的要求，堆放要有间隙，多雨潮湿季节要加强通风或者复晒，防止发霉变质。仓库应配有专业的质检员定期检查，以便发现质量问题及时解决，减少不应有的损失。

7.2　运输

向外运输时，首先要检验质量是否有问题，确定质量无误、包装均完好无误后方可装车外运，用于运输的车辆应当清洁无异味，在此之前没有运输过有毒物品和污染的物质，符合运输条件方可装车进行运输。运输时不得与有毒、有异味、有污染的物品混装，装车完毕后用篷布包严，防止运输过程中尘土污染和突遇雨淋，运输时尽可能缩短运输时间，避免影响质量的意外事情发生。

【药材质量标准】

【性状】本品呈板片状或浅槽状，长宽不一，厚1~6 mm。外表面黄褐色或黄棕色，平坦或具纵沟纹，有的可见皮孔痕及残存的灰褐色粗皮；内表面暗黄色或淡棕色，具细密的纵棱纹。体轻，质硬，断面纤维性，呈裂片状分层，深黄色。气微，味极苦，嚼之有黏性。

【鉴别】（1）本品粉末鲜黄色。纤维鲜黄色，直径16～38 μm，常成束，周围细胞含草酸钙方晶，形成晶纤维；含晶细胞壁木化增厚。石细胞鲜黄色，类圆形或纺锤形，直径35～128 μm，有的呈分枝状，枝端锐尖，壁厚，层纹明显；有的可见大型纤维状的石细胞，长可达900 μm。草酸钙方晶众多。

（2）取本品粉末0.2 g，加1%醋酸甲醇溶液40 mL，于60 ℃超声处理20 min，滤过，滤液浓缩至2 mL，作为供试品溶液。另取黄柏对照药材0.1 g，加1%醋酸甲醇20 mL，同法制成对照药材溶液。再取盐酸黄柏碱对照品，加甲醇制成每1 mL含0.5 mg的溶液，作为对照品溶液。照薄层色谱法（通则0502）试验，吸取上述三种溶液各3～5 μL，分别点于同一硅胶G薄层板上，以三氯甲烷-甲醇-水（30：15：4）的下层溶液为展开剂，置氨蒸气饱和的展开缸内，展开，取出，晾干，喷以稀碘化铋钾试液。供试品色谱中，在与对照药材色谱和对照品色谱相应的位置上，显相同颜色的斑点。

【检查】水分　不得过12.0%（通则0832第二法）。

总灰分　不得过8.0%（通则2302）。

【浸出物】按照醇溶性浸出物测定法（通则2201）项下的冷浸法测定，用稀乙醇作溶剂，不得少于14.0%。

【含量测定】小檗碱按照高效液相色谱法（通则0512）测定。

色谱条件与系统适用性试验　以十八烷基硅烷键合硅胶为填充剂；以乙腈0.1%磷酸溶液（50：50）（每100 mL加十二烷基磺酸钠0.1 g）为流动相；检测波长为265 nm。理论板数按盐酸小檗碱峰计算应不低于4 000。

对照品溶液的制备　取盐酸小檗碱对照品适量，精密称定，加流动相制成每1 mL含0.1 mg的溶液，即得。

供试品溶液的制备　取本品粉末（过三号筛）约0.1 g，精密称定，置100 mL量瓶中，加流动相80 mL，超声处理（功率250 W，频率40 kHz）40 min，放冷，用流动相稀释至刻度，摇匀，滤过，取续滤液，即得。

测定法　分别精密吸取对照品溶液5 μL与供试品溶液5～20 μL，注入液相色谱仪，测定，即得。

本品按干燥品计算，含小檗碱以盐酸小檗碱（$C_{20}H_{17}NO_4 \cdot HCl$）计，不得少于3.0%。

黄柏碱　按照高效液色谱法（通则0512）测定。

色谱条件与系统适用性试验　以十八烷基硅烷键合硅胶为填充剂；以乙腈-0.1%磷酸溶液（每100 mL加十二烷基磺酸钠0.2 g）（36：64）为流动相；检测波长为284 nm。理论板数按盐酸黄柏碱峰计算应不低于6 000。

对照品溶液的制备　取盐酸黄柏碱对照品适量，精密称定，加流动相制成每1 mL含0.1 mg的溶液，即得。

供试品溶液制备　取本品粉末（过四号筛）约5 g，精密称定，置具塞锥形瓶中，精密加入流动相25 mL，称定重量，超声处理（功率250 W，频率40 kHz）30 min，放冷，再称定重量，用流动相补足减失的重量，摇匀，滤过，取续滤液，即得。

测定法 分别精密吸取对照品溶液与供试品溶液各5 μL，注入液相色谱仪，测定，即得。

本品按干燥品计算，含黄柏碱以盐酸黄柏碱（$C_{20}H_{23}NO_4 \cdot HCl$）计，不得少于0.34%。

【市场前景】

黄柏，树皮内层经炮制后入药。味苦，性寒。具有清热解毒，泻火燥湿功效。主治急性细菌性痢疾、急性肠炎、急性黄疸型肝炎、泌尿系统感染等炎症。木栓层是制造软木塞的材料。木材坚硬，边材淡黄色，心材黄褐色，是枪托、家具、装饰的优良材，亦为胶合板材。果实可作驱虫剂及染料。种子含油7.76%，可制肥皂和润滑油。外用治火烫伤、中耳炎、急性结膜炎等。同时栽种时应注意与类黄柏区别。

2. 厚朴

【来源】

本品为木兰科植物厚朴*Magnolia officinalis* Rehd. et Wils. 或凹叶厚朴*Magnolia officinalis* Rehd. et Wils. var. *biloba* Rehd. et Wils.的干燥干皮、根皮及枝皮；干燥花蕾。中药名：厚朴、厚朴花；别名：紫朴、紫油朴、温朴等。

【原植物形态】

厚朴：落叶乔木，高达20 m；树皮厚，褐色，不开裂；小枝粗壮，淡黄色或灰黄色，幼时有绢毛；顶芽大，狭卵状圆锥形，无毛。叶大，近革质，7～9片聚生于枝端，长圆状倒卵形，长22～45 cm，宽10～24 cm，先端具短急尖或圆钝，基部楔形，全缘而微波状，上面绿色，无毛，下面灰绿色，被灰色柔毛，有白粉；叶柄粗壮，长2.5～4 cm，托叶痕长为叶柄的2/3。花白色，径10～15 cm，芳香；花梗粗短，被长柔毛，离花被片下1 cm处具包片脱落痕，花被片9～12（17），厚肉质，外轮3片淡绿色，长圆状倒卵形，长8～10 cm，宽4～5 cm，盛开时常向外反卷，内两轮白色，倒卵状匙形，长8～8.5 cm，宽3～4.5 cm，基部具爪，最内轮7～8.5 cm，花盛开时中内轮直立；

雄蕊约72枚，长2~3 cm，花药长1.2~1.5 cm，内向开裂，花丝长4~12 mm，红色；雌蕊群椭圆状卵圆形，长2.5~3 cm。聚合果长圆状卵圆形，长9~15 cm；蓇葖具长3~4 mm的喙；种子三角状倒卵形，长约1 cm。花期5—6月，果期8—10月。

凹叶厚朴：与厚朴不同之处在于叶先端凹缺，成2钝圆的浅裂片，但幼苗之叶先端钝圆，并不凹缺；聚合果基部较窄。花期4—5月，果期10月。

【资源分布及生物学习性】

厚朴产于陕西南部、甘肃东南部、河南东南部（商城、新县）、湖北西部、湖南西南部、重庆、四川（中部、东部）、贵州东北部。生于海拔300~1 500 m的山地林间。广西北部、江西庐山及浙江有栽培。凹叶厚朴产于安徽、浙江西部、江西（庐山）、福建、湖南南部、广东北部、广西北部和东北部。生于海拔300~1 400 m的林中。多栽培于山麓和村舍附近。为喜光的中生性树种，幼龄期需荫蔽；喜凉爽、湿润、多云雾、相对湿度大的气候环境。在土层深厚、肥沃、疏松、腐殖质丰富、排水良好的微酸性或中性土壤上生长较好。

【规范化种植技术】

1. 整地栽植

1.1 选地

种植地，厚朴宜选海拔1 000~1 200 m地势平缓的地方，如系坡地，则需将其改成梯地，以利保持水土；凹叶厚朴宜选海拔500~800 m的山地，尤以山谷为宜。地选好后，清除杂草、灌木，集中沤制或烧毁作基肥用，然后全面翻耕地块，深度为30 cm左右，并将表层肥土堆放在一边，以便植苗时垫入穴底作基肥。

1.2 整地

整地时间应在9月中、下旬进行，以利新土风化。整地要求三犁三耙，将土壤耙平整细，按行株距3 m×3.5 m，每亩65株开穴。穴长60 cm、宽40 cm、深30～50 cm。每穴施堆肥5～10 kg，盖10 cm细土。

1.3 起苗

先掘起厚朴幼苗，用稻草连根带土包扎起来，选基干、枝叶正常，未受伤、根完整、须根多、顶芽健全、色泽嫩绿者进行移植。

1.4 栽植

于2—3月或10—11月落叶后进行定植。将苗木的根系和枝条适度修剪后，每穴栽入1株，将根系舒展、扶正，边覆土边轻轻向上提苗，踏实，使根系与土壤密接，覆土与地面平后浇足定根水。定植深度以根颈露出地面约5 cm为宜。

2. 田间管理

2.1 中耕除草

幼树期每年中耕除草4次，分别于4月中旬、5月下旬、7月中旬和11月中旬进行。林地郁闭后一般仅在冬天中耕除草、培土1次。

2.2 追肥

结合中耕除草进行追肥，肥料以腐熟农家肥为主，辅以适量枯饼、复合肥。每亩每次施入农家肥500 kg、复合肥5 kg。施肥方法是在距苗木6 cm处挖一环沟，将肥料施入沟内，施后覆土。若专施化肥，其氮、磷、钾的配比为3∶2∶1。

2.3 除萌、截顶

厚朴萌蘖力强，常在根际部或树干基部出现萌芽而形成多干现象，除需压条繁殖者以外，应及时剪除萌蘖，以保证主干挺直，生长快。为促使厚朴加粗生长，增厚干皮，在其定植10年后，当树高到10 m左右时，应将主干顶梢截除，并修剪密生枝、纤弱枝，使养分集中供应主干和主枝生长。

2.4 斜割树皮

当厚朴生长10年后，于春季用利刀从其枝下高15 cm处起一直至基部围绕树干将树皮等距离地斜割4～5刀，并用100 mg/m³ABT2号生根粉溶液向刀口处喷雾，促进树皮增厚。这样，15年生的厚朴即可剥皮。

3. 病虫害防治

3.1 根腐病

幼苗期或定植后短期内均可发病，6月中、下旬发生，7—8月严重。发病初期，须根先变褐腐烂，后逐渐蔓延至主根发黑腐烂，呈水渍状，致使茎和枝出现黑色斑纹，继而全株死亡。地势低洼潮湿处发病且严重。防治方法：①选择排水良好的沙质土壤育苗；②整地时进行土壤消毒；③增施磷、钾肥，提高植株抗病力；④发现病株及时拔除，病穴用石灰消毒，或用50%退菌灵1 500～2 000倍液浇灌。

3.2 立枯病

幼苗出土不久，靠近土面的茎基部呈暗褐色病斑，病部缢缩腐烂，幼苗倒伏死亡。防治方法：同根腐病，还可用50%托布津1 000倍液喷洒防治。

3.3 叶枯病

一般在7月开始发病，8—9月为发病盛期，10月以后病害逐渐停止蔓延。高温、高湿季节易于发病。发病初期叶片病斑呈黑褐色，圆形，直径0.2～0.5 cm，以后逐渐扩大，布满全叶，病斑呈灰白色，潮湿时病斑上着生小黑点（病原菌分生孢子器），最后叶子干枯死亡。防治方法：①冬季清理林地，清除枯枝病叶及杂草并集中烧毁；②发病初期摘除病叶，再喷洒1∶1∶100波尔多液，7～10 d 1次，连续2～3次。

3.4 褐天牛

雌虫在5年以上幼株距地面30～50 cm的树干基部咬破树皮进行产卵，刚孵出的幼虫先钻入树皮中进行为害，咬食树皮，影响植株生长。初龄幼虫在树皮下穿蛀不规则虫道，长大后，蛀入木质部，为害木质部，虫孔常排出木屑，被害植株逐渐枯萎死亡。防治方法：①成虫期进行人工捕杀；②幼虫蛀入木质部后，用药棉浸天牛威雷原液塞入蛀孔，毒杀幼虫。③冬季刷白树干防止成虫产卵。

3.5 白蚁

筑巢于地下，4月初白蚁在土中咬食林木和幼苗的根，出土后沿树干蛀食树皮，侵害木材，11—12月群居于巢灭蚁。防治方法：用灭蚁灵毒杀，或挖巢灭蚁。

3.6 褐边绿刺蛾和褐刺蛾

幼虫咬食树叶下表皮及叶肉，使树叶仅存上表皮，形成圆形透明斑。4龄后咬食全叶，仅残留叶柄，严重影响林木生长，严重时甚至使树木枯死。防治方法：幼虫可喷90%晶体敌百虫1 000倍液或50%辛硫磷乳油1 500～2 000倍液，或用每克含孢子100亿个的青虫菌500倍液加少量90%敌百虫液喷雾，效果均好。

4. 留种技术

在厚朴林中，选择生长速度快、树皮厚、树干通直、无病虫害的植株作为采种母树，伐除其他劣质林木，留下的母树林作为厚朴种子园营建。种子园周围设置约200 m宽的隔离带，以避免其他林木花粉的侵入。加强种子园的各项田间管理工作，促使生长出优良种子。

5. 采收与加工

5.1 皮的采收与加工

5.1.1 皮的采收

通过对不同树龄厚朴各项指标的检测结果，厚朴及凹叶厚朴定植后15年以上即可剥皮，一般于5—6月生长旺盛期进行。其剥皮方法是：在树木砍倒之前，从树生长的地表面按每间隔35～40 cm长度用利刀环向割断干皮，然后沿树干纵切一刀，用扁竹刀剥取干皮，按此方法剥到人站在地面上不能再剥时，将树砍倒。再砍去树枝，按上述方法和长度剥取余下干皮。枝皮的长度和剥取方法同干皮。若不进行林木更新的，则将根部挖起，剥取根皮。将剥取的皮横向放置，运回加工。干皮习称"简朴"，枝皮习称"枝朴"，根皮习称"根朴"。

5.1.2 皮的加工

（1）厚朴干皮、枝皮及根皮置沸水中烫软后，取出直立于木桶内或室内墙角处，覆盖湿草、棉絮、麻袋等使其"发汗"一昼夜，待内表皮和断面变得油润有光泽，呈紫褐色或棕褐色时，将每段树皮大的卷成双筒状，小的卷成单筒状，用利刀将两端切齐，用井字法堆放于通风处阴干或晒干均可；较小的枝皮或根皮直接晒干即可。

（2）凹叶厚朴在通风的室内搭好木架，木架离地面1 m，将干皮、枝皮及根皮斜立于木架上，其

余的平放，经常翻动，风干即可。

5.2 花的采收与加工

5.2.1 花的采收

厚朴定植后3~5年开始开花，于花将开放时采摘花蕾。宜于阴天或晴天的早晨采集，采时注意不要折伤枝条。

5.2.2 花的加工

鲜花运回后，放入蒸笼中蒸5 min左右取出，摊开晒干或温火烘干。也可将鲜花置沸水中烫一下，随即捞出晒干或烘干。

6. 包装、贮藏与运输

6.1 包装

用编织袋包装，包装外贴上标签，标签内容为品名、规格、等级、产地等。

6.2 贮藏

按品种等级或规格的不同，分别置于常温仓库中分垛堆放，仓库地面应铺设木条或货架，药材放置在货架或木条上分垛码放。垛与垛之间距离不小于60 cm，垛与墙壁之间距离不小于50 cm，不得与有毒有害及易串味药品混合贮存。在贮存过程中应定期检查，防止霉变、虫蛀、腐烂、泛油等现象发生。

6.3 运输

运输工具应清洁卫生，无异味，批量运输时不得与其他有毒有害及易串味物品混运。在运输过程中严禁烈日暴晒、雨淋。装卸时应轻拿轻放，严禁在包装箱上坐卧和踩踏。

【药材质量标准】

厚朴

【性状】干皮呈卷筒状或双卷筒状，长30~35 cm，厚0.2~0.7 cm，习称"筒朴"；近根部的干皮一端展开如喇叭口，长13~25 cm，厚0.3~0.8 cm，习称"靴筒朴"。外表面灰棕色或灰褐色，粗糙，有时呈鳞片状，较易剥落，有明显椭圆形皮孔和纵皱纹，刮去粗皮者显黄棕。内表面紫棕色或深紫褐色，较平滑，具细密纵纹，划之显油痕。质坚硬，不易折断，断面颗粒性，外层灰棕色，内层紫褐色或棕色，有油性，有的可见多数小亮星。气香，味辛辣、微苦。

根皮（根朴）呈单筒状或不规则块片；有的弯曲似鸡肠，习称"鸡肠朴"。质硬，较易折断，断面纤维性。

枝皮（枝朴）呈单筒状，长10~20 cm，厚0.1~0.2 cm。质脆，易折断，断面纤维性。

【鉴别】（1）本品横切面：木栓层为10余列细胞；有的可见落皮层。皮层外侧有石细胞环带，内侧散有多数油细胞和石细胞群。韧皮部射线宽1~3列细胞；纤维多数个成束；亦有油细胞散在。

粉末棕色。纤维甚多，直径15~32 μm，壁甚厚，有的呈波浪形或一边呈锯齿状，木化，孔沟不明显。石细胞类方形、椭圆形、卵圆形或不规则分枝状，直径11~65 μm，有时可见层纹。油细胞椭圆形或类圆形，直径50~85 μm，含黄棕色油状物。

（2）取本品粉末0.5 g，加甲醇5 mL，密塞，振摇30 min，滤过，取滤液作为供试品溶液。另取厚朴酚对照品、和厚朴酚对照品，加甲醇制成每1 mL各含1 mg的混合溶液，作为对照品溶液。照薄层色谱法（通则0502）试验，吸取上述两种溶液各5 μL，分别点于同一硅胶G薄层板上，以甲苯-甲醇（17:1）为展开剂，展开，取出，晾干，喷以1%香草醛硫酸溶液，在100 ℃加热至斑点显色清晰。供试品色谱中，在与对照品色谱相应的位置上，显相同颜色的斑点。

【检查】水分　不得过15.0%（通则0832第四法）。

总灰分　不得过7.0%（通则2302）。

酸不溶性灰分　不得过3.0%（通则2302）。

【含量测定】按照高效液相色谱法（通则0512）测定。

色谱条件与系统适用性试验　以十八烷基硅烷键合硅胶为填充剂；以甲醇-水（78∶22）为流动相；检测波长为294 nm。理论板数按厚朴酚峰计算应不低于3 800。

对照品溶液的制备　取厚朴酚对照品、和厚朴酚对照品适量，精密称定，加甲醇分别制成每1 mL含厚朴酚40 μg、和厚朴酚24 μg的溶液，即得。

供试品溶液的制备　取本品粉末（过三号筛）约0.2 g，精密称定，置具塞锥形瓶中，精密加入甲醇25 mL，摇匀，密塞，浸渍24 h，滤过，精密量取续滤液5 mL，置25 mL量瓶中，加甲醇至刻度，摇匀，即得。

测定法　分别精密吸取上述两种对照品溶液各4 μL与供试品溶液3～5 μL，注入液相色谱仪，测定，即得。

按干燥品计算，含厚朴酚（$C_{18}H_{18}O_2$）与和厚朴酚（$C_{18}H_{18}O_2$）的总量不得少于2.0%。

厚朴花

【性状】本品呈长圆锥形，长4～7 cm，基部直径1.5～2.5 cm。红棕色至棕褐色。花被多为12片，肉质，外层的呈长方倒卵形，内层的呈匙形。雄蕊多数，花药条形，淡黄棕色，花丝宽而短。心皮多数，分离，螺旋状排列于圆锥形的花托上。花梗长0.5～2 cm，密被灰黄色绒毛，偶无毛。质脆，易破碎。气香，味淡。

【鉴别】（1）本品粉末红棕色。花被表皮细胞多角形或椭圆形，表面有密集的疣状突起，有的具细条状纹理。石细胞众多，呈不规则分枝状，壁厚7～13 μm，孔沟明显，胞腔大。油细胞类圆形或椭圆形，直径37～85 μm，壁稍厚，内含黄棕色物。花粉粒椭圆形，长径48～68 μm，短径37～48 μm，具一远极沟，表面有细网状雕纹。非腺毛1～3细胞，长820～230 μm，壁极厚，有的表面具螺状角质纹理，单细胞者先端长尖，基部稍膨大，多细胞者基部细胞较短或明显膨大，壁薄。

（2）取本品粉末1 g，加甲醇8 mL，密塞，振摇30 min，滤过，取滤液作为供试品溶液。另取厚朴酚对照品、和厚朴酚对照品，加甲醇制成每1 mL各含1 mg的混合溶液，作为对照品溶液。照薄层色谱法（通则0502）试验，吸取供试品溶液10 μL、对照品溶液5 μL，分别点于同一硅胶G薄层板上，以环己烷-二氯甲烷-乙酸乙酯-浓氨试液（5∶2∶4∶0.5）为展开剂，展开，取出，晾干，喷以1%香草醛硫酸溶液，在100 ℃加热至斑点显色清晰。供试品色谱中，在与对照品色谱相应的位置上，显相同颜色的斑点。

【检查】水分　不得过10.0%（通则0832第三法）。

总灰分　不得过7.0%（通则2302）。

【市场前景】

厚朴和凹叶厚朴均被列为国家二级保护的珍贵植物。木材纹理直，结构细致，少开裂，不变形，供建筑、板料、家具、雕刻、乐器、细木工等用。树皮、根皮、花、种子和芽皆可入药。以树皮为主，为著名中药，有祛湿、行气、平喘、化食消炎、祛风镇痛等功效，花能理气化淤，种子有明目益气的功效，芽做妇科药用。子可榨油，含油量35%，出油率25%，可制肥皂。叶大花美，芳香，具有较高的观赏价值，可做园林绿化树种。厚朴和凹叶厚朴是极具开发潜力的经济树种，值得推广种植。

3. 杜仲

【来源】

本品为杜仲科植物杜仲 *Eucommia ulmoides* Oliv.的干燥树皮、干燥叶。中药名：杜仲、杜仲叶。

【原植物形态】

落叶乔木，高达20 m，胸径约50 cm；树皮灰褐色，粗糙，内含橡胶，折断拉开有多数细丝。嫩枝有黄褐色毛，不久变秃净，老枝有明显的皮孔。芽体卵圆形，外面发亮，红褐色，有鳞片6～8片，边缘有微毛。叶椭圆形、卵形或矩圆形，薄革质，长6～15 cm，宽3.5～6.5 cm；基部圆形或阔楔形，先端渐尖；上面暗绿色，初时有褐色柔毛，不久变秃净，老叶略有皱纹，下面淡绿，初时有褐毛，以后仅在脉上有毛；侧脉6～9对，与网脉在上面下陷，在下面稍突起；边缘有锯齿；叶柄长1～2 cm，上面有槽，被散生长毛。花生于当年枝基部，雄花无花被；花梗长约3 mm，无毛；苞片倒卵状匙形，长6～8 mm，顶端圆形，边缘有睫毛，早落；雄蕊长约1 cm，无毛，花丝长约1 mm，药隔突出，花粉囊细长，无退化雌蕊。雌花单生，苞片倒卵形，花梗长8 mm，子房无毛，1室，扁而长，先端2裂，子房柄极短。翅果扁平，长椭圆形，长3～3.5 cm，宽1～1.3 cm，先端2裂，基部楔形，周围具薄翅；坚果位于中央，稍突起，子房柄长2～3 mm，与果梗相接处有关节。种子扁平，线形，长1.4～1.5 cm，宽3 mm，两端圆形。早春开花，秋后果实成熟。

【资源分布及生物学习性】

分布于陕西、甘肃、河南、湖北、四川、重庆、云南、贵州、湖南及浙江等省区，现各地广泛栽种。

在自然状态下，生长于海拔300～500 m的低山，谷地或低坡的疏林里，对土壤的选择并不严格，在瘠薄的红土，或岩石峭壁均能生长。

【规范化种植技术】

1. 选地整地

造林地选择在避风向阳、山脚、山坡中下部以及山谷台地土层深厚、疏松、肥沃、湿润、排水良好的微酸性或中性土壤上。杜仲为深根性树种，主根明显，深达1.0 m以上，所以杜仲造林要实行大穴整地。在缓坡和平地造林，要力求做到全面整地或带状整地；对坡度超过15°的造林地，除局部可以全垦外，一般应进行带状整地；对坡度25°以上的造林地，应进行带状或穴状整地。带状整地必须沿等高线进行，带间保留2.0～3.0 m原有植被；穴状整地规格深60 cm见方，挖穴时，表土与心土应分开堆放在穴旁备用。

2. 繁殖方法

2.1 播种育苗

2.1.1 种子处理

杜仲种子含有杜仲胶，发芽困难，影响种子吸水膨胀。因此，播种前必须对种子进行催芽处理，以提高种子的发芽率。常用的催芽方式为沙藏层积处理，选背风向阳、地势平坦、透气性好、不积水的地方进行沙藏，沙藏深度0.6～1.0 m，即在冻土层以下。先在沙藏坑底放10 cm厚的沙，然后将种子和湿沙按1：3的比例混合均匀（湿沙以手握成团不滴水为宜），置于坑内，周边插草把以利于通气；或一层种子隔一层沙放置，最上面盖沙15 cm，再在上面覆土，播种时用筛子筛出种子即可。播种时若大部分种子未露白，可在播种前用200 ℃的温水浸种24～36 h，每隔12 h换水1次，浸种后将种子捞出晾干，然后播种。

2.1.2 整地做畦

育苗地应选择背风向阳、排水良好、土壤肥沃湿润的壤土或沙质壤土地块。播种前对土壤深耕，施农家肥37.5～45.0 t/hm²，同时撒施硫酸亚铁150～300 kg/hm²进行土壤消毒。耙平做畦，畦的宽度一般以1.0～1.2 m为宜。

2.1.3 播种

春季以4月中旬、秋季以10月下旬至11月上旬播种为宜，方法以条播为主。整地后按30 cm行距开沟灌水，待水下渗后将种子撒播或点播于沟中，沟深3～4 cm，行距20 cm左右，覆土1.5 cm，播种量为120～150 kg/hm²，可生产杜仲苗30万～45万株/hm²。并在苗床上覆膜或覆草进行保湿，以利于出苗。

2.1.4 苗期管理

出苗后20 d，待幼苗生长出4～5片真叶时间苗。缺苗的地方应进行补苗，补苗应在阴天进行，以利于成活。应在30 d左右按株距3～5 cm定苗，使密度保持在18.0万～22.5万株/hm²。苗高10 cm左右开始苗期追肥，施尿素30～45 kg/hm²。6—7月是苗木生长旺季，需每月追肥1次，施尿素45～60 kg/hm²。施肥结合浇水进行，多雨季节及时排水。8月下旬应停止施氮肥，可适量增加钾肥或草木灰，使苗木生长充实，以便安全过冬。

2.2 扦插育苗

2.2.1 插穗处理

每年5—7月选择当年生健壮、发育充实半木质化的新梢为插穗，剪成5～10 cm，每个插穗应带3～4节，上剪口距芽1.0～1.5 cm处剪平，下剪口在侧芽基部或节处平剪，剪口离节处2～3 mm，每条插穗留1～2个半叶。为了促进生根，可用0.005%吲哚丁酸或萘乙酸浸泡插穗24 h，然后扦插，可促进生根。

2.2.2 扦插基质

苗床基质可用河沙，将苗床整平，开沟扦插或用木棍或竹棍按株行距5 cm×10 cm垂直打孔，再将插穗插入孔中。扦插深度5～7 cm，扦插后浇透水，使插穗和河沙紧密相接。在苗床上搭建小拱棚，上面盖塑料薄膜，塑料膜周围用土压实密封，使苗床保湿、保温，控制苗床内的温度在25 ℃左右，湿度在90%以上，以促进嫩枝生根。也可搭荫棚遮阴，并经常喷水，保持苗床湿润。

2.2.3 扦插后管理

扦插后每天喷清水1次，保持叶面新鲜，苗床湿润。如气温过高，可喷清水2次。苗床内温度达30 ℃时，可揭开塑料膜的一角进行通风降温，16：00以后盖严密，30～40 d可生根，成活率可达80%以上。待根系生长旺盛时，可将塑料膜慢慢揭开进行炼苗，使扦插苗逐步适应外界环境。

2.3 栽植

栽植时间宜在3月上旬进行，按株行距3.0 m×4.0 m或者2.0 m×3.0 m进行移栽。2年生苗木可以裸根栽植，但栽植前要修整好根系，浸沾泥浆。栽植时，先将表土与基肥混合后垫入穴底，然后放入苗木、填入细土，轻轻提苗，让根系舒展，再填土至穴满，踏实，上覆心土，栽植深度稍深于苗木原土印痕即可，切勿深栽。3年生以上大苗应带土球栽植。

3. 田间管理

3.1 林地间作

林地间作可改善林地表层土壤的理化性状，提高林地利用率。条件适宜的林地可套种花生等经济作物，既能起到以短养长，也能起到以耕代抚的作用，减轻早期投入大的压力。每年每穴馒头状培土2次，秸秆还田，培土时将秸秆埋入树木四周。同时，林地间作可以解决全垦整地带来的水土流失问题。

3.2 修剪

修剪可以提高杜仲生长速度和干形通直率。杜仲根蘖、萌生能力强，要及时剪除过多的侧枝及地面萌蘖枝，以促进主干生长。每年秋冬树木休眠后到翌春萌动前，修剪1次，只保留1个主干，侧枝修光或保留1/3。少部分50 cm以下分杈、生长均衡的双杈、三杈木，可保留分杈，但每杈也只保留1个主梢。

3.3 松土除草

不间种的林地每年至少除草2次，最后1次除草可结合穴抚进行。中耕除草每年进行2次，第1次在4月—5月，第2次在7月—8月，中耕除草宜浅。对土壤黏重、板结的林地，从栽植后第2年开始，必须进行深翻，以后每隔1年进行1次。同时，提倡间种豆科作物或绿肥，以提高土壤肥力。

3.4 追肥

造林后2～4年，每年4—5月每亩施尿素40～50 kg，或每株施腐熟农家肥20～25 kg，环状开沟深约15 cm，施后覆土。

3.5 病虫害防治

3.5.1 病害防治

杜仲在苗期易发生立枯病，在幼苗出土后30 d内，用0.50%等量式波尔多液每10 d喷洒1次，30 d后用1.0%等量式波尔多液每15 d喷洒1次，2～3次即可。地下水位高或排水不良的林地，杜仲易发生根腐病，导致整株死亡，因此要加强排水。同时挖出病株烧毁，对树穴用5.0%福尔马林进行消毒，或用70%甲基托布津可湿性粉剂每株100～150 g，施入树冠外围土壤中防治根腐病；猝倒病和叶枯病在发病初期用65%代森锌可湿性粉剂500～600倍液喷雾。

3.5.2 虫害防治

虫害主要有刺蛾、地老虎、蝼蛄等。刺蛾蚕食叶片和蛀食树干，可选用灭幼脲等药剂防治；地老虎、蝼蛄等害虫用农药诱杀防治。

4. 采收加工与贮藏

4.1 采剥技术

杜仲皮的采剥本着既要最大限度地多采，又要保证树体存活，主干不产生疤疮、树势不严重衰退的原则。采剥季节应选择生长季节中树木的旺盛生长期，开采树龄一般在十年生前后，主干直径10 cm左右为宜。在树干的不同方位采剥宽5~10 cm、长50~60 cm的条带2~3块，采剥总宽度约占干周的1/3，以后每年更换位置轮番采剥，每3年1个周期。

4.2 初加工技术

新采下的杜仲皮应及时叠放发汗，方法是将其平展交错码放，用木板和石块压实，周围用草席或麻袋盖严，3~7 d后待树皮由绿变棕褐，摊开晒干，最后压平整形，打捆包装待售。

【药材质量标准】

【性状】杜仲本品呈板片状或两边稍向内卷，大小不一，厚3~7 mm。外表面淡棕色或灰褐色，有明显的皱纹或纵裂槽纹，有的树皮较薄，未去粗皮，可见明显的皮孔。内表面暗紫色，光滑。质脆，易折断，断面有细密、银白色、富弹性的橡胶丝相连。气微，味稍苦。

杜仲叶本品多破碎，完整叶片展平后呈椭圆形或卵形，长7~15 cm，宽3.5~7 cm。表面黄绿色或黄褐色，微有光泽，先端渐尖，基部圆形或广楔形，边缘有锯齿，具短叶柄。质脆，搓之易碎，折断面有少量银白色橡胶丝相连。气微，味微苦。

【鉴别】杜仲

（1）本品粉末棕色。橡胶丝成条或扭曲成团，表面显颗粒性。石细胞甚多，大多成群，类长方形、类圆形、长条形或形状不规则，长约至180 μm，直径20~80 μm，壁厚，有的胞腔内含橡胶团块。木栓细胞表面观多角形，直径15~40 μm，壁不均匀增厚，木化，有细小纹孔；侧面观长方形，壁三面增厚，一面薄，孔沟明显。

（2）取本品粉末1 g，加三氯甲烷10 mL，浸渍2 h，滤过。滤液挥干，加乙醇1 mL，产生具弹性的胶膜。

杜仲叶

（1）本品粉末棕褐色。橡胶丝较多，散在或贯穿于叶肉组织及叶脉组织碎片中，灰绿色，细长条状，多扭结成束，表面显颗粒性。上、下表皮细胞表面观呈类方形或多角形，垂周壁近平直或微弯曲，呈连珠状增厚，表面有角质条状纹理；下表皮可见气孔，不定式，较密，保卫细胞有环状纹理。非腺毛单细胞，直径10~31 μm，有细小疣状突起，可见螺状纹理，胞腔内含黄棕色物。

（2）取［含量测定］项下的供试品溶液作为供试品溶液。另取杜仲叶对照药材1 g，加甲醇25 mL，加热回流1 h，放冷，滤过，滤液作为对照药材溶液。再取绿原酸对照品，加甲醇制成每1 mL含1 mg的溶液,作为对照品溶液。照薄层色谱法(通则0502)试验,吸取上述3种溶液各5~10 µL,分别点于同一硅胶H薄层板上,以乙酸丁酯-甲酸-水(7:2.5:2.5)的上层溶液为展开剂,展开,取出,晾干,置紫外光灯(365 mn)下检视。供试品色谱中,在与对照药材色谱和对照品色谱相应的位置上,显相同颜色的荧光斑点。

【检查】杜仲水分　不得过13.0%(通则0832第二法)。

总灰分　不得过10.0%(通则2302)。

杜仲叶水分　不得过15.0%(通则0832第二法)。

【市场前景】

杜仲在我国是一种比较特殊的树种,已经成为特有的药用经济林木。随着社会的发展,时代的进步,综合开发利用也在不断增多,对杜仲的需求量也越来越大。

杜仲含有丰富的维生素以及人体所需的部分微量元素,药用价值非常大。其味甘、微辛、性温,不仅可以降低血压,还可以利尿、缓解头晕、失眠等症状,对各种杆菌、球菌也有抑制作用。在中医方面常被用来作为补肝肾、强筋骨、益腰膝的一味药。在工业方面的应用价值。树皮和树叶还有果实里都含有珊瑚糖苷及杜仲胶,杜仲胶是我国特有的资源。除此之外,杜仲种子也有应用价值,种子里含有大量脂肪油,主要为亚油酸脂,可为工业所用。在园林方面的价值。杜仲树干比较挺直,直立性又很强,树冠紧凑,非常密集,遮阴面积大,树皮呈灰白色或灰褐色,叶子颜色又浓又绿,美观协调,为绿化和行道树提供了很好的资源。

4. 秦皮

【来源】

本品为木犀科植物苦枥白错树*Fraxinus rhynchophylla* Hance、白错树*Fraxinus chinensis* Roxb.、尖叶白错树*Fraxinus szaboana* Lingelsh.或宿柱白蜡树*PVaxzVrns Zosa* Lingelsh.的干燥枝皮或干皮。

【原植物形态】

落叶乔木,高10~12 m;树皮灰褐色,纵裂。芽阔卵形或圆锥形,被棕色柔毛或腺毛。小枝黄褐色,粗糙,无毛或疏被长柔毛,旋即秃净,皮孔小,不明显。羽状复叶长15~25 cm;叶柄长4~6 cm,基部不增厚;叶轴挺直,上面具浅沟,初时疏被柔毛,旋即秃净;小叶5~7枚,硬纸质,卵形、倒卵状长圆形至披针形,长3~10 cm,宽2~4 cm,顶生小叶与侧生小叶近等大或稍大,先端锐尖至渐尖,基部钝圆或楔形,叶缘具整齐锯齿,上面无毛,下面无毛或有时沿中脉两侧被白色长柔毛,中脉在上面平坦,侧脉8~10对,下面凸起,细脉在两面凸起,明显网结;小叶柄长3~5 mm。圆锥花序顶生或腋生枝梢,长8~10 cm;花序梗长2~4 cm,无毛或被细柔毛,光滑,无皮孔;花雌雄异株;雄花密集,花萼小,钟状,长约1 mm,无花冠,花药与花丝近等长;雌花疏离,花萼大,桶状,长2~3 mm,4浅裂,花柱细长,柱头2裂。翅果匙形,长3~4 cm,宽4~6 mm,上中部最宽,先端锐尖,常呈犁头状,基部渐狭,翅平展,下延至坚果中部,坚果圆柱形,长约1.5 cm;宿存萼紧贴于坚果基部,常在一侧开口深裂。花期4—5月,果期7—9月。

【资源分布及生物学习性】

产于南北各省区。多为栽培，也见于海拔800～1 600 m的山地杂木林中。越南、朝鲜也有分布。

本种在我国栽培历史悠久，分布甚广。主要经济用途为放养白蜡虫生产白蜡，尤以西南各省栽培最盛。贵州西南部山区栽的枝叶特别宽大，常在山地呈半野生状态。性耐瘠薄干旱，在轻度盐碱地也能生长。植株萌发力强，材理通直，生长迅速，柔软坚韧，供编制各种用具；树皮也作药用。

【规范化种植技术】

1. 栽培概述

喜温暖湿润气候。喜光。对土壤要求不严，黄壤、黄棕壤等土壤上均能生长。栽培技术用种子及扦插繁殖。种子繁殖：3月份播种前将种子用温水浸泡24 h，或混拌湿沙在室内催芽，待种子萌动后，可条播于苗床内，每1 hm²需种子45 kg。苗床管理注意适量浇水、中耕、除草、施肥。一般来说1 hm²产苗30万～45万株，当年苗高可达30～40 cm。扦插繁殖：在春季萌芽前选择健壮无病虫害的枝条，截成16～20 cm小段，在苗床上按行距30 cm开沟，深12～15 cm，每隔6～10 cm扦插1根，病害有煤烟病，防治需注意通风、透光。虫害有蚜虫、介壳虫等，可用石硫合剂喷杀；糖槭介，6—7月份用50‰杀螟松稀释1 000倍液喷洒；天牛，可用棉花球蘸80%敌敌畏乳剂或40%乐果乳剂15～20倍液塞入虫孔毒杀。

2. 环境要求

生物学特性喜温暖湿润气候。喜光。对土壤要求不严，黄壤、黄棕壤等土壤上均能生长。

3. 栽培技术

用种子及扦插繁殖。种子繁殖：3月播种前将种子用温水浸泡24 h，或混拌湿沙在室内催芽，待种子萌动后，可条播于苗床内，每1 hm²需种45 kg。苗床管理注意适量浇水、中耕、除草、施肥。一般每1 hm²产苗30万～45万株，当年苗高可达30～40 cm。

4. 扦插繁殖

在春季萌芽前选择健壮无病虫害的枝条，截成16～20 cm小段，在苗床上按行距30 cm开沟，深12～15 cm，每隔6～10 cm扦插1根，插条的顶芽露出床面，压实土壤。插后经常淋水，保持土壤湿润，并及时抹去下部的幼芽，保证顶芽正常生长，一年生苗高可达40～50 cm。苗高80～100 cm，即可移栽造林。

5. 虫害防治

病害有煤烟病，防治需注意通风、透光。虫害有蚜虫、介壳虫等，可用石硫合剂喷杀。糖槭介，6—7月用50%杀螟松稀释1 000倍液喷洒。

6. 采收加工

栽后5～8年，树干直径达15 cm以上时，于春秋两季剥取树皮，切成30～60 cm长的短节，晒干。

7. 药材炮制

除去杂质，入水略浸，洗净，润透，展平，切成2～3 cm长条，顶头切0.5 cm厚片，晒干，筛去灰屑。

【药材质量标准】

【性状】枝皮呈卷筒状或槽状，长10～60 cm，厚1.5～3 mm。外表面灰白色、灰棕色至黑棕色或相间呈斑状，平坦或稍粗糙，并有灰白色圆点状皮孔及细斜皱纹，有的具分枝痕。内表面黄白色或棕色，平滑。质硬而脆，断面纤维性，黄白色。气微，味苦。干皮为长条状块片，厚3～6 mm。外表面灰棕色，具龟裂状沟纹及红棕色圆形或横长的皮孔。质坚硬，断面纤维性较强。

【鉴别】（1）取本品，加热水浸泡，浸出液在日光下可见碧蓝色荧光。

（2）本品横切面：木栓层为5～10余列细胞。栓内层为数列多角形厚角细胞。皮层较宽，纤维及石细胞单个散在或成群。中柱鞘部位有石细胞及纤维束组成的环带，偶有间断。韧皮部射线宽1～3列细胞；纤维束及少数石细胞成层状排列，中间贯穿射线，形成"井"字形。薄壁细胞

含草酸钙砂晶。

（3）取本品粉末1 g，加甲醇10 mL，加热回流10 min，放冷，滤过，取滤液作为供试品溶液。另取秦皮甲素对照品、秦皮乙素对照品及秦皮素对照品，加甲醇制成每1 mL各含2 mg的混合溶液，作为对照品溶液。照薄层色谱法（通则0502）试验，吸取上述两种溶液各10 μL，分别点于同一硅胶G薄层板或GF254薄层板上，以三氯甲烷-甲醇-甲酸（6：1：0.5）为展开剂，展开，取出，晾干，硅胶GF254板置紫外光灯（254 nm）下检视；硅胶G板置紫外光灯（365 nm）下检视。供试品色谱中，在与对照品色谱相应的位置上，显相同颜色的斑点或荧光斑点；硅胶GF254板喷以三氯化铁试液-铁氰化钾试液（1：1）的混合溶液，斑点变为蓝色。

【检查】水分　不得过7.0%（通则0832第二法）。

总灰分　不得过8.0%（通则2302）。

【浸出物】按照醇溶性浸出物测定法（通则2201）项下的热浸法测定，用乙醇作溶剂，不得少于8.0%。

【含量测定】按照高效液相色谱法（通则0512）测定。色谱条件与系统适用性试验以十八烷基硅烷键合硅胶为填充剂；以乙腈-0.1%磷酸溶液（8：92）为流动相；检测A长为334 nm。理论板数按秦皮乙素峰计算应不低于50 000。

对照品溶液的制备　取秦皮甲素对照品、秦皮乙素对照品适量，精密称定，加甲醇制成每1 mL含秦皮甲素0.1 mg、秦皮乙素60婶的混合溶液，即得。

供试品溶液的制备　取本品粉末（过三号筛）约0.5 g，精密称定，置具塞锥形瓶中，精密加入甲醇50 mL，密塞，称定重量，加热回流1 h，放冷，再称定重量，用甲醇补足减失的重量，摇匀，滤过，取续滤液，即得。

测定法　分别精密吸取对照品溶液与供试品溶液各10 μL，注入液相色谱仪，测定，即得。

本品按干燥品计算，含秦皮甲素（$C_{15}H_{16}O_9$）和秦皮乙素（$C_9H_6O_4$）的总量，不得少于1.0%。

【市场前景】

白蜡树使用价值比较广，导致经济价值也在上涨。白蜡树除了能用作观赏和防护风沙之外，还可以用它来制作家具、胶合板、地板等，还具有一定的密封价值，可以用于涂蜡纸，密封容器，除了以上利用价值之外，还常用作清热药、治疗疟疾、月经不调、小儿头疮等疾病。现在白蜡树的使用价值得到推广，经济价值也是越来越高。

白蜡树的市场价格主要和市场需求量有关，市场需求越大，市场价格也就更高。现在白蜡树主要用来作为观赏植物种植，如果现在培育一批白蜡树苗木的话，市场需求还是可以的，现在很多地区都在建房，建房就会用到园林绿化植物，白蜡树就是其中之一，所以市场需求还是不错的。

第三章 茎木类药材

1. 钩藤

【来源】

本品为茜草科植物钩藤*Uncaria rhynchophylla*（Miq.）Miq. ex Havil.干燥的带钩茎枝。中药名：钩藤；别名：钓藤、吊藤、钩藤钩子、钓钩藤、莺爪风、嫩钩钩、金钩藤、金钩莲、挂钩藤，钩丁、倒挂金钩、钩耳等。

【原植物形态】

藤本；嫩枝较纤细，方柱形或略有4棱角，无毛。叶纸质，椭圆形或椭圆状长圆形，长5~12 cm，宽3~7 cm，两面均无毛，干时褐色或红褐色，下面有时有白粉，顶端短尖或骤尖，基部楔形至截形，有时稍下延；侧脉4~8对，脉腋窝陷有黏液毛；叶柄长5~15 mm，无毛；托叶狭三角形，深2裂达全长2/3，外面无毛，里面无毛或基部具黏液毛，裂片线形至三角状披针形。头状花序不计花冠直径5~8 mm，单生叶腋，总花梗具一节，苞片微小，或成单聚伞状排列，总花梗腋生，长5 cm；小苞片线形或线状匙形；花近无梗；花萼管疏被毛，萼裂片近三角形，长0.5 mm，疏被短柔毛，顶端锐尖；花冠管外面无毛，或具疏散的毛，花冠裂片卵圆形，外面无毛或略被粉状短柔毛，边缘有时有纤毛；花柱伸出冠喉外，柱头棒形。果序直径10~12 mm；小蒴果长5~6 mm，被短柔毛，宿存萼裂片近三角形，长1 mm，星状辐射。花、果期5—12月。

【资源分布及生物学习性】

钩藤属（*Uncaria*）有34种，其中2种分布于热带美洲，3种分布于非洲及马达加斯加，29种分布于亚洲热带和澳大利亚等地。我国有11种，1变型，分布在广东、广西、云南、四川、重庆、湖北、湖南、贵州、福建、江西、陕西、甘肃、西藏及台湾等省、区。钩藤生长环境适应性强，多生于坡面，喜温暖、湿润，在日照强度相对较弱的环境下生长良好。在海拔300~2 000 m均有生长，多生长在海拔300~800 m透气良好的松、杉林覆盖灌木中或路边杂木林中。在土层深厚、肥沃疏松、排水良好的土壤上生长良好。钩藤生产环境年平均温度18~19 ℃，≥10 ℃年积温为3 100~5 500 ℃，无霜期260~300 d，空气相对湿度80%；年平均日照1 200~1 500 h；幼苗能耐阴，成年树喜阳光，但在强烈的阳光和空旷的环境中，生长不良；土壤喜深厚、肥沃、腐殖质含量较多的壤土或沙质壤土；喜肥水，肥水充足，生长最佳，肥水不足，生长不良；水分过多，根系生长不良，地上部分生长迟缓，甚至叶片枯萎，幼苗最忌高温和干旱。以年降雨量为1 000~1 500 mm，阴雨天较多，雨水较均匀，水热同季为佳。

【规范化种植技术】

1. 选地整地

1.1 选地

选择海拔300~1 500 m，宜选择坡度≤45°，光照充足，远离城区、工矿区、交通主干线、工业污染源、生活垃圾场等，种植地土层厚度≥60 cm，土质肥沃、疏松，pH5～7，土壤环境质量应符合《土壤环境质量 农用地土壤污染风险管控标准（试行）》（GB 15618—2018）的规定，灌溉水质量应符合《农田灌溉水质标准》（GB 5084—2021）的规定，空气质量应符合《环境空气质量标准》（GB 3095—2012）的规定。

1.2 整地

1.2.1 林地清理

荒山、荒坡、荒土、林边空地等新建钩藤种植地，应割除地块上的杂草、灌丛；疏林地、残次林地、果园边缘地和人工造林后的幼林地间种钩藤，可根据林木分布情况，采取带状清理或块状清理的方式割除杂草、灌丛。

1.2.2 种植地清理

清除种植地块上的附着物。

1.2.3 整地时间

于种植前头年秋冬季进行。

2. 繁殖方法

生产上主要采用有性繁殖方式育苗。

2.1 钩藤蒴果的采集与保存

11—12月于采种地选择向阳、株体健壮、茎枝发达、结实稳定和无病虫害的钩藤植株作为采种母株，在蒴果由黄绿色渐变为黄褐色或棕褐色时，选择无风晴天或阴天采收，用麻袋包装，置干燥通风处保存。

2.2 蒴果处理

将钩藤蒴果在地表温度20～25 ℃、无风或风力3级以下的晴天晒3～4 h后将蒴果粉碎，粉碎物过50目

筛，备用。

2.3 繁育技术

2.3.1 选地

选择地势平坦、排灌方便、肥沃、疏松、无污染的地块或大棚。

2.3.2 施底肥、整地

整地前，施腐熟厩肥2 000～2 500 kg/亩，深耕20～30 cm，充分整细。做成长10～20 m、宽1.0～1.2 m、沟深10～15 cm、沟宽20～30 cm的厢面。

2.3.3 苗床消毒

播种前5天用50%多菌灵750倍液喷施厢面。

2.3.4 播种

播种前，按种子∶草木灰∶细河沙＝1∶4∶10比例充分拌匀。

2.3.5 播种

将拌好的种子按3.75 kg/亩的播种量均匀地撒播在厢面上，用竹扫帚来回扫动浇透水，盖小拱棚膜和遮阳网。

2.3.6 苗期管理

出苗前保持膜内温度18～27 ℃，湿度在80%～90%，期间人工除草1～2次；出苗后当户外育苗小拱棚内温度＞30 ℃时应揭小拱棚膜，大棚育苗应启动通风设施保持棚内空气流动，降低棚内温度，夜间重新覆膜以保持小拱棚膜内温度。出苗后30～40 d撤除膜及遮阳网。苗高至约5 cm时间苗，采用"起大苗，留小苗"的方式间苗，控制苗床密度在100～150株/m²。

2.3.7 移栽

按苗床地的方式制作的假植苗床，将间出的苗按株行距（8～10）cm×（10～15）cm进行移栽，浇足定根水后搭设遮阳网；根据杂草生长情况，及时进行人工除草。

2.3.8 追肥

苗高5～50 cm时，每隔15 d喷施0.3%尿素和0.2%磷酸二氢钾混合溶液30 kg/亩。

2.3.9 灌溉

苗床土层1～2 cm内土壤干燥时应浇水，露地育苗要及时清理排水沟。

2.3.10 控制苗高

苗期应控制株高小于50 cm。

2.3.11 越冬管理

采用露地育苗方式繁育的种苗，需搭设拱棚。

3. 大田种植

3.1 挖穴时间

移栽前10～20 d天。

3.2 挖穴方法

人工或机械挖穴，行距2.5～3 m、株距1.5～2 m，穴径40～50 cm，穴深30～40 cm，打穴时表土、心土分开。结合施底肥回填，回填时先表土，后心土。

3.3 施底肥

配合挖穴，每穴分层施入腐熟农家肥5 kg或45%含量的复合肥0.25 kg，底肥需与穴中土壤拌匀。

3.4 起苗

选阴天取苗，取苗前苗床需适当控水，如遇苗床干燥可先浇水后再起苗，挖苗时尽量少伤根，多带土。

3.5 移栽

3.5.1 移栽

时期3—5月、9—12月。

3.5.2 方式与密度

穴栽法，每穴1株，根据根幅大小挖穴，然后把苗直立放入穴中，扶正苗木，理伸根系，盖上细土。当填土至穴深1/2时，将苗木往上轻提，使苗木根系舒展，填至根颈部后用脚采紧、踏实，覆土稍高于原地面，浇透定根水。亩种植167~200株。

3.6 田间管理

3.6.1 补植

移栽定植后15~20 d进行田间巡查，发现死苗、缺苗时，应在阴天或雨后补植同龄种苗，浇足定根水。

3.6.2 追肥

定植当年返青成活后，施尿素30 g/株。第二年起，6—7月期间结合中耕除草，在离主干20~30 cm处挖深度5~10 cm深的环形沟，于沟内施入有机肥（总养分≥8.0%、有机质≥70%）0.5~0.8 kg，然后填施肥沟并培土；11—12月在离主干20~30 cm处，挖深度5~10 cm深的环形沟，并于沟内施入过硫酸钙（有效P_2O_5≥12.0%）0.3~0.5 kg，然后施肥填沟并培土。肥料符合《绿色食品 肥料使用准则》（NY/T 394—2021）的要求。

3.6.3 除草

视田间杂草为害情况人工除草3~6次，去除的杂草可填埋在钩藤植株根部或带出种植地块统一堆放。

3.6.4 水分管理

种植后若遇干旱，有灌溉条件的地方可视干旱情况浇水1~2次。

3.6.5 修剪

移栽当年植株长至高50 cm左右时，应及时摘心，以促进分枝和缩短节间距，防止徒长；移栽后第二年4—5月，在抽生的萌蘖中选3~4个生长良好的作茎枝培养，其余的疏除。11—12月，结合采收，将植株茎枝截成50 cm左右的短截；移栽3年后当茎枝长到2 m左右时，及时摘心。结合采收，留4~8个茎枝，并对茎枝留50 cm左右短截，保持植株呈丛状。

3.6.6 摘花序

除采种地外，及时摘除花序。

3.7 病虫害防控

遵循"预防为主，综合防治"的植保方针，加强植物检疫。利用农业防治、物理防治、生物防治、化学防治等综合技术措施，把病虫害控制在允许范围内。

3.7.1 根腐病

病原为镰刀菌，属一种半知菌亚门真菌Fusarium sp.。本病菌属土壤中栖居菌，遇到发病条件，随时都有可能侵染引起发病。地下害虫为害可加重该病发生。苗圃幼苗病害，病植株地上部枝叶萎蔫，严重者枯死，拔出根部可见根部变黑腐烂。

防治方法：发病初期可选用25%多菌灵1 000倍，或75%百菌清可湿性粉剂600~800倍液等药剂灌施。

3.7.2 软腐病

苗期病害，为害全株。患病叶片呈水烫状软腐而成不规则小斑，严重时全株死亡。在贵州凯里市旁海镇钩藤基地7—8月为高发时期，其中苗圃为甚，时晴时雨更极易发病。

防治方法：保持通透性，注意苗圃地不能太湿；发病初期可选用60%多保链霉素可湿性粉剂，或农用硫酸链霉素2 000倍液，或兰花茎腐灵（1~4号）500倍液等药剂喷施。

3.7.3 蚜虫

蚜虫又名腻虫、蜜虫等，属鳞翅目，蚜科，学名：Aphis sp.。以成虫、若虫为害，在钩藤嫩叶、嫩茎上吸食汁液，可使幼芽畸形，叶片皱缩，严重者可造成新芽萎缩，茎叶发黄、早落死亡。每年4月始发生，6—8月为害盛期。

防治方法：蚜虫为害期可选用10%吡虫啉4 000～6 000倍液，或灭蚜松乳剂1 500倍液等药剂喷雾。

4. 采收加工

4.1 采收

移栽2年后秋、冬二季采收。采收方法为人工用枝剪剪下或镰刀割下带钩的钩藤枝条，去除叶片、病枝，扎成把，运回。

4.2 产地初加工

将带钩枝条晒干或在50～60 ℃烘干，水分含量＜10%即可。

【药材质量标准】

【性状】本品剪枝呈圆柱形或类方柱形，长2～3 cm，直径0.2～0.5 cm。表面红棕色至紫红色者具细纵纹，光滑无毛；黄绿色至灰褐色者有的可见白色点状皮孔，被黄褐色柔毛。多数枝节上对生两个向下弯曲的钩（不育花序梗）或仅一侧有钩，另一侧为突起的疤痕；钩略扁或稍圆，先端细尖，基部较阔；钩基部的枝上可见叶柄脱落后的窝点状痕迹和环状的托叶浪。质坚韧，断面黄棕色，皮部纤维性，髓部黄白色或中空。气微，味淡。

【鉴别】（1）粉末淡黄棕色至红棕色。韧皮薄壁细胞成片，细胞延长，界限不明显，次生壁常与初生壁脱离，呈螺旋状或不规则扭曲状。纤维成束或单个散在，多断裂，直径10～26 μm，壁厚3～11 μm。具缘纹孔导管多破碎，直径可达56 μm，纹孔排列较密。表皮细胞棕黄色，表面观呈多角形或稍延长，直径11～34 μm。草酸钙砂晶存在于长圆形的薄壁细胞中，密集，有的含砂晶细胞连接成行。

（2）取本品粉末2 g，加浓氨试液2 mL，浸泡30 min，加入三氯甲烷50 mL，加热回流2 h，放冷，滤过，取滤液10 mL，挥干，残渣加甲醇1 mL使溶解，作为供试品溶液。另取异钩藤碱对照品，加甲醇制成每1 mL含0.5 mg的溶液，作为对照品溶液。照薄层色谱法（通则0502）试验，吸取供试品溶液10～20 μL、对照品溶液5 μL，分别点于同一硅胶G薄层板上，以石油醚（60～90 ℃）-丙酮（6∶4）为展开剂，展开，取出，晾干，喷以改良碘化铋钾试液。供试品色谱中，在与对照品色谱相应的位置上，显相同颜色的斑点。

【检查】水分　不得过10.0%（通则0832第二法）测定。

总灰分　不得过3.0%。（通则2302）

【浸出物】按照醇溶性浸出物测定法（通则2201）项下的热浸法测定，用乙醇作溶剂，不得少于6.0%。

【市场前景】

钩藤的主要药理作用为降压作用（钩藤煎剂、乙醇提取物、钩藤总碱和钩藤碱，无论对麻醉动物或不麻醉动物，正常动物或高血压猫、狗、家兔、大鼠动物，也不论静脉注射或灌胃给药均有降压作用；且无快速耐受现象）、镇静作用、抗惊厥作用、抑制平滑肌作用（钩藤煎剂可使离体豚鼠回肠松弛，可缓解支气管平滑肌痉挛，抑制子宫平滑肌收缩；钩藤碱能抑制催产素所致大鼠离体子宫收缩，且随剂量增大而增强）和抗心律失常作用。钩藤碱还可显著抑制血小板聚集和抗血栓形成，对心肌电生理作用随剂量增加而增强，并可降低大脑皮层的兴奋性等。

在钩藤药用时，前人提倡用钩，认为其效较茎枝佳。而现代研究表明，钩藤茎枝与其钩所含成分均相似，具有相似的药效，故临床应用不必局限只用其钩。经研究发现，钩藤的钩和比较嫩的藤化学成分和药效完全相同，强度一致，但如果生长3～5年或以上（藤直径3～5 cm）时，其药效作用则会降低，这也是值得我们深入研究与注意的。

钩藤是中医临床常用中药，中成药重要原料，年需求量在上千吨，并主要出口于日本等国家和地区。近年来，随着中药产业的发展及出口需要，钩藤的需求量日趋增，市场供应量远不能满足国内、国际市场需求。其市场前景极为广阔。

2. 石斛

【来源】

本品为兰科植物金钗石斛*Dendrobium nobile* Lindl.、鼓槌石斛*Dendrobium chrysotoxum* Lindl.或流苏石斛*Dendrobium fimbriatum* Hook.的栽培品及其同属植物近似种的新鲜或干燥茎。中药名：石斛；别名：金弓石斛、林兰、禁生。

【原植物形态】

金钗石斛茎直立，肉质状肥厚，稍扁的圆柱形，长10～60 cm，粗达1.3 cm，上部多少回折状弯曲，基部明显收狭，不分枝，具多节，节有时稍肿大；节间多少呈倒圆锥形，长2～4 cm，干后金黄色。叶革质，长圆形，长6～11 cm，宽1～3 cm，先端钝并且不等侧2裂，基部具抱茎的鞘。总状花序从具叶或落了叶的老茎中部以上部分发出，长2～4 cm，具1～4朵花；花序柄长5～15 mm，基部被数枚筒状鞘；花苞片膜质，卵状披针形，长6～13 mm，先端渐尖；花梗和子房淡紫色，长3～6 mm；花大，白色带淡紫色先端，有时全体淡紫红色或除唇盘上具1个紫红色斑块外，其余均为白色；中萼片长圆形，长2.5～3.5 cm，宽1～1.4 cm，先端钝，具5条脉；侧萼片相似于中萼片，先端锐尖，基部歪斜，具5条脉；萼囊圆锥形，长6 mm；花瓣多少斜宽卵形，长2.5～3.5 cm，宽1.8～2.5 cm，先端钝，基部具短爪，全缘，具3条主脉和许多支脉；唇瓣宽卵形，长2.5～3.5 cm，宽2.2～3.2 cm，先端钝，基部两侧具紫红色条纹并且收狭为短爪，中部以下两侧围抱蕊柱，边缘具短的睫毛，两面密布短绒毛，唇盘中央具1个紫红色大斑块；蕊柱绿色，长5 mm，基部稍扩大，具绿色的蕊柱足；药帽紫红色，圆锥形，密布细乳突，前端边缘具不整齐的尖齿。花期4—5月。

鼓槌石斛茎直立，肉质，纺锤形，长6～30 cm，中部粗1.5～5 cm，具2～5节间，具多数圆钝的条棱，干后金黄色，近顶端具2～5枚叶。叶革质，长圆形，长达19 cm，宽2～3.5 cm或更宽，先端急尖而钩转，基部收狭，但不下延为抱茎的鞘。总状花序近茎顶端发出，斜出或稍下垂，长达20 cm；花序轴粗壮，疏生多数花；花序柄基部具4～5枚鞘；花苞片小，膜质，卵状披针形，长2～3 mm，先端急尖；花梗和子房黄色，长达5 cm；花质地厚，金黄色，稍带香气；中萼片长圆形，长1.2～2 cm，中部宽5～9 mm，先端稍钝，具7条脉；侧萼片与中萼片近等大；萼囊近球形，宽约4 mm；花瓣倒卵形，等长于中萼片，宽约为萼片的2倍，先端近圆形，具约10条脉；唇瓣的颜色比萼片和花瓣深，近肾状圆形，长约2 cm，宽2.3 cm，先端浅2裂，基部两侧多少具红色条纹，边缘波状，上面密被短绒毛；唇盘通常呈"∧"隆起，有时具"U"形的栗色斑块；蕊柱长约5 mm；药帽淡黄色，尖塔状。花期3—5月。

流苏石斛茎粗壮，斜立或下垂，质地硬，圆柱形或有时基部上方稍呈纺锤形，长50～100 cm，粗8～12（～20）mm，不分枝，具多数节，干后淡黄色或淡黄褐色，节间长3.5～4.8 cm，具多数纵槽。叶二列，革质，长圆形或长圆状披针形，长8～15.5 cm，宽2～3.6 cm，先端急尖，有时稍2裂，基部具紧抱于茎的革质鞘。总状花序长5～15 cm，疏生6～12朵花；花序轴较细，多少弯曲；花序柄长2～4 cm，基部被数枚套叠的鞘；鞘膜质，筒状，位于基部的最短，长约3 mm，顶端的最长，达1 cm；花苞片膜质，卵状三角形，长3～5 mm，先端锐尖；花梗和子房浅绿色，长2.5～3 cm；花金黄色，质地薄，开展，稍具香气；中萼片长圆形，长1.3～1.8 cm，宽6～8 mm，先端钝，边缘全缘，具5条脉；侧萼片卵状披针形，与中萼片等长而稍较狭，先端钝，基部歪斜，全缘，具5条脉；萼囊近圆形，长约3 mm；花瓣长圆状椭圆形，长1.2～1.9 cm，宽7～10 mm，先端钝，边缘微啮蚀状，具5条脉；唇瓣比萼片和花瓣的颜色深，近圆形，长15～20 mm，基部两侧具紫红色条纹并且收狭为长约3 mm的爪，边缘具复流苏，唇盘具1个新月形横生的深紫色斑块，上面密布短绒毛；蕊柱黄色，长约2 mm，具长约4 mm的蕊柱足；药帽黄色，圆锥形，光滑，前端边缘具细齿。花期4—6月。

【资源分布及生物学习性】

金钗石斛产台湾、湖北南部（宜昌）、重庆、香港、海南（白沙）、广西西部至东北部（百色、平南、兴安、金秀、靖西）、四川南部（长宁、峨眉山、乐山）、贵州西南部至北部（赤水、习水、罗甸、兴义、三都）、云南东南部至西北部（富民、石屏、沧源、勐腊、勐海、思茅、怒江河谷、贡山一带）、西藏东南部（墨脱）。生于海拔480～1 700 m的山地林中树干上或山谷岩石上。

鼓槌石斛产云南南部至西部（石屏、景谷、思茅、勐腊、景洪、耿马、镇康、沧源）。生于海拔520～1 620 m，阳光充足的常绿阔叶林中树干上或疏林下岩石上。

流苏石斛产广西南部至西北部（天峨、凌云、田林、龙州、天等、隆林、东兰、武鸣、靖西、南丹）、贵州南部至西南部（罗甸、兴义、独山）、云南东南部至西南部（西畴、蒙自、石屏、富民、思茅、勐海、沧源、镇康）。海拔600～1 700 m，生于密林中树干上或山谷阴湿岩石上。

石斛对环境的要求比较严格，应选择在湿润冷凉的环境中种植，选择合适的环境是栽培成功的一半。铁皮石斛的生长适温为15～30 ℃，在生长期以16～21 ℃更为合适，夜间温度为10～13 ℃，昼夜温差保持在

10～15 ℃，幼苗在10 ℃以下容易受冻，石斛在5 ℃以下开始落叶。石斛栽培环境中空气相对湿度保持在80%左右较适宜，忌干燥、积水，特别在新芽开始萌发至新根形成时需要充足的水分。以夏秋遮光70%、冬季遮光30%～50%为宜。

【规范化种植技术】

1. 设施要求

石斛由于对环境要求较高，需在设施环境中种植。搭建简易竹木框架大棚或钢架大棚皆可，但一定要保证棚内通风良好，并设有内外遮阳网。长期栽培铁皮石斛，可以考虑建设钢架大棚。

2. 苗床建设

2.1 地栽

棚内所需土壤应充分在太阳下曝晒，并用辛硫酸作杀虫剂，以杀死土壤中残留的害虫及虫卵。在棚内用砖或石头砌成高15～20 cm、宽1～1.5 m的苗床，长度视地形而定，上铺一层5～10 cm厚的碎石等透水性较好的材料，最后铺一层厚10～12 cm、发酵过的树皮（或木屑、椰壳、蔗渣、腐熟的落叶、苔藓）作栽培基质，苗床与苗床之间保留40～50 cm宽的通道，以便日常栽培操作。

2.2 床栽

可搭建宽1.2～1.5 m、高80 cm左右的竹制或钢架的苗床，苗床间配有40～50 cm宽的通道以便日常栽培操作，也可搭建钢制活动苗床，床宽和高与固定苗床相似，但只需留一个通道，以增加棚内利用率。苗床底层铺一层10～12 cm厚的发酵过的树皮、碎木头、木屑、椰壳、蔗渣、腐熟的落叶或苔藓作栽培基质。

3. 移栽定植期管理

3.1 定植

选择无病、健壮、大小均匀的苗进行定植，将处理好的苗按每丛3~5株、株距10 cm、行距13 cm的规格种植于基质上，定植时以根部完全被基质覆盖为宜。

3.2 光照

栽种初期光照以控制在1 000~1 300 lx为佳，遮光率在70%左右。此时幼苗还比较柔弱，根部吸水能力较差，光照太强容易脱水或灼伤。

3.3 温度

生存温度为8~41 ℃，生长温度为10~35 ℃，生长最适温度为20~32 ℃。高温季节大棚内需遮阳与通风，并常喷雾降温保湿；低温季节则需保温加热。

3.4 湿度

湿度需要随温度的高低来进行相应的调节。生长旺盛时，最好将种植内部小环境的空气湿度保持为60%~90%。高温要求高湿，低温要求低湿，高温高湿时应加强通风，防止细菌性、真菌性病害发生。

3.5 施肥用药

定植3天后可喷洒一次低浓度的百菌清进行病害预防。定植一周内不宜施肥，一周后慢慢有新根长出，可使用1~2次氮、磷、钾配比为1：3：2、浓度为1 g/kg的高磷钾肥促其生根。

4. 生长期管理

4.1 光照

随温度与光照调节遮阳度，适宜生长时将遮阳度控制在50%~80%。

4.2 温湿度

石斛在温度16~21 ℃、昼夜温差10~15 ℃时，茎的生长速度最快。空气相对湿度早晚应保持在80%左右。若空气干燥，温度达30 ℃以上时，必须每隔1 h喷雾1次，每次30 s左右，以保持空气相对湿度，并保持棚内通风良好。冬季温度低，应减少给水量，只要保持空气相对湿度在60%~80%即可，尽量在太阳升起时浇水，杜绝叶面带水或者基质内有积水过夜，以免发生冻害。

4.3 施肥用药

春季或新芽初期，轮换每周喷施一次氮、磷、钾配比为3：1：1、浓度为2 g/kg的高磷钾肥和一次氮、磷、钾配比为1：1：1、浓度为2 g/kg的平衡肥，以提高苗的生长速度，但要控制苗徒长。生长期，每周喷施一次氮、磷、钾配比为1：1：1、浓度为2 g/kg的平衡肥，根据石斛的生长情况，若叶色黄、苗体弱，则中间补施氮、磷、钾配比为3：1：1、浓度为2 g/kg的高氮肥；若叶色浓绿、茎秆细长，则中间补充1~2次氮、磷、钾配比为3：4：5、浓度为2 g/kg的平衡肥。生长后期，采用喷施氮、磷、钾配比为1：1：1的平衡肥和配比为3：4：5的高磷钾肥交替使用，在采收前2个月停止施肥。

5. 日常管理

5.1 除草

因为温湿的环境，苗床基质上常会滋生杂草，直接与铁皮石斛竞争养分，必须随时除草。一般情况下，铁皮石斛种植后每年除草2次，第一次在3月中旬至4月上旬，第2次在11月间。除草时将长在铁皮石斛株间和周围的杂草及枯枝落叶除去。在夏季高温季节不宜除草，以免影响石斛的正常生长。

5.2 修枝

每年春季发芽前或采收时，应剪去部分老枝和枯枝以及生长过密的茎枝，可促进新芽生长。

5.3 翻苑

石斛栽种5年后，植株萌芽很多，老根死亡，基质腐烂，易被病菌侵染，使植株生长不良，故应根据生长情况进行翻苑，除去枯朽老根，进行分株，另行分株，另行栽培，以促进植株的生长，增产增收，或者重新栽种新的种苗。

6. 采收和加工

采收石斛通常在秋末至春初（每年11月至翌年3月）进行。秋季石斛的新茎逐渐成熟，生长速度减慢，叶片发黄掉落，植株逐渐进入休眠期，待叶片落光或偶尔茎尖还留有1~2片叶片的时候要适时采收。采收时用剪刀剪切枝条，剪刀要快，剪口要平，以减少养分散失和利于伤口愈合，应特别注意茎基部要留下2~3个节，以利于植株越冬和来年新芽萌发时的养分供给。

石斛一般粗加工为枫斗（铁皮枫斗）。鲜草晾干后，除去叶片及膜质叶，剪切整理成10 cm左右的茎段置于锅内，在盖了灰的炭火上（保持80 ℃左右）缓缓烘软后，手工搓揉使之成螺旋形，再置入锅内（降温至50 ℃左右）烘烤定型。部分完整留有根须（龙头）和茎尖（凤尾）且长度适中的石斛加工成的枫斗，又称为"龙头凤尾"，被认为是石斛中的极品。注意避免高温烘烤，以免影响产品质量。石斛鲜茎或者枫斗也可提供给有能力的企业深加工。

【药材质量标准】

【性状】 鲜石斛呈圆柱形或扁圆柱形，长约30 cm，直径0.4~1.2 cm。表面黄绿色，光滑或有纵纹，节明显，色较深，节上有膜质叶鞘。肉质多汁，易折断。气微，味微苦而回甜，嚼之有黏性。

金钗石斛呈扁圆柱形，长20~40 cm，直径0.4~0.6 cm，节间长2.5~3 cm。表面金黄色或黄中带绿色，有深纵沟。质硬而脆，断面较平坦而疏松。气微，味苦。

鼓槌石斛呈粗纺锤形，中部直径1~3 cm。具3~7节。表面光滑，金黄色，有明显凸起的棱。质轻而松脆，断面海绵状。气微，味淡，嚼之有黏性。

流苏石斛等呈长圆柱形，长20~150 cm，直径0.4~1.2 cm，节明显，节间长2~6 cm。表面黄色至暗黄色，有深纵槽。质疏松，断面平坦或呈纤维性。味淡或微苦，嚼之有黏性。

【鉴别】（1）本品横切面：金钗石斛表皮细胞1列，扁平，外被鲜黄色角质层。基本组织细胞大小较悬殊，有壁孔，散在多数外韧型维管束，排成7~8圈。维管束外侧纤维束新月形或半圆形，其外侧薄壁细胞有的含类圆形硅质块，木质部有1~3个导管直径较大。含草酸钙针晶细胞多见于维管束旁。

鼓槌石斛表皮细胞扁平，外壁及侧壁增厚，胞腔狭长形；角质层淡黄色。基本组织细胞大小差异较显著。多数外韧型维管束略排成10~12圈。木质部导管大小近似。有的可见含草酸钙针晶束细胞。

流苏石斛等表皮细胞扁圆形或类方形，壁增厚或不增厚。基本组织细胞大小相近或有差异，散列多数外韧型维管束，略排成数圈。维管束外侧纤维束新月形或呈帽状，其外缘小细胞有的含硅质块；内侧纤维束无或有，有的内外侧纤维束连接成鞘。有的薄壁细胞中含草酸钙针晶束和淀粉粒。

粉末灰绿色或灰黄色。角质层碎片黄色；表皮细胞表面观呈长多角形或类多角形，垂周壁连珠状增厚。束鞘纤维成束或离散，长梭形或细长，壁较厚，纹孔稀少，周围具排成纵行的含硅质块的小细胞。木纤维细长，末端尖或钝圆，壁稍厚。网纹导管、梯纹导管或具缘纹孔导管直径12~50 µm。草酸钙针晶成束或散在。

（2）金钗石斛取本品（鲜品干燥后粉碎）粉末1 g，加甲醇10 mL，超声处理30 min，滤过，滤液作为供试品溶液。另取石斛碱对照品，加甲醇制成每1 mL含1 mg的溶液，作为对照品溶液。照薄层色谱法（附录ⅥB）试验，吸取供试品溶液20 µL、对照品溶液5 µL，分别点于同一硅胶G薄层板上，以石油醚（60~90 ℃）-丙酮（7：3）为展开剂，展开，取出，晾干，喷以碘化铋钾试液。供试品色谱中，在与对照品色谱相应的位置上，显相同颜色的斑点。

鼓槌石斛取鼓槌石斛［含量测定］项下的续滤液25 mL，蒸干，残渣加甲醇5 mL使溶解，作为供试品溶液。另取毛兰素对照品，加甲醇制成每1 mL含0.2 mg的溶液，作为对照品溶液。照薄层色谱法（附录ⅥB）试验，吸取供试品溶液5～10 μL、对照品溶液5 μL，分别点于同一高效硅胶G薄层板上，以石油醚（60～90 ℃）-乙酸乙酯（3∶2）为展开剂，展开，展距8 cm，取出，晾干，喷以10%硫酸乙醇溶液，在105 ℃加热至斑点显色清晰。供试品色谱中，在与对照品色谱相应的位置上，显相同颜色的斑点。

流苏石斛等取本品（鲜品干燥后粉碎）粉末0.5 g，加甲醇25 mL，超声处理45 min，滤过，滤液蒸干，残渣加甲醇5 mL使溶解，作为供试品溶液。另取石斛酚对照品，加甲醇制成每1 mL含0.2 mg的溶液，作为对照品溶液。照薄层色谱法（附录ⅥB）试验，吸取上述供试品溶液5～10 μL、对照品溶液5 μL，分别点于同一高效硅胶G薄层板上，以石油醚（60～90 ℃）-乙酸乙酯（3∶2）为展开剂，展开，展距8 cm，取出，晾干，喷以10%硫酸乙醇溶液，在105 ℃加热至斑点显色清晰。供试品色谱中，在与对照品色谱相应的位置上，显相同颜色的斑点。

【检查】水分　干石斛不得过12.0%（通则0832第一法）。

总灰分　干石斛不得过5.0%（通则2302）。

【含量测定】金钗石斛按照气相色谱法（通则0521）测定。

色谱条件与系统适用性试验　DB-1毛细管柱（1.0%二甲基聚硅氧烷为固定相）（柱长为30 m，内径为0.25 mm，膜厚度为0.25 μm），程序升温：初始温度为80 ℃，以10 ℃/min的速率升温至250 ℃，保持5 min；进样口温度为250 ℃，检测器温度为250 ℃。理论板数按石斛碱峰计算应不低于10 000。

校正因子测定取萘对照品适量，精密称定，加甲醇制成每1 mL含25 μg的溶液，作为内标溶液。取石斛碱对照品适量，精密称定，加甲醇制成每1 mL含50 μg的溶液，作为对照品溶液。精密量取对照品溶液2 mL，置5 mL量瓶中，精密加入内标溶液1 mL，加甲醇至刻度，摇匀，吸取1 μL，注入气相色谱仪，计算校正因子。

测定法　取本品（鲜品干燥后粉碎）粉末（过三号筛）约0.25 g，精密称定，置圆底烧瓶中，精密加入0.05%甲酸的甲醇溶液25 mL，称定重量，加热回流3 h，放冷，再称定重量，用0.05%甲酸的甲醇溶液补足减失的重量，摇匀，滤过。精密量取续滤液2 mL，置5 mL量瓶中，精密加入内标溶液1 mL，加甲醇至刻度，摇匀，吸取1 μL，注入气相色谱仪，测定，即得。

本品按干燥品计算，含石斛碱（$C_{16}H_{25}NO_2$）不得少于0.40%。

鼓槌石斛按照高效液相色谱法（通则0512）测定。

色谱条件与系统适用性试验　以十八烷基硅烷键合硅胶为填充剂；以乙腈-0.05%磷酸溶液（37∶63）为流动相；检测波长为230 nm。理论板数按毛兰素峰计算应不低于6 000。

对照品溶液的制备　取毛兰素对照品适量，精密称定，加甲醇制成每1 mL含15 μg的溶液，即得。

供试品溶液的制备　取本品（鲜品干燥后粉碎）粉末（过三号筛）约1 g，精密称定，置具塞锥形瓶中，精密加入甲醇50 mL，密塞，称定重量，浸渍20 min，超声处理（功率250 W，频率40 kHz）45 min，放冷，再称定重量，用甲醇补足减失的重量，摇匀，滤过，取续滤液，即得。

测定法　分别精密吸取对照品溶液与供试品溶液各20 μL，注入液相色谱仪，测定，即得。

本品按干燥品计算，含毛兰素（$C_{18}H_{22}O_5$）不得少于0.030%。

【市场前景】

石斛为兰科石斛属多年生草本植物，以新鲜或干燥茎入药，是一种重要的大宗中药材。多年以来，商品石斛主要依靠野生药用石斛资源，随着药用石斛开发利用的不断深入，国内外需求量逐年增加，我国野生药用石斛资源遭到了严重破坏，有些地区甚至面临枯竭。为了保护野生兰科植物资源，各国都出台了许多禁止采挖或销售野生兰科植物的法规和条例，如1975年生效的《濒危野生植物种国际贸易公约》（CITES），把所有兰科植物全部列入附录Ⅰ和Ⅱ中；于1987年出台的《中国珍稀濒危保护植物名录》中，环草石斛、黄草石斛、金钗石斛、马鞭石斛和铁皮石斛被列为国家三级珍稀濒危保护植物。据报道，近年来在我国浙江、云南、贵州、广西和安徽等主产区，大力发展药用石斛的人工种植生产，建立了一些规模较大的栽培基地。我国栽培药用石斛30余种，主要栽培品种有7个，分别是铁皮石斛 *D. officinale Kimura* et Migo、金钗石斛 *D. nobile* Lindl.、流苏石斛 *D. fimbriatum* Hook.、美花石斛 *D. loddigesii* Rolfe、束花石斛 *D. chrysanthum* Wall. ex Lindl.、鼓槌石斛 *D. chrysotoxum* Lindl.和霍山石斛 *D. huoshanense* C.Z. Tang ts. J. Cheng。霍山石斛已收入药典现行版。云南省以铁皮石斛、金钗石斛、流苏石斛和鼓槌石斛为主，栽培基地主要分布于云南东南部、南部和西南部。贵州省主产美花石斛和金钗石斛，其产地主要分布于黔西南、黔东南和黔西北。近年来，西广地区的药用石斛发展规模比较快，其主要产区在桂南、桂东、粤西南、粤西北和粤北地区，铁皮石斛、金钗石斛、流苏石斛和美花石斛是本地区主要栽培品种。霍山石斛主产于安徽省霍山县。除浙江省和安徽省外，其他省区的主流栽培品种几乎相同，很难体现出适合于当地发展的优势品种。我国药用石斛产销量增加非常迅速，20世纪60年代，全国石斛类药材的产销量1.5×10^4 kg，而到了80年代产销量却迅速增加为6×10^5 kg，上升幅度近40倍，此期间的商品药用石斛主要来自野生资源。本次调查统计结果显示，目前我国栽培药用石斛年总产量为6×10^5 kg，与20世纪80年代的产销量比较接近。据报道，我国药用石斛原材料需求量大约为8×10^5 kg，说明我国药用石斛需求量缺口仍很大，为了满足日益增加的社会需求，各地区要根据自身的资源优势和生产实际，市场前景较好。

3. 昆明山海棠

【来源】

本品为卫矛科植物昆明山海棠 *Tripterygium hypoglaucum*（Levl.）Hutch.的干燥根木质部。中药名：昆明山海棠；别名：火把花、胖关藤、紫金藤、大方藤、山砒霜等。

【原植物形态】

多年藤本灌木，高1~4 m，小枝常具4~5棱形，密被棕红色毡毛状毛，老枝无毛。叶薄革质，长方卵形、阔椭圆形或窄卵形，长6~11 cm，宽3~7 cm，大小变化较大，先端长渐尖，偶为急尖而钝，基部圆形，平截或微心形，边缘具极浅疏锯齿，稀具密齿，侧脉侧脉5~7对，疏离，在近叶缘处结网，三生脉常与侧脉近垂直，小脉网状，叶面绿色偶被厚粉，叶背被白粉呈灰白色，偶为绿色；叶柄长1~1.5 cm，常被棕红色密生短毛。圆锥花序着生小枝上部，呈蝎尾状多次分枝，顶生者最大，有花50朵以上，侧生者较小，花序梗、分枝及小花梗均密被锈色毛；苞片及小苞片细小，被锈色毛；花绿色，直径4~5 mm；萼片近卵圆形；花瓣长圆形或窄卵形；花盘微4裂，雄蕊着生近边缘处，花丝细长，长2~3 mm，花药侧裂；子房具三棱，花柱圆柱状，柱头膨大，椭圆状。翅果多为长方形近圆形，果翅宽大，长1.2~1.8 cm，宽1~1.5 cm，先端平截，内凹或近圆形，基部心形，果体长仅为总长的1/2，宽近占翅的1/4或1/6，窄椭圆线状，直径3~4 mm，中脉明显，侧脉稍短，与中脉密接。

【资源分布及生物学习性】

昆明山海棠主要分布在四川、重庆、云南、贵州海拔500~1 200 m以上山地，野生资源比较丰富。在贵州的雷山、江西的遂州、云南的大理等地均有连片的野生种群，但其资源破坏十分严重。贵州黔东南州雷山县野生昆明山海棠资源丰富，并在雷山的雀鸟乡发现了我国最大的昆明山海棠（其胸径达12.4 cm，高30 m），该株是目前全国生长海拔最高、胸径最大、树高最高的昆明山海棠。昆明山海棠在海拔850~1 800 m的丘陵地、山地的灌木丛中、疏林下、绿野空旷地，油茶林间等地都有生长。年平均温度18~19 ℃，大于等于10 ℃的积温在5 000~5 500 ℃，年降雨量1 717~1 800 mm，空气相对湿度约82%。昆明山海棠幼苗最忌高温和干旱。年平均日照数1 100~1 500 h，幼苗能耐阴，成年树喜阳光，但在强烈的阳光和空旷的环境中，生长不良。喜肥水，肥水充足，生长最佳，肥水不足，生长不良；但水分过多，根系生长不良，地上部分生长迟缓，甚至叶片枯萎。以年降雨量为800~1 300 mm，阴雨天较多，雨水较均匀，水热同季为佳。喜深厚、肥沃、腐殖质含量较多的壤土或砂质壤土，土壤pH5.0~7.0都能正常生长。

【规范化种植技术】

1. 选地整地

种植区域选择在海拔800~1 800 m，年平均气温≥14.5 ℃，年有效积温≥5 187 ℃，降雨量≥1 000 mm以上，无霜期≥258 d，年平均日照时数≥958 h的区域，且生产环境符合《土壤环境质量 农用地土壤污染风险管控标准（试行）》（GB 15618—2018）、《农田灌溉水质标准》（GB 5084—2021）、《环境空气质量标准》（GB 3095—2012）的规定。种植地土壤宜选取肥沃、疏松、耕作层厚30 cm、pH值为6.0~7.5、有机质>1.0%以上的壤土或沙质壤土，种植地坡度应小于15°，坡度大于15°时，应进行坡改梯作业。对选定的昆明山海棠种植地提前30 d进行整地，并按行距80~100 cm、株距80~100 cm进行挖穴，穴径不小于40 cm，穴深不小于30 cm。挖穴时表土、心土分开。回填时先表土，后心土。同时每穴施入腐熟厩肥5 kg和复合肥0.1 kg，并与穴土拌匀。肥料施用严格执行《绿色食品 肥料使用准则》（NY/T 394—2021）。

2. 繁殖方法

昆明山海棠种苗繁育技术主要采用扦插繁殖。

2.1 苗圃地选择

选择交通方便、土壤肥沃，排水良好、地形平坦田块或大棚作为苗圃地，远离污染源。

2.2 整地与作床

于育苗前提前15天整地作床，深翻晒土，深度30 cm左右，每亩施充分腐熟厩肥1 500~2 000 kg作基肥，依据坡度顺向开厢面，厢宽100~120 cm，厢面高15~20 cm，厢沟宽30~40 cm，长度视地形而定，厢面四周开排水沟。

2.3 插穗选择与处理

2.3.1 插穗采集

10月下旬—次年3月，在昆明山海棠采穗圃，选择生长健壮、无病虫为害的1～2年生直径在0.5～1.0 cm的昆明山海棠木质化或半木质化枝条。采集后用湿沙覆盖插穗进行保湿。

2.3.2 插穗质量标准

将插穗从湿沙中取出，剪成长度15～20 cm，每个枝条留2～3个潜伏芽，上端剪平口，下端剪平滑斜口，剪口上端离潜伏芽1～2 cm。

2.3.3 植物生长调节剂处理插穗

将插穗下端用100 mg/L的绿色植物生长调节剂GGR6浸泡昆明山海棠插穗斜口下部2 cm处浸泡0.5 h，然后对插穗进行扦插。

2.4 扦插育苗

2.4.1 扦插时间

扦插时间为：10月下旬—次年3月。

2.4.2 圃地扦插

扦插时昆明山海棠插穗斜口向下，将插穗的2/3插入土中，地上部留出1～2个潜伏芽，插穗北向与地面呈45°，株行距为8 cm×10 cm左右，扦插完毕后浇透水。

2.4.3 覆膜

在扦插好后的苗床上，选用农业透明塑料薄膜进行覆盖，确保紧严，避免透气。覆好地膜后在厢面上搭设小拱棚，棚高60～80 cm。

2.5 苗期苗期管理

2.5.1 破膜

当60%插穗长出的叶片顶到地膜时，打开小拱棚，以穗条为中心逐一剪破薄膜，控制孔直径约3 cm，将剪除的地膜带出苗床，用细土压实，苗床剩余薄膜。

2.5.2 湿度管理

插穗未发新芽前，保证苗床土壤最大持水量在60%左右，空气相对湿度95%左右；60%插穗生根后，保持插床土壤最大持水量45%左右。

2.6 光照和温度管理

破膜前，当白天拱棚内气温达到30 ℃时，适时撤除地膜和小拱棚，搭建透光率为50%左右的遮阳网进行遮阴；破膜后，当白天拱棚内气温达到30 ℃时，适时打开小拱棚，搭建透光率为50%左右的遮阳网进行遮阴。

2.7 苗期追肥插穗

新长枝条长至10～15 cm时，适时喷施0.2%的磷酸二氢钾溶液作为追施，亩用量为30 kg，视苗情苗期追肥3～4次。

2.8 打顶

控制新长枝条长度在40 cm以内，超过的枝条需及时剪去。

2.9 越冬管理

采用露地育苗方式繁育的种苗，需搭设拱棚，确保种苗顺利越冬。

2.10 起苗

依据生产的需要，采用扦插10～14个月的（一、二级）扦插苗进行大田种植。取苗前苗床要适当控水，进行蹲苗。起苗时如遇苗床干燥，须先行浇水，使土壤湿润松软，便于起苗，挖苗时尽量少伤根，多带土。剪成约40 cm长，并按50株或100株一把分级捆扎。

3. 大田种植

3.1 种植时间

2—3月。

3.2 种植地选择

种植区域应符合本标准产地环境规定，种植地土壤宜选取肥沃、疏松、耕作层厚30 cm、pH值为6.0～7.5、有机质＞1.0%以上的壤土或砂质壤土，种植地坡度应小于15°，坡度大于15°时，应进行坡改梯作业。

3.3 整地

对选定的昆明山海棠种植地提前30 d进行整地，并按行距80～100 cm、株距80～100 cm进行挖穴，穴径不小于40 cm，穴深不小于30 cm。挖穴时表土、心土分开。回填时先表土，后心土。同时每穴施入腐熟厩肥5 kg和复合肥0.1 kg，并与穴土拌匀。肥料施用严格执行《绿色食品 肥料使用准则》（NY/T 394—2021）。

3.4 移栽定植

按每穴1株种苗植入已挖好的定植穴内，扶正苗木，用熟土覆盖根系，填土至穴深1/2时，将苗木轻轻往上提一下再踏实土壤，填土满穴，浇透定根水。

3.5 种植量

550～600株/亩。

3.6 田间管理

3.6.1 补苗

移栽定植20 d内巡查种植地块，发现未成活植株需及时补种同龄种苗，以保证全苗生产。

3.6.2 除草

定植后每年依据杂草的生长情况人工除草2～4次，确保田间杂草不影响昆明山海棠的正常生产。除草的同时可对昆明山海棠根部进行适当培土。

3.6.3 追肥

定植后1~3年内每年上半年4—5月，下半年9—10月，分别追施有机肥一次，施肥量控制在1.0~1.5 kg/株；3年后，在3—4月发芽追施1次有机肥，施肥量控制1.0~1.5 kg/株。

3.6.4 灌溉

定植后的第一年内，要注意水分的管理，根据立地条件和天气情况适时进行浇水，及时排灌、防旱保湿。定植一年后的昆明山海棠具有一定的抗旱能力，可视情况进行浇水。

3.6.5 整形

修剪第一年控制昆明山海棠新生茎长度控制在50 cm，剪去长势差、受病虫害为害以及干枯的枝条，控制新生茎在3条以内。第二年冬季开始定形，控制植株高度在100 cm以内，剪去长势差、受病虫害为害以及干枯的枝条，控制分茎数3~4条；第三年后每年冬季进行修剪，控制植株高度在150 cm以内，分茎数3~4条。

3.6.6 打花序

除采种地外，及时摘掉昆明山海棠种植地内的花序。

3.7 病虫害防治

在遵循"预防为主，综合防治"的原则下，坚持"早发现、早防治，治早治小治了"，选择高效低毒低残留的农药对症下药地进行昆明山海棠主要病虫害防治。

3.7.1 根腐病

苗圃幼苗病害，病植株地上部枝叶萎蔫，严重者枯死，拔出根部可见根部变黑腐烂。病原为腐皮镰孢菌［*Fusarium solani*（Mart.）App.et Wr.］。

根腐病主要为害根部，多发生在6—8月雨季，该病菌属土壤中栖居菌，遇到发病条件，随时都有可能侵染引起发病。地下害虫为害可加重该病发生。

防治方法：发病初期用25%代森锌1∶500倍液或70%甲基托布津∶1 500倍液浇根，以减轻为害。病轻者也可用50%多菌灵可湿性粉剂500~600倍液灌根防治。

3.7.2 炭疽病

此病主要为害叶片。发病初期，病叶上产生灰绿色圆形病斑，后扩大呈椭圆形、褐色，中部凹陷纵裂并产生黑色小粒点，病斑有间心轮纹，病斑长10~20 mm，宽7~12 mm。病原为炭疽病原菌属子囊菌球壳菌目，无性世代为*Gloeosporium* sp.。病菌主要以菌丝体在枝梢病斑中越冬，也可以分生孢子在叶痕和冬芽等处越冬。第二年初夏产生分生孢子，进行初次侵染。分生孢子借风雨传播，侵害新梢。生长期分生孢子可以多次侵染。病菌可从伤口或表皮直接进入，有伤口时更易侵入为害。从伤口侵入时潜育期为3~6 d，直接侵入时潜育期为6~10 d。发病一般始于6月，直至秋梢；炭疽病菌喜高温高湿，雨后气温升高，易出现发病盛期。夏季多雨年份发病重，干旱年份发病轻。病菌发育最适温度为25 ℃左右，低于9 ℃或高于35 ℃，不利于此病蔓延。

防治方法：发病初期喷1∶200波尔多液；或选用80%炭疽福美可湿性粉剂800倍液；或50%多菌灵可湿性粉剂500倍液；或65%代森锌可湿性粉剂500倍液；或75%百菌清可湿性粉剂600倍液；或2%农抗水剂200倍液；或用70%甲基托布津800~1 000倍或退菌特1 000倍（混加0.3%~0.5%尿素避免产生药害）。选择以上1种或几种，7~10 d 1次，连续喷2~3次。

3.7.3 卷叶蛾类幼虫

每年4月始发生，6—8月为害盛期。主要为害叶片，取食叶肉，时常吐丝将2~3张嫩叶卷在一起，在卷叶内取食为害，或吐丝将叶片站在一起，破坏光合作用，导致叶片卷曲、干枯。该虫具咀嚼式口器，食量大，繁殖能力和抗药性强，往往易暴发成灾。

防治方法：当卵孵化达50%时或幼虫发生初期时喷药防治。可用90%晶体敌百虫800倍液，或20%杀灭菊醋乳剂3 000倍液，或2.5%溴氰菊酯乳油4 000~5 000倍液，也可用青虫菌粉2 000~3 000倍浓加茶籽饼

1～1.5 kg，喷射1～2次即可。

3.7.4　红蜘蛛

在叶面吸食汁液为害，是一种多食性害虫，被害叶面出现白色小点，严重时变黄枯焦，甚至脱落。一般先为害下部叶片，逐渐向上蔓延，繁殖量大时，常在植株顶尖群集，用丝结团，滚落地面，并向四处扩散。树上有时发生一种红蜘蛛，有时会几种红蜘蛛混合发生。

防治方法：发现红蜘蛛为害时，可喷施73%克螨特乳油2 500倍液，或5%尼索朗乳油3 000倍液防治，效果很好。

3.7.5　双斑锦天牛

每年5月始发生，6—8月为害盛期。主要为害树皮，不食叶片，很少取食叶脉。幼虫为害造成植株枯死或生长衰弱、植株变黄。

防治方法：成虫羽化初期至产卵期5月5—25日为药杀成虫的最好时期，此时成虫主要在中上部取食树皮及草丛栖息，当成虫羽化时喷洒"绿色微雷"200～300倍液，用量以枝干微湿为宜。

4. 采收加工

4.1　采收

4.1.1　采收时间

种植4年后的10月至翌年1月。

4.1.2　采收方法

去除地上部分，利用工具挖出根部即可。

4.2　初加工

将挖出的根部进行清洗，清除泥土及异物，然后将根韧皮部剥除，再将木质部切成3～8 cm的段，最后将切好的根木质部晒干或在55 ℃的烘房内烘干，控制其水分不超过10.0%。

【药材质量标准】

【性状】本品略呈圆柱形，常弯曲，长短不等，直径0.2～2 cm；表面淡黄色或浅棕黄色，有明显纵纹。质硬，不易折断，断面纤维性，木部可见放射状纹理及环纹。气微，味涩，微苦。

【鉴别】本品横切面：木栓层为数列细胞，内含橙红色物。皮层薄壁细胞中含有淀粉粒及橘红色物。韧皮部宽广。射线明显，为2～8列细胞。皮层及韧皮部有的细胞含草酸钙方晶及棱晶。形成层波浪状连续成环。木质部导管大型，常单个，偶有2～3个聚合，木射线由2～8列径向延长的细胞组成，有的细胞可见纹孔，木纤维壁厚，木化。

【检查】

（1）**水分**：不得过10.0%（通则0832第二法）。

（2）**总灰分**：不得过4.0%（通则2302法）。

（3）**浸出物**：按照水溶性浸出物测定法（通则2201）项下的热浸法测定，不得少于7.0%。

【含量测定】

（1）总生物碱：取本品粉末（过65目筛）约15 g，精密称定，置索氏提取器内用乙醇回流提取8 h，乙醇液转入蒸发皿中，水浴蒸干，残渣加盐酸溶液（1→100）50 mL，研细混溶，置50 mL锥形瓶中，超声提取10 min，滤过，取出滤液40 mL于分液漏斗中，加氨试液使溶液呈碱性（pH＝9～10），用乙醚振摇提取4次，每次30 mL，合并乙醚，用水振摇洗涤2次，每次10 mL，乙醚液用滤纸滤过，回收乙醚，残渣用乙醇溶解，置于已恒重的蒸发皿中，水浴蒸干。再于100 ℃干燥至恒重，称定重量，计算，即得。

本品含总生物碱不得少于0.1%。

（2）雷公藤甲素按照高效液相色谱法（通则0512）测定。

色谱条件与系统适用性试验　以十八烷基硅烷键合硅胶为填充剂；以甲醇-水（40∶60）为流动相；检测波长为225 nm。理论板数按雷公藤甲素峰计算，应不低于5 000。

对照品溶液的制备　精密称取雷公藤甲素对照品适量，加甲醇制成每1 mL含5.3 μg雷公藤甲素的溶液，即得。

供试品溶液的制备　取本品粉末（过65目筛）约1.5 g，精密称定，置索氏提取器内用乙醇回流提取8 h，乙醇液转入蒸发皿中，蒸干，加少量甲醇溶解，拌硅胶（层析用，200～300目）-中性氧化铝（层析用，200～300目）（1∶1，2 g），蒸干，干法上柱（内径2 cm）。用1，2-二氯乙烷50 mL洗脱，弃去洗脱液，继用1%乙醇1，2-二氯乙烷50 mL洗脱，收集洗脱液，蒸干，残渣用甲醇溶解并转移至5 mL量瓶内，加甲醇稀释至刻度，摇匀，即得。

测定法　分别精密吸取对照品溶液与供试品溶液各10 μL，注入液相色谱仪，测定，即得。

本品按干燥品计算，含雷公藤甲素（$C_{20}H_{24}O_6$）不得少于0.020‰。

【市场前景】

现代研究表明，昆明山海棠根的主要化学成分有生物碱、二萜类、五环三萜类、碳水化合物和矿物质等。其中，生物碱类和二萜类是其主要活性成分。昆明山海棠具有抗炎、抗肿瘤、免疫抑制等作用。临床上常用于治疗类风湿性关节炎、红斑狼疮、慢性肾炎、麻风反应、白血病、肿瘤以及多种皮肤病等，同时还具有抗生育、抗艾滋病毒作用。目前，昆明山海棠已成为治疗类风湿性关节炎、红斑狼疮、风湿热、强直性脊柱炎、甲状腺功能亢进、肾炎等疾病的常规药物。例如，现以昆明山海棠为主药已研发生产上市的中成药产品有"昆明山海棠浸膏""昆明山海棠片""火把花根片""昆明山海棠胶囊""风湿平胶囊"等10多种，涉及制药厂20余家。另外，昆明山海棠具有抗男性生育作用，且其机理不同于目前主流的女性避孕药。当前市场上口服避孕药主要是针对女性的，若成功开发为男性口服避孕药，则将意义更大。特别是2006年已获国家批准生产上市的新一代抗风湿复方中药新药"昆仙胶囊"，具有高效低毒的显著特点。"昆仙胶囊"是以昆明山海棠为主药的复方中药；具有显著中医药特色的"昆仙胶囊"将是目前国内外类风湿关节炎（RA）治疗药物中疗效及作用机理独特、较为理想的高效低毒的临床用中成药。"昆仙胶囊"疗效高、毒性低在同类药中达到领先水平。它不仅能显著减轻患者关节疼痛、关节肿胀、关节僵硬的痛苦，而且不存在其同类药物的肝、肾、血液毒性，对睾丸的抑制剂量为免疫抑制剂量的2～3倍。"昆仙胶囊"尚具有很好的抗RA骨质损伤作用，将突破RA临床骨质损伤致残的治疗难点。"昆仙胶囊"还具在强烈抑制抗体生成剂量下，不引起胸腺、脾脏、肾上腺等免疫器官萎缩（而目前RA用药除环孢霉素A外都存在引起免疫器官萎缩的严重副作用），这也是"昆仙胶囊"所具有的显著特色。随着现代研究的不断深入，发现昆明山海棠的茎、叶等器官具有与其根等同样效用，同样可以入药，进一步扩大了昆明山海棠的综合利用，提高了种植昆明山海棠的经济价值与生态效益。还值得特别注意的是，日本已将昆明山海棠所含药效成分研制成针剂，用于节育；美国用昆明山海棠所含药效成分研制的抗癌新药，已进入临床试验；昆明山海棠除应用于人用医药产品研发生产外，还已利用昆明山海棠研制开发为系列生物农药，对于防治蔬菜、药材、瓜果、茶叶及城市绿化害虫具有广泛用途；昆明山海棠的中成药生产或生物农药生产剩余的残渣，还是生产高品质有机肥料的极好原料等。总之，昆明山海棠全身都是宝，其医药应用广泛，综合利用率高，经济社会效益和生态效益突出，研究开发应用潜力极大，市场前景十分广阔。

4. 皂角刺

【来源】

本品为豆科植物皂荚*Gleditsia sinensis* Lam.的干燥棘刺。别名：大皂荚、长皂荚、皂角、长皂角、大皂角、鸡栖子等。

【原植物形态】

落叶乔木或小乔木，高可达30 m；枝灰色至深褐色；刺粗壮，圆柱形，常分枝，多呈圆锥状，长达16 cm。叶为一回羽状复叶，长10~18（26）cm；小叶（2）3~9对，纸质，卵状披针形至长圆形，长2~8.5（12.5）cm，宽1~4（6）cm，先端急尖或渐尖，顶端圆钝，具小尖头，基部圆形或楔形，有时稍歪斜，边缘具细锯齿，上面被短柔毛，下面中脉上稍被柔毛；网脉明显，在两面凸起；小叶柄长1~2（5）mm，被短

柔毛。花杂性，黄白色，组成总状花序；花序腋生或顶生，长5～14 cm，被短柔毛；雄花：直径9～10 mm；花梗长2～8（10）mm；花托长2.5～3 mm，深棕色，外面被柔毛；萼片4，三角状披针形，长3 mm，两面被柔毛；花瓣4，长圆形，长4～5 mm，被微柔毛；雄蕊8（6）；退化雌蕊长2.5 mm；两性花：直径10～12 mm；花梗长2～5 mm；萼、花瓣与雄花的相似，唯萼片长4～5 mm，花瓣长5～6 mm；雄蕊8；子房缝线上及基部被毛（偶有少数湖北标本子房全体被毛），柱头浅2裂；胚珠多数。荚果带状，长12～37 cm，宽2～4 cm，劲直或扭曲，果肉稍厚，两面鼓起，或有的荚果短小，多少呈柱形，长5～13 cm，宽1～1.5 cm，弯曲作新月形，通常称猪牙皂，内无种子；果颈长1～3.5 cm；果瓣革质，褐棕色或红褐色，常被白色粉霜；种子多颗，长圆形或椭圆形，长11～13 mm，宽8～9 mm，棕色，光亮。花期3—5月；果期5—12月。

【资源分布及生物学习性】

皂荚产于河北、山东、河南、山西、陕西、甘肃、江苏、安徽、浙江、江西、湖南、湖北、重庆、福建、广东、广西、四川、贵州、云南等省区。适生于海拔0～2 500 m的山坡林中或谷地、路旁，常栽培于庭院或宅旁。生地环境无霜期大于等于180 d，光照大于2 400 h的区域。要求年平均气温10～20 ℃，最低极端温度大于－20 ℃。年降雨量500 mm左右。

【规范化种植技术】

1. 选地整地

1.1 林地选地

应选择在土层深厚、肥沃、土壤湿润的壤土或沙壤土作为造林地。山地丘陵应选在坡度不大的山脚部；平地、沙滩应选在不易积水的地方。皂荚喜光不耐蔽阴，栽培园可选在阳坡或半阳坡。在土壤黏重，排水不良，阴坡地等处不宜栽培。栽培地确定后，要进行设计区划，规划出道路排灌渠道，划分栽植区。同时要有一定的排灌措施，交通条件方便。

1.2 选地整地

栽培园可采取穴状整地、带状整地或鱼鳞坑整地；"四旁"及"零星"植树可采用大穴整地。

（1）挖穴整地。按水平线开挖种植穴，长宽各80 m，深60 cm，穴间距由株行距而定。

（2）带状整地。沿同一水平线开挖1 m宽的梯带，在带上深翻土壤40～60 cm，捡净杂草、石块，形成里低外高的梯带，带间距由栽植行距而定。

（3）鱼鳞坑整地，在同一水平线上按照一定的株行距开挖坑80 cm见方、深60 cm形成里低外高鱼鳞状坑状。

（4）大穴整地。在零星植树地点开挖大穴，规格为长、宽、深各1 m。

整地一般在秋、冬季节开挖，春栽前回填。也可边整地边栽植。

2. 繁殖方法

种子繁殖：种子处理是皂荚育苗的最关键环节，处理皂荚种子一般有4种方法：

（1）浓硫酸处理法。

（2）碱液处理法。

（3）热水处理法。

（4）破壳处理法。

其中最有效的方法是浓硫酸处理法。用浓硫酸浸种法处理皂荚种子，一般不留硬粒，且速度快发芽齐，省工省时，发芽迅速。

谷雨前后，将浓硫酸浸泡过的种子经过催芽处理后，即可适时播种育苗。

3. 田间管理

3.1 幼林抚育

3.1.1 整形修剪

为形成合理的树体结构和形态，需适时在皂荚树幼龄期，对枝干进行整形修剪。适当修剪可促进枝条的生长发育，改善透光条件，提高抗逆能力。为促进侧枝生长，8月要适当修剪枝条顶端的秋梢，进而提高皂刺的产量和质量，增加经济效益。目前生产中，皂荚采刺林合理的树型主要有高干形、中干形、低干形和丛状形等。

①高干形：培育主干高150 cm落头，主干上错落培育约3个主枝，与主干成50°斜角，主枝长80 cm。每个主枝上再选留3个左右侧枝。

②中干形：树干高100～130 cm落头，培育主枝总数3～5个。

③低干形：树干高60～80 cm落头定干，培育主枝总数5～7个，每个主枝上再选留2～3个侧枝。

④丛状形：基本没有主干，40 cm定干，培养生长势一致，角度适宜的3～5个主枝，在主枝上培育数量适宜的侧枝。

3.1.2 中耕除草、整树盘

造林后3年内的幼林留1 m²的树盘。每年5—7月进行中耕除草。幼林抚育以除草、培土为主，每年10月进行垦抚。垦抚不宜深挖，以免伤及幼树根系。

3.1.3 配方施肥

主要施有机肥料，必要时可兼加氮、磷、钾复合肥。年施肥量折复合肥0.25～0.5 kg/株，分别于3月中旬和6月上中旬施用。于造林后2年左右，离幼树30 cm处沟施。3年后，沿幼树树冠投影放线沟处施肥。

3.1.4 合理套种

坡度平缓的幼林地或坡耕地造林可套种花生、豆类、桔梗、丹参、菊花等经济作物或中草药材。近年皂荚林套种丹参效益可观。作物与皂荚间应保持50 cm距离。

3.1.5 高位嫁接

当皂荚树长到1.8～2.2 m时，截断顶枝。在分枝上嫁接小牙皂（3～5枝），使主干长刺，树冠结荚。达到皂刺、药用小牙皂双丰收，提高效益。

3.2 成林管理

3.2.1 垦抚

皂荚刺采收后（每年冬春），逐年向树干外围深挖垦抚，范围稍大于皂荚树冠投影面积。垦出的石块依自然地形在皂荚树下砌成水平带。

3.2.2 中耕除草

皂荚林地以少动土为好，每年夏季，清除杂草和黑麦草等绿肥，清除的杂草和绿肥等覆盖树盘底下，厚度15～20 cm，上压少量细土，化学除草采用百草枯等，一年当中喷洒3次即可除去杂草。

3.2.3 配方施肥

①施肥时间：一年二次，第一次在3月上中旬，促进枝梢生长发育，第二次在6月上旬，促进皂荚刺生长发育，提高产量、质量，也可在采收后施肥。

②施肥种类：经腐熟的有机肥，化肥必须与有机肥配合施用。禁止使用城市生活垃圾、工业垃圾、医院垃圾和未经腐熟粪便，以施用有机复混肥或皂荚专用复合肥为宜。

③施肥用量：根据山地土壤肥力及树龄大小而定，具体见下表。8年以后，施肥量逐年适量增加。

施肥量

单位：kg/（株·年$^{-1}$）

树龄/年	标准氮肥	过磷酸钙	氯化钾
1~2	0.2	0.5	0.3
3~5	0.4	1	0.6
6~8	0.6	1.3	1.3

④施肥方法：环状：在树冠投影边缘挖深20 cm的环形沟，将肥料施入沟内覆土；穴状：树冠范围内挖穴，施肥覆土；放射状：在树冠主枝投影中间挖放射状沟施肥覆土。

3.2.4 灌溉排水

干旱时做好引水、灌溉等抗旱保墒，也可结合根外追施提高抗旱能力；雨季注重开沟排水防涝。

3.2.5 整形修枝

目前皂荚栽植主要以收获皂刺为主，建园2~3年后，应进行修枝，促进主干迅速生长，侧枝可结合皂刺的采收来进行选留。

如果想让树干长得更高，每隔两三年进行修枝，去除较低的枝丫，集中根部营养供给主干吸收。秋季修剪的重点是：清除死亡枯枝，剪除病虫枝、重叠枝及下部细弱枝，疏除多余的直立枝和部分徒长枝。既能为冬剪打好基础，又能通风透光，减少养分消耗，促进花芽分化，健壮饱满，为明年多结果、夺高产创造条件。

3.3 病虫害防治

3.3.1 立枯病

幼苗感染后根茎部变褐枯死，成年植株受害后，从下部开始变黄，然后整株枯黄以至死亡。

防治方法：该病为土壤传播，应实行轮作；播种前，种子用多菌灵800倍液杀菌；加强田间管理，增施磷钾肥，使幼苗健壮，增强抗病力；出苗前喷1：2：200波尔多液1次，出苗后喷50%多菌灵溶液1 000倍液2~3次，保护幼苗；发病后及时拔除病株，病区用50%石灰乳消毒处理3次，保护幼苗；发病后及时拔除病株，病区用50%石灰乳消毒处理。

3.3.2 炭疽病

主要为害叶片，也能为害茎。叶片上病斑圆形，或近圆形，灰白色至灰褐色，具红褐色边缘，其上生有小黑点。后期病斑破碎形成穿孔。病斑可连接成不规则形。发病严重时能引起叶枯。茎、叶柄感病形成长条形的病斑。生于潮湿地段的植株感病严重。防治方法：将病株彻底清除，集中销毁，以减少侵染源；加强苗木管理，保持良好的通风透光条件；发病期可喷施65%的代森锌可湿性粉剂600~800倍液。

3.3.3 褐斑病

真菌性病害。主要侵害叶片，发病初期病斑呈圆形，呈紫黑色至黑色，随后病斑颜色加深，呈黑色至暗黑色，后期病斑中心颜色转淡，并着生灰黑色小霉点。该病在高温多雨季节易暴发。防治方法：及早发现，清除病枝，集中烧毁；加强栽培管理，使植株通风透光；发病初期，可喷洒75%的百菌清可湿性粉剂800倍液。

3.3.4 白粉病

真菌性病害，为害叶片，且嫩叶比老叶易被感染；发病的初期，叶片上会出现白色小粉斑，扩大后呈圆形或不规则形的褪色斑块，受白粉病侵害的植株长势矮小，叶子畸形、枯萎，严重时整株都会死亡。防治方法：重病植株在冬季剪除所有的当年生枝条，集中烧毁；控制好栽培密度，加强日常管理，注意增施磷、钾肥，控制氮肥用量，以提高植株的抗病性；注意选用抗病品种；生长季节发病时，喷洒多菌灵可湿性粉剂

800倍液，或80%代森锌可湿性粉剂600倍液。

3.3.5　蚜虫

一般为害植株顶梢与嫩叶，可使植株生长不良。防治方法：用肥皂水冲洗叶片，或摘除受害部分；清除杂草，彻底清田；蚜虫为害期可喷洒高效吡虫啉2 000倍液。

3.3.6　食心虫

幼苗期主要为害顶梢，可采用喷洒敌敌杀死或功夫乳油等药剂防治。成林期时，幼虫在皂荚或枝干皮缝内结茧越冬，每年能发生3代。防治方法：秋后至翌春3月前，处理荚果，防止越冬的食心虫幼虫化蛹成蛾。

3.3.7　皂荚苗期的地下害虫

主要有金针虫、蛴螬、地老虎等。防治方法：耕地时撒施辛硫磷颗粒。

3.4　采收加工

皂荚在秋季果实成熟后采摘。皂荚果实晒干即成中药皂荚。

【药材质量标准】

【性状】本品为主刺和1~2次分枝的棘刺。主刺长圆锥形，长3~15 cm或更长，直径0.3~1 cm；分枝刺长1~6 cm，刺端锐尖。表面紫棕色或棕褐色。体轻，质坚硬，不易折断。切片厚0.1~0.3 cm，常带有尖细的刺端；木部黄白色，髓部疏松，淡红棕色；质脆，易折断。气微，味淡。

【鉴别】（1）本品横切面：表皮细胞1列，外被角质层，有时可见单细胞非腺毛。皮层为2~3列薄壁细胞，细胞中有的含棕红色物。中柱鞘纤维束断续排列成环，纤维束周围的细胞有的含草酸钙方晶，偶见簇晶，纤维束旁常有单个或2~3个相聚的石细胞，壁薄。韧皮部狭窄。形成层成环。木质部连接成环，木射线宽1~2列细胞。髓部宽广，薄壁细胞含少量淀粉粒。

（2）取本品粉末1 g，加甲醇10 mL，超声处理30 min，滤过，滤液蒸干，残渣加水10 mL使溶解，加乙酸乙酯10 mL振摇提取，取乙酸乙酯液，蒸干，残渣加甲醇1 mL使溶解，作为供试品溶液。另取皂角刺对照药材1 g，同法制成对照药材溶液。照薄层色谱法（通则0502）试验，吸取供试品溶液5~10 mL、对照药材溶液5 mL，分别点于同一硅胶G薄层板上，以二氯甲烷-甲醇-浓氨试液（9：1：0.2）的下层溶液为展开剂，展开，取出，晾干，置紫外光灯（365 nm）下检视。供试品色谱中，在与对照药材色谱相应的位置上，显相同颜色的荧光斑点。

【市场前景】

皂荚为落叶乔木，树体高大，是很好的绿化和药用树种。据《本草纲目》记载，皂荚、皂刺、皂叶、皂根都具有极高的药用功能。皂荚体内富含大量的萜类、黄酮类、酚酸类等化学成分，是医药、洗涤用品及保健品的天然原料，具有很高的实用经济价值。干燥的皂荚荚果具有散结消肿，祛痰开窍等功能。常用于中风口噤，昏迷不醒，关窍不通，咳痰不爽，大便燥结等。皂荚刺也具极高的药用价值，有活血祛痰、消肿溃脓等功能，但由于近年来人类的过度采伐和破坏，野生皂荚资源日益较少。随着野生皂荚资源的日趋枯竭，大力发展这一珍稀优良阔叶树种变得日益重要。

第四章　花、叶类药材

1. 山银花

【来源】

本品为忍冬科植物灰毡毛忍冬*Lonicera macranthoides* Hand.-Mazz.、红腺忍冬*L. hypoglauca* Miq.、华南忍冬*L. confusa* DC.或黄褐毛忍冬*L. fulvotomentosa* Hsu et S.C.Cheng的干燥花蕾或带初开的花。中药名：山银花；别名：土忍冬等。

【原植物形态】

灰毡毛忍冬：藤本；幼枝或其顶梢及总花梗有薄绒状短糙伏毛，有时兼具微腺毛，后变栗褐色有光泽而近无毛，很少在幼枝下部有开展长刚毛。叶革质，卵形、卵状披针形、矩圆形至宽披针形，长6～14 cm，顶端尖或渐尖，基部圆形、微心形或渐狭，上面无毛，下面被由短糙毛组成的灰白色或有时带灰黄色毡毛，并散生暗橘黄色微腺毛，网脉凸起而呈明显蜂窝状；叶柄长6～10 mm，有薄绒状短糙毛，有时具开展长糙毛。花有香味，双花常密集于小枝梢成圆锥状花序；总花梗长0.5～3 mm；苞片披针形或条状披针形，长2～4 mm，连同萼齿外面均有细毡毛和短缘毛；小苞片圆卵形或倒卵形，长约为萼筒之半，有短糙缘毛；萼

各 论

筒常有蓝白色粉，无毛或有时上半部或全部有毛，长近2 mm，萼齿三角形，长1 mm，比萼筒稍短；花冠白色，后变黄色，长3.5～4.5（～6）cm，外被倒短糙伏毛及桔黄色腺毛，唇形，筒纤细，内面密生短柔毛，与唇瓣等长或略较长，上唇裂片卵形，基部具耳，两侧裂片裂隙深达1/2，中裂片长为侧裂片之半，下唇条状倒披针形，反卷；雄蕊生于花冠筒顶端，连同花柱均伸出而无毛。果实黑色，常有蓝白色粉，圆形，直径6～10 mm。花期6月中旬至7月上旬，果熟期10—11月。

红腺忍冬：落叶藤本；幼枝、叶柄、叶下面和上面中脉及总花梗均密被上端弯曲的淡黄褐色短柔毛，有时还有糙毛。叶纸质，卵形至卵状矩圆形，长6～9（～11.5）cm，顶端渐尖或尖，基部近圆形或带心形，下面有时粉绿色，有无柄或具极短柄的黄色至橘红色蘑菇形腺；叶柄长5～12 mm。双花单生至多朵集生于侧生短枝上，或于小枝顶集合成总状，总花梗比叶柄短或有时较长；苞片条状披针形，与萼筒几等长，外面有短糙毛和缘毛；小苞片圆卵形或卵形，顶端钝，很少卵状披针形而顶折尖，长约为萼筒的1/3，有缘毛；萼筒无毛或有时略有毛，萼齿三角状披针形，长为筒的1/2～2/3，有缘毛；花冠白色，有时有淡红晕，后变黄色，长3.5～4 cm，唇形，筒比唇瓣稍长，外面疏生倒微伏毛，并常具无柄或有短柄的腺；雄蕊与花柱均稍伸出，无毛。果实熟时黑色，近圆形，有时具白粉，直径7～8 mm；种子淡黑褐色，椭圆形，中部有凹槽及脊状凸起，两侧有横沟纹，长约4 mm。花期4～5（～6）月，果熟期10—11月。

华南忍冬：半常绿藤本；幼枝、叶柄、总花梗、苞片、小苞片和萼筒均密被灰黄色卷曲短柔毛，并疏生微腺毛；小枝淡红褐色或近褐色。叶纸质，卵形至卵状矩圆形，长3～6（～7）cm，顶端尖或稍钝而具小短尖头，基部圆形、截形或带心形，幼时两面有短糙毛，老时上面变无毛；叶柄长5～10 mm。花有香味，双花腋生或于小枝或侧生短枝顶集合成具2～4节的短总状花序，有明显的总苞叶；总花梗长2～8 mm；苞片披针形，长1～2 mm；小苞片圆卵形或卵形，长约1 mm，顶端钝，有缘毛；萼筒长1.5～2 mm，被短糙毛；萼齿披针形或卵状三角形，长1 mm，外密被短柔毛；花冠白色，后变黄色，长3.2～5 cm，唇形，筒直或有时稍弯曲，外面被多少开展的倒糙毛和长、短两种腺毛，内面有柔毛，唇瓣略短于筒；雄蕊和花柱均伸出，比唇瓣稍长，花丝无毛。果实黑色，椭圆形或近圆形，长6～10 mm。花期4—5月，有时9—10月开第二次花，果熟期10月。

黄褐毛忍冬：藤本；幼枝、叶柄、叶下面、总花梗、苞片、小苞片和萼齿均密被开展或弯伏的黄褐色毡毛状糙毛，幼枝和叶两面还散生橘红色短腺毛。冬芽约具4对鳞片。叶纸质，卵状矩圆形至矩圆状披针形，长3～8（～11）cm，顶端渐尖，基部圆形、浅心形或近截形，上面疏生短糙伏毛，中脉毛较密；叶柄长5～7 mm。双花排列成腋生或顶生的短总状花序，花序梗长达1 cm；总花梗长约2 mm，下托以小形叶1对；苞片钻形，长5～7 mm；小苞片卵形至条状披针形，长为萼筒的1/2至略较长；萼筒倒卵状椭圆形，长约2 mm，无毛，萼齿条状披针形，长2～3 mm；花冠先白色后变黄色，长3～3.5 cm，唇形，筒略短于唇瓣，外面密被黄褐色倒伏毛和开展的短腺毛，上唇裂片长圆形，长约8 mm，下唇长约1.8 cm；雄蕊和花柱均高出花冠，无毛；柱头近圆形，直径约1 mm。花期6—7月，果期10—12月。

【资源分布及生物学习性】

灰毡毛忍冬：产于安徽南部、浙江、江西、福建西北部、湖北西南部、湖南南部至西部、广东（翁源）、广西东北部、四川东南部及贵州东部和西北部、重庆大部分地区。生于山谷溪流旁、山坡或山顶混交林内或灌丛中，海拔500～1 800m。灰毡毛忍冬的适应性很强，对土壤和气候的选择并不严格，以土层较厚的沙质壤土为最佳。山坡、梯田、地堰、堤坝、瘠薄的丘陵都可栽培。

红腺忍冬：产于安徽南部，浙江，江西，福建，台湾北部和中部，湖北西南部，湖南西部至南部，广东（南部除外），广西，四川东部和东南部，贵州北部、东南部至西南部及云南西北部至南部。生于灌丛或疏林中，海拔200～700 m（西南部可达1 500 m）。它喜阳、耐阴、耐旱、耐涝，对土壤要求不严，pH值5.5～7.8，在疏松肥沃的砂质壤土上生长良好。

287

华南忍冬：产于广东、海南和广西。生于丘陵地的山坡、杂木林和灌丛中及平原旷野路旁或河边，海拔最高达800 m。华南忍冬具有很强的耐寒性，20～30 ℃为最适宜的生长温度；根系发达，耐贫瘠、耐寒。本种花供药用，为华南地区"金银花"中药材的主要品种，有清热解毒之功效。藤和叶也入药。

黄褐毛忍冬　产于广西西北部、贵州西南部和云南。生于山坡岩旁灌木林或林中，海拔850～1 300m。它喜温暖湿润气候，生长适宜温度为20～30 ℃，适应性强，也耐寒、耐旱、耐涝，对土壤要求不严，但以土质疏松、肥沃、排水良好的砂质壤土为好，pH值6.2～7.6。

【规范化种植技术】

1. 选地整地

山银花对地形、气候、土壤要求不严，适应性极强，就连生态环境极其恶劣的石漠化石山区都适宜种植，是石漠化地区生态重建的优良品种。但是，若在土层深厚、疏松、肥沃的地块上种植，其产量将会大大提高。

2. 繁殖方法

2.1　种子播种繁殖

4月播种，将种子在35～40 ℃温水中浸泡24 h，取出栏2～3倍湿沙催芽，等裂口达30%左右时播种。在畦上按行距21～22 cm开沟播种，覆土1 cm，每2 d喷水1次，10余日即出苗，秋后或第2年春季移栽，每亩用种子1.5 kg左右。

2.2　扦插繁殖

一般在雨季进行。在夏秋阴雨天气，选健壮无病虫害的1～2年生枝条截成30～35 cm，摘去下部叶子作插条，随剪随用。在选好的土地上，按行距1.6 m、株距1.5 m挖穴，穴深16～18 cm，每穴5～6根插条，分散形斜立着埋土内，地上露出7～10 cm，填土压实（透气透水性好的沙质土为佳）。扦插的枝条开根之前应注意遮阴，避免阳光直晒造成枝条干枯。也可采用扦插育苗：在7—8月，按行距23～26 cm，开沟，深16 cm左右，株距2 cm，把插条斜立着放到沟里，填土压实，以透气透水性好的沙质土为育苗土，开根最快，并且不易被病菌侵害而造成枝条腐烂。栽后喷一遍水，以后干旱时，每隔2 d要浇水1遍，半月左右即能生根，第2年春季或秋季移栽。

2.3　组织培养

研究表明，用灰毡毛忍冬的茎尖或带腋芽茎段诱导得到完整植株，从而丰富了其繁殖方法，为新品种的选育和推广应用提供了新途径；宋庆安等利用灰毡毛忍冬组培移栽成活苗的藤茎进行扦插，以苗繁苗的效果甚好，插条成活率可达到90%以上。

3. 田间管理

3.1　中耕除草

每年中耕除草3～4次，保持花丛四周无杂草生长，防止杂草与山银花植株争夺水分、养分。第1次在春季萌芽发出新叶时，第2次在5月，第3次在7—8月，第4次在秋末冬初进行。秋末冬初中耕后应注意培土，以利越冬。中耕时，在植株根际周围宜浅，远处可稍深，避免伤根，影响植株根系的生长。

3.2　追肥

栽植后的头1～2年内，是金银花植株发育定型期，多施一些人畜粪、草木灰、尿素、硫酸钾等肥料。栽植2～3年后，每年春初，应多施畜杂肥、厩肥、饼肥、过磷酸钙等肥料。一般以有机肥为主，每年追施3次，在春、夏、秋季分别施下。春季施催蕾肥，每亩施人畜粪水1 000～2 000 kg和过磷酸钙30 kg；夏季收花后施复壮肥，每亩施人畜粪水1 000～2 000 kg；冬季施促梢肥，每亩用厩肥、堆肥、草木灰等混合肥5～10 kg。

采用环形沟深层施肥法，追肥前先进行中耕除草。此外，用尿素0.5 kg、过磷酸钙2.5 kg、加水50 kg，叶面喷施，其壮花增产效果明显。

3.3 灌溉和排水

一般山银花不需要灌溉，如果花期时遇天气特别干旱，可以喷头喷水灌溉，灌后应立即做好排涝。金银花的花期若遇干旱极和雨水不停，均会造成大量落花，幼花破裂和沤花现象。花期临近请立即注意天气预报，做好灌溉和排涝工作。

3.4 整形修剪

整形修剪是保证植株生长旺盛、增产不衰和方便田间管理的重要措施。常规的方法是：在定植后第2年植株春芽萌发前，将上部枝条剪去，留35 cm左右长的枝条作为主干。每丛留苗8～10条，当新芽抽出30 cm长时也摘除顶芽，这样几经修剪便形成伞形花丛。然而，常规方法整形往往效果差、花冠成长慢、进入盛花期晚、产量提高困难。其做法是：定植后，于植株旁立一高1.3～1.6 m的辅助杆，绑扎小苗顺杆往上生长，生长高度平辅助杆后摘去茎尖。每年修枝整型二次，将坠地的枝条剪除，往上或横长的枝条适当剪短，使植株形成直立型。

3.5 病虫害防治

3.5.1 褐斑病

叶部常见病害，造成植株长势衰弱。多在生长后期发病，8—9月为发病盛期，在多雨潮湿的条件下发病重。发病初期在叶上形成褐色小点，后扩大成褐色圆病斑或不规则病斑。病斑背面生有灰黑色霉状物，发病重时，能使叶片脱落。

防治方法：剪除病叶，然后用1∶1.5∶200比例的波尔多液喷洒，每7～10 d 1次，连续2～3次；或用65%代森锌500倍稀释液或托布津1 000～1 500倍稀释液，每隔7 d喷1次，连续2～3次。

3.5.2 白粉病

在温暖干燥或植株荫蔽的条件下发病重；施氮过多，植株茂密，发病也重。发病初期，叶片上产生白色小点，后逐渐扩大成白色粉斑，继续扩展布满全叶，造成叶片发黄，皱缩变形，最后引起落花、落叶、枝条干枯。

防治方法；清园处理病残株；发生期用50%托布津1 000倍液或BO-10生物制喷雾。

3.5.3 炭疽病

叶片病斑近圆形，潮湿时叶片上着生橙红色点状黏状物。

防治方法：清除残株病叶，集中烧毁；移栽前用1∶1∶（150～200）波尔多液浸种5～10 min；发病期喷施65%代森锌500倍液或50%退菌特800～1 000倍液。

3.5.4 蚜虫

危害叶片、嫩枝，引起叶片和花蕾卷曲，生长停止，产量锐减。4—6月虫情较重，"立夏"前后，特别是阴雨天，蔓延更快。

防治方法：用灭蚜松（灭蚜灵）1 000～1 500倍稀释液喷杀，连续多次，直至杀灭。

3.5.5 尺蠖

茬花后幼虫蚕食叶片，引起减产。

防治方法：入春后，在植株周围1 m内挖土灭蛹。幼虫发生初期，喷2.5%鱼藤精乳油400～600倍液；或用敌敌畏、敌百虫等喷杀，但花期要停止喷药。

3.5.6 天牛

植株受害后，逐渐衰老枯萎乃至死亡。

防治方法：成虫出土时，用80%敌百虫1 000倍液灌注花墩。在产卵盛期，7～10 d喷1次90%敌百虫晶体800～1 000倍液；发现虫枝，剪下烧毁。

4. 采收加工与贮藏

金银花采收最佳时间是清晨和上午，此时采收花蕾不易开放、养分足、气味浓、颜色好。下午采收应在太阳落山以前结束，因为金银花的开放受光照制约，太阳落后成熟花蕾就要开放，影响质量。不带幼蕾，不带叶子，采后放入条编或竹编的篮子内，集中时不可堆成大堆，应摊开放置，放置时间最长不要超过4 h。金银花商品以花蕾为佳，混入开放的花或梗叶杂质者质量较逊。花蕾以肥大、色青白、握之干净者为佳。5、6月采收，择晴天早晨露水刚干时摘取花蕾，置于芦席、石棚或场上摊开晾晒或通风阴干，以1～2 d内晒干为好。晒花时切勿翻动，否则花色变黑而降低质量，至九成干，拣去枝叶杂质即可。忌在烈日下暴晒。阴天可微火烘干，但花色较暗，不如晒干或阴干为佳。

【药材质量标准】

【性状】灰毡毛忍冬呈棒状而稍弯曲，长3～4.5 cm，上部直径约2 mm，下部直径约1 mm。表面黄色或黄绿色。总花梗集结成簇，开放者花冠裂片不及全长之半。质稍硬，手捏之稍有弹性。气清香，味微苦甘。红腺忍冬长2.5～4.5 cm，直径0.8～2 mm。表面黄白至黄棕色，无毛或疏被毛，萼筒无毛，先端5裂，裂片长三角形，被毛，开放者花冠下唇反转，花柱无毛。华南忍冬长1.6～3.5 cm，直径0.5～2 mm。萼筒和花冠密被灰白色毛。黄褐毛忍冬长1～3.4 cm，直径1.5～2 mm。花冠表面淡黄棕色或黄棕色，密被黄色茸毛。

【鉴别】（1）本品表面制片：灰毡毛忍冬腺毛较少，头部大多圆盘形，顶端平坦或微凹，侧面观5～16细胞，直径37～228 μm；柄部2～5细胞，与头部相接处常为2（～3）细胞并列，长32～240 μm，直径15～51 μm。厚壁非腺毛较多，单细胞，似角状，多数甚短，长21～240（～315）μm，表面微具疣状突起，有的可见螺纹，呈短角状者体部胞腔不明显；基部稍扩大，似三角状。草酸钙簇晶，偶见。花粉粒，直径54～82 μm。红腺忍冬腺毛极多，头部盾形而大，顶面观8～40细胞，侧面观7～10细胞；柄部1～4细胞，极短，长5～56 μm。厚壁非腺毛长短悬殊，长38～1 408 μm，表面具细密疣状突起，有的胞腔内含草酸钙结晶。华南忍冬腺毛较多，头部倒圆锥形或盘形，侧面观20～60～100细胞；柄部2～4细胞，长50～176（～248）μm。厚壁非腺毛，单细胞，长32～623（～848）μm，表面有微细疣状突起，有的具螺纹，边缘有波状角质隆起。黄褐毛忍冬腺毛有两种类型：一种较长大，头部倒圆锥形或倒卵形，侧面观12～25细胞，柄部微弯曲，3～5（～6）细胞，长88～470 μm；另一种较短小，头部顶面观4～10细胞，柄部2～5细胞，长24～130（～190）μm。厚壁非腺毛平直或稍弯曲，长33～2 000 μm，表面疣状突起较稀，有的具菲薄横隔。

（2）取本品粉末0.2 g，加甲醇5 mL，放置12 h，滤过，取滤液作为供试品溶液。另取绿原酸对照品，加甲醇制成每1 mL含1 mg的溶液，作为对照品溶液。照薄层色谱法（通则0502）试验，吸取供试品溶液10～20 μL、对照品溶液10 μL，分别点于同一硅胶H薄层板上，以乙酸丁酯-甲酸-水（7∶2.5∶2.5）的上层溶液为展开剂，展开，取出，晾干，置紫外光灯（365 nm）下检视。供试品色谱中，在与对照品色谱相应的位置上，显相同颜色的荧光斑点。

【检查】水分　不得过15.0%（通则0832第二法）。

总灰分　不得过10.0%（通则2302）。

酸不溶性灰分　不得过3.0%（通则2302）。

【含量测定】

照高效液相色谱法（通则0512）测定　色谱条件与系统适用性试验　以十八烷基硅烷键合硅胶为填充剂；以乙腈为流动相A，以0.4%醋酸溶液为流动相B，按下表中的规定进行梯度洗脱；绿原酸检测波长为330 nm；皂苷用蒸发光散射检测器检测。理论板数按绿原酸峰计算应不低于1 000。

时间/min	流动相A/%	流动相B/%
0 ~ 10	11.5→15	88.5→85
10 ~ 12	15→20	85→71
12 ~ 18	29→33	71→67
18 ~ 30	33→45	67→55

对照品溶液的制备　取绿原酸对照品、灰毡毛忍冬皂苷乙对照品、川续断皂苷乙对照品适址，精密称定，加50%甲醇制成每1 mL含绿原酸0.5 mg、灰毡毛忍冬皂苷乙0.6 mg、川续断皂苷乙0.2 mg的混合溶液即得。

供试品溶液的制备　取本品粉末（过四号筛）约0.5 g，精密称定，置具塞锥形瓶中，精密加入50%甲醇50 mL，称定重量，超声处理（功率300 W，频率40 kHz）40 min，放冷，再称定重量，用50%甲醇补足减失的重量，摇匀，滤过，取续滤液，即得。

测定法　分别精密吸取对照品溶液2 μL、10 μL供试品溶液5 ~ 10 μL。注入液相色谱仪，测定，以外标两点法计算绿原酸的含量，以外标两点法对数方程计算灰毡毛忍冬皂苷乙、川续断皂苷乙的含量，即得。

本品按干燥品计算，含绿原酸（$C_{16}H_{18}O_9$）不得少于2.0%，含灰毡毛忍冬皂苷乙（$C_{65}H_{106}O_{32}$）和川续断皂苷乙（$C_{53}H_{86}O_{22}$）的总量不得少于5.0%。

【市场前景】

山银花自古以来就以它的药用价值广泛而著名。其功效主要是清热解毒，主治温病发热、热毒血痢、痈疽疔毒等。化学成分复杂，目前已发现的化学成分主要有挥发油类、黄酮类、有机酸类和三萜类等。现代药理作用表明具有抗菌消炎、抗病、解热、抗氧化、增强免疫力、抗早孕、护肝、抗肿瘤、止血（凝血）、抑制肠道吸收胆固醇等，其临床用途非常广泛，可与其他药物配伍用于治疗呼吸道感染、菌痢、急性泌尿系统感染、高血压等40余种病症。其茎、叶均可入药，具有很好的药用价值，已成为银翘解毒丸（片）、银花口服液、Vc银翘片等多种中成药的主要原料。随着山银花的开发利用有了突破性进展，不仅药用量增加，而且在鲜食、香料、化工和保健食品以及观赏等领域的需求旺盛，新开发出的银花喉片、银花牙膏、忍冬花香烟等医疗和保健产品，在国内外市场走销，近几年来的需求量不断增加，产需供求缺口很大。山银花广泛的药用价值和用途，推动其种植、加工、销售等行业的发展，拓宽了山银花产业开发的渠道，增加药农收入；山银花由于匍匐生长能力比攀缘生长能力强，适合于在林下、林缘、建筑物北侧等处做地被栽培，在石漠化地区种植可以蓄水保土，保护了生态环境，还可以做绿化矮墙，利用其缠绕能力制作花廊、花架、花栏、花柱以及缠绕假山石等。

2. 红花

【来源】

本品为菊科植物红花Carthamus tinctorius L.的干燥花。中药名：红花；别名：川红花、草红花、刺红花、红蓝花等。

【原植物形态】

小灌木，高0.5~1.5 m。枝粗壮，圆柱形，具条纹，密被平展刺毛及具腺小疏柔毛。叶片卵圆形，长6~8 cm，宽3.5~5 cm，在花序上者渐变小，先端渐尖，基部微心形，边缘具圆齿，间或有重圆齿，齿端具胼胝体，坚纸质，上面绿色，疏被刺毛，沿中肋及侧脉被白色小疏柔毛，下面色较淡，疏被刺毛，侧脉5~6对，干时两面显著；叶柄长4~5 cm，在花序上部的则较短，长仅2 cm，粗壮，腹面具槽，背面圆形，密被平展刺毛及具腺小疏柔毛，上方有1~3对小羽片。聚伞花序腋生及顶生，具3~7花，每一叶腋内1~2出；总梗长2~4 cm，花梗花时长1~2.5 cm，两者密被平展刺毛及具腺小疏柔毛；苞片叶状，线形至披针形，长1~3 cm，具刺毛，常位于外侧花的花梗基部，由于花梗伸长而从不包被聚伞花序。花萼钟形，长1.6 cm，果实长达2.3 cm，外面沿脉上内面仅于喉部被小疏柔毛，脉10，显著，其间由横向小脉连接，果时尤为显著，齿5，长三角形，前2齿稍大，长6~7 mm，先端骤尖，具外折的小尖头。花冠黄至粉红色，长3.6 cm，喉部宽约1 cm，前伸，中部以上微囊状膨大，外面在上部被小疏柔毛，内面无毛，冠檐二唇形，上唇不显著，长3 mm，全缘，下唇较上唇长，3裂，中裂片长5 mm，先端微凹，侧裂片长2 mm。雄蕊4，均内藏，后对稍短，花丝扁平，后对全长被小疏柔毛，前对仅基部被微柔毛，花药卵珠形，二室，平叉开，长约2 mm，具须状毛。花盘斜向，后裂片指状。花柱细长，稍伸出于药外，先端具短而近等大的2裂。子房无毛。小坚果椭圆形，具翅，连翅长1 cm，宽0.5 cm，扁平，淡褐色，具细脉。花期9—11月，果期11月。

【资源分布及生物学习性】

红花产云南西北部及四川西南部，重庆亦有栽培，生于海拔2 000～2 300 m亚热带林林缘、林内及草丛中。

红花喜温暖稍干燥气候，较耐旱、耐寒、耐瘠薄、耐盐碱，适宜在排水良好、中等肥沃的砂土壤种植，但怕高温，耐旱怕涝；属长日照植物，生长中后期如有较长时间的阳光照射，将促进植株多开花多结实。红花从播种到成熟需要≥5 ℃积温2 270～2 470 ℃，有刺红花的积温多于无刺红花。红花生育期一般在110～140 d。红花种子均无生理休眠特性，种子容易萌发，5 ℃以上就可萌发，发芽适宜温度为15～25 ℃，发芽率为90%左右，大多数红花品种幼苗能耐－6 ℃低温，种子寿命为3年。

【规范化种植技术】

1. 选地整地

红花虽然适应性强，但要达到优质高产，红花深加工品质好，在选地和整地上要精细。选地要选肥力中等，向阳，排水良好的缓坡地、平地、旱稻田为好，以沙质壤土最佳。红花不宜在低洼积水的黏土种植。前作物以禾本科作物玉米、水稻，其他作物以大豆、烟草、花生、牧草为好。作物收获后，清除残渣、枯枝、杂草、石块等，及时耕翻，深20～25 cm，耙细耙平，结合整地每亩施入充分腐熟厩肥1 500～2 500 kg，钙镁磷肥15 kg，随耕地翻入土壤。1～2 d后犁耙1次，播种前再耙地1次，作成宽1.2～1.3 m的高畦，做畦时要视地势、土质及当地降雨情况确定是做高畦还是平畦，做好畦沟，便于排水。做到土碎、面平、松软、沟直。

2. 繁殖方法

2.1 种子播种繁殖

3月中下旬至4月上旬进行播种，播种方法分为条播、穴播、点播和撒播。根据土壤墒情可以直接播种或播前用50 ℃温水浸种10 min，转入冷水中冷却后，取出晾干待播。条播行距为20～30 cm，沟深5 cm，播后覆土2～3 cm。穴播行距同条播，穴距15～20 cm，穴深5 cm，穴径10 cm，穴底平坦，每穴播种5～6粒，播后覆土，耧平畦面。点播行距为20～30 cm，株距8～10 cm。撒播要均匀撒播，撒播后运用机械镇压耧平或耙子耧平。播种后盖细土3 cm左右，用种量：每亩条播3～4 kg，穴播2～3 kg，撒播4～5 kg。

2.2 组织培养

研究表明，红花根、胚轴、子叶均能诱导出愈伤组织，但不同外植体诱导愈伤组织的能力不同，生长所需的最适激素种类及配比亦不相同。

3. 田间管理

3.1 间苗补苗

红花播后10 d左右出苗，当幼苗长出2～3片真叶时进行第一次间苗，去掉弱苗，第二次间苗即定苗，每穴留1～2株，株距按20 cm定苗，缺苗处选择阴雨天补苗。

3.2 中耕除草

一般进行3次，前两次与间苗定苗同时进行，中耕深度4～5 cm，第三次在封行前结合施肥培土进行，培土时要把肥料盖住，尽量不伤或少伤枝叶。

3.3 追肥

第一次施肥结合定苗进行，苗施N-P-K为24-10-14的三元复合肥10 kg或清粪水600～800 kg。第二次追肥，在大量分枝出现，有少量花蕾前每亩施N-P-K为21-10-11的复合肥20 kg，促枝条发育现蕾开花，也可喷施0.2%磷酸二氢钾作外面肥。

3.4 摘心疏枝

红花3月后生长逐步加快，到四月叶片20片左右，苗高20 cm以上时，摘心，促分枝，多现蕾。一般每株留分枝12～16枝，每枝留花蕾3～5朵，以保证花的质量和产量。

3.5 灌溉和排水

红花耐旱怕涝，一般不需浇水，幼苗期和现蕾期如遇干旱天气，要注意浇水，可使花蕾增多，花序增大，产量提高。雨季必须及时排水。

3.6 病虫害防治

3.6.1 根腐病

5月初，开花前后，如遇阴雨天气，发生尤其严重。先是侧根变黑色，逐渐扩展到主根，主根发病后，根部腐烂，全株枯死。

防治方法：发现病株要及时拔除烧掉，防止传染给周围植株，在病株穴中撒一些生石灰或快喃丹，杀死根际线虫，用50%的托布津1 000倍液浇灌病株。

3.6.2 锈病

当锈病孢子侵入幼苗根部、嫩茎与根颈时，慢慢形成束带，导致幼苗严重缺水或折断，缺苗严重。经风传播的孢子侵染红花叶片、子叶与苞叶，形成栗褐色小疱疹，破裂后有锈褐色粉末散出。传播速度快，为害严重。

防治方法：使用种子量0.2%～0.4%的粉锈宁拌种；对发病后的病残体应集中销毁，采取2～3年以上轮作；三是发病早期使用20%粉锈宁乳油喷洒，7～10 d喷1次，持续喷2～3次。

3.6.3 枯萎病

主要为害红花根部，刚发病时，根颈部伴有褐色斑点，茎基表层可见粉红色黏质物，使基部皮层与须根腐烂，导致植株死亡。为害较轻时可造成产量损失10%～20%，为害严重时会导致全田毁灭。

防治方法：应坚持轮作倒茬，确保土壤排水性良好；及时烧毁病株，病穴则用石灰消毒；做好田间杂草与枯枝的清除，加强越冬病原杀灭；使用50%多菌灵可湿性粉剂500～600倍液灌根。

3.6.4 红花钻心虫

对花序为害极大，一旦钻入花蕾中会造成腐烂，严重影响红花质量和产量。在现蕾期用苦皮藤素1%水乳剂，蛇床子素0.4%乳油兑水1 000倍液喷雾灭杀。

3.6.5 蚜虫

为害红花的蚜虫是红花长管蚜，可以对红花整个生长阶段造成为害，一般在初春18～22 ℃时蚜虫繁殖速度最快，温度升高到25 ℃时便会出现较多有翅胎生蚜虫，严重危害红花生长。

防治方法：拔掉中心蚜株，若有1～2株中心蚜株时应直接将其拔掉，并进行销毁；育苗期和开花前进行，若有蚜株率达到总数量的30%～40%，需实施全田防治。使用2 000～3 000倍液的50%抗蚜威或1 500～2 000倍液的20%菊乳油或1 500倍液的25%敌杀死进行田间喷洒；也可用七星瓢虫进行生物防治。

3.6.6 潜叶蝇

在红花种植过程中油菜潜叶蝇为害较为严重，其幼虫可以潜入红花叶片中，食用红花叶片叶肉，造成叶片出现弯曲隧道孔，而叶片因叶肉被食用而发生枯死，最终脱落。

防治方法：将1 000～1 500倍液的90%敌百虫与2 500倍药的1.8%爱福丁混合一起进行药物喷洒防治，或者是将4份90%敌百虫与1份稀释2 500倍的1.8%爱福丁混合喷洒；或直接用1 500倍液的25%敌杀死进行喷洒。

4. 采收加工与贮藏

夏季花由黄变红时采摘，红花开花后2～3 d进入盛花期，可逐日采收，2～3次采收完毕。一般于每天的早上8点左右和傍晚采收为好，过早或过晚或有雨采收都会影响红花的品质和产量。采收后，不宜堆放，更不能紧压，宜在阴凉通风处阴干或在阳光下自然干燥，不能搁置，要及时干燥，以免霉变发黑。如遇阴雨天，可用文火45 ℃以下温度焙干，未干的红花不能堆存，以免发霉变质。置阴凉干燥处，防潮，防蛀。

【药材质量标准】

【性状】本品为不带子房的管状花，长1～2 cm。表面红黄色或红色。花冠筒细长，先端5裂，裂片呈狭条形，长5～8 mm；雄蕊5，花药聚合成筒状，黄白色；柱头长圆柱形，顶端微分叉。质柔软。气微香，味微苦。

【鉴别】（1）本品粉末橙黄色。花冠、花丝、柱头碎片多见，有长管状分泌细胞常位于导管旁，直径约至66 μm，含黄棕色至红棕色分泌物。花冠裂片顶端表皮细胞外壁突起呈短绒毛状。柱头和花柱上部表皮细胞分化成圆锥形单

细胞毛，先端尖或稍钝。花粉粒类圆形、椭圆形或橄榄形，直径约至60 μm，具3个萌发孔，外壁有齿状突起。草酸钙方晶存在于薄壁细胞中，直径2～6 μm。

（2）取本品粉末0.5 g，加80%丙酮溶液5 mL，密塞，振摇15 min，静置，取上清液作为供试品溶液。另取红花对照药材0.5 g，同法制成对照药材溶液。照薄层色谱法（通则0502）试验，吸取上述两种溶液5 μL，分别点于同一硅胶H薄层板上，以乙酸乙酯-甲酸-水-甲醇（7：2：3：0.4）为展开剂，展开，取出，晾干。供试品色谱中，在与对照药材色谱相应的位置上，显相同颜色的斑点。

【检查】杂质 不得过2%（通则2301）。

水分 不得过13.0%（通则0832第二法）。

总灰分 不得过15.0%（通则2302）。

酸不溶性灰分 不得过5.0%（通则2302）。

吸光度红色素取本品，置硅胶干燥器中干燥24 h，研成细粉，取约0.25 g，精密称定，置锥形瓶中，加80%丙酮溶液50 mL，连接冷凝器，置50 ℃水浴上温浸90 min，放冷，用3号垂熔玻璃漏斗滤过，收集滤液于100 mL量瓶中，用80%丙酮溶液25 mL分次洗涤，洗液并入量瓶中，加80%丙酮溶液至刻度，摇匀，照紫外-可见分光光度法（通则0401），在518 nm的波长处测定吸光度，不得低于0.20。

【浸出物】按照水溶性浸出物测定法（通则2201）项下的冷浸法测定，不得少于30.0%。

【含量测定】羟基红花黄色素A照高效液相色谱法（通则0512）测定。

色谱条件与系统适用性试验 以十八烷基硅烷键合硅胶为填充剂；以甲醇-乙腈-0.7%磷酸溶液（26：2：72）为流动相；检测波长为403 nm。理论板数按羟基红花黄色素A峰计算应不低于3 000。

对照品溶液的制备 取羟基红花黄色素A对照品适量，精密称定，加25%甲醇制成每1 mL含0.13 mg的溶液，即得。

供试品溶液的制备 取本品粉末（过三号筛）约0.4 g，精密称定，置具塞锥形瓶中，精密加入25%甲醇50 mL，称定重量，超声处理（功率300 W，频率50 kHz）40 min，放冷，再称定重量，用25%甲醇补足减失

的重量，摇匀，滤过，取续滤液，即得。

测定法　分别精密吸取对照品溶液与供试品溶液各10 μL，注入液相色谱仪，测定，即得。

本品按干燥品计算，含羟基红花黄色素A（$C_{27}H_{32}O_{16}$）不得少于1.0%。

山柰素照高效液相色谱法（通则0512）测定。

色谱条件与系统适用性试验　以十八烷基硅烷键合硅胶为填充剂；以甲醇-0.4%磷酸溶液（52∶48）为流动相；检测波长为367 nm。理论板数按山柰素峰计算应不低于3 000。

对照品溶液的制备　取山柰素对照品适量，精密称定，加甲醇制成每1 mL含9 μg的溶液，即得。

供试品溶液的制备　取本品粉末（过三号筛）约0.5 g，精密称定，置具塞锥形瓶中，精密加入甲醇25 mL称定重量，加热回流30 min，放冷，再称定重量，用甲醇补足减失的重量，摇匀，滤过，精密量取续滤液15 mL，置平底烧瓶中，加盐酸溶液（15→37）5 mL，摇匀，置水浴中加热水解30 min，立即冷却，转移至25 mL量瓶中，用甲醇稀释至刻度，摇匀，滤过，取续滤液，即得。

测定法　分别精密吸取对照品溶液与供试品溶液各10 μL，注入液相色谱仪，测定，即得。

本品按干燥品计算，含山柰素（$C_{15}H_{10}O_6$）不得少于0.050%。

【市场前景】

红花在我国历代本草书籍中均有记载，始载于《开宝本草》，中国栽培红花和入药历史悠久。它是集药用、油料、食用、饲料用于一体的利用价值极富潜力的中草药，以花入药为妇科药，具有活血化瘀、消肿止痛的功能，主治痛经闭经，子宫瘀血，跌打损伤等症。红花中含有黄酮类化合物、挥发油、红花多糖、脂肪酸等化学成分，红花含有一部分醌式查耳酮类化合物，醌式查耳酮类化合物主要是红色素和黄色素，在其他植物中比较少见。黄酮类化合物和查尔酮类化合物红花黄色素（SY）是红花中含有的最主要的化学成分之一，挥发油为低脂肪酸、烷烃以及少量的芳香脂，红花多糖主要是由于红花中的基本组成部分为葡萄糖、阿拉伯糖、木糖和半乳糖，脂肪酸主要为棕榈酸、亚油酸、甘油酯、月桂酸以及部分不饱和的脂肪酸。现代药理研究表明具有扩张血管、降低血压、抗氧化、抗肿瘤的作用。红花除药用外，还是一种天然色素和染料；种子中含有20%～30%的红花油，是一种重要的工业原料及保健用油。随着红花大批量地出口创汇，红花油、红花籽油都大受世人喜爱。近年来种植面积少，供求矛盾突出，而需求量却有增无减。因此，近几年红花价格始终保持在高位，走势顺畅。另外，红花有活血散瘀的功能，很多科技公司研制出祛斑霜、祛斑露等化妆用品，为红花开发利用开拓了新市场。

3. 款冬花

【来源】

本品为菊科植物款冬*Tussilago farfara* L.的干燥花蕾。中药名：款冬花。别名：冬花，虎须，九尽草（青海）。

【原植物形态】

多年生草本。根状茎横生地下，褐色。早春花叶抽出数个花葶，高5～10 cm，密被白色茸毛，有鳞片状、互生的苞叶，苞叶淡紫色。头状花序单生顶端，直径2.5～3 cm，初时直立，花后下垂；总苞片1～2层，

总苞钟状，结果时长15～18 mm，总苞片线形，顶端钝，常带紫色，被白色柔毛及脱毛，有时具黑色腺毛；边缘有多层雌花，花冠舌状，黄色，子房下位；柱头2裂；中央的两性花少数，花冠管状，顶端5裂；花药基部尾状；柱头头状，通常不结实。瘦果圆柱形，长3～4 mm；冠毛白色，长10～15 mm。后生出基生叶阔心形，具长叶柄，叶片长3～12 cm，宽4～14～cm，边缘有波状，顶端增厚的疏齿，掌状网脉，下面被密白色茸毛；叶柄长5～15 cm，被白色棉毛。

【资源分布及生物学习性】

产于东北、华北、华东、西北和湖北、重庆、湖南、江西、贵州、云南、西藏。常生于山谷湿地或林下。印度、伊朗、巴基斯坦、俄罗斯、西欧和北非也有分布。

多生于海拔1 000 m左右的山区，2 000 m左右高山阳坡及800 m左右阴坡亦有生长。野生环境多为山谷河溪及渠沟畔沙地或林缘。土壤多为土质疏松、腐殖质较丰富的微酸性沙壤土或红壤。具有耐寒、怕热，忌旱的特性。

花蕾入药，性辛，甘，温，有止咳、润肺、化痰之功效。也为蜜源植物。

【规范化种植技术】

1. 种苗准备

一般采用地下根状茎繁殖。于冬季采收花蕾后，挖起地下根茎，选择生长粗壮；色白、无病虫害的新生根状茎作种根，剪成10～12 cm长的短节，每节至少具有2～3个芽。若于翌年早春栽种，必须将种根置室内堆藏或室外窖藏；或将种根留在土中，于移栽时挖起，宜随挖随栽。

2. 款冬花移栽

2.1 土地准备

2.1.1 选地

种植地宜选择海拔1 000～1 700 m半阴半阳、湿润，排水性好；含腐殖质丰富的微酸性的沙质壤土；山涧、河堤、小溪旁均可种植。

2.1.2 整地和施基肥

整地前除净地表杂草，结合整地每亩施入堆肥或土杂肥1 000～1 500 kg和过磷酸钙20～30 kg深翻、整细、耙平后作宽1.3 m、高20 cm的畦（厢），四周开好排水沟。

2.2 移栽

2.2.1 移栽时间

款冬可移栽时间较长，可从款冬花采挖至土封冻前和翌年土壤解冻后至4月上旬均可移栽。一般以冬季和早春移栽较好。

2.2.2 移栽密度和方式

根据款冬的生物学特性和营养生理特性，可采用穴栽和条栽两种栽培方式。

穴栽：在整好的畦面上进行穴栽，按行距25～30 cm、株距15～20 cm挖穴，深8～10 cm，每穴栽入种苗3节，散开排列，栽后随即覆土盖平。

条栽：按行距25 cm开沟，深8～10 cm，每隔10～15 cm（株距）平放种根1节，随即覆土压紧与畦面齐平。栽种后若天气干旱，应浇1次水。每亩需种苗30 kg左右。

3. 田间管理

3.1 补苗和中耕除草

款冬花的除草次数应根据当地杂草为害情况具体确定。

4月中旬左右出苗展叶后，进行第1次中耕除草，结合补苗。因此时苗、根生长缓慢，应浅松土，避免伤根；第2次在6—7月，苗叶已出齐，根系亦生长发育良好，中耕可适当加深；第3次于9月上旬，此时地上茎叶已逐渐停止生长，花芽开始分化，田间应保持无杂草，可避免养分无谓消耗。

3.2 追肥

3.2.1 时间和次数

款冬花4月上旬出苗展叶后，到7月生长前期可追第一次，然后在8月下旬或9月上旬追施第二次，10月追施第三次。

3.2.2 追肥量

4月上旬出苗展叶后，每亩施清粪水1 000 kg兑尿素5～10 kg。9月上旬，每亩追施火土灰或堆肥1 000 kg和尿素5 kg、过磷酸钙15 kg、钾肥5～8 kg；10月，每亩再追施堆肥1 000 kg与过磷酸钙15 kg，钾肥5～8 kg。

3.2.3 追肥方法

第一次施肥时，将尿素按比例溶于清粪水中制成液体肥液，淋灌于每窝植株周围。后期追肥，于植株旁开沟或挖穴施入，施后培土盖肥。

3.2.4 施肥要求

有机肥一定要腐熟，饼肥要经过发酵，化肥打碎结块。施时要拌匀撒均，施肥量要准确，时间要适时，方法要得当，严防肥料与根系接触，防止烧叶烧根，施肥要与浇水相结合。

3.3 排水与灌溉

款冬花既怕旱又怕涝，在款冬整个生长期，都须在旱时灌溉，涝时注意排水，特别是春季遇干旱天气，要及时灌水保苗；雨季要及时疏沟排除积水，以防涝淹幼苗。

3.4 疏叶

款冬花在6—8月为盛叶期，叶片过于茂密，会造成通风不良，导致叶片长势弱，易发生病虫害。用剪刀剪除老叶、黄叶和感病叶，每株只留3～4片心叶即可，以提高植株的抗病力，多产生花蕾，提高产量。

3.5 培土

在9—10月，结合款冬追肥和中耕除草进行，将茎干周围的土培于款冬窝心。培土时注意撒均匀，每次培土以能覆盖茎干为宜。

3.6 间作

生产中，款冬可与玉米、高粱等高秆作物进行间作；既可充分利用土地，增加收益，又可起遮阴作用，有利款冬花生长。

3.7 病虫害防治

坚持贯彻保护环境、维持生态平衡的环保方针，采用农业防治为主、化学防治为辅的综合防治原则，禁止使用国家禁用农药。做好病虫害的预测预报，提高防治效果。

3.7.1 病害

（1）褐斑病

症状：叶片病斑大小不等，一般病斑圆形或椭圆形，直径1～10 mm，灰褐色，病斑中央略凹陷，褐色，变薄，边缘紫红色的病斑，有光泽，病健交界明显，较大病斑表面可出现轮纹，高温高湿时可产生黄色至黑褐色霉层，严重时叶片枯死。

防治时间：7—8月。

防治方法：采收后清洁田园，集中烧毁残株病叶；雨季及时疏沟排水，降低田间湿度；与其他作物实行轮作；及时疏叶，摘除病叶，增强田间的通风透光性，提高植株的抗病性。发病初期喷1∶1∶100波尔多液或65%代森锌500倍液，或75%百菌清可湿性粉剂500～600倍液，或50%多硫悬浮剂或36%甲基硫菌灵悬浮剂500倍液，或50%混杀硫悬浮剂500倍液，或77%可杀得可湿性粉剂400～500倍液，每7～10 d 1次，连喷2～3次。

（2）枯叶病

症状：雨季发病严重，发病初期，病叶由叶缘向内延伸，形成黑褐色，不规则的病斑，病斑与健康组织的交界明显，病斑边缘呈波纹状，颜色深，致使叶片发脆干枯，最后萎蔫而死。

防治时间：6—8月。

防治方法：发现后及时剪除病叶，集中烧毁深埋。发病初期或发病前，喷射1∶1∶120波尔多液或50%退菌特1 000倍液或65%代森锌500倍液，或喷施40%多菌灵胶悬剂500倍液或90%疫霜灵1 000倍液，每7～10 d 1次，连喷2～3次。

3.7.2 虫害

（1）蚜虫

症状：以成、若蚜群聚在寄主植物的叶片、花蕾，刺吸式口器刺入吸取汁液，受害苗株，造成叶片发黄、皱缩、卷曲成团、停滞生长，叶缘向背硬面卷曲萎缩，严重时全株枯死。

防治时间：5—9月。

防治方法：收获后清除杂草和残株病叶，消灭越冬虫口。发生时，用50%灭蚜松乳剂1 500倍液，连喷数次。

（2）蛴螬

症状：取食作物的叶片、花，幼虫取食款冬花幼苗，咬断幼苗根茎，致使全株死亡，严重时造成缺苗断垄。

防治时间：6—8月。

防治方法：前茬作物收割及时深耕，施用充分腐熟的有机肥，及时清除田间及地边杂草，人工捕杀。在蛴螬发生较重的田块，用敌百虫可湿性粉剂，或25%西维因可湿性粉剂各800倍液灌根，每株灌150～250 mL。或用48%乐斯本乳油300～400 mL，兑水800～1 000倍喷湿地表或浇地时随水施入。

4. 收获与初加工

4.1 采收

于栽种的当年立冬后土未封冻前，花蕾尚未出土、苞片呈现紫红色时采收。采时，从茎干上摘下花蕾，放入竹筐内，不能重压，不要水洗，否则花蕾干后变黑，影响药材质量。

4.2 加工

花蕾采后立即薄摊于通风干燥处晾干，经3～4 d，水汽干后，取出筛去泥土，除净花梗，再晾至全干即成。若遇阴雨天气，用木炭或无烟煤以文火烘干，温度控制在40～50 ℃。烘时，花蕾摊放不宜太厚，5～7 cm即可，时间也不宜太长，而且要少翻动，以免破损外层苞片，影响药材质量。

【药材质量标准】

【性状】本品呈长圆棒状。单生或2～3个基部连生，长1～2.5 cm，直径0.5～1 cm。上端较粗，下端渐细或带有短梗，外面被有多数鱼鳞状苞片。苞片外表面紫红色或淡红色，内表面密被白色絮状茸毛。体轻，撕开后可见白色茸毛。气香，味微苦而辛。

【鉴别】（1）本品粉末棕色。非腺毛较多，单细胞，扭曲盘绕成团，直径5～24 μm。腺毛略呈棒槌形，头部4～8细胞，柄部细胞2列。花粉粒细小，类球形，直径25～48 μm，表面具尖刺，3萌发孔。冠毛分枝状，各分枝单细胞，先端渐尖。分泌细胞类圆形或长圆形，含黄色分泌物。

（2）取本品粉末1 g，加乙醇20 mL，超声处理1 h，滤过，滤液蒸干，残渣加乙酸乙酯1 mL使溶解，作为供试品溶液。另取款冬花对照药材1 g，同法制成对照药材溶液。另取款冬酮对照品，加乙酸乙酯制成每1 mL含1 mg的溶液，作为对照品溶液。照薄层色谱法（通则0502）试验，吸取供试品溶液和对照药材溶液各2～5 μL、对照品溶液2 μL，分别点于同一硅胶GF254薄层板上，以石油醚（60～90 ℃）-丙酮（6∶1）为展开剂，展开，取出，晾干，再以同一展开剂展开，取出，晾干，置紫外光灯（254 nm）下检视。供试品色谱中，在与对照药材色谱和对照品色谱相应的位置上，显相同颜色的斑点。

【浸出物】按照醇溶性浸出物测定法（通则2201）项下的热浸法测定，用乙醇作溶剂，不得少于20.0%。

【含量测定】按照高效液相色谱法（通则0512）测定。

色谱条件与系统适用性试验　以十八烷基硅烷键合硅胶为填充剂；以甲醇-水（85∶15）为流动相；检测波长为220 nm。理论板数按款冬酮峰计算应不低于5 000。

对照品溶液的制备　取款冬酮对照品适量，精密称定，加流动相制成每1 mL含50 μg的溶液，即得。

供试品溶液的制备　取本品粉末（过四号筛）约1 g，精密称定，置具塞锥形瓶中，精密加入乙醇20 mL，称定重量，超声处理（功率200 W，频率40 kHz）1 h，放冷，再称定重量，用乙醇补足减失的重量，摇匀，滤过，取续滤液，即得。

测定法 分别精密吸取对照品溶液与供试品溶液各20 μL，注入液相色谱仪，测定，即得。

本品按干燥品计算，含款冬酮（$C_{23}H_{34}O_5$）不得少于0.070%。

【市场前景】

款冬花为止咳化痰良药，临床应用疗效显著。在中成药生产中，又是通宣理肺丸、百花定喘丸、止咳青果丸、气管炎丸、半夏止咳片、复方冬花咳片、川贝雪梨膏、款冬止咳糖浆等几十种中成药的重要原料。剂型有蜜丸、水丸、片剂、煎膏剂、浓缩丸等20种类型。

款冬花属于三类商品，由市场调节产销。20世纪60年代以前，商品主要来源于野生。60年代以后，商品主要来源于人工栽培。几十年来，款冬花生产、收购虽有起伏，由于库存商品调剂市场，销售一直稳步上升，产销基本平衡，是可以满足需要的品种。据全国中药资源普查统计，野生款冬花的蕴藏量约160万 kg，但分布零星，难以采收，商品量不多；家种比较容易，是今后商品的主要来源。款冬花全国年需量约为760 t，只要价格合理，有计划地发展生产，完全可以保证市场供应。

4. 西红花

【来源】

本品为鸢尾科植物番红花Crocus sativus L.的干燥柱头。中药名：西红花；别名：藏红花、番红花、撒馥兰、泊夫兰等。

【原植物形态】

多年生草本。球茎扁圆球形，直径约3 cm，外有黄褐色的膜质包被。叶基生，9～15枚，条形，灰绿色，长15～20 cm，宽2～3 mm，边缘反卷；叶丛基部包有4～5片膜质的鞘状叶。花茎甚短，不伸出地面；花1～2朵，淡蓝色、红紫色或白色，有香味，直径2.5～3 cm；花被裂片6，2轮排列，内、外轮花被裂片皆为倒卵形，顶端钝，长4～5 cm；雄蕊直立，长2.5 cm，花药黄色，顶端尖，略弯曲；花柱橙红色，长约4 cm，上部3分枝，分枝弯曲而下垂，柱头略扁，顶端楔形，有浅齿，较雄蕊长，子房狭纺锤形。蒴果椭圆形，长约3 cm。

【资源分布及生物学习性】

西红花原产地主要为西班牙、伊朗和印度等国，经印度引入我国西藏，而被误认为西藏所产，称为藏红花，习用至今。我国各地常见栽培。目前主产区主要在浙江、上海、江苏、河南等地，北京、四川、重庆、西藏、青海等省区曾有试种或有小范围种植。喜凉爽湿润的环境，喜阳光充足，耐寒不耐酷热。生长适宜温度为2～20 ℃，开花适宜温度16～20 ℃。对土壤要求较高，要求疏松肥沃而排水良好的沙质中性壤土最佳，pH值为5.5～6.5，忌水涝。

【规范化种植技术】

1. 选地整地

根据西红花对环境条件的要求，栽培时宜选择冬季较温暖、光照充足、疏松肥沃的地块。西红花喜轮作，忌连作，前茬以豆类、玉米、水稻等作物为佳，也可在果园内间作。结合翻耕，亩施生石灰100 kg消毒，每亩施用农家肥或有机肥2 000～3 000 kg、复合肥50 kg作基肥。整细耙平，按南北向挖沟畦，畦宽1～1.5 m、高30 cm，畦间距30～40 cm。

2. 繁殖方法

2.1 球茎繁殖

西红花球茎上有主芽和侧芽，主芽开花，侧芽不开花。每个芽都可形成一个小球茎，母球茎可长6～15个小球茎，若不抹芽，则小球茎越来越多；重8g以下的球茎一般不开花，花的产量也就越来越低。为了保证来年获得健壮的球茎，栽种前根据留大去小，留壮去弱的原则，剥除多余侧芽。一般球茎重量15～20 g，留1个芽；25～35 g，留2个芽；40 g以上的，留3个芽。试验表明，抹芽可有效增加大球茎的数量，进而增加花丝的产量，增产30%左右。处理球茎的药剂一般用25%多菌灵500倍液与三氯杀螨醇或乐果3 000倍液配制而成，浸种20 min后，即可播种。亩需种球400～500 kg。在播种前将球茎按大小分开。在畦面上开沟，沟深10 cm，株行距为10 cm×10 cm或10 cm×15 cm，大球茎稍稀些，小球茎宜密些。播种时球茎芽头向上，覆土6～8 cm。西红花种球播种后需浇一遍透根水，并保持土壤湿润。

2.2 组织培养

研究表明，西红花适宜愈伤组织诱导培养基为1/2MS+NAA2.0 mg/L+6～BA0.4 mg/L；丛生芽增殖培养基为1/2MS+NAA0.6 mg/L+6～BA2.0 mg/L；球茎诱导培养基为1/2MS+NAA0.5 mg/L+10%香蕉汁。

3. 田间管理

3.1 中耕除草

田间杂草及时手工拔除，除草时不宜翻动叶片。3月中旬西红花进入生长旺盛期，清除田间杂草。

3.2 追肥

1月中旬，每亩用硫酸钾复合肥20 kg，兑水浇施；2月上旬，看苗施肥，苗弱的每亩用硫酸钾复合肥15 kg，兑水浇施；翌年2月中旬—3月初，用腐熟的人畜粪对水施入或施入足量的冲施肥或用0.2%磷酸二氢钾溶液进行根外追肥，间隔7～10 d一次，连续喷施2～3次。

3.3 灌溉和排水

西红花在播种后要浇足水分、保持土壤湿润。在干冷地区，入冬前要浇水防冻。翌年2月返青后浇水，4月生长旺盛需再浇水，以满足西红花生长的需要。在多雨地区，应注意排水，防止受涝。

3.4 病虫害防治

3.4.1 腐烂病（枯萎病）

为带菌球茎出芽时，芽头上呈现黄褐色水渍状，气温高、湿度大时病斑扩展速度加快，引起芽头腐烂，进而亡。大田栽培根、球茎盘染病时产生黄褐色凹陷病斑，病斑边沿不整齐，后腐烂，鳞茎皱缩干腐。病斑椭圆形，略凹陷，病健交接处很明显，10～30 mm。病斑部有灰黑色霉层，边沿呈浅红色，幼芽弯曲、倒塌。

防治方法：一般用25%多菌灵500倍液浸种20 min，立即下种效果更好。

3.4.2 细菌性腐败病

防治方法：要严格遵循"预防为主、综合防治"的植保方针。加强预防工作，提倡以农业防治为主，适当辅以化学药剂防治，化学药剂防治应符合生产无公害农产品的规定，将农药残留降低到规定允许的范围。行合理轮作，一般与水稻等进行水旱轮作，有条件的轮作期2～3年，发过病的田块应间隔3～5年再种。提倡选用生物制剂防治。

4. 采收加工与贮藏

10月初—11月初，剥出的西红花花丝应及时烘干。将西红花花丝薄薄的摊开，在40 ℃的干燥箱中烘6～8 h，不能烘得过干，否则易碎。烘干后的西红花应储存在避光、密闭、干燥的容器内。也可以选择炕干和晾干的方法，但是烘干的西红花品质最好。一般80～100朵鲜花可收1 g干花丝，亩收干花丝1 kg左右。

【药材质量标准】

【性状】本品呈线形，三分枝，长约3 cm。暗红色，上部较宽而略扁平，顶端边缘显不整齐的齿状，内侧有一短裂隙，下端有时残留一小段黄色花柱。体轻，质松软，无油润光泽，干燥后质脆易断。气特异，微有刺激性，味微苦。

【鉴别】（1）本品粉末呈红色。表皮细胞表面观长条形，壁薄，微弯曲，有的外壁凸出呈乳头状或绒毛状，表面隐约可见纤细纹理。柱头顶端表皮细胞绒毛状，直径26～56 μm，表面有稀疏纹理。草酸钙结晶聚集于薄壁细胞中，呈颗粒状、圆簇状、梭形或类方形，直径2～14 μm。

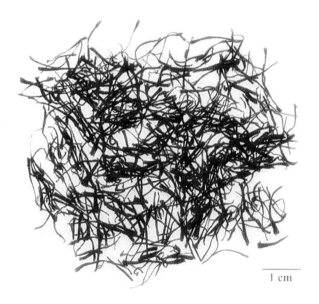

1 cm

（2）取本品浸水中，可见橙黄色成直线下降，并逐渐扩散，水被染成黄色，无沉淀。柱头呈喇叭状，有短缝；在短时间内，用针拨之不破碎。

（3）取本品少量，置白瓷板上，加硫酸1滴，酸液显蓝色经紫色缓缓变为红褐色或棕色。

（4）取吸光度项下的溶液，照紫外-可见分光光度法（通则0401），在458 nm的波长处测定吸光度，458 nm

与432 nm波长处的吸光度的比值应为0.85～0.90。

（5）取本品粉末20 mg，加甲醇1 mL，超声处理10 min，放置使澄清，取上清液作为供试品溶液。另取西红花对照药材20 mg，同法制成对照药材溶液。照薄层色谱法（通则0502）试验，吸取上述两种溶液各3～5 μL，分别点于同一硅胶G薄层板上，以乙酸乙酯-甲醇-水（100∶16.5∶13.5）为展开剂，展开，取出，晾干，分别置日光和紫外光灯（365 nm）下检视。供试品色谱中，在与对照药材色谱相应的位置上，显相同颜色的斑点或荧光斑点（避光操作）。

【检查】干燥失重取本品2 g，精密称定，在105 ℃干燥6 h，减失重量不得过12.0%（通则0 831）。

总灰分　不得过7.5%（通则2302）。

吸光度　取本品，置硅胶干燥器中，减压干燥24 h，研成细粉，精密称取30 mg，置索氏提取器中，加甲醇70 mL，加热回流至提取液无色，放冷，提取液移至100 mL量瓶中（必要时滤过），用甲醇分次洗涤提取器，洗液并入同一量瓶中，加甲醇至刻度，摇匀。精密量取5 mL，置50 mL量瓶中，加甲醇至刻度，摇匀，照紫外-可见分光光度法（通则0401），在432 nm的波长处测定吸光度，不得低于0.50。

【浸出物】按照醇溶性浸出物测定法（通则2201）项下的热浸法测定，用30%乙醇作溶剂，不得少于55.0%。

【含量测定】避光操作。照高效液相色谱法（通则0512）测定。

色谱条件与系统适用性试验　以十八烷基硅烷键合硅胶为填充剂；以甲醇-水（45∶55）为流动相；检测波长为440 nm。理论板数按西红花苷-Ⅰ峰计算应不低于3 500。

对照品溶液的制备　取西红花苷-Ⅰ对照品、西红花苷-Ⅱ对照品适量，精密称定，加稀乙醇分别制成每1 mL含30 μg和12 μg的溶液，即得。

供试品溶液的制备　取本品粉末（过三号筛）约10 mg，精密称定，置50 mL棕色量瓶中，加稀乙醇适量，置冰浴中超声处理20 min，放至室温，加稀乙醇稀释至刻度，摇匀，滤过，取续滤液，即得。

测定法　分别精密吸取对照品溶液与供试品溶液各10 μL，注入液相色谱仪，测定，即得。

本品按干燥品计算，含西红花苷-Ⅰ（$C_{44}H_{64}O_{24}$）和西红花苷-Ⅱ（$C_{38}H_{54}O_{19}$）的总量不得少于10.0%。

【市场前景】

西红花以花柱及柱头供药用，即藏红花。味辛、性温，有活血、化瘀、生新、镇痛、健胃、通经之效。我国的中医、藏医、蒙医、回医等传统中医对藏红花早有研究，他们认为藏红花是活血化瘀、散瘀开结的良药。根据《中华人民共和国药典》的记载，其药用部位主要为干燥的花柱，藏红花作为传统中药，具有活血化瘀，凉血解毒，解郁安神作用。用于产后瘀阻，温毒发斑，忧郁痞闷，惊悸发狂等病症。主要成分有藏红花花酸、藏红花花素、藏红花苷等。现代研究表明藏红花具有保护肝肾，调节血脂，降低血压，抗肿瘤、预防骨质疏松，干预心律失常，对癌症、冠心病、高脂血症等多种疾病具有较好的防治作用。而且由于其有效成分较低的毒副作用，对西红花的研究再次成为开发的热点。近年来有不少学者把研究的目标转向了西红花制药工业的副产品西红花花瓣的研究上，这样可以充分利用西红花这一昂贵的中药材资源。西红花还大量用于日化、食品、染料等行业，享有3个世界之最：最贵的药用植物、最好的染料、最高档的香料，被西班牙人誉为"红色金子"。

近些年由于西红花的价格不断走高，特别是在2009年进口西红花价格达到30 000元/kg，而国产西红花更是达到40 000元/kg，在这种大环境下，很多人都看到种植西红花行业的美好前景，进而投资种植西红花的商人、农民也越来越多。这对农民来说是一个不可多得提高收入的机会。从而在我国河南、上海、浙江、江苏等地都有引种栽培，但远远不能满足国内需求。

5. 菊花

【来源】

本品为菊科植物菊*Chrysanthemum morifolium* Ramat.的干燥头状花序。中药名：菊花；别名：甘菊花、白菊花、黄甘菊、药菊、白茶菊、茶菊、怀菊花、滁菊、亳菊、杭菊、贡菊等。

【原植物形态】

多年生草本，高60～150 cm。茎直立，分枝或不分枝，被柔毛。叶卵形至披针形，长5～15 cm，羽状浅裂或半裂，有短柄，叶下面被白色短柔毛。头状花序直径2.5～20 cm，大小不一。总苞片多层，外层外面被柔毛。舌状花颜色各种。管状花黄色。

【资源分布及生物学习性】

药用菊花主要分布于我国的安徽、浙江、江苏、河南、河北及四川、重庆等地的丘陵、山地及平原地区，其中安徽的黄山、滁州及亳州，浙江的桐乡，江苏的射阳，河南的武涉，河北的安国等地栽培种植较多。全国各地均有栽培，以河南、安徽、浙江、栽培最多。喜温暖湿润气候、阳光充足、忌遮阴。耐寒，稍耐旱，怕水涝，喜肥。最适生长温度20 ℃左右，在0～10 ℃以下能生长，花期能耐－4 ℃，根可耐－16～17 ℃的低温。对土壤要求不严。以地热高燥，背风向阳，疏松肥沃，含丰富的腐殖质，排水良好，pH值为6～8的砂质壤土或壤土栽培为宜。忌连作，可与早玉米、桑、蚕豆、烟草、油菜、大蒜、小麦间套作。黏重土、低洼积水地不宜栽种。

【规范化种植技术】

1. 选地整地

对土壤要求不严，一般土质均可种植，但土层深厚肥沃、排水良好的地块更容易获得高产。将预种植菊花的地块于秋末冬初深翻冻垡，翌年春季根据肥力酌施基肥，一般每亩施入腐熟的农家肥2 500～3 000 kg、氮磷钾三元复合肥15 kg，耙平，做畦。

2. 繁殖方法

2.1 扦插繁殖

4月下旬—5月上旬截取母株的幼枝作插穗，随剪随插，插穗长10～12 cm，顶端留2片叶，除去下部2～3节的叶片，插入土中5 cm，顶端露出3 cm，按行距25 cm开沟，沟深15 cm，每隔15～20 cm，扦插1株，覆土压实，浇水。扦插后要遮阴，经常浇水保湿，松土除草，每隔半月施稀人粪尿1次，经15～20 d生根，待生长健壮后即可移栽。亦可使用两次扦插法，使稀栽推迟至5月下旬—6月上旬。

2.2 分株繁殖

11月选优良植株，收花后割除残茎，培土越冬。4月中、下旬至5月上旬，待新苗长至15 cm高，选择阴天，挖掘母株，将健壮带有白根的幼苗，适当剪去枝叶，按行株距40 cm×40 cm开穴，每穴栽1～2株，剪去顶端，填土压实，浇水。

2.3 组织培养

研究表明，菊花花瓣诱导培养适宜的培养基为MS+6-BA1.0 mg/L+0.3 mg/LNAA；分化培养最佳培养基为MS+6-BA1.5 mg/L+NAA0.05 mg/L；无菌苗接种到生根培养基MS+NAA0.3 mg/L中，植株的生根情况较好，生根率为100%。

3. 田间管理

3.1 中耕除草

菊花苗栽植成活到现蕾前要进行4～5次除草，首次除草在移栽后15 d左右进行，后两次中耕除草结合培土。

3.2 追肥

菊花喜肥，在菊花整个生长期内，一般进行3次追肥，但应控制施氮肥，以免徒长，遭病虫为害。第1次追肥于移栽后2个月、菊花苗已经成活并开始生长时进行，每亩施稀人粪尿或尿素8～10 kg；第2次追肥在8月中旬施入，施复合肥15～20 kg，以促进多分枝；第3次追肥在孕蕾前施入，追施复合肥25～30 kg，以促进多结蕾开花。此外，在花蕾期，叶面喷施0.2%磷酸二氢钾2～4次，有助于提高产量和质量。

3.3 灌溉和排水

在菊花的栽培管理中，对于水分管理上要把握"旱时及时浇水、涝时及时排水"。栽种后要及时浇水，一般上午种植最迟下午浇水，否则容易失水死亡，成活率降低；1周后再次浇水，一般浇2次水成活率可达到90%。6月下旬以后若遇高温少雨，要经常浇水；在菊花孕蕾期前后要有充足的水分保证。雨季要排除积水，以防烂根。

3.4 病虫害防治

3.4.1 枯萎病

初发病时叶色变浅发黄、萎蔫下垂，横剖茎基部可见维管束变为褐色，向下扩展致根部外皮坏死或变黑腐烂，有的茎基部裂开；有时植株呈半边枯，另一侧正常。

防治方法：发病初期，施用50%多菌灵可湿性粉剂500倍液，或用30%碱式硫酸铜悬浮剂400倍液灌根，每隔10~15 d灌1次，连续2~3次。

3.4.2　叶斑病

叶面初生针尖大小、褪绿色至浅褐色小斑点，后扩展成圆形至椭圆形或不规则状，中心暗灰色至褐色，边缘有褐色线隆起。

防治方法：一是适时喷施云大-120植物生长调节剂3 000倍液，促使植株健壮生长，增强抵抗力；二是发病初期喷洒40%多硫悬浮剂500倍液或75%百菌清可湿性粉剂1 000倍液，隔10~15 d喷1次，连续防治2~3次。

3.4.3　锈病

初期叶片上现浅黄色小斑点，叶背对应处也生出小褪绿斑，后产生稍隆起的疱状物，破裂后散出大量黄褐色粉状病菌孢子，染病后植株生长势变弱。

防治方法：发病初期，喷洒15%三唑酮可湿性粉剂1 000倍液或25%敌力脱乳油3 000倍液，隔10 d左右喷洒1次，连续喷洒2次。

3.4.4　菊瘿蚊

在菊花植株叶腋、顶端生长点及嫩叶上为害，形成绿色或紫绿色、上尖下圆的桃形虫瘿，受害重的植株上虫瘿累累，植株生长缓慢、矮化畸形。

防治方法：一是避免从菊花瘿蚊发生严重的地区引种怀菊花苗，这是因为菊花瘿蚊发生较早，苗期即可带卵和初孵幼虫；二是喷施40%乐果乳油1 500倍液或50%辛硫磷乳油1 000~1 500倍液防治。

3.4.5　菊天牛

成虫在菊花生长旺盛时，于菊花茎梢咬成一圈小孔产卵，卵孵化后，幼虫钻入茎内，在茎中蛀食，易造成植株整株枯死。

防治方法：从萎蔫断茎以下3~6 cm处摘除受害茎梢，并集中烧毁；成虫发生期，于早晨露水干时，进行人工捕捉或用50%磷胺乳油1 500倍液喷雾防治。

3.4.6　蚜虫

群集于植物的嫩梢、嫩叶、叶柄、花蕾及花朵上吮吸汁液。受害部分生长缓慢，叶片卷曲畸形、新梢萎缩，严重时造成茎叶发黄，并且在刺吸过程中传播多种病毒。

防治方法：喷洒20%杀菊酯乳油5 000倍液或10%吡虫啉可湿性粉剂2 000~2 500倍液或25%唑蚜威1 500~2 000倍液杀灭。

3.4.7　根结线虫病

苗期、成株均可受害，根部侧根上生出许多细小根瘤，初时白色，后变褐色，可多个串生；严重时，整个根系肿胀成鸡爪状，引起根部变褐、腐烂，地上部叶片颜色变黄。

防治方法：一是轮作倒茬，选地时不选择菜地、果园地等根结线虫严重的地块；二是药剂防治，田间定植时，每亩可穴施10%力满库颗粒剂5 kg或5%克线磷颗粒剂10 kg。

4. 采收加工与贮藏

9—11月花盛开时分批采收，阴干或焙干，或熏、蒸后晒干。药材按产地和加工方法不同，分为"亳菊""滁菊""贡菊""杭菊""怀菊"。置阴凉干燥处，密闭保存，防霉，防蛀。

【药材质量标准】

【性状】亳菊呈倒圆锥形或圆筒形，有时稍压扁呈扇形，直径1.5~3 cm，离散。总苞碟状；总苞片3~4层，卵形或椭圆形，草质，黄绿色或褐绿色，外面被柔毛，边缘膜质。花托半球形，无托片或托毛。舌状花数层，雌性，位于外围，类白色，劲直，上举，纵向折缩，散生金黄色腺点；管状花多数，两性，位于中央，为舌状花所隐藏，黄色，顶端5齿裂。瘦果不发育，无冠毛。体轻，质柔润，干时松脆。气清香，味

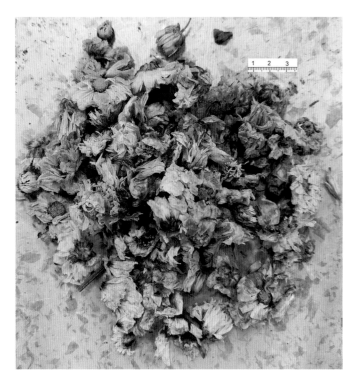

甘、微苦。

　　滁菊呈不规则球形或扁球形，直径1.5～2.5 cm。舌状花类白色，不规则扭曲，内卷，边缘皱缩，有时可见淡褐色腺点；管状花大多隐藏。贡菊呈扁球形或不规则球形，直径1.5～2.5 cm。舌状花白色或类白色，斜升，上部反折，边缘稍内卷而皱缩，通常无腺点；管状花少，外露。杭菊呈碟形或扁球形，直径2.5～4 cm，常数个相连成片。舌状花类白色或黄色，平展或微折叠，彼此粘连，通常无腺点；管状花多数，外露。

　　怀菊呈不规则球形或扁球形，直径1.5～2.5 cm。多数为舌状花，舌状花类白色或黄色，不规则扭曲，内卷，边缘皱缩，有时可见腺点；管状花大多隐藏。

　　【鉴别】（1）本品粉末黄白色。花粉粒类球形，直径32～37 μm，表面有网孔纹及短刺，具3孔沟。T形毛较多，顶端细胞长大，两臂近等长，柄2～4细胞。腺毛头部鞋底状，6～8细胞两两相对排列。草酸钙簇晶较多，细小。

　　（2）取本品1 g，剪碎，加石油醚（30～60 ℃）20 mL，超声处理10 min，弃去石油醚，药渣挥干，加稀盐酸1 mL与乙酸乙酯50 mL，超声处理30 min，滤过，滤液蒸干，残渣加甲醇2 mL使溶解，作为供试品溶液。另取菊花对照药材1 g，同法制成对照药材溶液。再取绿原酸对照品，加乙醇制成每1 mL含0.5 mg的溶液，作为对照品溶液。照薄层色谱法（通则0502）试验，吸取上述3种溶液各0.5～1 μL，分别点于同一聚酰胺薄膜上，以甲苯-乙酸乙酯-甲酸-冰醋酸-水（1∶15∶1∶1∶2）的上层溶液为展开剂，展开，取出，晾干，置紫外光灯（365 nm）下检视。供试品色谱中，在与对照药材色谱和对照品色谱相应的位置上，显相同颜色的荧光斑点。

　　【检查】水分　不得过15.0%（通则0832第二法）。

　　【含量测定】按照高效液相色谱法（通则0512）测定。

　　色谱条件与系统适用性试验　以十八烷基硅烷键合硅胶为填充剂；以乙腈为流动相A，以0.1%磷酸溶液为流动相B，按下表中的规定进行梯度洗脱；检测波长为348 nm。理论板数按3，5-O-二咖啡酰基奎宁酸峰计算应不低于8 000。

时间/min	流动相A/%	流动相B/%
0～11	10→18	90→82
11～30	18→20	82→80
30～40	20	80

　　对照品溶液的制备　取绿原酸对照品、木犀草苷对照品、3，5-O-双咖啡酰基奎宁酸对照品适量，精密称定，置棕色量瓶中，加70%甲醇制成每1 mL含绿原酸35 μg，木犀草苷25 μg，3，5-O-二咖啡酰基奎宁酸80 μg的混合溶液，即得（10 ℃以下保存）。

　　供试品溶液的制备　取本品粉末（过一号筛）约0.25 g，精密称定，置具塞锥形瓶中，精密加入70%甲醇25 mL，密塞，称定重量，超声处理（功率300 W，频率45 kHz）40 min，放冷，再称定重量，用70%甲醇补足减失的重量，摇匀，滤过，取续滤液，即得。

测定法　分别精密吸取对照品溶液与供试品溶液各5 μL，注入液相色谱仪，测定，即得。

本品按干燥品计算，含绿原酸（$C_{16}H_{18}O_9$）不得少于0.20%，含木犀草苷（$C_{21}H_{20}O_{11}$）不得少于0.080%，含3，5-O-二咖啡酰基奎宁酸（$C_{25}H_{24}O_{12}$）不得少于0.70%。

【市场前景】

《中华人民共和国药典》2020年版一部收载了亳菊、滁菊、贡菊、杭菊和怀菊菊花为栽培种，培育的品种极多，头状花序多变化，形色各异。菊花作为我国常用中药，用于治疗风热感冒、头痛眩晕、目赤肿痛、眼目昏花等；由于菊花的产地及种属的差异，其化学成分及含量各不相同，主要含有黄酮类、挥发油类、有机酸类等化学成分，含有挥发油类、黄酮、蒽醌类、氨基酸类、微量元素和苯丙素类等多种化学成分，现代药理研究表明，菊花具有抗氧化、抗炎、抗感染、抗病毒、降血脂、舒血管及抗肿瘤等多种药理活性。菊花不仅是药食两用的中药，在中国为仅次于茶叶和咖啡的第三大饮品，而且还具有较好的观赏价值，所以具有非常好的市场前景。

6. 辛夷

【来源】

本品为木兰科植物望春花*Magnolia biondii* Pamp.、玉兰*Magnolia denudata* Desr.或武当玉兰*Magnolia sprengeri* Pamp.的干燥花蕾。中药名：辛夷花；别名：木笔、望春等。

【原植物形态】

望春花*Magnolia biondii* Pamp.落叶乔木，高可达12 m，胸径达1 m；树皮淡灰色，光滑；小枝细长，灰绿色，直径3～4 mm，无毛；顶芽卵圆形或宽卵圆形，长1.7～3 cm，密被淡黄色展开长柔毛。叶椭圆状披针形、卵状披针形，狭倒卵或卵形长10～18 cm，宽3.5～6.5 cm，先端急尖，或短渐尖，基部阔楔形，或圆钝，边缘干膜质，下延至叶柄，上面暗绿色，下面浅绿色，初被平伏棉毛，后无毛；侧脉每边10～15条；叶柄长1～2 cm，托叶痕为叶柄长的1/5～1/3。花先叶开放，直径6～8 cm，芳香；花梗顶端膨大，长约1 cm，具3苞片脱落痕；花被9，外轮3片紫红色，近狭倒卵状条形，长约1 cm，中内两轮近匙形，白色，外面基部常紫红色，长4～5 cm，宽1.3～2.5 cm，内轮的较狭小；雄蕊长8～10 mm，花药长4～5 mm，花丝长3～4 mm，紫色；雌蕊群长1.5～2 cm。聚合果圆柱形，长8～14 cm，常因部分不育而扭曲；果梗长约1 cm，径约7 mm，残留长绢毛；蓇葖浅褐色，近圆形，侧扁，具凸起瘤点；种子心形，外种皮鲜红色，内种皮深黑色，顶端凹陷，具V形槽，中部凸起，腹部具深沟，末端短尖不明显。花期3月，果熟期9月。

玉兰*Magnolia denudata* Desr.落叶乔木，高达25 m，胸径1 m，枝广展形成宽阔的树冠；树皮深灰色，粗糙开裂；小枝稍粗壮，灰褐色；冬芽及花梗密被淡灰黄色长绢毛。叶纸质，倒卵形、宽倒卵形或、倒卵状椭圆形，基部徒长枝叶椭圆形，长10～15（18）cm，宽6～10（12）cm，先端宽圆、平截或稍凹，具短突尖，中部以下渐狭成楔形，叶上深绿色，嫩时被柔毛，后仅中脉及侧脉留有柔毛，下面淡绿色，沿脉上被柔毛，侧脉每边8～10条，网脉明显；叶柄长1～2.5 cm，被柔毛，上面具狭纵沟；托叶痕为叶柄长的1/4～1/3。花蕾卵圆形，花先叶开放，直立，芳香，直径10～16 cm；花梗显著膨大，密被淡黄色长绢毛；花被片9片，白色，基部常带粉红色，近相似，长圆状倒卵形，长6～8（10）cm，宽2.5～4.5（6.5）cm；雄蕊长7～12 mm，花药长6～7 mm，侧向开裂；药隔宽约5 mm，顶端伸出成短尖头；雌蕊群淡绿色，无毛，圆柱形，长2～2.5 cm；雌蕊狭卵形，长3～4 mm，具长4 mm的锥尖花柱。聚合果圆柱形（在庭园栽培种常因部分心皮不育而弯曲），长12～15 cm，直径3.5～5 cm；蓇葖厚木质，褐色，具白色皮孔；种子心形，侧扁，高约9 mm，宽约10 mm，外种皮红色，内种皮黑色。花期2—3月（亦常于7—9月再开一次花），果期8—9月。

武当玉兰*Magnolia sprengeri* Pamp.落叶乔木，高可达21 m，树皮淡灰褐色或黑褐色，老干皮具纵裂沟成小块片状脱落。小枝淡黄褐色，后变灰色，无毛。叶倒卵形，长10～18 cm，宽4.5～10 cm，先端急尖或急短渐尖，基部楔形，上面仅沿中脉及侧脉疏被平伏柔毛，下面初被平伏细柔毛，叶柄长1～3 cm；托叶痕细小。花蕾直立，被淡灰黄色绢毛，花先叶开放，杯状，有芳香，花被片12（14），近相似，外面玫瑰红色，有深紫色纵纹，倒卵状匙形或匙形，长5～13 cm，宽2.5～3.5 cm，雄蕊长10～15 mm，花药长约5 mm，稍分离，药隔伸出成尖头，花丝紫红色，宽扁；雌蕊群圆柱形，长2～3 cm，淡绿色，花柱玫瑰红色。聚果圆柱形，长6～18 cm；蓇葖扁圆，成熟时褐色。花期3～4月，果期8—9月。

【资源分布及生物学习性】

望春花*Magnolia biondii* Pamp.产于陕西、甘肃、河南、湖北、四川、重庆等地。生于海拔600～2 100 m的山林间。山东青岛有栽培。模式标本采自湖北。

玉兰*Magnolia denudate* Desr.产于江西（庐山）、浙江（天目山）、湖南（衡山）、贵州。生于海拔500～1 000 m的林中。现全国各大城市园林广泛栽培。

武当玉兰*Magnolia sprengeri* Pamp.产于陕西（略阳、留坝、平利、陇县）、甘肃南部、河南西南部、湖北西部、湖南西北部（桑植）、四川东部和东北部。生于海拔1 300～2 400 m的山林间或灌丛中。

【规范化种植技术】

1. 苗木培育

1.1 实生繁殖

1.1.1 采种

选择生长健壮、无病虫害、品质优良的结果母树，于9月上中旬，当果实由绿色变为红褐色，大部分裂开露出鲜红色的拟假种皮时采收。

1.1.2 种子处理

将种子堆放1～2 d；再将种子与粗沙混合，揉搓去除辛夷种子表面含油脂的橙红色肉质皮层，清水洗净，再用草木灰水进行浸泡、搓除种皮表面蜡质层，放在通风干燥处阴干。及时用层积沙藏法贮藏，以防失水或油分挥发而丧失发芽能力。

1.1.3 苗圃地选择与整地

选择地势平坦、土质肥沃疏松、排水良好、pH值为5.5～8.0的沙壤土或壤土作为苗圃地。于秋末冬初进行深耕，施足底肥，耕后不耙，使土壤在冬季进行充分风化。翌春土壤解冻后进行浅耕细耙后作苗床。对易发生地下害虫或病害的育苗地，可结合整地作床撒辛硫磷粉剂1.5 kg／亩和3～4 kg／亩硫酸亚铁进行土壤消毒。

1.1.4 播种

采用春播或秋播。春播的适宜时间为3月下旬—4月上旬；秋播多在9—10月随采随播。播种方法采用条播或点播，按40 cm的行距开深3 cm，宽5 cm的播种沟。在沟内浇水，待水渗完后再将经过贮藏催芽的种子均匀撒播在沟内，上覆圃地细土2～3 cm用秸草覆盖。播种量3～4 kg／亩产苗量1万～1.5万株／亩。

1.1.5 苗期管理

播种后3~4周后即可出苗。出苗期保持苗床湿润，促使幼苗及时出土。苗木生长初期，要及时松土除草，适时适量灌溉，严防地老虎、金针虫、蝼蛄等地下害虫的发生；及时进行间苗、定苗。苗木进入速生期后，要加强肥水管理，一般每隔10~15 d灌溉1次，灌水前可施入尿素75~105 kg／hm²，可在离苗行5~10 cm处开小沟，将肥料施入，然后覆土灌溉；也可在叶面喷施0.2%~0.5%的尿素水溶液或浇灌稍浓的肥水。进入9月，应停止灌溉和施肥，以防苗木徒长，使其充分木质化，增加抗旱抗寒能力。一般当年苗即可出圃栽植。

1.2 嫁接繁殖

1.2.1 砧木的选择和培育

一般用实生苗进行嫁接即本砧（共砧）嫁接，同属树种之间也可互做砧木。用作砧木的实生苗以1~2年生、地径1 cm左右最好。砧木苗的培育方法同实生繁殖育苗。

1.2.2 接穗的采集与贮藏

可在树木落叶后到翌春芽萌动前，选择树势健壮、无病虫害的优良类型中年母树，在树冠的中上部或外围采集发育充实的一年生枝条，将其剪成长20~30 cm，每30~50根扎成1捆进行坑藏。芽接用的接穗可在生长期内采集，随采随接。

1.2.3 嫁接

一般在4—9月，枝接可在春季树木发芽之前树液刚流动时进行，芽接可在生长期内进行。常用的枝接方法有切接、劈接等方法，芽接多采用"T"字形芽接、嵌芽接等。

1.2.4 嫁接期管理

嫁接后芽接10~15 d、枝接25~40 d即可检查成活率，解绑和补接；芽接当年接芽不萌发，到翌春芽萌动前剪砧距接芽上方1 cm处剪去上部砧木条。枝接嫁接后砧木上的萌芽应全部抹去。苗期合理施肥灌溉、中耕除草、防治病虫害。

1.3 扦插繁殖

生产上多采用嫩枝扦插。于5月上旬—6月中旬选择幼壮龄母树上生长旺盛病虫害的当年生半木质化枝条，剪成上带2~3个芽、长10~20 cm的插穗，上端剪成平口，下端在靠近腋芽处剪成斜面、插穗上部留1~2片叶。插用500~1 000 mg／kg浓度的吲哚丁酸或ABT生根粉进行速蘸处理，然后插入苗床土中，插后灌透水，搭棚遮阴，保持床面湿润，约1个月即可生根。

1.4 分株繁殖和压条繁殖

初春把分叶多的老株挖起，切取带根的母株，随分随栽。也可将母株靠近地面或根际周围萌生的粗壮。枝条弯曲至地面，在入土准备生根处刻伤至木质部，然后将其埋入15 cm深的穴内，覆土压实，上面露出地面的枝梢固定在木桩上，并加强管理，秋季落叶后即可生出新根再与母株切开定植。

2. 栽培技术

2.1 种植地选择及整地

选择背风向阳、排水良好、土壤肥沃、坡度较缓的山脚的中性或微酸性土壤作为种植地，切忌在碱性土壤、海拔过高或低洼易涝处造林。根据种植地坡度的不同，采用不同的整地方法。地势平缓坡度较小的地方可采用全面整地；通常采用水平阶整地，在坡度较大的山地可采用梯田或鱼鳞坑整地。

2.2 栽植

从树木休眠期间均可栽植，一般多采用春季栽植。在冬季不太寒冷、灌溉条件较好的地区可采用秋植。造林苗木可采用芽子发育饱满、根系发达、苗干通直、无病虫害的1年生实生苗或2年生嫁接苗，苗高1 m以上地径1.0 cm以上。栽植密度为400株／hm²，株行距为5 m×5 m。栽植穴要求1 m×1 m×1 m要求，提前整地挖穴，在穴内施入适量的有机肥或堆肥。植时严格按照"三埋、两踩、一提苗"的技术要领进行。栽植后若有条件可浇定根水，使苗木根系与土壤密接，以利成活。

2.3 抚育管理

2.3.1 土壤管理

栽植后要进行松土除草、灌溉施肥和林农间作等措施。通常每年松土除草3～4次，松土时在树干基部培土，除去萌蘖苗。每年秋冬季施入一定量的农家肥，春季施入硫酸铵、尿素等化肥结合施肥进行灌水。栽植后最初5～6年林间空隙较大，为了充分利用林地空间，可在树木行间间作小麦、豆类、花生等矮秆农作物、药用植物等。在土壤贫瘠的林地，可间作绿肥，以提高土壤肥力。

2.3.2 整形修剪

为了使辛夷树种早开花，多产蕾，要及时对树体进行整形修剪；目前生产上常用的丰产树形是疏散分层形和自然开心形。栽植1年后，当树高达1 m左右时，于春季萌发前，在主干1 m高处剪截定干，以促使多萌发主枝。以后每年选留位置适中、生长健壮的三枝条，培养成为第一层主枝，主枝间距30～40 cm。第二层主枝二个距第一层主枝间距80～120 cm，以后逐年培育主枝1～2个，使其成为疏散分层形的树体结构。若第一层主枝相距过近，形成"卡脖"现象时也可将中央领导干去掉培养成为开心形的树体结构。在整形的同时要做好合理修剪。对生长过旺的徒长枝、病枝、枯枝、弱枝和过密枝要及时疏去，以增加光照。老龄树成蕾部位外移，内膛光秃，对骨干枝要进行重回缩更新，刺激潜伏芽抽生强旺枝，并逐步培养为结果枝组充实内膛。对腋花芽类型的中、长枝在成蕾后2～3年，要适当进行回缩，以降低蕾位。

3. 病虫害防治

主要病虫害有玉兰炭疽病、辛夷卷叶象甲等。树木发病时用50%多菌灵可湿性粉剂500倍液或70%甲基托布津1 000～1 500倍液喷洒树冠；发生虫害时，秋季落叶后要及时清园，冬季深翻树盘，加强肥水管理，提高树体的抗病抗虫害能力。

4. 采收、加工与贮藏

11—12月及时采集花蕾。花蕾采集后首先进行人工筛选去杂，清除残枝树叶，后将花蕾放在屋内摊开、阴干、严防暴晒。然后用透气性较好的麻袋或布袋盛装起来，放置于通风干燥的地方，忌用塑料袋或塑料器具盛装。

【药材质量标准】

【性状】望春花*Magnolia biondii* Pamp.呈长卵形，似毛笔头，长1.2～2.5 cm，直径0.8～1.5 cm。基部常具短梗，长约5 mm，梗上有类白色点状皮孔。苞片2～3层，每层2片，两层苞片间有小鳞芽，苞片外表面密被灰白色或灰绿色茸毛，内表面类棕色，无毛。花被片9，棕色，外轮花被片3，条形，约为内两轮长的1/4，呈萼片状，内两轮花被片6，每轮3，轮状排列。雄蕊和雌蕊多数，螺旋状排列。体轻，质脆。气芳香，味辛凉而稍苦。

玉兰*Magnolia denudata* Desr.长1.5～3 cm，直径1～1.5 cm，基部枝梗较粗壮，皮孔浅棕色。苞片外表面密被灰白色或灰绿色茸毛。花被片9，内外轮同型。

武当玉兰*Magnolia sprengeri* Pamp.长2～4 cm，直

径1~2 cm。基部枝梗粗壮，皮孔红棕色。苞片外表面密被淡黄色或淡黄绿色茸毛，有的最外层苞片茸毛已脱落而呈黑褐色。花被片10~12（15），内外轮无显著差异。

【鉴别】（1）本品粉末灰绿色或淡黄绿色。非腺毛甚多，散在，多碎断；完整者2~4细胞，亦有单细胞，壁厚4~13 μm，基部细胞短粗膨大，细胞壁极度增厚似石细胞。石细胞多成群，呈椭圆形、不规则形或分枝状，壁厚4~20 μm，孔沟不甚明显，胞腔中可见棕黄色分泌物。油细胞较多，类圆形，有的可见微小油滴。苞片表皮细胞扁方形，垂周壁连珠状。

（2）取本品粗粉1 g，加三氯甲烷10 mL，密塞，超声处理30 min，滤过，滤液蒸干，残渣加三氯甲烷2 mL使溶解，作为供试品溶液。另取木兰脂素对照品，加甲醇制成每1 mL含1 mg的溶液，作为对照品溶液。照薄层色谱法（通则0502）试验，吸取上述两种溶液各2~10 μL，分别点于同一硅胶H薄层板上，以三氯甲烷-乙醚（5:1）为展开剂，展开，取出，晾干，喷以10%硫酸乙醇溶液，在90 ℃加热至斑点显色清晰。供试品色谱中，在与对照品色谱相应的位置上，显相同的紫红色斑点。

【检查】水分　不得过18.0%（通则0832第五法）。

【含量测定】挥发油　按照挥发油测定法（通则2204）测定。

本品含挥发油不得少于1.0%（mL/g）。

木兰脂素　按照高效液相色谱法（通则0512）测定。

色谱条件与系统适用性试验　以辛基键合硅胶为填充剂；以乙腈-四氢呋喃-水（35:1:64）为流动相；检测波长为278 nm。理论板数按木兰脂素峰计算应不低于9 000。

对照品溶液的制备　取木兰脂素对照品适量，精密称定，加甲醇制成每1 mL含木兰脂素0.1 mg的溶液，即得。

供试品溶液的制备　取本品粗粉约1 g，精密称定，置具塞锥形瓶中，精密加入乙酸乙酯20 mL，称定重量，浸泡30 min，超声处理（功率250 W，频率33 kHz）30 min，放冷，再称定重量，用甲醇补足减失的重量，摇匀，滤过，精密量取续滤3 mL，加在中性氧化铝柱（100~200目，2 g，内径为9 mm，湿法装柱，用乙酸乙酯5 mL预洗）上，用甲醇15 mL洗脱，收集洗脱液，置25 mL量瓶中，加甲醇至刻度，摇匀，滤过，取续滤液，即得。

测定法　分别精密吸取对照品溶液与供试品溶液各4~10 mL，注入液相色谱仪，测定，即得。

本品按干燥品计算，含木兰脂素（$C_{23}H_{28}O_7$）不得少于0.40%。

【市场前景】

辛夷具有散风寒、通鼻窍功效，用于风寒头痛、鼻塞流涕、鼻鼽、鼻渊等症，临床用量大，除药用外，花含芳香油，可提取配制香精或制浸膏；花被片食用或用以熏茶；种子榨油供工业用。早春白花满树，艳丽芳香，为驰名中外的庭园观赏树种。同时玉兰*Magnolia denudata* Desr.材质优良，纹理直，结构细，供家具、图板、细杠等用。

7. 玫瑰花

【来源】

本品为蔷薇科植物玫瑰*Rosa rugosa* Thunb.的干燥花蕾。春末夏初花将开放时分批采摘，及时低温干燥。

【原植物形态】

直立灌木，高可达2 m；茎粗壮，丛生；小枝密被绒毛，并有针刺和腺毛，有直立或弯曲、淡黄色的皮刺，皮刺外被绒毛。小叶5～9，连叶柄长5～13 cm；小叶片椭圆形或椭圆状倒卵形，长1.5～4.5 cm，宽1～2.5 cm，先端急尖或圆钝，基部圆形或宽楔形，边缘有尖锐锯齿，上面深绿色，无毛，叶脉下陷，有褶皱，下面灰绿色，中脉突起，网脉明显，密被绒毛和腺毛，有时腺毛不明显；叶柄和叶轴密被绒毛和腺毛；托叶大部贴生于叶柄，离生部分卵形，边缘有带腺锯齿，下面被绒毛。花单生于叶腋，或数朵簇生，苞片卵形，边缘有腺毛，外被绒毛；花梗长5～225 mm，密被绒毛和腺毛；花直径4～5.5 cm；萼片卵状披针形，先端尾状渐尖，常有羽状裂片而扩展成叶状，上面有稀疏柔毛，下面密被柔毛和腺毛；花瓣倒卵形，重瓣至半重瓣，芳香，紫红色至白色；花柱离生，被毛，稍伸出萼筒口外，比雄蕊短很多。果扁球形，直径2～2.5 cm，砖红色，肉质，平滑，萼片宿存。

花期5—6月，果期8—9月。

【资源分布及生物学习性】

原产我国华北以及日本和朝鲜。我国各地均有栽培。园艺品种很多，有粉红单瓣*R. rugosa* Thunb. f. *rosea* Rehd.、白花单瓣f. *alba*（Ware）Rehd.，紫花重瓣f. *plena*（Regel）Byhouwer、白花重瓣f. *albo-plena* Rehd. 等供观赏用。

【规范化种植技术】

1. 选地整地

1.1 选地

宜选择背风向阳、阳光充足、地势高、排水良好的地区。适宜在土层深厚、土质肥沃、含有机质高，pH值5.5～6.8，土壤结构良好的轻、中壤和砂壤土中种植。

1.2 整地

土地经过深耕、平整、暴晒消毒后，施腐熟农家肥800～1 000 kg/亩，深翻土地，深度0.3～0.5 m。开厢行距2 m，起高0.3 m，顶宽0.5 m，底宽1.5 m、沟宽0.5 m的厢。挖松底层，施入适量土杂肥，上盖5 cm细土，并规划好大小行道、排水沟渠等。

2.繁殖方法

2.1 分株法

有半分法和全分法。分株应在玫瑰落叶后进行，重庆地区应在10—11月冷冻来前进行较好。注意全分法每株被分开处需有1～2条根，并且要带有须根。

2.2 压条法

开花以后6—7月间即可进行。选择1~2年生粗壮的枝条，开沟深10~15 cm，压条前把枝条弯一下，但不要折断，然后覆土压实。待压条处长出新根后，截断即可成新株。

2.3 扦插法

2.3.1 硬枝扦插法

9月下旬—10月上旬进行。选择生长健壮、半木质化、叶芽饱满、无病虫害的枝条，剪成长15~20 cm的插条，且每段插条须保留2到3个饱满芽，距顶芽0.5~1 cm处剪平。扦插深度8~10 cm。

2.3.2 嫩枝扦插法

6月中旬—9月中旬进行，选择生长健壮的植株上的叶芽饱满尚未萌动的嫩枝，剪成长约10 cm的插条，插条上端距顶芽0.5~1 cm处剪平，下端距叶芽0.5 cm处斜剪。扦插深度3~4 cm。扦插完后，要及时浇水，但不可过多，要进行遮阴。

2.4 嫁接法

2.4.1 带木质嵌芽接法

在砧木距地面4~6 cm处按30°~40°斜角切下长1~2 cm的盾形切口，选取充实饱满的接芽嵌入砧木切口上，用弹性及宽度适中的白色塑料袋自下而上环压边绑缚牢固，松紧适度。将接芽嵌入切口时，形成层要尽量大面积对准，做到不露砧木木质部。

2.4.2 T字形芽接法

用竖刀在砧木距地面4~6 cm的无分枝向阳面处横切一刀，宽5~8 mm，深及木质部，于切口中部下竖直切一刀，长1.5~2 cm，使皮层形成T字形开口。选择充实饱满的接芽植入切口内，接芽放妥后即用塑料带绑缚，绑缚时必须露出接芽。

2.5 组织培养法

选取生长健壮的当年生枝条的茎尖和幼茎选取外植体，用消毒液处理。在培养基中诱导出愈伤组织后再进行增殖培养，诱导出不定芽培养基，培养壮苗，组培幼苗经过炼苗与处理后即可定植。

3.定植

3.1 定植时间

定植在春季和秋季进行。春季在气温回升至5 ℃以上时进行，一般在2月中旬；秋季一般在9月中旬—10月下旬。

3.2 定植苗

苗高30 cm以上，根系完整，植株健壮。

3.3 定植密度

玫瑰定植密度为500～550株/亩，株行距为（60～65）cm×2 m。

3.4 覆膜

土地整理起垄后覆膜，黑薄膜规格厚0.04 mm、宽1 m。覆膜前垄厢顶部土壤细、碎。将黑薄膜平铺于垄厢顶部，两侧用土压实，不留缝隙，定植后第二年10月揭膜。

3.5 定植方法

定植穴挖深30 cm填土踩实，浇透定根水。如果种苗脱水严重，可以种植前用水浸泡1 h。

4.田间管理

4.1 中耕除草

每年不少于3次，第一次在春季草高15 cm前进行，第二次在5月中旬采花后进行，第三次在10月下旬结合冬前施肥进行。幼苗期杂草用手拔除，中耕宜浅，勿伤及根。生长期应维持田间无杂草。

4.2 灌溉和排水

春季植株萌动前，浇返青水；孕蕾期及花期适时补水；入冬前浇足水；干旱季节及时灌溉；雨季及时排涝，防止积水。

4.3 施肥

新规划的玫瑰栽培地块施腐熟有机肥800～1 000 kg/亩，然后深翻、起垄、定植。

不同生长时期追肥按下表实施。

玫瑰不同生长时期的施肥方法

生长时期	基本特征	施肥量
萌芽期	萌动发芽生长	每亩施尿素4.5～5 kg
枝叶生长期	开花前	每亩追施尿素5～10 kg，配合增施磷肥
开花期	少数花蕾露红	每亩追施尿素8～10 kg或碳铵20～25 kg；叶面肥施5‰磷酸二氢钾，10～15 d后叶面可再喷施一次
恢复期	鲜花采收完毕后	每亩增施配方比为（15：15：15）的氮、磷、钾复合肥2～6 kg
休眠期	落叶后	每亩施有机肥500～600 kg，在植株旁开沟放入

4.4 修剪

夏末开花后剪去纤细枝条和发白老枝，冬季落叶后再修剪1次，主要是截短和剪掉过密枝、病虫枝和苍老枝，这样可促抽生新枝，增加花蕾。玫瑰花生长5～6年后，应进行1次更新复壮修剪。于立秋前后，将每株（丛）保留少数生长苗壮的枝条，其余的连根挖起，重新栽植到另一块地上，这样可扩展栽培面积。

5. 主要病虫害防治

5.1 白粉病

多在夏季高温多湿时发生，损害叶片和嫩茎及花果。表现为叶片上有白粉状霉斑。防治方法：冬季修剪后彻底清园；合理密植，改良通风透光条件，下降田间湿度；发病时喷50%甲基托布津1 000倍液，每7～10 d 1次，连喷3次；发病后适当追施磷钾肥，加强植株抗病力。

5.2 锈病

病原为担子菌衙门，锈病属，多胞锈菌属。为同主寄生锈菌，可产生5种类型的孢子。锈孢子器在叶背堆聚成橘红色粉状物，周围有侧丝，裸生。锈孢子串生，夏孢子堆生，周围有棒状铡丝，冬孢子椎黑色，散生裸露。锈病危害玫瑰的芽、叶片、嫩枝、叶柄、花托、花梗等部位。主要发生在芽和叶片上。春季萌芽期，病芽基部肿大，在1～3层鳞片内长出大量桔红色粉状物，像朵小黄花；有的弯曲呈畸形，15～20 d后枯死。嫩叶受害后，先在叶正面上，丛生黄色小点状孢子器，后在叶背面生成橘红色孢子堆。秋季脓芽被菌侵染后，经越冬多枯死。

防治方法：①及时摘除病芽，在3月下旬—4月下旬检查，发现病芽要立即摘除切毁。一般病芽率不到0.5%，摘除后即可防止孢子扩散。②4月上旬或8月下旬两次发病盛期前，喷药1～2次，可控制病害发展。可选用50%百菌清600倍液；或50%退菌特500倍液；或50%福美双500倍液；或25%粉锈宁可湿性粉剂1 500倍液。

5.3 灰霉病

该病在叶缘和叶尖发生时，起初为水渍状淡褐色斑点，光滑稍有下陷，后扩大腐烂。花蕾发病，病斑灰黑色，可阻止花一开放，病蕾变褐枯死。花受侵害时，部分花瓣变褐色皱缩、腐败。灰霉病菌也会侵害折花之后的枝端，黑色的病部可以入侵染点下沿到数厘米。在温暖潮湿的环境下，灰色霉层可以完全长满受侵染部位。

防治方法：及时清除病部，减少侵染来源，对于凋谢的玫瑰花也应及时剪除；发病初即喷药保护，使用1∶1∶100倍波尔多液，2周喷药1次。或可用50%速克灵可湿粉剂2 000倍液，或50%扑海因可湿粉剂1 000～1 500倍液，或50%甲基硫菌灵可湿性粉剂500倍液，或50%多菌灵500倍液，或70%代森锰锌500倍液喷雾7～10 d一次，连续2～3次，每次喷洒药液量每亩不少于50～60 kg。上述药剂的预防效果好于治疗效果，并要注意交替使用药剂，以防产生抗药性。

5.4 蚜虫

玫瑰花受到蚜虫危害时，植株叶片颜色会变淡并出现发卷变硬变脆的情况，影响植株营养物质的吸收，导致生长放缓。在发病时可选用20%吡蚜酮噻虫胺进行喷洒治疗，每2～3 d喷洒一次，浓度按说明书操作，至治愈。

5.5 红蜘蛛

红蜘蛛主要以卵或受精雌成螨在植物枝干裂缝、落叶以及根际周围浅土层土缝等处越冬。第二年春天气温回升，植物开始发芽生长时，越冬雌成螨开始活动为害。玫瑰展叶以后转到叶片上为害，先在叶片背面主脉两侧为害，从若干个小群逐渐遍布整个叶片。发生量大时，在玫瑰叶片表面拉丝爬行，借风传播。一般情况下，在5月中旬达到盛发期，7—8月是全年的发生高峰期，尤以6月下旬到7月上旬为害最为严重。常使全株叶片枯黄泛白。

防治红蜘蛛为害，平时应注意观察，发现叶片颜色异常时，应仔细检查叶背，个别叶片受害，可摘除虫叶；较多叶片发生时，应及早喷药。应用螨危4 000～5 000倍（每瓶100 mL兑水400～500 kg）均匀喷雾，

40%三氯杀螨醇乳油1 000～1 500倍液，20%螨死净可湿性粉剂2 000倍液，15%哒螨灵乳油2 000倍液，1.8%齐螨素乳油6 000～8 000倍等均可达到理想的防治效果。

6. 采收加工与贮藏

6.1 采收

用于提炼玫瑰精油的玫瑰花在花朵开放80%状态，刚好露出花蕊时采收，每日早晨5—8点露水未完全蒸发时进行；食品加工用玫瑰在花朵完全开放时采收；药用玫瑰在花蕾开放20%左右时进行采收。

6.2 加工

为保证质量，提炼或食品加工用玫瑰应尽快运输。药用玫瑰采收后应及时低温烘干。烘干时将花蕾薄摊，花冠朝下，一面稍干后再翻转迅速烘至全干。以单调、色红明媚、香味浓厚、无散瓣碎瓣者为佳。

6.3 贮藏

鲜用玫瑰（包括提炼精油及食用加工）应在2～8 ℃下保鲜保存，时长不超过6 h，并尽快运输。药用玫瑰及时烘干至含水量≤8%后，避光密封保存。

【药材质量标准】

【性状】本品略呈半球形或不规则团状，直径0.7～1.5 cm。残留花梗上被细柔毛，花托半球形，与花萼基部合生；萼片5，披针形，黄绿色或棕绿色，被有细柔毛；花瓣多皱缩，展平后宽卵形，呈覆瓦状排列，紫红色，有的黄棕色；雄蕊多数，黄褐色；花柱多数，柱头在花托口集成头状，略突出，短于雄蕊。体轻，质脆。气芳香浓郁，味微苦涩。

【鉴别】本品萼片表面观：非腺毛较密，单细胞，多弯曲，长136～680 μm，壁厚，木化。腺毛头部多细胞，扁球形，直径64～180 μm，柄部多细胞，多列性，长50～340 μm，基部有时可见单细胞分枝。草酸钙簇晶直径9～25 μm。

【检查】水分　不得过12.0%（通则0832第二法）。

　总灰分　不得过7.0%（通则2302）。

【浸出物】按照醇溶性浸出物测定法（通则2201）项下的热浸法测定，用20%乙醇作溶剂，不得少于28.0%。

【性味与归经】甘、微苦，温。归肝、脾经。

【功能与主治】行气解郁，和血，止痛。用于肝胃气痛，食少呕恶，月经不调，跌扑伤痛。

【用法与用量】3～6 g。

【贮藏】密闭，置阴凉干燥处。

【市场前景】

玫瑰主要以花蕾入药，其叶、根也可药用。玫瑰花具备理气、活血、调经的功能，对肝胃气痛、月经不调、赤白带下、疮疖初起和跌打损害等症有独特疗效，除药用外，从玫瑰花中提炼的馥郁油畅销国内外市场，其价钱为黄金的1～2倍，不仅为世界珍贵香料，还具美容养颜、抗衰老作用。近几年来，玫瑰花的市场需求量呈逐年上升趋向，价格节节攀升。药用玫瑰花适应性强，全国各地均可栽培，其中以嫁接过的大马士革玫瑰品种最佳。

8. 槐花

【来源】

本品为豆科植物槐*Sophora japonica* L.的干燥花。夏季花开放或花蕾形成时采收，及时干燥，除去枝、梗及杂质。前者习称"槐花"，后者习称"槐米"。

【原植物形态】

乔木，高达25 m；树皮灰褐色，具纵裂纹。当年生枝绿色，无毛。羽状复叶长达25 cm；叶轴初被疏柔毛，旋即脱净；叶柄基部膨大，包裹着芽；托叶形状多变，有时呈卵形，叶状，有时线形或钻状，早落；小叶4～7对，对生或近互生，纸质，卵状披针形或卵状长圆形，长2.5～6 cm，宽1.5～3 cm，先端渐尖，具小尖头，基部宽楔形或近圆形，稍偏斜，下面灰白色，初被疏短柔毛，旋变无毛；小托叶2枚，钻状。圆锥花序顶生，常呈金字塔形，长达30 cm；花梗比花萼短；小苞片2枚，形似小托叶；花萼浅钟状，长约4 mm，萼齿5，近等大，圆形或钝三角形，被灰白色短柔毛，萼管近无毛；花冠白色或淡黄色，旗瓣近圆形，长和宽约11 mm，具短柄，有紫色脉纹，先端微缺，基部浅心形，翼瓣卵状长圆形，长10 mm，宽4 mm，先端浑圆，基部斜戟形，无皱褶，龙骨瓣阔卵状长圆形，与翼瓣等长，宽达6 mm；雄蕊近分离，宿存；子房近无毛。荚果串珠状，长2.5～5 cm或稍长，径约10 mm，种子间缢缩不明显，种子排列较紧密，具肉质果皮，成熟后不开裂，具种子1～6粒；种子卵球形，淡黄绿色，干后黑褐色。花期7—8月，果期8—10月。

【资源分布及生物学习性】

原产中国，现南北各省区广泛栽培，华北和黄土高原地区尤为多见。日本、越南也有分布，朝鲜亦见有

野生，欧洲、美洲各国均有引种。

槐为耐寒、喜光的树种，耐阴性稍弱，在阴湿区域生长不良，耐旱性较好，如果栽植区域积水较深，对槐树的生长影响较大。槐对土壤的要求不是很严格，贫瘠土壤也可生长。为了促进槐树生长，在种植过程中，应当选择土壤肥沃、土层深厚、尤其沙质的湿润土壤。

【规范化种植技术】

1. 选地整地

一般选着土层深厚，地势较平的肥沃沙性土壤，同时还应当保持其灌排方便，无虫源。按照2 0 00 kg/亩施有机生物肥料，同时施入二铵及磷肥各50 kg。为了避免地下害虫的侵扰，可施入敌百虫或辛硫磷颗粒剂进行杀虫。深翻土地，搂平，精细整地，设置1 m宽的畦进行种植。

2. 繁殖方法

2.1 种子播种繁殖

首先应该选择颗粒饱满的种子，然后采用浸种法处理种子。用75 ℃左右的温水浸泡种子，在这一过程中要用木棒不断搅拌，使温度降低至室温，然后浸泡1 d，第2 d捞出种子，将湿布盖在种子上进行催芽，等待种皮裂开就可以播种了。

播种时间以春天、秋天为宜。每亩播种10 kg左右，播种方式有垄播和条播两种。垄播时，垄距70 cm左右，底宽40 cm左右，面宽30 cm左右；条播时，行距60 cm左右，播幅5 cm左右。

2.2 埋根繁殖

槐树落叶之后开始准备种根，种植之前用沙土埋藏保存，同时要控制好沙土本身的温度和湿度，不能太干，也不能太湿。

种植时间一般为3月或4月，从沙土中挑选没有被害虫侵害或者腐蚀的根段，剪成长条，然后开始种植。将根段平放在沟内，盖上细沙土，浇上足够的水，最好盖上地膜，约1个月种根就会长出苗。

2.3 扦插繁殖

和埋根育苗时间一致，也可稍微提前。将木质化8～29 cm直径的硬枝作为扦插的种枝，并将其剪成15 cm左右，在芽孢2 m以上的位置，剪平上切口，下切口在相距芽孢5 cm的下部位置剪成为45°的斜口，并按50根捆成1捆，利用生根粉50 mL/kg，对插条的下端进行浸泡，时间为3～4 h。按照45方向进行扦插，株行距以20 cm×40 cm为标准，扦插好后覆盖地膜。

3. 田间管理

3.1 适时定苗

通常种子播后8 d左右开始出苗，2个星期基本出齐。如果播种前进行了薄膜覆盖，当种苗生有2～3片真叶时将薄膜揭开，生长至15 cm时予以间苗，以15 cm的株距定苗，留苗按照8 000株/亩。

3.2 移栽管理

种苗经过3～4年便可出圃进行绿化，因苗木顶端枝条芽密，而且间距较短，很容易引发树干弯曲。翌年春天可以依照株距50 cm、行距70 cm实施移栽，并在离地面5 cm的位置上进行截干。国槐的萌芽率非常强，翌年会在截干部位萌发出很多新芽，当其生长成20 cm的枝条时，留下1枝自立向上的枝条作为主枝，其余的全部清理掉，促进主枝生长。

3.3 肥水管理

依照当地气候条件以及土壤情况等，合理浇水。通常苗期至雨季这段时间浇水2～3次便可，冬季封冻之前浇1次水。播种时施入3 000 kg/亩的有机肥。苗木生长旺期，结合浇水施入一些氮肥，促进植株的快速生长。移栽后可使用注射营养液的方法增加苗木成活率。可采用树干上部主干与主枝分叉下方或者是每根主枝的1级主枝位置，采用电钻在树干上以45°制造钻孔。要求所制造的钻孔其深度在5～6 cm的范围，孔径大概在6～8 cm的范围。然后打开营养液瓶口后，从孔洞注入营养液大概3～4 cm的量，直接将瓶底刺破穿透，并以插入胸径5 cm为准，胸径每添加5 cm，则增加1瓶营养液。液体注入完成后，将瓶子从树干中拧出即可，再选择封泥堵住洞口。

3.4 修枝整形

依照苗木的具体需要，进行合理整形修剪，主要树形包括自然式与杯状式及开心型等形态。自然式整形修剪，就是在主干上保留好主枝之后，修剪时将直立芽以及顶芽进行保留，其他的侧枝剪除，促进其生长，不断扩冠。定植后1～3年，树形采用多主枝开心形，树体有中央领导干，其上着生5个主枝，分为2层，间距1.5 m。第1层3个主枝，每个主枝上着生3个左右侧枝；第2层2个主枝，每个主枝上着生2个侧枝。树高3.5 m左右。修剪方式以冬季修剪为主，修剪手法以短截、疏除为主。

4. 病虫害防治

4.1 腐烂病

主要为害苗木枝干，病斑呈菱形，稍凹陷，皮层溃烂表现出湿腐状，早期呈现橘红色，慢慢转变为黄白色口。该病3月上旬出现，5—6月后出现分生子孢子座，6—7月病斑附近形成愈合组织。病菌主要从剪口、断枝处侵入，于伤口周围形成病斑。

防治使用1 500倍液50%甲基硫菌灵喷施，同时，对移栽的大苗，应及时浇水保墒，提高抗病能力，重视苗木管理。

4.2 带化病

发病的幼槐树，嫩枝尖端呈扁平带状，宽达2～5 cm，长达15～20 cm不等，部分卷曲朝内再向上生长；部分扭曲呈钩状生长，形如砍柴刀。病枝上的簇生枝与小叶，入冬脱落；次年春季，病枝重新萌发簇生枝与小叶，该病不利于树木的生长。防治应及时截掉病枝，销毁；消除蚜虫、叶蝉等病源传播媒介；使用无毒母株繁殖；使用四环素、土霉素等抗生素注射输液防治。

4.3 槐尺蠖

槐尺蠖又称国槐尺蠖，主要危害国槐的叶。槐尺蠖一年可发3～4代，越冬蛹在4月下旬到5月羽化，第一代幼虫最早出现在5月上旬。成虫白天通常不活动，主要静伏在槐树与灌木丛内，夜间才活动取食、产卵等。卵散产在叶片、叶柄与小枝等部位，卵期达4～10 d，成虫寿命约10 d，而幼虫6龄，受惊后会吐丝下垂。

防治方法：①于每年的4月下旬—5月上旬结合越冬代成虫羽化期具体情况喷洒5 000倍20%灭幼脲1号胶悬剂，可促成虫不育，不产卵，无法正常孵化，幼虫无法正常脱皮终死亡。②因每年的5月上旬—6月下旬，第一、二代幼虫对国槐的危害最严重，所以当百片树叶可发现5～7条幼虫时，则应喷洒1 500倍25%的灭幼脲，进行第一、二代低龄幼虫的防治。③幼虫期，对于大面积的片林可使用白缰菌粉炮（每亩4个，每个0.25 kg）进行生物防治。④结合幼虫受惊后吐丝下垂的习性，适力摇动树苗，促幼虫下垂，并集中杀灭。⑤黑光灯进行成虫诱杀。加强土蜂、麻雀、寄生蜂等天敌的保护，若条件允许还可释放赤眼蜂、卵寄生蜂等天敌。

4.4 叶柄小蛾

属鳞翅目，卷蛾科，也属于危害国槐生长的主要虫害之一，幼虫则为害叶柄基部、嫩梢、花穗等，导致叶片受害后下垂，萎蔫后干枯，遇风脱落，较严重的会使树冠枝梢大面积光秃，不利于国槐的正常生长。

防治方法：①消灭虫源：加强秋冬季园林管理，每年的7月中旬修剪被害小枝，集中销毁。②成虫杀灭：成虫期利用黑光灯、悬挂槐小卷蛾性诱捕器进行诱杀；③化学防治：幼虫危害期用药2 000倍液20%菊杀乳油，或6 000倍液70%艾美乐水分散粒剂喷洒，还能兼治蚜与螨类。

4.5　槐蚜

1年发生多代，以成虫与若虫的形式群集于枝条嫩梢、花序上，遭受严重为害的花序无法开花，甚至会诱发煤污病。通常每年3月上、中旬此虫会大面积繁殖，4月出现有翅蚜、5月初迁飞槐树上为害槐树，5、6月对槐树的为害达顶峰，6月初就开始迁飞到杂草丛生活，8月又重新迁回槐树上为害一段时间，以无翅胎生雌蚜的形式于杂草的根际等位置越冬，少部分以卵越冬。

防治应在蚜虫刚飞至萌芽的树木上繁殖为害时，即刻剪除，避免扩展；蚜虫不太严重时，采用清水冲洗即可；蚜虫为害严重，发生量大，可以喷施1 500倍液1%苦参碱，秋冬喷石硫合剂，清除越冬卵。

4.6　绣色粒肩天牛

两年1代，以幼虫钻蛀的形式进行为害，于每年的3月上旬幼虫开始活动，蛀孔处悬吊天牛幼虫粪便与木屑，受害国槐树势慢慢衰弱，树叶变黄，枝条干枯，情况严重的甚至整株死亡。

防治可采用：①人工杀灭成虫：天牛成虫飞翔力差，受振动易落地，可在每年的6月中旬—7月下旬在夜间于树枝树干上捕杀产卵雌虫；②人工杀卵：每年的7—8月为天牛产卵期，可在树干上查找卵块，将卵击破；③化学方法：选择在每年的6月中旬至7月中旬成虫频繁活动期，使用2 000倍液20%毒氯进行树冠喷洒，间隔15天喷洒1次，持续用药2次，防控效果较好。

5. 采收加工与贮藏

一般按照药典标准，夏季花开放或花蕾形成时采收，除去枝、梗等杂质。有条件的蒸后60～70 ℃烘干可使槐米色泽上佳，若天气晴好亦可蒸后晒干。于遮光、干燥处，密封贮藏。

【药材质量标准】

【性状】槐花皱缩而卷曲，花瓣多散落。完整者花萼钟状，黄绿色，先端5浅裂；花瓣5，黄色或黄白色，1片较大，近圆形，先端微凹，其余4片长圆形。雄蕊10，其中9个基部连合，花丝细长。雌蕊圆柱形，弯曲。体轻。气微，味微苦。

槐米呈卵形或椭圆形，长2～6 mm，直径约2 mm。花萼下部有数条纵纹。萼的上方为黄白色未开放的花瓣。花梗细小。体轻，手捻即碎。气微，味微苦涩。

【鉴别】（1）本品粉末黄绿色。花粉粒类球形或钝三角形，直径14～19 μm。具3个萌发孔。萼片表皮表面观呈多角形；非腺毛1～3细胞，长86～660 μm。气孔不定式，副卫细胞4～8个。草酸钙方晶较多。

（2）取本品粉末0.2 g，加甲醇5 mL，密塞，振摇10 min，滤过，取滤液作为供试品溶液。另取芦丁对照品，加甲醇制成每1 mL含4 mg的溶液，作为对照品溶液。照薄层色谱法（通则0502）试验，吸取上述两种溶液各10 μL，分别点于同一硅胶G薄层板上，以乙酸乙酯-甲酸-水（8∶1∶1）为展开剂，展开，取出，晾干，喷以三氯化铝试液，待乙醇挥干后，置紫外光灯（365 nm）下检视。供试品色谱中，在与对照品色谱相应的位置上，显相同颜色的荧光斑点。

【检查】水分　不得过11.0%（通则0832第二法）。

总灰分　槐花不得过14.0%；槐米不得过9.0%（通则2302）。

酸不溶性灰分　槐花不得过8.0%；槐米不得过3.0%（通则2302）。

【浸出物】按照醇溶性浸出物测定法（通则2201）项下的热浸法测定，用30%甲醇作溶剂，槐花不得少于37.0%；槐米不得少于43.0%。

【含量测定】总黄酮对照品溶液的制备　取芦丁对照品50 mg，精密称定，置25 mL量瓶中，加甲醇适量，置水浴上微热使溶解，放冷，加甲醇至刻度，摇匀。精密量取10 mL，置100 mL量瓶中，加水至刻度，摇匀，即得（每1 mL中含芦丁0.2 mg）。

标准曲线的制备 精密量取对照品溶液1 mL、2 mL、3 mL、4 mL、5 mL与6 mL，分别置25 mL量瓶中，各加水至6.0 mL，加5%亚硝酸钠溶液1 mL，混匀，放置6 min，加10%硝酸铝溶液1 mL，摇匀，放置6 min，加氢氧化钠试液10 mL，再加水至刻度，摇匀，放置15 min，以相应的试剂为空白，照紫外-可见分光光度法（通则0401），在500 nm波长处测定吸光度，以吸光度为纵坐标，浓度为横坐标，绘制标准曲线。

测定法 取本品粗粉约1 g，精密称定，置索氏提取器中，加乙醚适量，加热回流至提取液无色，放冷，弃去乙醚液。再加甲醇90 mL，加热回流至提取液无色，转移至100 mL量瓶中，用甲醇少量洗涤容器，洗液并入同一量瓶中，加甲醇至刻度，摇匀。精密量取10 mL，置100 mL量瓶中，加水至刻度，摇匀。精密量取3 mL，置25 mL量瓶中，照标准曲线制备项下的方法，自"加水至6.0 mL"起，依法测定吸光度，从标准曲线上读出供试品溶液中含芦丁的重量（μg），计算，即得。

本品按干燥品计算，含总黄酮以芦丁（$C_{27}H_{30}O_{16}$）计，槐花不得少于8.0%；槐米不得少于20.0%。

芦丁照高效液相色谱法（通则0512）测定。

色谱条件与系统适用性试验 以十八烷基硅烷键合硅胶为填充剂；以甲醇-1%冰醋酸溶液（32：68）为流动相；检测波长为257 nm。理论板数按芦丁峰计算应不低于2 000。

对照品溶液的制备 取芦丁对照品适量，精密称定，加甲醇制成每1 mL含0.1 mg的溶液，即得。

供试品溶液的制备 取本品粗粉（槐花约0.2 g、槐米约0.1 g），精密称定，置具塞锥形瓶中，精密加入甲醇50 mL，称定重量，超声处理（功率250 W，频率25 kHz）30 min，放冷，再称定重量，用甲醇补足减失的重量，摇匀，滤过。精密量取续滤液2 mL，置10 mL量瓶中，加甲醇至刻度，摇匀，即得。

测定法 分别精密吸取对照品溶液与供试品溶液各10 μL，注入液相色谱仪，测定，即得。

本品按干燥品计算，含芦丁（$C_{27}H_{30}O_{16}$）槐花不得少于6.0%；槐米不得少于15.0%。

【市场前景】

槐的花量很多，是一种优良的蜜源植物，槐花蜜因其独特的风味具有不小的市场。槐花中含有槐二醇、芦丁、维生素A等，可对人毛细血管的功能进行改善，具有止血、清肝泻火等功效。此外，花还可以用于黄色染料的生产。荚果的外果皮可用于馅糖的提取；种子可用于制皂；果实具有降压、止血等疗效。国槐的枝条加水煮沸后对痔疮的治疗效果明显；木材弹性佳、耐湿性好、品质优良，在建筑或家具制造业上有广泛的应用前景。此外。国槐作为蝴蝶槐、龙爪槐（2014年调查显示市场上单株的价格超过100元）等优良园林树种的砧木，取得的经济效益较好。

9. 青钱柳叶

【来源】

本品为胡桃科植物青钱柳*Cyclocarya paliurus*（Batal.）Iljin.的叶，又名青钱李、甜茶树。

【原植物形态】

乔木，高达10～30 m；树皮灰色；枝条黑褐色，具灰黄色皮孔。芽密被锈褐色盾状着生的腺体。奇数羽状复叶长约20 cm（有时达25 cm以上），具7～9（稀5或11）小叶；叶轴密被短毛或有时脱落而成近于无毛；

叶柄长3～5 cm，密被短柔毛或逐渐脱落而无毛；小叶纸质；杞侧生小叶近于对生或互生，具0.5～2 mm长的密被短柔毛的小叶柄，长椭圆状卵形至阔披针形，长5～14 cm，宽2～6 cm，基部歪斜，阔楔形至近圆形，顶端钝或急尖、稀渐尖；顶生小叶具长约1 cm的小叶柄，长椭圆形至长椭圆状披针形，长5～12 cm，宽4～6 cm，基部楔形，顶端钝或急尖；叶缘具锐锯齿，侧脉10～16对，上面被有腺体，仅沿中脉及侧脉有短柔毛，下面网脉显明凸起，被有灰色细小鳞片及盾状着生的黄色腺体，沿中脉和侧脉生短柔毛，侧脉腋内具簇毛。雄性萘蕤花序长7～18 cm，3条或稀2～4条成一束生于长3～5 mm的总梗上，总梗自1年生枝条的叶痕腋内生出；花序轴密被短柔毛及盾状着生的腺体。雄花具长约1 mm的花梗。雌性萘蕤花序单独顶生，花序轴常密被短柔毛，老时毛常脱落而成无毛，在其下端不生雌花的部分常有1长约1 cm的被锈褐色毛的鳞片。果序轴长25～30 cm，无毛或被柔毛。果实扁球形，径约7 mm，果梗长1～3 mm，密被短柔毛，果实中部围有水平方向的径达2.5～6 cm的革质圆盘状翅，顶端具4枚宿存的花被片及花柱，果实及果翅全部被有腺体，在基部及宿存的花柱上则被稀疏的短柔毛。花期4—5月，果期7—9月。

【资源分布及生物学习性】

产于安徽、江苏、浙江、江西、福建、台湾、湖北、湖南、四川、重庆、贵州、广西、广东和云南东南部。模式标本采自浙江宁波。常生长在海拔500～2 500 m的山地湿润的森林、山谷河岸中。树皮鞣质，可提制栲胶，亦可做纤维原料；木材细致，可作家具及工业用材。

【规范化种植技术】

1. 选种与种子处理

应在9—10月，果实黄熟（颜色由青变为黄褐色）后采收。选冠形均匀无病虫害的壮龄母树采收种子，晒干搓去果翅后干燥保存。播种前用多菌灵消毒、清洗后，使用GGR6生根粉500 ppm溶液浸种6 h后阴干。一般于12月底至翌年1月播种。

2. 育苗

2.1 选地整地

选择海拔400～800 m，排水良好、土层深厚肥沃、微酸性沙质壤土为宜；还应避开四处受风的山脊。

整地先清除土地上面的杂草灌木，然后地块深翻，三耕三耙成细土；同时每亩施入基肥复合磷肥100 kg、有机肥100 kg；适量撒硫酸亚铁或辛硫磷防地下害虫。

根据苗圃地形，坡度较大的地形沿等高线设置苗床，较平缓的地形沿南北走向设置苗床。打碎苗床土、平整床面，苗床宽100～110 cm、高30 cm，床间步道宽40 cm，长度视实际情况确定，播种前用多菌灵800倍液对苗床进行消毒。

2.2 播种

将预处理完毕的种子按柱距15～20 cm、行距25～30 cm播种，盖营养土或细土1.5 cm，浇水浇透。播种量2～3 kg/亩。播种后用草帘覆盖苗床，保持苗床湿度。

2.3 田间管理

每隔7 d浇水，但不宜太多，至来年4月揭开草帘，搭遮阳网，隐蔽度75%左右。注意苗床除草做到"除早、除小、除了"尽量不使用除草剂。苗高7～10 cm时间苗，株距15 cm，1年后苗高40～80 cm，可移栽造林。

2.4 追肥

从产生新根起，适当喷施淡薄的叶面肥，补充幼苗营养。可以间隔7～10 d交替喷施0.2%尿素和0.2%磷酸二氢钾水溶液肥，也可结合喷水进行。当80%以上植株已经生根和明显出新芽时，追施易溶氮磷钾混合水肥，浓度从0.5%～1.0%逐步加浓增加，每隔10 d追施1次。进入正常维护后（6月），每隔20 d淋施1次0.3%～0.5%复合肥（15～15～15）水液，施肥后用清水淋洗叶片。9月后停止追肥。

2.5 病虫害防治

青钱柳圃地常见病虫害发生有两种：立枯病和地老虎。

立枯病又称猝倒病。发病期症状又有立枯型和猝倒型。防治立枯病应在雨季及时排水，防止积水，并每两周喷洒0.5%～1%波尔多液或多菌灵等杀菌剂。以防控为主。

地老虎在幼虫发生期间，在晚间可用米糠搅拌药物炒香后撒在圃面床上诱杀或捕杀幼虫。或用50%辛硫磷乳油1 000倍液和99%敌百虫800倍液进行地面喷药，消灭地老虎害虫。

3. 定植造林

3.1 造林选地

青钱柳为深根性落叶乔木，具有很强的萌芽力，喜温暖湿润气候和阳光充足的环境，能耐严寒，适应性强，在南方许多省市均能生长，但其叶用林定向培育能否成功需取决于立地条件，特别是土壤条件。尽管青钱柳在平地、丘陵、山区以及海拔400～1 200 m处的地方均可以生长，但仍以生长在土层深厚、肥沃、湿润的地方最好。因此，造林地宜选择阳坡或半阳坡、坡位在中下部、微酸性（pH值为5.5～6.5）、肥沃、疏松的黄壤或红黄壤、土层厚度为1 m以上的林地，若土层厚度在1.5 m以上生长最佳；若土层过薄，则生长不良。

3.2 造林地整理

造林地需在种植年前秋冬季进行林地清理，保留部分阔叶乔木。尽量采用带垦或挖坑的整地方式，避免全垦。沿等高线挖坑，树坑规格为60 cm×60 cm×40 cm，表土回至坑底，基肥（复合肥0.2 kg/坑或有机肥10 kg/坑）与表土拌匀，底土覆在上面。留坑密度200～400个/亩为宜。

3.3 定植造林

重庆地区选择在冬季小寒之后、立春之前的雨后阴天或晴天进行移栽定植，使用1年生裸苗。起苗时尽量做到随时起苗、随时造林，防止苗木根系风吹日晒，勿大量伤及侧根。在栽植时，将原来的苗在地面上多埋20 cm深，保持根系处于湿润状态，然后把穴面松土垒成面包型，可提高苗木成活率。栽植时苗木两边要脚踩实，穴面土壤要壅成面包型，这样栽植可提高苗木造林成活率，死亡的在第2年春天补植。

3.4 林木管理

苗木栽植后，易杂草丛生，应在造林后当年4—5月要锄草1次，8—9月再锄草1次。锄草后要及时施肥，每穴施复合肥1 kg。一年锄草2次，施肥2次。一般到第三年郁闭丰产。到第4～8年，可每年仅除草1次。

3.5 矮化树型培养

修剪整形要以冠幅最大化为目的，尽量矮化，造林后要及时进行修剪，控制顶端生长，促进侧枝生长，以达到树体矮化、枝多叶多、增加单位面积上青钱柳叶片产量的目的。当苗高达到1 m时开始抹掉顶芽，促发侧枝，树木成林时，树高控制为3～5 m。此外每5～6年截干1次防止树木过高。截干时注意不要损伤下方壮芽，并对截干伤口进行保护，以防伤口处大量失水而抽干。修剪时应注意通风透光，并剪除病虫枝、枯枝等。

4. 采收加工与贮藏

春、夏季采收，洗净，鲜用或及时烘干。制茶的应在春季采摘嫩叶，入药的于盛夏枝叶繁茂时进行。

【药材质量标准】

【性状】小叶片多破碎，完整者宽披针形，长5～14 cm，宽2～6 cm，先端渐尖，基部偏斜，边缘有锯齿，上面灰绿色，下面黄绿色或褐色，有盾状腺体，革质。气清香，味淡。以叶多、色绿、气清香者为佳。

【鉴别】显微鉴别

叶横切面：表皮细胞不规则形。栅栏组织1列细胞。主脉维管束外韧型；中柱鞘纤维呈环状排列。主脉处上、下表皮内方有3～4列厚角组织，薄壁细胞中含草酸钙结晶。

粉末特征：绿褐色。①纤维状石细胞红棕色，直径21～23 μm，壁厚7.8～10 μm。②上表皮细胞不规则形，壁微波状弯曲，直径26～52 μm，壁厚约2.6 μm。③下表皮细胞长多角形，壁平直，厚2.6～3.9 μm，气孔不定式，副卫细胞4～5个。④草酸钙簇晶直径2.6～26 μm。⑤单细胞非腺毛，直径约26 μm，壁厚5.2～7.8 μm。⑥梯纹及网纹导管直径13～52 μm。⑦纤维直径7.8～18.2 μm，壁厚2.6～5.2 μm。

【市场前景】

我国对青钱柳研究起步于20世纪80年代，几十年来，专注于青钱柳的药用与保健功能的开发利用。国内利用青钱柳开发保健品和药物剂型已有20余年历史，近10多年呈突飞猛进之势。近年来，现代医学对青钱柳进行了大量的化学成分分析，以期探明其对人体有益的生理和药理功能。研究表明，青钱柳具有明显的降血糖、降血压、降血脂及抗衰老等多种功效，是很好的天然保健食品资源，因其含有的三萜类化合物具有降血脂作用，被医学界称为"天然胰岛素"。从青钱柳叶中提取出并被命名为青钱柳贰 I 的新糖苷是目前世界上发现的40种具有甜味的天然化合物之一；香豆精和类黄酮具有降血压、扩张冠状动脉和改善血液循环的作用，具有很重要的研究价值，青钱柳也被誉为植物界的大熊猫。

由于天然青钱柳资源匮乏，人工培育将是解决资源供应的有效途径，因此解决青钱柳资源的深度衍生产品研发、提高产品附加值等仍将是今后研究的工作重点。此外青钱柳叶虽作为代茶饮在我国民间已有悠久的历史，但它非山茶科的"别样茶"要让大众接受还需要有足够的信心、耐心和决心。现在虽借助茶叶加工方法开发了多种绿茶、红茶、颗粒茶、粉状冲剂；但其饮茶科学还在不断深入研究，因为青钱柳冲泡的水质、时间、温度对其有效内含物的溶出有着直接影响；要让青钱柳茶为大众市场广泛接受，其力度还远远不够。青钱柳降糖茶产品功能、形态、售价和销售渠道等大有文章可做，任重而道远。

10. 桑叶

【来源】

本品为桑科植物桑*Morus alba* L.的干燥叶。初霜后采收，除去杂质，晒干。中药名：桑叶；别名：铁扇子、蚕叶等。

【原植物形态】

乔木或为灌木，高3～10 m或更高，胸径可达50 cm，树皮厚，灰色，具不规则浅纵裂；冬芽红褐色，卵形，芽鳞覆瓦状排列，灰褐色，有细毛；小枝有细毛。叶卵形或广卵形，长5～15 cm，宽5～12 cm，先端急尖、渐尖或圆钝，基部圆形至浅心形，边缘锯齿粗钝，有时叶为各种分裂，表面鲜绿色，无毛，背面沿脉有疏毛，脉腋有簇毛；叶柄长1.5～5.5 cm，具柔毛；托叶披针形，早落，外面密被细硬毛。花单性，腋生或生于芽鳞腋内，与叶同时生出；雄花序

下垂，长2～3.5 cm，密被白色柔毛，雄花。花被片宽椭圆形，淡绿色。花丝在芽时内折，花药2室，球形至肾形，纵裂；雌花序长1～2 cm，被毛，总花梗长5～10 mm被柔毛，雌花无梗，花被片倒卵形，顶端圆钝，外面和边缘被毛，两侧紧抱子房，无花柱，柱头2裂，内面有乳头状突起。聚花果卵状椭圆形，长1～2.5 cm，成熟时红色或暗紫色。花期4—5月，果期5—8月。

【资源分布及生物学习性】

桑原产我国中部和北部，现分布广泛，东北至哈尔滨、西北至新疆、南至广东、东至台湾、西至云南，都栽培有大量桑树。朝鲜、日本、蒙古、中亚各国、俄罗斯、欧洲等地以及印度、越南亦均有栽培。

喜温暖湿润气候，稍耐阴。海拔1 200 m以下的条件下生长，生长需要大量水分，但不耐涝；适宜在土层厚度50 cm以上、pH值为6.5～7.0（中性偏酸）、肥沃、疏松的壤土或砂壤土中生长。桑树根系发达，可在－10～40 ℃气候条件下生长，耐贫瘠，在盐碱度0.2%的土地上可以存活，抗风力强、适应性广；萌芽力强，耐修剪，寿命长，一般可达数百年，个别可达数千年。

【规范化种植技术】

1. 选择良种

桑树品种超过数百种，应选择种植根系发达，叶、枝、果产量高且品质好的药用桑树品种。目前在我国桑树品种上，优良的桑树品种主要有"特优2号""桂桑优62号""桂桑优12号"等，这三种良种如果杂交在一起优势也是十分明显的，桑树树叶的产量每亩也可以高达3 000 kg，具有桑树枝丫多、生长速度快、桑叶的硬化速度慢、桑叶叶片大、产量大、品质高等特点。

2. 育苗技术

2.1 育苗地选择

壮苗是高产的基础，因此，必须选择土层深厚、土质肥沃、地面平整、阳光充足、近水源且要求前作没有育过桑苗的土地作为苗圃地。

2.2 繁殖方法

2.2.1 种子播种繁殖

播种时期分为春播和秋播，以春播为主。清明前后地温20 ℃时即可播种，最迟在5月下旬前播种结束为好。春播桑苗生长时间长，易长成壮苗，管理比较方便。秋播在秋分前后，由于生长时间短，前期易受旱，因此必须有良好的灌溉条件和精心管理，才能长成壮苗。

播种方法采用撒播法，用种量0.25～1.0 kg/亩，与细泥土拌匀并分成五等份来回均匀撒在畦面上，薄盖一层细土，稍压紧，盖上稻草，淋水使泥土湿润。

2.2.2 桑枝繁殖

（1）桑枝繁殖应选择近根1 m左右的成熟枝条，选穗最好是在12月冬伐时进行，随剪随种，提高成活率，种植办法有垂直法和水平法。

①垂直法：把桑枝剪成16.5 cm（3～4个芽）左右，开好沟后把枝条垂直摆好（芽向上）回土埋住枝条或露一个芽，压实泥，淋足水，保持20 d湿润，用满膜盖，待出芽后去掉薄膜。

②水平埋条法：这是一项新技术，对于无种子的良种最适宜，平整土地后，按规格开好约5 cm深的沟，然后把剪成约66.6 cm长的枝条平摆2条（摆2条是为了保证发芽数）回土约2.7 cm，轻压后淋水，盖薄膜出芽后去掉薄膜。

（2）扦插繁殖选择1年生健壮枝条中下部，按10～15 cm长度（2～3个芽）剪成插条，插条上端在芽顶部0.5 cm处平剪，下端在芽底部的根原基处平剪。用橡皮筋将插条扎成捆，并使插条下端整齐，竖立放置于质量浓度为50 mg/L的吲哚丁酸液中浸泡促进生根，药液浸泡至插条下端约1 cm处，浸泡时间8～10 h。为提高成活率，插条要进行沙藏处理，预先用干净沙子准备好沙床，把浸泡过吲哚丁酸液的插条用清水冲洗干净，竖立均匀放置在沙床中沙藏，保持沙子湿润，经7～10 d大部分插条发根后再移至苗圃地育苗。

2.2.3 嫁接繁殖

选择1年生健壮枝条作接穗，用对应的1年生健康实生苗作砧木，在冬春期桑树未发芽前进行嫁接。嫁接时穗条和砧木应随采随用保持新鲜，以提高成活率。嫁接苗在嫁接后要进行预处理，待伤口愈合稳定后种植到苗圃地，用干净薄膜对嫁接好的苗木进行包扎，以50～70株为1包，置于阴凉处7～10d，其间开包换气1～3次，并保持湿润，待嫁接口愈合后移至苗圃地育苗。

3. 选地整地

土壤的肥沃程度直接影响桑叶质量。因此，应挑选土层厚度超过50 cm、肥沃湿润（有机质含量>1.5%，pH值为6.0～7.5）、年降雨量超过1 000 mm、年均气温为25～35 ℃、排灌容易、交通方便、阳光充足、靠近水源的地方栽培桑树。为使养桑业形成一定的规模，栽培地面积应超过2 hm^2，栽培地不宜靠近化工厂、砖瓦厂。

选择栽培地后，便可进行整地工作。在整地前，必须彻底清除杂草、石砾、根茬、秸秆，再施农家肥37.5～75.0 t/hm^2，然后深翻30～50 cm，最后填回土、腐熟。若土壤酸性较重，可撒施石灰；若土壤黏性重，可撒施砂土。一般在每年11月前进行深翻，整地深翻之后挖穴，规格为60 cm×60 cm×50 cm。

4. 栽培技术

桑树栽植有四边栽植、桑园栽植、间作栽植。每年12月至次年3月，在土温10～12 ℃、土壤含水量70%～80%时栽培桑树苗木，忌在阴雨天栽培。桑树苗木种植前，先剪掉枯萎根、过长根、卷曲根、霉烂根及根部受损部分，并将苗木放进泥浆中浸泡1次（浆根）；栽植时要扶正苗木，使根系舒展、不窝根，轻提苗木，使根系与土壤密切接触；然后将土回填至超过苗木青茎3～5 cm，再埋上细碎表土并踏实，浇足定根水，覆盖地膜；桑树苗木要合理密植，杂交桑栽植株数为6.0万～7.5万株/hm^2，嫁接桑特别是农桑系列栽植密度为3万株/hm^{2}左右。为便于机耕，采取单行种植，行距为90～120 cm，株距为10～15 cm；采取双行种植的，宽行行距为90～120 cm，窄行行距为35～50 cm，株距为13～18 cm。

5. 田间管理

5.1 修剪

种下苗木后，要剪除地面以上16～23 cm的苗木上部，剪口须保持平滑；新芽长至13～16 cm时进行疏芽，每株只保留2～3个长势好、发育强壮的芽；若苗木只长出1个芽，等长到1.2 m高时摘心；桑园1年剪伐2次，即冬伐和夏伐。冬至前后进行冬伐，即留下半年长出的高30～50 cm枝条，剪除枯枝、病枝；夏伐于7月上中旬进行，夏伐为低刈（离地25 cm），也可根刈（平地面剪）。剪伐下来的桑枝中若有害虫及产下的卵或寄生病菌，应搬离桑园焚烧或作其他处理。

5.2 水肥管理

种植后，桑树不能受旱，也不能受涝。水分太多易引起烂根；受旱易影响生长，甚至死亡。灌溉最好在早晨或傍晚进行，以畦面土壤湿润为度，湿润后排除多余的水。排水挖0.3～0.5 m深的沟，如果水分较充足、排水困难的田地，排水沟宜深挖，反之，可以稍浅。

合理施肥，冬施基肥，重施春芽肥，造桑施肥。一般分春、夏、秋、冬4个施肥时期。施肥方法主要是沟施，施后及时盖土，干旱季节施肥后要灌水。叶面追肥用磷酸二氢钾、叶面宝、喷施宝等叶面肥，一般在桑树生产阶段养蚕用叶前15 d以上使用。春施追芽肥，一般应掌握在春发芽之前施入，春季气温比较低，肥料的分解转化过程慢，所以这次肥应以速效、液态氮肥为主，还可混施一些人粪尿。在新梢生长7～10 cm及时重施速效性追肥。夏期追肥，造桑造肥，施用有机肥和无机肥相结合。可分2次施入，即6月中旬1次，7月上旬1次。秋期补肥，及时采取以水带肥，保持土壤湿润。冬施基肥，12月上中旬开沟施肥，肥料以腐熟的有机肥为主。冬肥应选择有机质含量丰富、肥效持久的堆肥、厩肥、沤肥、塘泥等农家土杂肥，不能用速效性肥料。冬季修剪后对树体刷白，方法是用20倍的新鲜石灰水，加入2%食盐，均匀对主干进行刷白处理。增施绿肥，可作桑园绿肥的作物很多，其中常用的有绿豆、豌豆等。结合施绿肥进行深翻压青，可改良土壤，提高肥力，还可消灭土壤害虫。

5.3 病虫害防治

5.3.1 桑树细菌性青枯病

桑树细菌性青枯病由青枯假单胞杆菌引起，通过土壤或苗木嫁接传播，症状为桑树枝条变青变枯、桑叶失水凋萎。

防治方法：一是加强桑园管理，发现桑树病株立即挖除，集中烧毁；二是用生石灰或漂白粉液对病株留下的穴进行消毒；三是每7 d喷洒1次77%可杀得可湿性微粒粉剂500倍液，连喷2～3次。

5.3.2 桑花叶病

3月初发病，4—5月发病高峰期，6月以后生长的桑叶很少发生症状，夏伐后生长的新梢几乎不出现症状。采取冬留长枝的剪伐方式（即留枝条高度30～50 cm），可有效预防花叶病的发生。

5.3.3 桑赤锈病

桑园应连片统一防治。桑园冬伐、夏伐全面清园，清除桑枝、地面落叶。发病初期，发现有病芽叶及时摘除；因为9—10月发病比较严重，所以8月中旬就开始药物防治，即用25%粉锈宁（三唑酮）可湿性粉剂1 000倍液喷洒新梢芽叶，隔7 d喷1次，连续2～3次。

5.3.4 华北蝼蛄

华北蝼蛄对桑树的生长会造成严重的损伤，若虫和成虫会通过对桑树嫩茎和幼苗根的啃咬而导致苗根断开，引发幼苗的死亡。采用中耕、深耕以及使用有机肥料的方法，能够起到一定的防治作用。

5.3.5 桑天牛

桑天牛幼虫对桑树的伤害主要集中于木质部内和皮下，而成虫对桑树的伤害主要集中于输液和树皮表面。桑天牛的防治方法有化学防治：杀螟松乳油；人工防治法：种植人员能够定期对桑树的枝叶生长情况进行检查，及时剪除弱枝叶或者虫枝，并用细铁丝来刺杀隧道内部的幼虫；生物防治：可以利用白僵菌和寄生蜂来进行。

【药材质量标准】

【性状】本品多皱缩、破碎。完整者有柄，叶片展平后呈卵形或宽卵形，长8～15 cm，宽7～13 cm。先端渐尖，基部截形、圆形或心形，边缘有锯齿或钝锯齿，有的不规则分裂。上表面黄绿色或浅黄棕色，有的有小疣状突起；下表面颜色稍浅，叶脉突出，小脉网状，脉上被疏毛，脉基具簇毛。质脆。气微，味淡、微苦涩。

【鉴别】（1）本品粉末黄绿色或黄棕色。上表皮有含钟乳体的大型晶细胞，钟乳体直径47～77 μm。下表皮气孔不定式，副卫细胞4～6个。非腺毛单细胞，长50～230 μm。草酸钙簇晶直径5～16 μm；偶见方晶。

（2）取本品粉末2 g，加石油醚（60～90 ℃）30 mL，加热回流30 min，弃去石油醚液，药渣挥干，加乙醇30 mL，超声处理20 min，滤过，滤液蒸干，残渣加热水10 mL，置60 ℃水浴上搅拌使溶解，滤过，滤液蒸干，残渣加甲醇1 mL使溶解，作为供试品溶液。另取桑叶对照药材2 g，同法制成对照药材溶液。照薄层色谱法（通则0502）试验，吸取上述两种溶液各5 μL，分别点于同一硅胶G薄层板上，以甲苯-乙酸乙酯-甲酸（5∶2∶1）的上层溶液为展开剂，置用展开剂预饱和10 min的展开缸内，展开约至8 cm，取出，晾干，置紫外光灯（365 nm）下检视。供试品色谱中，在与对照药材色谱相应的位置上，显相同颜色的荧光斑点。

【检查】**水分**　不得过15.0%（通则0832第二法）。

总灰分　不得过13.0%（通则2302）。

酸不溶性灰分　不得过4.5%（通则2302）。

【浸出物】按照醇溶性浸出物测定法（通则2201）项下的热浸法测定，用无水乙醇作溶剂，不得少于5.0%。

【含量测定】按照高效液相色谱法（通则0512）测定。

色谱条件与系统适用性试验　以十八烷基硅烷键合硅胶为填充剂；以甲醇为流动相A，以0.5%磷酸溶液为流动相B，按下表中的规定进行梯度洗脱；检测波长为358 nm。理论板数按芦丁峰计算应不低于5 000。

时间/min	流动相A/%	流动相B/%
0～5	30	70
5～10	30～35	70～65
10～15	35～40	65～60
15～18	40～50	60～50

对照品溶液的制备　取芦丁对照品适量，精密称定，用甲醇制成每1 mL含0.1 mg的溶液，即得。

供试品溶液的制备　取本品粉末（过三号筛）约1 g，精密称定，置圆底烧瓶中，加甲醇50 mL，加热回流30 min，滤过，滤渣再用甲醇50 mL，同法提取2次，合并滤液，减压回收溶剂，残渣用甲醇溶解，转移至25 mL量瓶中，加甲醇至刻度，摇匀，滤过，取续滤液，即得。

测定法　分别精密吸取对照品溶液与供试品溶液各10 μL，注入液相色谱仪，测定，即得。本品按干燥品计算，含芦丁（$C_{27}H_{30}O_{16}$）不得少于0.10%。

【市场前景】

桑叶性寒，味甘苦，主要功效为清肺润燥、疏散风热、清肝明目，传统中医药理论将桑叶称作是"神仙叶"，自古以来在中医临床中桑叶均为常用中药。早在《本草纲目》中就有记载："桑叶乃手足阳明之药，汁煎代茗，能止消渴，名目长发"。经现代药理和研究结果证实，桑叶能够产生十分显著的降血糖、降血脂、延年益寿、清除氧自由基、抗炎以及抗病毒等效果，以上诸多药理作用对于防治人体慢性疾病诸如糖尿病、高血压、动脉粥样硬化以及肥胖症等现代病以及延年益寿等均存在十分显著的相关性。此外，桑叶还可以作为功能性食品，得到广泛的应用。

11. 枇杷叶

【来源】

本品为蔷薇科植物枇杷*Eriobotrya japonica*（Thunb.）Lindl.的干燥叶，又称卢桔叶。

【原植物形态】

常绿小乔木，高可达10 m；小枝粗壮，黄褐色，密生锈色或灰棕色绒毛。叶片革质，披针形、倒披针形、倒卵形或椭圆长圆形，长12～30 cm，宽3～9 cm，先端急尖或渐尖，基部楔形或渐狭成叶柄，上部边缘有疏锯齿，基部全缘，上面光亮，多皱，下面密生灰棕色绒毛，侧脉11～21对；叶柄短或几无柄，长6～10 mm，有灰棕色绒毛；托叶钻形，长1～1.5 cm，先端急尖，有毛。圆锥花序顶生，长10～19 cm，具多花；总花梗和花梗密生锈色绒毛；花梗长2～8 mm；苞片钻形，长2～5 mm，密生锈色绒毛；花直径12～20 mm；萼筒浅杯状，长4～5 mm，萼片三角卵形，长2～3 mm，先端急尖，萼筒及萼片外面有锈色绒毛；花瓣白色，长圆形或卵形，长5～9 mm，宽4～6 mm，基部具爪，有锈色绒毛；雄蕊20，远短于花瓣，花丝基部扩展；花柱5，离生，柱头头状，无毛，子房顶端有锈色柔毛，5室，每室有2胚珠。果实球形或长圆形，直径2～5 cm，黄色或橘黄色，外有锈色柔毛，不久脱落；种子1～5，球形或扁球形，直径1～1.5 cm，褐色，光亮，种皮纸质。花期10—12月，果期5—6月。

【资源分布及生物学习性】

产于甘肃、陕西、河南、江苏、安徽、浙江、江西、湖北、湖南、四川、重庆、云南、贵州、广西、广东、福建、台湾。各地广行栽培，四川、湖北有野生者。日本、印度、越南、缅甸、泰国、印度尼西亚也有栽培。枇杷原产于亚热带，为常绿果树，喜光、喜潮湿，耐寒性一般，生于年平均温度12～15 ℃，冬季不低于 - 6 ℃，年降雨量1 000 mm以上的地区。

【规范化种植技术】

本书介绍以收获枇杷果实为主，兼收获枇杷叶入药的常规枇杷品种栽培技术。主要涉及采收枇杷叶的相关栽培操作。

1. 选地整地

1.1 选地

选择坡度在20°以下的山地、丘陵、缓坡或平地建园；不宜在风口、北坡、西北坡建园。选土层深厚、土质疏松、透气性良好、不易积水且地下水位低于1.0 m以下的排水良好的壤土、砂壤土或砾质壤土；pH值为5.5～6.5；有机质宜在2%以上的土壤。

1.2 灌排水

园间有条件的均匀埋设灌溉管道，接通蓄水池或水渠。平地果园四周挖深、宽各1 m的排洪沟，果园内设若干条0.3 ～ 0.4 m宽、0.5 m深的排水沟，并与排洪沟相连。坡地果园上方挖一条等高排洪沟（兼蓄水用），沟深宽各1.0 m，在排洪沟的两端和中部设数条纵向排水沟，并采用逐级跌落的形式，每级梯田应用砖、水泥砌跌水设施。

1.3 整地

平地将局部高低处推平。5°以下坡地将局部高低不平处填平；5°～10°坡地应筑等高台地，上下台地高差0.5～0.7 m，台高应向内侧倾角2°左右；10°～20°坡地应筑等高梯田，梯田面宽2.5 m以上，外缘设拦水土埂，内缘设排水沟与排水纵沟相连。

1.4 定植开沟或挖坑

平地定植沟深、宽各0.6～0.8 m；坡地定植沟深、宽各1.0 m。平地定植坑深、宽各0.8～1.0 m；坡地定植坑深、宽各1.0 m。将农家肥、石灰及土混合后填入沟或坑内，填至沟或坑的4/5左右，然后将农家肥、磷肥、石灰与土混合填至高出地面20 cm，再将碎土盖面10 cm，土盘应比地面高出20～30 cm。开沟或挖坑在定植前1～2月完成。每立方米体积的沟或坑放土杂肥25～30 kg，农家肥30～40 kg，钙镁磷肥或过磷酸钙1 kg，石灰0.5 kg。肥料应混合堆沤腐熟后施下。

2. 定植

2.1 定植时间

重庆丘陵地区多在秋季9—10月枇杷秋梢老熟后进行。有灌溉条件的也可于2—4月，春梢萌发前完成定植。

2.2 苗木要求

选用嫁接口愈合良好，生长健壮，根系完整，接穗部分高度在30 cm以上、接口上方3 cm处直径0.7 cm以上、高0.8 m以上、分枝3个以上的嫁接苗；砧木以本地枇杷实生苗为宜。

2.3 苗木处理

剪去过长主根、受伤的根、嫩梢、受伤的枝叶；如果种植时天气晴朗且气温较高，应对中上部叶片剪去其全叶的1/3～2/3或剪去总叶量的1/3～1/2，然后用新鲜黄泥浆浆根。

2.4 栽植

在定植沟或坑正上方挖好定植穴，将苗木垂直种入，根系自然展开，然后回土压实，再往上轻轻提拉，盖上少量细土，使根颈高于地面2～3 cm。种植完毕立即淋足定根水，在树周围做一直径约为1.0 m的树盘，用草覆盖树盘，植后10 d内遇晴天应隔3 d淋水1次。

3. 田间管理

3.1 扩坑盘穴

定植当年开始，对定植坑以外的深层土壤进行改良。一般结合施重肥和翻压绿肥在夏季、冬季进行，提倡挖坑长1.0 m，宽0.5 m，深0.6 m。幼年树在坑周围进行，成年结果树以树冠滴水线为中线进行，每年轮换方位。每坑放绿肥或土杂肥20～30 kg，腐熟厩肥15～20 kg或鸡粪5～8 kg，石灰1 kg，磷肥1～2 kg，饼肥1～2 kg。

3.2 中耕松土

每年1～2次，第一次结合夏季扩坑深翻一次；第二次在冬季进行，翻土深度15～20 cm。

3.3 行间管理

封行前行间空地间种豆科作物等绿肥，开花结实时开沟翻埋土中或盖于树盘；自然生草则在行间当草高达到30 cm以上时，人工或机器割草一次，草留3～5 cm高。草太多时可适当使用克芜踪等低毒除草剂。在秋旱前用薄膜、绿肥、秸秆、杂草或稻草覆盖树盘。

3.4 施肥

3.4.1 幼树施肥

每次梢前10～15 d和嫩梢展叶后各施肥一次。将肥料溶于水后施入或开浅沟施入，也可与腐熟人畜粪尿或沼气液渣配合施入。全年1 hm²施入纯氮2 kg、五氧化二磷15 kg、氧化钾35 kg，梢前以氮为主，展叶后以钾为主；每年株施腐熟稀人畜粪尿（浓度为15%～25%）或沼液15～20 kg。此外幼年树可在每次梢期喷药时加入复合肥0.3%～0.4%喷施根外进行追肥。

3.4.2 成年树施肥

以每亩1 000 kg的枇杷果产量为基准。每亩施纯氮11 kg，五氧化二磷9 kg，氧化钾12 kg。使用复合肥时，按相应比例换算。在采果后施用全年用量40%～50%的采果肥；采叶后可根外适量喷施液体肥：磷酸二氢钾0.2%～0.3%，尿素0.2%～0.3%，硼砂0.1%～0.2%。

3.5 灌排水

在3—4月幼果发育期和9—10月形成花穗期应及时灌水。有条件的可采用滴灌或喷灌。雨天及时排水，避免果园积水。

4. 整形修剪

4.1 整形

自然开心形：无中心主干，干高40～60 cm，留3～4个主枝，每主枝上再配3～4个副主枝。

双层圆头形：双层结构，层间相距50～80 cm。主干高40～60 cm，第一年留3～4个主枝拉成与主干成40°～50°，第二年选留副主枝2～3个，中心干截顶。

4.2 抹芽

抹除主干、主枝上弱芽、徒长芽，每基枝可留方向向外、健壮分布均匀的芽3～5个。

4.3 修剪

幼年树：

在发芽时疏除位置不合适、不健壮的芽。按整形的需要，借助竹竿、木棍或绳子采取撑、拉、吊改变枝条方向或加大角度。除让主枝保持预定角度生长外，对其余枝梢均在7月新梢停止生长时对其扭梢、拿梢，使枝条适当开张。对过密枝适当疏枝。

成年结果树：

春季修剪在2—3月结合疏果进行，疏除衰弱枝、密生枝、徒长枝、枯枝。在盛产期后，对树体中上部过密的1～2个大枝进行疏枝。对部分老枝短剪或回缩。

夏季修剪在5—6月采果后进行，疏除密生枝、纤弱枝、病虫枝，对已结果的有叶结果枝短剪，疏除无叶结果桩或结果枝果轴，对一些结果老枝作回缩处理。对过高的植株回缩中心干，落头开心；对部分外移的主枝进行回缩，行间保持80～100 cm的距离。夏梢抽出后对过多侧枝及时疏去，每条主梢只留侧梢1～3条。

5. 主要病虫害防治

5.1 叶斑病

选择抗病品种，增强树势，改善植株和果园通风透光条件，做好冬、夏清园和消毒工作，烧毁病残叶；在每次新梢叶片长到一半时，开始喷药保护叶片，喷两次，间隔10～15 d。可交替选用下列药剂：70%甲基硫菌灵（甲基托布津）可湿性粉剂80倍～100倍液，或40%氟硅唑（福星）乳油8 000倍～9 000倍液，或75%百菌清可湿性粉剂500倍～800倍液，或0.5%～0.6%等量式波尔多液。

5.2 炭疽病

加强果园排水，增施钾肥；剪除病叶、拔除病苗集中深埋或烧毁。在果实着色前一个月，喷洒1～2次。可选用的药剂有：0.5%～0.6%等量式波尔多液，或70%甲基硫菌灵（甲基托布津）可湿性粉剂800～1 000倍液，或50%多菌灵可湿性粉剂500～800倍液，或70%氢氧化铜（可杀得）悬浮剂800倍液，或50%咪鲜胺+氯化锰（施保功）可湿性粉剂2 000倍液。

5.3　胡麻叶斑病

早春及时清除病株、病叶并烧毁，做好夏季清园工作。在发病前和发病初期喷药防治。可选用的药剂有：80%代森锰锌可湿性粉剂800倍液，或70%氢氧化铜（可杀得）可湿性粉剂800倍液，或50%咪鲜胺+氯化锰（施保功）可湿性粉剂2 000倍液，或20%丙环唑（敌力脱）乳油3 000倍液。

5.4　轮纹病

做好清园工作，剪除病叶、枯枝并集中烧毁。在夏、秋梢展叶期喷药保护，隔7～10 d喷一次，连续2～3次。可选用的药剂有50%咪鲜胺+氯化锰（施保功）可湿性粉剂2 000倍液，或20%丙环唑乳油3 000倍液，或80%代森锰锌可湿性粉剂800倍液。

5.5　枇杷瘤蛾

冬季清园，深翻园土，刮、刷树皮并涂白。人工捕杀或黑光灯诱杀。在每次新梢期，幼虫初发期喷药2～3次，间隔5～7 d。药剂可选用：2.5%鱼藤精500倍液，或10%氟虫脲（卡死克）乳油1 000倍液，或1.8%齐满素乳油2 000倍液。

5.6　黄毛虫

做好冬、夏季清园，刮刷涂白树干；可人工捕杀幼虫或黑光灯诱杀成虫；有针对性地释放寄生蜂类天敌；幼虫大量发生时，可选用20%杀灭菊酯4 000倍液，或25%灭幼脲（灭幼脲3号）1 500倍液，隔5 d一次，连续2～3次。

5.7　天牛

早晨或黄昏时人工捕杀成虫，用细铁丝钩杀幼虫及其粪便，或往虫孔里入蘸有20倍液的杀灭菊酯棉球。

【药材质量标准】

【性状】本品呈长圆形或倒卵形，长12～30 cm，宽4～9 cm。先端尖，基部楔形，边缘有疏锯齿，近基部全缘。上表面灰绿色、黄棕色或红棕色，较光滑；下表面密被黄色绒毛，主脉于下表面显著突起，侧脉羽状；叶柄极短，被棕黄色绒毛。革质而脆，易折断。气微，味微苦。

【鉴别】（1）本品横切面：上表皮细胞扁方形，外被厚角质层；下表皮有多数单细胞非腺毛，常弯曲，近主脉处多弯成人字形，气孔可见。栅栏组织为3～4列细胞，海绵组织疏松，均含草酸钙方晶和簇晶。主脉维管束外韧型，近环状；束鞘纤维束排列成不连续的环，壁木化，其周围薄壁细胞含草酸钙方晶，形成晶纤维；薄壁组织中散有黏液细胞，并含草酸钙方晶。

（2）取本品粉末1 g，加甲醇20 mL，超声处理20 min，滤过，滤液蒸干，残渣加甲醇5 mL使溶解，作为供试品溶液。另取枇杷叶对照药材1 g，同法制成对照药材溶液。再取熊果酸对照品，加甲醇制成每1 mL含1 mg的溶液，作为对照品溶液。照薄层色谱法（通则0502）试验，吸取上述3种溶液各1 μL，分别点于同一硅胶G薄层板上，以甲苯-丙酮（5∶1）为展开剂，展开，取出，晾干，喷以10%硫酸乙醇溶液，在105 ℃加热至斑点显色清晰。供试品色谱中，在与对照药材色谱和对照品色谱相应的位置上，显相同颜色的斑点。

【检查】**水分**　不得过13.0%（通则0832第二法）。

总灰分　不得过9.0%（通则2302）。

【浸出物】按照醇溶性浸出物测定法（通则2201）项下的热浸法测定，用75%乙醇作溶剂，不得少于18.0%。

【含量测定】按照高效液相色谱法（通则0512）测定。

色谱条件与系统适用性试验　以十八烷基硅烷键合硅胶为填充剂；以乙腈-甲醇-0.5%醋酸铵溶液

（67∶12∶21）为流动相；检测波长为210 nm。理论板数按熊果酸峰计算应不低于5 000。

对照品溶液的制备　取齐墩果酸对照品、熊果酸对照品适量，精密称定，加乙醇制成每1 mL含齐墩果酸50 μg、熊果酸0.2 mg的混合溶液，即得。

供试品溶液的制备　取本品粗粉约1 g，精密称定，置具塞锥形瓶中，精密加入乙醇50 mL，称定重量，超声处理（功率250 W，频率50 kHz）30 min，放冷，再称定重量，加乙醇补足减失的重量，摇匀，滤过，取续滤液，即得。

测定法　分别精密吸取对照品溶液与供试品溶液各10 μL，注入液相色谱仪，测定，即得。

本品按干燥品计算，含齐墩果酸（$C_{30}H_{48}O_3$）和熊果酸（$C_{30}H_{48}O_3$）的总量不得少于0.70%。

【市场前景】

枇杷叶具有清肺止咳，降逆止呕的功效。临床常用于肺热咳嗽、气逆喘急、胃热呕逆、炽热口渴等症，疗效确切。果实是重要的水果，合理规划种植，综合利用，具有重要的经济价值。

12. 巫山淫羊藿

【来源】

本品为小檗科植物巫山淫羊藿*Epimedium wushanense* T. S. Ying的干燥叶。夏、秋季茎叶茂盛时采收，除去杂质，晒干或明干。中药名：巫山淫羊藿；别名：千两金、干鸡筋。

【原植物形态】

多年生常绿草本，植株高50～80 cm。根状茎结节状，粗短，质地坚硬，表面被褐色鳞片，多须根。一回三出复叶基生和茎生，具长柄，小叶3枚；小叶具柄，叶片革质，披针形至狭披针形，长9～23 cm，宽1.8～4.5 cm，先端渐尖或长渐尖，边缘具刺齿，基部心形，顶生小叶基部具均等的圆形裂片，侧生小叶基部的裂片偏斜，内边裂片小，圆形，外边裂片大，三角形，渐尖，上面无毛，背面被绵毛或秃净，叶缘具刺锯齿；花茎具2枚对生叶。圆锥花序顶生，长15～30 cm，偶达50 cm，具多数花朵，序轴无毛；花梗长1～2 cm，疏被腺毛或无毛；花淡黄色，直径达3.5 cm；萼片2轮，外萼片近圆形，长2～5 mm，宽1.5～3 mm，内萼片阔椭圆形，长3～15 mm，宽1.5～8 mm，先端钝；花瓣呈角状距，淡黄色，向内弯曲，基部浅杯状，有时基部带紫色，长0.6～2 cm；雄蕊长约5 mm，花丝长约1 mm，花药长约4 mm，瓣裂，裂片外卷；雌蕊长约5 mm，子房斜圆柱状，有长花柱，含胚珠10～12枚。蒴果长约1.5 cm，宿存花柱喙状。花期4—5月，果期5—6月。

【资源分布及生物学习性】

产于四川、贵州、湖北、重庆、广西。生于林下、灌丛中、草丛中或石缝中。生长于海拔300～1 700 m的林下、灌丛中、草丛中或石缝中。在年平均气温12 ℃，1月平均温度在2.9 ℃以上，年平均年总积温高于3 000 ℃，无霜期在270 d以上。年平均日照1 200～1 500 h。水分：年平均降水量达1 000 mm，生长期相对湿度为70%～90%。生长于壤土、砂壤土为佳，富含腐殖质和有机质，保水保肥性能良好。

【规范化种植技术】

1. 选种及育苗地处理

选种及种苗处理选阴天采挖多年生野生巫山淫羊藿健壮植株，按地下横走茎的自然生长状态及萌芽情况分株与分级。每株带2～3苗或1～2芽，剪去地上部分，留长5～10 cm；剪去过长的须根，留长3～5 cm；去掉干枯枝叶，捆成小束（把）备用待种。在分株过程中，应视每株地下根茎的发育状况进行分株，不可强分，以免伤根，否则不利于实生苗植株的萌发。

从巫山淫羊藿的根茎育苗圃选取种苗时，当植株长到10～13 cm则可起苗，再同上法进行种苗处理后供移栽定植；所选的种苗亦应做到去弱留强，去病留健。种苗采回后，应及时处理与定植移栽；如不能及时处理与移栽定植，应假植或放于阴湿处保存。

2. 整地

于9—10月整地，精耕细耙，深翻20～30 cm，并结合整地，每公顷施底肥1.5万～4.5万 kg有机肥，以加速土壤的培肥熟化。底肥也可在种植时点施或沟施。耙细整平作畦，畦宽1.m²，高20 cm，畦间作业道30 cm，四周开好排水沟，不同品种间须设隔离带。如果选地裸露，无遮阴条件，可间作高秆作物如玉米或其他木本药材，为淫羊藿生长创造阴湿条件。如果所择基地为坡地、生荒地，整地时宜先割去杂草，集中堆沤，留乔木和灌木，以作遮阴条件。耕作时，须严格等高耕作。

3. 移栽定植

移栽定植时间为10月下旬—翌春3月下旬，在巫山淫羊藿的地下块茎处于近萌芽时移栽定植。其移栽定植方法可采用沟植或窝植，行株距20 cm×（20～25）cm，深10～15 cm，每公顷下种量为120～150 kg，每公顷9万～12万窝，每公顷施底肥量3万 kg。如果肥料采用点施，种植时应将肥料与土壤充分拌匀后种植，切忌将植株直接栽种于肥料上。定植时应将其根系伸展，以免"压根"影响根的伸展和子芽的萌发。覆土

5 cm压紧，使根系与土壤充分接触，以利于萌发。种后浇足定根水。移栽定植时，若有余苗（或有余剪下的根茎），可植于阴湿、富含腐殖质的地块，以备种植补苗用。从起苗到移栽定植的时间，以不超过7 d为宜。

4.田间管理

补苗 翌春2—3月出苗后，若发现死苗、弱苗、病苗应及时拔除，选阴天补苗种植，以保证基本苗数。

搭棚遮阴 无自然遮阴条件的地块，应搭棚遮阴，使照度达2 000～2 300 lx为好。高棚1.8～2.0 m，矮棚1～2 m。林下种植，应对树枝作适当修剪，以合理调节其透光度。

中耕除草 视草情、土壤墒情，适时除草中耕，以疏松土壤，除去杂草。但对于无遮阴条件的裸露地，也可利用部分高草作为淫羊蓝苗的遮阴条件。

灌溉 阴湿是淫羊藿生长的必要条件，尤其是出苗后的1个月，是促进苗生长的关键时期，应适时灌溉，保证阴湿；雨后，如地面积水严重，应及时开沟防渍。

追肥 幼苗出土后的一个月是巫山淫羊藿

或粗毛淫羊藿生长的关键时期，应结合灌溉、松土，及时追施提苗肥：每公顷施1.5万 kg腐熟的人畜粪水或适量饼肥。收割后每公顷施1.5万～4.5万 kg有机肥如堆肥、土杂肥或人畜粪水等，以补充土壤营养的消耗。

冬季管理 清园是冬季管理的主要工作，将园中枯枝落叶清除，集中堆沤或烧毁，以减少病虫害的发生。

5.病虫害防治

目前，巫山淫羊藿病虫害发生较少，仅偶见小甲虫和煤污病发生；可采用农业综合防治法，以提高植株的抗逆性，减少其病虫害的发生。

【药材质量标准】

【性状】本品为三出复叶，小叶片披针形至狭披针形，长9～23 cm，宽1.8～4.5 cm，先端渐尖或长渐尖，边缘具刺齿，侧生小叶基部的裂片偏斜，内边裂片小，圆形，外边裂片大，三角形，渐尖。下表面被绵毛或秃净。近革质。气微，味微苦。

【鉴别】取本品粉末0.5 g，加乙醇10 mL，温浸30 min，滤过，滤液蒸干，残渣加乙醇1 mL使溶解，作为供试品溶液。照薄层色谱法（通则0502）试验，吸取上述供试品溶液和［含量测定］项下的对照品溶液各10 μL，分别点于同一硅胶G薄层板上，以三氯甲烷-甲醇-水（3：1：0.1）为展开剂，展开，取出，晾干，喷以三氯化铝试液，在105 ℃加热5 min，置紫外光灯（365 nm）下检视。供试品色谱中，在与对照品色谱相应的位置上，显相同的黄绿色荧光斑点。

【检查】**杂质** 不得过3%（通则2301）。

水分 不得过12.0%（通则0832第二法）。

总灰分 不得过8.0%（通则2302）。

【浸出物】按照醇溶性浸出物测定法（通则2201）项下的冷浸法测定，用稀乙醇作溶剂，不得少于15.0%。

【含量测定】根据高效液相色谱法（通则0512）测定。

色谱条件与系统适用性 试验以十八烷基硅烷键合硅胶为填充剂；以乙腈为流动相A，以水为流动相B，按下表中的规定进行梯度洗脱；检测波长为270 nm。理论板数按朝藿定C峰计算应不低于2 000。

时间/min	流动相A/%	流动相B/%
0～5	30	70
5～30	30～27	70～73

对照品溶液的制备 取按朝藿定C对照品适量，精密称定，加甲醇制成每1 mL含0.1 mg的溶液，即得。

供试品溶液的制备 取本品粉末（过三号筛）约0.2 g，精密称定，置具塞锥形瓶中，精密加入70%乙醇50 mL，称定重量，超声处理（功率300 W，频率25 kHz）30 min，放冷，再称定重量，用70%乙醇补足减失的重量，摇匀，滤过，取续滤液，即得。

测定法 分别精密吸取对照品溶液与供试品溶液各10 μL，注入液相色谱仪，测定，即得。

本品按干燥品计算，含朝藿定C（$C_{39}H_{50}O_{19}$）不得少于1.0%。

【市场前景】

巫山淫羊藿是我国传统的药用植物，已有2 000多年的用药历史。其味辛、甘，性温，归肝、肾二经，具有补肝肾、强筋骨、祛风湿的功效，常用于阳痿遗精、筋骨痿软、风湿痹痛、麻木拘挛等症。现代研究表明巫山淫羊藿有明显的生理活性和药理作用，具有很大的开发价值。

13. 芦荟

【来源】

本品为百合科植物库拉索芦荟*Aloe barbadmsis* Miller、好望角芦荟*Aloe ferox* Miller或其他同属近缘植物叶的汁液。浓缩干燥物。前者习称"老芦荟"，后者习称"新芦荟"。中药名：芦荟；别名：卢会、讷会、象胆、奴会、劳伟。

【原植物形态】

茎较短。叶近簇生或稍二列（幼小植株），肥厚多汁，条状披针形，粉绿色，长15～35 cm，基部宽4～5 cm，顶端有几个小齿，边缘疏生刺状小齿。花葶高60～90 cm，不分枝或有时稍分枝；总状花序具几十朵花；苞片近披针形，先端锐尖；花点垂，稀疏排列，淡黄色而有红斑；花被长约2.5 cm，裂片先端稍外弯；雄蕊与花被近等长或略长，花柱明显伸出花被外。

【资源分布及生物学习性】

原产非洲北部，分布于南美洲的西印度群岛广泛栽培。我国亦有栽培。南方各省区和温室常见栽培。

芦荟喜温暖耐高温，怕寒冷，在气温5 ℃左右生长停止，在－1 ℃时植株开始受冻，我国有霜冻的地区需采用大棚保护地栽培；喜光耐旱，不耐阴，忌积水；喜疏松肥沃、排水良好、富含有机质的沙土，忌重黏土，在干旱、贫瘠的土壤能正常生长，但产量低。

【规范化种植技术】

1. 品种选择

芦荟属品种繁多，各品种的形状和性质差别很大，有高大如树木，有小如3 cm高的小草，它们当中大都用于观赏栽培，只有小部分为有食用和药用价值。目前用于药用的主要是库拉索芦荟和好望角芦荟。

2. 选地整地

要选择排水良好、土质肥沃、疏松砂壤土栽培，过湿过黏的土壤易致病虫害，山地可移栽，一般在春分至清明期间移栽最佳。将准备好的分株苗、将出圃的芽插或种子繁殖苗按行株距（50～60）cm×（30～40）cm种植。施足基肥，每亩施腐熟有机肥2 500 kg叶菜类复混肥100 kg。

3. 繁殖方法

3.1 扦插繁殖

芦荟的吸芽、顶芽、侧芽和茎都可作扦插材料。插前准备好插床，土壤以疏松的沙质土为好。采集扦插材料时，要求吸芽长度在2.5 cm以上、顶芽带一段木质化的老茎。扦插材料要充分晾干后才进行扦插，株行距（10～15）cm×（15～20）cm。插后不可立即浇水，一般应在2周后开始淋水。

3.2 分株繁殖

当芦荟的分蘗株长至10～15 cm时，将其切离母株，移植于圃地。移植1个月后开始浇水，浇水量不宜太多。

3.3 组织培养繁殖

取茎尖半木质化组织进行培养，茎细胞经诱导长根萌芽成苗。采用此法培育种苗种植，鲜叶产量高，质量好。

3.4 种子繁殖

芦荟长到3～4年，即可开花结籽，种子很小，表面长满茸毛，种子收成后，应立即播种，否则难以发芽。生产上少用种子繁殖，培育优良新品种时有采用。

4. 田间管理

4.1 水肥管理

定植后，在新根未长出前不要连续浇水。一般在气温较高的夏季5 d左右给一水，冬季室温较低时7 d左右给一水。芦荟可以不追肥，但适当追肥可促进芦荟生长，增加叶厚。一般以每亩施复合肥25～30 kg，采叶前追肥1次。采叶后施1次矿物肥，要考虑各元素的协调平衡。

4.2 中耕除草

芦荟成活后，要根据田间土壤的硬度进行适当的浅耕和中耕，以松散植物周围的土块，满足根对氧气的需求，同时配合松土进行除草，不宜用除草剂。小苗生长前以拔草为主，以免伤须根。每年一般进行2～3次除草松土，中耕深度应随植株长大而逐渐加深。

4.3 病虫害防治

4.3.1 炭疽病

主要为害叶片，致叶片腐烂。严重时病斑累累，严重影响产量和加工后产品质量。喷施30%氧氯化铜悬浮剂600倍液，或45%炭轮快克可湿性粉剂600倍液。

4.3.2 虫害

由于芦荟的上下表皮具有角质层，所以很少发生虫害。若发现虫害，如蚜虫、红蜘蛛、介壳虫、棉铃虫之类，可喷清水冲洗，或用植物性农药如藜芦碱纯溶液800～1 000倍喷雾。

【药材质量标准】

【性状】库拉索芦荟呈不规则块状，常破裂为多角形，大小不一。表面呈暗红褐色或深褐色，无光泽。体轻，质硬，不易破碎，断面粗糙或显麻纹。富吸湿性。有特殊臭气，味极苦。

好望角芦荟表面呈暗褐色，略显绿色，有光泽。体轻，质松，易碎，断面玻璃样而有层纹。

【鉴别】（1）取本品粉末0.5 g，加水50 mL，振摇，滤过，取滤液5 mL加硼砂0.2 g，加热使溶解，取溶液数滴，加水30 mL，摇匀，显绿色荧光，置紫外光灯（365 nm）下观察，显亮黄色荧光；再取滤液2 mL，加硝酸2 mL，摇匀，库拉索芦荟显棕红色，好望角芦荟显黄绿色；再取滤液2 mL，加等量饱和溴水，生成黄色沉淀。

（2）取本品粉末0.5 g，加甲醇20 mL置水浴上加热至沸，振摇数分钟，滤过，滤液作为供试品溶液。另取芦荟苷对照品，加甲醇制成每1 mL含5 mg的溶液，作为对照品溶液。照薄层色谱法（通则0502）试验，吸取上述两种溶液各5 μL，分别点于同一硅胶G薄层板上，以乙酸乙-甲醇-水（100∶17∶13）为展开剂，展开，取出，晾干，喷以10%氢氧化钾甲醇溶液，置紫外光灯（365 nm）下检视。供试品色谱中，在与对照品色谱相应的位置上，显相同颜色的荧光斑点。

【检查】水分　不得过12，0%（通则0832第二法）。

总灰分　不得过4.0%（通则2302）。

【含量测定】按照高效液相色谱法（通则0512）测定。

色谱条件与系统适用性试验　以十八烷基硅烷键合硅胶为填充剂；以乙腈-水（25∶75）为流动相；检测波长为355 nm。理论板数按芦荟苷峰计算应不低于2 000。

对照品溶液的制备　取芦荟苷对照品适量，精密称定，加甲醇制成每1 mL含0.2 mg的溶液，即得。

供试品溶液的制备 取库拉索芦荟粉末（过五号筛）约0.1 g（或好望角芦荟粉末约0.2 g），精密称定，置100 mL量瓶中，加入甲醇适量，超声处理（功率250 W，频率33 kHz）30 min，放冷，加甲醇稀释至刻度，摇匀，滤过，取续滤液，即得。

测定法 分别精密吸取对照品溶液与供试品溶液各10 μL，注入液相色谱仪，测定，即得。

本品按干燥品计算，含芦荟苷（$C_{21}H_{22}O_9$）库拉索芦荟不得少于16.0%，好望角芦荟不得少于6.0%。

【市场前景】

在我国芦荟作为药用始见于宋《开宝本草》。《四百味》将前沐汉寸芦荟的应用，概括为"芦荟气寒、杀虫消疮，瘫痛惊搐，服之立安"。在国外，芦荟在第二次世界大战之后就被广泛地作为药用植物大面积种植。芦荟在药用上，内服可治疗高血压、脑中风、糖尿病、肝脏病、肾炎、便秘等23种疾病，外用可治疗扭伤、烫伤、神经痛、风湿痛、中耳炎、牙痛、水疮等26种外科病。目前已广泛应用于保健、医药、美容等产品生产，而且种植芦荟技术简单，见效快，经济效益高。发展荟芦生产具有较好的市场前景和经济效益。随着芦荟的神奇作用不断地被发现，传统医学界对芦荟功能的重视与日俱增，芦荟的经济潜力将得到充分的挖掘，其发展前景十分广阔。

第五章 果实种子类药材

1. 吴茱萸

【来源】

本品为芸香科植物吴茱萸*Euodia rutaecarpa*（Juss.）Benth.、石虎 *Euodia rutaecarpa*（Juss.）Benth. var. *officinalis*（Dode）Huang 或疏毛吴茱萸 *Euodia rutaecarpa*（Juss.）Benth. var. *bodinieri*（Dode）Huang 的干燥近成熟果实。中药名：吴茱萸；别名：吴萸、茶辣、漆辣子、臭辣子树、左力纯幽子、米辣子等。

【原植物形态】

吴茱萸：小乔木或灌木，高3～5 m，嫩枝暗紫红色，与嫩芽同被灰黄或红锈色绒毛，或疏短毛。叶有小叶5～11片，小叶薄至厚纸质，卵形，椭圆形或披针形，长6～18 cm，宽3～7 cm，叶轴下部的较小，两侧对称或一侧的基部稍偏斜，边全缘或浅波浪状，小叶两面及叶轴被长柔毛，毛密如毡状，或仅中脉两侧被短毛，油点大且多。花序顶生；雄花序的花彼此疏离，雌花序的花密集或疏离；萼片及花瓣均5片，偶有4片，镊合排列；雄花花瓣长3～4 mm，腹面被疏长毛，退化雌蕊4～5深裂，下部及花丝均被白色长柔毛，雄蕊伸

出花瓣之上；雌花花瓣长4～5 mm，腹面被毛，退化雄蕊鳞片状或短线状或兼有细小的不育花药，子房及花柱下部被疏长毛。果序宽3～12 cm，果密集或疏离，暗紫红色，有大油点，每分果瓣有1种子；种子近圆球形，一端钝尖，腹面略平坦，长4～5 mm，褐黑色，有光泽。花期4—6月，果期8—11月。

石虎：小叶纸质，宽稀超过5 cm，叶背密被长毛，油点大；果序上的果较少，彼此密集或较疏松。

疏毛吴茱萸：小叶薄纸质，叶背仅叶脉被疏柔毛。雌花序上的花彼此疏离，花瓣长约4 mm，内面被疏毛或几无毛；果梗纤细且延长。

【资源分布及生物学习性】

吴茱萸产秦岭以南各地，但海南未见有自然分布，曾引进栽培，均生长不良。生于平地至海拔1 500 m山地疏林或灌木丛中，多见于向阳坡地。各地有小或大量栽种。石虎分布于长江以南、五岭以北的东部及中部各省。生于低海拔地方，浙江、江苏、重庆、江西一带多为栽种。疏毛吴茱萸产于广东北部、广西东北部、湖南西南部、贵州东南部。生于山坡草丛或林缘。吴茱萸对土壤要求不严，一般山坡地、平原、房前屋后、路旁均可种植。中性、微碱性或微酸性的土壤都能生长，但作苗床时尤以土层深厚、较肥沃、排水良好的壤土或砂壤土为佳。低洼积水地不宜种植。

【规范化种植技术】

1. 整地栽植

1.1 整地

于前一年秋冬季或早春选择避风向阳、土层深厚肥沃、排水良好的砂壤土或壤土的山坡或平地上，按行株距4 m×2 m，每亩83株开穴。穴径0.7 m，深0.5 m，每穴施堆肥5～10 kg，盖10 cm细土。

1.2 起苗

先掘起吴茱萸苗，用稻草连根带土包扎起来，勿使其干燥，选基干、枝叶正常、未受伤、根完整、须根多、顶芽健全、无病虫害者进行移植。

1.3 栽植

于霜降至清明进行移栽，但以早春定植较好，因春季温度逐渐升高，雨多土湿，较易成活。一穴栽一株苗，覆土后将苗稍向上提一下，使根理直舒展，而后把土踏实，以使根和土紧接。栽后立即浇水，以后若土干应再浇水2～3次。一般移植后2～3年即可开花结果，5～6年后可大量结果。

2. 田间管理

2.1 中耕除草

吴茱萸不耐荒芜，故应适时中耕除草，以使田间无杂草。中耕时不宜过深，以免伤根，使表土疏松不板结为宜。

2.2 施肥

在开花前，为促进春梢生长，追一次肥。先在树周围挖环形沟，施入腐熟栏肥5～10 kg，浇入人粪尿15～20 kg，而后盖土。如有条件，可在花蕾形成前再施一次肥，以促进多开花多结果。在开花后增施一次磷钾肥。每株周围开沟施过磷酸钙1～1.5 kg，然后撒施草木灰1.5～2.5 kg，有利于果实增大饱满，并可减少落果，提高产量。到秋末冬初，树落叶后，在树根周围施入栏肥，焦泥灰或垃圾15～20 kg，培土成土丘状，以防冻保暖。

2.3 整枝

为了保持一定的树型，以提高结果量，减少病虫害，以及获得繁殖枝条，一般应于冬季落叶后进行适当修剪整枝。整枝时，幼树可在离地面高80～100 cm处打顶，使侧枝向四面生长，形成一定树冠，有利生长和结果，并可减少病虫害的发生；老树修剪应里疏外密，除去重叠枝、下垂枝、病虫枝与枯枝等，保留株梢健壮，芽苞肥大枝条。同时剪去有病虫枝条，减少病虫的为害，剪下有病枝条应及时烧掉，以免枝条再受病虫为害。

2.4 间作

成片栽植吴茱萸，新植株苗小，株间空地较多，可在行间套种花生、豆类、薯类等作物，以提高土地利用率，增加收益。

2.5 更新

吴茱萸生长到后期，长势逐渐衰退，产量下降，且树干往往被虫蛀空，折断死亡。此时，老树根际已抽生幼株，故可砍去老树干，适当修剪幼树，使之成为新树。

3. 病虫害防治

3.1 病害

3.1.1 烟煤病

又名煤污病，由真菌中的一种子囊菌引起。防治方法：①蚜虫、蚧类害虫发生期可喷10%吡虫啉4 000～6 000倍液，或用5%吡虫啉乳油2 000～3 000倍液，每隔7 d喷一次，连续2～3次。②煤病发生初期喷1∶0.5∶（150～200）倍波尔多液，每隔10～14 d喷一次，连续喷2～3次。③对于寄生菌引起的煤污病，可喷用代森铵500～800倍，灭菌丹400倍液。④适当剪去病枝。

3.1.2 锈病

由真菌中的担子菌引起。为害叶片。防治方法：发病期喷0.2～0.3波美度石硫合剂或65%代森锰锌可湿性粉剂500倍液或敌锈钠400倍液，每隔7～10 d喷一次，连续喷2～3次；70%甲基托布津可湿性粉剂1 000倍液；50%多菌灵可湿性粉剂800～1 000倍液；20%粉锈宁乳油1 500～2 000倍液，每隔10 d左右喷药一次，共2～3次。

3.2 虫害

3.2.1 褐天牛

又名老木虫，蛀杆虫。属鞘翅目，天牛科。防治方法：①5—7月成虫盛发期人工捕杀，并在产卵裂口处刮除卵粒及初孵幼虫。②幼虫蛀入木质部后，见树干上有新鲜蛀孔，即用钢丝钩杀；或用药棉浸天牛威雷原液塞入蛀孔，用泥封口，毒杀幼虫。

3.2.2 柑桔凤蝶

以幼虫咬食幼芽、嫩叶成缺刻或孔洞。防治方法：①幼虫低龄期，喷90%敌百虫1 000倍液，每隔5～7 d一次，连续喷1～2次。②每克300亿孢子青虫菌粉剂1 000～2 000倍液，于幼虫龄期喷洒。③在幼虫大量发生时，用2.5%溴氰菊酯乳油2 500倍液或20%杀灭菊酯乳油2 000倍液或5.7%天王百树1 500倍液喷树冠。

4. 采收

吴茱萸的适宜采收期因种类而异，早熟品种在小暑后开始收获，晚熟品种在立秋后开始收获。一般果实由绿转为橙黄色时，就可采收。采收时趁上有露水时采摘，这样可以减少果实脱落。采收时将果穗成串摘下，注意不可把果枝剪下，以免影响来年的开花结果。

5. 加工

采收的果实应摊开晒干。要经常翻动，干后去梗枝、杂质，装入竹篓或木箱内，贮存于干燥通风处。

5.1 摊晒

采下的果穗置阳光下摊开暴晒，注意经常翻动，干后去掉果柄杂质，筛去灰屑既得。以色绿、饱满、粒匀者为佳。

5.2 制吴茱萸

取净吴茱萸100 kg置于缸内，另取甘草6 kg置锅中，加水15倍煮沸2 h，舀出，过滤，再将甘草渣复置锅中，加水10倍，煮沸1 h，过滤除去甘草渣，合并两次甘草水置锅中煮沸后，趁热倒入已盛吴茱萸的缸内浸泡，不断翻动，待吴茱萸泡至发胖吸尽甘草水，捞出晒干。再用油砂炒至黄白色，发泡为度，及时筛去油砂，趁热用2 kg盐加水溶解后喷淋并拌匀，放凉即得。

6. 商品规格

以干燥、果实饱满、坚实均匀、无梗、无杂质为佳。

7. 包装与贮藏

用木箱或瓦缸装，贮藏于通风干燥处，防虫；防霉。

【药材质量标准】

【性状】本品呈球形或略呈五角状扁球形，直径2~5 mm。表面暗黄绿色至褐色，粗糙，有多数点状突起或凹下的油点。顶端有五角星状的裂隙，基部残留被有黄色茸毛的果梗。质硬而脆，横切面可见子房5室，每室有淡黄色种子1粒。气芳香浓郁，味辛辣而苦。

【鉴别】（1）本品粉末褐色。非腺毛2~6细胞，长140~350 μm，壁疣明显，有的胞腔内含棕黄色至棕红色物。腺毛头部7~14细胞，椭圆形，常含黄棕色内含物；柄2~5细胞。草酸钙簇晶较多，直径10~25 μm；偶有方晶。石细胞类圆形或长方形，直径35~70 μm，胞腔大。油室碎片有时可见，淡黄色。

（2）取本品粉末0.4 g，加乙醇10 mL，静置30 min，超声处理30 min，滤过，取滤液作为供试品溶液。另取吴茱萸次碱对照品、吴茱萸碱对照品，加乙醇分别制成每1 mL含0.2 mg和1.5 mg的溶液，作为对照品溶液。照薄层色谱法（通则0502）试验，吸取上述3种溶液各2 μL，分别点于同一硅胶G薄层板上，以石油醚（60~90 ℃乙酸乙酯-三乙胺（7：3：0.1）为展开剂，展开，取出，晾干，置紫外光灯（365 nm）下检视。供试品色谱中，在与对照品色谱相应的位置上，显相同颜色的荧光斑点。

【检查】杂质 不得过7%（通则2301）。

水分 不得过15.0%（通则0832第二法）。

总灰分 不得过10.0%（通则2302）。

【浸出物】按照醇溶性浸出物测定法（通则2201）项下的热浸法测定，用稀乙醇作溶剂，不得少于30.0%。

【含量测定】按照高效液相色谱法（通则0512）测定。

色谱条件与系统适用性试验 以十八烷基硅烷键合硅胶为填充剂；以［乙腈-四氢呋喃（25：15）］－0.02%磷酸溶液（35：65）为

流动相；检测波长为215 nm。理论板数按柠檬苦素峰计算应不低于3 000。

对照品溶液的制备 取吴茱萸碱对照品、吴茱萸次碱对照品、柠檬苦素对照品适量，精密称定，加甲醇制成每1 mL含吴茱萸碱80 μg和吴茱萸次碱50 μg、柠檬苦素0.1 mg的混合溶液，即得。

供试品溶液的制备 取本品粉末（过三号筛）约0.3 g，精密称定，置具塞锥形瓶中，精密加入70%乙醇25 mL，称定重量，浸泡1 h，超声处理（功率300 W，频率40 kHz）40 min，放冷，再称定重量，用70%乙醇补足减失的重量，摇匀，滤过，取续滤液，即得。

测定法 分别精密吸取对照品溶液与供试品溶液各10 μL，注入液相色谱仪，测定，即得。

本品按干燥品计算，含吴茱萸碱（$C_{19}H_{17}N_3O$）和吴茱萸次碱（$C_{18}H_{13}N_3O$）的总量不得少于0.15%，柠檬苦素（$C_{26}H_{30}O_8$）不得少于0.20%。

【市场前景】

吴茱萸是大宗常用药材品种。以果实入药，具有温中散寒、开郁止痛、降逆止呕等功效。种植吴茱萸对土壤要求不严。低山地、丘陵地、向阳坡地及房前屋后、田边地头均可栽培生长。以土层深厚、肥沃、排水良好的微酸性至中性壤土为宜。吴茱萸树苗栽植以后，一般2～3年即可挂果，产量逐年上升。

2. 花椒

【来源】

本品为芸香科植物青椒*Zanthoxylum schinifolium* Sieb. et Zucc.或花椒*Zanthoxylum bungeanum* Maxim.的干燥成熟果皮。秋季采收成熟果实，晒干，除去种子和杂质。

【原植物形态】

高3～7 m的落叶小乔木；茎干上的刺常早落，枝有短刺，小枝上的刺基部宽而扁且劲直的长三角形，当

年生枝被短柔毛。叶有小叶5～13片，叶轴常有甚狭窄的叶翼；小叶对生，无柄，卵形，椭圆形，稀披针形，位于叶轴顶部的较大，近基部的有时圆形，长2～7 cm，宽1～3.5 cm，叶缘有细裂齿，齿缝有油点。其余无或散生肉眼可见的油点，叶背基部中脉两侧有丛毛或小叶两面均被柔毛，中脉在叶面微凹陷，叶背干后常有红褐色斑纹。花序顶生或生于侧枝之顶，花序轴及花梗密被短柔毛或无毛；花被片6～8片，黄绿色，形状及大小大致相同；雄花的雄蕊5枚或多至8枚；退化雌蕊顶端叉状浅裂；雌花很少有发育雄蕊，有心皮3或2

个，间有4个，花柱斜向背弯。果紫红色，单个分果瓣径4～5 mm，散生微凸起的油点，顶端有甚短的芒尖或无；种子长3.5～4.5 mm。花期4—5月，果期8—9月或10月。

【资源分布及生物学习性】

产地北起东北南部，南至五岭北坡，东南至江苏、浙江沿海地带，西南至西藏东南部；台湾、海南及广东不产。见于平原至海拔较高的山地，在青海，见于海拔2 500 m的坡地，也有栽种。耐旱，喜阳光，各地多栽种。

【规范化种植技术】

1. 选地

应选择山坡下部的阳坡或半阳坡，相对集中连片，土壤利水通气，有机质含量在2%以上，排灌条件优越，空气清洁，园地5 km范围内无三废污染源存在，水、电、路、交通方便的地方建花椒园。选择坡度在20°以下的坡地及平地上种植。坡度在15°以上的山地，建园时修筑水平梯地和建立蓄水池。

2. 播种育苗

2.1　种子选择

选用良种要考虑其经济性状（产量、质量）和当地的自然条件，选抗病虫、抗逆能力强，商品性好的花椒品种。

2.2　育苗

2.2.1　采种

选择生长旺盛，树势健壮，品种纯正，无病虫害，结实性能良好的壮龄盛果植株作为采种母树，待果实完全成熟后采摘。在晴天采摘，可用手摘也可用枝剪剪下果穗，放在背阴、通风、干燥的室内或棚内自然阴干。当果皮开裂，种子从果皮中脱出后，扬去杂物，筛出种子。选用的种子切忌暴晒，也不能成堆，应及时进行处理。

2.2.2　种子处理

花椒种子必须进行去麻、去蜡处理。即将筛出的种子用1∶13的盐水进行水选，取出沉淀饱满的种子加入温水和少许碱性物质（1%洗衣粉溶液）搓洗，去掉表面油脂，捞出后再用清水冲洗干净。

2.2.3　沙藏

将水选后的种子加入4倍的干细土和匀，阴干室温贮藏。

2.2.4　催芽

在播种前10～15 d，将阴干的种子移到向阳温暖处堆放，堆高不超过30 cm，用稻草覆盖，温水保湿，1～2 d翻动1次，待种子萌动时播种。

2.2.5　播种时间

重庆秋丽地区秋播，在8月中下旬—9月上旬随采随播，灌溉条件好的可在农历节气雨水至惊蛰之间进行春播。

2.2.6　圃地选择

育苗地靠近造林地。选择向阳背风，排灌条件较好，交通方便，地势平坦，土层深厚，土质肥沃，透气性好，少病虫害的沙质土作为苗圃地。

2.2.7　深耕施肥

圃地应深翻30～40 cm，并结合耕翻，每亩施入腐熟的农家肥3 000～5 000 kg、磷肥20～30 kg做底肥。

2.2.8 培垄作厢

圃地整平后，一般可按南北向作厢，厢宽1m，长度不限，厢间沟深20 cm。厢面撒混有细干肥的泥土1～3 cm。

2.2.9 播种

一般采用条播，行距20 cm，播种沟宽5～8 cm、深6～8 cm。将种子均匀地撒在沟内，覆土2～3 cm，播种量控制在每亩20～25 kg。用稻草或其他秸草覆盖，同时喷洒足够的水分。

2.2.10 幼苗管理

适时浇灌，待幼苗出土长出2～3叶时，选择阴天揭去盖草，施用清肥提苗；当幼苗长到5～10 cm时，要及时间苗、定苗、匀苗、补苗，使苗距保持在5 cm左右，并及时中耕除草3～4次，每隔20 d左右追施清淡农家肥1次，及时防治苗期病虫害。

3. 定植

3.1 定植时间

春季在苗木芽苞萌动前进行；秋季在秋分到霜降进行。大树移植宜在休眠期进行。

3.2 栽植密度

根据栽植地土壤肥力状况而定。瘦瘠坡地100株/亩，即株行距3.0 m×2.2 m；沃土坝地74株/亩，即株行距3.0 m×3.0 m。

3.3 整地方法

栽植前要细致整地。采用块状整地，坡地挖成鱼鳞坑，平地挖成正方形坑，规格为60 cm×60 cm×40 cm。每个栽植坑施腐熟的农家肥5～8 kg，加过磷酸钙0.2～0.25 kg，拌细土回填形成一个高出地面的小丘。

3.4 苗木准备

定植苗选用1～2年生，木质化程度高，生长健壮，根系完整，组织充实，无病虫害，苗高40 cm以上，根径0.5 cm以上的优质苗木。若是长途运输，起苗后打泥浆定量包装，定植时浸根消毒。

3.5 定植技术

在小丘顶定植点挖穴，将椒苗放入穴中，使其根系自然分布于穴内，一边填土，一边踩实，让根系与土壤充分接触，同时用手轻提椒苗，让根系自然舒展。定植完后要确保根颈部位不深埋土中，盖土做盘，盘内灌透清水；缺水的园地还可用地膜将定植坑覆盖，提高成活率。定植时，采用45°斜植，待苗木发出直立萌条后剪去原斜植立杆，用萌条立杆进行培育。

3.6 栽后管理

定植后要适时浇灌，确保成活，如有缺窝，及时补苗。在花椒生长季节，及时进行中耕除草，自定植坑边缘开始逐年向外扩穴深翻，熟化土壤，保墒抗旱，防止土壤板结和杂草滋生。每年在杂草刚刚发芽时进行第1次锄草松土，以后适时中耕2～4次。

4. 肥水管理

4.1 施肥原则

充分满足花椒树对各种营养元素的需求，以大量使用腐熟的有机肥为主，无机肥和生物菌肥相结合。注意重施基肥，做到平衡与协调施肥。花椒采收前的30 d内不施肥。

4.2 土壤施肥

每年春季施保花肥，夏季施壮果肥，秋季施营养肥。施肥方法是在树冠滴水线处挖30～50 cm宽、20～30 cm深的环状沟，每株施入15～30 kg农家肥，加入1～2 kg过磷酸钙和50 g尿素，结合灌水覆土踏实，防止暴晒和肥料挥发。

4.3　叶面追肥

花椒树萌发期和开花盛期，分别于上午10时前或下午4时后进行叶面喷雾稀释微生物肥料，以提高椒树着果率。

4.4　水分管理

每年2—4月进行灌溉，用量以冠幅下土壤渗透为宜。在雨季，要修缮理通排水沟，加强排水，注意防洪。

5. 整形修剪

5.1　修剪时间

白花椒采收后至翌年春天发枝前均可修剪。幼树、旺树以秋季修剪最佳，老树、弱枝则应在休眠期修剪为好。

5.2　培养树形

5.2.1　自然开心形

培养30~40 cm的主干，留主枝3~5个，基角50°~60°，每个主枝上培养2~3个侧枝，去掉中心枝使其自然开膛即可。

5.2.2　丛状形

定植后截干，从根部萌发出3~5个不同方向、位置布局均匀合理的枝条。

5.2.3　圆头形

有明显的主干，主干上自然分布较多的主枝，小枝比较密集。对这种树形应从四周和冠内疏去多余枝条，清膛开心，逐步改造成双层开心形。

5.3　修剪方法

按不同树龄采取相应的修剪方法。

5.3.1　幼龄树的修剪

根据树形的树冠结构，选择培养骨干枝，扩大树冠，完成整形。按照轻剪多放的原则，疏除密生枝、徒长枝、细弱枝、病虫枝，长放强壮枝，促进生长发育。

5.3.2　盛果期的修剪

对冠内枝条进行细致修剪，疏除病虫枝、交叉枝、重叠枝、密生枝、徒长枝，为冠内创造良好的通风透光条件。对结果枝要去弱留强，交错占用空间，做到内外留枝均匀，处处通风透光。及时除去根颈和主干上萌发的萌蘖枝，防止其消耗养分和扰乱树形。

5.3.3　衰老树的修剪

充分利用徒长枝和强壮枝，疏除老枝、枯枝、弱枝，进行树势骨架交替更新。

6. 病虫害防治

6.1　防治原则

坚持"预防为主、科学防控、依法治理、促进健壮"的方针，采用营林、物理、生物措施与化学防治相结合的综合防治原则进行防治。

6.2　植物检疫

不从疫区调运苗木、接穗和种子，一经发现，必须立即销毁。

6.3 防治方法

6.3.1 营林措施

加强花椒园区内水肥管理。增强树势；合理整形修剪，改善园区通风透光；采果时剪下的枝条落叶要彻底清除，冬季做好清园，集中烧毁病虫枝、干枯枝等。

6.3.2 物理防治

①采用频振式杀虫灯或太阳能杀虫灯诱杀成虫等机械措施进行防治。②利用害虫趋避性进行防治，使用黄板和性引诱剂诱杀害虫。③采取人工捕捉老熟幼虫、人工刮除虫卵；冬季在树干喷刷4～5波美度石硫合剂，预防病虫的侵入、发生和蔓延。

6.3.3 化学防治

在每年3月下旬用10%吡虫啉粉剂（20 g/亩）兑水喷雾防治蚜虫。在8月用甲基托布津粉剂50 g/亩兑水喷雾防治褐斑病等真菌病害。

7. 采收加工与贮藏

7.1 采收

6—7月，椒果成熟后即可采摘。选择晴天或无露水阴天采摘为宜。采摘方法以一手持椒枝，另一手拇指和二指尖摘椒，摘断椒粒的主柄以免伤及油囊和叶放入竹筐内，切忌用手捻。采收时园内所用农药要过安全间隔期。

7.2 晾晒

摘回的花椒，在夜间必须摊开散温，次日摊在晒席或簸箕上摊晒（不宜在水泥地上曝晒），摊晒不能过厚，翻动，一日内晒干的花椒最好。当花椒全部裂口后回垫、晾冷收回，用筛子将椒籽筛出，风去叶、柄和其他杂物即可。

7.3 贮藏

有条件的可在花椒晒干后真空机打包称重，转入成品库，低温保存。

【药材质量标准】

【性状】青椒多为2～3个上部离生的小蓇葖果，集生于小果梗上，蓇葖果球形，沿腹缝线开裂，直径3～4 mm。外表面灰绿色或暗绿色，散有多数油点和细密的网状隆起皱纹；内表面类白色，光滑。内果皮常由基部与外果皮分离。残存种子呈卵形，长3～4 mm，直径2～3 mm，表面黑色，有光泽。气香，味微甜而辛。

花椒蓇葖果多单生，直径4～5 mm。外表面紫红色或棕红色，散有多数疣状突起的油点，直径0.5～1 mm，对光观察半透明；内表面淡黄色。香气浓，味麻辣而持久。

【鉴别】（1）青椒粉末暗棕色。外果皮表皮细胞表面观类多角形，垂周壁平直，外平周壁具细密的角质纹理，细胞内含橙皮苷结晶。内果皮细胞多呈长条形或类长方形，壁增厚，孔沟明显，镶嵌排列或上下交错排列。草酸钙簇晶偶见，直径15～28 μm。

花椒粉末黄棕色。外果皮表皮细胞垂周壁连珠状增厚。草酸钙簇晶较多见，直径10～40 μm。

（2）取本品粉末2 g，加乙醚10 mL，充分振摇，浸渍过夜，滤过，滤液挥至1 mL，作为供试品溶液。另取花椒对照药材2 g，同法制成对照药材溶液。照薄层色谱法（通则0502）试验，吸取上述两种溶液各5 μL，分别点于同一硅胶G薄层板上，以正己烷-乙酸乙酯（4∶1）为展开剂，展开，取出，晾干，置紫外光灯（365 nm）下检视。供试品色谱中，在与对照药材色谱相应的位置上，显相同的红色荧光主斑点。

【含量测定】按照挥发油测定法（通则2204）测定。

本品含挥发油不得少于1.5%（mL/g）。

【市场前景】

花椒具有温中止痛、杀虫止痒的功效，常用于脘腹冷痛、呕吐泄泻、虫积腹痛；外治湿疹、阴痒等病症。

花椒树，结果多，《诗经》有"椒蓼之实，繁衍盈升"之句。花椒又是一种芳香防腐剂，据发掘的汉墓中常有以花椒的果填垫内棺的，很可能是利用它的高效防虫防腐作用，同时，也带有"繁衍盈升"，多子多孙的封建迷信思想，在河北省满城县发掘的汉代中山王刘胜墓（公元前113年）的出土文物中就有保存良好的花椒。

花椒果皮含精油0.2%～0.4%，不少于15类，主要有linalool、eucalyptol（= cineol）、limonene等，油的理化性质与野花椒*Zanthoxylum simulans* Hance的近似，属于干性油，气香而味辛辣，可作食用调料或工业用油。根皮含生物碱：H-methosychelerythrine、N-desmethyl-chelerythrine、Xanthobungeamine、Skimmia-nine、Arnottianamide、l-n-acetylannonanine、β-sitosterol等。花椒的开发利用前景广阔，可分别从食用、药用、杀虫、防腐剂、生物柴油、皮革加脂剂、美容等多方面进行深入研究，但目前我国对于花椒深加工方面的研究投入薄弱，存在一定的局限性。因此，研究开发一种容易保存的花椒产品，建立规模成熟且拥有先进技术的深加工企业，进一步加强花椒深加工方面的研究，以发挥花椒潜在的利用价值，仍然是花椒行业研究的重点。

3. 栀子

【来源】

本品为茜草科植物栀子*Gardenia jasminoides* Ellis的干燥成熟果实。中药名：栀子；别名：水横枝、黄果子（广东）、黄叶下（福建）、山黄枝（台湾）、黄栀子、黄栀、山栀子、山栀、水栀子、林兰等。

【原植物形态】

灌木，高0.3～3 m；嫩枝常被短毛，枝圆柱形，灰色。叶对生，革质，稀为纸质，少为3枚轮生，叶形多样，通常为长圆状披针形、倒卵状长圆形、倒卵形或椭圆形，长3～25 cm，宽1.5～8 cm，顶端渐尖、骤然长渐尖或短尖而钝，基部楔形或短尖，两面常无毛，上面亮绿，下面色较暗；侧脉8～15对，在下面凸起，在上面平；叶柄长0.2～1 cm；托叶膜质。花芳香，通常单朵生于枝顶，花梗长3～5 mm；萼管倒圆锥形或卵形，长8～25 mm，有纵棱，萼檐管形，膨大，顶部5～8裂，通常6裂，裂片披针形或线状披针形，长10～30 mm，宽1～4 mm，结果时增长，宿存；花冠白色或乳黄色，高脚碟状，喉部有疏柔毛，冠管狭圆筒形，长3～5 cm，宽4～6 mm，顶部5至8裂，通常6裂，裂片广展，倒卵形或倒卵状长圆形，长1.5～4 cm，宽0.6～2.8 cm；花丝极短，花药线形，长1.5～2.2 cm，伸出；花柱粗厚，长约4.5 cm，柱头纺锤形，伸出，长1～1.5 cm，宽3～7 mm，子房直径约3 mm，黄色，平滑。果卵形、近球形、椭圆形或长圆形，黄色或橙红色，长1.5～7 cm，直径1.2～2 cm，有翅状纵棱5～9条，顶部的宿存萼片长达4 cm，宽达6 mm；种子多数，扁，近圆形而稍有棱角，长约3.5 mm，宽约3 mm。花期3—7月，果期5月至翌年2月。

【资源分布及生物学习性】

栀子产于山东、江苏、安徽、浙江、江西、福建、台湾、湖北、湖南、广东、香港、广西、海南、四川、重庆、贵州和云南，河北、陕西和甘肃有栽培；生于海拔10～1 500 m处的旷野、丘陵、山谷、山坡、溪边的灌丛或林中。栀子喜温暖湿润，阳光充足，栀子较耐旱，忌积水。幼苗应遮阴，成年栀子应阳光充足，栀子生长适宜温度15～35 ℃。

【规范化种植技术】

1. 选地整地

宜选背风向阳的砂壤土，施腐熟有机肥1 000～2 000 kg作基肥，拌匀深翻，耙细整平，做成高约25 cm、宽1.0～1.2 m的苗床。整地前10～15 d，用生石灰对土壤消毒。

2. 繁殖方法

2.1 种子播种繁殖

11月前后，选择优良健壮、坐果率多、品质好的植株，采集果实大而饱满、无病虫害、色泽鲜亮、充分成熟，果实采集回来后带壳晒至半干，放通风阴凉干燥处留种。播种前取出种子并浸入30～40 ℃温水中，揉搓去杂质和瘪粒，取饱满种子，晾干待播。2月下旬—3月，播种前种子用0.5%硫酸亚铁溶液浸泡2 h，捞出用清水冲洗，再放入35 ℃温水中浸种24 h。处理好的种子在已准备好的苗床上按行距15～20 cm开沟条播或撒播，用种量1～2 kg。播种后覆盖薄薄的一层细土，再盖上稻草，保持苗床湿润。

2.2 扦插繁殖

一般在春、秋季进行。选2年以上的健壮枝条，剪成10～15 cm的小段当作插穗，插条上留1～2片叶。一般用生根粉处理插穗，如采用100 mg/kg溶液浸泡20 min。按株行距5 cm×10 cm扦插于苗床中，插条入土2/3，插后浇透水。之后保持苗床湿润，注意遮阴。扦插1周后，插穗开始生根，进入苗期管理。

2.3 组织培养

研究表明，以栀子果皮、种子团和种子为外植体，培养基为MS+2，4～D0.5 mg/L+6～BA0.25 mg/L较适宜果皮和种子愈伤组织的诱导，诱导率分别为83.3%和88.5%；培养基成分为MS+2，4～D1.0 mg/L+6～BA1.0 mg/L较适宜种子团愈伤组织的诱导，诱导率为78.1%。3种外植体诱导的愈伤组织中，只有种子愈伤组织能通过液体培养分化出芽；TDZ对芽分化有明显的促进作用；最佳的芽分化培养基为MS+NAA0.05 mg/L+TDZ0.10 mg/L，其愈伤组织分化率为8.75%。以栀子种子为外植体，并获得了再生植株，为药用植物栀子转基因体系的建立奠定了基础。

3. 田间管理

3.1 中耕除草

栀子移栽成活后需进行中耕除草。1～3年入幼林。每年4—6月和8—9四个月中各耕除草1次，冬季全垦除草并培土1次。成年结果树每年除草松土不少于2次，结合除苗进行施肥和培土。

3.2 追肥

幼林植株分次追肥以促进生长和发枝，一般在春、夏季施复合肥辅以氮肥促进枝条生长，冬季施基肥（有机肥）促进根的发育。成年植株追肥一般分4个阶段进行。分别称发枝肥、促花肥、促果实发育和花芽分化肥、越冬肥。发枝肥：4月左右施肥，一般施农家肥或化肥，如腐熟人畜粪水1 000～2 000 kg或硫酸铵15 g/株。促花肥：5月喷施叶面肥，可用0.15%硼砂+0.2%磷酸二氢钾喷施叶面，或10 mg/kg ABT+0.5%尿素喷洒叶面，或用50 mg/kg赤霉素+0.5%尿素。促果实发育和花芽分化肥：6月下旬至8月上旬喷施，一般每株施氮磷钾复合肥0.25 kg。越冬肥：成年栀子产果后会消耗大量营养元素，因此，每年冬季沿树四周15～20 cm，要进行深耕施肥及培土，以保护栀子越冬及恢复树势。一般施有机肥（堆肥、厩肥）2 000 kg、钙镁磷肥（＋0.5%硼砂）100 kg。

3.3 灌溉和排水

在幼树生长期间，若夏天长期高温干旱，要根据土壤墒情在早晚凉爽时间灌水2～4次。结果树在花前、花后和果实生长期间，若遇到长期高温干旱，要根据土壤墒情浇水2～3次，以确保果实优质高产。栀子又怕涝，遇大雨及时清沟排水。

3.4 修剪整枝

栀子移栽后次年开始修剪整形，修剪在冬季进行。修剪时，留1条主干和3条主枝，3条主枝要粗壮且分布均匀，各主枝再留3～4条副枝。对主干、主枝均需进行除蘖，剪除下部多余的萌蘖；剪去病枝、交叉枝、过密枝和徒长枝，使得枝条分布均匀向四周舒展，树冠成圆头型，便于通风透光，减少病虫害，提高坐果率。栀子移栽前2～3年，控制坐果数，以培养树形，以后控制果果数量，以免大小年，栀子在秋季仍可开花，后期的花不能形成成熟果实，因此在9—10月应摘除花蕾。

3.5 病虫害防治

3.5.1 黄化病

主要原因是缺肥，关键是缺铁。

防治方法：及时追肥，增施有机肥，改良土壤性状，增强通气性，促进根系发育，提高其吸收铁元素的能力；另外叶面喷施1次0.3%～0.5%的硫酸亚铁水溶液加0.7%～0.8%的硼镁肥水溶液。

3.5.2 腐烂病

主要发生于栀子的枝干。

防治方法：注意提前防止树体出现大伤口；病虫严重时要及时剪除病虫枝，病虫不严重时要及时刮除病原物，并涂抹石硫合剂2～3次。

3.5.3 斑枯病

为害叶片，发病初期叶片两面生有黄褐色病斑，圆形，边缘褐色，上生有小黑点。严重时使叶片枯死。

防治方法：每次修剪后集中枯枝病叶，烧毁深埋，减少越冬病；增施磷钾肥，或喷药时结合叶面喷施磷酸二氢钾，提高抗病力；发病初期，喷洒50%多菌灵800～1 000倍液或50%托布津1 000～1 500倍液1∶1∶100波尔多液。

3.5.4 炭疽病

叶面上产生圆形或近圆形病斑，叶缘、叶尖处发病，病斑不规则，褐色；发病后期病斑中央灰白色，边缘褐色。病重时引起大量落叶，枝枯或全株枯死。

防治方法：选择健壮的植株栽植，提高抗病性；加强养护管理，注意植株间通风、透光，降低叶面湿度，减少发病概率；药剂防治，可用50%多菌灵可湿性粉剂1 000倍液、10%苯醚甲环唑水分散粒剂1 000倍液、40%腈菌唑水分散粒剂3 000倍液、25%丙环唑乳油2 000倍液、30%氟菌唑可湿性粉剂2 000倍液、70%代森锌可湿性粉剂900倍液、12.5%烯唑醇可湿性粉剂1 500倍液、50%咪鲜胺锰盐可湿性粉剂700倍液等喷雾，每10 d左右喷1次，连续2～3次。

3.5.5 栀子卷叶螟

以幼虫啃食叶片，严重时可将全树叶片吃光。

防治方法：利用栀子卷叶螟在枯叶中结茧越冬习性，在冬季清园时结合修剪清除虫源；可利用栀子卷叶螟成虫的趋光性，安装太阳能杀虫灯诱杀；选用氟啶脲、灭多威、辛硫磷、亚胺硫磷、杀虫双、杀虫单、杀螟丹、杀虫环等农药配制成的药液交替喷雾灭杀幼虫。

3.5.6 日本蜡蚧

以若虫和雌成虫聚集于枝条和叶片上刺吸汁液，其分泌物能诱发煤污病。

防治方法：选用溴氰菊酯或甲氰菊酯、氟啶脲、灭多威、辛硫磷、硫双威、杀虫双、杀虫单、杀螟丹、杀虫环等农药配制成的药液交替喷雾灭杀，每隔3～5 d 1次，连续喷药2～3次才有灭杀效果。

3.5.7 栀子刺蛾

其幼虫肥短，无腹足，行动时不是爬行而是滑行，身上有毒刺，以幼虫啃食叶片为害黄栀子。

防治方法：结合除草松土，挖除土壤中的虫茧，减少虫源；二是选用溴氰菊酯或甲氰菊酯、氟啶脲、灭多威、辛硫磷、杀虫双、杀虫单、杀螟丹、杀虫环等农药配制成的药液交替喷雾灭杀幼虫。

4. 采收加工与贮藏

10月中旬—11月果实逐渐成熟，依果实成熟程度分批采收，至少分2批采收。择晴天雨水干后进行采收，采摘红黄色成熟的果实，用竹筐或塑料筐等带回加工厂进行加工。将摘下的鲜果置通风处摊开，防霉变。分批用蒸汽蒸煮鲜果实约3 min，然后暴晒或烘烤至7成干，堆积3 d左右，使其发汗，再晒或烘烤至全干。

【药材质量标准】

【性状】本品呈长卵圆形或椭圆形，长1.5～3.5 cm，直径1～1.5 cm。表面红黄色或棕红色，具6条翅状纵棱，棱间常有1条明显的纵脉纹，并有分枝。顶端残存萼片，基部稍尖，有残留果梗。果皮薄而脆，略有光泽；内表面色较浅，有光泽，具2～3条隆起的假隔膜。种子多数，扁卵圆形，集结成团，深红色或红黄色，表面密具细小疣状突起。气微，味微酸而苦。

【鉴别】（1）本品粉末红棕色。内果皮石细胞类长方形、类圆形或类三角形，常上下层交错排列或与纤维连结，直径14～34 μm，长约至75 μm，壁厚4～13 μm；胞腔内常含草酸钙方晶。内果皮纤维细长，梭形，直径约10 μm，长约至110 μm，常交错、斜向镶嵌

状排列。种皮石细胞黄色或淡棕色，长多角形、长方形或形状不规则，直径60～112 μm，长至230 μm，壁厚，纹孔甚大，胞腔棕红色。草酸钙簇晶直径19～34 μm。

（2）取本品粉末1 g，加50%甲醇10 mL，超声处理40 min，滤过，取滤液作为供试品溶液。另取栀子对照药材1 g，同法制成对照药材溶液。再取栀子苷对照品，加乙醇制成每1 mL含4 mg的溶液，作为对照品溶液。按照薄层色谱法（通则0502）试验，吸取上述3种溶液各2 μL，分别点于同一硅胶G薄层板上，以乙酸乙酯-丙酮-甲酸-水（5:5:1:1）为展开剂，展开，取出，晾干。供试品色谱中，在与对照药材色谱相应的位置上，显相同颜色的黄色斑点；再喷以10%硫酸乙醇溶液，在110 ℃加热至斑点显色清晰。供试品色谱中，在与对照药材色谱和对照品色谱相应的位置上，显相同颜色的斑点。

【检查】水分　不得过8.5%（通则0832第二法）。

总灰分　不得过6.0%（通则2302）。

【含量测定】按照高效液相色谱法（通则0512）测定。

色谱条件与系统适用性试验　以十八烷基硅烷键合硅胶为填充剂；以乙腈-水（15:85）为流动相；检测波长为238 nm。理论板数按栀子苷峰计算应不低于1 500。

对照品溶液的制备　取栀子苷对照品适量，精密称定，加甲醇制成每1 mL含30 μg的溶液，即得。

供试品溶液的制备　取本品粉末（过四号筛）约0.1 g，精密称定，置具塞锥形瓶中，精密加入甲醇25 mL，称定重量，超声处理20 min，放冷，再称定重量，用甲醇补足减失的重量，摇匀，滤过。精密量取续滤液10 mL，置25 mL量瓶中，加甲醇至刻度，摇匀，即得。

测定法　分别精密吸取对照品溶液与供试品溶液各10 μL，注入液相色谱仪，测定，即得。

本品按干燥品计算，含栀子苷（$C_{17}H_{24}O_{10}$）不得少于1.8%。

【市场前景】

栀子始载于《神农本草经》，味苦性寒，归心、肺、三焦经。具有泻火除烦、清热利湿、凉血解毒、外用消肿止痛等功效，常用于热病心烦、湿热黄疸、淋证涩痛、血热吐衄、目赤肿痛、火毒疮疡等症的治疗，外治扭挫伤痛。环烯醚萜类、二萜类、三萜类、多糖类、黄酮类和有机酸酯类等，药理作用主要包括促进胆汁和胰腺分泌、促进胃肠道蠕动、抗氧化、抑制血小板聚集、调节血脂、防止动脉粥样硬化、抗炎、抗血管平滑肌增生、促进血管内皮细胞生长、保肝、抗菌消炎、镇静、解热、抗抑郁和抗肿瘤等，其中主要有效成分栀子苷、藏红花素等成分是当前研究和利用最多的成分。栀子具有药用、观赏、提取染料、茶饮、提炼油脂和香料等多种用途，从成熟果实提取的栀子黄色素，既是工业中用作天然着色剂原料，又是一种品质优良且具有一定医疗作用的天然食品色素，广泛用于糖果、糕点、饮料等食品。花可提制香精，广泛用于化妆品和香皂等，因此，具有广阔的发展空间。

4. 枳壳（枳实）

【来源】

本品为枳壳为芸香科植物酸橙 *Citrus aurantium* L. 及其栽培变种（主要有黄皮酸橙 *Citrus aurantium* 'Huangpi'、代代酸橙 *Citrus aurantium* 'Daidai'、朱栾 *Citrus aurantium* 'Chuluan'、塘橙 *Citrus aurantium* 'Tangcheng'）的干燥未成熟果实。7月果皮尚绿时采收，自中部横切为两半，晒干或低温干燥。

枳实为芸香科植物酸橙*Citrus aurantium* L. 及其栽培变种或甜橙*Citrus sinensis* Osbeck的干燥幼果。5—6月收集自落的果实，除去杂质，自中部横切为两半，晒干或低温干燥，较小者直接晒干或低温干燥。

【原植物形态】

小乔木，枝叶茂密，刺多，徒长枝的刺长达8 cm。叶色浓绿，质地颇厚，翼叶倒卵形，基部狭尖，长1～3 cm，宽0.6～1.5 cm，或个别品种几无翼叶。总状花序有花少数，有时兼有腋生单花，有单性花倾向，即雄蕊发育，雌蕊退化；花蕾椭圆形或近圆球形；花萼5或4浅裂，有时花后增厚，无毛或个别品种被毛；花大小不等，花径2～3.5 cm；雄蕊20～25枚，通常基部合生成多束。果圆球形或扁圆形，果皮稍厚至甚厚，难剥离，橙黄至朱红色，油胞大小不均匀，凹凸不平，果心实或半充实，瓢囊10～13瓣，果肉味酸，有时有苦味或兼有特异气味；种子多且大，常有肋状棱，子叶乳白色，单或多胚。花期4—5月，果期9—12月。

朱栾*cv.* Zhulan，又称香栾、酸栾。主产江苏、浙江二省。亦用作砧木。未成熟的果作药用，代枳实或枳壳。果形似小红橙但较大，橙红色，果心空或半充实，果肉酸，无异味。

代代酸橙*cv.* Daidai，简称代代，又名回青橙、春不老、玳玳圆。曾被作为一个独立的种C. daidaiSieb.或视为变种C. aurantiumvar. daidai Tanaka。果近圆球形，果顶有浅的放射沟，果萼增厚呈肉质，果皮橙红色，略粗糙，油胞大，凹凸不平，果心充实，果肉味酸。主产地在浙江。

花芳香，用以熏茶叶称为代代花茶。其果经霜不落，若不采收，则在同一树上有不同季节结出的果，故又称代代果。成熟果有时在夏秋季节又转回青绿色，故又名回青橙。是因为果皮的叶绿素在果的成熟过程中逐渐解体，变为黄至朱红色，但遇气温及水分条件发生变化时，足以促进其生理生化活动，又综合出新的叶绿素，从而又变为青绿色。

【资源分布及生物学习性】

主要分布于我国秦岭南坡以南各地，以湖南的最为大宗，次为湖北和江西，重庆、四川、贵州、江苏、浙江、广东等省亦产，多系栽培，有时亦为半野生。种子室温袋藏1年后发芽率为零，生产上宜沙藏，发芽时的有效温度为10 ℃以上，生长适温为20~25 ℃，但可暂时忍受-9 ℃左右低温，水分充足条件下，最高可忍耐40 ℃高温而不落叶。枳壳结果年龄因品种、产地和种苗来源而异，一般空中压条或嫁接苗在栽植后4~5年，种子繁殖在栽后8~10年才开始开花结果，树龄结果期可达50年以上。

【规范化种植技术】

1. 选地整地

种植应选择排水良好、疏松、湿润、土层深厚的砂质壤土和冲积土，土壤pH值要求微酸至中性。选择排水良好的砂质壤土作为苗田，整地前每亩施入商品有机肥1 000 kg、磷肥500 kg，整细耙平。整地后，按畦面宽100 cm、畦沟宽30 cm的标准起垄作畦。定植地要整细整平，按株距4 m、行距5 m左右定点挖穴，穴深50~60 cm、宽80 cm，每穴施入腐熟堆肥或厩肥50~100 kg、0.25 kg生石灰、0.5~1 kg钙镁磷肥，将它们与土壤混合回填于穴中。

2. 育苗

2.1 砧木培育

嫁接用的砧木采用枳（枸橘），选择购买优质的枳种子，在头年9月撒播，第2年3月中旬，当小苗长到10~15 cm时，按株行距（5~8）cm×23 cm移栽到苗田。缓苗后视苗情适当追肥，一般在春秋季每亩施用高氮复合肥30~50 kg。

2.2 接穗采集

枳壳嫁接用的接穗要选择当地产量高、品质好的壮年树采集。采集时剪取树冠外围健壮饱满、无病虫害的1年生枝条，摘除叶片，40~50支/扎，先用湿毛巾包好，外面再包塑料薄膜保湿，置阴凉地方保存备用。

2.3 嫁接操作

嫁接在8—9月进行，先用嫁接刀按45°角削去接穗韧皮部，切面长约1.5 cm；再在砧木根颈部离地约5 cm处用嫁接刀斜切1刀至形成层，长约1.5 cm，同时反手向上削去砧木舌面上一小块韧皮部，对准形成层

插入接穗，绑好塑料薄膜条。约15 d后，观察接穗成活情况，未成活的及时进行补接。

2.4 苗期管理

2.4.1 抹芽

接穗成活萌动后当芽长3 cm左右时，选择1枝发育健壮的接穗芽作为主干保留，其余萌芽包括砧木上的萌芽全部抹除。

2.4.2 摘心

当嫁接苗长到20～30 cm时，统一摘心定干促发分枝，同时将苗基部不作为分枝的侧枝剪去，保障主枝营养供应。

2.4.3 水肥管理

晴热天气注意适时浇水，保持苗田湿润，一般采用喷淋为好，不干不浇。视苗情适时追肥，一般春秋季每亩施用高氮复合肥50～80 kg。

2.4.4 病虫害防治

苗期病虫害主要有溃疡病、炭疽病、红蜘蛛、潜叶蛾、蚜虫、粉虱等，防治上首先要做好清园、促壮等工作，提高树体抗虫防病能力；其次要选用合适农药，适时防治，防治溃疡病可选用农用链霉素，防治炭疽病可选用代森锰锌，防治红蜘蛛可选用哒螨酮，防治潜叶蛾可选用阿维菌素，防治蚜虫可选用吡虫啉，防治粉虱可选用溴氰菊酯。

2.5 移栽定植

重庆地区栽植以秋植为宜，最佳时期为9月下旬—11月上旬。起苗后要用钙镁磷肥拌黄泥浆沾根，加入甲基托布津等杀菌剂。移栽时将苗木扶正栽入穴内，当填土至一半时，将幼苗轻轻往上一提，使根系舒展，然后填土至满穴，用脚踏实，覆土堆成馒头形。栽后浇透定根水，3～7 d后再淋第2次水。栽后覆盖1 m宽的黑地膜，保湿、防草，提早发新根，可大大提高成活率。

3. 田间管理

3.1 水肥管理

3.1.1 幼年树管理

幼树早生快发，要注意肥水管理，生长期5—8月以撒施或条施复合肥为主，少量多次，高温期复合肥要溶化后施，以防烧根，有机肥、冬肥、复合肥以11月至翌年3月施为好。根据树体大小确定用量，施肥沟离树干一般在50～60 cm，也可以树叶滴水处为线开沟，不能太近以防烧根。

3.1.2 成年树管理

以中耕追肥为主，除草一般每年3～4次，追肥结合除草进行。1年之内一般施肥3次：第1次施肥时间在3—4月，以速效氮肥为主，每株施尿素0.1 kg左右或者使用充分腐熟的人畜粪肥，施肥方法以树为中心开"十"字形浅沟施入土中；第2次施肥时间在6月上旬，以复合肥为主，每株施0.5 kg左右，也可施充分腐熟的人粪尿，施肥方法与第1次相同；第3次施肥时间在"立冬"前，以人畜粪、厩肥、堆肥、塘泥等迟效农家肥为主，施肥方法采取树冠下挖环状沟施。4—6月梅雨季节，应及时做好清沟排水工作，防止积水。在7—9月出现严重干旱时，要给予灌水。

3.2 病虫防治

病虫害防治要遵循综合防治的原则，一是要加强水肥管理，增强树势，提高抗病防虫能力；二是要搞好清洁生产，及时剪除病枝病叶病果、抹除有虫梢等，集中烧毁；三是要合理修剪，疏除或回缩交叉重叠枝、密生枝、直立向上枝和下垂枝，增强树体通风透光。四是要科学施药，药剂使用要按有关规定执行，保障质量安全、环境安全、人身安全。

3.2.1　溃疡病

防治适期以夏秋梢长3～5 cm及谢花后10～15 d为宜，发现病斑即防治，药剂可选用农用链霉素、碱式硫酸铜、等量式波尔多液（秋后或早春施用）、氢氧化铜等。

3.2.2　炭疽病

防治适期以新梢抽发期、幼果期和果实发病始期为宜，发现叶发病率达5%以上时即防治，药剂可选用代森锰锌、咪鲜胺等。

3.2.3　树脂病

防治适期以冻害年份3—5月和干旱年份7—9月为宜，发现病斑即防治，药剂可选用波尔多液。

3.2.4　天牛

成虫防治适期以5—6月为宜，白天上午或晚上在根茎部、枝干孔洞附近捕杀；幼虫防治适期以清明、秋分前后为宜，检查树体发现有虫即用钢丝钩杀，对不便钩杀的注入杀虫剂用泥封口毒杀；此外，6—8月要检查树干，发现虫卵及幼虫即用小刀刮杀，冬季树干要涂白避虫。

3.2.5　红蜘蛛

防治适期以4—6月、9—10月、11月下旬至12月中旬为宜，春季平均每叶有虫3～5头、秋季平均每叶有虫3头、冬季平均每叶有虫1头即防治，药剂可选用哒螨酮、克螨特等。

3.2.6　潜叶蛾

防治适期以6—8月嫩梢抽发盛期为宜，抽梢率达25%～30%或嫩梢被害率达15%～20%时即防治，药剂可选用阿维菌素、高效氯氟氰菊酯、啶虫脒等。

3.2.7　蚜虫

防治适期以5—6月、8—9月为宜，新梢有蚜率达5%～15%时挑治、超过15%普治，药剂可选用吡虫啉、甲氰菊酯、氯氰菊酯等。

3.2.8　黑刺粉虱

防治适期以6月上旬、7月下旬、9月上旬为宜，平均每叶虫数达1头即防治，药剂可选用溴氰菊酯、联苯菊酯、阿维·啶虫脒等。

3.2.9　蚧类

红蜡蚧防治适期以幼蚧1龄末2龄初，卵孵化末期为宜，头年春梢平均有活虫数1头即防治；长白蚧防治适期以5月下旬、7月下旬—8月上旬、9月下旬—10月上旬为宜，发现枝干有虫即防治；糠片蚧防治适期以5月下旬、7月下旬—8月上旬、9月下旬—10月上旬为宜，发现叶片有虫率达5%或果实有虫率达3%时即时防治。

3.3　整形修剪

3.3.1　幼年树修剪

幼年树修剪要少剪轻剪，重点在培养骨干主枝，一般保留3个主分枝，每个主分枝再保留2个次分枝，整成自然心形。

3.3.2　成年树修剪

成年树的修剪要按照强疏删、少短截，删密留疏，去弱留强的原则进行，促使树体结构合理，冠形匀称，营养集中，空间能充分利用，改善通风透光条件，形成上下内外立体结果的丰产稳产树形。

4. 采收

4.1　时间选择

枳壳果实适宜采收期在7月小暑至大暑间，早采产量会低，迟采药效会变差。

4.2　采收操作及采后贮存

采收时根据树势大小以及环境条件，使用专业工具剃镰和人字梯剪切采摘，避免损伤树枝。采后要及时横切晾晒，日晒夜露，晒至6~7成干时收回堆放一夜使之发汗，再晒至全干即可。遇上雨天要盖好布防雨淋发霉，条件允许可以烘干。晒干的枳壳要包装好，放于通风处贮藏，防止霉变。

【药材质量标准】

枳壳

【性状】本品呈半球形，直径3~5 cm。外果皮棕褐色至褐色，有颗粒状突起，突起的顶端有凹点状油室；有明显的花柱残迹或果梗痕。切面中果皮黄白色，光滑而稍隆起，厚0.4~1.3 cm，边缘散有1~2列油室，瓤囊7~12瓣，少数至15瓣，汁囊干缩呈棕色至棕褐色，内藏种子。质坚硬，不易折断。气清香，味苦、微酸。

【鉴别】（1）本品粉末黄白色或棕黄色。中果皮细胞类圆形或形状不规则，壁大多呈不均匀增厚。果皮表皮细胞表面观多角形、类方形或长方形，气孔环式，直径16~34 μm，副卫细胞5~9个；侧面观外被角质层。汁囊组织淡黄色或无色，细胞多皱缩，并与下层细胞交错排列。草酸钙方晶存在于果皮和汁囊细胞中，呈斜方形、多面体形或双锥形，直径3~30 μm。螺纹导管、网纹导管及管胞细小。

（2）取本品粉末0.2 g，加甲醇10 mL，超声处理30 min，滤过，滤液蒸干，残渣加甲醇5 mL使溶解，作为

供试品溶液。另取柚皮苷对照品、新橙皮苷对照品，加甲醇制成每1 mL各含0.5 mg的混合溶液，作为对照品溶液。照薄层色谱法（通则0502）试验，吸取上述供试品溶液10 μL、对照品溶液20 μL，分别点于同一硅胶G薄层板上，以三氯甲烷-甲醇-水（13:6:2）下层溶液为展开剂，展开，取出，晾干，喷以3%三氯化铝乙醇溶液，在105 ℃加热约5 min，置紫外光灯（365 nm）下检视。供试品色谱中，在与对照品色谱相应的位置上，呈相同颜色的荧光斑点。

【检查】水分　不得过12.0%（通则0832第四法）。

总灰分　不得过7.0%（通则2302）。

【含量测定】按照高效液相色谱法（通则0512）测定。

色谱条件与系统适用性试验　以十八烷基硅烷键合硅胶为填充剂；以乙腈-水（20:80）（用磷酸调节pH值至3）为流动相；检测波长为283 nm。理论板数按柚皮苷峰计算应不低于3 000。

对照品溶液的制备　取柚皮苷对照品、新橙皮苷对照品适量，精密称定，加甲醇分别制成每1 mL含柚皮苷和新橙皮苷各80 μg的溶液，即得。

供试品溶液的制备　取本品粗粉约0.2 g，精密称定，置具塞锥形瓶中，精密加入甲醇50 mL，称定重量，加热回流1.5 h，放冷，再称定重量，用甲醇补足减失的重量，摇匀，滤过。精密量取续滤液10 mL，置25 mL量瓶中，加甲醇至刻度，摇匀，即得。

测定法　分别精密吸取对照品溶液与供试品溶液各10 μL，注入液相色谱仪，测定，即得。

本品按干燥品计算，含柚皮苷（$C_{27}H_{32}O_{14}$）不得少于4.0%，新橙皮苷（$C_{28}H_{34}O_{15}$）不得少于3.0%。

枳实

【性状】本品呈半球形，少数为球形，直径0.5~2.5 cm。外果皮黑绿色或棕褐色，具颗粒状突起和皱纹，有明显的花柱残迹或果梗痕。切面中果皮略隆起，厚0.3~1.2 cm，黄白色或黄褐色，边缘有1~2列油

室，瓤囊棕褐色。质坚硬。气清香，味苦、微酸。

【鉴别】（1）本品粉末淡黄色或棕黄色。中果皮细胞类圆形或形状不规则，壁大多呈不均匀增厚。果皮表皮细胞表面观多角形、类方形或长方形，气孔环式，直径18～26 μm，副卫细胞5～9个；侧面观外被角质层。草酸钙方晶存在于果皮和汁囊细胞中，呈斜方形、多面体形或双锥形，直径2～24 μm。橙皮苷结晶存在于薄壁细胞中，黄色或无色，呈圆形或无定形团块，有的显放射状纹理。油室碎片多见，分泌细胞狭长而弯曲。螺纹导管、网纹导管及管胞细小。

（2）取本品粉末0.5 g，加甲醇10 mL，超声处理20 min，滤过，滤液蒸干，残渣加甲醇0.5 mL使溶解，作为供试品溶液。另取辛弗林对照品，加甲醇制成每1 mL含0.5 mg的溶液，作为对照品溶液。照薄层色谱法（通则0502）试验，吸取上述两种溶液各2 μL，分别点于同一硅胶G薄层板上，以正丁醇-冰醋酸-水（4∶1∶5）的上层溶液为展开剂，展开，取出，晾干，喷以0.5%茚三酮乙醇溶液，在105 ℃加热至斑点显色清晰。供试品色谱中，在与对照品色谱相应的位置上，显相同颜色的斑点。

【检查】水分　不得过15.0%（通则0832第四法）。

总灰分　不得过7.0%（通则2302）。

【浸出物】按照醇溶性浸出物测定法（通则2201）项下的热浸法测定，用70%乙醇作溶剂，不得少于12.0%。

【含量测定】按照高效液相色谱法（通则0512）测定。

色谱条件与系统适用性试验　以十八烷基硅烷键合硅胶为填充剂；以甲醇-磷酸二氢钾溶液（取磷酸二氢钾0.6 g，十二烷基磺酸钠1.0 g，冰醋酸1 mL，加水溶解并稀释至1 000 mL）（50∶50）为流动相；检测波长为275 nm。理论板数按辛弗林峰计算应不低于2 000。

对照品溶液的制备　取辛弗林对照品适量，精密称定。加水制成每1 mL含30 μg的溶液，即得。

供试品溶液的制备　取本品中粉约1 g，精密称定，置具塞锥形瓶中，精密加入甲醇50 mL，称定重量，加热回流1.5 h，放冷，再称定重量，用甲醇补足减失的重量，摇匀，滤过，精密量取续滤液10 mL，蒸干，残渣加水10 mL使溶解，通过聚酰胺柱（60～90目，2.5 g，内径为1.5 cm，干法装柱），用水25 mL洗脱，收集洗脱液，转移至25 mL量瓶中，加水至刻度，摇匀，即得。

测定法　分别精密吸取对照品溶液与供试品溶液各10～20 μL，注入液相色谱仪，测定，即得。

本品按干燥品计算，含辛弗林（$C_9H_{13}NO_2$）不得少于0.30%。

【市场前景】

枳壳、枳实均为临床消食理气中药，应用十分广泛。《本草衍义》曰："他方但导败风壅之气，可常服者，故用枳壳"，枳壳既可调理气机瘀滞之主证，也可在益气、活血、化痰、利水等心血管常用药物配伍中发挥佐使之功，佐补益之药而通利气机，补而不滞，使通利之药更助血行痰化水利，以辅助君臣，协同增效，在心血管疾病中的临证处方配伍应用灵活。枳实除了在改善胃肠道、抗肿瘤、抗氧化、抗菌、抗炎等方面的应用，还作为多种控制体重的膳食补充剂和食欲抑制剂的主要成分被广泛使用。结合当前的研究成果对枳实药材进行系统开发和利用，提升枳实药材及其制剂的质量标准，将对传统中药枳实、枳壳的应用有重要意义。

5. 青皮（陈皮）

【来源】

本品为芸香科植物橘*Citrus reticulata* Blanco及其栽培变种的干燥幼果或未成熟果实的果皮。5—6月收集自落的幼果，晒干，习称"个青皮"；7—8月采收未成熟的果实，在果皮上纵剖成四瓣至基部，除尽瓤瓣，晒干，习称"四花青皮"。

陈皮为其干燥成熟果皮。药材分为"陈皮"和"广陈皮"。采摘成熟果实，剥取果皮，晒干或低温干燥。

【原植物形态】

小乔木。分枝多，枝扩展或略下垂，刺较少。单身复叶，翼叶通常狭窄，或仅有痕迹，叶片披针形、椭圆形或阔卵形，大小变异较大，顶端常有凹口，中脉由基部至凹口附近成叉状分枝，叶缘至少上半段通常有钝或圆裂齿，很少全缘。花单生或2～3朵簇生；花萼不规则5～3浅裂；花瓣通常长1.5 cm以内；雄蕊20～25枚，花柱细长，柱头头状。果形种种，通常扁圆形至近圆球形，果皮甚薄而光滑，或厚而粗糙，淡黄色、朱红色或深红色，甚易或稍易剥离，橘络甚多或较少，呈网状，易分离，通常柔嫩，中心柱大而常空，稀充实，瓤囊7～14瓣，稀较多，囊壁薄或略厚，柔嫩或颇韧，汁胞通常纺锤形，短而膨大，稀细长，果肉酸或甜，或有苦味，或另有特异气味；种子或多或少数，稀无籽，通常卵形，顶部狭尖，基部浑圆，子叶深绿、淡绿或间有近于乳白色，合点紫色，多胚，少有单胚。花期4—5月，果期10—12月。

【资源分布及生物学习性】

产于秦岭南坡以南、伏牛山南坡诸水系及大别山区南部，向东南至台湾，南至海南岛，西南至西藏东南部海拔较低地区。广泛栽培，很少半野生。偏北部地区栽种的都属橘类，以红橘和朱橘为主。

【规范化种植技术】

1. 建园

1.1 园地选择

柑橘种植要求年平均温度16～22 ℃，绝对最低温度≥－7 ℃，≥10 ℃的年积温5 000 ℃以上。土壤质地良好，疏松肥沃，有机质含量宜在1.5%以上，土层深厚，活土层宜在60 cm以上，地下水位1 m以下的平地或坡度25°以下、背风向阳的丘陵山地。

1.2 品种选择

以青皮或陈皮为生产目的，选择相应的栽培品种。如陈皮应选用茶枝柑（新会柑）、四会柑（广东广西地带）、青皮则用瓯柑（江浙柑）、蕉柑（广东、福建、台湾）等较好。

1.3 栽植

提倡栽植无病毒苗、大苗、壮苗和容器苗。裸根苗一般在9—10月秋梢老熟后或2—3月春梢萌发前栽植，容器苗宜在3—10月栽植。冬季有冻害的地区宜在春节栽植。栽植密度根据品种、砧穗组合、环境条件和管理水平等确定。按每亩栽植永久树计，40～70株。

2. 土肥水管理

2.1 土壤管理

提倡柑橘园实行生草制，种植的间作物以矮秆浅根性豆科或牧草为宜，适时刈割翻埋于土中或覆盖于树盘。夏季高温干旱季节，提倡用秸秆等覆盖树盘，覆盖物与根颈保持10 cm以上的距离。每年中耕1次或2年中耕1次，保持土壤疏松。中耕深度≤10 cm。杂草较多的柑橘园，可限量使用对环境影响小的除草剂。

2.2 施肥

根据叶片和土壤分析结果指导施肥。施肥方法以土壤施肥为主，配合叶面施肥。1～3年生幼树单株年施纯氮100～300 g，氮磷钾比例1：（0.25～0.4）：（0.5～0.8）。结果树一般以产果100 kg施纯氮0.6～0.8 kg，氮磷钾比例以1：（0.4～0.5）：（0.8～1.0）为宜，红壤果园适当增加磷、钾施用量。①采果肥。采果后施足量的有机肥（基肥），氮施用量占全年的20%～40%，磷施用量占全年的20%～25%，钾施用量占全年的30%；②花前（萌芽）肥。以氮、磷为主，氮施用量占全年的20%～30%，磷施用量占全年的40%～45%，钾施用量占全年的20%；③稳（壮）果肥。以氮、钾为主，配合施用磷肥。氮施用量占全年的40%～60%，磷施用量占全年的35%，钾施用量占全年的50%。土壤微量元素缺乏的柑橘园，应针对缺素状况增加根外追肥。

2.3 水分管理

柑橘树在春梢萌动及开花期和果实膨大期对土壤水分敏感。当土壤田间持水量低于60%，或沙土含水量＜5%、壤土含水量＜15%，黏土含水量＜25%时需及时灌水。果实采收后及时灌水，灌溉量以灌溉水浸透根系分布层土壤为度。多雨季节或果园积水时疏通排水系统并及时排水，保持地下水位在1 m以下。采收前多雨的地区可采用地面地膜覆盖，降低土壤含水量，提高果实品质。

3. 花果管理

3.1 促进花芽分化

长势强旺的幼树或花量偏少的成年树应控制氮肥施用量，在秋梢停长后进行控水、拉枝或断根处理。

3.2 保花保果

温州蜜柑等无核少核类着果率较低的品种，在谢花后1~4周内，用赤霉素、6-苄基腺嘌呤（6-BA）等植物生长调节剂涂幼果或喷布幼果。在花期、幼果期常有30 ℃以上持续高温并伴有干旱的地区，可对花枝喷布赤霉素或赤霉素与6-BA的混合液，或抹除部分春梢营养枝。干旱时及时灌水或对树冠喷水，并用秸秆等覆盖树盘，防止高温引起的异常落果。

3.3 控花疏果

对生长势较弱、翌年是大年的植株或花量大、着果率极低的品种，冬季修剪以短截、回缩为主，也可在11月前后花芽生理分化期对树冠喷布赤霉素1~2次。现蕾期进行花前复剪，强枝适当多留花、弱枝少留或不剪，有叶单花多留、无叶花少留或不留，摘除畸形花、病虫花等。在第二次生理落果结果后，根据叶果比疏果。适宜叶果比为：普通瓯柑（40~50）∶1，新会柑（50~60）∶1，中晚熟温州蜜柑（20~25）∶1。

3.4 防止裂果

果实膨大期遇干旱时及时灌水，并进行树盘覆盖。土壤增施钾、钙肥，或初夏对树冠喷施磷酸二氢钾、氨基酸钙、腐殖酸钙等。在裂果高峰期发生前一个月左右，裂果较严重的品种可喷布10~30 mg/kg赤霉素，或用50~200 mg/kg赤霉素涂抹果实顶（脐）部。

4. 整形修剪

4.1 整形

柑橘宜采用自然开心形整形。树形要求主枝、骨干枝少，分布错落有致，疏密得当；小枝、枝组和叶片多，但互不拥挤；树冠丰满，叶幕呈波浪形。在选留的主枝上，选择方位和角度适宜的强旺枝作延长枝，对其进行中度短截。注意调整主枝延长枝和骨干枝延长枝的方位及骨干枝之间生长势的平衡。除对影响树形的直立枝、徒长枝或过密枝群作适当疏删外，内膛枝和树冠中下部较弱的枝梢均应保留。

当树冠达到一定高度时，及时回缩或疏删影响树冠内膛光照的大枝，使内膛获得充足的光照。树冠交叉郁闭前，及时回缩或疏删主枝延长枝，使株间和行间保持一定的距离。

4.2 修剪

初结果期：继续选择和短截处理各级骨干枝延长枝，适当控制夏梢，促发健壮早秋梢。对过长的营养枝留8~10片叶及时摘心，回缩或短截结果后枝组。抽生较多夏、秋梢营养枝时，应对其进行适当疏删。盛果期：及时回缩结果枝组、落花落果枝组和衰退枝组，剪除枯枝、病虫枝。对较拥挤的骨干枝适当疏剪开出"天窗"，将光线引入内膛。当年抽生较多夏、秋梢营养枝时，应分别短截和疏删其中的一部分以调节翌年产量，防止大小年结果。

更新复壮期：在短截或回缩衰弱大枝组的基础上，疏删部分密弱枝群，短截所有营养枝和有叶结果枝，全部疏去花果。必要时在春梢萌芽前对植株进行露骨更新或主枝更新。经更新修剪促发的枝梢应短截强枝，保留中庸枝和弱枝。

5. 病虫害防治

以农业防治和物理防治为基础，提倡生物防治，根据柑橘病虫害发生规律，科学安全地使用化学防治技术，最大限度地减轻农药对生态环境的破坏和对自然天敌的伤害，将病虫害造成的损失控制在经济受害允许水平之内。

按植物检疫法规的有关要求，对调运的柑橘苗木、果实及接穗进行检疫，防止植物检疫对象从发生区传入未发生区。新发展区须种植无病毒苗木。按柑橘标准化的要求进行土肥水管理、整形修剪和花果管理，提高植株抗病虫能力。应抹除夏梢和零星早秋梢，统一放秋梢，特别是中心虫株要人工摘除夏梢和早秋梢，以降低害虫基数，减少橘园用药次数。同时，冬季结合修剪，清除病虫枝、干枯枝，及时清除果园地面的落叶、落果，集中烧毁或深埋。并喷0.8～1.0波美度石硫合剂1次，减少越冬虫菌源。提倡使用诱虫灯、黏虫板、防虫网等无公害措施，人工引移、繁殖释放天敌等技术和方法。如利用频振式杀虫灯诱杀蛾类和金龟子成虫，利用糖、酒、醋液（饴糖2份、甜米酒1份、烂橘子汁或米醋1份、90%晶体敌百虫1份加水20份搅匀）诱杀大实蝇、拟小黄卷叶蛾等害虫。

5.1　防治适期和方法

（1）炭疽病。春、夏梢抽发期和果实成熟前及时喷药，每15 d喷1次，连续3～4次。

（2）疮痂病。春梢1～10 mm和谢花2/3时各喷药1次，秋季发病地区需再喷药。

（3）黑斑病。花后30～45 d喷药，每15 d喷1次，连续3～4次。

（4）螨类。橘全爪螨在春芽萌芽前有螨100～200头/百叶或有螨叶达50%及5—6月和9—11月达500～600头/百叶时进行防治，柑橘锈螨在出现个别受害果或叶片、果实平均每视野有锈螨2头（手持10倍放大镜）时进行防治。

（5）蚧类。第一代若虫盛发期是所有蚧类害虫化学防治的关键时期，矢尖蚧在第一代若虫初现后21 d喷药，为害严重的15 d后再喷药防治。

（6）蚜虫类。在发现有无翅蚜为害或新梢有蚜率达到25%时进行喷药防治，每10 d 1次，连喷2～3次。

（7）潜叶蛾。一般为5月中、下旬有越冬雌成虫的秋梢叶达10%时进行防治。

（8）柑橘粉虱和黑刺粉虱。在越冬成虫初现后30～35 d开始喷药，每10 d喷一次，连喷2～3次。

5.2　建议使用农药

包括矿物油、除虫脲、氟虫脲、吡虫啉、哒螨灵、石硫合剂、氢氧化铜、代森锰锌等。药剂使用严格控制安全间隔期、施药量（浓度）和施药次数，优先使用生物源农药和矿物源农药，注意不同作用机理的农药交替使用和合理混用。

6. 采收与贮藏

6.1　采收
根据制成青皮、陈皮的不同要求，选恰当时间采收。雨天、大雾、露水未干时不宜采收。

6.2　贮藏保鲜
按照青皮、陈皮不同的制作加工炮制工艺相应进行。

【药材质量标准】

【性状】四花青皮果皮剖成4裂片，裂片长椭圆形，长4～6 cm，厚0.1～0.2 cm。外表面灰绿色或黑绿色，密生多数油室；内表面类白色或黄白色，粗糙，附黄白色或黄棕色小筋络。质稍硬，易折断，断面外缘有油室1～2列。气香，味苦、辛。

个青皮　呈类球形，直径0.5～2 cm。表面灰绿色或黑绿色，微粗糙，有细密凹下的油室，顶端有稍突起的柱基，基部有圆形果梗痕。质硬，断面果皮黄白色或淡黄棕色，厚0.1～0.2 cm，外缘有油室1～2列。瓤囊8～10瓣，淡棕色。气清香，味酸、苦、辛。

陈皮　常剥成数瓣，基部相连，有的呈不规则的片状，厚1～4 mm。外表面橙红色或红棕色，有细皱纹和凹下的点状油室；内表面浅黄白色，粗糙，附黄白色或黄棕色筋络状维管束。质稍硬而脆。气香，味辛、苦。

广陈皮　常3瓣相连，形状整齐，厚度均匀，约1 mm。点状油室较大，对光照视，透明清晰。质较柔软。

【鉴别】（1）四花青皮本品粉末灰绿色或淡灰棕色。中果皮薄壁组织众多，细胞形状不规则，壁稍增厚，有的成连珠状。果皮表皮细胞表面观多角形或类方形，垂周壁增厚，气孔长圆形，直径20～28 μm，副

卫细胞5~7个；侧面观外被角质层，靠外方的径向壁稍增厚。草酸钙方晶存在于近表皮的薄壁细胞中，呈多面体形、菱形或方形，直径3~28 μm，长至32 μm。橙皮苷结晶棕黄色，呈半圆形、类圆形或无定形团块。螺纹导管、网纹导管细小。

个青皮 瓤囊表皮细胞狭长，壁薄，有的呈微波状，细胞中含有草酸钙方晶，并含橙皮苷结晶。

陈皮 粉末黄白色至黄棕色。中果皮薄壁组织众多，细胞形状不规则，壁不均匀增厚，有的呈连珠状。果皮表皮细胞表面观多角形、类方形或长方形，垂周壁稍厚，气孔类圆形，直径18~26 μm，副卫细胞不清晰；侧面观外被角质层，靠外方的径向壁增厚。草酸钙方晶成片存在于中果皮薄壁细胞中，呈多面体形、菱形或双锥形，直径3~34 μm，长5~53 μm，有的一个细胞内含有由两个多面体构成的平行双晶或3~5个方晶。橙皮苷结晶大多存在于薄壁细胞中，黄色或无色，呈圆形或无定形团块，有的可见放射状条纹。螺纹导管、孔纹导管和网纹导管及管胞较小。

（2）取本品粉末0.3 g，加甲醇10 mL，加热回流20 min，滤过，取滤液5 mL，浓缩至1 mL，作为供试品溶液。另取橙皮苷对照品，加甲醇制成饱和溶液，作为对照品溶液。照薄层色谱法（通则0502）试验，吸取上述两种溶液各2 μL，分别点于同一用0.5%氢氧化钠溶液制备的硅胶G薄层板上，以乙酸乙酯-甲醇-水（100：17：13）为展开剂，展至约3 cm，取出，晾干，再以甲苯-乙酸乙酯-甲酸-水（20：10：1：1）的上层溶液为展开剂，展至约8 cm，取出，晾干，喷以三氯化铝试液，置紫外光灯（365 nm）下检视。供试品色谱中，在与对照品色谱相应的位置上，显相同颜色的荧光斑点。

【检查】**水分** 不得过13.0%（通则0832第四法）。

青皮 总灰分 不得过6.0%（通则2302）。

陈皮 黄曲霉毒素照黄曲霉毒素测定法（通则2351）测定。

取本品粉末（过二号筛）约5 g，精密称定，加入氯化钠3 g，照黄曲霉毒素测定法项下供试品的制备方法测定，计算，即得。

本品每1 000 g含黄曲霉毒素B1不得过5 μg，黄曲霉毒素G2、黄曲霉毒素G1、黄曲霉毒素B2和黄曲霉毒素B1总量不得过10 μg。

【含量测定】按照高效液相色谱法（通则0512）测定。

色谱条件与系统适用性试验 以十八烷基硅烷键合硅胶为填充剂；以甲醇-水（25：75）为流动相；检测波长为284 nm。青皮理论板数按橙皮苷峰计算应不低于1 000；陈皮理论板数按橙皮苷峰计算应不低于2 000。

对照品溶液的制备 取橙皮苷对照品适量，精密称定，加甲醇制成每1 mL含0.1 mg的溶液，即得。

供试品溶液的制备

青皮 取本品细粉约0.2 g，精密称定，置50 mL量瓶中，加甲醇30 mL，超声处理30 min，放冷，加甲醇至刻度，摇匀，滤过，精密量取续滤液2 mL，置5 mL量瓶中，加甲醇至刻度，摇匀，即得。

测定法 分别精密吸取对照品溶液与供试品溶液各10 μL，注入液相色谱仪，测定，即得。

本品含橙皮苷（$C_{28}H_{34}O_{15}$）不得少于5.0%。

陈皮 取本品粗粉约1 g，精密称定，置索氏提取器中，加石油醚（60~90 ℃）80 mL，加热回流2~3 h，弃去石油醚，药渣挥干，加甲醇80 mL，再加热回流至提取液无色，放冷，滤过，滤液置100 mL量瓶中，用少量甲醇分数次洗涤容器，洗液滤入同一量瓶中，加甲醇至刻度，摇匀，即得。

测定法 分别精密吸取对照品溶液与供试品溶液各5 μL，注入液相色谱仪，测定，即得。

本品按干燥品计算，含橙皮苷（$C_{28}H_{34}O_{15}$）不得少于3.5%。

【市场前景】

青皮始载于《珍珠囊》，主气滞，破积结，少阳经下药也。《本草纲目》中记：青橘皮，其色青气烈，味苦而辛，治之以醋，所谓肝欲散，急食辛以散之，以酸泄之，以苦降之也.陈皮浮而升，入脾肺气分；青皮沉而降，入肝胆气分，一体二用，物理自然也。青皮主治肝气郁滞，胸胁闷胀，乳房胀痛，食积腹胀，脘闷嗳气以及小肠疝气等病症，临床疗效好，且青皮为柑橘属植物橘及其栽培变种的干燥幼果或未成熟果实的果皮，重庆地区是柑橘的主产区，资源丰富，青皮质量最好，经济价值高，管护成本较低，是低海拔的地区农户增收和乡村振兴的重要特产经济品种。

6. 佛手

【来源】

本品为芸香科植物佛手*Citrusmedica* L. var. *sarcodactylis* Swingle的干燥果实。秋季果实尚未变黄或变黄时采收，纵切成薄片，晒干或低温干燥。

【原植物形态】

不规则分枝的灌木或小乔木。新生嫩枝、芽及花蕾均暗紫红色，茎枝多刺，刺长达4 cm。单叶，稀兼有

单身复叶，则有关节，但无翼叶；叶柄短，叶片椭圆形或卵状椭圆形，长6～12 cm，宽3～6 cm，或有更大，顶部圆或钝，稀短尖，叶缘有浅钝裂齿。总状花序有花达12朵，有时兼有腋生单花；花两性，有单性花趋向，则雌蕊退化；花瓣5片，长1.5～2 cm；雄蕊30～50枚；子房圆筒状，花柱粗长，柱头头状，果椭圆形、近圆形或两端狭的纺锤形，重可达2 000 g，果皮淡黄色，粗糙，甚厚或颇薄，难剥离，内皮白色或略淡黄色，棉质，松软，瓢囊10～15瓣，果肉无色，近于透明或淡乳黄色，爽脆，味酸或略甜，有香气；种子小，平滑，子叶乳白色，多或单胚。花期4—5月，果期10—11月。

各器官形态与香橼难以区别。但子房在花柱脱落后即行分裂，在果的发育过程中成为手指状肉条，果皮甚厚，通常无种子。花、果期与香橼同。

长江以南各地有栽种。

佛手的香气比香橼浓，久置更香。药用佛手因产区不同而名称有别。产浙江的称兰佛手（主产地在兰溪县），产福建的称闽佛手，产广东和广西的称广佛手，产四川和云南的，分别称川佛手与云佛手或统称川佛手。云南还有一些栽培品种，它的果肉有酸的也有甜的，果皮近于平滑至甚粗糙，果萼薄或增厚呈肉质，种子平滑或略具钝棱。

手指肉条挺直或斜展的称开佛手，闭合如拳的称闭佛手，或称合拳（广东新语），或拳佛手或假佛手。也有在同一个果上其外轮肉条为扩展性，内轮肉条为拳卷状的。

【资源分布及生物学习性】

为热带、亚热带植物，喜温暖湿润、阳光充足的环境，不耐严寒、怕冰霜及干旱，耐阴，耐瘠，耐涝。以雨量充足，冬季无冰冻的地区栽培为宜。最适生长温度22～24 ℃，越冬温度5 ℃以上，年降水量以1 000～1 200 mm最适宜，年日照时数1 200～1 800 h为宜。适合在土层深厚、疏松肥沃、富含腐殖质、排水良好的酸性壤土、砂壤土或黏壤土中生长。

佛手主要分布在广东、四川、重庆、广西、安徽、浙江、云南、福建等省区也有栽培，重庆地区主要分布在三峡库区海拔300～700 m长江沿线及丘陵开阔地带。

【规范化种植技术】

1. 栽植

扦插半年后的金佛手苗，即可定植于建好的金佛手园。株行距为1 m×2 m，每亩种植320株。金佛手不耐涝，除了建园时挖好排水沟，定植时还要求垒土栽培，即不挖定植穴，把定植点四周的土搬来堆在苗子根部，压实即可，这样可形成一个小土堆，利于减轻根部积水。

2. 田间管理

2.1 树冠整型

培养良好树势定植后第1、2年，可按照正常的果园进行加强肥水管理，以增强植株对病虫害的抗性。对个别强旺的徒长枝进行摘心和剪梢，使各新枝营养平衡，构成良好的主体骨架，培养匀称的树势。到第2年的秋季（重庆地区在9月初），需要进行重剪，这是与其他柑橘树管理有很大差别的措施。剪去老枝、弱枝、病枝，观察整个树势，保留3～5个方向的二级分枝，在离主干7～10 cm处修剪，所留长度以整个树形呈圆头形为基准。剪去树干上的叶片和刺，以减少病虫害载体和方便管理。

2.2 促芽分化

促进花芽分化修剪后10～15 d，当新芽长到2～3 cm长时，即可使用15%多效唑100 g兑水15 kg对新芽进行喷施，可使新芽节间变短，叶片变大；待多数新芽长到8～12 cm长时，掰掉弱枝、密枝，使每个二级分枝留2～3个新枝，每株金佛手树三级分枝达到10～15个即可。分别于10月中旬、11月中旬喷施1次多效唑，浓度约为150 g多效唑兑水30 kg，具体浓度视金佛手树的生长势有些差异。目的是抑制营养生长，促进花芽分化。喷施时要注意因树而异，强壮树多喷，弱树少喷或不喷。

2.3 保花保果措施

①及时人工疏花疏果。金佛手花序顶生，其花分为雄花和雌花，雌花圆大，花蕊中有小果，雄花尖而长，极易区别。雌花一般生于花序中央，或单生于枝顶。如果按照传统的柑橘树管理，不及时采取疏花疏果措施，则很难坐果。每丛花序只留1～2朵健壮的花朵，尽量选择保留单生的健壮雌花；金佛手保留幼果的数量须根据树势而定，一般小盆栽可留果4～6个，5年生地栽大树可留果20～30个。

②化学保花保果。在花朵开放前后3～5 d，用300～600 mg/L浓度的赤霉素，喷施花朵至水雾成滴即可。此项工作极为重要，从4月初开春花直到6月中旬开夏花，必须坚持。尤其是重庆地区多阴雨天气，一定要在晴天的下午及时喷施。经过此项处理的花朵第2或第3 d就能看到花瓣干枯而不是腐烂，坐果率明显上升；待小金佛手果长到拳头大小，可以明显看见果柄粗壮。

③及时抹梢。在春夏之交，重庆地区常出现多雨天气，易发生新枝萌发多、长势旺的现象，如果任其自由生长，则出现满树新枝嫩叶与金佛手果实争夺养分的情形。4月初，如果同一枝头有花芽同时也有枝芽，就要在疏花的同时及时掰去枝芽；在4月20日后，枝条花芽已经能够明显区分，掐掉已经长长的枝条顶端（打顶），留下4～8 cm（视植株株型调整而定）的嫩枝，这样可明显减少生理性落果。6月1日后出现的夏梢全部齐根部掰掉，这样可让植物营养有效集中到金佛手果上，避免果实有鹌鹑蛋大小后还严重掉果的现象，有效提高金佛手产量。

2.4 肥水管理

①合理施肥。重视冬季施肥。冬季施肥是果园管理的重点，视金佛手苗大小和长势施肥。以正常生长的3年生金佛手苗为例，每株苗施腐熟猪粪肥3～5 kg，N-P-K含量为15-15-15的复合肥0.3 kg，围绕金佛手树的树冠滴水线挖5 cm左右的环状沟，把肥料均匀施入，再覆土即可。5年生的金佛手树则要株施猪粪肥7～10 kg，复合肥0.5 kg。必须掌握的原则是：生长旺盛的树适量多施，反之少施。巧施叶面肥。春季金佛手开花期间，需要大量的养分，可于晴天喷施磷酸二氢钾、三十烷醇、高美施等叶面肥，间隔5～7 d喷施1次，连施2～3次。施用浓度以产品说明为准，喷施时叶面和花朵都要全面喷到，以利于吸收，增强坐果能力。

②合理浇水与控水。金佛手根系分布在浅表，既不可过度干旱，又不能过度潮湿。水浇得是否合理，对能否种好金佛手十分重要。合理浇水的原则是"不干不浇，浇则浇透"。地栽金佛手一般情况下不需浇水，雨水过多的季节需要注意疏通主沟和行间沟，以减少土壤相对含水量。干旱的季节，如早春或盛夏，金佛手叶片有些发蔫，表土干白，可以浇1次透水。当盆栽金佛手的盆土有70%变硬、干白，浇水最为适宜，要小水反复浇灌，使盆土充分浇透。

2.5 病虫害防治

秋季新梢生长过程中，要重点注意防治潜叶蛾，要求集中修剪，使发芽整齐，待秋梢齐发至新芽似米粒大小，选用氯氰菊酯、西维因悬剂等，每隔5～7 d喷布1次，连用3～4次，直到叶片老化为止。秋冬季要严加防范红蜘蛛，以杀螨类农药如三氯杀螨醇、螨虫克星等加以防治，尤其要注意不能让红蜘蛛过冬，否则春季会出现红蜘蛛爆发，加大防治难度。

【药材质量标准】

本品为类椭圆形或卵圆形的薄片，常皱缩或卷曲，长6～10 cm，宽3～7 cm，厚0.2～0.4 cm.顶端稍宽，常有3～5个手指状的裂瓣，基部略窄，有的可见果梗痕。外皮黄绿色或橙黄色，有皱纹和油点。果肉浅黄白色或浅黄色，散有凹凸不平的线状或点状维管束。质硬而脆，受潮后柔软，气香，味微甜后苦。

【鉴别】（1）本品粉末淡棕黄色。中果皮薄壁组织众多，细胞呈不规则形或类圆形，壁不均匀增厚。果

皮表皮细胞表面观呈不规则多角形，偶见类圆形气孔。草酸钙方晶成片存在于多角形的薄壁细胞中，呈多面形、菱形或双锥形。

（2）取本品粉末1 g，加无水乙醇10 mL，超声处理20 min，滤过，滤液浓缩至干，残渣加无水乙醇0.5 mL使溶解，作为供试品溶液。另取佛手对照药材1 g，同法制成对照药材溶液。照薄层色谱法（通则0502）试验9吸取上述两种溶液各2 mL，分别点于同一硅胶G薄层板上，以环己烷：乙酸乙酯（3：1）为展开剂，展开，取出，晾干，置紫外光灯（365 mn）下检视。供试品色谱中，在与对照药材色谱相应的位置上，显相同颜色的荧光斑点。

【检查】水分　不得过15.0%（通则0832第二法）。

【漫出物】按照醇溶性浸出物测定法（通则2201）项下的热浸法测定，用乙醇作溶剂，不得少于10.0%。

【含量测定】按照高效液相色谱法（通则0512）测定。本品按干燥品计算，含橙皮苷（$C_{28}H_{34}O_{15}$）不得少于0.030%。

【市场前景】

佛手作为传统的名贵中药具有止咳、化痰和理气的功效。佛手除了单方有药用价值外，与其他中药配伍的复方具有多方的疗效，如复方佛手口服液具有明显的镇咳、祛痰和平喘的功效；佛手散加味重用川芎治疗顽固性头痛；吴萸佛手汤治疗胃食管反流病；佛手养心汤治疗病毒性心肌炎；佛手定痛汤治疗顽固性头痛；加味佛手散主治癫痫症；佛手补髓汤可治脑外伤后复视。佛手挥发油作为一种名贵的天然香料，常应用于香水各类化妆品中，仅美国每年对挥发油的需要量就达30万磅以上。

7. 瓜蒌

【来源】

本品为葫芦科植物栝楼*Trichosanthes kirilowii* Maxim.或双边栝楼*Trichosanthes rosthornii* Harms的干燥成熟果实。秋季果实成熟时，连果梗剪下，置通风处阴干。

【原植物形态】

栝楼*Trichosanthes kirilowii* Maxim.攀缘藤本，长达10 m；块根圆柱状，粗大肥厚，富含淀粉，淡黄褐色。茎较粗，多分枝，具纵棱及槽，被白色伸展柔毛。叶片纸质，轮廓近圆形，长宽均5~20 cm，常3~5（~7）浅裂至中裂，稀深裂或不分裂而仅有不等大的粗齿，裂片菱状倒卵形、长圆形，先端钝，急尖，边缘常再浅裂，叶基心形，弯缺深2~4 cm，上表面深绿色，粗糙，背面淡绿色，两面沿脉被长柔毛状硬毛，基出掌状脉5条，细脉网状；叶柄长3~10 cm，具纵条纹，被长柔毛。卷须3~7歧，被柔毛。花雌雄异株。雄总状花序单生，或与一单花并生，或在枝条上部者单生，总状花序长10~20 cm，粗壮，具纵棱与槽，被微柔毛，顶端有5~8花，单花花梗长约15 cm，花梗长约3 mm，小苞片倒卵形或阔卵形，长1.5~2.5（~3）cm，宽1~2 cm，中上部具粗齿，基部具柄，被短柔毛；花萼筒筒状，长2~4 cm，顶端扩大，径约10 mm，中、下部径约5 mm，被短柔毛，裂片披针形，长10~15 mm，宽3~5 mm，全缘；花冠白色，裂片倒卵形，长20 mm，宽18 mm，顶端中央具1绿色尖头，两侧具丝状流苏，被柔毛；花药靠合，长约6 mm，径约4 mm，花丝分离，粗壮，被长柔毛。雌花单生，花梗长7.5 cm，被短柔毛；花萼筒圆筒形，长2.5 cm，径1.2 cm，裂片和花冠同雄花；子房椭圆形，绿色，长2 cm，

径1 cm，花柱长2 cm，柱头3。果梗粗壮，长4~11 cm；果实椭圆形或圆形，长7~10.5 cm，成熟时黄褐色或橙黄色；种子卵状椭圆形，压扁，长11~16 mm，宽7~12 mm，淡黄褐色，近边缘处具棱线。花期5—8月，果期8—10月。

双边栝楼Trichosanthes rosthornii Harms的叶形、雄花或单生、总状花序或两者并生，以及小苞片等性状均似栝楼T. kirilowii Maxim；但后者的叶常掌状3~7浅裂或中裂，裂片菱状倒卵形，常常再分裂，稀不分裂；小苞片较大，长15~25（~30）mm，宽10~20 mm；花萼裂片披针形；种子棱线近边缘。

【资源分布及生物学习性】

产于辽宁、华北、华东、中南、陕西、甘肃、四川、重庆、贵州和云南。生于海拔200~1 800 m的山坡林下、灌丛中、草地和村旁田边。因本种为传统中药天花粉和栝楼，故在其自然分布区内外广为栽培。分布于朝鲜、日本、越南和老挝。

【规范化种植技术】

1. 选地整地

选背风向阳、地势平坦、阳光充足、雨量充沛、排水良好、土层深厚、疏松肥沃的土地作种植基地。秋冬季深翻土地，以改善土壤的理化性质，除去杂草树叶，消除越冬虫卵和病菌。在移栽前还需精耕细作。经多次翻耕后，整细土地，顺坡起畦，畦宽1.5 m，长度因地而异，畦与畦之间的沟宽为50 cm，沟深30 cm。整地后按株距1~1.5 m、行距4~4.5 m挖好定植穴，定植穴长、宽、高均为0.6 m。

穴内施足基肥，基肥以经过充分腐熟的农家肥为主，复合肥为辅。每亩施腐熟农家肥1 000 kg，复合肥25 kg。

2. 繁殖方法

栝楼育苗繁殖有种子繁殖、分根繁殖和组织培养3种方法，目前生产上组织培养苗快速繁殖是栝楼主要繁殖方法。以下主要介绍种子繁殖和分根繁殖。

2.1 种子繁殖

一般在清明至谷雨之间播种。播种方式常用育苗移栽。先在整好的地内，按行距0.5 m，开5 cm左右深的浅沟，按株距10～15 cm将种子放入沟内，覆土盖平，用脚踏实。如天气干旱，可在行间开沟灌水。待幼苗出土后，加强管理。第二年春天即可移栽。由于种子繁殖有主根，此法适宜收块根——天花粉。

2.2 分根繁殖

在10月下旬将块根挖出。选择健壮、无损伤、生命力强、无病虫害，折断面白色新鲜，直径4～7 cm、折成5 cm左右长的小段做种根。选择雌株的块根，适当搭配一定数量的雄株，以利授粉结果，折断的块根稍微晾晒，使伤口愈合，才能作种栽。从"清明"到"立夏"都可以栽植。栽时，在整好的畦面上，每隔60 cm，挖9 cm深左右的穴，将种根平放在穴里，上面盖土3～6 cm，用脚踩1遍，使种根和土密切接触，然后再培土6～9 cm，使成小土堆，以防人畜践踏和保墒。一般1个月左右即可出苗。

3. 移栽定植

宜选在阴雨天气进行移栽。将培育好的幼苗移栽到定植穴，每穴1株，每亩栽80～90株，移栽好后及时浇足定根水。栝楼为雌雄异株植物，属雌雄异株授粉，为了能正常授粉挂果，种植时宜雌株与雄株按20∶1相间搭配种植。

4. 田间管理

4.1 搭架

一般立水泥柱或木桩，按行距4 m，桩距4 m进行栽桩，桩长2.5 m，桩洞深0.5 m，埋好桩柱后，用铁丝固定桩柱，然后上塑料网，塑料网与桩顶的铁丝固定。

4.2 引苗上架

当茎长30 cm左右时，在每棵栝楼旁插1根树枝或玉米秆，用绳捆在一起，上端捆绑在架子上，以便引导茎蔓攀缘上架；或拉引苗绳引苗上架，秧苗不可捆得太紧，以免损伤茎蔓。每株选1根生长旺盛的健壮茎蔓向上伸长。架顶上过多的分枝及腋芽，也要及时摘去，以免消耗养分，有利通风透光。

4.3 修枝打杈

在引苗上架之前，选留生长旺盛的壮蔓1条，其余弱小的茎蔓全部剪掉。上架的茎蔓要停止打侧枝，当苗茎蔓在架子上长到1 m高时，要摘顶芽，促进多生侧枝。上架的茎蔓要及时整理，使其在网架上分布

专家指导种植

均匀，有利于通风透光，也有利于光合作用和通风受粉，提高挂果率，减少病虫害的发生。

4.4　中耕除草

在栝楼的整个生育期中，视杂草生长情况，适时除草。一般每年的5月和7月需要中耕除草。当年种植的栝楼，在茎蔓未上架前，应浅松土，上架后可以深些。注意勿伤茎蔓。

4.5　追肥

栝楼属深根性多年生植物，每年追肥二次，结合中耕除草，第一次宜在5月进行，第二次宜在7月进行，以经过充分腐熟的农家肥为主，复合肥为辅。每亩施腐熟农家肥1 000 kg，与复合肥25 kg混合。结合除草和中耕培土进行追肥，将肥料翻入土中。

5. 病虫害防治

5.1　炭疽病

栝楼炭疽病是栝楼重要病害之一。随着栝楼种植面积的不断扩大，其危害也日趋严重。发病后可引起产量下降，品质降低，严重者可影响药农经济效益。发病规律：栝楼出苗后即可感染炭疽病，叶片发病从4月开始，但受夏季高温影响发展缓慢，7月如果遇上雨水增多，空气潮湿天气，气温下降，容易进入叶片发病高峰。8月进入叶和果发病高峰。

发病症状：叶片发病症状首先出现水渍样斑点，逐渐扩大成不规则枯斑，病斑多时会互相愈合或相连形成不规则的大枯斑。病斑中部常出现同心轮纹，发病严重时叶片会全部枯死。

果实发病：症状首先在果实表面出现水渍样斑点，后逐渐扩大成圆形凹陷，后期出现龟裂，重病果实由于失水缩成黑色僵果。在雨水较多，温度适宜条件下可很快蔓延，严重影响产量。如果是果柄发病，病情可迅速导致果实死亡，损失最大。

防治方法：

①农业措施：重病栝楼地可与其他作物进行3年以上轮作。使用无病株采收的种子，一般种子要进行消毒处理，可用55 ℃温水浸种15 min，或用40%福尔马林150倍液浸种30 min，充分水洗后播种。高畦覆地膜栽培。施足基肥，增施磷、钾肥。适当控制灌水，雨后排水。及早摘除初期病瓜、病叶，减少田间菌源。绑蔓、采收等农事操作，应在露水干后进行，以免人为传播病菌。收获后彻底清除田间病残体，并深埋或烧毁。

②药剂防治：发病初期及时进行药剂防治，以下药剂对栝楼炭疽病均有明显抑制作用。可选用75%百菌清可湿性粉剂500倍液，或50%多菌灵可湿性粉剂500倍液，或70%甲基托布津可湿性粉剂800倍液，或80%炭疽·福美可湿性粉剂800倍液，每7～10 d喷药1次，连续防治2～3次。

5.2　根结线虫病

根结线虫病也是危害栝楼病害之一。发病规律：根结线虫病害是由根结线虫侵染引起的，侵染幼虫主要分布在20～30 cm的土层内，尤其以20 cm的耕作层内居多。以卵或侵染幼虫在植物病残体和土壤中越冬，靠病土、灌水、农具等方式传播，在土壤温度25 ℃、含水量70%时最适于线虫的繁殖和侵染。土壤温度小于10 ℃或大于36 ℃时，侵染幼虫即停止活动。地势高，土质疏松，呈中性的沙性土壤最利于根结线虫的活动和为害，连作地块发病重。发病症状：症状为害根部。线虫侵入后，细根及粗根各部位产生大小不一的不规则瘤状物，即根结，其初为黄白色，外表光滑，后呈褐色并破碎腐烂，病株矮小，生长发育缓慢，线虫寄生后根系功能受到破坏，使植株地上部生长衰弱、变黄，影响产量。

防治方法：

①农业措施：栽种前宜在秋冬季深翻土地，曝晒土壤，杀灭病源。此外，轮作是利用根结线虫的寄生范围局限性原理，在作物种植过程中与根结线虫不易繁殖的禾本科作物轮作，轮作年限越长，效果越好，有条件的地区实施水旱轮作。轮作一定要注意选择差别性大的作物种类，否则起不到减轻病害的作用，抑或会使病害加重。

②药剂防治：整地时每公顷用5%克线磷150 kg沟施后翻入土中或栽种时穴施，也可在生长季随浇水施入1～2次，每次每公顷30 kg，可有效防治结线虫病。

5.3 瓜娟螟

瓜绢螟，又名瓜螟、青虫，属鳞翅目螟蛾科，主要寄主有丝瓜、黄瓜、甜瓜、冬瓜、西瓜、番茄、茄子等多种蔬菜。尤其是葫芦科植物为害更为严重，随着种植面积不断加大，瓜绢螟危害逐年加重。危害特点：幼虫在叶背啃食叶肉，被害部位呈白斑，3龄后吐丝将叶或嫩梢缀合，匿居其中取食，致使叶片穿孔或缺刻，严重时仅留叶脉。幼虫常蛀入果实内、花中或潜蛀藤茎，影响产量和品质。防治方法：①农业防治：一是栝楼果实收摘完毕后，及时清理种植地。栝楼果实采收后将枯藤落叶收集沤埋或烧毁，消灭藏匿于枯藤落叶中的虫蛹，可减少下代或越冬虫口基数。二是在幼虫发生初期，及时人工摘除卷叶、卵块或有幼虫群集的叶片，以消灭部分幼虫。②药剂防治：掌握在瓜绢螟卵孵化始盛期及时喷药。也可掌握在主要危害世代蛹羽化率40%～80%时喷药。选用高效、低毒、低残留药剂。可选用阿维菌素悬浮剂2 000～2 500倍液或1%甲维盐乳油1 000～1 500倍液，或1%阿维菌素乳油1 000倍液进行防治，不同农药要交替轮换使用，严格掌握农药安全间隔期。

5.4 蚜虫

蚜虫是栝楼的害虫之一，多危害栝楼的牙和嫩叶，吸食其汁液，引起新梢长势衰弱，叶片卷曲。在广西危害栝楼的蚜虫主要是棉蚜，又名瓜蚜。为同翅目，蚜科，常群集于嫩叶、嫩茎等部位，通常情况下每年5—7月发生，正值栝楼生长旺盛期。防治方法：①生物防治：可利用瓢虫、草蛉、食蚜蝇、寄生蜂等蚜虫天敌进行防治。②农业防治：剪除被蚜虫为害的枝条。③药剂防治：可用20%吡蚜酮噻虫胺液喷洒。

6. 采收加工

瓜蒌（全瓜蒌）的采收与加工多在8—9月，当果实呈青绿色时采收，果实的一端留约30 cm长的茎藤，采收后放入干燥、通风、阴凉的室内2～3 d，然后把茎藤编成串挂起来阴干。注意轻编轻挂，切勿碰撞、挤压，以防影响外观形态与色泽而降低品质与价格。瓜蒌皮瓜蒌采收后，从果蒂部将果实对半剖开，取出种子和瓜瓤，注意保留果肉，晒干或在50～70 ℃条件下烘干。至其充分干燥、发脆，外皮呈黄褐色为止。将取出的种子和瓜瓤，装入编织袋中，反复揉搓，用清水淘净瓜瓤，晒干或烘干，即成瓜蒌子。天花粉（栝楼根）雄株栽种3年后就可取块根，雌株待连续采果4年后被淘汰时，挖根，洗净砂土，趁鲜刮除外皮，量大者可用脱皮机脱皮，切成10～20 cm长的短段，粗根纵切成3～5块，晒干或烘干，作天花粉入药。

【药材质量标准】

【性状】本品呈类球形或宽椭圆形，长7～15 cm，直径6～10 cm。表面橙红色或橙黄色，皱缩或较光滑，顶端有圆形的花柱残基，基部略尖，具残存的果梗。轻重不一。质脆，易破开，内表面黄白色，有红黄色丝络，果瓤橙黄色，黏稠，与多数种子粘结成团。具焦糖气，味微酸、甜。

【鉴别】（1）本品粉末黄棕色至棕褐色。石细胞较多，数个成群或单个散在，黄绿色或淡黄色，呈类方形，圆多角形，纹孔细密，孔沟细而明显。果皮表皮细胞，表面观类方形或类多角形，垂周壁厚度不一。种皮表皮细胞表面观类多角形或不规则形，平周壁具稍弯曲或平直的角质条纹。厚壁细胞较大，多单个散在，棕色，形状多样。螺纹导管、网纹导管多见。

（2）取本品粉末2 g，加甲醇20 mL，超声处理20 min，滤过，滤液挥干，残渣加水5 mL使溶解，用水饱和的正丁醇振摇提取4次，每次5 mL，合并正丁醇液，蒸干，残渣加甲醇2 mL使溶解，作为供试品溶液。另取瓜蒌对照药材2 g，同法制成对照药材溶液。照薄层色谱法（通则0502）试验，吸取上述两种溶液各4 µL，分别点于同一硅胶G薄层板上，以乙酸乙酯-甲醇-甲酸-水（12∶1∶0.1∶0.1）为展开剂，展开，取出，晾干，喷以10%硫酸乙醇溶液，在105 ℃加热至斑点显色清晰。分别置日光和紫外光灯（365 nm）下检视。供试品色谱中，在与对照药材色谱相应的位置上，显相同颜色的斑点或荧光斑点。

【检查】水分　不得过16.0%（通则0832第二法）。

总灰分　不得过7.0%（通则2302）。

【浸出物】按照水溶性浸出物测定法（通则2201）项下的热浸法测定，不得少于31.0%。

【市场前景】

瓜蒌具有清热散结、润肺化痰、滑肠通便、养胃生津、消肿排脓等功效，为常用大宗药材。近年临床证明，其果皮对冠心病、心绞痛有显著疗效，其根对治疗糖尿病有独特效果，引起了医药界的重视。瓜蒌系列药材现已成为冬、春时令药品和许多中成药、新药的重要原料，不仅我国需求量加大，东南亚从我国进口的数量也逐年增加。此外，近年来，食品瓜蒌仁炒货已出现在全国各大超市、食品店，成为瓜子市场上继葵花子、西瓜子后又一新开发的主要食品，因其独特的口味和特有的润肺滑肠、养胃生津等药用功能而深受消费者的青睐，这将为瓜蒌的综合利用打开更为广阔的空间。

8. 山楂

【来源】

本品为蔷薇科植物山里红*Crataegus pinnatifida.* Bge. var. *major* N. E. Br.或山楂*Crataegus pinnatifida* Bge.的干燥成熟果实。秋季果实成熟时采收，切片，干燥。

【原植物形态】

山楂：落叶乔木，高达6 m，树皮粗糙，暗灰色或灰褐色；刺长约1～2 cm，有时无刺；小枝圆柱形，当

年生枝紫褐色，无毛或近于无毛，疏生皮孔，老枝灰褐色；冬芽三角卵形，先端圆钝，无毛，紫色。叶片宽卵形或三角状卵形，稀菱状卵形，长5～10 cm，宽4～7.5 cm，先端短渐尖，基部截形至宽楔形，通常两侧各有3～5羽状深裂片，裂片卵状披针形或带形，先端短渐尖，边缘有尖锐稀疏不规则重锯齿，上面暗绿色有光泽，下面沿叶脉有疏生短柔毛或在脉腋有髯毛，侧脉6～10对，有的达到裂片先端，有的达到裂片分裂处；叶柄长2～6 cm，无毛；托叶草质，镰形，边缘有锯齿。伞房花序具多花，直径4～6 cm，总花梗和花梗均被柔毛，花后脱落，减少，花梗长4～7 mm；苞片膜质，线状披针形，长约6～8 mm，先端渐尖，边缘具腺齿，早落；花直径约1.5 cm；萼筒钟状，长4～5 mm，外面密被灰白色柔毛；萼片三角卵形至披针形，先端渐尖，全缘，约与萼筒等长，内外两面均无毛，或在内面顶端有髯毛；花瓣倒卵形或近圆形，长7～8 mm，宽5～6 mm，白色；雄蕊20，短于花瓣，花药粉红色；花柱3～5，基部被柔毛，柱头头状。果实近球形或梨形，直径1～1.5 cm，深红色，有浅色斑点；小核3～5，外面稍具棱，内面两侧平滑；萼片脱落很迟，先端留一圆形深洼。花期5—6月，果期9—10月。

山里红：山楂变种，果形较大，直径可达2.5 cm，深亮红色；叶片大，分裂较浅；植株生长茂盛。

【资源分布及生物学习性】

海拔100～1 500 m的山坡林边或灌木丛中均有生长，主产黑龙江、吉林、辽宁、内蒙古、河北、河南、山东、山西、陕西、江苏，我市部分区县有野生或引种栽培。

山楂适应性强，喜凉爽，湿润的环境，既耐寒又耐高温，喜光也能耐阴，一般分布于荒山秃岭、阳坡、半阳坡、山谷，坡度以15°～25°为好。耐旱，水分过多时，枝叶容易徒长。对土壤要求不严格，但在土层深厚、质地肥沃、疏松、排水良好的微酸性砂壤土生长良好。

【规范化种植技术】

1. 苗地选择

选择日照充足、土壤pH值在 6.5～7.5、土壤疏松肥沃且通风性好的地势平坦或者有一定坡度的浅丘建立园地。

2. 种苗繁殖

2.1　种子繁殖

山楂的种子具有休眠性，采收的种子必须通过处理才能播种，将种子放入体积浓度为5%～10%的次氯酸钠溶液中浸泡5～8 h进行消毒，捞出种子，用去离子水冲洗2～3次，沥干水分。将种子置于人工气候箱中进行培养，表层覆盖2～3 cm厚的腐殖土。用营养液浇透后，将播有种子的腐殖土置于温度26～28 ℃、湿度75%～85%和光照100～160 lx条件的人工气候箱中培养7 d进行催芽。在选好的园地整地作畦，以南北畦为好，畦宽1 m，畦长视地而定。畦内施入足量农家肥，翻入土内，用耙子搂平，灌1次透水，待地皮稍干即可播种。播种时间一般为3月中旬—4月上旬，在种子刚露白时即可播种，发芽不宜过长。若种子出芽而未来得及时整地，可先在畦内高密度漫撒育苗，覆盖地膜，至有3～4片真叶时移栽。播种主要采取条播和点播2种方法，每畦播4行，采用大小垄种植即双带状种植法。带内行距15 cm，带间距离50 cm，边行距畦埂10 cm。具体种植方法如下：畦内用镐开沟，沟深1.5～2 cm，撒入少量复合肥和土壤混合，沟内座水播种。条播将种沙均匀撒播于沟内，点播按株距10 cm，每点播3粒发芽种子，然后用钉耙搂平，覆土0.5～1 cm，最后覆盖地膜。经播种实验发现，安庆地区一般10～15 d开始出苗，待幼苗长出2～3片真叶时揭去地膜。当幼苗出齐和定苗后，及时松土除草，松土不宜过深，以免伤根。幼苗长到 15～20 cm，结合浇水施尿素150 hm²，此后每月进行追肥，并浇透水。之后进入常规管理即可。

2.2 扦插繁殖

从山楂树上剪取直径0.5～1 cm充分成熟的一年生枝条，剪成15 cm左右的枝段，在平整好的圃地开沟扦插，沟深15 cm左右，覆土厚度10 cm，立即浇水，隔3～5 d再浇1次。第2次水下渗以后，将扦插沟埋平，以利于保墒。萌芽后留1个壮条进行培育，其余全部去除，以培养干型和减少养分消耗。

3. 种植地选择

选择光照充足、土地深厚、背风向阳以及排水良好的中性砂壤土的山地建园，防止水土流失，促进山楂的生长发育。

4. 移栽

冬春季节均可栽植，以春天栽植为佳。栽植时，选择适宜的山楂品种或花期与山楂相近的晚熟野生类型作为授粉树，栽植时，先挖栽植穴，穴挖好后，每穴施入土杂肥，并与表土混合后填入穴内，要随填随踏实，在中间略高呈馒头围作土埂，并充分浇水，经常保持湿润直至成活。

5. 土壤管理

园地应深翻、施肥、填土，使植穴达到增深、增肥、增湿。每年采果后进行深翻。可以隔行深翻或隔株深翻。在深翻过程中，既要避免伤根，又要施好底肥，对成年树每株施入100 kg腐熟有机肥料，撒施于根系集中分布区，并覆土后踏实。深翻后及时灌水，灌透全部深翻土层，以利于山楂生长。每年秋后进行树盘填土，防止根系裸露，利于幼龄期树生长发育和盛果期树壮健开花结果。施肥：在填土时进行施肥，成龄树每株埋压绿肥100 kg，施堆肥30 kg即可。

6. 整形修剪

可根据不同年龄阶段的生长特征，对山楂进行整形修剪。

6.1 幼树

山楂幼树生长速度较慢，长势较弱，是山楂树的缓苗期。修剪工作主要以整形为主，培养好骨干枝，调整骨干枝的生长方向与角度，为开花结果奠定基础。生长期3年内的幼树要重短截，截枝不疏枝，促使山楂树多生健壮枝条，扩大树冠，提高开花率，达到早结果的目的。

6.2 始果期

要定好干型，扩大树冠，做好向丰产的过渡准备。修剪方向是疏间枝与培育结果枝组，如果辅养枝抢夺骨干枝养分，及时疏除辅养枝。当不可全部疏除，要有所保留，保留下来的枝条要将其引导至平缓生长，促进结果。

6.3 盛果期

修剪方向与初结果树类似，主要以塑造树形结构与培养结果母枝为主。控制叶片数量，适当调整叶幕表面，更新结果母枝，防止出现大小年的现象。主要修剪方法为短截、回缩等手段，控制好果树结果枝与营养枝的比例。山楂树进入盛果期后，树冠内开始出现多年生衰弱枝，特别是对于连年结果枝增多，就应疏间和短截，以集中营养促使枝健壮，提高坐果率和增大果实。

7. 病虫害防治

山楂树常见的病害有白粉病、花腐病、叶斑病等，以白粉病较多。常见的虫害有红蜘蛛、蚜虫等。

7.1 山楂花腐病

主要对叶片、新梢及幼果产生损伤，使受害部位糜烂。发病最初产生褐色点状或短线条状病斑，随后逐步扩展，变成红褐色或棕褐色，病叶枯败。

防治方法：在秋天彻底清扫果园，消除病僵果，集中销毁并将栽植山楂苗按既定的品种搭配要求，将苗放入坑内，使根土密接，然后填土压实。填土好后，在树坑周深埋，减少侵染源；在早春将地面病僵果深翻至15 cm以下，同时进行地面喷药：4月底之前，果园地面，尤其是树冠下地面撒石灰粉；药剂树上防治：50%展叶以及全体展叶时喷药2次防叶腐。防治药剂有70%甲基托布津可湿性粉剂800倍液或25%粉锈宁肯湿性粉剂1 000倍液。花朵盛开时再喷1次，可防止花腐及果腐。

7.2 山楂白粉病

主要对叶片、新梢和果实产生损害。发病部位布白粉，呈绒毯状，新梢受害，除涌现白粉外，生长瘦弱。节间缩短，叶片细长，卷缩扭曲，严重时干涸至死亡。可采取如下措施进行防治：清扫病枝、病叶、病果，集中销毁；发芽前和花蕾期喷5波美度石硫合剂，落花后至幼果期根据发病情况喷1～2次0.3波美度石硫合剂或25%粉锈宁1 000～1 500倍液。

7.3 山楂叶螨

俗称"红蜘蛛"，以叶片上发生为害最重，嫩芽、花器及幼果上也可发生。叶片受害，多在叶背基部的主脉两侧出现黄白色褪绿斑点，螨量多时全叶呈苍白色，易变黄枯焦；严重时在叶片背面甚至正面吐丝拉网，叶片呈红褐色，似火烧状，易引起早期落叶。

防治方法：（1）早春将树上老皮、翘皮刮除，将越冬成虫消灭；（2）使用呋虫胺小白药，稀释1 000倍，具体喷药时间及次数根据实际情况而定，一般一个月一次即可。

【药材质量标准】

【性状】本品为圆形片，皱缩不平，直径1～2.5 cm，厚0.2～0.4 cm。外皮红色，具皱纹，有灰白色小斑点。果肉深黄色至浅棕色。中部横切片具5粒浅黄色果核，但核多脱落而中空。有的片上可见短而细的果梗或花萼残迹。气微清香，味酸、微甜。

【鉴别】（1）本品粉末暗红棕色至棕色。石细胞单个散在或成群，无色或淡黄色，类多角形、长圆形或不规则形，直径19～125 μm，孔沟及层纹明显，有的胞腔内含深棕色物。果皮表皮细胞表面观呈类圆形或类多角形，壁稍厚，胞腔内常含红棕色或黄棕色物。草酸钙方晶或簇晶存于果肉薄壁细胞中。（2）取本品粉末1 g，加乙酸乙酯4 mL，超声处理15 min，滤过，取滤液作为供试品溶液。另取熊果酸对照品，加甲醇制成每1 mL含1 mg的溶液，作为对照品溶液。按照薄层色谱法（通则0502）试验，吸取上述两种溶液各4 μL，分别点于同一硅胶G薄层板上，以甲苯-乙酸乙酯-甲酸（20：4：0.5）为展开剂，展开，取出，晾干，喷以硫酸乙醇溶液（3→10），在80 ℃下加热至斑点显色清晰。供试品色谱中，在与对照品色谱相应的位置上，显相同的紫红色斑点；置紫外光灯（365 nm）下检视，显相同的橙黄色荧光斑点。

【检查】水分 不得过12.0%（通则0832第二法）。

总灰分 不得过3.0%（通

则2302）。重金属及有害元素 照铅、镉、砷、汞、铜测定法（通则2321 原子吸收分光光度法或电感耦合等离子体质谱法）测定，铅不得过5 mg/kg；镉不得过0.3 mg/kg；砷不得过2 mg/kg；汞不得过0.2 mg/kg；铜不得过20 mg/kg。

【浸出物】按照醇溶性浸出物测定法（通则2201）项下的热浸法测定，用乙醇作溶剂，不得少于21.0%。

【含量测定】取本品细粉约1 g，精密称定，精密加入水100 mL，室温下浸泡4 h，时时振摇，滤过。精密量取续滤液25 mL，加水50 mL，加酚酞指示液2滴，用氢氧化钠滴定液（0.1 mol/L）滴定，即得。每1 m氢氧化钠滴定液（0.1 mol/L）相当于6.404 mg的枸橼酸（$C_6H_8O_7$）。 本品按干燥品计算，含有机酸以枸橼酸（$C_6H_8O_7$）计，不得少于5.0%。

【市场前景】

山楂既是中国特有的药果兼用树种，也是良好的观赏树种，又是国家药食两用中药，果实可生吃或做果脯果糕，而且还是消食健胃的重要中药，临床上常用于肉食积滞、胃脘胀满、泻痢腹痛、瘀血经闭、产后瘀阻、心腹刺痛、胸痹心痛、疝气疼痛、高血脂症等，具有广泛的医药开发利用价值。山楂树的叶片还能吸收空气土壤中的部分有害物，不仅可以美化环境，提高空气质量，也可为人们提供品质优良的食用果实，丰富人们的菜篮子。

9. 连翘

【来源】

本品为木犀科植物连翘 *Forsythia suspensa*（Thunb.） Vahl的干燥果实。中药名：根据果实成熟程度及初加工方法可分为"青翘""老翘"。秋季果实初熟尚带绿色时采收，除去杂质，蒸熟，晒干，习称"青翘"；果实熟透时采收，晒干，除去杂质，习称"老翘"。别名：黄花杆、黄寿丹等。

【原植物形态】

落叶灌木。枝开展或下垂，棕色、棕褐色或淡黄褐色，小枝土黄色或灰褐色，略呈四棱形，疏生皮孔，节间中空，节部具实心髓。叶通常为单叶，或3裂至三出复叶，叶片卵形、宽卵形或椭圆状卵形至椭圆形，长2～10 cm，宽1.5～5 cm，先端锐尖，基部圆形、宽楔形至楔形，叶缘除基部外具锐锯齿或粗锯齿，上面深绿色，下面淡黄绿色，两面无毛；叶柄长0.8～1.5 cm，无毛。花通常单生或2至数朵着生于叶腋，先于叶开放；花梗长5~6 mm；花萼绿色，裂片长圆形或长圆状椭圆形，长（5~）6~7 mm，先端钝或锐尖，边缘具睫毛，与花冠管近等长；花冠黄色，裂片倒卵状长圆形或长圆形，长1.2~2 cm，宽6~10 mm；在雌蕊长5~7 mm花中，雄蕊长3~5 mm，在雄蕊长6~7 mm的花中，雌蕊长约3 mm。果卵球形、卵状椭圆形或长椭圆形，长1.2~2.5 cm，宽0.6~1.2 cm，先端喙状渐尖，表面疏生皮孔；果梗长0.7~1.5 cm。花期3—4月，果期7—9月。

【资源分布及生物学习性】

产于河北、山西、陕西、山东、安徽西部、河南、湖北、四川、重庆。生山坡灌丛、林下或草丛中，或山谷、山沟疏林中，海拔250~2 200 m。我国除华南地区外，其他各地均有栽培，日本也有栽培。连翘的适应性强，喜温暖、湿润的气候，喜光，在光照时间长的阳坡种植，生长旺盛，结果多，产量大；在光照短的阴湿坡生长差，产量低。连翘根系发达，属于深根作物，在土地肥沃的土坡、悬崖、荒山均可以生长，适应性强，对土质要求不严。在中性、微酸或碱性土壤均能正常生长。但在排水良好、富含腐殖质的沙质壤土生长较好，有利品质和产量形成。连翘适宜于亚热带和暖温带的气候。要求年降水量800~1 000 mm，相对湿度以60%~75%为宜。但是连翘耐干旱怕涝，降水过多、湿度过大，容易出现大面积倒伏和蒴果霉变，影响连翘产量。

【规范化种植技术】

1. 选地整地

育苗地要选择排水良好、疏松肥沃、土层深厚的夹沙土地，而且要靠近有水源的地方，以便浇水。连翘移栽后易成活，对土质要求不高，荒山荒坡均可。将土地深翻20 cm以上，清除杂草和土块，整平耙细。将农家肥和其他有机化合肥均匀地撒到地面上，增加土壤基肥，满足连翘生长要求。在实际种植过程中，如果土壤条件良好，可按照株行距2 m×3 m挖穴；如果土壤条件一般，可按照株行距1.5 m×2 m挖穴；穴坑规格为0.8 m×0.8 m×0.7 m，可适当调整大小。

2. 繁殖方法

以种子繁殖和扦插繁殖为主，亦可压条繁殖和分株繁殖。

2.1 种子繁殖

选择生长健壮、枝条节间短而粗壮、花果着生密而饱满、无病虫害的优良单株作母株采种。于9—10月摘取成熟的果实，晒干脱出种子，沙藏。春播，4月上旬播种育苗，行距25 cm开沟，沟深2~3 cm，均匀播种，覆土2 cm，用脚踩实，20 d左右出苗。当苗高7~10 cm高时，间苗，株距保持5~7 cm，及时除草追肥。培育1年，当苗高50~70 cm时，可出圃移栽。

2.2 扦插育苗

选优良母株，剪取1~2年生的嫩枝，截成30 cm长的插穗，每段留3个节，用生根粉或吲哚丁酸液浸泡插口，随即插入苗床。行株距为10 cm×5 cm，1个月左右即生根发芽，当年冬季即可长成50 cm以上高的植株，可出圃移栽。

2.3 压条繁殖

连翘为落叶灌木，下垂枝多，可于春季3—4月将母株下垂枝弯曲压入土内，在入土处用刀刻伤，埋细土。加强管理，当年冬季至第二年早春，可割离母体，带根挖取幼苗，移栽大田定植。

2.4 分株繁殖

连翘萌发力极强，在秋季落叶后或早春萌芽前，挖取植株根际周围的根蘖苗，另行定植。

2.5 苗期管理

苗高7～10 cm时，进行第1次间苗，拔生长细弱的密苗，保持株距5 cm左右。当苗高15 cm左右时，进行第2次间苗，去弱留移栽定植强，按株距7～10 cm留壮苗1株，加强苗床管理，及时中耕除草和追肥，培育1年，当苗高50 cm以上时，即可出圃移栽定植。

2.6 移栽定植

于冬季落叶后到早春萌发前均可进行移栽定植。在已备好的行距1.5 m、株距1.3 m、深60 cm的移栽定植穴内定植。先将土填入坑内达半穴时，再施入适量有机肥与土混匀。然后每穴栽苗1株，分层填土踏实，使根系舒展。栽后浇水，盖土高出地面10 cm，以利保墒。连翘，属同株自花不孕植物，自花授粉结实率极低，约占4%，若单独栽植长花柱或短花柱连翘，均不结实。因此，定植时要成片栽植以利授粉，同时要将长花柱和短花柱植物相间种植，才能开花结果，这是增产的关键。

3. 田间管理

3.1 中耕除草

苗期要经常松土除草，保持苗床无杂草；定植后每年冬季要中耕除草1次，株周围草可铲除或用手拔除。避免杂草为害，防止杂草与连翘争水肥，特别在苗期更要注意及时除草。

3.2 施肥

苗期勤施薄肥，每亩施硫酸铵10～15 kg，以促进茎、叶生长。定植后，每年冬季结合松土除草施入腐熟有机肥，幼树每株2 kg，结果树每株10 kg，于株旁挖穴或开沟施入，施后盖土，雍根培土，以促幼树生长健壮，多开花结果。

3.3 间作

定植后1～2年园地空隙较大，为充分利用地力和光能可合理间作。间作物以矮秆作物为宜，如豆类、薯类、毛苕子、紫云英等，是连翘以园养园的一项重要技术措施。

3.4 灌水与排水

连翘苗期应保持土壤湿润，旱期及时沟灌或浇水；因连翘最怕水淹，雨季要开沟及时排水，以免积水烂根。

3.5 整形修剪

定植后，幼树高达1 m左右时，于冬季落叶后，在主干离地面70～80 cm处剪去顶梢。再于夏季通过摘心，多发分枝，从中在不同的方向上，选择3～4个发育充实的侧枝，培养成为主枝。以后在各主枝上再选留3～4个壮枝，培育成副主枝，在副主枝上放出侧枝。通过几年的整形修剪，使其形成低干矮冠，内空外圆，通风透光，小枝疏朗，提早结果的自然开心形树型。同时于每年冬季，将枯枝、重叠枝、交叉枝、纤弱枝以及徒长枝和病虫枝剪除；生长期还要适当疏删短截。对已开花多年、开始衰老的结果枝组，也要进行短截或重剪（即剪去枝条2/3），可促使剪口以下抽生壮枝，恢复树势，提高结果率。

3.6 病虫害防治

虽然连翘具有强烈的杀菌、杀虫能力，很少有病害和虫害发生，但还应注意防治下列害虫。

3.6.1 钻心虫

以幼虫钻入茎秆木质部髓心危害，严重时被害枝不能开花结果，甚至整株枯死。防治方法：冬季清除枯枝落叶和杂草，消灭越冬虫卵；及时剪除受害枝条并烧毁；可使用阿维菌素药剂防治。

3.6.2 蜗牛

主要为害花和幼果。农业防治：于傍晚、早晨或阴天蜗牛活动时，捕杀植株上的蜗牛；或用树枝、杂草、蔬菜叶等诱集堆，使蜗牛潜伏于诱集堆内，集中捕杀；彻底清除田间杂草、石块等可供蜗牛栖息的场所并撒上生石灰，减少蜗牛活动范围；适时中耕，翻地动土，使卵及成贝暴露于土壤表面提高死亡率。药剂防治：在蜗牛产卵前或有小蜗牛时，每亩用10%蜗牛敌（多聚乙醛）颗粒剂2 kg，与麦麸（或饼肥研细）5 kg混合成毒饵，或拌细土5 kg制成毒土，或用6%密达（四聚乙醛）杀螺颗粒剂每亩用0.5～0.6 kg，于天气温暖，土表干燥的傍晚均匀撒在作物附近的根部行间。也可用1%甲氨基阿维菌素苯甲酸盐2 000倍液与30%食盐水混合加入适量中性洗衣粉喷雾防治。

3.6.3　吉丁虫

农业防治：在成虫羽化前剪除虫枝集中处理，杀伤幼虫和蛹。药剂防治：成虫发生期用1%甲氨基阿维菌素苯甲酸盐2 000倍液喷雾防治。

4. 采收加工与贮藏

4.1　采收

连翘定植2～3年开花结果。8月下旬采摘尚未完全成熟的青色果实，加工成青翘；9月下旬—10月上旬采收熟透但尚未开裂的黄色果实，加工成老翘；选择生长健壮，果实饱满，无病虫害的优良母株上成熟的黄色果实，加工后选留作种用。

4.2　加工

青翘将采摘的青色果实用沸水煮片刻或用笼蒸0.5 h，取出晒干而成。青翘以身干、不开裂、色较绿者为佳。

老翘将采摘的黄色果实晒干即成。黄翘以身干、瓣大、壳厚、色较黄者为佳。

4.3　留种

将留种用的黄色果实果壳内的种子筛出，去灰土，阴干备用。

4.4　贮藏

要求达到通风、避光、防水、防火、防潮、防虫蛀等条件。按上述条件应有相应的设备和设施。贮于仓库干燥通风处，温度30 ℃以下，相对湿度70%～75%，安全水分为8%～11%。贮藏期间，应保持整洁干燥。

【药材质量标准】

【性状】本品呈长卵形至卵形，稍扁，长1.5～2.5 cm，直径0.5～1.3 cm。表面有不规则的纵皱纹和多数突起的小斑点，两面各有1条明显的纵沟。顶端锐尖，基部有小果梗或已脱落。青翘多不开裂，表面绿褐色，突起的灰白色小斑点较少；质硬；种子多数，黄绿色，细长，一侧有翅。老翘自顶端开裂或裂成两瓣，表面黄棕色或红棕色，内表面多为浅黄棕色，平滑，具一纵隔；质脆；种子棕色，多已脱落。气微香，味苦。

【鉴别】（1）本品果皮横切面：外果皮为1列扁平细胞，外壁及侧壁增厚，被角质层。中果皮外侧薄壁组织中散有维管束；中果皮内侧为多列石细胞，长条形、类圆形或长圆形，壁厚薄不一，多切向镶嵌状排列。内果皮为1列薄壁细胞。

（2）取本品粉末1 g，加石油醚（30～60 ℃）20 mL，密塞，超声处理15 min，滤过，弃去石油醚液，残渣挥干石油醚，加甲醇20 mL，密塞，超声处理20 min，滤过，滤液蒸干，残渣加甲醇5 mL使溶解，作为供试品溶液。另取连翘对照药材1 g，同法制成对照药材溶液。再取连翘苷对照品，加甲醇制成每1 mL含0.25 mg的溶液，作为对照品溶液。按照薄层色谱法（通则0502）试验，吸取上述3种溶液各3 μL，分别点于同一硅胶G薄层板上，以三氯甲烷-甲醇（8∶1）为展开剂，展开，取出，晾干，喷以10%硫酸乙醇溶液，在105 ℃加热至斑点显色清晰。供试品色谱中，在与对照药材色谱和对照品色谱相应的位置上，显相同颜色的斑点。

【检查】**杂质**　青翘不得过3%；老翘不得过9%（通则2301）。

水分　不得过10.0%（通则0832第四法）。

总灰分　不得过4.0%（通则2302）。

【浸出物】按照醇溶性浸出物测定法（通则2201）项下的冷浸法测定，用65%乙醇作溶剂，青翘不得少于30.0%；老翘不得少于16.0%。

【含量测定】**挥发油**　照挥发油测定法（通则2204甲法）测定。

本品青翘含挥发油不得少于2.0%（ mL/g）。

连翘苷　按照高效液相色谱法（通则0512）测定。

色谱条件与系统适用性试验　以十八烷基硅烷键合硅胶为填充剂；以乙腈-水（25∶75）为流动相；检测波长为277 nm。理论板数按连翘苷峰计算应不低于3 000。

对照品溶液的制备　取连翘苷对照品适量，精密称定，加甲醇制成每1 mL含0.2 mg的溶液，即得。

供试品溶液的制备　取本品粉末（过五号筛）约2 g，精密称定，置具塞锥形瓶中，精密加入甲醇25 mL，称定重量，超声处理（功率250 W，频率40 kHz）25 min，放冷，再称定重量，用甲醇补足减失的重量，摇匀，滤过，精密量取续滤液10 mL，置25 mL量瓶中，加水稀释至刻度，摇匀，滤过，取续滤液，即得。

测定法　分别精密吸取对照品溶液与供试品溶液各10 μL，注入液相色谱仪测定，即得。

本品按干燥品计算，含连翘苷（$C_{27}H_{34}O_{11}$）不得少于0.15%。

连翘酯苷A　按照高效液相色谱法（通则0512）测定。

色谱条件与系统适用性试验　以十八烷基硅烷键合硅胶为填充剂；以乙腈0.4%冰醋酸溶液（15∶85）为流动相；检测波长为330 nm。理论板数按连翘酯苷A峰计算应不低于5 000。

对照品溶液的制备　取连翘酯苷A对照品适量，精密称定，加甲醇制成每1 mL含0.1 mg的溶液，即得（临用配制）。

供试品溶液的制备　取本品粉末（过五号筛）约0.5 g，精密称定，置具塞锥形瓶中，精密加入70%甲醇15 mL，密塞，称定重量，超声处理（功率250 W，频率40 kHz）30 min，放冷，再称定重量，用70%甲醇补足减失的重量，摇匀，滤过，取续滤液，即得。

测定法　分别精密吸取对照品溶液与供试品溶液各10 μL，注入液相色谱仪，测定，即得。

本品按干燥品计算，青翘含连翘酯苷A（$C_{29}H_{36}O_{15}$）不得少于3.5%；老翘含连翘酯苷A（$C_{29}H_{38}O_{15}$）不得少于0.25%。

【市场前景】

连翘是我国常用的大宗药材之一，具有抗菌、抗病毒、保肝抗炎解热的功效，主治清热、解毒、散结、消肿、瘰疬、小便淋闭等症，是重要、广谱的药源植物之一。连翘全株包括根、茎、叶、果实均可入药。连翘果实含多种药学成分，包括甾醇化合物、皂甙、连翘酚及黄酮醇甙类、马苔树脂醇甙等，果皮含齐墩果酸。本种除果实入药，具清热解毒、消结排脓之效外，药用其叶，对治疗高血压、痢疾、咽喉痛等效果较好。连翘根系发达，吸水和保水能力强，水土保持作用显著。在提倡绿色、环保、生态文明的21世纪，连翘的特殊功能与效用已引起社会的高度重视。如连翘医药价值潜力巨大。连翘叶作茶可以抗氧化，近年来，由活性氧浓度增加而引起的高血脂、心脑血管疾病、老年性痴呆症发病率呈上升趋势，连翘可开发成新型天然抗氧化剂，应用潜力巨大；连翘食用开发前景广阔，连翘花期长、花量大、花粉足、无污染，极宜作为蜜源植物，在花期进行人工放蜂不仅能提高异花授粉率，也利于坐果。连翘种子可榨油，是重要的油料植物。连翘籽油气味芳香、营养丰富，开发连翘籽实油源作为中高端的产品前景非常广阔。连翘也可用于食品天然防腐剂或化妆品和天然黄色食用色素。

10. 莱菔子

【来源】

本品为十字花科植物萝卜 *Raphanus sativus* L. 的干燥成熟种子。夏季果实成熟时采割植株，晒干，搓出种子，除去杂质，再晒干。

【原植物形态】

二年或一年生草本，高20～100 cm；直根肉质，长圆形、球形或圆锥形，外皮绿色、白色或红色；茎有分枝，无毛，稍具粉霜。基生叶和下部茎生叶大头羽状半裂，长8～30 cm，宽3～5 cm，顶裂片卵形，侧裂片4～6对，长圆形，有钝齿，疏生粗毛，上部叶长圆形，有锯齿或近全缘。总状花序顶生及腋生；花白色或粉红色，直径1.5～2 cm；花梗长5～15 mm；萼片长圆形，长5～7 mm；花瓣倒卵形，长1～1.5 cm，具紫纹，下部有长5 mm的爪。长角果圆柱形，长3～6 cm，宽10～12 mm，在相当种子间处缢缩，并形成海绵质横隔；顶端喙长1～1.5 cm；果梗长1～1.5 cm。种子1～6个，卵形，微扁，长约3 mm，红棕色，有细网纹。花期4—5月，果期5—6月。

【资源分布及生物学习性】

全国各地普遍栽培。

【规范化种植技术】

1. 选地整地

白萝卜的产地环境选择上茬为油菜、南瓜、黄瓜等作物的地块，前茬作物收获后清洁田园，结合整地每亩施腐熟农家肥2 000 kg作基肥，深耕细耙，暴晒土壤，以减少病菌、消灭杂草。8月中旬—9月下旬，筑高平畦宽110 cm、高10 cm以上，畦要求面平土细，利于保墒。

2. 采种播种

选择优良种株，待萝卜完全成熟（萝卜肉质根充分膨大）后，掰去叶片，剔除病株、伤残株，按株行距30 cm×40 cm栽植，栽后浇足水。6月中旬萝卜种株开花，7月中旬种子成熟，每亩制种60 kg左右。将种子阴干，剔除小残籽，即可播种。待土壤墒情适宜时播种，力争一播全苗。每畦播2行，穴沟深3～4 cm，每穴播2～3粒种子，株距40 cm，播后盖土厚1.0 cm，每亩用种量0.5～0.8 kg。

3. 田间管理

3.1 间苗定苗

秧苗长至二叶一心时间苗，保留长势端正的壮苗，剔除弱小苗、畸形苗，补苗应选在傍晚或阴天进行。四叶一心时间苗、定苗基本完成，苗距保持18～22 cm。

3.2 肥水管理

出苗到定苗期，严格控制浇水，促进根系向土壤深处生长；定苗以后，萝卜叶片直立向上生长时灌第1次水，随水每亩追施尿素5～8 kg；萝卜叶片封盖地表及"破肚"时第2次追肥，随水每亩施尿素和硫酸钾各10 kg；肉质根迅速膨大期间应均匀灌水，促进肉质根充分生长；采收前5～7 d停止灌水。整个生育期浇水5次以上。

3.3 中耕除草

萝卜出苗后，及时中耕除草，中耕不宜深，只松表土即可。如植株生长过密，应及时摘除枯黄老叶，以利田间通风。

4. 病虫害防治

萝卜病害主要有软腐病、病毒病、霜霉病等，虫害主要有黄曲条跳甲、蚜虫等。软腐病可用新植霉4 000倍液喷雾防治，病毒病可用1.5%植病灵乳油500倍液或20%病毒A 500倍液喷雾防治，霜霉病可用72%甲霜灵可湿性粉剂600倍液或霜脲锰锌800倍液喷雾防治。黄曲条跳甲成虫食叶，以萝卜幼苗期受害最重，幼虫危害根部，致幼苗或幼株萎蔫死亡，可用2%阿维菌素800倍液喷雾防治；蚜虫主要有萝卜蚜和桃蚜两种，每亩可用50%抗蚜威可湿性粉剂20 g加水40～50 kg或2.5%溴氰菊酯乳油50 g加水40～50 kg喷雾防治。

5. 采收

收获莱菔子以收种标准进行即可，收获后及时晒干，除杂后干燥密封保存。

【药材质量标准】

【性状】本品呈类卵圆形或椭圆形，稍扁，长2.5～4 mm，宽2～3 mm。表面黄棕色、红棕色或灰棕色。一端有深棕色圆形种脐，一侧有数条纵沟。种皮薄而脆，子叶2，

黄白色，有油性。气微，味淡、微苦辛。

【鉴别】（1）本品粉末淡黄色至棕黄色。种皮栅状细胞成片，淡黄色、橙黄色、黄棕色或红棕色，表面观呈多角形或长多角形，直径约至15 μm，常与种皮大形下皮细胞重叠，可见类多角形或长多角形暗影。内胚乳细胞表面观呈类多角形，含糊粉粒和脂肪油滴。子叶细胞无色或淡灰绿色，壁薄，含糊粉粒及脂肪油滴。

（2）取本品粉末1 g，加乙醚30 mL，加热回流1 h，弃去乙醚液，药渣挥干，加甲醇20 mL，加热回流1 h，滤过，滤液蒸干，残渣加甲醇2 mL使溶解，作为供试品溶液。另取莱菔子对照药材1 g，同法制成对照药材溶液。再取芥子碱硫氰酸盐对照品，加甲醇制成每1 mL含1 mg的溶液，作为对照品溶液。照薄层色谱法（通则0502）试验，吸取上述3种溶液各3～5 μL，分别点于同一硅胶G薄层板上，以乙酸乙酯-甲酸-水（10：2：3）的上层溶液为展开剂，展开，取出，晾干，置紫外光灯（365 nm）下检视。供试品色谱中，在与对照药材色谱和对照品色谱相应的位置上，显相同颜色的荧光斑点；喷以1%香草醛的10%硫酸乙醇溶液，加热至斑点显色清晰，显相同颜色的斑点。

【检查】水分　不得过8.0%（通则0832第四法）。

总灰分　不得过6.0%（通则2302）。

酸不溶性灰分　不得过2.0%（通则2302）。

【浸出物】按照醇溶性浸出物测定法（通则2201）项下的热浸法测定，用乙醇作溶剂，不得少于10.0%。

【含量测定】按照高效液相色谱法（通则0512）测定。

色谱条件与系统适用性试验　以苯基硅烷键合硅胶为填充剂；以乙腈-3%冰醋酸溶液（15：85）为流动相；检测波长为326 nm。理论板数按芥子碱峰计算应不低于5 000。

对照品溶液的制备　取芥子碱硫氰酸盐对照品适量，精密称定，置棕色量瓶中，加甲醇制成每1 mL含40 μg的溶液，即得。

供试品溶液的制备　取本品粉末（过三号筛）约0.5 g，精密称定，置具塞锥形瓶中，精密加入70%甲醇50 mL，密塞，称定重量，超声处理（功率250 W，频率50 kHz）30 min，放冷，再称定重量，用70%甲醇补足减失的重量，摇匀，滤过，取续滤液，置棕色瓶中，即得。

测定法　分别精密吸取对照品溶液与供试品溶液各5 μL，注入液相色谱仪，测定，即得。

本品按干燥品计算，含芥子碱以芥子碱硫氰酸盐（$C_{16}H_{24}NO_5 \cdot SCN$）计，不得少于0.40%。

【市场前景】

莱菔子化学成分复杂，药理作用广泛，是我国常用药食同源类中药，有消食除胀、降气化痰等功效。临床上常用于饮食停滞、脘腹胀痛、大便秘结、积滞泻痢、痰壅喘咳等症。虽近年来对莱菔子化学成分、药理作用的研究不断深入，但对于莱菔子黄酮、多糖等化合物的研究仅局限于提取方法研究及含量测定，具体成分尚不明确。另外，现行质量控制标准对莱菔子质量评价指标单一，仅涉及芥子碱硫氰酸盐一种指标，对莱菔子中萝卜苷、脂肪酸、氨基酸、多糖等成分有所忽视。药理研究方面，莱菔子部分药理作用的活性成分及作用机制仍有待进一步研究和探索。在今后的研究中，应进一步发掘和选育食疗保健及药用价值高、有害作用小的品种，为大力开发莱菔子资源奠定基础；发现莱菔子中更多新的化学成分，更加客观有效地对其进行质量控制；对莱菔子有效成分的药理作用进一步深入研究，扩大莱菔子临床应用范围，提高其利用价值。

11. 车前子

【来源】

本品为车前科植物车前 *Plantago asiatica* L.或平车前 *Plantago depressa* Willd.的干燥成熟种子。中药名：车前子；别名：车前草别名车轮草、猪耳草、牛耳朵草、车轱辘菜、蛤蟆草等；平车前别名车串串、小车前等。

【原植物形态】

车前草 二年生或多年生草本。须根多数。根茎短，稍粗。叶基生呈莲座状，平卧、斜展或直立；叶片薄纸质或纸质，宽卵形至宽椭圆形，长4~12 cm，宽2.5~6.5 cm，先端钝圆至急尖，边缘波状、全缘或中部以下有锯齿、牙齿或裂齿，基部宽楔形或近圆形，多少下延，两面疏生短柔毛；脉5~7条；叶柄长2~15（~27）cm，基部扩大成鞘，疏生短柔毛。花序3~10个，直立或弓曲上升；花序梗长5~30 cm，有纵条纹，疏生白色短柔毛；穗状花序细圆柱状，长3~40 cm，紧密或稀疏，下部常间断；苞片狭卵状三角形或三角状披针形，长2~3 mm，长过于宽，龙骨突宽厚，无毛或先端疏生短毛。花具短梗；花萼长2~3 mm，萼片先端钝圆或钝尖，龙骨突不延至顶端，前对萼片椭圆形，龙骨突较宽，两侧片稍不对称，后对萼片宽倒卵状椭圆形或宽倒卵形。花冠白色，无毛，冠筒与萼片约等长，裂片狭三角形，长约1.5 mm，先端渐尖或急尖，具明显的中脉，于花后反折。雄蕊着生于冠筒内面近基部，与花柱明显外伸，花药卵状椭圆形，长1~1.2 mm，顶端具宽三角形突起，白色，干后变淡褐色。胚珠7~15（~18）。蒴果纺锤状卵形、卵球

形或圆锥状卵形，长3~4.5 mm，于基部上方周裂。种子5~6（~12），卵状椭圆形或椭圆形，长（1.2~）1.5~2 mm，具角，黑褐色至黑色，背腹面微隆起；子叶背腹向排列。花期4—8月，果期6—9月。

平车前 一年生或二年生草本。直根长，具多数侧根，多少肉质。根茎短。叶基生呈莲座状，平卧、斜展或直立；叶片纸质，椭圆形、椭圆状披针形或卵状披针形，长3~12 cm，宽1~3.5 cm，先端急尖或微钝，边缘具浅波状钝齿、不规则锯齿或牙齿，基部宽楔形至狭楔形，下延至叶柄，脉5~7条，上面略凹陷，于背面明显隆起，两面疏生白色短柔毛；叶柄长2~6 cm，基部扩大成鞘状。花序3~10余个；花序梗长5~18 cm，有纵条纹，疏生白色短柔毛；穗状花序细圆柱状，上部密集，基部常间断，长6~12 cm；苞片三角状卵形，长2~3.5 mm，内凹，无毛，龙骨突宽厚，宽于两侧片，不延至或延至顶端。花萼长2~2.5 mm，无毛，龙骨突宽厚，不延至顶端，前对萼片狭倒卵状椭圆形至宽椭圆形，后对萼片倒卵状椭圆形至宽椭圆形。花冠白色，无毛，冠筒等长或略长于萼片，裂片极小，椭圆形或卵形，长0.5~1 mm，于花后反折。雄蕊着生于冠筒内面近顶端，同花柱明显外伸，花药卵状椭圆形或宽椭圆形，长0.6~1.1 mm，先端具宽三角状小突起，新鲜时白色或绿白色，干后变淡褐色。胚珠5。蒴果卵状椭圆形至圆锥状卵形，长4~5 mm，于基部上方周裂。种子4~5，椭圆形，腹面平坦，长1.2~1.8 mm，黄褐色至黑色；子叶背腹向排列。花期5—7月，果期7—9月。

【资源分布及生物学习性】

车前产于黑龙江、吉林、辽宁、内蒙古、河北、山西、陕西、甘肃、新疆、山东、江苏、安徽、浙江、江西、福建、台湾、河南、湖北、湖南、广东、广西、海南、四川、重庆、贵州、云南、西藏。生于草地、沟边、河岸湿地、田边、路旁或村边空旷处，海拔300~3 200 m。朝鲜、俄罗斯（远东）、日本、尼泊尔、马来西亚、印度尼西亚也有分布。

平车前产于黑龙江、吉林、辽宁、内蒙古、河北、山西、陕西、宁夏、甘肃、青海、新疆、山东、江苏、河南、安徽、江西、湖北、四川、重庆、云南、西藏。生于草地、河滩、沟边、草甸、田间及路旁，海拔500~4 500 m。朝鲜、俄罗斯（西伯利亚至远东）、哈萨克斯坦、阿富汗、蒙古、巴基斯坦、克什米尔、印度也有分布。模式标本为德国柏林植物园栽培植物。

【规范化种植技术】

1. 选地整地

种植基地应选择大气、水质、土壤无污染的地区，并且阳光充足，排灌方便，土壤疏松肥沃，地势平坦，肥力较均匀，便于管理的土地，周围不得有污染源，距主要公路100 m以上。环境生态质量应符合"大气环境"质量标准的二级标准、"农田灌溉水"质量二级标准及"土壤环境质量"二级标准。

车前以砂壤土种植为好，红壤坡地亦可种植。移栽前土地深翻15~20 cm，根据土壤类型与肥力不同，每公顷施入15 000~22 500 kg的腐熟有机肥或适量的复合肥、磷肥作基肥，施肥后耙细整平，一般两犁两耙即可，然后做成高15~20 cm，宽100~120 cm的畦，畦间修好宽30 cm的排水沟。

2. 繁殖方法

2.1 种子播种繁殖

车前从9月下旬—12月均可育苗。播种过迟明显影响产量。每亩用种0.3~0.5 kg，播种前应用70%甲基托布津或50%多菌灵粉剂对种子进行消毒。苗床要准备精细，表层土一定要碎。播种时用细土或草木灰拌种，均匀撒施于畦面，用洒水壶浇透水，再盖薄层碎土或草木灰，为防鸟禽啄食和雨后土壤表层板结，最好在畦面盖一层稻草。播种后每隔3~5 d浇水一次经常保持苗床湿润，以促种子早发，一般7~10 d即可发芽。出苗后及时除去稻草并加强管理。当苗高3 cm左右时进行第1次间苗并配施稀薄氮肥，之后依苗的长势再间苗2~3

次，以培育壮苗。一般苗床与生产大田面积之比为1∶10左右。

2.2 合理移栽

根据播种期不同，移栽时间从11月下旬—次年2月或3月上旬均可。苗高7～10 cm便可移栽。秧龄一般50 d左右，秧龄过短返苗慢，长势弱，抗逆性差，不利于越冬；秧龄过长则幼苗老化，生育期短，不利于产量的形成。移栽时苗床先浇透水以利带土移栽，苗应随起随栽，栽后浇水定根。在土壤肥力中等的红壤缓坡地，车前的移栽密度以25 cm×30 cm为宜。

3. 田间管理

3.1 补苗

秧苗成活后及时查苗，发现缺株及时补栽，确保全苗。

3.2 中耕除草

一般进行3次，幼苗返青后15 d左右进行第1次中耕除草，第2次中耕除草应在立春至雨水间，第3次应在旺长期封行前进行。选择晴天，畦面的杂草应人工拔除，或用小铲边松土边除草，垄沟内可用工具锄草，应做到田间无杂草。

3.3 施肥

施肥以有机肥或农家肥为主，适量施用化肥，基肥施腐熟粪肥15 000～22 500 kg/hm²，或磷肥1 200～1 500 kg/hm²，追肥应氮、磷、钾配施，分3次施用，在车前生长的中前期进行效果明显。

3.4 水分管理

着重在移栽后的苗期干旱适时浇水和次年雨季的及时排水。移栽后1周内不下雨应浇水1次，若连续干旱，每隔10 d左右浇水1次。苗期适时浇水可大大缩短返苗期，加速前期生长，有利于产量的形成，而雨季及时排水能降低土壤湿度，减少病虫害的发生。

3.5 病虫害综合防治

车前病害均在3月下旬—4月中下旬发病最重，主要有白粉病、叶斑病、根癌病、霜霉病、穗枯病等，特别在雨水多、排水不良的土壤中易发生；虫害主要有车前圆尾蚜、刺蛾幼虫。

防治应以预防为主，综合防治，春季防治从抽穗时开始喷药，用50%多菌灵或70%甲基托布津400～500倍液或井冈霉素150～200倍液进行预防，并注重开沟排水，降低田间湿度，效果较好。

4. 采收加工与贮藏

4.1 采收

车前成熟期不一致，应分批采收，先熟先收。一般秋播者在6—7月，当穗呈紫褐色时，选晴天收割。将成熟果穗剪下，装入箩筐运回加工。

4.2 加工

将采回的果穗在干燥通风室内堆放2 d，然后放置晒场曝晒2 d，脱粒后再晒，除去粗壳杂物，筛出种子，扬净种壳，晒至全干。

4.3 贮藏

干燥后的种子装入干净麻袋，挂上标签（品名、批号、规格、产地、生产日期），置通风干燥无污染物的仓库贮藏。注意避光、防潮、防鼠虫为害。

【药材质量标准】

【性状】本品呈椭圆形、不规则长圆形或三角状长圆形，略扁，长约2 mm，宽约1 mm。表面黄棕色至黑褐色，有细皱纹，一面有灰白色凹点状种脐。质硬。气微，味淡。

【鉴别】（1）车前粉末深黄棕色。种皮外表皮细胞断面观类方形或略切向延长，细胞壁黏液质化。种皮内表皮细胞表面观类长方形，直径5～19 μm，长约至83 μm，壁薄，微波状，常作镶嵌状排列。内胚乳细胞壁甚厚，充满细小糊粉粒。

平车前种皮内表皮细胞较小，直径5～15 μmm，长11～45 μmm。

（2）取本品粗粉1 g，加甲醇10 mL，超声处理30 min，滤过，滤液蒸干，残渣加甲醇2 mL使溶解，作为供试品溶液。另取京尼平苷酸对照品、毛蕊花糖苷对照品，加甲醇分别制成每1 mL各含1 mg的溶液，作为对照品溶液。照薄层色谱法（通则0502）试验，吸取上述3种溶液各5 μL，分别点于同一硅胶GF254薄层板上，以乙酸乙醇-甲醇-甲酸-水（18∶2∶1.5∶1）为展开剂，展开，取出，晾干，置紫外光灯（254 mn）下检视。供试品色谱中，在与对照品色谱相应的位置上，显相同颜色的斑点；喷以0.5%香草醛硫酸溶液，在105 ℃加热至斑点显色清晰，供试品色谱中，在与对照品色谱相应的位置上，显相同颜色的斑点。

【检查】水分　不得过12.0%（通则0832第二法）。

总灰分　不得过6.0%（通则2302）。

酸不溶性灰分　不得过2.0%（通则2302）。

膨胀度　取本品1 g，称定重量，照膨胀度测定法（通则2101）测定，应不低于4.0。

【含量测定】按照高效液相色谱法（通则0512）测定。

色谱条件与系统适用性试验　以十八烷基硅烷键合硅胶为填充剂；以甲醇为流动相A，以0.5%醋酸溶液为流动相B，按下表中的规定进行梯度洗脱；检测波长为254 nm。理论板数按京尼平苷酸峰计算应不低于3 000。

时间/min	流动相A/%	流动相B/%
0～1	5	95
1～40	5～60	95～40
40～50	5	95

对照品溶液的制备　取京尼平苷酸对照品、毛蕊花糖苷对照品适量，精密称定，置棕色量瓶中，加60%甲醇制成每1 mL各含0.1 mg的混合溶液，即得。

供试品溶液的制备　取本品粉末（过二号筛）约1 g，精密称定，置具塞锥形瓶中，精密加入60%甲醇50 mL，称定重量，加热回流2 h，放冷，再称定重量，用60%甲醇补足减失的重量，摇匀，滤过，取续滤液，即得。

测定法　分别精密吸取对照品溶液与供试品溶液各10 μL，注入液相色谱仪，测定，即得。

本品按干燥品计算，含京尼平苷酸（$C_{16}H_{22}O_{10}$）不得少于0.50%，毛蕊花糖苷（$C_{29}H_{36}O_{15}$）不得少于0.40%。

【市场前景】

车前以种子和全草入药，为常用中药。最早记载于《神农本草经》，列为上品，为卫生部公布的药食两用品种。具有清热、利尿、祛痰、凉血、解毒之功效。现代药理研究表明，车前子除擅长利水通淋，尤有颇佳的止咳化痰、平喘、降压、明目之功效，并可广泛用于治疗多种头痛、眩晕、胸胁痛等。车前草除可作为药材外，还可规模化种植，集中供应并加工为食用野菜销售，供应制药厂或制作保健品。现代药理研究指出，车前草对痛风有较好疗效。车前草市场需求量大，可根据市场需求发展种植。

12. 木瓜

【来源】

本品为蔷薇科植物贴梗海棠*Chaenomeles speciosa*（Sweet）Nakai的干燥近成熟果实。夏、秋二季果实绿黄时采收，置沸水中烫至外皮灰白色，对半纵剖，晒干。

【原植物形态】

落叶灌木，高达2 m，枝条直立开展，有刺；小枝圆柱形，微屈曲，无毛，紫褐色或黑褐色，有疏生浅褐色皮孔；冬芽三角卵形，先端急尖，近于无毛或在鳞片边缘具短柔毛，紫褐色。叶片卵形至椭圆形，稀长椭圆形，长3～9 cm，宽1.5～5 cm，先端急尖稀圆钝，基部楔形至宽楔形，边缘具有尖锐锯齿，齿尖开展，无毛或在萌蘗上沿下面叶脉有短柔毛；叶柄长约1 cm；托叶大形，草质，肾形或半圆形，稀卵形，长5～10 mm，宽12～20 mm，边缘有尖锐重锯齿，无毛。花先叶开放，3～5朵簇生于二年生老枝上；花梗短粗，长约3 mm或近于无柄；花直径3～5 cm；萼筒钟状，外面无毛；萼片直立，半圆形稀卵形，长3～4 mm。宽4～5 mm，长约萼筒之半，先端圆钝，全缘或有波状齿，及黄褐色睫毛；花瓣倒卵形或近圆形，基部延伸成短爪，长10～15 mm，宽8～13 mm，猩红色，稀淡红色或白色；雄蕊45～50，长约花瓣之半；花柱5，基部合生，无毛或稍有毛，柱头头状，有不显明分裂，约与雄蕊等长。果实球形或卵球形，直径4～6 cm，黄色或带黄绿色，有稀疏不显明斑

点，味芳香；萼片脱落，果梗短或近于无梗。花期3—5月，果期9—10月。

【资源分布及生物学习性】

产于陕西、甘肃、四川、重庆、贵州、云南、广东。缅甸亦有分布。

【规范化种植技术】

1. 育苗繁殖

苗圃地要求较为平整，土壤肥沃，质地为中壤，按每亩施200 kg商品有机肥精细整地，以2 m宽开箱，一般在秋季10月或春季3月，选用1～2年生的健康枝条，每条留3～4节，剪成3～5 cm的插条，按照行距30 cm在箱面开3～4 cm深的沟，按株距10～15 cm将枝条扦插到苗圃园，随后复土压实，地上留1～2节，浇水至足墒，然后盖草保持苗圃湿润，到枝条生长出叶片、气温回升无霜冻时除去盖草，注意随时进行田间除草，缺墒时浇水，苗圃生长2年后，在春季定植在大田。

2. 移栽定植

木瓜定植的最佳时期，是没有霜冻的早春，在2—3月移栽到大田，按照株距2 m、行距3 m定植110株/亩。为了保证栽苗成活，栽后要浇水和培土保墒。

3. 种植与田间管理

3.1 选地

木瓜树的适应性特强，一般海拔400～800 m，pH值为6.5～7.5的砂壤土适宜木瓜生长，且有喜光、耐干旱、瘠薄和高温的特点，坡地、沟坎边、梯田、房前屋后、路边都能种植。

3.2 中耕除草

木瓜园管理要特别注意防止草荒，随时进行除草，除草要做到"除早、除小、除了"，尽量少用或不用化学除草剂。生长期间可以在树围覆盖秸秆和杂草，促进保墒、保肥、减少杂草滋生，同时经过腐烂增加土壤的有机质和养分，有利于木瓜旺盛生长。

3.3 水肥管理

木瓜抗旱力强，但花期干旱会缩短花期，影响授粉与坐果。因此，在花芽萌动前后灌1次透水。5月中、下旬，果实迅速膨大，是需水临界期，而这时雨季尚未到来，为满足需水，应于5月中旬浇1次透水。雨季到来后，及时疏沟排水，防止积水腐根。入冬前结合施基肥灌1次防冻水，对防止冬旱抽梢和增强树体抗旱力有积极的作用。萌芽前（3月下旬—4月上旬），以施氮肥为主，促进萌发长叶，每株穴施或沟施尿素130 g，三元复合肥400 g。花前花后14 d各喷1次0.3%尿素、1%过磷酸钙、0.3%硫酸钾的混合液，以促进果实细胞分裂；盛花期喷0.2%的硼酸或0.3%硼砂，利于坐果。5月中下旬结果后，以施速效肥料为主，配合施用适量磷钾肥，每株施1 kg，加土杂肥10～15 kg，在根际周围开穴施入，施后覆盖细土。9月下旬深翻果园重施基肥，以厩肥、人粪尿为主，混施速效N素化肥，幼树每株施基肥15～30 kg，大树每株施基肥30～50 kg。施基肥方法：开环状或放射状沟，沟深35 cm，宽30 cm，1次施肥沟总长不少于1 m，沟底垫农家肥或绿肥，上撒复合肥，覆土厚度不少于20 cm。施肥后灌1次透水。生长后期停止施肥，促进苗木木质化。

3.4 整枝修剪

一般在冬季落叶时和春季发芽前进行，要剪除枯枝、密枝和枯老枝，让树势成内空外圆，确保通光透风，才能多结果，形成大果，实现稳产、高产。

4. 病虫防治

4.1 病害

木瓜病害主要有叶枯病、干腐病、锈病、轮纹病、褐斑病。

叶枯病：7—9月危害严重，发病初期用1∶1∶100的波尔多液喷雾。

干腐病：树干或枝条受害后，逐渐枯死。喷1∶2∶200波尔多液，可控制此病。

锈病：生长期间可喷洒15%粉锈宁1 000倍液，每隔15 d左右喷洒1次，连续喷2～3次，有良好的防治效果。

轮纹病：轮纹病是木瓜的重要病害，枝干发病率在50%以上，同时还危害果实和叶片。在发病期喷洒50%多菌灵可湿性粉剂600倍液；70%代森锰锌600液。

褐斑病：木瓜的褐斑病又称角斑病，是危害叶片的重要病害，该病在多雨和树势生长衰弱的条件下发病严重。防治方法：从5月上旬开始，每10～15 d喷药1次，连喷3～4次。喷洒的药剂有：50%多菌灵可湿性粉剂600倍液；70%代森锰锌可湿性粉剂600～800倍液或1∶1∶200波尔多液。

4.2 虫害

虫害主要有蚜虫、食心虫、红蜘蛛、天牛等。

蚜虫：在5月对蚜虫等害虫可用10%吡虫啉5 000～6 000倍喷雾，每15 d 1次，连续2～3次；在发生期，喷洒50%辛硫磷1 000倍液效果佳。

食心虫：主要危害木瓜果实，降低商品价值。有桃小食心虫和梨小食心虫2种。防治方法：在5—6月全园地面喷施辛硫磷，封锁地面，防止成虫出土；6—7月喷功夫菊酯、速灭杀丁、灭扫利。

红蜘蛛：对红蜘蛛可用2 000倍灭扫利进行防治。

天牛：利用天牛成虫的假死性，可在早晨或雨后摇动枝干，将成虫振落地面捕杀。或在成虫产卵期用小尖刀将产孵槽内的卵杀死。在幼虫期经常检查枝干，发现虫类时，用小刀挖开皮层将幼虫杀死，发现被害枯梢及时剪除，集中处理。

5. 适时采摘

一般于初熟期7月下旬至8月上旬采摘木瓜，过早采摘水分多而品质差；过晚采摘容易造成果质松泡，也会降低品质；采摘后可趁鲜纵剖两半，心向上进行仰晒，利用季节性高温制成干品作为药材出售。深加工企业一般收鲜果直接进厂加工增值。

【药材质量标准】

【性状】本品长圆形，多纵剖成两半，长4～9 cm，宽2～5 cm，厚1～2.5 cm。外表面紫红色或红棕色，有不规则的深皱纹；剖面边缘向内卷曲，果肉红棕色，中心部分凹陷，棕黄色；种子扁长三角形，多脱落。质坚硬。气微清香，味酸。

【鉴别】（1）本品粉末黄棕色至棕红色。石细胞较多，成群或散在，无色、淡黄色或橙黄色，圆形、长圆形或类多角形，直径20～82 μm，层纹明显，孔沟细，胞腔含棕色或橙红色物。外果皮细胞多角形或类多角形，直径10～35 μm，胞腔内含棕色或红棕色物。中果皮薄壁细胞，淡黄色或浅棕色，类圆形，皱缩，偶含细小草酸钙方晶。

（2）取本品粉末1 g，加三氯甲烷10 mL，超声处理30 min，滤过，滤液蒸干，残渣加甲醇-三氯甲烷（1∶3）混合溶液2 mL使溶解，作为供试品溶液。另取木瓜对照药材1 g，同法制成对照药材溶液。再取熊果酸对照品，加甲醇制成每1 mL含0.5 mg的溶液，作为对照品溶液。照薄层色谱法（通则0502）试验，吸取上述3种溶液各1～2 μL，分别点于同一硅胶G薄层板上，以环己烷-乙酸乙酯-丙酮-甲酸（6∶0.5∶1∶0.1）为展开剂，展开，取出，晾干，喷以10%硫酸乙醇溶液，在105 ℃加热至斑点显色清晰，分别置日光和紫外光灯（365 nm）下检视。供试品色谱中，在与对照药材色谱相应的位置上，显相同颜色的斑点和荧光斑点；在与对照品色谱相应的位置上，显相同的紫红色斑点和橙黄色荧光斑点。

【检查】水分　不得过15.0%（通则0832第二法）。

总灰分　不得过5.0%（通则2302）。

酸度　取本品粉末5 g，加水50 mL，振摇，放置1 h，滤过，滤液依法（通则0 631）测定，pH值应为3.0～4.0。

【浸出物】按照醇溶性浸出物测定法（通则2201）项下的热浸法测定，用乙醇作溶剂，不得少于15.0%。

【含量测定】按照高效液相色谱法（通则0512）测定。

色谱条件与系统适用性试验　以十八烷基硅烷键合硅胶为填充剂；以甲醇-水-冰醋酸-三乙胺（265∶35∶0.1∶0.05）为流动相；检测波长为210 nm；柱温16～18 ℃。理论板数按齐墩果酸峰计应不低于5 000。

对照品溶液的制备　取齐墩果酸对照品、熊果酸对照品适量，精密称定，加甲醇制成每1 mL各含0.1 mg的混合溶液，即得。

供试品溶液的制备　取本品细粉约0.5 g，精密称定，置具塞锥形瓶中，精密加入甲醇25 mL，密塞，称定重量，超声处理（功率250 W，频率40 kHz）20 min，放冷，再称定重量，用甲醇补足减失的重量，摇匀，滤过，取续滤液，即得。

测定法　分别精密吸取对照品溶液与供试品溶液各20 μL，注入液相色谱仪，测定，即得。

本品按干燥品计算，含齐墩果酸（$C_{30}H_{48}O_3$）和熊果酸（（$C_{30}H_{48}O_3$））的总量不得少于0.50%。

【市场前景】

木瓜素有"百益之果"的美称，果实中含有丰富的黄酮类有机酸、果胶及过氧化酶、过氧化氢酶、酚、超氧化物歧化酶等成分，具有止咳镇痛、消暑利尿、去湿和胃、活血通络、治疗关节疼痛等功效，在许多古代医学典籍中均有记载。近代医学证明，木瓜含有齐墩果酸，具有护肝降酶、促进肝细胞再生、抗炎、强心抗肿瘤等作用，是开发治疗肝病和降血糖等药物的有效成分。由于齐墩果酸具有其他药物不可替代的药理性能，木瓜果实的医药价值引起医药学界的高度重视。因此，从木瓜中提取齐墩果酸技术的成功运用，对于开发木瓜的药用价值具有重要意义。齐墩果酸对肝损伤有很强的修复作用。据统计，目前国内齐墩果酸需求量约为2 000 t/年。国际上齐墩果酸销售价格为300万～600万元/t，价格以纯度而定。

将木瓜果汁制成果醋饮品可以发挥其特殊的保健作用。近年来，木瓜果醋饮品市场呈高速发展态势，果醋饮品市场的迅速崛起与消费者的健康意识增强密不可分，木瓜果醋饮品中富含人体必需的维生素和微量元素，具有极高的营养价值和保健价值，是木瓜果醋饮品吸引消费者的主要因素。以新鲜木瓜果实为原料，利用现代加工工艺制备的木瓜果醋饮品具有平肝和胃、舒筋活络、软化血管、补肾、抗菌消炎、抗衰、美容、养颜、抗癌防癌、消滞润肺、帮助消化、缓解关节不适症状、增强体质、醒酒解酒等作用。市场前景良好。

13. 牛蒡子

【来源】

本品为菊科植物牛蒡 *Arctium lappa* L. 的干燥成熟果实。中药名：牛蒡子；别名：恶实、鼠粘子、黍粘子、大力子、毛然然子、黑风子、毛锥子等。

【原植物形态】

二年生草本，具粗大的肉质直根，长达15 cm，径可达2 cm，有分枝支根。茎直立，高达2 m，粗壮，基部直径达2 cm，通常带紫红或淡紫红色，有多数高起的条棱，分枝斜升，多数，全部茎枝被稀疏的乳突状短毛及长蛛丝毛并混杂以棕黄色的小腺点。基生叶宽卵形，长达30 cm，宽达21 cm，边缘稀疏的浅波状凹齿或齿尖，基部心形，有长达32 cm的叶柄，两面异色，上面绿色，有稀疏的短糙毛及黄色小腺点，下面灰白色或淡绿色，被薄绒毛或绒毛稀疏，有黄色小腺点，叶柄灰白色，被稠密的蛛丝状绒毛及黄色小腺点，但中下部常脱毛。茎生叶与基生叶同形或近同形，具等样的及等量的毛被，接花序下部的叶小，基部平截或浅心形。头状花序多数或少数在茎枝顶端排成疏松的伞房花序或圆锥状伞房花序，花序梗粗壮。总苞卵形或卵球形，直径1.5~2 cm。总苞片多层，多数，外层三角状或披针状钻形，宽约1 mm，中内层披针状或线状钻形，宽1.5~3 mm；全部苞近等长，长约1.5 cm，顶端有软骨质钩刺。小花紫红色，花冠长1.4 cm，细管部长8 mm，檐部长6 mm，外面无腺点，花冠裂片长约2 mm。瘦果倒长卵形或偏斜倒长卵形，长5~7 mm，宽2~3 mm，两侧压扁，

浅褐色，有多数细脉纹，有深褐色的色斑或无色斑。冠毛多层，浅褐色；冠毛刚毛糙毛状，不等长，长达3.8 mm，基部不连合成环，分散脱落。花果期6—9月。

【资源分布及生物学习性】

全国各地普遍分布。生于山坡、山谷、林缘、林中、灌木丛中、河边潮湿地、村庄路旁或荒地，海拔

750～3 500 m。广布欧亚大陆。模式标本采自西欧。

牛蒡喜温暖气候条件，既耐热又较耐寒。种子发芽适温20～25 ℃，植株生长的适温20～25 ℃，地上部分耐寒力弱，遇3 ℃低温枯死，直根耐寒性强，可耐－20 ℃的低温，冬季地上枯死以直根越冬，翌春萌芽生长。牛蒡为长日照植物，要求有较强的光照条件。牛蒡是需水较多的植物。从种子萌芽到幼苗生长，适宜稍高的土壤湿度；生长中后期也要求较湿润的土壤条件，但田间不能积水，夏季若积水12 h，直根将发生腐烂。宜选择土层深厚、疏松的沙土或壤土，土壤有机质含量丰富，pH值6.5～7.5为宜。

【规范化种植技术】

1. 选地整地

牛蒡对土壤要求不太严格，但栽培时，宜选土层深厚、疏松、排水良好、远离污染源，并具有可持续发展能力的最佳农业生产区域。牛蒡子生产田，在前茬作物收获后应及时深翻晒土。使用肥料按《绿色食品肥料使用准则》（NY/T394—2021）规定执行，深翻前每亩施入饼肥75 kg、优质腐熟的土杂肥5 000 kg以上、碳酸氢铵50 kg。整地按行距70～80 cm挖沟，沟宽约30 cm，深约10 cm，沟间形成一条宽40～50 cm、高15 cm左右的垄，垄两侧拍实，以防下雨时塌沟。

2. 气候及土壤条件

要求产区海拔为1 900～3 000 m，年均温为3.60～8.50 ℃，育苗适温18～25 ℃，生长适温15～25 ℃，年日照时数1 700～2 800 h，降雨量为230～600 mm，年大于0 ℃的积温为1 800～2 200 ℃，无霜期100～180 d。选择土层深厚、排水良好、疏松肥沃的沙质土壤栽培，pH值6.50～7.50。

3. 茬口

前茬选择非菊科植物的地块栽培，要求进行2～3年以上的轮作。另外，不宜选前茬为麻类、甘草、葵花、玉米等深根型植物地块。

4. 种子

4.1 种子的选择

纯度≥98%，净度≥95%，含水量≤10%，发芽率≥80%以上；外观灰褐色，带紫黑色斑点，无霉变，具本品种固有色泽。

4.2 播前种子的处理方法

（1）温水浸种。去除杂质、秕籽、霉变种子，选择饱满、有光泽的种子并用55 ℃左右温水浸种10 min。

（2）药剂拌种。去除杂质、秕籽、霉变种子，选择饱满、有光泽的种子并用相当于种子重量0.30%的瑞毒霉（甲霜灵）杀菌剂拌种。

5. 播种育苗

春播在3—4月土壤解冻后，秋播在10月土壤封冻前进行。主要采用育苗移栽方式。3月上旬，在整好的苗床上按行距40 cm开沟，条沟内按穴距20 cm穴播，每穴3～4粒种子，每亩用种子0.50～0.60 kg。成苗在5月上旬或夏收结束后及时移栽定植。定植按株行距80 cm×80 cm开穴栽植，每穴2株，每亩留苗约2 100株。缓苗后及时追肥浇水，以促进植株健壮生长。

6. 田间管理

6.1 排灌

在苗期，移栽后要经常保持地面湿润，幼苗返青和花期不可缺水。追肥后、严重干旱时应适当浇水，雨季要注意排水防涝。

6.2 间苗、定苗

结合中耕除草进行间苗、补苗，每穴留1~2株健苗，确保苗全苗壮。

6.3 中耕除草

对杂草偏重的地块，可用除草剂除草。每亩可用10.80%高效益草能25~30 mL，兑水50~60 kg，在牛蒡出苗后行间用药，从杂草出苗至生长盛期均可喷药；也可用50%的精禾草克50~60 mL，兑水15~20 kg，在牛蒡定苗后，杂草3~5叶期时，选择傍晚用药。菜用牛蒡除了中耕锄草外，还要进行培土，以利于直根的生长和膨大，牛蒡封行后不再培土。

6.4 水肥管理

药用牛蒡在整个生长期可进行2次追肥，第1次在植株高30~40 cm时，在行间开沟追施尿素，每亩施10 kg；第2次在植株旺盛生长期，结合浇水穴施追肥，每亩施尿素8~10 kg。菜用牛蒡在整个生长期可进行3次追肥，前2次追肥与药用牛蒡相同，第3次追肥在肉质根膨大后，可用磷酸二铵10 kg、硫酸钾5 kg追施。最好在根际打孔，深施入土10~20 cm，施后覆土。

6.5 越冬管理

牛蒡当年播种不结果，为促进第2年生长、苗壮，提高产量和质量，冬季叶子枯萎后，要及时清除枯叶和杂草，干旱时浇封冻水，封冻前在植株的基部培土，第2年解冻后将盖土松动。

7. 病虫害防治

防治用药选择要严格执行GB/T 8321和《绿色食品农药使用准则》（NY/T 393—2020）的规定。

7.1 病害

病害主要有白粉病和褐斑病等。用2%武夷霉素200倍液或50%多硫胶悬剂300~400倍液、50%甲基托布津500倍液喷雾防治。

7.2 虫害

虫害主要有蚜虫和黏虫等。牛蒡上的蚜虫多为黑色，在点片发生时即应喷药防治，可选用50%抗蚜威（辟蚜雾）200倍液，或阿克泰15~20 g，兑水100 kg进行叶面喷雾。黏虫要在幼龄期用90%敌百虫800倍液喷雾防治。

8. 采收加工与贮藏

8.1 采收时间

牛蒡子成熟采收期在7—8月，但因果实成熟期不一致，要随熟随采。当种子黄里透黑时应分期分批将果枝剪下，一般2~3次便可采收完。菜用牛蒡一般在10—11月采挖。

8.2 采收方法

采摘宜选择晴天，采摘时应将果枝剪下，严防过分振动植株。菜用牛蒡采收前应先割去叶片，留地面以上10~15 cm长的叶柄，在根的侧面挖至根长的1/2时，用手拔出即可。

8.3 加工

8.3.1 干燥

牛蒡子采收后，应晾晒在通风干燥的地方，以免发霉变质。

8.3.2 去杂

果枝干燥后可直接用手搓揉或用木棒等敲打脱取种子，再用网筛去除枝叶、果柄等杂质。菜用牛蒡根采挖后应除去泥土、残枝。

【药材质量标准】

【性状】 本品呈长倒卵形，略扁，微弯曲，长5～7 mm，宽2～3 mm。表面灰褐色，带紫黑色斑点，有数条纵棱，通常中间1～2条较明显。顶端钝圆，稍宽，顶面有圆环，中间具点状花柱残迹；基部略窄，着生面色较淡。果皮较硬，子叶2，淡黄白色，富油性。气微，味苦后微辛而稍麻舌。

【鉴别】（1）本品粉末灰褐色。内果皮石细胞略扁平，表面观呈尖棱形、长椭圆形或尖卵圆形，长70～224 μm，宽13～70 μm，壁厚约至20 μm，木化，纹孔横长；侧面观类长方形或长条形，侧弯。中果皮网纹细胞横断面观类多角形，垂周壁具细点状增厚；纵断面观细胞延长，壁具细密交叉的网状纹理。草酸钙方晶直径3～9 μm，成片存在于黄色的中果皮薄壁细胞中，含晶细胞界限不分明。子叶细胞充满糊粉粒，有的糊粉粒中有细小簇晶，并含脂肪油滴。

（2）取本品粉末0.5 g，加乙醇20 mL，超声处理30 min，滤过，滤液蒸干，残渣加乙醇2 mL使溶解，作为供试品溶液。另取牛蒡子对照药材0.5 g，同法制成对照药材溶液。再取牛蒡苷对照品，加乙醇制成每1 mL含5 mg的溶液，作为对照品溶液。照薄层色谱法（通则0502）试验，吸取供试品溶液及对照药材溶液各3 μL、对照品溶液5 μL，分别点于同一硅胶G薄层板上，以三氯甲烷-甲醇-水（40∶8∶1）为展开剂，展开，取出，晾干，喷以10%硫酸乙醇溶液，在105 ℃加热至斑点显色清晰。供试品色谱中，在与对照药材色谱和对照品色谱相应的位置上，显相同颜色的斑点。

【检查】水分　不得过9.0%（通则0832第二法）。

总灰分　不得过7.0%（通则2302）。

【含量测定】 按照高效液相色谱法（通则0512）测定。

色谱条件与系统适用性试验　以十八烷基硅烷键合硅胶为填充剂；以甲醇-水（1∶1∶1）为流动相；检测波长为280 nm。理论板数按牛蒡苷峰计算应不低于1 500。

对照品溶液的制备　取牛蒡苷对照品适量，精密称定，加甲醇制成每1 mL含0.5 mg的溶液，即得。

供试品溶液的制备　取本品粉末（过三号筛）约0.5 g，精密称定，置50 mL量瓶中，加甲醇约45 mL，超声处理（功率150 W，频率20 kHz）20 min，放冷，加甲醇至刻度，摇匀，滤过，取续滤液，即得。

测定法　分别精密吸取对照品溶液与供试品溶液各10 μL，注入液相色谱仪，测定，即得。

本品含牛蒡苷（$C_{27}H_{34}O_{11}$）不得少于5.0%。

【市场前景】

牛蒡子具有疏散风热，宣肺透疹，解毒利咽之功效。用于风热感冒，咳嗽痰多，麻疹，风疹，咽喉肿痛，痄腮，丹毒，痈肿疮毒。在日本，牛蒡被视为强身保健蔬菜，深受消费者喜爱，需求量较大。由此，牛蒡作为一种出口创汇蔬菜，具有广阔的发展前景。

由于消费习惯，目前国内消费量不大，有待于加强宣传推广。在我国积极推广种植和食用牛蒡，对增加城乡人民的蔬菜品种，提高人民的健康水平有重要意义。

14. 地肤子

【来源】

本品为藜科植物地肤*Kochia scoparia*（L.）Schrad.的干燥成熟果实。秋季果实成熟时采收植株，晒干，打下果实，除去杂质。

【原植物形态】

一年生草本，高50～100 cm。根略呈纺锤形。茎直立，圆柱状，淡绿色或带紫红色，有多数条棱，稍有短柔毛或下部几无毛；分枝稀疏，斜上。叶为平面叶，披针形或条状披针形，长2～5 cm，宽3～7 mm，无毛或稍有毛，先端短渐尖，基部渐狭入短柄，通常有3条明显的主脉，边缘有疏生的锈色绢状缘毛；茎上部叶较小，无柄，1脉。花两性或雌性，通常1～3个生于上部叶腋，构成疏穗状圆锥状花序，花下有时有锈色长柔毛；花被近球形，淡绿色，花被裂片近三角形，无毛或先端稍有毛；翅端附属物三角形至倒卵形，有时近扇形，膜质，脉不很明显，边缘微波状或具缺刻；花丝丝状，花药淡黄色；柱头2，丝状，紫褐色，花柱极短。胞果扁球形，果皮膜质，与种子离生。种子卵形，黑褐色，长1.5～2 mm，稍有光泽；胚环形，胚乳块状。花期6—9月，果期7—10月。

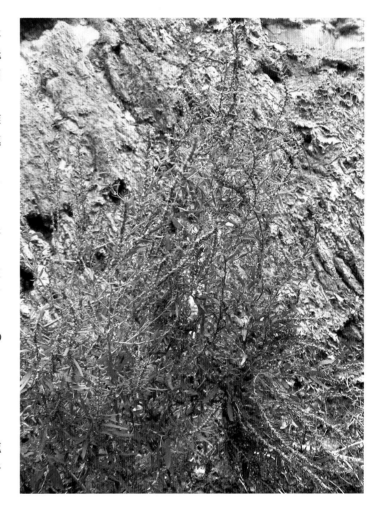

【资源分布及生物学习性】

全国各地均产。多生于荒地、路边、田间、河岸、沟边或屋旁。喜湿、耐碱土、耐干旱，对土壤要求不严。也分布于欧洲及亚洲等国。生育期100～110 d。

【规范化种植技术】

1. 选地整地

一般选择阳光充足、空气流通、排水良好的地块即可，要求不严。整地可采用大垄双行，即以三垄为一组，破中间垄，把土加到另外两垄上，这样形成两个1 m宽大垄，在两边行播种，原是三垄三行，现变成两垄四行，可比原播种面积增加三分之一，同时又因大垄通风透光而提高产量。

2. 播种、育苗

采取苗床育苗，露地于4月上旬播种，保护地育苗可于3月上旬播种。以腐熟而细碎的堆肥或厩肥作为基肥，可施适量过磷酸钙，以促使根系强大。播种前应将苗床清除杂物、整平耙细，充分灌水，待水完全渗入土中后，将种子拌少量细沙均匀地撒在苗床上，然后用0.3 cm孔径的筛子将土过筛，均匀地覆盖在表面，厚度为种子厚度的2~3倍，以看不见种子为宜。最后在床面上均匀地盖一层稻草，以减少土壤水分的蒸发散失，较长时间保持土壤的湿润状态。种子出苗前，表土变干时应及时浇水。浇水时要将水浇在稻草上，防止种子被冲。待种子出芽后，应及时撤去稻草，防止幼苗因光线不足而出现徒长。

3. 苗期管理

地肤幼苗生长期间需要保证肥水供应，施肥不能偏多，一般追施1~2次液肥即可。同时要保持一定的湿度，若湿度太大，通风不良，易受蚜虫的危害。因此，要适当间苗，拔除病株。在苗高15~20 cm以后，叶色未变红时及时移栽或采收幼苗。4—7月可陆续采收嫩茎叶。

4. 上盆或移栽

地肤作观赏栽培或采种时则要移苗。因其是直生根，所以定植要及时，否则植株长势难以恢复。小苗上盆时，先在盆底放入2~3 cm厚的粗基粒作为滤水层，其上撒一层腐熟的有机肥料，厚2~3 cm，盖上一层基质，厚1~2 cm，再覆土一层然后植入幼苗。株距一般为40~60 cm。注意根系不能和肥料直接接触，以避免烧根。上盆基质配方为菜园土：炉渣＝3：1；园土：中粗河沙：锯末＝4：1：2。移栽完成后回填土壤踩实，浇一次透水，并放在略荫的环境中缓苗一周。

5. 田间管理

在开花前进行两次摘心，以促使萌发更多的开花枝条。第一次是在苗高6~10 cm，并有6片以上叶子后，把顶梢摘掉，保留下部3~4片叶，促使分枝。当侧枝长到6~8 cm时，进行第二次摘心，即把侧枝顶梢摘掉，保留侧枝下4片叶子。经过两次摘心后，株型理想，开花数量更多。地肤生长喜较高的湿度，空气湿度过低会加快单花凋谢，最适空气湿度为65%~75%。施肥应遵循"淡肥勤施、量少次多、营养全齐"的原则。

6. 病虫害防治

地肤容易受蚜虫危害，可以用20%吡蚜酮噻虫胺液进行防治。此外也易被菟丝子寄生，发现后应及时摘除。

7. 适时采收

进入开花后期，适当控制肥水，以利种子成熟。当植株的叶子变红，子粒开始脱落时，便可收获采种，混收混脱，阴干贮藏。

【药材质量标准】

【性状】本品呈扁球状五角星形，直径1~3 mm。外被宿存花被，表面灰绿色或浅棕色，周围具膜质小翅5枚，背面中心有微突起的点状果梗痕及放射状脉纹5~10条；剥离花被，可见膜质果皮，半透明。种子扁卵形，长约1 mm，黑色。气微，味微苦。

【鉴别】（1）本品粉末棕褐色。花被表皮细胞多角形，气孔不定式，薄壁细胞中含草酸钙簇晶。果皮细胞呈类长方形或多边形，壁薄，波状弯曲，含众多草酸钙小方晶。种皮细胞棕褐色，呈多角形或类方形，多皱缩。

（2）取本品粉末1 g，加甲醇10 mL，超声处理30 min，滤过，滤液作为供试品溶液。另取地肤子皂苷Ic对照品，加甲醇制成每1 mL含0.5 mg的溶液，作为对照品溶液。照薄层色谱法（通则0502）试验，吸取上述两种溶液各5 μL，分别点于同一硅胶G薄层板上，以三氯甲烷-甲醇-水（16：9：2）为展开剂，展开，取出，晾干，喷以10%硫酸乙醇溶液，热风吹至斑点显色清晰。供试品色谱中，在与对照品色谱相应的位置上，显相同的紫红色斑点。

【检查】水分　不得过14.0%（通则0832第二法）。

总灰分　不得过10.0%（通则2302）。

酸不溶性灰分　不得过3.0%（通则2302）。

【含量测定】按照高效液相色谱法（通则0512）测定。

色谱条件与系统适用性试验　以十八烷基硅烷键合硅胶为填充剂；以甲醇-水-冰醋酸（85：15：0.2）为流动相；蒸发光散射检测器检测。理论板数按地肤子皂苷Ic峰计算应不低于3 000。

对照品溶液的制备　取地肤子皂苷Ic对照品适量，精密称定，加甲醇制成每1 mL含0.5 mg的溶液，即得。

供试品溶液的制备　取本品粉末（过三号筛）约0.5 g，精密称定，置具塞锥形瓶中，精密加入甲醇50 mL，密塞，称定重量，放置过夜，超声处理30 min，放冷，再称定重量，用甲醇补足减失的重量，摇匀，滤过，取续滤液，即得。

测定法　分别精密吸取对照品溶液10 μL、20 μL，供试品溶液20 μL，注入液相色谱仪，测定，以外标两点法对数方程计算，即得。

本品按干燥品计算，含地肤子皂苷Ic（$C_{41}H_{64}O_{13}$）不得少于1.8%。

【市场前景】

地肤别名扫帚草、扫帚菜、篷头草、地麦、落帚。广泛分布在全国各地，资源十分丰富。地肤的苗和果实均可药用，其性苦、寒，味甘。地肤的果实称为地肤子，为常用中药，具有清热利湿、祛风止痒等功效。历代本草对地肤苗或地肤子多有记载，地肤子始载于《神农本草经》，列为上品，描述其有"治膀胱热、利小便、益精气"等功效，久服能"耳聪、目明、轻身、耐老"。《本草纲目》记载地肤可治风热赤眼、目痛、眯目、血痢不止、妊娠患淋、小便不通等。《神农本草经》记载其可主膀胱热、利小便，补中，益精气。除药用外，地肤在民间应用很广，其幼苗及嫩茎叶可食用，是民间喜爱的野菜之一。其成熟地上部分民间用来制作扫帚。近年来，对地肤的化学成分、药理作用和临床应用等都有了大量的研究，除了应用在皮肤病和肾病等方面的治疗外，中医也逐渐尝试把它用在各种炎症、降血糖等的治疗上，虽然中医应用得很多，但对其作用机制并没有研究清楚，对其药理方面的研究并不是很多，随着分子生物学的逐步发展完善，对地肤的研究也应越来越微细化，除了分离出其化学成分，更应该厘清它的有效成分及作用机制，从而开发出更多的新药和剂型，以期进行更好的开发应用。

15. 小茴香

【来源】

本品为伞形科植物茴香*Foeniculum vulgare* Mill.的干燥成熟果实。中药名：小茴香；别名：谷茴香、谷茴、怀香。

【原植物形态】

草本，高0.4～2 m。茎直立，光滑，灰绿色或苍白色，多分枝。较下部的茎生叶柄长5～15 cm，中部或上部的叶柄部分或全部成鞘状，叶鞘边缘膜质；叶片轮廓为阔三角形，长4～30 cm，宽5～40 cm，4～5回羽状全裂，末回裂片线形，长1～6 cm，宽约1 mm。复伞形花序顶生与侧生，花序梗长2～25 cm；伞辐6～29，不等长，长1.5～10 cm；小伞形花序有花14～39；花柄纤细，不等长；无萼齿；花瓣黄色，倒卵形或近倒卵圆形，长约1 mm，先端有内折的小舌片，中脉1条；花丝略长于花瓣，花药卵圆形，淡黄色；花柱基圆锥形，花柱极短，向外叉开或贴伏在花柱基上。果实长圆形，长4～6 mm，宽1.5～2.2 mm，主棱5条，尖锐；每棱槽内有油管1，合生面油管2；胚乳腹面近平直或微凹。花期5—6月，果期7—9月。

【资源分布及生物学习性】

原产地中海地区。我国各省区都有栽培。

小茴香原产欧洲，属1年生草本植物，生长期短，仅150 d左右。我国南北方均可种植。在我国南方可宿根越冬，成为多年生草本植物。喜潮湿、凉爽的环境，对土壤要求不严，有耐瘠薄、耐盐碱、耐连作、抗旱等特点，适宜种植在中性或弱酸性的沙壤和轻砂壤土上。

南方栽培茴香可分秋播和春播，播种后10～15 d出苗。秋播9—10月，花期1—2月，果期3—4月；春播3—4月，花期6—7月，果期8—9月。

【规范化种植技术】

1. 选地整地

选择通风向阳、排水良好的地块，深翻细耙，精细整地，使土壤细碎、平整，并施足充分腐熟的有机肥，与土壤充分混匀，然后做成宽1.5 m的长厢（畦），两边开沟以利排水。

2. 繁殖

以种子繁殖为主要繁殖方法，亦可分株繁殖，但分株繁殖植株易老化，产量低、质量差，故一般不采用。播种前用磷酸二氢钾8 000倍液浸种10 h左右，穴播、条播均可。穴播按株、行距30 cm×30 cm开沟，穴深约6 cm，每穴播种子10～15粒，播后用细土将种子盖住即可，并盖稻草保湿、防风等，以利于小茴香出苗整齐。条播按行距30 cm开沟，将种子均匀播于沟内，覆细土并盖草。亩用种量穴播为0.7～0.8 kg，条播为1.2～1.5 kg。

3. 田间管理

3.1 间苗秋播

由于气温渐低，播后需8～12 d出苗；春播需5～8 d出苗。穴播，当苗高5～6 cm时进行第1次间苗；苗高10～12 cm时进行第2次间苗，每穴留苗2～3株；苗高20～25 cm时定苗，每穴留1株健壮苗。条播，每隔10 cm左右定苗1株。如有缺苗，可带土移栽，以补齐苗。

3.2 中耕除草

小茴香在整个生育期中都可能受杂草为害，因此，除草是田间管理的关键。从幼苗到果实收获整个过程，视田间杂草情况及时拔除。中耕可以提高地温，促进小茴香的生长。幼苗期茎嫩而细弱，松土时宜浅，以后各阶段可稍深些。

3.3 肥水管理

小茴香较耐旱，对水分比较敏感，大水漫灌易导致小茴香根系变黑而烂根死苗，故水分管理亦是小茴香整个生长发育期重要的一环。苗期要少浇水，表土见干时再浇水；营养生长期要适量浇水；生殖生长后期则要勤浇，同时要注意防涝。小茴香全生育期为150 d左右，因此，做好各生育阶段的施肥是保证小茴香优质高产的关键。施肥要掌握前期控、后期促的原则，即蹲小苗、促大苗、形成壮苗。生长前期以长叶为主，要追施氮肥壮苗，以满足后期生殖生长需要；中后期，小茴香处于生殖生长阶段，要增施磷钾肥，每亩追施磷酸二铵20 kg或三元复合肥30 kg；开花现蕾期间可用2%过磷酸钙根外追肥2～3次，以提高果实产量。

3.4 病虫害防治

3.4.1 虫害

幼苗期主要有金龟子、地老虎等地下害虫危害，可用毒饵诱杀或喷氯氰菊酯或敌杀死2 500～3 000倍液防治。黄凤蝶为害茎叶，在害虫幼龄期喷施90%敌百虫800倍液杀除，每隔7 d喷1次，连续喷2～3次即可。开花前期，主要有蚜虫为害，可用扫蚜清1 500～2 000倍液喷雾防治1次。黄翅茴香螟为害果实，可用7216微生物杀虫剂粉喷洒防治。

3.4.2 病害

病害主要有灰斑病和霜霉病。灰斑病危害植株茎叶，除播种前可将种子在50 ℃水中浸种3～5 h再晾干播种外，可在发病初期喷施25%苯菌灵乳油800倍液或1：1：120倍式波尔多液、12%绿乳铜乳油600倍液防治。霜霉病易在多雨年份发生，可喷施粉锈宁或百菌清1次，每亩用药量约25 mL。

4. 采收加工与贮藏

小茴香以果实入药，商品用小茴香以淡绿色为上等。当果皮由绿变为黄绿色且呈淡黑色纵线时便可收割，除留种地块外收获不能过迟，一般要在完熟前7~10 d收获。小茴香花果期长，边开花、边结果、边成熟，故最好分批采收。秋播一般在次年2—3月、春播则在同年9—10月即可采收，过早或过迟采收都会影响产量和质量。收获时遇雨易使茴香发霉变色，所以最好选择晴好的天气收获，以利于收回的小茴香及时风干。

【药材质量标准】

【性状】本品为双悬果，呈圆柱形，有的稍弯曲，长4~8 mm，直径1.5~2.5 mm。表面黄绿色或淡黄色，两端略尖，顶端残留有黄棕色突起的柱基，基部有时有细小的果梗。分果呈长椭圆形，背面有纵棱5条，接合面平坦而较宽。横切面略呈五边形，背面的四边约等长。有特异香气，味微甜、辛。

【鉴别】（1）本品分果横切面：外果皮为1列扁平细胞，外被角质层。中果皮纵棱处有维管束，其周围有多数木化网纹细胞；背面纵棱间各有大的椭圆形棕色油管1个，接合面有油管2个，共6个。内果皮为1列扁平薄壁细胞，细胞长短不一。种皮细胞扁长，含棕色物。胚乳细胞多角形，含多数糊粉粒，每个糊粉粒中含有细小草酸钙簇晶。

（2）取本品粉末2 g，加乙酸20 mL，超声处理10 min，滤过，滤液挥干，残渣加三氯甲烷1 mL使溶解，作为供试品溶液。另取茴香醛对照品，加乙醇制成每1 mL含1 µL的溶液，作为对照品溶液。照薄层色谱法（通则0502）试验，吸取供试品溶液5 µL、对照品溶液1 µL，分别点于同一硅胶G薄层板上，以石油醚（60~90 ℃）-乙酸乙酯（17∶2.5）为展开剂，展至8 cm，取出，晾干，喷以二硝基苯肼试液。供试品色谱中，在与对照品色谱相应的位置上，显相同的橙红色斑点。

【检查】杂质　不得过4%（通则2301）。

总灰分　不得过10.0%（通则2302）。

【含量测定】挥发油照挥发油测定法（通则2204）测定。

本品含挥发油不得少于1.5%（mL/g）。

反式茴香脑　按照气相色谱法（通则0521）测定。

色谱条件与系统适用性试验　聚乙二醇毛细管柱（柱长为30 m，内径为0.32 mm，膜厚度为0.25 µm）；柱温为145℃。理论板数按反式茴香脑峰计算应不低于5 000。

对照品溶液的制备　取反式茴香脑对照品适量，精密称定，加乙酸乙酯制成每1 mL含0.4 mg的溶液，即得。

供试品溶液的制备　取本品粉末（过三号筛）约0.5 g，精密称定，精密加入乙酸乙酯25 mL，称定重量，超声处理（功率300 W，频率40 kHz）30 min，放冷，再称定重量，用乙酸乙酯补足减失的重量，摇匀，滤过，取续滤液，即得。

测定法　分别精密吸取对照品溶液与供试品溶液各2 µL，注入气相色谱仪，测定，即得。

本品含反式茴香脑（$C_{10}H_{12}O$）不得少于1.4%。

【市场前景】

在药用价值方面，小茴香果籽具有驱风行风、祛寒湿、止痛和健脾之功效，可用于治胃气弱胀痛、消化不良、腰痛、呕吐等疾病。另外，用小茴香制成的花草茶有温肾散寒、和胃理气的作用，对于饮食过量所引起腹胀以及女性痛经也有一定效果。

小茴香全身是宝，不仅有药理作用有很高的药用价值，而且兼被广泛用作食品调味香料，是一种价值很高的优良辛香料，同时也可作为饲料添加剂等。其多用途的特性注定其拥有广阔的市场前景。

16. 覆盆子

【来源】

本品为蔷薇科植物华东覆盆子*Rubus chingii* Hu的干燥果实。别名：覆盆莓、树莓、泡儿、树梅、红莓、桑莓、野莓、木莓等。

【原植物形态】

覆盆子为多年生落叶小灌木，高2~3 m。幼枝绿色，有白粉，有少数倒刺。单叶互生；叶柄长3~4.5 cm；托叶线状披针形；叶片近圆形，直径5~9 cm，掌状5深裂，中裂片菱状卵形，基部近心形，边缘有重锯齿，两面脉上有白色短柔毛；基生，五出脉。花两性；单生于短枝的顶端，花萼5，宿存，卵状长圆形，萼裂片两面有短柔毛；花瓣5，白色，椭圆形或卵状长圆形，先端圆钝；直径2.5~3.5 cm；花梗长2~3.5 cm；雄蕊多数，花丝宽扁；花药丁字着生，2室；雌蕊多数，具柔毛，着生在凸起的花托上。聚合果球形，直径1.5~2 cm，成熟时为红色，金色和黑色，下垂；小核果密生灰白色柔毛。花期3—4月，果期5—8月。

【资源分布及生物学习性】

覆盆子主分布于我国长江以南，以西南、华南等地为主。如贵州、云南、四川、重庆、湖南、湖北、江苏、浙江、江西、福建、广西、广东等省区都有野生分布，生于溪旁或山坡林中。尤其是在我国西南地区，如贵州、四川、云南、重庆、西藏等地分布广，面积大，是覆盆子的最适宜分布区与种植区。

覆盆子根属浅根系，主根不明显，侧根及须根发达，有横走根茎。枝为二年生，产果后死亡。在气温低于5 ℃时，植株常处于休眠状态。早春2月中下旬，气温略回升时，2～3级枝的叶腋混合芽开始萌动，下旬幼叶稍开展。3月中旬初花（属异花授粉），下旬为盛花期，其地下根茎萌发新枝。3月末—4月初，花期结束，此时叶片已全部开展。4月下旬，幼果径可达1 cm，多生于三四级枝的顶端，坐果率约为80%。5月下旬，果实由绿转黄，再转为橘红色，中旬达盛果期，果枝也逐渐枯黄。6月，老枝自上而下逐渐枯萎，至7月完全枯死，被更新枝所替代。6—9月为更新枝营养期。10月，初生叶已逐渐凋落，侧枝上产生三级分枝；10月下旬—11月，二、三级枝上冬芽形成并进行花芽分化。12月叶片全部凋落，处于休眠状态。

【规范化种植技术】

1. 选地整地

宜选向阳湿润、土壤肥沃疏松、耕层深厚、排水良好、坡度小于15°的地块作种植地，田边地角、屋前房后以及闲置地块等亦可种植。春季栽植，在上一年冬天整地，捡尽杂物，深耕30 cm以上，晒垡。翌年3—4月移栽定植前，再翻耕，耙碎，整平。若秋季栽植，在栽前半个月深耕，耙碎，整平，9—10月移栽定植时，再用同法整地一次。

2. 繁殖方法

扦插育苗：于春季将上述扦插条用750倍50%可湿性多菌灵溶液消毒，并在0.05%强力生根粉溶液中浸泡扦插条下半部1 h。在上述整好的畦面上，开横沟，沟深8 cm，按株、行距5～10 cm将扦插条插入苗床，其插条芽头朝上，往下插紧，斜靠在沟壁上，再用细土填平压实，并用苗床上覆树枝落叶或地膜保温保湿，出土后去覆盖物（注意：当天处理的扦插条当天必须扦插完，以保证成活率）。或将处理的扦插条用湿润细土或细沙集中排种于避风、湿润、荫蔽地块越冬。翌年2月底—3月初，翻开表土，选择健壮的萌芽插条，供移栽定植。

根蘖繁殖覆盆子地下茎地段每年都会萌发出一定数量的根蘖苗，几年以后则由一株变成苗。在秋末至早春时，为覆盆休眠期，将根系及地上顶部分枝条适当修剪后，分成若干株，以备另行栽种定植。

另外，尚可利用覆盆子母株根茎萌发的幼苗进行分株繁殖移栽；利用覆盆子在早春根茎上的不定芽还未出土时，挖取根茎，按长10～15 cm切断，斜插或浅埋，保持土壤湿润，成活后进行分根繁殖移栽等。

3. 田间管理

3.1　中耕除草

生长前期为幼苗期，杂草生长相对较快，每年的4—5月为雨季，土壤容易板结，应及时中耕除草。一般在成活后的第1～2年内，中耕除草3～4次，第1次在萌发出新叶时；第1次在5—6月，结合中耕松土除草追肥，施适量人畜粪水或尿素，也可加施适量硝酸铵；第3次在7—8月，也可结合中耕松土除草适当追肥；第4次在秋末冬初进行，并培土施冬追肥。

3.2　合理排灌

覆盆子生长期需水较多，应适当浇水，促使植株生长旺盛。但雨水过多又可致落花落果，生长不良。因此，要注意排除积水或防旱。如遇干旱天气时，应据实情及时浇水保苗。如雨水过多时，应做好清沟排涝，防止田间积水。在干旱缺水时，尚可在覆盆子周围覆盖些秸秆、杂草、树叶等有机物，这样既能减少水分蒸发，又可增加土壤肥力。

3.3　合理修剪

覆盆子新枝发生侧枝时，摘去顶芽促进侧枝生长，同时对侧枝摘心，促使其发生二次侧枝，枝多叶则茂，增加翌年结果母枝，增加产量。具体说来，第1次覆盆子修剪是在早春进行定植修剪，对过密的细弱枝、破损枝要齐地剪除，当年生新梢长到40～60 cm时，对密度较小的植株可进行10 cm摘心，以促进侧芽萌发新枝，增加枝量。第2次覆盆子修剪是对基生枝（即当年新梢）的修剪，当基生枝超过1.5 m时要进行修剪，留长1.3～1.5 m。每年每株丛可选留长势壮的基生枝6～8株；其余剪掉，这是较为合理的株丛密度。第3次覆盆子修剪是在采收结束后，对结果母枝要齐地疏除。

3.4　病虫害防治

根癌　本病病菌主要通过伤口侵入。从侵入到呈现癌病，时间为几周，有的为1年以上。其主要为害根颈部，有时也散归为害于侧根和支根上。根癌初生时为乳白色，光滑柔软，以后渐变为褐色到深褐色，质地变硬，表面粗糙，凹凸不平，小的仅皮层一点突起，大的如鸡蛋，形状不规则。受害病株发育受阻，叶片变小变黄，植株矮小，果实变小，产量下降。据大田调查，一般发病株率为5.6%～10.5%，严重的地块发病株率为34.4%；发病轻的地块造成减产10%左右，发病较重的地块减产30%以上。本病发病条件是碱性土更易发病。因病原菌在植株癌病皮层内越冬，也可在土地中越冬，一般在土地中能存活1～2年调运病苗，会造成远距离传播；雨水和浇水、病残体随便遗弃，是近距离传播的主要途径。

防治方法：选择健壮苗木栽培，应注意剔除病苗。要加强肥水管理，覆盆子根系多分布在20～40 cm深的表土中，要做到旱浇涝排，特别要防止土壤积水。适当增施硫酸铵（钾）等酸性肥料，以造成不利于根癌病发生的生态环境。耕作和施肥时，应注意不要伤根，并及时防治地下害虫。要挖除病株，发病后要彻底挖除病株，并集中处理。挖除病株后的土壤用10%～20%农用链霉素、1%波尔多液进行土壤消毒。合理药剂防治，可用0.2%硫酸铜、0.2%～0.5%农用链霉素等灌根，每10～15 d 1次，连续2～3次。也可采用K84菌悬液浸苗或在定植或发病后浇根，均有一定防治效果。

4. 采收加工

覆盆子果期长，从立夏起则可开始收获；对已发育近成熟或成熟时的果实，即发育饱满由绿变黄、变红、变紫的果实，均可分批采收，直到秋末。覆盆子采收后，应及时去除花托、梗叶和其他杂质，洗净；

覆盆子除鲜用外，用沸水略烫或略蒸2~3 min，取出晒或晾干。若遇连绵阴雨天时，可在80 ℃以下烘干，即得。

【药材质量标准】

【性状】本品为聚合果，由多数小核果聚合而成，呈圆锥形或扁圆锥形，高0.6~1.3 cm，直径0.5~1.2 cm。表面黄绿色或淡棕色，顶端钝圆，基部中心凹入。宿萼棕褐色，下有果梗痕。小果易剥落，每个小果呈半月形，背面密被灰白色茸毛，两侧有明显的网纹，腹部有突起的棱线。体轻，质硬。气微，味微酸涩。

【鉴别】（1）显微鉴别：本品粉末棕黄色。非腺毛单细胞，长60~450 μm，直径12~20 μm，壁甚厚，木化，大多数具双螺纹，有的体部易脱落，足部残留而埋于表皮层，表面观圆多角形或长圆形，直径约至23 μm，胞腔分枝，似石细胞状。草酸钙簇晶较多见，直径18~50 μm。果皮纤维黄色，上下层纵横或斜向交错排列。

（2）薄层色谱鉴别：取椴树苷对照品，加甲醇制成每1 mL含0.1 mg的溶液，作为对照品溶液。照薄层色谱法（通则0502）试验，吸取［含量测定］山奈酚-3-0-芸香糖苷项下的供试品溶液5 μL，及上述对照品溶液2 μL，分别点于同一硅胶G薄层板上，以乙酸乙酯-甲醇-水-甲酸（90∶4∶4∶0.5）为展开剂，展开，取出，晾干，喷以三氯化铝试液，在105 ℃加热5 min，在紫外光灯（365 nm）下检视。供试品色谱中，在与对照品色谱相应的位置上，显相同颜色的荧光斑点。

【检查】水分　按照水分测定法（通则0832第二法）测定，不得过12.0%。

总灰分　按照总灰分测定法（通则2302）测定，不得过9.0%。

酸不溶性灰分　按照总灰分测定法（通则2302）测定，不得过2.0%。

【漫出物】按照水溶性浸出物测定法（通则2201）项下的热浸法测定，不得少于9.0%。

【含量测定】鞣花酸按照高效液相色谱法（通则0512）测定。

色谱条件与系统适用性试验　以十八烷基硅烷键合硅胶为填充剂；以乙腈-0.2%磷酸溶液（15∶85）为流动相；检测波长为254 nm。理论板数按鞣花酸峰计算应不低于3 000。

对照品溶液的制备　取鞣花酸对照品适量，精密称定，加70%甲醇制成每1 mL含5 μg的溶液，即得。

供试品溶液的制备　取本品粉末（过四号筛）约0.5 g，精密称定，置具塞锥形瓶中，精密加入70%甲醇50 mL，称定重量，加热回流1 h，放冷，再称定重量，用70%甲醇补足减失的重量，摇匀，滤过，精密量取续滤液1 mL，置5 mL量瓶中，用70%甲醇稀释至刻度，摇匀，滤过，取续滤液，即得。

测定法　分别精密吸取对照品溶液与供试品溶液各10 μL，注入液相色谱仪，测定，即得。

本品按干燥品计算，含鞣花酸（$C_{14}H_6O_8$）不得少于0.20%。

山奈酚-3-O-芸香糖苷按照高效液相色谱法（通则0512）测定。

色谱条件与系统适用性试验　以十八烷基硅烷键合硅胶为填充剂；以乙腈-0.2%磷酸溶液（15∶85）为流动相；检测波长为344 nm。理论板数按山奈酚-3-O-芸香糖苷峰计算应不低于3 000。

对照品溶液的制备　取山奈酚-3-O-芸香糖苷对照品适量，精密称定，加甲醇制成每1 mL含80 μL的溶液，即得。

供试品溶液的制备 取本品粉末（过四号筛）约1 g，精密称定，置具塞锥形瓶中，精密加入70%甲醇50 mL，称定重量，加热回流提取1 h，放冷，再称定重量，用70%甲醇补足减失的重量，摇匀，滤过，精密量取续滤液25 mL，蒸干，残渣加水20 mL使溶解，用石油醚振摇提取3次，每次20 mL，弃去石油醚液，再用水饱和正丁醇振摇提取3次，每次20 mL，合并正丁醇液，蒸干，残渣加甲醇适量使溶解，转移至5 mL量瓶中，加甲醇至刻度，摇匀，滤过，取续滤液，即得。

测定法 分别精密吸取对照品溶液与供试品溶液各10 μL，注入液相色谱仪，测定，即得。

本品按干燥品计算，含山奈酚-3-O-芸香糖苷（$C_{27}H_{30}O_{15}$）不得少于0.03%。

【市场前景】

现代研究表明，覆盆子含覆盆子酸（fupenzic acid）、没食子酸（ellagic acid）、β-谷甾醇、糖类及少量维生素C。具有抑菌、雌激素样等药理作用。如在大鼠、兔的阴道涂片及内膜切片等试验研究表明，覆盆子有雌激素样作用。以覆盆子100%煎剂用平板打洞法试验研究结果，对葡萄球菌、霍乱弧菌有抑制作用。临床实践证明，肾虚遗尿，小便频数，阳痿早泄，遗精滑精等疾病，如肝肾亏损，精血不足，目视昏花者，可单用久服，亦可与桑椹子、枸杞子、怀生地等相配；阳痿早泄、遗精滑精者，可单用研末服，亦可与沙苑子、山茱萸、芡实、龙骨等补肾涩精药配伍服用而获良效。特别是在"大健康"产业上，覆盆子发挥了独特作用。近年来，美英日韩诸国都极其重视这一别具特色和极具开发价值的覆盆子产业的发展，研发了不少覆盆子精深高端产品。由此表明，覆盆子在医药保健与食品等相关产品研究开发与市场的重要地位。随着时代变化与人民生活水平提高，随着国内外覆盆子医药保健与保健食品等产品向绿色无污染"天然型""高档化"方向迅速发展，来源于偏远山区的贵州覆盆子，必将是难得的天然绿色产品，必将更加受到人们青睐，更符合当前国内外人们的消费趋势。因此，我省覆盆子种植加工、研究开发潜力极大，市场前景十分广阔，在精准扶贫与大健康产业发展中将发挥更大作用。

17. 蓖麻子

【来源】

本品为大戟科植物蓖麻*Ricinus communis* L.的干燥成熟种子。秋季采摘成熟果实，晒干，除去果壳，收集种子。

【原植物形态】

一年生粗壮草本或草质灌木，高达5 m；小枝、叶和花序通常被白霜，茎多液汁。叶轮廓近圆形，长和宽达40 cm或更大，掌状7~11裂，裂缺几达中部，裂片卵状长圆形或披针形，顶端急尖或渐尖，边缘具锯齿；掌状脉7~11条。网脉明显；叶柄粗壮，中空，长可达40 cm，顶端具2枚盘状腺体，基部具盘状腺体；托叶长三角形，长2~3 cm，早落。总状花序或圆锥花序，长15~30 cm或更长；苞片阔三角形，膜质，早落；雄花：花萼裂片卵状三角形，长7~10 mm；雄蕊束众多；雌花：萼片卵状披针形，长5~8 mm，凋落；子房卵状，直径约5 mm，密生软刺或无刺，花柱红色，长约4 mm，顶部2裂，密生乳头状突起。蒴果卵球形或近球形，长1.5~2.5 cm，果皮具软刺或平滑；种子椭圆形，微扁平，长8~18 mm，平滑，斑纹淡

褐色或灰白色；种阜大。花期几全年或6—9月（栽培）。

【资源分布及生物学习性】

原产地可能在非洲东北部的肯尼亚或索马里；现广布于全世界热带地区或栽培于热带至温暖带各国。我国作油脂作物栽培的为一年生草本；华南和西南地区，海拔20～500 m（云南海拔2 300 m）村旁疏林或河流两岸冲积地常有野生。本种的栽培品种多，依茎、叶呈红色或绿色，果具软刺或无，种子的大小和斑纹颜色等区分。

【规范化种植技术】

1. 选地整地

1.1 选地

蓖麻对土壤的适应性极其广泛，对土壤要求不严格，在各种类型土壤中都能生长，在瘠薄的丘陵、荒坡地也能正常开花、结果，但蓖麻不耐涝，以选择排水良好、土层深厚、有机质含量丰富、酸碱适中的沙质壤土最为适宜，低洼地块及沼泽、多水、盐碱地不适宜。

1.2 整地

蓖麻属深根性植物，根系入土深，可达1.5～2 m深，所以播种前应进行深耕整地，适当深耕可提高产量。耕地深度要大于30 cm，并清理碎石、砸碎土块，坡地尽量平成水平台，便于蓄水保墒。蓖麻是喜肥作物，为了确保高产、优质，应施足基肥，并以农家肥为主，辅之适量化肥为佳，每亩施用腐熟的农家肥1 000～1 500 kg、过磷酸钙20～30 kg、硫酸钾15～20 kg。

2. 选种及处理

选择高产、抗病的品种，种子要颗粒大、饱满、均匀一致、富有光泽。播前将种子晾晒2～3 d，可提高种子活力、增强发芽势；晒种2～3 d后浸种催芽，用45～50 ℃的温水浸种15～20 h，捞出晾干后放在20～22 ℃的温度下催芽，待大部分种子萌动或有种子种皮绽破露白时即可播种；播种前用50%多菌灵拌种可有效预防蓖麻枯萎病。

3. 播种

当春季地温稳定在10 ℃以上时即可播种，适宜播种时间为4月上旬，点播，穴深3～5 cm。播种密度与品种特性、土壤肥力及栽培方式有关，一般高秆品种稀播，株行距适宜为（1～1.2）m×（1.2～1.5）m，矮秆品种应密播，株行距适宜为（0.6～0.8）m×（0.8～1）m，应根据土壤肥力状况及管理精细程度合理调整种植密度。如条件允许应覆盖地膜，可提前播种、提前出苗，并可防止苗期杂草。

4. 田间管理

4.1 定苗

在播后15 d左右，要及时查苗、补苗，幼苗长到2~3片真叶时进行间苗，每穴留2株；4~5片叶时定苗，每穴留1株，留大苗、壮苗，去除小苗、弱苗。定苗过迟会因幼苗拥挤造成弱苗。

4.2 中耕除草

要及时进行中耕，改良土壤通透性，以利根系下扎，一般中耕2~3次，耕深10~15 cm，结合除草，并向根基部适当培土，以防倒伏。另外出苗前用除草剂均匀喷雾于土壤表面，除草效果好。

4.3 水肥管理

全年一般追施3次，第1次在定苗时进行，以少量速效氮肥为主，以促进苗木生长，一般每亩追施尿素5~10 kg；当蓖麻第1次分枝并开始抽穗开花时进行追肥，以促进分枝、开花、结果，一般每亩追施氮、磷、钾复合肥15~20 kg；采果中期施第3次。施肥深度10 cm左右，每次施肥要结合浇水或降雨进行。浇水视天气情况而定，在始花期和籽粒灌浆期浇水1~2次，特别是现蕾期至开花期是需水关键期，但蓖麻忌田间积水，积水时间超过24 h，植株会窒息枯死。

4.4 整枝

整枝是蓖麻田间管理的关键技术，整枝可改善株型与授粉环境，调节营养生长与生殖生长的关系，促进多结果，早成熟，防徒长，减少营养消耗。整枝方法主要是去主留侧。植株长到6~7片真叶时打顶，促进1级分枝苗壮生长，每株保留3~5个花穗，而后掐掉分枝腋芽，不再抽枝。正确整枝应注意以下几点：①整枝时间要及时，宜在晴天中午进行，伤口易愈合，避免感染。②抹芽要干净彻底，应在腋叶露出叶尖前进行。

5. 病虫害防治

5.1 主要病害防治

枯萎病：为真菌性病害，在高温高湿、地势低洼、排水不良、土壤黏重等条件下发病严重。发现病株、病叶要及时拔掉，集中深埋或烧毁，对种子进行消毒处理，用50%多菌灵可湿性粉剂500倍、或50%甲基托布津可湿性粉剂500倍溶液灌根。

灰霉病：症状是蒴果上布满灰白色的疏松霉层，蒴果变为褐色，逐渐腐烂最终脱落，或花序的中轴受害，使组织变软不能结实。主要危害蓖麻幼花、幼果。以农业防治为主，结合整枝，防止植株郁闭，以利于通风透光；不宜药剂防治的及时拔除病株，集中烧毁；发病初期可用50%福美双可湿性粉剂600~700倍液喷雾，每隔7 d喷1次，或用70%甲基托布津可湿性粉剂1 500倍液，每隔10 d喷1次，共喷2~3次。

5.2 主要虫害防治

危害蓖麻的虫害有夜蛾类、毒蛾、棉铃虫等。可结合抚育管理冬季深翻土壤杀灭部分越冬蛹，人工摘除卵块；用黑光灯、糖醋液诱杀成虫；孵化初期可用90%敌百虫800倍液或氯氰菊酯800~1 000倍溶液喷杀。

6. 采收

蓖麻开花属无限花序，种子成熟期不一致，应分批采收。当果穗上80%左右蒴果变为黄褐色或深褐色，毛刺变硬，蒴果凹陷部分明显时，即可采收。过早，种仁不饱满；过晚，造成种子脱落。要成熟1批，采收1批，一般每7~10 d采收1次，采收3~4次。采收宜在晴天早上进行，此时露水未干，蒴果不易炸裂、脱落。采收时，用枝剪把整个果穗剪下，装入麻袋或箩筐运走，收获后的蓖麻要及时晾晒，防治堆积霉变，干燥后，采用机械或人工进行脱粒，脱粒时要注意保护好种皮。

【药材质量标准】

【性状】本品呈椭圆形或卵形，稍扁，长0.9~1.8 cm，宽0.5~1 cm。表面光滑，有灰白色与黑褐色或黄棕色与红棕色相间的花斑纹。一面较平，一面较隆起，较平的一面有1条隆起的种脊；一端有灰白色或浅棕色突起的种阜。种皮薄而脆。胚乳肥厚，白色，富油性，子叶2，菲薄。气微，味微苦辛。

【鉴别】（1）本品粉末灰黄色或黄棕色。种皮栅状细胞红棕色，细长柱形，排列紧密，孔沟细密，胞腔内含红棕色物质。外胚乳组织细胞壁不明显，密布细小圆簇状结晶体，菊花形或圆球形，直径8~20 mm。内胚乳细胞类多角形，胞腔内含糊粉粒和脂肪油滴。

（2）取本品粗粉1 g，加无水乙醇10 mL，冷浸30 min，滤过，取滤液作为供试品溶液。另取蓖麻子对照药材1 g，同法制成对照药材溶液。再取蓖麻酸对照品，加无水乙醇制成每1 mL含1 μL的溶液，作为对照品溶液。按照薄层色谱法（通则0502）试验，吸取供试品溶液和对照药材溶液各1 μL、对照品溶液2 μL，分别点于同一硅胶G薄层板上，以石油醚（60~90 ℃）-乙酸乙酯-甲酸（14∶4∶0.4）为展开剂，展开，取出，晾干，喷以1%香草醛硫酸溶液，在110 ℃加热至斑点显色清晰。供试品色谱中，在与对照药材色谱和对照品色谱相应的位置上，显相同颜色的斑点。

【检查】水分　不得过7.0%（通则0832第二法）。

酸败度　按照酸败度测定法（通则2 303）测定。

酸值　不得过35.0。

羰基值　不得过7.0。

过氧化值　不得过0.20。

【含量测定】蓖麻碱　按照高效液相色谱法（通则0512）测定。

色谱条件与系统适用性试验　以十八烷基硅烷键合硅胶为填充剂；以乙腈-水-二乙胺（11∶89∶0.03）为

流动相；检测波长为307 nm。理论板数按蓖麻碱峰计算应不低于3 000。

对照品溶液的制备 取蓖麻碱对照品适量，精密称定，加甲醇制成每1 mL含0.125 mg的溶液，即得。

供试品溶液的制备 取本品粉末（过二号筛）约2.5 g，精密称定，置索氏提取器中，加石油醚（60～90 ℃）适量，加热回流提取4 h，弃去石油醚液，药渣挥去溶剂，转移至具塞锥形瓶中，精密加入50%甲醇50 mL，称定重量，加热回流2 h，放冷，再称定重量，用50%甲醇补足减失的重量，摇匀，滤过，取续滤液，即得。

测定法 分别精密吸取对照品溶液与供试品溶液各10 μL，注入液相色谱仪，测定，即得。

本品按干燥品计算，含蓖麻碱（$C_8H_8N_2O_2$）不得过0.23%。

【市场前景】

蓖麻具有泻下通滞、消肿拔毒的功效，常用于大便燥结、痈疽肿毒、喉痹、瘰疬等病证，疗效确切，民间还用于治疗神经性耳聋、失音及烫伤等疾病。从蓖麻中提取的蓖麻油是化妆品的重要组成部分，具有祛斑护发的功效，化妆品市场是蓖麻油综合利用开发的又一新领域。而蓖麻油因其本身独特的性能，在轻工、冶金、机电、纺织、印刷、染料等工业领域，应用前景广阔。

第六章　全草类药材

1. 薄荷

【来源】

本品为唇形科植物薄荷 *Mentha haplocalyx* Briq.的干燥地上部分。中药名：薄荷；别名：野薄荷、夜息香、野仁丹草、水薄荷、土薄荷等。

【原植物形态】

多年生草本。茎直立，高30~60 cm，下部数节具纤细的须根及水平匍匐根状茎，锐四棱形，具四槽，上部被倒向微柔毛，下部仅沿棱上被微柔毛，多分枝。叶片长圆状披针形，披针形，椭圆形或卵状披针形，稀长圆形，长3~5（7）cm，宽0.8~3 cm，先端锐尖，基部楔形至近圆形，边缘在基部以上疏生粗大的牙齿状锯齿，侧脉约5~6对，与中肋在上面微凹陷下面显著，上面绿色；沿脉上密生余部疏生微柔毛，或除脉外余部近于无毛，上面淡绿色，通常沿脉上密生微柔毛；叶柄长2~10 mm，腹凹背凸，被微柔毛。轮伞花序腋生，轮廓球形，花时径约18 mm，具梗或无梗，具梗时梗可长达3 mm，被微柔毛；花梗纤细，长2.5 mm，被微柔毛或近于无毛。花萼管状钟形，长约2.5 mm，外被微柔毛及腺点，内面无毛，10脉，不明显，萼齿5，狭三角状钻形，先端长锐尖，长1 mm。花冠淡紫，长4 mm，外面略被微柔毛，内面在喉部以下被微柔毛，冠檐4裂，上裂片先端2裂，较大，其余3裂片近等大，长圆形，先端钝。雄蕊4，前对较长，长约5 mm，均伸出于花冠之外，花丝丝状，无毛，花药卵圆形，2室，室平行。花柱略超出雄蕊，先端近相等2浅裂，裂片钻形。花盘平顶。小坚果卵珠形，黄褐色，具小腺窝。花期7—9月，果期10月。

【资源分布及生物学习性】

薄荷对环境条件适应能力较强，在海拔2 100m以下地区均可生长，但以海拔300～1 000 m地区最适宜。

薄荷对温度适应能力较强，地下根茎宿存越冬，能耐–15 ℃低温。春季地温稳定在2～3 ℃时，薄荷根茎开始萌动，地温稳定在8 ℃时出苗，早春刚出土的幼苗能耐–5 ℃的低温。薄荷生长最适宜温度为25～30 ℃。气温低于15 ℃时薄荷生长缓慢，高于20 ℃时生长加快，在20～30 ℃，只要水肥适宜，温度越高生长越快。秋季气温降到4 ℃以下时，地上茎叶枯萎死亡。生长期间昼夜温差大，有利于薄荷油和薄荷脑的积累。

薄荷为长日照作物，喜阳光。长日照可促进薄荷开花，且有利于薄荷油、薄荷脑的积累。在整个生长期间，光照强，叶片脱落少，精油含量也越高。尤其在生长后期，连续晴天、强烈光照，更有利于薄荷高产；薄荷生产后期遇雨水多，光照不足，是造成减产的主要原因。

薄荷喜湿润的环境，不同生育期对水分要求不同。"头刀"薄荷的苗期、分枝期要求土壤保持一定的湿度。到生长后期，特别是现蕾开花期，对水分的要求则减少，收割时以干旱天气为好。"二刀"薄荷的苗期由于气温高，蒸发量大，生产上又要促进薄荷快速生长，所以需水量大，伏旱、秋旱是影响"二刀"薄荷出苗和生长的主要因素。"二刀"薄荷封行后对水分的要求逐渐减少，尤其在收割前要求无雨，才有利于高产。

薄荷对土壤的要求不十分严格，除过砂、过黏、酸碱度过重以及低洼排水不良的土壤外，一般土壤均能种植。土壤酸碱度以pH6～7.5为宜。在薄荷栽培中以砂土壤、冲积土为好。

【规范化种植技术】

1.品种

亚洲薄荷原产我国，在长期的栽培过程中，先后培育出许多优良品种。迄今为止，已培育出60多个品种在生产上应用。

2.选地和整地

薄荷对土壤要求不严，但为了获得较高的产量，应选择土质肥沃，土壤pH值6～7，保水、保肥力强的土壤、砂土壤。土壤过黏、过沙、酸碱度过重，以及低洼排水不良的土壤不宜种植。老产区以不选用薄荷连茬地，或前茬为留兰香的地块；新产区以玉米、大豆田为好。

薄荷种植地块应在前茬收获后及时翻耕、做畦，一般畦宽为1.2 m左右，整成龟背形。要求畦面整平、整细。

3.繁殖方法

薄荷繁殖方法有根茎繁殖、扦插繁殖、种子繁殖3种。生产上一般只采用根茎繁殖，扦插繁殖多在新产区扩大生产中使用，种子繁殖在育种中使用。

3.1　种子繁殖

种子繁殖在薄荷育苗中常用。具体做法是：每年3—4月把种子与少量干土或草木灰掺匀，播到预先准备好的苗床里，覆土1～2 cm，上面再覆盖稻草，播后浇水，2～3周出苗。种子繁殖，幼苗生长缓慢，容易发生变异，故生产多不采用。

3.2 根茎繁殖

播种材料为地下根茎。播种材料的好坏直接影响播种用量和出苗的质量。种茎的来源有：一是通过扦插繁殖的种茎，粗壮发达，白嫩多汁，黄白根、褐色根少，无老根、黑根，质量好。二是薄荷收获后遗留在地下的地下茎，剔除老根、黑根、褐色根，把黄白嫩种根和白根选出来，作播种材料。

种茎用量除受种根质量左右外，还与播种茬口、季节、栽培方式有关。一般秋播每亩用白色根茎50～70 kg为宜，种根粗壮的要适当增加数量。夏种薄荷播种量以每亩150 kg为宜。

采用条播或开沟撒播。在整好的畦面上，按25～33 cm的行距开沟，播种沟深度为5～7 cm，干旱天气宜深，土壤黏重、易板结的要浅。

薄荷要适期播种，秋季播种比冬季播种好，更比春季播种好。黄淮薄荷产区在10月上中旬—12月中旬播种较合适。春季播种在4月上旬进行，采用地膜覆盖的可提前到3月下旬播种。黄淮地区小麦是主要粮食作物，薄荷生产有与小麦争地现象，可采用"改秋扩夏"栽培技术，播种时期在6月下旬—7月上旬。

4. 田间管理

4.1 查苗补缺

播种移栽后要及时查苗，断垄长度在50 cm以上就要移栽补苗。补苗可以采取育苗移栽方法，也可以采取本块田内的移稠补稀方法。"头刀"薄荷密度一般在2万株/亩左右，"二刀"薄荷适宜密度在4万～7万株/亩。

4.2 去杂去劣

与良种薄荷不同者即为野杂薄荷。去杂宜早不宜迟，后期去杂，地下茎难以除净，须在早春植株有8对叶以前进行。

4.3 中耕除草

夏秋温度高、雨水多的季节，土壤易板结，杂草容易生长，严重影响薄荷的产量和质量。中耕除草要早，开春苗齐后到封行前要进行2～3次。封行后要在田间拔除杂草。"二刀"薄荷田间中耕除草困难，应在"头刀"收后，结合锄残茬，拣拾残留茎茬和杂草植株，清沟理墒，出苗后多次拔草。

4.4 摘心

薄荷在种植密度不足或与其他作物套种、间种的情况下，可采用摘心的方法增加分枝数及叶片数，弥补群体不足，增加产量。但是，单种薄荷田密度较高的不宜摘心。

4.5 追肥

薄荷施肥应注重氮、磷、钾平衡施用，薄荷是需钾肥较多的作物，且对钾肥较敏感，在缺钾或钾素相对不足的土壤施用钾肥，均能显著增产。乐存忠等认为，"头刀"薄荷生长发育所需土壤速效钾的含量为136.2～197.4 mg/kg。一般在中等地力基础上，每亩施过磷酸钙60 kg，尿素10～15 kg，配合土杂肥2 500 kg做基肥施入，苗肥、分枝肥可施尿素5～10 kg。后期施尿素10～15 kg/亩，施用时间以收前35～40 d为宜。

"二刀"薄荷生育期短，只有80～90 d。施肥原则与"头刀"不同，应重施苗肥，在"头刀"薄荷收割后，每亩施尿素20 kg，促苗发、苗壮。轻施"刹车肥"，提前在9月上旬施用尿素4～5 kg/亩。"二刀"薄荷也有用饼肥做基肥的，饼肥养分全、肥效长，防早衰，但要在"头刀"薄荷收后把腐熟饼肥与土拌和撒施，并结合刨根平茬施入土中。

薄荷叶面喷施锰、镁、锌、铜等微量元素，对薄荷均有不同程度的增产作用。微量元素宜在薄荷生长的旺盛期施用，选择晴天的下午进行喷施，喷液量100 kg/亩，以叶片的正反面喷湿为度。

4.6 排水灌溉

薄荷在生长前期干旱要及时灌水，灌水时切勿让水在地里停留时间太长，否则烂根。收割前20～30 d应停止灌水，防止植株贪青返嫩，影响产量、质量。"二刀"薄荷前期正值伏旱、早秋旱常发生的季节，灌水尤为重要。薄荷生长后期，要注意排水，降低土壤湿度。

5. 病虫害防治

5.1 锈病

锈病主要危害叶片和茎。发病初期叶背面有黄褐色斑点突起，随之叶正面也出现黄褐色斑点，危害重者，病斑密布，孢子成熟时，突起破裂，孢子随风雨飘散，感染健壮植株使其发病。薄荷一经危害，叶片黄枯反卷、萎缩而脱落，植株停止生长或全株死亡，导致严重减产。病原菌以夏孢子和冬孢子在土壤的腐残体上越冬，夏孢子在低温下能存活187 d。主要由越冬的夏孢子借气流传播，引起初次侵染。少数情况下越冬的冬孢子次年萌发产生的担孢子也能引起初次侵染。植株发病后产生的大量夏孢子是田间再次侵染的菌源。夏孢子萌发最适温度为18 ℃，25～30 ℃则不萌发。5—10月，气温适中、雨水较多时有利于发病。"头刀"薄荷在6月下旬—7月上旬梅雨季节易发病，而且随风雨蔓延，其速度相当快。

防治方法：加强田间管理，改善通风条件，降低株间湿度，以增强抗病能力；发现少数病株立即拔除；发病初期用1∶1∶100的波尔多液喷洒，防止传播蔓延，发病后用敌锈钠250倍液防治；如在收获前夕发病，可提前数天收割。

5.2 斑枯病

斑枯病又称白星病，病原物为薄荷壳针孢及薄荷生壳针孢。它是薄荷产区广泛分布的一种常见病害，严重时引起叶片枯萎。叶片受侵害后，叶面上产生暗绿色斑点，后渐扩大成褐色近圆形或不规则形病斑，直径2～4 mm，病斑中间灰色，周围有褐色边缘，上生黑色小点（分生孢子器）。危害严重时病斑周围的叶组织变黄，早期落叶。病菌主要以分生孢子器或菌丝体在病残体上越冬。分生孢子借风雨传播，扩大危害。病菌主要从寄主气孔侵入。温暖潮湿、阳光不足和植株生长衰弱，有利于病害发生。

防治方法：收获后清除病残体，生长期及时拔除病株，集中烧毁，以减少田间菌源。选择土质好、容易排水的地块种植薄荷，并合理密植，使行间通风透光，减轻发病。实行轮作。发病期喷洒1∶1∶160波尔多液或70%甲基托布津可湿性粉剂1 500～2 000倍液，7～10 d喷1次，连续喷2～3次。

5.3 主要虫害

主要虫害有小地老虎、银纹夜蛾、斜纹夜蛾。防治方法：用1 000～1 500倍的90%敌百虫或7～10 mL/亩的20%氯虫苯甲酰胺防治。

6. 留种技术

一般选择良种纯度较高的地块作为留种田。在"头刀"薄荷出苗后的苗期反复进行多次去杂，"二刀"薄荷也要提早去杂1～2次。一般"二刀"薄荷可产毛种根750～1 250 kg/亩或纯白根300～500 kg/亩。在生产中，留种田与生产田的比例为1∶（5～6）。

为了防止实生苗引起的混杂，采用夏繁育苗措施比较有效。在"头刀"薄荷收割前，现蕾至始花期，选择良种植株，整棵挖出，地上茎、地下茎均可栽插。繁殖系数可达30倍左右。

7. 采收与加工

7.1 采收

影响薄荷产量、出油率和含脑量的因素，除品种优劣和栽培技术以外，收获时期影响也较大。

目前，薄荷产区主要产品是薄荷油。植株的含油量受多种因素影响，植株不同部位含油量也不一样，了解植株含油量变化规律，有利于采取相应措施，创造最有利形成植株总含油量高的条件，夺取高产。

同一品种不同生育期植株含油量不同，营养生长期和蕾期，由于叶片没有完全成熟，精油转化少，植株原油含量低；始花→盛花期，植株生命力最旺盛，叶片成熟老健，薄荷油、薄荷脑转化率高，植株薄荷油、薄荷脑含量达到高峰，原油产量最高；盛花后，叶片逐渐老化变薄，植株含油量又下降，原油产量又下降。

收获薄荷应在晴天中午进行。据报道，在晴天里，上午10点—下午3点收割出油最多。雨后转晴收割，由于下雨影响，植株含油量大幅度下降。植株体内含油量有一个回升过程，第3 d之后，植株含油量接近晴天水平。

7.2 加工

7.2.1 薄荷油提取

薄荷是以原油销售为主的，因此，薄荷在收割后要经过产地加工即吊油。目前用于薄荷蒸馏方法有3种类型。即水中蒸馏、水蒸气蒸馏和水上蒸馏。其中水上蒸馏是目前生产上普遍采用的方法。

（1）水中蒸馏

水中蒸馏又称水蒸。蒸馏锅内预先放好清水，为蒸锅容积的$\frac{1}{2}$，然后将蒸馏材料装入蒸馏锅中，蒸馏材料要装均匀，周围压紧，盖好锅盖，先用大火使锅内水分沸腾，然后稳火蒸馏，待蒸出的油分已极少，油花以芝麻大小时停止蒸馏。

（2）水蒸气蒸馏

水蒸气蒸馏有2种方式，一种是直接水蒸气蒸馏，即应用开口水蒸气管直接喷出水蒸气进行蒸馏；另一种是间接水蒸气蒸馏，即应用水蒸气闷管也就是闭口管，使蒸锅底部的水层加热生成水蒸气后进行蒸馏。

（3）水上蒸馏

水上蒸馏过程大体与水中蒸馏相同，不同之处在于薄荷秸秆不浸入水中，而是在锅内水面上16.5～17.8 cm处，放一蒸垫，即有孔隙的筛板，使之与水隔开，利用锅中生成的水蒸气进行蒸馏。这种蒸馏类型优点多，简便、易行，适合于广大农村使用。

薄荷鲜草吊油、半干草吊油、干草吊油在5 d内植株含油量无变化，但薄荷草的干湿影响含醇量和旋光度。据报道，半干薄荷草蒸馏的原油含醇量一般比新鲜的薄荷草高1%～2%，旋光度高0.3°～0.7°。新鲜薄荷草通过阳光干燥后，薄荷酮转化为薄荷醇。干草贮放5～20 d，植株含油量逐渐少量下降，20 d以后植株含油量基本稳定。

7.2.2 干燥

干燥薄荷主要作为药材。收割后的薄荷运回摊开阴干2 d，然后扎成小把，继续阴干或晒干。晒时经常翻动，防止雨淋着露。

干薄荷草以具香气，无脱叶光杆，亮脚不超过30 cm，无沤坏、霉变为合格；以叶多、色深绿，气味浓者为佳。

8. 商品规格

茎呈方柱形，有对生分枝，长15～40 cm，直径0.2～0.4 cm；表面紫棕色或淡绿色，棱角处具茸毛，节间长2～5 cm；质脆，断面白色，髓部中空。叶对生，有短柄；叶片皱缩卷曲，完整者展平后呈宽披针形、长椭圆形或卵形，长2～7 cm，宽1～3 cm；上表面深绿色，下表面灰绿色，稀被茸毛，有凹点状腺鳞。轮伞花序腋生，花萼钟状，先端5齿裂，花冠淡紫色。揉搓后有特殊清凉香气，味辛凉。

9. 贮藏与运输

9.1 包装

薄荷药材用打包机打包。

9.2 储藏

薄荷干药材贮藏挥发油会发生较大变化，薄荷的挥发油含量在贮藏期间每经过一个高温季节仓库的自然温度升高，药材中的挥发油就大量自然挥发，因此薄荷药材不宜久存。

9.3 运输

因薄荷叶片薄脆，搬运和码垛时均宜轻拿轻放，防止摔打、碰撞，以避免损耗。运输过程中保持干燥，应有防潮措施，同时不应与其他有毒、有害、易串味物质混装。

【药材质量标准】

【性状】本品茎呈方柱形，有对生分枝，长15～40 cm，直径0.2～0.4 cm；表面紫棕色或淡绿色，棱角处具茸毛，节间长2～5 cm；质脆，断面白色，髓部中空。叶对生，有短柄；叶片皱缩卷曲，完整者展平后呈宽披针形、长椭圆形或卵形，长2～7 cm，宽1～3 cm；上表面深绿色，下表面灰绿色，稀被茸毛，有凹点状腺鳞。轮伞花序腋生，花萼钟状，先端5齿裂，花冠淡紫色。揉搓后有特殊清凉香气，味辛凉。

【鉴别】（1）本品叶表面观：腺鳞头部8细胞，直径约至90 μm，柄单细胞；小腺毛头部及柄部均为单细胞。非腺毛1～8细胞，常弯曲，壁厚，微具疣突。下表皮气孔多见，直轴式。

（2）取本品叶的粉末少量，经微量升华得油状物，加硫酸2滴及香草醛结晶少量，初显黄色至橙黄色，再加水1滴，即变紫红色。

（3）取本品粉末0.5 g，加石油醚（60～90 ℃）5 mL，密塞，振摇数分钟，放置30 min，滤过，滤液挥至1 mL，作为供试品溶液。另取薄荷对照药材0.5 g，同法制成对照药材溶液。再取薄荷脑对照品，加石油醚（60～90 ℃）制成每1 mL含2 mg的溶液，作为对照品溶液。按照薄层色谱法（通则0502）试验，吸取供试品溶液 10～2 μL、对照药材溶液和对照品溶液各10 μL，分别点于同一硅胶G薄层板上，以甲苯-乙酸乙酯（19∶1）为展开剂，展开，取出，晾干，喷以香草醛硫酸试液-乙醇（1∶4）的混合溶液，在100 ℃加热至斑点显色清晰。供试品色谱中，在与对照药材色谱和对照品色谱相应的位置上，显相同颜色的斑点。

【检查】叶 不得少于30%。

水分 不得过15.0%（通则0832第四法）。

总灰分 不得过11.0%（通则2302）。

酸不溶性灰分 不得过3.0%（通则2302）。

【含量测定】挥发油 取本品约5 mm的短段适量，每100 g供试品加水600 mL，按照挥发油测定法（通则2204）保持微沸3 h测定。

本品含挥发油不得少于0.80%（mL/g）。

薄荷脑 按照气相色谱法（通则0521）测定。

色谱条件与系统适用性试验　聚乙二醇为固定相的毛细管柱（柱长为30 m，内径为0.32 mm，膜厚度为0.25 μm）；程序升温：初始温度70 ℃，保持4 min，先以1.5 ℃/min的速率升温至120 ℃，再以3 ℃/min的速率升温至200 ℃，最后以30 ℃/min的速率升温至230 ℃，保持2 min，进样口温度200 ℃；检测器温度300 ℃；分流进样，分流比5∶1；理论板数按薄荷脑峰计算应不低于10 000。

对照品溶液的制备　取薄荷脑对照品适量，精密称定，加无水乙醇制成每1 mL含0.2 mg的溶液。

供试品溶液的制备　取本品粉末（过三号筛）约2 g，精密称定，置具塞锥形瓶中，精密加入无水乙醇50 mL，密塞，称定重量，超声处理（功率250 W，频率33 kHz）30 min，放冷，再称定重量，用无水乙醇补足减失的重量，摇匀，滤过，取续滤液，即得。

测定法　分别精密吸取对照品溶液与供试品溶液各1 μL，注入气相色谱仪，测定，即得。

本品按干燥品计算，含薄荷脑（$C_{10}H_{20}O$）不得少于0.20%。

【市场前景】

薄荷是常用中药之一。它是辛凉性发汗解热药，治流行性风热感冒、头疼、目赤、身热、咽喉、牙床肿痛等症。外用可治神经痛、皮肤瘙痒、皮疹和湿疹等。平常以薄荷代茶，清心明目。薄荷易种植、投入少、见效快。薄荷富含薄荷油，是加工绿色无公害产品的好原料，可用于医药、食品、天然香料、饮料、日用化工、化妆品及卷烟等，广泛用于制作芳香剂和调味剂。在国内外市场需求量很大，仅日本每年就需万吨以上。目前，薄荷的种植远不能满足于市场需求，因此，种植薄荷经济效益和市场前景看好，近几年薄荷市场价格稳定，逐年上扬。

2. 绞股蓝

【来源】

本品为葫芦科植物绞股蓝*Gynostemma pentaphyllum*（Thunb.）Makino的干燥地上部分。夏秋、枝叶茂盛时，采割地上部分，除去杂草，洗净、干燥、即得。中药名：绞股蓝。别名：七叶胆。

【原植物形态】

草质攀缘植物；茎细弱，具分枝，具纵棱及槽，无毛或疏被短柔毛。叶膜质或纸质，鸟足状，具3～9小叶，通常5～7小叶，叶柄长3～7 cm，被短柔毛或无毛；小叶片卵状长圆形或披针形，中央小叶长3～12 cm，宽1.5～4 cm，侧生小叶较小，先端急尖或短渐尖，基部渐狭，边缘具波状齿或圆齿状牙齿，上面深绿色，背面淡绿色，两面均疏被短硬毛，侧脉6～8对，上面平坦，背面凸起，细脉网状；小叶柄略叉开，长1～5 mm。卷须纤细，2歧，稀单一，无毛或基部被短柔毛。花雌雄异株。雄花圆锥花序，花序轴纤细，多分枝，长10～15（～30）cm，分枝广展，长3～4（～15）cm，有时基部具小叶，被短柔毛；花梗丝状，长1～4 mm，基部具钻状小苞片；花萼筒极短，5裂，裂片三角形，长约0.7 mm，先端急尖；花冠淡绿色或白色，5深裂，裂片卵状披针形，长2.5～3 mm，宽约1 mm，先端长渐尖，具1脉，边缘具缘毛状小齿；雄蕊5，花丝短，联合成柱，花药着生于柱之顶端。雌花圆锥花序远较雄花之短小，花萼及花冠似雄花；子房球形，2～3室，花柱3枚，短而叉开，柱头2裂；具短小的退化雄蕊5枚。果实肉质不裂，球形，径5～6 mm，成熟后黑色，光滑无毛，内含倒垂种子2粒。种子卵状心形，径约4 mm，灰褐色或深褐色，顶端钝，基部心形，压扁，两面具

乳突状凸起。花期3—11月，果期4—12月。

【资源分布及生物学习性】

产于陕西南部和长江以南各省区。分布于印度、尼泊尔、锡金、孟加拉国、斯里兰卡、缅甸、老挝、越南、马来西亚、印度尼西亚（爪哇）、新几内亚、朝鲜和日本。

绞股蓝喜温耐阴湿，不耐高温、严寒和干旱，又怕积水，生于海拔300~3 200 m的山谷密林中、山坡疏林、灌丛中或路旁草丛中。适宜种植在夏季日平均气温低于30 ℃且有遮阳的湿润地带。适宜在肥沃、疏松、阴湿、中性偏酸、富含腐殖质的深厚土层中生长。15~30 ℃的变温为发芽的适宜温度，因此，各地由于气温不同，萌发出土一般在3—4月，至5月25 ℃左右开始旺盛生长。绞股蓝无性繁殖能力强。其地下根茎和地上茎蔓的茎节均能萌发不定根和芽，并可长成新的植株，据此，生产上常用于无性繁殖。

【规范化种植技术】

1. 选地整地

选择有水源、排灌方便、地势高燥、背风向阳、富含腐殖质的中性或微酸性的砂质壤土。选好地后，深翻土壤25 cm，结合耕翻，每亩施入腐熟圈肥4 000 kg、过磷酸钙25 kg，整平后，做宽1.5 m的高畦，四周开好排水沟。

2. 繁殖方式

2.1 种子繁殖

10—11月为绞股蓝种子成熟期。丘陵山区在清明节前后播种，中、高山区在谷雨前后播种。播种方法可采用条播、直播、点播。播种量因品种、品质、播种方法不同有变化。一般亩用种量在500~1 000 g。

2.2 扦插繁殖

在2—3月或9—10月，挖取粗壮、节密的地下根茎，剪成3～5 cm长的小段，每段2～3节，按照行株距50 cm×30 cm开穴，每穴放置一段，上覆盖3 cm的肥土。或是按行距50 cm开沟，将种根首尾相接埋入沟内，覆盖细肥土。栽后要及时浇水保湿。扦插繁殖一般是在5—7月植株生长旺盛的时候，选取生长健壮的地上茎蔓从距茎基部50～60 cm处剪下，再剪成若干小段，每段应该有2～4节。去掉下面1～2节的叶子，按10 cm的行株距斜插入苗床，入土1～2节，之后注意浇水保湿和遮阳，约7 d即可生根。当新芽长至10～15 cm时，便可移栽至大田。

3. 田间管理

3.1 中耕除草和追肥

移栽成活7 d左右，可进行松土除草。尽量杜绝化学除草，并注意不宜离苗头太近，以免对地下嫩茎造成损伤。结合松土除草可以进行第1次追肥，施入稀薄人粪尿，配以少量尿素及磷、钾肥。在6月下旬—7月上旬第1次收割和11月第2次收割之后均需要追肥。施冬肥之后要覆土盖肥，以起到保温的作用，使地下根茎能够安全越冬。

3.2 排灌水

绞股蓝既不耐旱又怕涝，因此，在干旱的地区需要及时浇水，尤其是在植株生长旺盛的时期要保持土壤湿润。遇到洪涝或大雨之后，要及时疏沟排水，防止田间积水，以免烂根。

3.3 病虫害防治

3.3.1 白粉病

白粉病主要危害绞股蓝的叶片，其次是叶柄及茎部，普遍在生育中后期发病。发病初期叶片上出现白色小斑点，后逐渐扩展形成霉斑，并相互连接成片，致使整个叶片或嫩梢布满白色霉层，严重时会使叶片变黄、卷缩，植株只剩下茎条。防治方法：在地块的选择上，要远离瓜类作物；选用健壮无病的植株条进行育苗；插竿或搭架供植株攀缘，利于通风透光；适当增施磷、钾肥，使植株抗病力增强；及时清理病株和残叶落叶，避免病害传播。发病初期喷洒25%粉锈宁或50%托布津1 000倍液连喷2～3次，5～7 d 1次。

3.3.2 虫害

虫害主要有叶甲、蛴螬、地老虎和蜗牛。防治方法：用10%敌百虫1 500倍液进行喷杀。蜗牛可以在清晨进行人工捕捉或撒石灰粉灭杀。

【药材质量标准】

葫芦科植物绞股蓝*Gynostemma pentaphyllum*（Thunb.）Makino的干燥全草。夏、秋二季采收，除去杂质，洗净，干燥。

【性状】本品常卷曲成团。茎纤细，直径1～3 mm，表面黄绿色或褐绿色，具细纵棱线，被短柔毛或近无毛，质柔，不易折断。卷须侧生于叶柄基部。叶互生，黄绿色或褐绿色，薄纸质或膜质，皱缩易碎，完整者湿润展平后呈鸟足状，通常 5～7 小叶，小叶卵状长圆形或披针形，中间者较长，边缘有锯齿。气微，味苦微甘。

【鉴别】取本品粉末 2 g，加乙酸乙酯 20 mL，超声处理 30 min，滤过，滤液蒸干，残渣加甲醇 1 mL 使溶解，作为供试品溶液。另取绞股蓝对照药材 2 g， 同法制成对照药材溶液。按照薄层色谱法（通则0502）试验，吸取上述两种溶液各 5 μL，分别点于同一硅胶 G 薄层板上，以三氯甲烷-甲醇（20∶1）为展开剂，展开，取出，晾干，喷以 10%硫酸乙醇溶液，在 105 ℃加热至斑点显色清晰，置紫外光灯（365 nm）下检视。供试品色谱中，在与对照药材色谱相应的位置上，显相同颜色的荧光主斑点。

【检查】水分　不得过 12.0%（通则 0832 第二法）。

总灰分　不得过 18.0%（通则 2302）。

酸不溶性灰分　不得过 4.0%（通则 2302）。

【浸出物】按照醇溶性浸出物测定法（通则 2201）项下的热浸法测定，用稀乙醇作溶剂，不得少于 12.0%。

【市场前景】

绞股蓝，味苦酸，性偏寒，以农历7—8月采收为宜。其主要功效为养心健脾，益气和血，清热解毒，祛痰化瘀。现代药理研究证明含有甾醇、叶绿素以及50余种人体所需皂甙等营养元素，具有抑制癌细胞、调血脂、降血压、抗衰老、促食欲、保睡眠、疗白发等药理和保健功能。绞股蓝除了有药用价值外，还可作保健食品、饮料、糖果等的原料或添加剂，具有较高的营养价值。

3. 鱼腥草

【来源】

本品为三白草科植物蕺菜*Houttuynia cordata* Thunb.的新鲜全草或干燥地上部分。中药名：鱼腥草；别名：狗贴耳、侧耳根等。

【原植物形态】

腥臭草本，高30～60 cm；茎下部伏地，节上轮生小根，上部直立，无毛或节上被毛，有时带紫红色。叶薄纸质，有腺点，背面尤甚，卵形或阔卵形，长4～10 cm，宽2.5～6 cm，顶端短渐尖，基部心形，两面有时除叶脉被毛外余均无毛，背面常呈紫红色；叶脉5～7条，全部基出或最内1对离基约5 mm从中脉发出，如为7脉时，则最外1对很纤细或不明显；叶柄长1～3.5 cm，无毛；托叶膜质，长1～2.5 cm，顶端钝，下部与叶柄合生而成长8～20 mm的鞘，且常有缘毛，基部扩大，略抱茎。花序长约2 cm，宽5～6 mm；总花梗长1.5～3 cm，无毛；总苞片长圆形或倒卵形，长10～15 mm，宽5～7 mm，顶端钝圆；雄蕊长于子房，花丝长为花药的3倍。蒴果长2～3 mm，顶端有宿存的花柱。花期4—7月。

【资源分布及生物学习性】

产于我国中部、东南至西南部各省区，东起台湾，西南至云南、西藏，北达陕西、甘肃。生于沟边、溪边或林下湿地上。蕺菜对温度适应范围广，地下茎越冬，－5～0 ℃时地下茎一般不会冻死，气温在12 ℃时地下茎生长并可出苗，生长前期要求16～20 ℃，地下茎成熟期要求20～25 ℃。蕺菜植物喜湿耐涝，要求土壤潮湿，田间持水量为75%～80%。土壤微酸pH6.5～7。对土壤要求不严格，以砂壤土、砂土为好，但黏性

土也能生长。施肥以氮肥为主，适当施磷钾肥，在有机肥充足的条件下，地下茎生长粗壮。对光照条件要求不严，弱光条件下也能正常生长发育。

【规范化种植技术】

1. 选地和整地

人工栽培鱼腥草宜选择阳光充足、水源丰富、排灌方便的地方，以弱酸性的沙质土壤或腐殖质土壤为好。凡黏性、胶性重的土壤，或缺水干旱的地方均不适宜种植。前茬作物最好为水稻，轮作两年或两年以上。种植前，每亩施入腐熟的厩肥2 000～3 000 kg。将肥料深翻土中，耙平整细，作成宽3～4m、高25 cm的宽畦，四周开深40～50 cm的排水沟。

2. 繁殖方法

目前生产上主要采用根茎和扦插繁殖。

2.1 根茎繁殖

最宜时间为2月下旬—3月中旬，梅雨季节和秋季9月下旬—10月上旬也可种植。种前，挖取健壮、无病虫害、无污染的野生或栽培的鱼腥草新鲜根茎，剪成10 cm左右的小段，每小段留2个以上的节，稍晾干或用草木灰拌种。处理好后，于畦面上开横沟，沟深5～7 cm，沟距25～30 cm，将剪好的根茎小段顺沟平放，头尾相连，用开第二沟的土覆盖前一沟，稍压实，浇透水，用乙草胺封垄。一般30 d左右出苗。如果是秋季种植，栽完后用稻草或玉米秸秆覆盖厢面，起保温、保湿和防杂草的作用（每亩用根茎100～120 kg）。

2.2 扦插育苗

夏季高温季节，选择粗壮的地上茎剪成小段作插条，长度以具有3～4节为宜。将2个节插入备好的露地苗床内，外露1~2节。插好后浇透水，并搭棚遮阴，温度以25~30 ℃，相对湿度保持在90%以上为宜。插条生根并长出新叶后，逐渐拆去遮阴物，炼苗10~15 d，便可移植于大田（每亩用扦插苗100 kg）。

3. 田间管理

3.1 排灌

鱼腥草喜潮湿，怕干旱，栽后要及时浇水，并保持土壤湿润；干旱季节早晚要浇水，可采用浇灌或沟灌等方式灌溉，有条件的地方可采用喷灌。切忌漫灌，以免土壤板结。雨季要注意清沟排水，防止土壤积水引起烂根。

3.2 除草

鱼腥草当年的种植地易生杂草，应及时清除，否则影响鱼腥草的生长和根茎繁殖。鱼腥草为浅根性植物，除草时在其株行间松土，不宜过深。生长期要保持土壤疏松，防止牲畜践踏。

3.3 施肥

鱼腥草喜肥，在肥料充足的条件下生长旺盛。钾肥可有效地提高鱼腥草品质，使其特有的腥味更浓，因此施肥要注意施入钾肥，每亩施钾肥10 kg，钙镁磷肥40 kg，以提高质量，促进有效成分积累。整个生长期可酌情施肥3次：3月底4月初施一次稀薄人畜粪水提苗，每亩2 000 kg，另加3 kg尿素溶入其中一并施入；5月中旬每亩追施2 000 kg较浓人畜粪水，另加7 kg尿素溶入其中一并施入；6月中下旬每亩施入2 000 kg稀薄人畜粪水。如收获两次，在第一次收获一周后，在箱面撒一层腐熟的厩肥，齐苗后，追施一次人畜粪水，每亩1 000 kg；封行前每亩再追施人畜粪水1 500 kg。

4. 病虫害防治

4.1 白绢病

白绢病主要为害地下茎，病部初期呈现褐色斑块，表面遍生白色绢丝状菌丝，逐渐软腐。后期病部表面及附近土中产生大量油菜状菌核，病株茎叶迅速凋萎，全株死亡。

防治方法：注意排水，增施磷钾肥，加强管理，提高植株抗病力；及时挖除病株，对轻病株每隔10 d左右喷一次20~25 mL/亩的24%噻呋酰胺（共喷2~3次），或用50%托布津600~800倍液灌根，或用50%退菌特250~300倍液浇灌土壤。

4.2 根腐病

根腐病从根尖开始发病，初生褐色不规则形小斑点，后变黑色，病斑逐渐扩大，最后根系腐烂枯死，地上部枝多，叶片卷缩。

防治方法：注意排水，烧毁病株，实行轮作；播种时种茎用1∶1∶100的波尔多液浸泡10 min，或用20%石灰水浸泡1 h，进行消毒；发病初期，可用50%托布津15 kg加水7 500 kg灌根。

4.3 紫斑病

紫斑病一般为害叶片，发病初期，病斑圆形、淡紫色、稍凹陷，潮湿时病斑上出现黑霉，并有明显的同心轮纹，以后几个病斑连成不规则形大斑，造成叶片枯死。

防治方法：发病地进行秋季深耕，把表土翻入土内；不连作；仔细搜集病株加以烧毁；发病初期，喷洒1∶1∶160的波尔多液或70%代森锰锌500倍液2~3次。

4.4 叶斑病

叶斑病常在生长中、后期发生，为害叶片。发病时，叶面出现不规则形或圆形病斑，边缘紫红色，中间灰白色，上生浅灰色霉。严重时，几个病斑融合在一起，病斑中心有时穿孔，叶片局部或全部枯死。

防治方法：实行轮作，最好水旱轮作；种植前，用50%多菌灵500倍液浸泡种茎24 h，进行消毒；发病时，用50%托布津800~1 000倍液或70%代森锌400~600倍液喷治。

4.5 虫害

虫害主要有蛴螬、黄蚂蚁，可用90%敌百虫800～1 000倍液灌根毒杀。

5. 留种技术

选择管理方便、土壤肥沃、生长势旺盛、无污染、无病虫害的鱼腥草种植地作为种源基地。

6. 采收与加工

6.1 采收

鱼腥草生长期一般为10～12个月。野生鱼腥草一般于开花期采收；家种鱼腥草可分别于5—6月和9—10月采收，选择晴天，割取地上部分，新鲜者可供提取挥发油用，不宜久储。供药材使用的应拣去杂草、枯叶，洗净、晒干。作为蔬菜食用的一般在10月—翌年3月之前采挖较好，切勿过早采挖，否则会影响其风味与质量。鱼腥草的挥发油含量与采收期、产地加工等有密切关系。研究证明：新鲜鱼腥草全草（5月下旬采集）挥发油平均得率为0.022%～0.025%，干品平均得率0.03%。由于鲜草折干率约10：1，且鲜草所得挥发油色泽较淡，质量较好，故挥发油应尽量以鲜草提取为宜。另外，初夏采集的鱼腥草挥发油得率（0.025%）比秋末所采得率（0.009%）明显要高，故应在生长旺季采集。也有研究表明，鲜鱼腥草挥发油含量以开花期最高，达0.042%～0.046%。而花前期采集的挥发油含量仅0.004 2%～0.004 5%，干品得率为0.003%～0.004 6%。因此，鱼腥草宜在花期采收，且制备鱼腥草注射液的原料以鲜品为佳。

6.2 产地加工

将收割的新鲜鱼腥草及时运送到制药厂家或就地提取挥发油。作药材使用的，可将鲜草直接阴干或晒干后销售。

干燥的鱼腥草以鱼腥气味浓、茎叶完整、无泥土和杂草者为佳。

7. 商品规格

茎呈扁圆柱形，扭曲，长20～35 cm；直径0.2～0.3 cm；表面棕黄色，具纵棱数条，节明显，下部节上有残存须根；质脆，易折断。叶片卷折皱缩，展平后呈心形，长3～5 cm，宽3～4.5 cm先端渐尖，全缘；上表面灰绿色或灰棕色；叶柄细长，基部与托叶合成鞘状。穗状花序顶生，黄棕色。搓碎有鱼腥气，味微涩。

8. 贮藏与运输

8.1 包装与贮藏

干燥后的鱼腥草，应用清洁的麻袋或无毒的编织袋按30 kg或50 kg一包，用机器打包，置于阴凉干燥处贮藏，并注意防霉变、防虫蛀。包装袋上应贴上注有品名、规格、产地、批号、包装日期、生产单位的标签和附有质量合格的标志。若以挥发油或饱和水溶液贮藏，需加入0.1%～0.2%亚硫酸钠（Na_2SO_3）为抗氧化剂及0.5%吐温80为助溶剂混合后置于避光处保存，否则配制的注射液在室温下放置1个月，色泽就会变黄，甚至产生白色丝状沉淀而影响稳定性。

8.2 运输

鱼腥草运输时尽量不要与其他有毒、有害、有异味的药材混装。运输车辆和运载工具应清洁，装运前要消毒，运输途中不要淋雨，尽可能地缩短运输时间。

【药材质量标准】

【性状】鲜鱼腥草茎呈圆柱形，长20～45 cm，直径0.25～0.45 cm；上部绿色或紫红色，下部白色，节明显，下部节上生有须根，无毛或被疏毛。叶互生，叶片心形，长3～10 cm，宽3～11 cm；先端渐尖，全缘；

上表面绿色，密生腺点，下表面常紫红色；叶柄细长，基部与托叶合生成鞘状。穗状花序顶生。具鱼腥气，味涩。

干鱼腥草茎呈扁圆柱形，扭曲，表面黄棕色，具纵棱数条；质脆，易折断。叶片卷折皱缩，展平后呈心形，上表面暗黄绿色至暗棕色，下表面灰绿色或灰棕色。穗状花序黄棕色。

【鉴别】（1）本品粉末灰绿色至棕色。油细胞类圆形或椭圆形，直径28～104 μm，内含黄色油滴。非腺毛1～16细胞，基部直径12～104 μm，表面具线状纹理。腺毛头部2～5细胞，内含淡棕色物，直径9～34 μm。叶表皮细胞表面具波状条纹，气孔不定式。草酸钙簇晶直径可达57 μm。

（2）取干鱼腥草粉末适量，置小试管中，用玻棒压紧，滴加品红亚硫酸试液少量至上层粉末湿润，放置片刻，自侧壁观察，湿粉末显粉红色或红紫色。

（3）取干鱼腥草25 g（鲜鱼腥草125 g）剪碎，按照挥发油测定法（通则2204）加乙酸乙酯1 mL，缓缓加热至沸，并保持微沸4 h，放置0.5 h，取乙酸乙酯液作为供试品溶液。另取甲基正壬酮对照品，加乙酸乙酯制成每1 mL含10 μL的溶液，作为对照品溶液。按照薄层色谱法（通则0502）试验，吸取供试品溶液5 μL、对照品溶液2 μL，分别点于同一硅胶G薄层板上，以环己烷-乙酸乙酯（9∶1）为展开剂，展开，取出，晾干，喷以二硝基苯肼试液。供试品色谱中，在与对照品色谱相应的位置上，显相同的黄色斑点。

【检查】水分 （干鱼腥草）不得过15.0%（通则0832第二法）。

酸不溶性灰分 （干鱼腥草）不得过2.5%（通则2302）。

【浸出物】干鱼腥草 按照水溶性浸出物测定法（通则2201）项下的冷浸法测定，不得少于10.0%。

【市场前景】

鱼腥草广泛分布在我国南方各省区，西北、华北部分地区及西藏也有分布，近年来由于受"回归大自然""药食同源"的影响，民间采挖鱼腥草出售和作为特色山野菜食用之风渐盛，野生资源供不应求，市场价格较高。

鱼腥草具有清热解毒、消肿排脓、利尿涌淋的功效，临床上常用于治疗肺脓溃疡、肺热咳喘、热痢热淋、水肿、脚气、尿路感染、白带过多、痈肿疮毒等症；所以，鱼腥草在中医处方中往往成为有关肺病、泌尿系统疾病的主药。

鱼腥草作为药食两用中药，既可作为野生蔬菜进行产业化生产，深入开发利用，也可作为医药原材料，加工成西药针剂或中成药，因此鱼腥草具有较为广阔的市场前景。

4. 荆芥

【来源】

本品为唇形科植物荆芥 *Schizonepeta tenuifolia* Briq.的干燥地上部分。夏、秋二季花开到顶、穗绿时采割，除去杂质，晒干。

【原植物形态】

多年生植物。茎坚强，基部木质化，多分枝，高40～150 cm，基部近四棱形，上部钝四棱形，具浅槽，被白色短柔毛。叶卵状至三角状心脏形，长2.5～7 cm，宽2.1～4.7 cm，先端钝至锐尖，基部心形至截形，边缘具粗圆齿或牙齿，草质，上面黄绿色，被极短硬毛，下面略发白，被短柔毛但在脉上较密，侧脉3～4对，斜上升，在上面微凹陷，下面隆起；叶柄长0.7～3 cm，细弱。花序为聚伞状，下部的腋生，上部的组成连续或间断的、较疏松或极密集的顶生分枝圆锥花序，聚伞花序呈二歧状分枝；苞叶叶状，或上部的变小而呈披针状，苞片、小苞片钻形，细小。花萼花时管状，长约6 mm，径1.2 mm，外被白色短柔毛，内面仅萼齿被疏硬毛，齿锥形，长1.5～2 mm，后齿较长，花后花萼增大成瓮状，纵肋十分清晰。花冠白色，下唇有紫点，外被白色柔毛，内面在喉部被短柔毛，长约7.5 mm，冠筒极细，径约0.3 mm，自萼筒内骤然扩展成宽

喉，冠檐二唇形，上唇短，长约2 mm，宽约3 mm，先端具浅凹，下唇3裂，中裂片近圆形，长约3 mm，宽约4 mm，基部心形，边缘具粗牙齿，侧裂片圆裂片状。雄蕊内藏，花丝扁平，无毛。花柱线形，先端2等裂。花盘杯状，裂片明显。子房无毛。小坚果卵形，几三棱状，灰褐色，长约1.7 mm，径约1 mm。花期7—9月，果期9—10月。

【资源分布及生物学习性】

产于新疆、甘肃、陕西、河南、山西、山东、湖北、贵州、四川、重庆及云南等地；多生于宅旁或灌丛中，海拔一般不超过2 500 m。自中南欧经阿富汗，向东一直分布到日本，在美洲及非洲南部逸为野生。

【规范化种植技术】

1. 选地整地

宜选择比较肥沃湿润、排水良好的砂壤土种植，地势以阳光充足的平坦地为好。荆芥种子细小，所以种植地块一定要精细整平，以利于出苗。同时施足基肥，每亩施农家肥2 000 kg左右。然后耕翻深25 cm左右，粉碎土块，反复细耙、整平，作成宽1.3 m、高约10 cm的畦，四周开好排水沟，再在畦面上横向开浅沟，沟距为26～33 cm，沟深约2 cm。

2. 采种及播种

2.1 采种

选择生长健壮、穗多而密、无病虫害的植株采种，于10月植株呈红色、种子呈深褐色或棕色时，将果穗剪下、晒干，打下种子，簸去杂质，装入布袋贮藏。

2.2 直播

春、秋两季均可进行，春播在3月下旬—4月上旬，秋播于9—10月，以春播为好。在整好的高畦上，按行距25 cm左右开横沟条播，沟深5 cm左右。将种子拌上草木灰，均匀地播入沟内，覆土以不见种子为度。最好选小雨后、土壤松软时播种。若遇干旱天气，应先浇水后播种。

2.3 育苗

为了保证出苗的质量，也可采用先育苗再移栽到大田中。育苗时先浇水使土壤保持一定的湿度，然后将种子拌草木灰，均匀地撒入畦面。播后进行镇压，使种子与表土密切接触，然后盖草，保温保湿，以利出苗。出苗后揭去盖草，浇水除草，苗大后间苗。每亩用种量1 kg左右。当苗高15 cm以上时移栽。根据土壤墒情，若土壤较干，可在移栽前1 d灌水湿润苗床。移栽时在畦面上按株行距10 cm×20 cm挖穴，每穴栽入大苗2～3株或小苗3～4株，栽后覆土，将根部压紧，浇透水。

3. 田间管理

3.1 中耕除草

直播一般每年中耕除草3次。第一次结合间苗中耕除草，宜浅松表土，拔除杂草；第二次于苗高10～15 cm时进行；第三次结合定苗进行，封行后不再中耕除草。育苗移栽大田后的荆芥中耕除草2次，分别于幼苗成活后及苗高30 cm左时进行。

3.2 追肥

每次中耕除草后进行。第1次每亩追施人畜粪水1 000～1 500 kg，第2次1 500～2 000 kg，第3次重施1次冬肥；除人畜粪外，每亩可施入50 kg复合肥，开沟施于株间，施后覆土。

3.3 灌排水

苗期需水量较大，遇干旱需及时灌水，成株后节制用水。荆芥怕涝，雨季要适时排水、防涝。

4. 病虫害防治

主要病害有立枯病、茎枯病和黑斑病。

立枯病发病初期植株茎基部变褐，后收缩、腐烂、倒苗。

茎枯病侵害茎、叶和花穗，茎秆受害后出现水浸状病斑，后向周围扩展，形成绕茎枯斑，使上部枝叶萎蔫，逐渐黄枯而死；叶片发病后，似开水烫伤状，叶柄为水渍状病斑；花穗发病呈黄褐色，不能开花。

黑斑病侵害叶片，产生不规则形的褐色小斑点，后扩大，叶片变黑色枯死，茎部发病呈褐色、变细，后下垂、折倒。

综合防治方法：实行轮作，发现茎枯病病株应及时拔除病株，集中烧毁；发病初期可选用72%农用链霉素、2%青霉素、70%代森锰锌可湿性粉剂800～100倍液喷施防治。

虫害主要有地老虎、蝼蛄、银纹夜蛾等。

防治方法：栽植前使用50%辛硫磷乳油1.5 kg/亩配毒土进行土壤处理，地老虎和银纹夜蛾发生期可用25%灭幼脲胶悬剂80倍液防治，早期最好用频振式杀虫灯诱杀成虫。

5. 采收加工

5.1 采收

春播荆芥应于当年8—9月收割，秋播则于第2年5月下旬至6月上旬收获。当花盛开，花序下部有2/3已经结籽、果实变黄褐色时，选晴天，贴地面割取或连根拔取全株。全株割下阴干后即为全荆，贴地面割取并晒干的称荆芥。摘取花穗晾干，称荆芥穗；其余地上部由茎基部收割，晾干，为荆芥梗。

5.2 加工

收割后直接晒干。若遇阴雨天时用文火烤干，温度控制在40 ℃以下，不宜用武火。有条件的用烘箱低温烘干。一般每亩可产干货200～300 kg。质量以茎秆色淡黄绿、穗长而密、香气浓烈、无霉烂虫蛀者为佳。干燥的荆芥打包成捆，每捆50 kg左右。保持干燥贮藏。

【药材质量标准】

【性状】本品茎呈方柱形，上部有分枝，长50～80 cm，直径0.2～0.4 cm；表面淡黄绿色或淡紫红色，被短柔毛；体轻，质脆，断面类白色。叶对生，多已脱落，叶片3～5羽状分裂，裂片细长。穗状轮伞花序顶生，长2～9 cm，直径约0.7 cm。花冠多脱落，宿萼钟状，先端5齿裂，淡棕色或黄绿色，被短柔毛；小坚果棕黑色。气芳香，味微涩而辛凉。

【鉴别】（1）本品粉末黄棕色。宿萼表皮细胞垂周壁深波状弯曲。腺鳞头部8细胞，直径96～112 μm，柄单细胞，棕黄色。小腺毛头部1～2细胞，柄单细胞。非腺毛1～6细胞，大多具壁疣。外果皮细胞表面观

多角形，壁黏液化，胞腔含棕色物；断面观细胞类方形或类长方形，胞腔小。内果皮石细胞淡棕色，表面观垂周壁深波状弯曲，密具纹孔。纤维直径14～43 μm，壁平直或微波状。

（2）取本品粗粉0.8 g，加石油醚（60～90 ℃）20 mL，密塞，时时振摇，放置过夜，滤过，滤液挥至1 mL，作为供试品溶液。另取荆芥对照药材0.8 g，同法制成对照药材溶液。按照薄层色谱法（通则0502）试验，吸取上述两种溶液各10 μL，分别点于同一硅胶H薄层板上，以正己烷-乙酸乙酯（17∶3）为展开剂，展开，取出，晾干，喷以5%香草醛的5%硫酸乙醇溶液，在105 ℃加热至斑点显色清晰。供试品色谱中，在与对照药材色谱相应的位

置上，显相同颜色的斑点。

【检查】水分　不得过12.0%（通则0832第四法）。

总灰分　不得过10.0%（通则2302）。

酸不溶性灰分　不得过3.0%（通则2302）。

【含量测定】挥发油按照挥发油测定法（通则2204）测定。

本品含挥发油不得少于0.60%（mL/g）。

胡薄荷酮　按照高效液相色谱法（通则0512）测定。

色谱条件与系统适用性试验　以十八烷基硅烷键合硅胶为填充剂；以甲醇-水（80∶20）为流动相；检测波长为252 nm。理论板数按胡薄荷酮峰计算应不低于3 000。

对照品溶液的制备　取胡薄荷酮对照品适量，精密称定，加甲醇制成每1 mL含10 μg的溶液，即得。

供试品溶液的制备　取本品粉末（过二号筛）约0.5 g，精密称定，置具塞锥形瓶中，加甲醇10 mL，超声处理（功率250 W，频率50 kHz）20 min，滤过，滤渣和滤纸再加甲醇10 mL，同法超声处理一次，滤过，加甲醇适量洗涤2次，合并滤液和洗液，转移至25 mL量瓶中，加甲醇至刻度，摇匀，即得。

测定法　分别精密吸取对照品溶液与供试品溶液各10 μL，注入液相色谱仪，测定，即得。

本品按干燥品计算，含胡薄荷酮（$C_{10}H_{16}O$）不得少于0.020%。

【市场前景】

荆芥为带花穗的全草入药，具有解表散风，透疹，消疮功效，用于感冒、头痛、麻疹、风疹、清疮等病症，荆芥素还具有止血作用。除药用外，荆芥还广泛应用于饲料、香料加工行业，近年来荆芥油出口东南亚各国的需求量在不断增加。由于产地药农对荆芥连年采挖，其野生资源逐年减少，上市商品已出现供不应求的局面，价格连年上升。据调查，全国各大药市荆芥货源偏少，商品走动畅快，随着荆芥的广泛应用，其种植前景看好。

5. 香薷

【来源】

本品为唇形科植物石香薷 *Mosla chinensis* Maxim.或江香薷 *Mosla chinensis* 'Jiangxiangru'的干燥地上部分。前者习称"青香薷"，后者习称"江香薷"。夏季茎叶茂盛、花盛时择晴天采割，除去杂质，阴干。

【原植物形态】

直立草本，高0.3～0.5 m，具密集的须根。茎通常自中部以上分枝，钝四棱形，具槽，无毛或被疏柔毛，常呈麦秆黄色，老时变紫褐色。叶卵形或椭圆状披针形，长3～9 cm，宽1～4 cm，先端渐尖，基部楔状下延成狭翅，边缘具锯齿，上面绿色，疏被小硬毛，下面淡绿色，主沿脉上疏被小硬毛，余部散布松脂状腺点，侧脉6～7对，与中肋两面稍明显，叶柄长0.5～3.5 cm，背平腹凸，边缘具狭翅，疏被小硬毛。穗状花序长2～7 cm，宽达1.3 cm，偏向一侧，由多花的轮伞花序组成；苞片宽卵圆形或扁圆形，长宽约4 mm，先端具芒状突尖，尖头长达2 mm，多半退色，外面近无毛，疏布松脂状腺点，内面无毛，边缘具缘毛；花梗纤细，长1.2 mm，近无毛，序轴密被白色短柔毛。花萼钟形，长约1.5 mm，外面被疏柔毛，疏生腺点，内面无毛，

萼齿5，三角形，前2齿较长，先端具针状尖头，边缘具缘毛。花冠淡紫色，约为花萼长之3倍，外面被柔毛，上部夹生有稀疏腺点，喉部被疏柔毛，冠筒自基部向上渐宽，至喉部宽约1.2 mm，冠檐二唇形，上唇直立，先端微缺，下唇开展，3裂，中裂片半圆形，侧裂片弧形，较中裂片短。雄蕊4，前对较长，外伸，花丝无毛，花药紫黑色。花柱内藏，先端2浅裂。小坚果长圆形，长约1 mm，棕黄色，光滑。花期7—10月，果期10月—翌年1月。

【资源分布及生物学习性】

除新疆、青海外几产全国各地；生于路旁、山坡、荒地、林内、河岸，海拔达3 400 m。俄罗斯西伯利亚，蒙古，朝鲜，日本，印度，中南半岛也有分布，欧洲及北美也有引入。

【规范化种植技术】

1. 选地整地

选地：香薷对土壤要求不严格，一般的土壤都可以栽培，但最好选择背风向阳、土质疏松肥沃壤土或砂壤土地块作为栽植地。但碱土、沙土不宜栽培。怕旱，不宜重茬，前茬谷类、豆类、蔬菜为好。

整地：清除育苗地石头、树根、杂草等杂物，然后深翻30 cm，结合深翻整地施入腐熟的农家肥作为基肥，用量为2 000 kg/亩，使土、粪混合均匀。再耙细，做成床，床宽1.3m左右，床高20 cm。床长根据地形而定。

2. 种苗繁殖

种子繁殖一般在春季。春播分为直播和育苗移栽。

2.1　直播

直播又分为条播或撒播。

在4月上旬。开厢后按照行距50～55 cm开沟，沟深4～5 cm，把种子均匀地撒入沟内后覆薄土。撒播：将苗床整理好，在播种前浇足底水，在床面上均匀撒种，表面覆土，踩实。采用直播法进行繁殖的优点是种苗生长快，采收早，产量高。

2.2　育苗移栽

在种子不足，水利条件不好的干旱地区多采用此法。苗床选择光照充足且温暖的地方，施以农家肥，加入适量的过磷酸钙或者草木灰。4月上旬在畦内浇透水后播种，种子上覆浅土3 cm左右，保持床面湿润，7 d

左右即可出苗。待小苗出齐后进行间苗，使苗床上种苗不致过密，待苗高长到3～4 cm，长出4对叶子时，选在阴天或傍晚，栽在田地里，栽植的前一天，育苗地浇透水。移栽时，根部生长完全的易成活，随拔随栽即可。按株距40 cm，沟深10～15 cm，把苗排好，覆土，浇水，1～2 d后松土保墒。每亩栽苗1万株左右，天气干旱2～3 d浇1次水，以后减少浇水，促使其根部生长。

3. 田间管理

及时进行松土除草。除草本着除早、除小、除了的原则。

3.1 追肥

香薷的生长期较短，故以施氮肥为主。在苗高30 cm时进行追肥，于行间开沟施入腐熟的农家肥，然后覆土，用量为1 500 kg/亩。松土培土把肥料埋好。

3.2 灌溉

播种后，若天旱不下雨，要及时浇透水。在雨季时应注意排水防涝，防止积水烂根和脱叶。

3.3 间苗

播种苗3～4 cm高时，进行间苗。苗高6～8 cm时，选择阴天或傍晚进行第二次间苗或补苗。生长期保持土壤湿润，但不能积水，每半月施肥1次。

4. 病虫害防治

4.1 褐斑病

受害叶面产生褐色病斑，后期出现黑色霉状物。防治方法：发现病株及时清除；喷施50%的退菌特1 000倍液，每周喷施1次，连续3～4周。

4.2 斑枯病

斑枯病为害叶子。发病初期叶面上出现大小不同、形状不一的褐色或黑色小斑点，以后逐渐形成圆形或多角形大病斑。病斑干枯后常出现孔洞，严重时病斑汇合，致使叶片脱落。在高温高湿、阳光不足、种植过密、通风差等条件下容易发病。防治方法：注意田间排水；避免种植过密；在发病初期可用80%可湿性代森锌800倍液，或者1：1：200波尔多液喷雾等进行药剂防治。每隔7 d喷1次，连喷2～3次即可。

4.3 红蜘蛛

可用呋虫胺小白药稀释1 000倍液喷洒，每月1次。

4.4 蚜虫危害

可用哒螨灵1 000倍液喷杀。

5. 采收

采种可以设采种田，也可以在生产田中选穗大健壮的母株，当上部花序的种子已经成熟，下部开始落地时，在早晨轻轻割掉，放在塑料上晾晒3～5 d即可脱粒。

【药材质量标准】

【性状】青香薷长30～50 cm，基部紫红色，上部黄绿色或淡黄色，全体密被白色茸毛。茎方柱形，基部类圆形，直径1～2 mm，节明显，节间长4～7 cm；质脆，易折断。叶对生，多皱缩或脱落，叶片展平后呈长卵形或披针形，暗绿色或黄绿色，边缘有3～5疏浅锯齿。穗状花序顶生及腋生，苞片圆卵形或圆倒卵形，脱落或残存；花萼宿存，钟状，淡紫红色或灰绿色，先端5裂，密被茸毛。小坚果4，直径0.7~1.1 mm，近圆球形，具网纹。气清香而浓，味微辛而凉。

江香薷长55~66 cm。表面黄绿色，质较柔软。边缘有5~9疏浅锯齿。果实直径0.9~1.4 mm，表面具疏网纹。

【鉴别】（1）青香薷本品叶表面观：上表皮细胞多角形，垂周壁被状弯曲，略增厚；下表皮细胞壁不增厚，气孔直轴式，以下表皮为多。腺鳞头部8细胞，直径36~80 μm，柄单细胞。上下表皮具非腺毛，多碎断，完整者1~6细胞，上部细胞多弯曲呈钩状，疣状突起较明显。小腺毛少见，头部圆形或长圆形，1~2细胞，柄甚短，1~2细胞。

江香薷上表皮腺鳞直径约90 μm，柄单细胞，非腺毛多由2~3细胞组成，下部细胞长于上部细胞，疣状突起不明显，非腺毛基足细胞5~6，垂周壁连珠状增厚。

（2）取［含量测定］项下的挥发油，加乙醚制成每1 mL含3 μL的溶液，作为供试品溶液。另取麝香草酚对照品、香荆芥酚对照品，加乙醚分别制成每1 mL含1 mg的溶液，作为对照品溶液。按照薄层色谱法（通则0502）试验，吸取上述3种溶液各5 μL，分别点于同一硅胶G薄层板上，以甲苯为展开剂，展开，展距15 cm以上，取出，晾干，喷以5%香草醛硫酸溶液，在105 ℃加热至斑点显色清晰。供试品色谱中，在与对照品色谱相应的位置上，显相同颜色的斑点。

【检查】**水分** 不得过12.0%（通则0832第四法）。

总灰分 不得过8.0%（通则2302）。

【含量测定】挥发油取本品约1 cm的短段适量，按照挥发油测定法（通则2204）测定。

本品含挥发油不得少于0.60%（mL/g）。

麝香草酚与香荆芥酚 按照气相色谱法（通则0521）测定。

色谱条件与系统适用性试验 以聚乙二醇（PEG）-20M为固定液，涂布浓度10%，柱温190 ℃。理论板数按麝香草酚峰计算应不低于1 700。

对照品溶液的制备 取麝香草酚对照品、香荆芥酚对照品适量，精密称定，加无水乙醇分别制成每1 mL各含0.3 mg的溶液，即得。

供试品溶液的制备 取本品粉末（过二号筛）约2 g，精密称定，置具塞锥形瓶中，精密加入无水乙醇20 mL，密塞，称定重量，振摇5 min，浸渍过夜，超声处理（功率250 W，频率50 kHz）15 min，放冷，再称定重量，用无水乙醇补足减失的重量，摇匀，用铺有活性炭1 g的干燥滤器滤过，取续滤液，即得。

测定法 分别精密吸取对照品溶液与供试品溶液各2 μL注入气相色谱仪，测定，即得。

本品按干燥品计算，含麝香草酚（$C_{10}H_{14}O$）与香荆芥酚（$C_{10}H_{14}O$）的总量不得少于0.16%。

【市场前景】

香薷具有发汗解表、化湿和中功效，临床常用于暑湿感冒，恶寒发热，头痛无汗，腹痛吐泻，水肿，小便不利等病症，疗效确切。近年来随着化学成分测试方法的进步，研究人员发现在香薷属植物的体内除了芳香成分和药用成分以外，还含有丰富的营养成分、天然色素成分和许多天然抗氧化物质的抗菌物质。在园林绿化中，香薷以其芳香性和保健功能而备受青睐。香薷枝、叶、花有特殊香气，花期长达2个月，有较高的观赏价值，可用来营造芳香园林景观，适合人们进行芳香疗法、保健疗法。此外利用香薷属植物对重金属铜、锰等有较强的吸附与富集能力，将其用于受重金属污染的土壤治理中。目前香薷已利用到修复铜污染的土壤修复中，香薷开发利用市场前景广阔。

6. 白花蛇舌草

【来源】

本品为茜草科耳草属植物白花蛇舌草*Hedyotis diffusa* Willd.［*Oldenlandia diffusa* （Willd.） Roxb.］的全草。夏秋采集，洗净，鲜用或晒干。

【原植物形态】

一年生无毛纤细披散草本，高20～50 cm；茎稍扁，从基部开始分枝。叶对生，无柄，膜质，线形，长1～3 cm，宽1～3 mm，顶端短尖，边缘干后常背卷，上面光滑，下面有时粗糙；中脉在上面下陷，侧脉不明显；托叶长1～2 mm，基部合生，顶部芒尖。花4数，单生或双生于叶腋；花梗略粗壮，长2～5 mm，罕无梗或偶有长达10 mm的花梗；萼管球形，长1.5 mm，萼檐裂片长圆状披针形，长1.5～2 mm，顶部渐尖，具缘毛；花冠白色，管形，长3.5～4 mm，冠管长1.5～2 mm，喉部无毛，花冠裂片卵状长圆形，长约2 mm，顶端钝；雄蕊生于冠管喉部，花丝长0.8～1 mm，花药突出，长圆形，与花丝等长或略长；花柱长2～3 mm，柱头2裂，裂片广展，有乳头状凸点。蒴果膜质，扁球形，直径2～2.5 mm，宿存萼檐裂片长1.5～2 mm，成熟时顶部室背开裂；种子每室约10粒，具棱，干后深褐色，有深而粗的窝孔。花期春季。

【资源分布及生物学习性】

产于广东、香港、广西、海南、安徽、云南等省区；多见于水田、田埂和湿润的旷地。国外分布于热带亚洲，西至尼泊尔，日本亦产。

【规范化种植技术】

1. 选地整地

选择地势偏低、光照充足、排灌方便、疏松肥沃的壤土种植。基肥每亩施腐熟农家肥5 000 kg或复合肥50 kg加磷肥50 kg，将基肥均匀撒入土壤内，浅耕细耙，开沟做畦，畦宽1 m，畦沟深25 cm，畦面呈龟背形，以便排灌。

2. 繁殖方法

2.1 播种时间

分为春播和秋播。春播作商品用，秋播既可作商品用又可采种。在江南水稻栽培地区，春播以4月下旬—5月上旬为佳，收获后可在原地连播，也可留根发芽栽培。秋播于8月中下旬进行。播种前种子处理方法：将白花蛇舌草的果实放在水泥地上，用橡胶或布包的木棒轻轻摩擦，脱去果皮及种子外的蜡质，然后将细小的种子拌细土数倍，便于均匀播种。

2.2 播种方法

条播行距为30 cm。将带细土的种子均匀撒播在畦面上，稍镇压或用竹扫帚轻拍，播种后薄薄盖一层稻草，白天遮阳，晚上揭开，直至出苗后长出4片叶时揭去遮盖稻草。秋季如果留根繁殖，则不需要遮阳，畦沟里应灌满水，以畦面湿润但不积水为宜。

3. 田间管理

3.1 间苗、除草

幼苗出土后应结合松土除草进行间苗，苗高8～10 cm时按株距10 cm左右定苗。植株封行之前应勤除杂草，并追浇一次稀薄人畜粪水，植株封行后不再除草。

3.2 追肥

白花蛇舌草生长期较短，需要重施基肥，以农家肥为主。在苗高10 cm左右时，每亩用人畜粪水500 kg，兑5倍水泼浇，中期视长势可不定期追施人畜粪水。白花蛇舌草苗嫩，追肥时要掌握好浓度，以防烧苗。另外，要在第1次收割后，每亩应追施两次稀薄人畜粪水或尿素15 kg，待苗高10 cm左右再适量浇施人畜粪水，植株刚开花时长势不好可增施粪肥1次。

3.3 灌溉和排水

播种后应保持土壤湿润，但忌畦面积水。雨后有积水要及时排除。高温期间应在沟内灌水，可降温和防止植株被日光灼伤。在植物生长期间，水的管理是关键，既要防旱又要防涝，果期可停止灌溉。

4. 采收加工与贮藏

白花蛇舌草生长的全盛时期为夏至前后，华南地区，人工经营者，一年可收获2～3茬。每茬的栽培成熟期分别是：4月上中旬—6月上旬；6月中旬—7月中旬；7月下旬—9月上旬。收获以拔大留小为原则。除去泥土和杂质晒干即可。

【药材质量标准】

【性状】干燥全草，扭缠成团状，灰绿色至灰棕色，有主根一条，粗2~4 mm，须根纤细，淡灰棕色；茎细而卷曲，质脆易折断，中央有白色髓部。叶多破碎，极皱缩，易脱落；有托叶，长1~2 mm。花腋生。气微，味淡。

【鉴别】显微鉴别茎横切面：表皮细胞1列，类方形或卵圆形，常有单个细胞向外突起，形成非腺毛，外被角质层。皮层窄，细胞呈类圆形；内皮层细胞1列。韧皮部较窄。木质部导管2~7个相连成单个径向排列成行；木纤维壁较厚，木化；射线窄，常1~2列细胞，壁薄，木化。髓部宽广，细胞较大，内含淀粉粒，髓部通常中空。皮层及髓部薄壁细胞中偶见草酸钙针晶。

粉末特征：灰黄色。①叶表皮细胞多角形，垂周壁平直；气孔干轴式，长圆形。②茎表皮细胞长条形，有气孔。③导管主为环纹或螺纹，直径15~30 μm。④草酸钙簇晶存在于叶肉组织中，直径10~15 μm。⑤草酸钙针晶多见，成束或散在，长75~135 μm。③淀粉粒众多，单粒类圆形，复粒由2~3分粒组成。

【检查】水分　不得超过11.0%（通则0832）。

总灰分　不得超过13%（通则2302）。

酸性不溶性灰分不超过4.5%。

【市场前景】

白花蛇舌草药用功能广泛，寒清热解毒，甘寒清利湿热，传统功能用于消炎退肿、清热解毒、活血利尿，对于扁桃体炎、咽喉炎、尿路感染、盆腔炎、阑尾炎、肝炎、菌痢、毒蛇咬伤有较强的消炎解毒作用。近年来，也用于治疗多种癌症，也可减轻化疗药物引起的正常器官的副损伤，尤其是白花蛇舌草水饮料上市后，野生资源亦难满足国内外市场需求，市场前景广阔。因而对白花蛇舌草进行深度开发，研究其有效成分或有效成分群，探索其作用机理，开发新的制剂与适应症将会进一步满足临床需求，产生更大的社会与经济效益。

7. 青蒿

【来源】

本品为菊科植物黄花蒿*Artemisia annua* L.的干燥地上部分。中药名：青蒿；别名：草蒿、臭蒿、犹蒿、黄蒿、蒿蒿、苦蒿等。

【原植物形态】

一年生草本；植株有浓烈的挥发性香气。根单生，垂直，狭纺锤形；茎单生，高100~200 cm，基部直径可达1 cm，有纵棱，幼时绿色，后变褐色或红褐色，多分枝；茎、枝、叶两面及总苞片背面无毛或初时背面微有极稀疏短柔毛，后脱落无毛。叶纸质，绿色；茎下部叶宽卵形或三角状卵形，长3~7 cm，宽2~6 cm，绿色，两面具细小脱落性的白色腺点及细小凹点，三（至四）回栉齿状羽状深裂，每侧有裂片5~8（~10）枚，裂片长椭圆状卵形，再次分裂，小裂片边缘具多枚栉齿状三角形或长三角形的深裂齿，裂齿长1~2 mm，宽0.5~1 mm，中肋明显，在叶面上稍隆起，中轴两侧有狭翅而无小栉齿，稀上部有数枚小栉齿，叶柄长1~2 cm，基部有半抱茎的假托叶；中部叶二（至三）回栉齿状的羽状深裂，小裂片栉齿状三角形。稀少为细短狭线形，具短柄；上部叶与苞片叶一（至二）回栉齿状羽状深裂，近无柄。头状花序球形，多数，直径1.5~2.5 mm，有短梗，下垂或倾斜，基部有线形的小苞叶，在分枝上排成总状或复总状花序，并在茎上组成开展、尖塔形的圆锥花序；总苞片3~4层，内、外层近等长，外层总苞片长卵形或狭长椭圆形，中肋绿色，边膜质，中层、内层总苞片宽卵形或卵形，花序托凸起，半球形；花深黄色，雌花10~18朵，花冠狭管状，檐部具2（~3）裂齿，外面有腺点，花柱线形，伸出花冠外，先端2叉，叉端钝尖；两性花10~30朵，结实或中央少数花不结实，花冠管状，花药线形，上端附属物尖，长三角形，基部具短尖头，花柱近与花冠等长，先端2叉，叉端截形，有短睫毛。瘦果小，椭圆状卵形，略扁。花果期8—11月。

【资源分布及生物学习性】

野生黄花蒿分布于我国大部分地区，东半部省区分布在海拔1 500 m以下地区，西北及西南省区分布在2 000~3 000 m地区，西藏分布在3 650 m地区；东部、南部省区生长在路旁、荒地、山坡、林缘等处；其他省区还生长在草原、森林草原、干河谷、半荒漠及砾质坡地等，也见于盐渍化的土壤上，局部地区可成为植物群落的优势种或主要伴生种。我国最适宜的栽培区域是广西西北部、重庆南部、四川、贵州、云南东部及湖南西部，湖北、安徽和江苏南部也有适合黄花蒿生长的地区。黄花蒿是严格的短日照、浅根系植物，主根短、侧根发达，喜湿润、忌干旱、怕渍水、光照要求充足。黄花蒿生育期因各地自然条件而异，一般为250 d左右。黄花蒿整个生长期所需的年日照时数在1 000 h左右，开花前期的光周期约13.5 h，最适宜黄花蒿生长的温度为13~29 ℃，最适宜青蒿素积累的温度为13.9~22 ℃、日照时数为853~1 507 h。生长期所需年降水量在150~1 350 mm，最适宜黄花蒿生长的降水量为600~1 300 mm，最适宜青蒿素积累的降雨量为814~1 518 mm。对土壤的要求并不严格，一般土壤都能栽培，以pH值5.5~7.5为宜。

【规范化种植技术】

1. 选地整地

应选择阳光充足、土层较深厚、质地疏松、保水保肥性较强的沙壤或黏壤土，如向阳潮湿的冲积土或紫红泥土，不宜选择黄壤土。经深翻犁耙、碎土。每亩施腐熟农家肥或土杂肥1 500~2 000 kg，磷肥25~30 kg作基肥。翻后打碎土块，清除树枝、石块、草根，耙平做畦。畦高约25 cm，宽1.2 m，畦东西向，种植南北向，以利接受光照。下种前15 d可用稀腐熟人粪尿水对苗床进行淋施，做到薄施多次；施入草木灰30 kg/亩作基肥。

2. 繁殖方法

2.1 种子播种繁殖

青蒿种子没有休眠期，一年四季都可以播种。发芽率90%以上。一般在2月中旬，气温较稳定时播种。播种前将0.1 kg青蒿种子与白色河砂（约4 kg）和匀，均匀丢撒于穴内，播后不能覆土。青蒿播种后，约15 d开始出苗，待苗高5 cm时匀苗，每窝留1~2株健壮苗，每亩留2 700株以上。

2.2 扦插繁殖

于7—8月采用顶部枝条作插穗，剪取10~15 cm，以火土为基质进行扦插可获得86%~96%的成活率。不同类型、不同部位枝条、不同扦插期及扦插基质对黄花蒿的扦插成活率均有一定的影响。

2.3 组织培养

黄花蒿的组织培养有愈伤组织培养、芽培养、毛状根培养及发根培养4种方法。通过组织培养及扩繁技术培养组培苗，得到生根率和成活率均在95%以上的黄花蒿组培苗，且生长性状稳定。为扩大黄花蒿优良品种的大面积标准化种植提供了方法。

3. 田间管理

3.1 中耕除草

适时进行首次中耕，当苗高20~30 cm时田间滋生许多杂草，应及时除去杂草并间除病苗、弱苗和过密的苗，并浅松土一次，宜浅。植株长大后可稍深，封行前再进行2~3次中耕除草。

3.2 追肥

黄花蒿定植后，要及时追肥。肥料以有机肥为主，化肥为辅。施肥方法：排灌条件好的水施，排灌条件差的充分利用雨前、雨后撒施于株边，距植株不能太近，以免造成肥害，影响植株生长。移栽后7~9 d，每亩用复混肥5 kg加500 kg清粪水；移栽后15~20 d，每亩用复混肥17.5 kg，施肥后进行覆土、中耕、除草；移栽后35~45 d，每亩穴施35 kg复混肥并加土覆盖。在6月下旬，黄花蒿植株开始二级分枝后，叶面喷施微肥和植物生长调节剂（芸薹素）；7月上旬，用硼肥加磷酸二氢钾喷雾。

3.3 灌溉和排水

黄花蒿喜湿润、耐旱、怕渍水，排灌条件好的前期应浇足定根水保持土壤湿润，以提高成活率。土壤渍水时，根系生长差，植株发黄、矮小，严重时根系腐烂，植株死亡，故雨水季节应时做好排水工作。

3.4 病虫害防治

3.4.1 茎腐病

在发病初期每亩用1%硫酸亚铁或70%甲基托布津100 g兑水45 L及时喷淋防治，为控制蔓延，应做好理沟排水。

3.4.2 黄萎病

移栽时用40%五氯硝基苯粉剂进行土壤消毒，发病初期可施用50%多菌灵可湿性粉剂450倍液。

3.4.3 白粉病

在高温高湿气候条件下，病害传播较快，发病初期可喷洒50%甲基托布津可湿性粉剂1 000～1 500倍液。

3.4.4 青蒿瘿蚊

在虫瘿初期，及时选用48%乐斯本1 000倍液喷施。

3.4.5 蚜虫

可用25%扑虱灵100 g兑水45 L手动喷雾防治。

3.4.6 菜青虫

发生严重时可用10%高效灭百可2 500倍液喷施。

3.4.7 小地老虎

使用90%敌百虫30倍水溶液拌鲜草5 kg，进行诱杀。

3.4.8 金龟子

用90%敌百虫800倍液喷雾。

3.4.9 黄蚁

为害初期以48%毒死蜱1 000倍液浇灌受害植株根茎部。

注意事项：在青蒿生产上，禁止使用高毒、高残留农药，如有机磷农药等。

4. 采收加工与贮藏

青蒿收获的产品为植物干叶，在青蒿营养生长末期至初现蕾期及时进行收获，过早则叶片产量低，过迟则青蒿素含量下降，最终都影响经济效益。应选择晴天抢收。收割时砍倒主杆，在大田晒一天，第二天收起在晒场晒干，严禁将枝杆等粗杂物或其他杂草树叶混入蒿叶，以保证青蒿原料质量。然后装入防潮包装袋中，即可交售。特别注意如采收期间遇天气阴雨，应及时采取烘干处理措施，防止蒿叶霉烂损失。对符合质量要求的青蒿叶应加强保管或尽早销售，以防止霉变。

【药材质量标准】

【性状】本品茎呈圆柱形，上部多分枝，长30～80 cm，直径0.2～0.6 cm表面黄绿色或棕黄色，具纵棱线；质略硬，易折断，断面中部有髓。叶互生，暗绿色或棕绿色，卷缩易碎，完整者展平后为三回羽状深裂，裂片和小裂片矩圆形或长椭圆形，两面被短毛。气香特异，味微苦。

【鉴别】取本品粉末3 g，加石油醚（60～90 ℃）50 mL，加热回流1 h，滤过，滤液蒸干，残渣加正己烷30 mL使溶解，用20%乙腈溶液振摇提取3次，每次10 mL，合并乙腈液，蒸干，残渣加乙醇0.5 mL使溶解，作为供试品溶液。另取青蒿素对照品，加乙醇制成每1 mL含1 mg的溶液，作为对照品溶液。按照薄层色谱法（通则0502）试验，吸取上述两种溶液各5 μL，分别点于同一硅胶G薄层板上，以石油醚（60～90 ℃）-乙醚（4∶5）为展开剂，展开，取出，晾干，喷以2%香草醛的10%硫酸乙醇溶液，在105 ℃加热至斑点显色清晰，置紫外光灯（365 nm）下检视。供试品色谱中，在与对照品色谱相应的位置上，显相同颜色的荧光斑点。

【检查】水分 不得过14.0%（通则0832第二法）。

总灰分 不得过8.0%（通则2302）。

【浸出物】按照醇溶性浸出物测定法（通则2201）项下的冷浸法测定，用无水乙醇作溶剂，不得少于1.9%。

【市场前景】

黄花蒿是我国的传统中药，气味苦寒、无毒，清热解暑、除蒸、截疟，常用治暑邪发热、温邪伤阴发热，疟疾寒热，骨蒸劳热，以及血分有热的风疹瘙痒等症。现代研究表明黄花蒿具有解热镇痛、抗炎杀菌、抗肿瘤等作用，其主要有效成分是青蒿素及其衍生物，是世界卫生组织（WHO）将青蒿素定为治疗疟疾的首选药，也是中国拥有自主知识产权的中药品种，也是迄今为止为数不多的通过美国FDA认证的中药品种。目前青蒿素的生产主要来源于野生资源，人工合成青蒿素尚不可行，但是野生黄花蒿存在分布零散、产量低等问题，这给青蒿素工业化生产带来极大的影响。黄花蒿繁殖采用种子防治，由于自交不亲和性，后代变异性大，导致青蒿素含量不稳定，很难得到稳定的高产群体，保持青蒿素含量稳定是黄花蒿栽培和育种中要解决的主要问题。随着医学发展，青蒿素类药品的需求量不断增加，但由于野生黄花蒿资源逐渐匮乏，远远不能满足市场需要。发现有用菊科植物猪毛蒿*Artemisia scoparia* Waldst. et Kit.、青蒿*Artemisia carvifolia* Buch.～Ham. 的干燥地上部分作青蒿药用，与黄花蒿的功效不同，应加以鉴别。

8. 夏枯草

【来源】

本品为唇形科植物夏枯草*Prunella vulgaris* L. 的干燥果穗。夏季果穗呈棕红色时采收，除去杂质，晒干。

【原植物形态】

多年生草木；根茎匍匐，在节上生须根。茎高20～30 cm，上升，下部伏地，自基部多分枝，钝四棱形，其浅槽，紫红色，被稀疏的糙毛或近于无毛。茎叶卵状长圆形或卵圆形，大小不等，长1.5～6 cm，宽0.7～2.5 cm，先端钝，基部圆形、截形至宽楔形，下延至叶柄成狭翅，边缘具不明显的波状齿或几近全缘，草质，上面橄榄绿色，具短硬毛或几无毛，下面淡绿色，几无毛，侧脉3～4对，在下面略突出，叶柄长0.7～2.5 cm，自下部向上渐变短；花序下方的一对苞叶似茎叶，近卵圆形，无柄或具不明显的短柄。轮伞花序密集组成顶生长2～4 cm的穗状花序，每一轮伞花序下承以苞片；苞片宽心形，通常长约7 mm，宽约11 mm，先端具长1～2 mm的骤尖头，脉纹放射状，外面在中部以下沿脉上疏生刚毛，内面无毛，边缘具睫毛，膜质，浅紫色。花萼钟形，连齿长约10 mm，筒长4 mm，倒圆锥形，外面疏生刚毛，二唇形，上唇扁平，宽大，近扁圆形，先端几截平，具3个不很明显的短齿，中齿宽大，齿尖均呈刺状微尖，下唇较狭，2深裂，裂片达唇片之半或以下，边缘具缘毛，先端渐尖，尖头微刺状。花冠紫、蓝紫或红紫色，长约13 mm，略超出于萼，冠筒长7 mm，基部宽1.5 mm，其上向前方膨大，至喉部宽约4 mm，外面无毛，内面约近基部1/3处具鳞毛毛环，冠檐二唇形，上唇近圆形，径约5.5 mm，内凹，多少呈盔状，先端微缺，下唇约为

上唇1/2，3裂，中裂片较大，近倒心脏形，先端边缘具流苏状小裂片，侧裂片长圆形，垂向下方，细小。雄蕊4，前对长很多，均上升至上唇片之下，彼此分离，花丝略扁平，无毛，前对花丝先端2裂，1裂片能育具花药，另1裂片钻形，长过花药，稍弯曲或近于直立，后对花丝的不育裂片微呈瘤状突出，花药2室，室极叉开。花柱纤细，先端相等2裂，裂片钻形，外弯。花盘近平顶。子房无毛。小坚果黄褐色，长圆状卵珠形，长1.8 mm，宽约0.9 mm，微具沟纹。花期4—6月，果期7—10月。

【资源分布及生物学习性】

产于陕西、甘肃、新疆、河南、湖北、湖南、江西、浙江、福建、台湾、广东、广西、贵州、四川及云南等省区；生于荒坡、草地、溪边及路旁等湿润地上，海拔高可达3 000 m。欧洲各地、北非、俄罗斯西伯利亚、西亚、印度、巴基斯坦、尼泊尔、不丹、日本、朝鲜均广泛分布，澳大利亚及北美洲亦偶见。模式标本采自欧洲。

【规范化种植技术】

1. 地块选择

夏枯草的适生性、抗生性较强，对土壤要求不十分严格，只要在不严重干旱、浸渍积水的地块都可较好地生长。

作为人工栽培，在不与粮争地的前提下，可选择交通管理较为方便或易于改进、生产设施条件较好或易于改良、土壤耕层较厚且肥力尚好或易于培肥、周边被保护良好、远离污染源、水源与空气洁净的缓坡地、经济林园、疏林地、林缘地带、山边田或冈背易旱田等地块为佳，以达到优质高产、经济安全的生产目的。

2. 种苗培育

夏枯草可以通过种子播种、分株、留桩再生进行繁殖，各地各生产主体可根据自身的种苗需求与来源作出合理选择和配合使用。

2.1 播种育苗

夏枯草播种育苗于春季3月上、中旬和秋季均可进行，但以秋季8月上旬—9月中旬播种为佳。在适宜的播种期内选择生产条件比较好、土壤质地较为疏松、土体较为湿润的地块作苗床，结合翻耕每亩施圈肥2 000 kg或商品有机肥150～175 kg作基肥，打碎土块，整成约1.2 m宽的微弓形苗床，视土壤墒情每亩用人粪尿400～500 kg或沼液600～750 kg兑水浇施苗床，待露干后耙平苗床，每亩用1.5～1.7 kg种子与10～15倍的细泥沙混匀后，均匀地撒播在苗床上，播后覆以精细圈肥：草木灰：细泥为3：2：5的细肥土约1 cm，盖上稻草等覆盖，并洒水保湿。待播后10～15 d出苗后及时将稻草等覆盖物揭除。播种后应根据天气情况及时做好抗旱护苗、清沟排工作，以保持土壤呈湿润状态，并根据杂草生长情况做好除草工作，防止杂草影响幼苗生长。

当苗长至4～5 cm时进行间苗，长至7～8 cm时进行定苗。定苗后用10%稀薄人粪尿或20%的沼液水浇施1次，待长至10～13 cm时用水浇湿床土后，即可起苗移栽。

2.2 分株移栽

在上年7—8月地上部分收获后，结合清园每亩施圈肥1 000～1 250 kg或商品有机肥150～170 kg加草木灰300～500 kg进行培土施肥，以壮根基，到春季3—4月老根萌芽后，将老根挖起，分成每株带有两个幼芽的苗株进行栽种。

2.3 留桩再生

在上年7—8月地上部分收获后，对所留的老桩进行适当的施肥培土，到翌年春季老根萌芽后疏除过密细弱的苗茎，加以培育管理。

3. 田间管理

3.1 翻耕整地

不同的种植地块，翻耕整地的方法不尽相同，如在山坡地、林缘地滩湖边开垦纯作的，应于播种移栽前3～4个月进行炼山，先将竹本、高大杂草砍除，将有利用价值的主、枝干搬离场外，其余晒干烧毁后，结合深翻（约30 cm），清除树根、竹鞭、石块，陡坡宜窄，缓坡宜宽，整成2.5～3.5 m的水平种植带，熟化土壤后再行整地施肥；如在疏林地间作种植的，也应先行炼山熟化土壤；如在经济林园套种的，可结合林园春、秋季节中耕进行整地施肥；如在现有耕地上进行种植的，可于栽种前进行整地施肥。各种地块一般在播种移栽前的2～3 d进行整地施肥，根据土壤肥力和各类肥料养分含量，结合翻耕每亩施圈肥1 250 kg或商品有机肥175～200 kg或三元复合70～80 kg加草木灰400～500 kg作基肥，打碎土块，整成1.2～1.3 m的垄畦待播种或移栽。

3.2 直播栽培与移栽

夏枯草也可进行直播栽培，在经翻耕施肥整好的畦面上按行、株距25 cm×20 cm开3～4 cm的浅穴后，视土壤墒情每亩用人粪尿400～500 kg或沼液600～700 kg兑水点穴后，将约8粒/穴的种子撒播于穴中，播后盖以细肥土约1 cm。

育苗移栽、分株繁殖的在垄畦上按25 cm×20 cm的间距，将2株/穴的种苗栽于穴中轻轻压实根基部土壤后，用3%～5%的稀薄人粪尿或5%～8%的沼液水浇施定根水，以便根系与土壤紧密接触，便于成活。

3.3 间苗补缺

当直播栽培的幼苗长至4～5 cm时进行间苗，长至约10 cm时进行定苗，在播种穴内间密留稀，去弱留壮、壮苗补缺，留、补1株或2株壮苗定苗后用10%的稀薄人粪尿或15%的沼液水浇施1次。幼苗移栽后7 d左右成活。当分株苗长至5～6 cm时，应进行查苗补缺，如发现有死苗缺株的，应于晴天傍晚或阴雨天选用预留壮苗进行补缺，补栽后浇施活棵水，如补苗后遇到晴热天气，对补缺苗用树枝叶遮阳2～3 d，以便成活，达到全苗匀株生长。

3.4　肥水管理

由于地处山区，尽管在种植前对地块进行了适当的选择，在生产上仍应通过引、蓄、提、灌、挑、排等综合有效措施予以解决。当播种、移栽后遇到久旱无雨天气，应及时做好抗旱护苗工作，保持土壤湿润。如遇多雨、暴雨天气，特别是低洼、平坦地块应及时做好清沟排水工作，以免积水造成浸渍为害，影响根系生长。当直播苗长至15～20 cm，种苗移栽10～15 d，每亩用人粪尿300～400 kg或沼液500～700 kg兑水浇施1次；隔30～35 d视植株生长情况每亩用人粪尿250～300 kg或菜籽饼肥60～80 kg经发酵后兑水施1次；到植株现蕾期每亩用圈肥1 000～1 250 kg或商品有机肥175～200 kg加草木灰300～350 kg沟施或穴施，以满足植株生长对养分和水分的需要，促进植株健壮生长。

3.5　中耕除草

夏枯草的种间竞争能力较强，在生产上一般只要在生长前期结合施肥进行中耕除草，到了封行现蕾后偶见个别高大杂草时，采取人工拔除便可控制草害的发生。

4. 病虫防治

夏枯草在自然生长过程中少有病虫造成为害损失，但人工栽培加重了病虫害的发生概率，在生产上时而可见蚜虫、红蜘蛛、蛾类幼虫、立枯病、叶斑病、霜霉病的发生。进行夏枯草人工栽培，目的在于提供优质的药材资源，并兼供食用。为了保障产品质量安全，在生产上应致力于通过种植基地选择和加强设施建设，改良生产条件；加强栽培管理，合理肥水运筹；增施有机肥，控制氮肥用量，培肥土壤地力；深耕翻埋，做好园地卫生，压低病虫基数，及时处理发病中心，切断传播感染源；推广应用灯光、色板、性诱诱杀技术；落实生境调节措施，合理间作套种，翻蔸倒茬，加强病虫监测调查，适时选用有效、低毒、低残留环境友好型农药将病害防治于初始之期，害虫防治于低龄阶段等综合生态防控措施控制病虫害的发生为害。在某一病虫害偏重发生、确需用药防治时，在严格安全间隔期用药的情况下，蛾类幼虫可选用阿维菌素、多杀霉素、高效氯氟氰菊酯进行喷雾防治；蚜虫可用呋虫胺、吡蚜酮、噻虫嗪喷雾防治；红蜘蛛可用炔螨特、螺螨脂、哒螨唑喷雾防治；叶斑病可用百菌清、代森锰锌喷雾防治；立枯病可用敌克松、波尔多液、甲霜恶霉灵灌根或喷雾防治；霜霉病可用氟菌·霜霉威、烯酰吗啉、霜脲·锰锌喷雾防治，以免造成产量损失和农药残留超标，达到优质高产的生产目的。

5. 采收加工

7—8月，当果穗转至全黄时及时采收，采收时离地面3～4 cm处割取，运回后将茎叶与果穗剪离，晒干后打把或装袋备用、待售。

【药材质量标准】

【性状】本品呈圆柱形，略扁，长1.5～8 cm，直径0.8～1.5 cm；淡棕色至棕红色。全穗由数轮至10数轮宿萼与苞片组成，每轮有对生苞片2片，呈扇形，先端尖尾状，脉纹明显，外表面有白毛。每一苞片内有花3朵，花冠多已脱落，宿萼二唇形，内有小坚果4枚，卵圆形，棕色，尖端有白色突起。体轻。气微，味淡。

【鉴别】（1）本品粉末灰棕色。非腺毛单细胞多见，呈三角形；多细胞者有时可见中间几个细胞镒缩，表面具细小疣状突起。腺毛有两种：一种单细胞头，双细胞柄；另一种双细胞头，单细胞柄，后者有的胞腔内充满黄色分泌物。腺鳞顶面观头部类圆形，4细胞，直径39～60 pm，有的内含黄色分泌物。宿存花萼异形细胞表面观垂周壁深波状弯曲，直径19~63 pm，胞腔内有时含淡黄色或黄棕色物。

（2）取本品粉末2.5 g，加70%乙醇30 mL，超声处理30 min，滤过，滤液蒸干，残渣加乙醇5 mL使溶解，作为供试品溶液。另取迷迭香酸对照品，加乙醇制成每1 mL含0.1 mg的溶液，作为对照品溶液。按照薄层色谱法（通则0502）试验，吸取供试品溶液2 μL、对照品溶液化5 μL，分别点于同一硅胶G薄层板上，以环己烷-乙酸乙酯-异丙醇-甲酸（15：3：3.5：0.5）为展开剂，展开，取出，晾干，置紫外光灯（365 nm）下检视。供试品色谱中，在与对照品色谱相应的位置上，显相同颜色的荧光斑点。

【检查】水分　不得过14.0%（通则0832第二法）。

总灰分　不得过12.0%（通则2302）。

酸不溶性灰分　不得过4.0%（通则2302）。

【浸出物】按照水溶性浸出物测定法（通则2201）项下的热浸法测定，不得少于10.0%。

【含量测定】按照高效液相色谱法（通则0512）测定。

色谱条件与系统适用性试验　以十八烷基硅烷键合硅胶为填充剂；以甲醇-0.1%三氟醋酸溶液（42：58）为流动相；检测波长为330 nm。理论板数按迷迭香酸峰计算应不低于6 000。

对照品溶液的制备　取迷迭香酸对照品适量，精密称定，加稀乙醇制成每1 mL含0.5 mg的溶液，即得。

供试品溶液的制备　取本品粉末（过二号筛）约0.5 g，精密称定，置具塞锥形瓶中，精密加入稀乙醇50 mL，超声处理（功率90 W，频率59 kHz）30 min，放冷，再称定重量，用稀乙醇补足减失的重量，摇匀，滤过，取续滤液，即得。

测定法　分别精密吸取对照品溶液与供试品溶液各5 μL，注入液相色谱仪，测定，即得。

本品按干燥品计算，含迷迭香酸（$C_{18}H_{16}O_8$）不得少于0.20%。

【市场前景】

为唇形科夏枯草属多年生草本植物，以干燥果穗入药，为我国常用中药材。夏枯草味辛、苦，性寒，归肝、胆经，具有清肝明目，散结消肿的作用，临床应用广泛。用于目赤肿痛，目珠夜痛，头痛眩晕，瘰疬，瘿瘤，乳痈，乳癖，乳房胀痛。夏枯草主要含有三萜及其苷类、苯丙素类、留醇及其苷类、黄酮类、香豆素、有机酸、挥发油及糖类等多种物质，作为评价夏枯草药材质量的标准迷迭香酸属于苯丙素类化合物。夏枯草的药理作用主要有降糖、降压、抗菌、抗病毒、抗炎、抗肿瘤及活血化瘀等。药典收集的以夏枯草为主药的中成药，其主要服用形式为夏枯草药膏，目前经过夏枯草膏改良过的药剂类型如夏枯草口服液、夏枯草胶囊等广泛应用于中医临床。夏枯草还在多种方剂中配合其他药物使用，如夏桑菊颗粒、三草降压汤等。中药保健品夏枯草茶深受人们的欢迎。

9. 半边莲

【来源】

本品为桔梗科植物半边莲*Lobelia chinensis* Lour. 的干燥全草。中药名：半边莲；别名：细米草，急解索，半边花、瓜仁草、长虫草等。

【原植物形态】

多年生草本。茎细弱，匍匐，节上生根，分枝直立，高6~15 cm，无毛。叶互生，无柄或近无柄，椭圆状披针形至条形，长8~25 cm，宽2~6 cm，先端急尖，基部圆形至阔楔形，全缘或顶部有明显的锯齿，无毛。花通常1朵，生分枝的上部叶腋；花梗细，长1.2~2.5（3.5）cm，基部有长约1 mm的小苞片2枚、1枚或者没有，小苞片无毛；花萼筒倒长锥状，基部渐细而与花梗无明显区分，长3~5 mm，无毛，裂片披针形，约与萼筒等长，全缘或下部有1对小齿；花冠粉红色或白色，长10~15 mm，背面裂至基部，喉部以下生白色柔毛，裂片全部平展于下方，呈一个平面，2侧裂片披针形，较长，中间3枚裂片椭圆状披针形，较短；雄蕊长约8 mm，花丝中部以上连合，花丝筒无毛，未连合部分的花丝侧面生柔毛，花药管长约2 mm，背部无毛或疏生柔毛。蒴果倒锥状，长约6 mm。种子椭圆状，稍扁压，近肉色。花果期5—10月。

【资源分布及生物学习性】

半边莲野生分布于江苏、浙江、安徽、四川、重庆、湖南、湖北、江西、福建、台湾、广东、广西等地。生于海拔300~900 m的水田边、沟边及潮湿草地上。本种植物喜潮湿环境，耐轻度旱，耐寒性强，冬季温度即使低达－8 ℃，也能安全越冬。在肥沃、疏松的沙质土壤上生长较好。

【规范化种植技术】

1. 选地整地

选择疏松肥沃的沙质壤土，栽培地一般选河边、溪旁等潮湿的田地。把土翻耕20～30 cm以上，施厩肥和堆肥，每亩施农家肥1 500～2 000 kg，或撒施复合肥50 kg。再翻地使土和肥料拌均匀。栽植前浅耕一次，把土整细、耙平，作宽1.2～1.3m，高20 cm的畦。

2. 繁殖方法

2.1　种子播种繁殖

在夏秋两季，采收成熟的种子，晒干贮藏，以备第二年进行春播。播种育苗时精细整地，将苗床整成龟背状。每公顷用种量为45～60 kg，由于半边莲种子细小，因此可在撒播前，添加体积2～3倍量的草木灰进行拌种，撒播后可覆盖一层火烧土或草木灰，再铺一层干草，并浇水保持湿润。待种子发芽出土时，揭去覆盖的草；苗高5～7 cm时，尽量在多云阴天天气下，按照15 cm×15 cm株行距进行定植。由于半边莲果实成熟后会开裂散出种子，且种子细小，不易收集，所以引种时多用种子繁殖，生产上较少采用此方法。

2.2　扦插繁殖

选择在高温、高湿的季节进行，选择健壮一年生植株茎枝，剪成长8～15 cm，带2～5个节的茎段作为插穗，以2 cm×5 cm的株行距，将插穗下端2/3段斜插入扦插苗床，浇水保持苗床湿润。在温度保持在23～30 ℃，且苗床湿润条件下，大约10 d，穗条就可生根成活，成活后生长1个月后，按15 cm×15 cm的株行距进行开穴移植。扦插繁殖是半边莲生产中扩大繁殖的常用方法。

2.3　分株繁殖

3—5月，待新苗长出后，从生长健壮的母株上分出带2～5个芽苗的株丛，根据所得株丛大小按照株行距8 cm×15 cm或15 cm×20 cm进行栽种。分株繁殖在生产中十分常用，成活率高，生长速度快，但是用种量较多。

2.4　组织培养

以半边莲的茎段作为外植体，研究结果表明：诱导外植体产生愈伤组织最佳培养基为MS+0.5 mg/L2,4-D；芽诱导最佳培养基为MS+0.3 mg/L6-BA；生根最佳培养基为MS+0.8 mg/LNAA。当半边莲生根苗长到高4 cm以上时，可揭盖放置在遮光率60%～70%的温棚下炼苗3 d，然后洗去根部培养基残留物，移栽到含有腐殖质土的穴盘中，浇透水，覆膜，放置于荫蔽处，5～7 d揭去塑料膜，将成活苗移栽至苗圃中。栽种土壤紧实、空气中湿度不足或遮阴效果不足均会严重影响移栽成活率。

3. 田间管理

3.1　中耕除草

半边莲植株矮小，裸露的苗床易产生杂草，应及时除草。在苗高8～10 cm时，进行中耕除草，并及时查苗补苗，以后根据需要再进行2～3次中耕除草。

3.2　追肥

当半边莲苗高达10 cm时应追施人畜粪水肥，春季生长旺盛期以及收割后应追施腐熟农家肥，保持土壤养分，以利于萌发新芽。

3.3　灌溉和排水

种植前期即开始浇水，进入生长期，如遇到干旱天气应及时灌溉，需保持土壤湿润。

3.4 病虫害防治

目前尚未发现半边莲严重病虫害。

4. 采收加工与贮藏

其产品为干燥带根全草，大多皱缩呈团状，有微臭味，具刺激性，味初微甘，后稍辛辣。其中，叶绿、根黄、无杂质、无霉变的干燥产品最佳。半边莲一经栽种后，可以连续收获多年，种植当年于秋季采收，之后每年可在夏、秋两季生长旺盛时选择晴天，使用镰刀割取采收地上部分，进行两次采收；也可即时采收，以鲜草供药用。采收后，应该洗净泥沙，去除杂质，晾晒干后可贮存在阴凉干燥通风处，温度保持在30 ℃下，相对湿度为70%~75%。半边莲产品的安全水分含量为9%~12%。

【药材质量标准】

【性状】本品常缠结成团。根茎极短，直径1~2 mm；表面淡棕黄色，平滑或有细纵纹，根细小，黄色，侧生纤细须根。茎细长，有分枝，灰绿色，节明显，有的可见附生的细根。叶互生，无柄，叶片多皱缩，绿褐色，展平后叶片呈狭披针形，长1~2.5 cm，宽0.2~0.5 cm，边缘具疏而浅的齿或全缘。花梗细长，花小，单生于叶腋，花冠基部筒状，上部5裂，偏向一边，浅紫红色，花冠筒内有白色茸毛。气微特异，味微甘而辛。

【鉴别】（1）本品粉末灰绿黄色或淡棕黄色。叶表皮细胞垂周壁微波状，气孔不定式，副卫细胞3~7个。螺纹导管和网纹导管多见，直径7~34 μm。草酸钙簇晶常存在于导管旁，有时排列成行。导管旁可见乳汁管，内含颗粒状物和油滴状物。薄壁细胞中含菊糖，薄壁细胞长方形，细胞壁螺纹状增厚。

（2）取本品粉末1 g，加甲醇50 mL，超声处理30 min，放冷，滤过，滤液蒸干，残渣加甲醇2 mL使溶解，作为供试品溶液。另取半边莲对照药材1 g，同法制成对照药材溶液。按照薄层色谱法（通则0502）试验，吸取上述两种溶液各5 μL，分别点于同一硅胶G薄层板上，以三氯甲烷-甲醇（9∶1）为展开剂，展开，取出，晾干，喷以10%硫酸乙醇溶液，在105 ℃加热至斑点显色清晰，分别置日光和紫外光灯（365 nm）下检视。供试品色谱中，在与对照药材色谱相应的位置上，显相同颜色的斑点或荧光斑点。

【检查】水分　不得过10.0%（通则0832第二法）。

【浸出物】按照醇溶性浸出物测定法（通则2201）项下的热浸法测定，用乙醇作溶剂，不得少于12.0%。

【市场前景】

半边莲的全草，其始载于《滇南本草》，后李时珍在《本草纲目》中亦有记载，具有清热解毒、利尿消肿之功效。全草含生物碱，主要为半边莲碱（山梗菜碱）、去氢半边莲碱（山梗菜酮碱）、氧化半边莲碱（山梗菜醇碱）、异氢化半边莲碱（异山梗菜酮碱）即去甲山梗菜酮碱；还含有黄酮苷、皂苷、氨基酸、多糖；此外还含菊糖、对羟基苯甲酸、延胡索酸和琥珀酸。根茎含半边莲果聚糖。现代药理研究表明具有利尿、兴奋呼吸、降压、解蛇毒、抗溃疡、抗癌等作用。临床用于治疗急性肾炎、蛇咬伤、小儿夏季热、带状疱疹、呼吸道感染等疾病。半边莲的应用范围很广泛，无论是盆栽吊篮栽植观赏，还是组合盆栽或用作园林绿化中的饰边植物均有非常好的表现。半边莲对土壤中镉的吸收和富集能力强，为镉污染土壤的修复提供了一项安全环保的新方法。

10. 半枝莲

【来源】

本品为唇形科植物半枝莲*Scutellaria barbata* D.Don的干燥全草。夏、秋二季茎叶茂盛时采挖，洗净，晒干。

【原植物形态】

根茎短粗，生出簇生的须状根。茎直立，高12~35（55）cm，四棱形，基部组1~2 mm，无毛或在序轴上部疏被紧贴的小毛，不分枝或具或多或少的分枝。叶具短柄或近无柄，柄长1~3 mm，腹凹背凸，疏被小毛；叶片三角状卵圆形或卵圆状披针形，有时卵圆形，长1.3~3.2 cm，宽0.5~1（1.4）cm，先端急尖，基部宽楔形或近截形，边缘生有疏而钝的浅牙齿，上面橄榄绿色，下面淡绿有时带紫色，两面沿脉上疏被紧贴的小毛或几无毛，侧脉2~3对，与中脉在上面凹陷下面凸起。花单生于茎或分枝上部叶腋内，具花的茎部长4~11 cm；苞叶下部者似叶，但较小，长达8 mm，上部者更变小，长2~4.5 mm，椭圆形至长椭圆形，全缘，上面散布下面沿脉疏被小毛；花梗长1~2 mm，被微柔毛，中部有一对长约0.5 mm具纤毛的针状小苞片。花萼开花时长约2 mm，外面沿脉被微柔毛，边缘具短缘毛，盾片高约1 mm，果时花萼长4.5 mm，盾片高2 mm。花冠紫蓝色，长9~13 mm，外被短柔毛，内在喉部疏被疏柔毛；冠筒基部囊大，宽1.5 mm，向上渐宽，至喉部宽达3.5 mm；冠檐2唇形，上唇盔状，半圆形，长1.5 mm，先端圆，下唇中裂片梯形，全缘，长2.5 mm，宽4 mm，2侧裂片三角状卵圆形，宽1.5 mm，先端急尖。雄蕊4，前对较长，微露出，具能育半药，退化半药不明显，后对较短，内藏，具全药，药室裂口具髯毛；花丝扁平，前对内侧后对两侧下部被小疏柔毛。花柱细长，先端锐尖，微裂。花盘盘状，前方隆起，后方延伸成短子房柄。子房4裂，裂片等大。小坚果褐色，扁球形，径约1 mm，具小疣状突起。花果期4—7月。

【资源分布及生物学习性】

产河北、山东、陕西南部、河南、江苏、浙江、台湾、福建、江西、湖北、湖南、广东、广西、重庆、四川、贵州、云南等省区；生于水田边、溪边或湿润草地上，海拔2 000 m以下。印度东北部、尼泊尔、缅甸、老挝、泰国、越南、日本及朝鲜也有。

【规范化种植技术】

1. 选地整地

选择疏松肥沃的砂质壤土，将土深翻30～40 cm。耙细，按1.5 m宽开厢备用。

2. 繁殖方法

2.1 育苗移栽

准备苗床宽120 cm，施足底肥，整细搂平。种子要求纯度≥80%，净度≥80%，含水量、发芽率达到该药材品种的优良等级，外观具本品种色泽，无霉变。播前除去杂质、秕籽、霉变、虫伤等种子。用40 ℃温水浸种催芽，待种子露白后播种，播种量约1 kg/亩。播种前，10 g种子拌1 kg细湿土，反复拌匀，再均匀地播入苗床，不覆土，覆盖草或薄膜，每天或隔天浇1次水，保持土壤湿润。7～14 d即可出苗。如见大部分出苗，即揭去覆盖物，并继续喷水，待苗出齐为止。小苗长至5 cm时，即可大田移栽。春季育苗的于秋季9—10月移栽，秋季育苗的于第2年3—4月移栽。按行距25～30 cm开横沟，每隔7～10 cm栽1株。穴栽按株行距各20 cm栽植，每穴栽1株，栽后覆土压实，浇透定根水。

2.2 直播

在好的大田里条播，行距30 cm。播种时把种子均匀地撒播条穴内，微盖疏松的细肥土或草木炭，厚度不得超过0.5 cm。播后15 d内要保壤湿润。为了保证大田直播的种子全部萌发，一般宜在阴雨连绵的温暖天气播种。

3. 田间管理

3.1 间苗

直播的苗高5～8 cm时，进行间苗、补苗。无论穴播或条播均将弱苗和过密的幼苗拔除掉；发现有缺苗的，要随即进行补苗，宜带土移栽。

3.2 施肥

间苗后进行第1次中耕除草和追肥，用清淡人畜粪水1 000 kg/亩。第2年起，相继进行3～4次，于3月上旬分枝期与5月、7月、9月收获后各进行1次，中耕以后每次施人畜粪水15 000 kg/亩，也可适当加施硫酸铵。施肥中应以底肥与追肥配合使用，有机与无机肥搭配，适当增施磷、钾肥，控制氮肥用量。

应施用高温堆肥及充分腐熟的有机肥料。禁止使用硝酸盐类无机肥料、未腐熟的人畜粪尿、未获准登记的肥料产品。

3.3 灌排水

苗期要经常保持土壤湿润，遇干旱季节及时灌溉。生产实践证明，适时灌水，合理施肥，生长健壮，地块发病少，反之则发病重。雨季及时疏沟排水，防止积水淹根苗。

一般连续栽培3～4年后，由于根苑老化，萌发力减弱，需进行根苑更新或重新播种。

3.4 病虫害防治

半枝莲在整个生长期间几乎没有病害。但在第二花期易发生蚜虫和菜青虫虫害。蚜虫于4—6月发生，用10%吡虫啉可湿性粉剂20 g/亩兑水喷雾防治。菜青虫于5—6月发生，用2.5%敌杀死乳油3 000倍液，或5%抑太保乳油1 500倍液喷杀。

4. 采收加工

半枝莲在开花盛期采集全草，选晴天，自茎基离地面2～3 cm处割下，留茎基以利萌发新枝。洗净根泥，晒干可出售，以色纯青为佳。

【药材质量标准】

【性状】本品长15～35 cm，无毛或花轴上疏被毛。根纤细。茎丛生，较细，方柱形；表面暗紫色或棕绿色。叶对生，有短柄；叶片多皱缩，展平后呈三角状卵形或披针形，长1.5～3 cm，宽0.5～1 cm；先端钝，基部宽楔形，全缘或有少数不明显的钝齿；上表面暗绿色，下表面灰绿色。花单生于茎枝上部叶腋，花萼裂片钝或较圆；花冠二唇形，棕黄色或浅蓝紫色，长约1.2 cm，被毛。果实扁球形，浅棕色。气微，味微苦。

【鉴别】（1）本品茎横切面：茎类方形。表皮细胞1列，类长方形，外被角质层，可见气孔、腺鳞。四棱脊处具2～4列皮下纤维，木化。皮层细胞类圆形。内皮层细胞1列。中柱鞘纤维单个或2～4～12个成群，断续排列成环，四角较密集，壁较厚。维管束外韧型，四棱脊处较为发达。韧皮部狭窄。形成层成环。木质部由导管、木纤维和木薄壁细胞组成。髓部宽广，薄壁细胞类圆形，大小不等，可见壁孔，中部常呈空洞状。

叶片粉末灰绿色。叶表皮细胞不规则形，垂周壁波状弯曲，气孔直轴式或不定式。腺鳞头部4～8细胞，直径24.5～38.5 μm，高约25 μm，柄单细胞。非腺毛1～3～（5）细胞，先端弯曲，长60～150～319 μm，具壁疣，毛基部具放射状纹理。腺毛少见，头部1～4细胞，柄1～4细胞，长约80 μm。

（2）取本品粉末1 g，加甲醇30 mL，超声处理40 min，滤过，滤液回收溶剂至干，残渣加甲醇1 mL使溶解，作为供试品溶液。另取半枝莲对照药材1 g，同法制成对照药材溶液。再取木犀草素对照品、芹菜素对照品，分别加甲醇制成每1 mL含1 mg的溶液，作为对照品溶液。照薄层色谱法（通则0502）试验，吸取上述4种溶液各1 μL，分别点于同一硅胶G薄层板上，以甲苯-甲酸乙酯-甲酸（3：3：1）为展开剂，展开，取出，晾干，喷以1%三氯化铝乙醇溶液，在105 ℃加热数分钟，置紫外光灯（365 nm）下检视。供试品色谱中，在与对照药材色谱和对照品色谱相应的位置上，显相同颜色的荧光斑点。

【检查】杂质 不得过2.0%（通则2301）。

水分 不得过12.0%（通则0832第二法）。

总灰分 不得过10.0%（通则2302）。

酸不溶性灰分 不得过3.0%（通则2302）。

【浸出物】照水溶性浸出物测定法（通则2201）项下的热浸法测定，不得少于18.0%。

【含量测定】总黄酮 对照品溶液的制备 取野黄芩苷对照品适量，精密称定，加甲醇制成每1 mL含0.2 mg的溶液，即得。

标准曲线的制备 精密量取对照品溶液0.4 mL、0.8 mL、1.2 mL、1.6 mL、2.0 mL分别置25 mL量瓶中，加甲醇至刻度，摇匀。以甲醇为空白，照紫外-可见分光光度法（通则0401），在335 nm的波长处分别测定吸光度，以吸光度为纵坐标，浓度为横坐标，绘制标准曲线。

测定法 精密量取［含量测定］项野黄芩苷项下经索氏提取并稀释至100 mL的甲醇溶液1 mL，置50 mL量瓶中，加甲醇至刻度，摇匀，照标准曲线制备项下方法，自"以甲醇为空白"起，依法测定吸光度，从标准曲线上读出供试品溶液中野黄芩苷的重量（mg），计算，即得。

本品按干燥品计算，含总黄酮以野黄芩苷（$C_{21}H_{18}O_{12}$）计，不得少于1.50%。

野黄芩苷 按照高效液相色谱法（通则0512）测定。

色谱条件与系统适用性试验 以十八烷基硅烷键合硅胶为填充剂；以甲醇-水-醋酸（35：61：4）为流动相；检测波长为335 nm。理论板数按野黄芩苷峰计算应不低于1 500。

对照品溶液的制备 取野黄芩苷对照品适量，精密称定，加流动相制成每1 mL含80 μg的溶液，即得。

供试品溶液的制备 取本品粉末（过三号筛）约1 g，精密称定，置索氏提取器中，加石油醚（60～90 ℃）提取至无色，弃去醚液，药渣挥去石油醚，加甲醇继续提取至无色，转移至100 mL量瓶中，加甲醇至刻度，摇匀，精密量取25 mL，蒸干，残渣用20%甲醇溶解，转移至25 mL量瓶中，并稀释至刻度，摇匀，滤过，取续滤液，即得。

测定法 分别精密吸取对照品溶液与供试品溶液各10 μL，注入液相色谱仪，测定，即得。

本品按干燥品计算，含野黄芩苷（$C_{21}H_{18}O_{12}$）不得少于0.20%。

【市场前景】

我国半枝莲药用资源十分丰富，其抗肿瘤药理活性已得到临床的普遍认可，并且随着药物制剂新技术的不断发展，半枝莲及其复方制剂也以更多新的剂型应用于肿瘤患者，为肿瘤患者开辟了一条中医药治疗的新途径，使许多肿瘤患者延长了生存期，提高了生活质量。除显著的抗肿瘤作用外，半枝莲对降血糖、抗氧化、抗病毒、泌尿系统感染有显著治疗作用，都大大增加了半枝莲的药用价值，具有广阔的市场潜力。

11. 金钱草

【来源】

本品为报春花科植物过路黄*Lysimachia christinae* Hance的干燥全草。中药名：金钱草；别名：大金钱草、对座草、路边黄、遍地黄、铜钱草、一串钱、寸骨七等。

【原植物形态】

茎柔弱，平卧延伸，长20～60 cm，无毛、被疏毛以无密被铁锈色多细胞柔毛，幼嫩部分密被褐色无柄腺体，下部节间较短，常发出不定根，中部节间长1.5～5（10）cm。叶对生，卵圆形、近圆形以至肾圆形，长（1.5）2～6（8）cm，宽1～4（6）cm，先端锐尖或圆钝以至圆形，基部截形至浅心形，鲜时稍厚，透光可见密布的透明腺条，干时腺条变黑色，两面无毛或密被糙伏毛；叶柄比叶片短或与之近等长，无毛以至密被毛。花单生叶腋；花梗长1～5 cm，通常不超过叶长，毛被如茎，多少具褐色无柄腺体；花萼长（4）5～7（10）mm，分裂近达基部，裂片披针形、椭圆状披针形以至线形或上部稍扩大而近匙形，先端锐尖或稍钝，无毛、被柔毛或仅边缘具缘毛；花冠黄色，长7～15 mm，基部合生部分长2～4 mm，裂片狭卵形以至近披针形，先端锐尖或钝，质地稍厚，具黑色长腺条；花丝长6～8 mm，下半部合生成筒；花药卵圆形，长

1～1.5 mm；花粉粒具3孔沟，近球形［（29.5～32）×（27～31）μm］，表面具网状纹饰；子房卵珠形，花柱长6～8 mm。蒴果球形，直径4～5 mm，无毛，有稀疏黑色腺条。花期5—7月，果期7—10月。

【资源分布及生物学习性】

金钱草产于云南、四川、重庆、贵州、陕西（南部）、河南、湖北、湖南、广西、广东、江西、安徽、江苏、浙江、福建。生于沟边、路旁阴湿处和山坡林下，垂直分布上限可达海拔2 300 m。有野生分布的地区均适宜种植，药材来自野生和人工栽培。本种植物喜荫凉湿润地，选肥沃疏松的土壤，pH值6.5～7.5，以腐殖质较多的山地夹沙土为最好。丘陵或低山地区的溪谷阴湿处最易生长。在15～25 ℃的温度范围内生长良好，越冬温度不宜低于5 ℃，当温度超过30 ℃时植株生长会受到抑制。

【规范化种植技术】

1. 选地整地

选择排灌方便、疏松、肥沃，腐殖质较多，不易板结的沙质壤土。整地前亩施腐熟有机肥2 500～3 000 kg，翻犁后把土壤耙细，在整好的地上，开1.3 m宽的高畦，按行窝距各15～20 cm开浅窝，每窝插两根插条，入土2～3节，用土压紧，浇足水，几日即可生根成活。

2. 繁殖方法

2.1 种子播种繁殖

因种子很小，且有硬实性，一般硬实率为40%～90%，播种前需用砂磨3～5 min或在80～90 ℃热水中浸2～3 min，或把种子放在40 ℃的温水中浸泡24 h，取出，阴干水分拌入细沙播种，可明显提高发芽率。播种后覆土1 cm，通常，7～10 d就会长出幼苗。

2.2 扦插繁殖

因种子小不易采集，苗期生长缓慢，故生产上一般多采用扦插繁殖。南方在5—6月，北方在7—8月植株生长茂盛时，将匍匐茎剪下，每3～4节剪成一段，作为插条。在整好的畦上，按行株距各约20 cm开浅窝，每穴栽插2根，入土2～3节，露出地面1～2节，用上压紧，然后盖拌有人畜粪尿的重土1层，约1.5 cm厚。扦插后，如天旱无雨，要浇水保苗，以利成活。

2.3 组织培养

金钱草的组织培养取材方便，易于诱导和培养，成本较低。由于其采收以花期为主，资源破坏严重，常以叶片、叶柄和带芽茎段为外植体进行愈伤组织诱导与分化，采用组织培养方法，可获得大量种苗。

3. 田间管理

3.1 中耕除草

金钱草追肥前要结合中耕除草1次，若再长杂草人工拔除即可，第2年开春后在金钱草萌发前也要进行中耕松土除草，以后每年都要中耕松土除草1次。

3.2 追肥

金钱草是一种喜肥的植物，需进行多次追肥，以追施氮肥为主。在发出新叶时，要施清淡人畜粪水1次，如有缺苗，要及时剪取较长插条补苗，蔓长20 cm左右时，中耕除草1次，培土1次，并追肥1次。每1 hm²每次施清淡人畜粪尿15 000 kg左右。在秋季收获后，也要中耕除草和追肥1次。以后每年3—4月及每次收获后，都进行中耕除草和追人畜粪尿1次。

3.3 灌溉和排水

扦插后一定要浇水保苗，保持湿润，在开始发新叶时要施清淡人畜粪水，当蔓茎长到13～15 cm时，再行追肥1次。秋季收获后，也要追肥1次。以后每年同样操作，以施人畜粪水为主，也可用1∶100尿素稀释追施，以勤施薄施为好。在每次施肥前都要进行中耕除草1次，以利来年宿根旺盛。

3.4 病虫害防治

3.4.1 蛞蝓

以幼苗、嫩叶受害较重，蛞蝓爬过，会在植株叶片留下光亮的透明黏液线条痕迹。由于蛞蝓体表分泌的黏液能抵御药物进入，常规杀虫剂对它无防治作用。清除田间、田埂杂草减少虫源，地边、沟边撒生石灰保苗。一旦发现害虫，可利用其在浇水后、晚间、阴天爬出取食活动的习性，用60%的密达或2%灭旱螺或50%蜗克灵拌切碎的菜叶置小堆人工诱杀。可在田间施用6%四聚乙醛颗粒剂，每亩地使用药剂500 g，均匀撒施或拌细土撒施于地表或作物根系周围，施药后不要在田间内踩踏，不宜浇水，药粒被冲入水中会影响药效，需补施。

3.4.2 蜗牛

咬食茎叶，可在早晨撒鲜石灰粉防治。一般每亩用8%灭蜗灵1～1.5 kg，拌10～20 kg过筛细土，于晴天傍晚撒施土面。或用6%密达颗粒剂按1 g/m²拌干细沙均匀撒施畦内防治。

3.4.3 螟虫

可用12%甲维虫螨腈悬浮剂防治。

3.4.4 蜘蛛

可用5%噻螨酮4 000～6 000倍液喷雾，打药时喷头斜向上喷施叶背面，5～7 d一次，连防2次。

4. 采收加工与贮藏

金钱草在栽种当年9—10月就可收获，以后每年可收两次，第一次在6月，第二次在9月。收获时一般都长到40～50 cm以上，用镰刀割取，每窝蔸桩应留7～10 cm，以利下次或来年萌发。每20～30株用长一点的金钱草藤在头部绕扎，然后晒干即为药材金钱草。商品要求无杂质、无泥沙、无霉变为合格，以叶大、色青绿、须根少为佳。金钱草应存放于阴凉干燥处，防止吸潮霉变。大批量的可机压成捆，应放干燥处贮藏，以防止发霉和虫蛀。

【药材质量标准】

【性状】本品常缠结成团，无毛或被疏柔毛。茎扭曲，表面棕色或暗棕红色，有纵纹，下部茎节上有时具须根，断面实心。叶对生，多皱缩，展平后呈宽卵形或心形，长1～4 cm，宽1～5 cm，基部微凹，全缘；上表面灰绿色或棕褐色，下表面色较浅，主脉明显突起，用水浸后，对光透视可见黑色或褐色条纹；叶柄长1～4 cm。有的带花，花黄色，单生叶腋，具长梗。蒴果球形。气微、味淡。

【鉴别】（1）本品茎横切面：表皮细胞外被角质层，有时可见腺毛，头部单细胞，柄部1～2细胞。栓内层宽广，细胞中有的含红棕色分泌物；分泌道散在，周围分泌细胞5～10个，内含红棕色块状分泌物；内皮层明显。中柱鞘纤维断续排列成环，壁微木化。韧皮部狭窄。木质部连接成环。髓常成空腔。薄壁细胞含淀粉粒。叶表面观：腺毛红棕色，头部单细胞，类圆形，直径25 μm，柄单细胞。分泌道散在于叶肉组织内，直径45 μm，含红棕色分泌物。被疏毛者茎、叶表面可见非腺毛，1～17细胞，平直或弯曲，有的细胞呈缢缩状，长59～1 070 μm，基部直径13～53 μm，表面可见细条纹，胞腔内含黄棕色物。

（2）取本品粉末1 g，加80%甲醇50 mL，加热回流1 h，放冷，滤过，滤液蒸干，残渣加水10 mL使溶解，用乙醚振摇提取2次，每次10 mL，弃去乙醚液，水液加稀盐酸10 mL，置水浴中加热1 h，取出，迅速冷却，用乙酸乙酯振摇提取2次，每次20 mL，合并乙酸乙酯液，用水30 mL洗涤，弃去水液，乙酸乙酯液蒸干，残渣加甲醇1 mL使溶解，作为供试品溶液。另取槲皮素对照品、山柰素对照品，加甲醇制成每1 mL各含0.5 mg的溶液，作为对照品溶液。按照薄层色谱法（通则0502）试验，吸取供试品溶液5 μL、对照品溶液各2 μL，分别点于同一硅胶G薄层板上，以甲苯-甲酸乙酯-甲酸（10∶8∶1）为展开剂，展开，取出，晾干，喷以3%三氯化铝乙醇溶液，在105 ℃加热数分钟，置紫外光灯（365 nm）下检视。供试品色谱中，在与对照品色谱相应的位置上，显相同颜色的荧光斑点。

【检查】杂质　不得过8%（通则2301）。

水分　不得过13.0%（通则0832第二法）。

总灰分　不得过13.0%（通则2302）。

酸不溶性灰分　不得过5.0%（通则2302）。

【浸出物】按照醇溶性浸出物测定法（通则2201）项下的热浸法测定，用75%乙醇作溶剂，不得少于8.0%。

【含量测定】按照高效液相色谱法（通则0512）测定。

色谱条件与系统适用性试验　以十八烷基硅烷键合硅胶为填充剂；以甲醇-0.4%磷酸溶液（50∶50）为流动相；检测波长为360 nm。理论板数按槲皮素峰计算应不低于2 500。

对照品溶液的制备　取槲皮素对照品、山柰素对照品适量，精密称定，加80%甲醇制成每1 mL各含槲皮素4 μg、山奈素20 μg的溶液，即得。

供试品溶液的制备 取本品粉末（过三号筛）约1.5 g，精密称定，置具塞锥形瓶中，精密加入80%甲醇50 mL，密塞，称定重量，加热回流1 h，放冷，再称定重量，用80%甲醇补足减失的重量，摇匀，滤过。精密量取续滤液25 mL，精密加入盐酸5 mL，置90 ℃水浴中加热水解1 h，取出，迅速冷却，转移至50 mL量瓶中，用80%甲醇稀释至刻度，摇匀，滤过，取续滤液，即得。

测定法 分别精密吸取对照品溶液与供试品溶液各10 μL，注入液相色谱仪，测定，即得。

本品按干燥品计算，含槲皮素（$C_{15}H_{10}O_7$）和山奈素（$C_{15}H_{10}O_6$）的总量不得少于0.10%。

【市场前景】

金钱草最早见于《滇南本草》，用药历史悠久。甘、咸，微寒。归肝、胆、肾、膀胱经。利湿退黄，利尿通淋，解毒消肿。用于湿热黄疸，胆胀胁痛，石淋，热淋，小便涩痛，痈肿疔疮，蛇虫咬伤。全草含有黄酮类、酚类、内酯类、鞣质、甾醇、挥发油、胆碱、氨基酸等化学成分，现代药理表明具有利尿排石、利胆排石、抗感染、镇痛、免疫抑制等作用，为临床常用药，主要用于治疗泌尿系统结石、胆结石、尿路感染、病毒性肝炎和高尿酸血症等疾病，并取得了良好的治疗效果。由此可见，金钱草具有十分重要的药用价值，具备很大的研究开发潜力。发现有用豆科植物广金钱草*Desmodium styracifolium*（Osb.）Merr.、旋花科马蹄金*Dichondra repens* Forst.的干燥地上部分作金钱草药用，应加以鉴别区分。

12. 紫苏

【来源】

本品为紫苏子为唇形科植物紫苏*Perilla frutescens*（L.）Britt.的干燥成熟果实。秋季果实成熟时采收，除去杂质，晒干。中药名：紫苏子。别名苏子、黑苏子、铁苏子、任子。

紫苏叶为唇形科植物紫苏的干燥叶（或带嫩枝）。夏季枝叶茂盛时采收，除去杂质，晒干。中药名：紫苏叶。别名：苏叶。

紫苏梗为唇形科植物紫苏的干燥茎。秋季果实成熟后采割，除去杂质，晒干，或趁鲜切片，晒干。中药名：紫苏梗。别名：紫苏茎、苏梗、紫苏杆。

【原植物形态】

一年生、直立草本。茎高0.3～2 m，绿色或紫色，钝四棱形，具四槽，密被长柔毛。叶阔卵形或圆形，长7～13 cm，宽4.5～10 cm，先端短尖或突尖，基部圆形或阔楔形，边缘在基部以上有粗锯齿，膜质或草质，两面绿色或紫色，或仅下面紫色，上面被疏柔毛，下面被贴生柔毛，侧脉7～8对，位于下部者稍靠近，斜上升，与中脉在上面微突起下面明显突起，色稍淡；叶柄长3～5 cm，背腹扁平，密被长柔毛。轮伞花序2花，组成长1.5～15 cm、密被长柔毛、偏向一侧的顶生及腋生总状花序；苞片宽卵圆形或近圆形，长宽约4 mm，先端具短尖，外被红褐色腺点，无毛，边缘膜质；花梗长1.5 mm，密被柔毛。花萼钟形，10脉，长约3 mm，直伸，下部被长柔毛，夹有黄色腺点，内面喉部有疏柔毛环，结果时增大，长至1.1 cm，平伸或下垂，基部一边肿胀，萼檐二唇形，上唇宽大，3齿，中齿较小，下唇比上唇稍长，2齿，齿披针形。花冠白色至紫红色，长3~4 mm，外面略被微柔毛，内面在下唇片基部略被微柔毛，冠筒短，长2~2.5 mm，喉部斜钟形，冠檐近二唇形，上唇微缺，下唇3裂，中裂片较大，侧裂片与上唇相近似。雄蕊4，几不伸出，前对稍长，离生，插生喉部，花丝扁平，花药2室，室平行，其后略叉开或极叉开。花柱先端相等2浅裂。花盘前方呈指状膨大。小坚果近球形，灰褐色，直径约1.5 mm，具网纹。花期8—11月，果期8—12月。

【资源分布及生物学习性】

全国各地广泛栽培。不丹，印度，中南半岛，南至印度尼西亚（爪哇），东至日本，朝鲜也有。

紫苏对气候条件适应性强。在温暖湿润的环境下生长旺盛，产量高。南北方均可栽培，在寒冷的地带和高山地不宜生长。紫苏是喜温暖湿润，但又耐高温，耐低温和耐湿的植物，8 ℃以上种子即可发芽，但最适发芽温度为20 ℃左右。生长期适宜温度在25 ℃右。紫苏生殖生长阶段的适宜空气湿度为75%左右。生长环境要求阳光充足，排灌方便，疏松肥沃的沙质壤土，富含腐殖质壤土、中性或微碱性的土壤种植为佳，适宜栽植于麦茬地。喜生长于湿地、路旁、村野及荒地。

【规范化种植技术】

1. 繁殖方法

用种子繁殖，直播或育苗移栽均可。直播生长快，收获早，节省劳力，但要注意及时间苗，掌握好株行距，过稀或过密都会影响产量。在生产实践中，为节省种子和提高复种指数，多采用育苗移栽法。

1.1　育苗移栽

干旱地区无灌溉条件或种子缺乏，前茬作物未收获等情况下，都可用育苗移栽法。苗床选向阳温暖的地方，床上施足堆肥，并施入适量的磷酸钙或草木灰作底肥。播前先浇透水，待适耕时再翻土作床，将种子均匀撒于床面，并覆盖细土，保持畦面湿润，用木板轻拍床面，使种子与床面紧密接触，以利于吸水发芽出苗。一般7~10 d可出苗。为使幼苗粗壮，幼苗期不要浇水太勤。当苗长到15~20 cm高时即可移栽，移栽前将苗床浇透，栽时要随挖随栽。在整好的地上按50 cm行距开沟，深15 cm左右，将苗按30 cm的株行距摆在沟内一侧，浇透水，水完全渗下后扶正苗，用细土封垄。

1.2　直播

直播生长快，收获早。紫苏种子属短命种子，常温下贮藏1~2年发芽率降低，宜在干燥低温处保存。播种期北方4月中下旬，南方3月下旬，条、穴播均可。条播按行距50 cm开1 cm浅沟，播后覆薄土并稍加压实，有利于出苗，每公顷播种量15 kg左右；穴播行株距50 cm×30 cm，播后覆薄土，每公顷播种量2.25 kg左右。

2. 整地与移栽

选择排灌方便，前作为水稻田的地块。加入蘑菇土或土杂肥15 t/hm²，进行深耕晒白，并细耙翻耕，使土壤细碎疏松、平整。移栽时，随拔随栽即可。根部生长完全的幼苗更易成活。按株距15～20 cm，行距30～40 cm，沟深10～15 cm，把苗排好，覆土，浇水，2 d后松土保墒。天气干旱时2～3 d浇一次水，以后逐渐减少浇水，促使其根部生长。移栽后紫苏幼苗生长缓慢，约3周才恢复正常生长。

3. 田间管理

3.1 中耕除草

及时进行中耕除草。除草本着除早、除小、除了的原则。幼苗长至约15 cm时应进行一次松土除草，封垄前结合灌水施肥，可多次进行中耕除草，土壤板结时也应及时松土，保持土壤疏松无杂草。

3.2 追肥

紫苏的生长期较短，定植后两个半月即可收获全草，故以施氮肥为主。在苗高30 cm时进行追肥，于行间开沟施入腐熟的农家肥，然后覆土，用量为180 kg/亩。第二次施肥在封垄前，方法同上。但第二次施肥注意不要碰到叶子。

3.3 灌溉

紫苏在幼苗和花期时需要水分较多，生长发育期土壤保持一定的水分有利于紫苏的生长发育，水分的管理以苗床湿润、土面不见白为佳，雨天注意排水。干旱时应及时浇透水。在雨季时应注意排水防涝，防止积水乱根和脱叶。

3.4 病虫防治

3.4.1 锈病

起初在植株基部叶的背面发生黄褐色突起的斑点。在潮湿的气候下，最易从植株上部的叶片开始蔓延并很快传播到邻株。严重时病叶枯黄反卷脱落。防治方法：注意排水，栽种密度适宜；发病初期用25%粉锈宁1 000倍液喷雾防治。

3.4.2 斑枯病

危害叶子，发病初期叶面上出现大小不同、形状不一的褐色或黑色小斑点，以后逐渐形成圆形或多角形大病斑。病斑干枯后常出现孔洞，严重时病斑汇合，致使叶片脱落。在高温高湿、阳光不足、种植过密、通风差等条件下容易发病。防治方法：注意田间排水；避免种植过密；在发病初期可用80%可湿性代森锌800倍液，或者1∶1∶200波尔多液喷雾等进行药剂防治。每隔7 d喷1次，连喷2～3次即可。

3.4.3 金龟子

吸食叶片，多发生在7—8月。防治方法：黄昏时人工捕捉；90%的敌百虫800倍液喷洒。

3.4.4　小地老虎

又名"地蚕"，4—6月危害，从地面咬断幼苗。防治方法：清晨在根苗附近轻轻翻土捕杀；或用90%晶体敌百虫1 000～1 500倍拌成毒饵诱杀。

3.4.5　紫苏野螟

幼虫咬食叶片和枝梢，常造成枝梢折断。7—9月危害。防治方法：清园，处理残株；收获后深翻土地，减少越冬虫源。

【药材质量标准】

紫苏子

【性状】本品呈卵圆形或类球形，直径约1.5 mm。表面灰棕色或灰褐色，有微隆起的暗紫色网纹，基部稍尖，有灰白色点状果梗痕。果皮薄而脆，易压碎。种子黄白色，种皮膜质，子叶2，类白色，有油性。压碎有香气，味微辛。

【鉴别】（1）本品粉末灰棕色。种皮表皮细胞断面观细胞极扁平，具钩状增厚壁；表面观呈类椭圆形，壁具致密雕花钩纹状增厚。外果皮细胞黄棕色，断面观细胞扁平，外壁呈乳突状；表面观呈类圆形，壁稍弯曲，表面具角质细纹理。内果皮组织断面观主为异型石细胞，呈不规则形；顶面观呈类多角形，细胞间界限不分明，胞腔星状。内胚乳细胞大小不一，含脂肪油滴；有的含细小草酸钙方晶。子叶细胞呈类长方形，充满脂肪油滴。

（2）取本品粉末1 g，加甲醇25 mL，超声处理30 min，滤过，滤液蒸干，残渣加甲醇1 mL使溶解，作为供试溶液。另取紫苏子对照药材1 g，同法制成对照药材溶液。按照薄层色谱法（通则0502）试验，吸取上述两种溶液各2 μL，分别点于同一硅胶G薄层板上，以正己烷-甲苯-乙酸乙酯-甲酸（2∶5∶2.5∶0.5）为展开剂，展开，取出，晾干，喷以三氯化铝试液，置紫外光灯（365 mn）下检视。供试品色谱中，在与对照药材色谱相应的位置上，显相同颜色的斑点。

【检查】水分　不得过8.0%（通则0832第二法）。

【含量测定】按照高效液相色谱法（通则0512）测定。

色谱条件与系统适用性试验　以十八烷基硅烷键合硅胶为填充剂；以甲醇-0.1%甲酸溶液（40∶60）为流动相；检测波长为330 nm。理论板数按迷迭香酸峰计算应不低于3 000。

对照品溶液的制备　取迷迭香酸对照品适量，精密称定，加甲醇制成每1 mL含80 mg的溶液，即得。

供试品溶液的制备　取本品粉末（过二号筛）约0.5 g，精密称定，置具塞锥形瓶中，精密加入80%甲醇50 mL，密塞，称定重量，加热回流2 h，放冷，再称定重量，用80%甲醇补足减失的重量，摇匀，滤过，取续滤液，即得。

测定法　分别精密吸取对照品溶液10 mL与供试品溶液20 μL，注入液相色谱仪，测定，即得。

本品按干燥品计算，含迷迭香酸（$C_{18}H_{16}O_8$）不得少于0.25%。

紫苏叶

【性状】本品叶片多皱缩卷曲、破碎，完整者展平后呈卵圆形，长4~11 cm，宽2.5~9 cm。先端长尖或急尖，基部圆形或宽楔形，边缘具圆锯齿。两面紫色或上表面绿色，下表面紫色，疏生灰白色毛，下表面有多数凹点状的腺鳞。叶柄长2~7 cm，紫色或紫绿色。质脆。带嫩枝者，枝的直径2~5 mm，紫绿色，断面中部有髓。气清香，味微辛。

【鉴别】（1）本品叶表面制片：表皮细胞中某些细胞内含有紫色素，滴加10%盐酸溶液，立即显红色；或滴加5%氢氧化钾溶液，即显鲜绿色，后变为黄绿色。

本品粉末棕绿色。腺毛1~7细胞，直径16~346 μm，表面具线状纹理，有的细胞充满紫红色或粉红色物。腺毛头部多为2细胞，直径17~36 μm，柄单细胞。腺鳞常破碎，头部4~8细胞。上、下表皮细胞不规则形，垂周壁波状弯曲，气孔直轴式，下表皮气孔较多。草酸钙簇晶细小，存在于叶肉细胞中。

（2）取［含量测定］项下的挥发油，加正己烷制成每1 mL含10 μL的溶液，作为供试品溶液另取紫苏醛对照品，加正己烷制成每1 mL含10 μL的溶液，作为对照品溶液。按照薄层色谱法（通则0502）试验，吸取上述两种溶液各2 μL，分别点于同一硅胶G薄层板上，以正己烷-乙酸乙酯（15∶1）为展开剂，展开，取出，晾干，喷以二硝基苯肼乙醇试液。供试品色谱中，在与对照品色谱相应的位置上，显相同颜色的斑点。

（3）取本品粉末0.5 g，加甲醇25 mL，超声处理30 min，滤过，滤液浓缩至干，加甲醇2 mL使溶解，作为供试品溶液。另取紫苏叶对照药材0.5 g，同法制成对照药材溶液。按照薄层色谱法（通则0502）试验，吸取上述两种溶液各3 μL，分别点于同一硅胶G薄层板上，以乙酸乙酯-甲醇-甲酸-水（9∶0.5∶1∶0.5）为展开剂，展开，取出，晾干，喷以10%硫酸乙醇溶液，在105 ℃加热至斑点显色清晰，置紫外光灯（365 nm）下检视。供试品色谱中，在与对照药材色谱相应的位置上，显相同颜色的荧光斑点。

【检查】水分　不得过12.0%（通则0832第四法）。

【含量测定】按照挥发油测定法（通则2204）测定，保持微沸2.5 h，本品含挥发油不得少于0.4%（mL/g）。

紫苏梗

【性状】本品呈方柱形，四棱钝圆，长短不一，直径0.5~1.5 cm。表面紫棕色或暗紫色，四面有纵沟和细纵纹，节部稍膨大，有对生的枝痕和叶痕。体轻，质硬，断面裂片状。切片厚2~5 mm，常呈斜长方形，木部黄白色，射线细密，呈放射状，髓部白色，疏松或脱落。气微香，味淡。

【鉴别】（1）本品粉末黄白色至灰绿色。木纤维众多，多成束，直8~45 μm。中柱鞘纤维淡黄色或黄棕色，长梭形，直径10~46 μm，有的孔沟明显。表皮细胞棕黄色，表面观呈多角形或类方形，垂周壁连珠状增厚。草酸钙针晶细小，充塞于薄壁细胞中。

（2）取本品粉末1 g，加甲醇25 mL，超声处理30 min，滤过，滤液浓缩至干，残渣加甲醇1 mL使溶解，作为供试品溶液。另取迷迭香酸对照品，加甲醇制成每1 mL含0.2 mg的溶液，作为对照品溶液。按照薄层色谱法（通则0502）试验，吸取上述两种溶液各2 μL，分别点于同一硅胶G薄层板上，以正己烷-乙酸乙酯-甲酸（3∶3∶0.2）为展开剂，展开，取出，晾干，置紫外光灯（365 nm）下检视。供试品色谱中，在与对照品色谱相应的位置上，显相同颜色的荧光斑点。

【检查】水分　不得过9.0%（通则0832第二法）。

总灰分　不得过5.0%（通则2302）。

【含量测定】避光操作。按照高效液相色谱法（通则0512）测定。

色谱条件与系统适用性试验　以十八烷基硅烷键合硅胶为填充剂；以甲醇-0.1%甲酸溶液（38∶62）为流动相；检测波长为330 nm。理论板数按迷迭香酸峰计算应不低于3 000。

对照品溶液的制备　取迷迭香酸对照品适量，精密称定，加60%丙酮制成每1 mL含40 mg的溶液，即得。

供试品溶液的制备 取本品粉末（过三号筛）约0.5 g，精密称定，置具塞锥形瓶中，精密加入60%丙酮25 mL，密塞，称定重量，超声处理（功率250 W，频率40 kHz）30 min，再称定重量，用60%丙酮补足减失的重量，摇匀，滤过，取续滤液，即得。

测定法 分别精密吸取对照品溶液10 μL与供试品溶液5~20 μL，注入液相色谱仪，测定，即得。

本品按干燥品计算，含迷迭香酸（$C_{18}H_{16}O_8$）不得少于0.10%。

【市场前景】

紫苏在我国已有2 000多年的栽培历史，在我国栽培极广，供药用和香料用。入药部分以茎叶及子实为主，叶为发汗、镇咳、芳香性健胃利尿剂，有镇痛、镇静、解毒作用，治感冒，因鱼蟹中毒之腹痛呕吐者有卓效；梗有平气安胎之功；子能镇咳、祛痰、平喘、发散精神之沉闷。叶又供食用，和肉类煮熟可增加后者的香味。种子榨出的油，名苏子油，供食用，又有防腐作用，供工业用。紫苏适应性强，根系发达，具有很强的水土保持能力，因此发展种植紫苏具有很好的生态效益和经济效益。

13. 蛇足石杉

【来源】

本品为石杉科石杉属植物*Huperzia serrata*（Thunb. ex Murray）Trev.全草，全年可采收，洗净，晒干。又名蛇足石松、千层塔。

【原植物形态】

多年生草本植物。茎直立或斜生，高10~30 cm，中部直径1.5~3.5 mm，枝连叶宽1.5~4.0 cm，2~4回二叉分枝，枝上部常有芽胞。叶螺旋状排列，疏生，平伸，狭椭圆形，向基部明显变狭，通直，长1~3 cm，宽1~8 mm，基部楔形，下延有柄，先端急尖或渐尖，边缘平直不皱曲，有粗大或略小而不整齐的尖齿，两面光滑，有光泽，中脉突出明显，薄革质。孢子叶与不育叶同形；孢子囊生于孢子叶的叶腋，两端露出，肾形，黄色。

【资源分布及生物学习性】

全国除西北地区部分省区、华北地区外均有分布。生于海拔300~2 700 m的林下、灌丛下、路旁。亚洲其他地区（如日本、朝鲜半岛、泰国、越南、老挝、柬埔寨、印度、尼泊尔、缅甸、斯里兰卡、菲律宾、马来西亚、印度尼西亚等）、太平洋地区、俄罗斯、大洋洲、中美洲有分布。

【规范化种植技术】

1. 选地整地

在荫蔽湿润的林缘和沟谷边，选择水源充足、灌排方便、土层深厚、疏松肥沃、富含腐殖质的沙壤地块。种植前先犁地，连续晒土5 d以上，以增加土壤通透性，减少越冬虫源。基肥按腐熟有机肥1 000 ~ 1 500 kg/亩、复合肥30 ~ 40 kg/亩、磷肥50 kg/亩，均匀撒施于地块上。随即将地块耙碎，待土壤和肥料充分混匀后，按宽120 ~ 140 cm、高20 ~ 25 cm起畦，畦面及时覆盖黑地膜以保持水分湿度，四周盖土压实至畦沟盖满为宜。地块四周开好排水沟，待种。

2. 定植

2—3月当气温超过15 ℃时，选择阴天或雨后进行移栽。幼苗高20 cm时即可定植，定植前适当控水，进行蹲苗、先用小锄头或木棍透过黑地膜按株行距8 cm × 10 cm进行打穴，穴深8 ~ 10 cm，穴径以幼苗根系能在穴中自然舒展为度，将幼苗垂直放入穴中，每穴1苗，穴口四周覆土压实，只留小苗外露，防止膜内的热气灼伤小苗。定植后淋足定根水，连续淋水至返青（雨天除外），其间如遇雨天还需注意排涝、蛇足石杉为多年生植物，忌干旱喜阴湿环境，通常新栽植的蛇足石杉当年可适当与木薯、玉米、高粱等间作套种，避免强烈的光照，形成荫蔽环境，促进其生长并提高复种系数。

3. 田间管理

3.1 补苗

定植后及时检查，发现死苗或缺苗应及时拔除并补栽同龄小苗。

3.2 水分管理

蛇足石杉抗旱、耐涝能力差，整个生长期需要湿度相对稳定。因此，遇旱要注意浇（灌）水，雨后及时排涝，忌持久干旱或长期积水，保持土壤相对湿度70%左右。

3.3 中耕除草

快封行时，及时去除黑地膜，中耕除草1次，拔除没有被黑膜覆盖住的杂草，铲除畦面周边畦沟，水沟及路边的杂草，尽量不施用除草剂。若施用除草剂，可用敌草胺在早晚无风无露水时进行定向喷雾，尽量压低喷头，避免灼伤蛇足石杉。封行后，发现杂草即时拔除，保证畦内无杂草。

3.4 追肥

结合中耕除草，浇1次稀薄的腐熟人畜粪尿，此后每月施肥1次，交叉施用适量稀薄的腐熟人畜粪尿和复合肥10 ~ 15 kg/亩。施用复合肥，应选择在晴天9：00—17：00进行，边撒施边用软枝条将残留在蛇足石杉叶片上的肥料轻扫至畦面上。若施肥后持续干旱，应及时浇水，促进蛇足石杉对肥料的吸收。

4. 病虫害防治

蛇足石杉抗病虫害能力强，一般不感病，偶发病害主要为根腐病，一般是由于土质过于潮湿或被地下害虫咬伤或培土施肥碰伤所致。发现病株，立即拔除，并在周围撒施生石灰，同时做好排水工作，防止病菌蔓延成灾。偶发虫害主要有蚜虫，可用粘虫黄板诱杀，也可用0.36%苦参碱水剂或10%吡虫啉水分散性粒剂1 000 ~ 1 500倍液喷雾防治。

5. 采收和储藏

夏末、秋初采收全草，去泥土，晒干。7—8月采收孢子，干燥后贮存。

【药材质量标准】

【性状】根为须状，黄白色。茎多断裂，不分枝或多回二歧分枝。质脆易折断，断面蜂窝状。不育叶螺旋状排列，有短柄或近无柄，披针形，长1～2.3 cm，宽2～5 mm，先端渐尖，基部楔形，边缘有不整齐的尖锯齿，主脉明显，叶纸质。能育叶与不育叶同形，孢子囊生于孢子叶的叶腋。气微，味淡。

【鉴别】（1）本品粉末呈棕褐色；表皮细胞垂周壁波状或深波状弯曲，气孔不定式。导管少见，多为螺纹导管。孢子囊肾形，孢子囊环带偶见细胞。

（2）茎横切面外侧可见鳞叶残基，表皮细胞1～4列，内侧具厚壁细胞数列；皮层宽广，维管束散在；内皮层窄，原生中柱为星芒状，木质部与韧皮部为外始式，呈4～8个辐射排列脊状突起，星芒脊状突起部分呈倒三角形，髓部小。

（3）将本品粉碎，过四号筛后，称取1 g，加95%乙醇15 mL，超声处理30 min，滤过，浓缩至2 mL，作为供试品溶液。另取蛇足石杉对照药材粉末1 g，同法制成对照药材溶液。参照（通则0502）薄层色谱法进行试验，吸取供试品溶液和对照药材溶液各15 μL，分别点于同一硅胶G薄层板上，以石油醚（60～90 ℃）-三氯甲烷-甲醇-冰醋酸（7.5：7.5：1：0.035）溶液为展开剂，展开，取出，晾干，喷以10%硫酸乙醇溶液，加热至斑点显色清晰后，置日光下直接检视。供试品的薄层色谱中，在与对照药材色谱相应的位置上，显示相同颜色的斑点。

【检查】水分　不得过10.0%（通则0832烘干方法）。

总灰分　不得过7.0%（通则2302）。

【浸出物】按照醇溶性浸出物测定法（通则2201）项下的热浸法进行测定，醇溶性浸出物不得少于11.0%。

【市场前景】

自1972年中国首次报道，该植物中所含的生物碱石杉碱甲在动物试验中有松弛横纹肌的作用后，研究人员又发现石杉碱甲是一种高效、低毒、可逆、高选择性的乙酰胆碱酯酶抑制剂，可用于改善记忆力、治疗重症肌无力和老年性痴呆等疾病，并对抑制有机磷酸中毒有一定功效。

目前以石杉碱甲为原料的哈伯因、双益平等药品已获得国家食品药品监督管理局的批准，并已上市。需求量猛增，利益的诱惑直接导致蛇足石杉野生资源被无节制地采挖，野生蛇足石杉濒临灭绝。人工合成石杉碱甲不仅有利于缓解市场需求，还能有效地保护野生蛇足石杉资源。虽然人工合成石杉碱甲技术已有一定的进展，但目前人工合成的石杉碱甲的乙酰胆碱酯酶抑制活性不强，无法与天然提取的石杉碱甲相比。因此，优化石杉碱甲的提取工艺，提高石杉碱甲的提取率，以及选育高含量的蛇足石杉品种，可作为今后的努力方向。此外通过提取内生菌的次级代谢产物，可作为天然石杉碱甲的又一来源，但目前研究报道可合成石杉碱甲的内生真菌生产量较少。今后可通过优化培养条件、加入刺激物、筛选高产突变菌株和基因工程等手段来提高石杉碱甲产量。深度市场开发还需要进一步研究。

14. 杠板归

【来源】

本品为蓼科植物杠板归*Polygonum perfoliatum* L.的干燥地上部分。别名：犁头刺藤、老虎利、河白草、霹雳木、方胜板。

【原植物形态】

杠板归为一年生草本，茎攀缘，多分枝，长可达8 m。茎常带红褐色，具棱角，沿棱有倒生钩刺，无毛。叶片近于正三角形，长2～10 cm，底边宽3～10 cm，先端钝尖，基部截形或微心形，表面绿色，无毛，背面淡绿色，沿叶脉疏生钩刺，叶柄长2～8 cm，有棱线，沿棱疏生钩刺，无毛，与叶片盾状着生，托叶鞘草质叶状，近圆形，全缘，直径2～3.5 cm，抱茎。花序短穗状，顶生或腋生，苞片宽卵形，内有2～4花，花被5裂，白色或粉红色，果期稍增大，呈肉质，深蓝色；雄蕊8枚，略短于花被；花柱3，柱头头状。瘦果球形，直径3～4 mm，黑色有光泽，包于蓝色、稍肉质的增大花被内。花期6—8月，果期8—9月。

【资源分布及生物学习性】

杠板归在我国除西藏、青海、新疆外，全国各地均有分布。其在不丹、尼泊尔、印度、印度尼西亚、菲律宾、越南、日本、韩国和俄罗斯等亦有分布。

杠板归喜生长于海拔400～2 000 m的山地林缘、果林、茶场、耕地附近、丢荒地、房前屋后、火烧山、墓地、公路边、倒土场、山地灌草丛等有一定人为活动的地方，在人为活动较少的原始森林和茂密的次生

林中很少有分布。杠板归要求年均温一般在12～16.5 ℃，≥10 ℃的年活动积温在4 000～6 000 ℃，最冷月均温4～8 ℃，绝对最低温是－10～－3 ℃，全年无霜期225～280 d，冬季一般有降雪和结冰。平均降雨量在775～1 400 mm，局部地区可达1 400 mm以上。杠板归对土壤适应性较强，既能在酸性黄壤、红黄壤上生长，又能发育在石灰岩上坡的钙质土上，为果林、茶场及田边地头的常见杂草，往往攀附于其他灌乔木或草丛上。坡度、坡向、水分及光照对其长势有一定影响。杠板归为一年生植物。3月初种子播种，在播种15～20 d后开始发芽；幼苗多在30 d后长出土面。3—5月为其营养生长期，3月生长速度最慢，6—7月生长旺盛期。6月生长速度最快，并进入生殖初期，在6月上旬即开始有花蕾出现，6月上旬至6月下旬为初花期，7月为盛花期，7月下旬开始由初花期过渡到初果期。8—9月为生殖生长期，果实大量成熟，成熟时完全包被于蓝色多汁的肉质花被内，花被容易脱落，有些植株下部叶片开始干枯，10月下旬植株几乎都已干枯，至枯死，结束一个生育周期。

【规范化种植技术】

1. 选地整地

根据杠板归资源调查结果及其生物学特性观察研究显示，杠板归喜生长于海拔400～2 000 m的山地林缘、山地灌草丛等有一定人为活动的地方，其对土壤适应性较强。坡度、坡向水分及光照对其长势有一定影响。在坡度<45°的田边地头、果林及茶叶林中，在阳光充足，土壤肥沃的区域，杠板归的长势较好，往往成为优势种群。

在头年的10—11月或来年的2—3月上旬，用旋耕机将所选的育苗地和种植地土块敲细，翻深15～25 cm，除去地块中草根等杂物；垒宽1.2 m，高15 cm，沟距40 cm的厢面，再根据杠板归的营养特点及育苗地土壤的供肥能力，合理施足基肥（每亩均匀地撒入1 500 kg腐熟农家肥及复合肥20 kg），与厢面土拌均匀，铺平整、浇透水。

2. 繁殖方法

种子繁殖：杠板归种子播种前以温水浸泡24 h后，将种子与含水量为20%的湿沙（3∶1）混合均匀，用布袋装好，放置在阴凉处，用湿布覆盖以保温保湿进行催芽，当种子有30%左右裂口露白时，即可取出播种。杠板归秋播以11月中旬为宜；春播以2月下旬和3月初为好。在准备好的苗床上先浇透水，用撒播的方式，按100～150粒/m²的比例撒入种子，再用细土均匀覆盖种子。

3. 田间管理

3.1 补苗

根据移栽后幼苗的成活情况，发现缺苗应及时补苗。

3.2 中耕除草

在杠板归生长旺季，也是杂草生长的旺季，于4—6月的一般地块（指裸地），20 d除草1次；在郁闭度较高的地块内杂草相对较少，可适当减少除草次数；而6月以后，随杠板归的长势旺盛杂草生长受到一定抑制而变缓慢，可30 d左右除草1次。除草时结合中耕，以畦面少有杂草为度。

3.3 适时灌溉与排水防涝

杠板归喜湿润土壤环境，若干旱则会造成其生长停滞或死苗。在夏季一般连续晴7～12 d，就必须进行人工浇水，并应于早晚进行。

在种植时，大田四周加开深沟，以利于及时排水；每月检查1～2次，发现沟内有积土，应立即排除积土，同时检查厢面是否平整，若不平整，应覆土，使之保持弓背形；大雨过后，要检查四周与厢沟是否排水畅通，若排水不畅通，应及时疏通。同时，检查厢面是否被冲洗，若有则覆土，使之保持弓背形。

3.4 病虫害防治

在实践中，现仅发现为害杠板归的常见害虫主要有象甲、小地老虎、蚜虫及尺蛾幼虫等；目前尚未发现有明显病害。但杠板归病虫害的防治，必须遵循"预防为主，综合防治"的原则，要坚持"早发现、早防治，治早治小治了"，要选择高效低毒低残留的农药对症下药地进行防治。

4. 采收加工

4.1 采收时间

经研究表明，杠板归叶的槲皮素含量高于其茎。杠板归3—5月为营养生长期，6—7月生长旺盛期，同时进入生殖初期，但种子未成熟，若此时采收，对来年的药材生长产生影响；8—9月为生殖生长期，果实大量成熟，有些植株下部叶片开始干枯，产量最大；10月时植株几乎都已干枯，叶片脱落较多，产量低。结合实际与药材质量、产量及更有利于资源保护利用等因素，认为贵州产杠板归药材每年均可采收，但以8月上旬—9月中旬，采收其地上部分入药最为适宜。

4.2 采收方法

在杠板归采收前30 d，应停止使用任何农药，以避免农药污染；采收前3 d内对田间杂草等进行清除，以便于杠板归药材采收顺利进行与确保质量。杠板归药材采收时以晴朗天气为佳，用锋利的镰刀沿地面割断连接处根茎，并戴上帆布手套拉取或用铁扒抓取方式进行采收。

【药材质量标准】

【性状】本品茎略呈方柱形，有棱角，多分枝，直径可达0.2 cm；表面紫红色或紫棕色，棱角上有倒生钩刺，节略膨大，节间长2～6 cm，断面纤维性，黄白色，有髓或中空。叶互生，有长柄，盾状着生；叶片多皱缩，展平后呈近等边三角形，灰绿色至红棕色，下表面叶脉和叶柄均有倒生钩刺；托叶鞘包于茎节上或脱落。短穗状花序顶生或生于上部叶腋，苞片圆形，花小，多萎缩或脱落。气微，茎味淡，叶味酸。

【鉴别】（1）本品茎横切面：表皮为1列细胞。皮层薄，为3～5列细胞。中柱鞘纤维束连续成环，细胞壁厚，木化。韧皮部老茎具韧皮纤维，壁厚，木化。形成层明显。木质部导管大，单个或3～5个成群。髓部细胞大，有时成空腔。老茎在皮层、韧皮部、射线及髓部可见多数草酸钙簇晶，嫩茎则少见或无。老茎的表皮和皮层细胞含红棕色物。

叶表面观：上表皮细胞不规则多角形，垂周壁近平直或微弯曲。下表皮细胞垂周壁波状弯曲；气孔不等式。主脉和叶缘疏生由多列斜方形或长方形细胞组成的钩状刺。叶肉细胞含草酸钙簇晶，直径17～62 μm。

（2）取本品粉末2 g加石油醚（60～90 ℃）50 mL，超声处理30 min，滤过，弃去石油醚液，药渣挥干溶剂，加热水25 mL，置80 ℃水浴上热浸30 min，不时振摇，取出，趁热滤过，滤液加稀盐酸1滴，用乙酸乙酯振摇提取2次，每次30 mL，合并乙酸乙酯液，蒸干，残渣加甲醇1 mL使溶解，作为供试品溶液。另取咖啡酸对照品，加甲醇制成每1 mL含0.5 mg的溶液，作为对照品溶液。按照薄层色谱法（附录ⅥB）试验，吸取供试品溶液5～10 μL、对照品溶液5 μL，分别点于同一硅胶G薄层板上，以甲苯-乙酸乙酯-甲酸（5∶3∶1）为展开剂，展开，取出，晾干，置紫外光灯（365 nm）下检视。供试品色谱中，在与对照品色谱相应的位置上，显相同颜色的荧光斑点。

【检查】水分　不得过13.0%（通则0832第二法）。

总灰分　不得过10.0%。（通则2302）。

【浸出物】按照水溶性浸出物测定法（通则2201）项下的热浸法测定，不得少于15.0%。

【含量测定】按照高效液相色谱法（通则0512）测定。

色谱条件与系统适用性试验　以十八烷基硅烷键合硅胶为填充剂；以甲醇-0.4%磷酸溶液（50∶50）为流动相；检测波长为360 nm。理论板数按槲皮素峰计算应不低于3 000。

对照品溶液的制备 取槲皮素对照品适量，精密称定，加甲醇制成每1 mL含30 μg的溶液，即得。

供试品溶液的制备 取本品粉末（过三号筛）约0.7 g，精密称定，置具塞锥形瓶中，精密加入甲醇盐酸（4∶1）混合溶液50 mL，称定重量，置90 ℃水浴中加热回流1 h，放冷，再称定重量，用甲醇补足减失的重量，摇匀，滤过，取续滤液，即得。

测定法 分别精密吸取对照品溶液与供试品溶液各10 μL，注入液相色谱仪，测定，即得。

本品按干燥品计算，含槲皮素（$C_{15}H_{10}O_7$）不得少于0.15%。

【市场前景】

现代研究表明，杠板归含有黄酮、蒽醌、苷类、糖类、酚类、有机酸、生物碱、氨基酸、鞣质、植物甾醇及三萜类等有效成分。如槲皮素、槲皮素-3-O-β-D-葡萄糖苷、槲皮素-3-O-β-D-葡萄糖醛酸甲酯、大黄素、大黄素甲醚、芦荟大黄素、β-谷甾醇、山柰酚、咖啡酸甲酯、咖啡酸、原儿茶酸、对香豆酸、阿魏酸、阿魏酸甲酯、香草酸、熊果酸、白桦脂酸、白桦脂醇、没食子酸、3,3-二甲基并没食子酸，以及靛苷、苦木素、水蓼素、齐墩果酸和熊果酸等。具有抗菌、抗病毒作用，如杠板归水提取液对金黄色葡萄球菌、巴氏杆菌、链球菌、沙门菌、大肠埃希菌等临床常见病原微生物都有较强的抗菌作用。同时，杠板归还具有抗炎、止咳、祛痰等药理作用。市场前景广阔，市售的抗妇炎胶囊就以杠板归为主药，具有活血化瘀，消炎止痛，清热燥湿，止带止血，杀虫功能，用于附件炎、盆腔炎、子宫内膜炎、阴道炎、慢性宫颈炎引起的湿热下注，赤白带下，宫颈糜烂，阴肿阴痒，出血痛经，尿路感染等症。

15. 蒲公英

【来源】

本品为菊科植物蒲公英*Taraxacum mongolicum* Hand.-Mazz.、碱地蒲公英*Taraxacum borealisinense* Kitam.或同属数种植物的干燥全草。春至秋季花初开时采挖，除去杂质，洗净，晒干。中药名：蒲公英。别名：黄花地丁、婆婆丁、华花郎。

【原植物形态】

多年生草本。根圆柱状，黑褐色，粗壮。叶倒卵状披针形、倒披针形或长圆状披针形，长4~20 cm，宽1~5 cm，先端钝或急尖，边缘有时具波状齿或羽状深裂，有时倒向羽状深裂或大头羽状深裂，顶端裂片较大，三角形或三角状戟形，全缘或具齿，每侧裂片3~5片，裂片三角形或三角状披针形，通常具齿，平展或倒向，裂片间常夹生小齿，基部渐狭成叶柄，叶柄及主脉常带红紫色，疏被蛛丝状白色柔毛或几无毛。花葶1至数个，与叶等长或稍长，高10~25 cm，上部紫红色，密被蛛丝状白色长柔毛；头状花序直径30~40 mm；总苞钟状，长12~14 mm，淡绿色；总苞片2~3层，外层总苞片卵状披针形或披针形，长8~10 mm，宽1~2 mm，边缘宽膜质，基部淡绿色，上部紫红色，先端增厚或具小到中等的角状突起；内层总苞片线状披针形，长10~16 mm，宽2~3 mm，先端紫红色，具小角状突起；舌状花黄色，舌片长约8 mm，宽约1.5 mm，边缘花舌片背面具紫红色条纹，花药和柱头暗绿色。瘦果倒卵状披针形，暗褐色，长4~5 mm，宽1~1.5 mm，上部具小刺，下部具成行排列的小瘤，顶端逐渐收缩为长约1 mm的圆锥至圆柱形喙基，喙长

6～10 mm，纤细；冠毛白色，长约6 mm。花期4—9月，果期5—10月。

【资源分布及生物学习性】

产于黑龙江、吉林、辽宁、内蒙古、河北、山西、陕西、甘肃、青海、山东、江苏、安徽、浙江、福建北部、台湾、河南、湖北、湖南、广东北部、四川、重庆、贵州、云南等省区。广泛生于中、低海拔地区的山坡草地、路边、田野、河滩。朝鲜、蒙古、俄罗斯也有分布。

蒲公英适应性强，喜光、耐热、耐寒耐瘠，对土壤条件要求不严格，但喜肥沃、湿润、疏松、有机质丰富、排水良好的沙质壤土。抗病能力很强，很少发生病虫害，我国绝大部分地区可栽培。

【规范化种植技术】

1. 选地整地

选土壤肥沃，通透性好，有机质含量＞3%壤土或砂壤土，其种植地环境冷凉为佳。耕深30 cm左右，并晾晒2～3 d，亩施腐熟优质有机肥3 000 kg左右，复合肥20 kg。可诱导杂草萌发和消灭地下害虫。耙平整细打碎坷垃，常用种子繁育、条播。按行距25～30 cm开3～5 cm深的浅沟，然后将种子均匀地撒入沟内，覆土直接用耙子耙平即可。

2. 播种

蒲公英在播种前要先将种子放置在50 ℃左右的水中进行浸泡，之后捞出放于25 ℃以下环境进行催芽处理。在露天地进行播种时可以从夏季到秋季随时进行，在大棚内播种一般是在冬天进行。在露天进行播种时，一般选择畦面播种或垄播种，主要方式有条播和撒播两种，条播时先在畦面开行距27 cm左右的沟，种子播种后要覆土1 cm，之后进行镇压，以保证种子与土壤充分接触。撒播时一般是在平畦上进行播种，每亩用蒲公英种子1 kg左右，播种后可以用草将地面进行覆盖，目的是保温保湿，待蒲公英出苗后将覆盖物揭去。

3. 田间管理

3.1 中耕除草和间苗

蒲公英出苗10 d左右进行第一次中耕除草，以后每10 d左右耕除草1次，直到封垄为止，做到田间无杂草。封垄后可人工拔草，结合中耕除草进行间、定苗。出苗10 d左右进行间苗，株距8 ～10 cm，经20～30 d，即可定苗，行距30 cm，株距20～25 cm，撒播株距15 cm。

3.2 肥水管理

田间管理的重点主要是肥和水。蒲公英虽然对土壤条件要求不严格，但是它还是喜欢肥沃、湿润、疏松、有机质含量高的土壤。所以在种植蒲公英时，每亩施4 500～5 000 kg农家肥作底肥，17～20 kg硝铵作种肥。生长期间追1～2次肥，每次每亩施尿素10～14 kg、磷酸二氢钾5～6 kg。应经常浇水，保持土壤湿润，以保证全苗及出苗后生长所需。秋播的入冬后在畦面上每亩撒施有机肥2 500 kg、过磷酸钙20 kg，既起到施肥作用，又可以保护根系安全越冬。翌春返青后可结合浇水施用化肥。生长后期9月下旬，营养和生殖并进时期，加强中耕培土防倒伏。根外追肥，亩用尿素0.75～1 kg，钼酸铵5～7 kg，磷酸二氢钾10～30 kg兑水30～50 L喷雾。

3.3 病虫害防治

3.3.1 叶斑病

叶面初生针尖大小的绿色至浅褐色小斑点，后扩展成圆形至椭圆形或不规则状，中心暗灰色至褐色，边缘有褐色线隆起，直径3～8 mm，个别病斑20 mm。防治方法：结合采摘收集病残体携出田外烧毁；清沟排水，避免偏施氮肥，适时喷施植宝素等，使植株健壮生长，增强抵抗力；发病初期开始喷洒42%福星乳油8 000倍液，或20.67%万兴乳油2 000～30 000倍液、50%扑海因可湿性粉剂1 500倍液。每10～15 d喷1次，连喷2～3次。

3.3.2 枯萎病

初发病时叶色变浅发黄，萎蔫下垂，茎基部也变成浅褐色。横剖茎基部可见维管束变为褐色，向上扩展枝条的维管束也逐渐变成淡褐色，向下扩展致根部外皮坏死或变黑腐烂。有的茎基部裂开，湿度大时产生白霉。防治方法：提倡施用酵素菌沤制的堆肥或腐熟有机肥；加强田间管理，与其他作物轮作；选种适宜本地的抗病品种；选择宜排水的沙性土壤栽种；合理灌溉，尽量避免田间过湿或雨后积水；发病初期选用50%多菌灵可湿性粉剂500倍液，或50%琥胶肥酸铜可湿性粉剂400倍液、30%碱式硫酸铜悬浮剂400倍液灌根，每株用药液0.4～0.5 L，视病情连续灌2～3次。

3.3.3 霜霉病

主要危害叶片。病斑生叶上，初淡绿色，后期黄色，边缘不清楚。菌丛叶背生，白色，中等密度。防治方法：可用72%克露，或克霉氰、克抗灵可湿性粉剂800倍液、69%安克锰锌可湿性粉剂1 000倍液喷雾防治，也可每亩喷施5%百菌清粉剂300 g，或用25%百菌清可湿性粉剂500倍液进行喷雾。

3.3.4 蚜虫

可用50%辟蚜雾可湿性粉剂或水分散粒剂2 000～3 000倍液喷雾，也可用22%嗪农乳油、21%灭毙乳油3 000倍液或70%灭蚜松可湿性粉剂2 500倍液喷雾防治。

3.3.5 蝼蛄防治

危害严重时可亩用5%辛硫磷颗粒剂1～1.5 kg与15～30 kg细土混匀后撒入地面并耕耙，或于定植前沟施毒土。

3.3.6 地老虎防治

在种植蒲公英的地块提前1年秋翻晒土及冬灌，可杀灭虫卵、幼虫及部分越冬蛹；用糖醋液、马粪和灯光诱虫，清晨集中捕杀；将豆饼或麦麸5 kg炒香，或用秕谷5 kg煮熟晾至半干，再用90%晶体敌百虫150 g兑水将毒饵拌潮，亩用毒饵1.5～2.5 kg，撒在地里或苗床上。

【药材质量标准】

【性状】本品呈皱缩卷曲的团块。根呈圆锥状，多弯曲，长3～7 cm；表面棕褐色，抽皱；根头部有棕褐色或黄白色的茸毛，有的已脱落。叶基生多皱缩破碎，完整叶片呈倒披针形，绿褐色或暗灰绿色，先端尖或钝，边缘浅裂或羽状分裂，基部渐狭，下延呈柄状，下表面主脉明显。花茎1至数条，每条顶生头状花序，总苞片多层，内面一层较长，花冠黄褐色或淡黄白色。有的可见多数具白色冠毛的长椭圆形瘦果。气微，味微苦。

【鉴别】（1）本品叶表面观：上下表皮细胞垂周壁波状弯曲，表面角质纹理明显或稀疏可见。上下表皮均有非腺毛，3～9细胞，直径17～34 μm，顶端细胞甚长，皱缩呈鞭状或脱落。下表皮气孔较多，不定式或不等式，副卫细胞3～6个，叶肉细胞含细小草酸钙结晶。叶脉旁可见乳汁管。

根横切面：木栓细胞数列，棕色。韧皮部宽广，乳管群断续排列成数轮。形成层成环。木质部较小，射线不明显；导管较大，散列。

（2）取本品粉末1 g，加5%甲酸的甲醇溶液20 mL，超声处理20 min，滤过，滤液蒸干，残渣加水10 mL使溶解，滤过，滤液用乙酸乙酯振摇提取2次，每次10 mL合并乙酸乙酯液，蒸干，残渣加甲醇1 mL使溶解，作为供试品溶液。另取咖啡酸对照品，加甲醇制成每1 mL含0.5 mg的溶液，作为对照品溶液。按照薄层色谱法（通则0502）试验，吸取上述两种溶液各6 μL，分别点于同一硅胶G薄层板上，以乙酸丁酯-甲酸-水（7：2.5：2.5）的上层溶液为展开剂，展开，取出，晾干，置紫外光灯（365 nm）下检视。供试品色谱中，在与对照品色谱相应的位置上，显相同颜色的荧光斑点。

【检查】水分 不得过13.0%（通则0832第二法）。

【含量测定】按照高效液相色谱法（通则0512）测定。

色谱条件与系统适用性试验 以十八烷基硅烷键合硅胶为填充剂；以甲醇为流动相A，以0.1%甲酸溶液为流动相B，按下表中的规定进行梯度洗脱；检测波长为327 nm。理论板数按菊苣酸峰计算应不低于5 000。

时间/min	流动相A/%	流动相B/%
0～7	13→20	87→>80
7～18	20→30	80→70
18～28	30→41	70→59
28～35	41→45	59→>55
35～38	45→>62	55→38
38～45	62→69	38→31
45～50	69→95	31→5

对照品溶液的制备 取菊苣酸对照品适量，精密称定，加80%甲醇制成每1 mL含0.2 mg的溶液，即得。

供试品溶液的制备 取本品粉末（过四号筛）约0.5 g，精密称定，置具塞锥形瓶中，精密加入80%甲醇20 mL，称定重量，超声处理（功率400 W，频率40 kHz）20 min，放冷，再称定重量，用80%甲醇补足减失的重量，摇匀，滤过，取续滤液，即得。

测定法 分别精密吸取对照品溶液与供试品溶液各10 μL，注入液相色谱仪，测定，即得。

本品按干燥品计算，含菊苣酸（$C_{22}H_{18}O_{12}$）不得少于0.45%。

【市场前景】

《本草纲目》和《中药大辞典》记载：蒲公英味苦、甘、寒，具有清热解毒、消痈散结之功效。蒲公英全草含胆碱、菊糖和果胶等。其根部含蒲公英醇、蒲公英赛醇、蒲公英甾醇、胆碱、有机酸、果糖、蔗糖、葡萄糖、树脂、橡胶等，这些物质可治疗上呼吸道感染、急性扁桃体炎、咽喉炎、结膜炎、流行性腮腺炎、急性乳腺炎、胃炎、肠炎、痢疾、肝炎、胆囊炎、急性阑尾炎、泌尿系统感染、盆腔炎、疮等疾病。另外蒲公英植株中可提取一种多糖物质，主要由葡萄糖和甘露聚糖组成，这种多糖物质含有丰富的蛋白质，经临床验证有抵抗癌症的效用。蒲公英除药用外还可作蔬菜食用，种植成本低、见效快，具有良好的开发价值。

16. 益母草

【来源】

本品为唇形科植物益母草*Leonurus japonicus* Houtt.的新鲜或干燥地上部分。鲜品春季幼苗期至初夏花前期采割；干品夏季茎叶茂盛、花未开或初开时采割，晒干，或切段晒干。中药名：益母草。别名：益母蒿、坤草、茺蔚。

【原植物形态】

一年生或二年生草本，有于其上密生须根的主根。茎直立，通常高30～120 cm，钝四棱形，微具槽，有倒向糙伏毛，在节及棱上尤为密集，在基部有时近于无毛，多分枝，或仅于茎中部以上有能育的小枝条。叶轮廓变化很大，茎下部叶轮廓为卵形，基部宽楔形，掌状3裂，裂片呈长圆状菱形至卵圆形，通常长2.5～6 cm，宽1.5～4 cm，裂片上再分裂，上面绿色，有糙伏毛，叶脉稍下陷，下面淡绿色，被疏柔毛及腺点，叶脉突出，叶柄纤细，长2～3 cm，由于叶基下延而在上部略具翅，腹面具槽，背面圆形，被糙伏毛；茎中部叶轮廓为菱形，较小，通常分裂成3个或偶有多个长圆状线形的裂片，基部狭楔形，叶柄长0.5～2 cm；花序最上部的苞叶近于无柄，线形或线状披针形，长3～12 cm，宽2～8 mm，全缘或具稀少牙齿。轮伞花序腋生，具8～15花，轮廓为圆球形，径2～2.5 cm，多数远离而组成长穗状花序；小苞片刺状，向上伸出，基部略弯曲，比萼筒短，长约5 mm，有贴生的微柔毛；花梗无。花萼管状钟

形，长6～8 mm，外面有贴生微柔毛，内面于离基部1/3以上被微柔毛，5脉，显著，齿5，前2齿靠合，长约3 mm，后3齿较短，等长，长约2 mm，齿均宽三角形，先端刺尖。花冠粉红至淡紫红色，长1～1.2 cm，伸出萼筒部分被柔毛，冠筒长约6 mm，等大，内面在离基部1/3处有近水平向的不明显鳞毛毛环，毛环在背面间断，其上部多少有鳞状毛，冠檐二唇形，上唇直伸，内凹，长圆形，长约7 mm，宽4 mm，全缘，内面无毛，边缘具纤毛，下唇略短于上唇，内面在基部疏被鳞状毛，3裂，中裂片倒心形，先端微缺，边缘薄膜质，基部收缩，侧裂片卵圆形，细小。雄蕊4，均延伸至上唇片之下，平行，前对较长，花丝丝状，扁平，疏被鳞状毛，花药卵圆形，二室。花柱丝状，略超出于雄蕊而与上唇片等长，无毛，先端相等2浅裂，裂片钻形。花盘平顶。子房褐色，无毛。小坚果长圆状三棱形，长2.5 mm，顶端截平而略宽大，基部楔形，淡褐色，光滑。花期通常在6—9月，果期9—10月。

【资源分布及生物学习性】

产于全国各地；为一杂草，原生于山野荒地、田埂、河滩、草地、路旁、溪边等处。海拔可高达3 400 m。俄罗斯，朝鲜，日本，热带亚洲，非洲，以及美洲各地有分布。益母草喜温暖湿润的气候，需要充足的阳光，耐严寒、怕积水，对土壤要求不严，一般土壤和荒山坡地均可种植。益母草种子在土壤水分充足的条件下，发芽出苗随温度的增加而加快。一般来讲，种子在10 ℃以上即可发芽，平均气温在20 ℃时，播种后5～7 d出苗。

【规范化种植技术】

1. 选地整地

生产上宜选择向阳、土层深厚、富含腐殖质的土壤及排水良好的砂质土壤，板结红黄壤和砂性强的土壤不利于益母草的生长。播前用锄头削除田间杂草，待杂草晒干后，火烧作草木灰使用，同时，施腐熟厩肥15 t/hm²作基肥，用犁深耕约30 cm，用耙整细土粒、整平，做成宽130 cm的畦，开好排水沟，以防积水。

2. 繁殖方式

采用种子繁殖，以直播方法种植，育苗移栽者亦有。春播为3月中下旬，秋播为8月下旬或9月上旬。播种方法为条播，种子每亩播种量1 kg。播种时，开3～5 cm深的浅沟，行距20～30 cm，播沟宽10～20 cm，播种前先将种子混入适量草木灰，利于掌握好播种量。播种后覆以薄土，在畦上撒施草木灰3 t/hm²。

3. 田间管理

3.1 间苗

第一次间苗在苗高1 cm左右时，疏去过密和弱小的苗，使幼苗不致过于拥挤影响生长，结合浅耕除草进行。第二次间苗，在苗高5 cm左右时进行，疏去过密、弱小和有病虫的幼苗，结合中耕除草进行。第三次间苗，即定苗，在苗高10 cm左右时进行，行距为20～30 cm，定株距为8～12 cm，结合中耕除草进行。补苗，间苗时，发现有缺苗、死苗和过稀的地方要及时进行补栽，补苗在阴天进行。

3.2 中耕除草

第一次中耕除草，结合第一次间苗进行，要求中耕浅，3～4 cm，施除草净，并追施苗肥，促进益母草生长。第二次中耕除草，结合第二次间苗进行，中耕浅，5～6 cm，施除草净。第三次中耕除草，结合第三次间苗进行，同时进行培土，在苗高10 cm左右，中耕5～6 cm，培土2～3 cm，除净杂草并追施叶肥，促进益母草生长。

3.3 施肥

施足基肥对益母草后期生长很重要。在播种前施15 t/hm²的腐熟厩肥铺施畦面作为基肥，深耕约30 cm，耙细整平。在第一次和第二次间苗后施苗肥，共施尿素200 kg/hm²，配水稀释后浇施，促进幼苗生长。结合第三次间苗和中耕除草施用叶肥以促进长叶，施尿素60 kg/hm²，过磷酸钙450 kg/hm²，氯化钾75 kg/hm²，配水稀释后浇施，可分2～3次施用。当益母草长高至35 cm左右，叶片覆盖整个田块时，配水稀释，喷施尿素40 kg/hm²作为含量肥，使叶片转嫩变绿，以提高益母草内总生物碱含量。

3.4　病虫害防治

3.4.1　白粉病

发生在谷雨至立夏期间，春末夏初时易出现，为害叶及茎部，叶片变黄退绿，生有白色粉状物，重者可致叶片枯萎。可用可湿性甲基托布津50%粉剂1 000～1 200倍液或80单位庆丰霉素连续喷洒2～4次。除治白粉病应早期动手，发生初期要防治1次，病发旺期连续防治2～3次。

3.4.2　锈病

多发生在清明至芒种期间（4—5月），为害叶片。发病后，叶背出现赤褐色突起，叶面生有黄色斑点，导致全叶卷缩枯萎脱落。发病初期喷洒300～400倍敌锈钠液或0.2～0.3波美度石硫合剂，以后每隔7～10 d，连续再喷2～3次。

3.4.3　菌核病

为害益母草较严重的病害。整个生长期内均会发生，春播者在谷雨至立夏期间、秋播者在霜降至立冬期间病害发生严重，多因多雨、气候潮湿而致。染病后，其基部出现白色斑点，继而皮层腐烂，病部有白色丝绢状菌丝，幼苗染病时，患部腐烂死亡，若在抽茎期染病，表皮脱落，内部呈纤维状直至植株死亡。防治方法：一是在选地时就多加重视，坚持水旱地轮作，以跟禾本作物轮作为宜；二是在发现病毒侵蚀时，及时铲除病土，并撒生石灰粉，同时喷洒600倍65%代森锌可湿性粉剂或波尔多液1∶1∶300溶液。

3.4.4　蚜虫

蚜虫为害植株，常致其萎缩死亡。防治方法：一是适时播种，避开害虫生长期，减轻蚜虫危害。二是发生后，用烟草石灰水1∶1∶10溶液喷杀。

3.4.5　地老虎

为害幼苗，易造成缺株短苗。防治方法：可采取堆草透杀、早晨捕杀的办法，同时还可用毒饵毒杀。此外，益母草园地还会发生红蜘蛛、蛴螬等虫害，但不严重，以常规办法除治即可。再就是兽害，即在幼苗期间，常有野兔吃食，可在田间抹石灰或作草人布障惊骇或猎捕，防止幼苗被毁。

【药材质量标准】

【性状】鲜益母草幼苗期无茎，基生叶圆心形，5～9浅裂，每裂片有2～3钝齿。花前期茎呈方柱形，上部多分枝，四面凹下成纵沟，长30～60 cm，直径0.2～0.5 cm；表面青绿色；质鲜嫩，断面中部有髓。叶交互对生，有柄；叶片青绿色，质鲜嫩，揉之有汁；下部茎生叶掌状3裂，上部叶羽状深裂或浅裂成3片，裂片全缘或具少数锯齿。气微，味微苦。

干益母草茎表面灰绿色或黄绿色；体轻，质韧，断面中部有髓。叶片灰绿色，多皱缩、破碎，易脱落。轮伞花序腋生，小花淡紫色，花萼筒状，花冠二唇形。切段者长约2 cm。

【鉴别】（1）本品茎横切面：表皮细胞外被角质层，有茸毛；腺鳞头部4、6细胞或8细胞，柄单细胞；非腺毛1～4细胞。下皮厚角细胞在棱角处较多。皮层为数列薄壁细胞；内皮层明显。中柱鞘纤维束微木化。韧皮部较窄。木质部在棱角处较发达。髓部薄壁细胞较大。薄壁细胞含细小草酸钙针晶和小方晶。鲜品近表皮部分皮层薄壁细胞含叶绿体。

（2）取盐酸水苏碱［含量测定］项下的供试品溶液10 mL，蒸干，残渣加无水乙醇1 mL使溶解，离心，取上清液作为供试品溶液（鲜品干燥后粉碎，同法制成）。另取盐酸水苏碱对照品，加无水乙醇制成每1 mL含1 mg的溶液，作为对照品溶液。按照薄层色谱法（通则0502）试验，吸取上述两种溶液各5～10 µL，分

别点于同一硅胶G薄层板上，以丙酮-无水乙醇-盐酸（10：6：1）为展开剂，展开，取出，晾干，在105 ℃加热15 min，放冷，喷以稀碘化铋钾试液-三氯化铁试液（10：1）混合溶液至斑点显色清晰。供试品色谱中，在与对照品色谱相应的位置上，显相同颜色的斑点。

【检查】**水分** 干益母草不得过13.0%（通则0832第二法）。

总灰分 干益母草不得过11.0%（通则2302）。

【浸出物】干益母草按照水溶性浸出物测定法（通则2201）项下的热浸法测定，不得少于15.0%。

【含量测定】干益母草盐酸水苏碱按照高效液相色谱法（通则0512）测定。

色谱条件与系统适用性试验 以丙基酰胺键合硅胶为填充剂；以乙腈-0.2%冰醋酸溶液（80：20）为流动相；用蒸发光散射检测器检测。理论板数按盐酸水苏碱峰计算应不低于6 000。

对照品溶液的制备 取盐酸水苏碱对照品适量，精密称定，加70%乙醇制成每1 mL含0.5 mg的溶液，即得。

供试品溶液的制备 取本品粉末（过三号筛）约1 g，精密称定，置具塞锥形瓶中，精密加入70%乙醇25 mL，称定重量，加热回流2 h，放冷，再称定重量，用70%乙醇补足减失的重量，摇匀，滤过，取续滤液，即得。

测定法 分别精密吸取对照品溶液5 μL、10 μL，供试品溶液10～20 μL，注入液相色谱仪，测定，用外标两点法对数方程计算，即得。

本品按干燥品计算，含盐酸水苏碱（$C_7H_{13}NO_2·HCl$）不得少于0.50%。

盐酸益母草碱 按照高效液相色谱法（通则0512）测定。

色谱条件与系统适用性试验 以十八烷基硅烷键合硅胶为填充剂；以乙腈-0.4%辛烷磺酸钠的0.1%磷酸溶液（24：76）为流动相；检测波长为277 nm。理论板数按盐酸益母草碱峰计算应不低于6 000。

对照品溶液的制备 取盐酸益母草碱对照品适量，精密称定，加70%乙醇制成每1 mL含30 μg的溶液，即得。

测定法 分别精密吸取对照品溶液与盐酸水苏碱［含量测定］项下供试品溶液各10 μL，注入液相色谱仪，测定，即得。

本品按干燥品计算，含盐酸益母草碱（$C_{14}H_{21}O_5N_3-HCl$）不得少于0.050%。

【市场前景】

益母草，味辛、甘，气微温，具有活血调经，利尿消肿，清热解毒功效。胎前、产后，皆可用之，去死胎最有效，行瘀生新，亦能下乳。其有效成分为益母草素，内服可使血管扩张而使血压下降，并有拮抗肾上腺素的作用，可治动脉硬化性和神经性的高血压，又能增加子宫运动的频度，为产后促进子宫收缩药，并对长期子宫出血而引起衰弱者有效，故广泛用于治妇女闭经、痛经、月经不调、产后出血过多、恶露不尽、产后子宫收缩不全、胎动不安、子宫脱垂及赤白带下等症，是中医妇科临床常用药，已广泛应用于妇科中成药生产，市场需求量较大。此外，据国内报道近年来益母草用于肾炎水肿、尿血、便血、牙龈肿痛、乳腺炎、丹毒、痈肿疔疮均有效。

第七章　菌类药材

1. 灵芝

【来源】

本品为多孔菌科真菌灵芝赤芝 *Ganoderma Lucidum*（Leyss. ex Fr.）Karst.或紫芝*Ganoderma sinense* Zhao. Xu et Zhang的干燥子实体。

【原植物形态】

菌盖软木质，有短柄，蛤壳状或肾脏形，大达12 cm×28 cm×2 cm，黄色至红褐色，表面光亮，有浅褶皱纹；菌肉白色至淡褐色，厚1 cm；管孔长达1 cm，初白色后渐变淡褐色；柄偏生，红栗褐色，光亮如盖，大达19 cm×4 cm；孢子褐色，卵形，外壁平滑，无色，内壁有瘤状突起，基部平截。

【资源分布及生物学习性】

灵芝主要分布于中国浙江、山东、黑龙江、吉林、安徽、江西、湖南、重庆、四川、贵州、广东、福建等地。具有补气安神、止咳平喘、延年益寿的功效。用于眩晕不眠、心悸气短、神经衰弱、虚劳咳喘。

灵芝为腐生菌，由于可寄生在活树上，故又称为兼性寄生菌。生长的温度为3～40 ℃，以26～28 ℃最佳。在基质含水量接近200%，空气相对湿度90%，pH5～6的条件下生长良好。灵芝为好气菌，子实体培养时应有充足的氧气和散射的光照。

【规范化种植技术】

1. 菌种分离和培养

菌种分离可用PDA培养基（马铃薯200 g去皮后煮水1 000 mL，加入琼脂20 g、葡萄糖20 g），高压灭菌后倒入无菌培养皿内一薄层，采新鲜灵芝用75%乙醇进行表面消毒，切取菌盖与菌柄之间一小块组织，接种于培养基上；也可在无菌条件下采孢子，播种于培养基上，在25～28 ℃下培养3～4 d，菌丝发出后转管即为母种。母种在PDA培养基上转接扩大培养成原种，即可用来接二级菌种。

2. 栽培方法

人工栽培可采用瓶（袋）栽或段木栽培。

（1）瓶栽和袋栽：以瓶栽较普遍，也可用塑料袋栽。二级菌种培养基成分为阔叶树锯木屑70%，麸皮28%，蔗糖2%，调至含水量200%，装瓶或袋。高压灭菌后［压力147.1 kPa（1.5 kg/cm²），2 h］，接入原种，温度控制在28 ℃左右，15～20 d菌丝即可长好，即为二级菌种。栽培种培养基配方及温度等条件与培养二级种相同，也可用棉子皮75%，麸皮25%，加水后灭菌，接入二级菌种，在室内暗光下培养，约25 d菌丝便可长满瓶或袋。打开瓶盖温度仍控制为26～28 ℃，相对湿度为85%～95%，散射光、通气良好的条件下，约45～60 d便可完成现蕾、子实体成熟、散撒孢子等过程。

常用培养基适合灵芝栽培的培养基种类很多，仅介绍最常用的几种。

①杂木屑77%，麸皮18%，玉米粉3%，蔗糖1%，石膏粉1%。

②玉米芯45%，杂木屑45%，麸皮8%，黄豆粉1%，石膏粉1%。

③棉籽壳44%，杂木屑44%，麸皮5%，玉米粉5%，蔗糖1%，石膏粉1%。

（2）段木栽培：在100 mL水中加蔗糖2 g，麦麸5 g配制成营养液，选硬质树枝截成2 cm长小节，放入液中煮30 min，取出后将树枝4份与麦麸和木屑1份混合，装瓶灭菌后接入原种，菌丝长满后即可接段木。选直径8～15 cm的榆、杨、桦、栎、桉、洋槐等树种，秋冬落叶后砍伐，截成段架晒，翌年5月下旬接种，在段木含水量40%～45%时，在其上打孔，放入少量木屑菌种后打入菌枝，如用纯木屑菌种，加盖后用蜡封孔。接种后码成"井"字形，高1 m，用塑料薄膜覆盖，保持25～28 ℃下发菌，并常翻堆使发菌均匀，20～30 d发菌结束，将段木横卧地面，用湿沙土覆盖，保持湿度，塑料薄膜覆盖，并搭设荫棚，常浇水保湿，越冬加厚盖木，翌年清明前后取出染菌棒，截成15～20 cm长节，垂直埋入砂质酸性壤土中，深度为段木全长的2/3～3/4，露出地面3～4 cm，加强遮阴、喷水等措施，保持芝场空气相对湿度90%左右，2个月后即可采收。

3. 田间管理

段木栽培灵芝，越冬期间仍应保持沙土湿度，防止菌丝脱水死亡，第2年气温回升至25 ℃以上时再按上述方法管理，较大段木可产芝2～3年。

4. 采收加工

灵芝从接种至采收一般需50～60 d。当菌盖边缘白色消失，菌盖下面子实层长出棕红色担孢子时，表示停止生长，说明子实体已成熟，此时即可采收。用小刀从柄中部切下，不使切口破裂，摊晾干燥，或低温烘干。如采收孢子粉，则可在培养架子实体下放干净塑料布或光滑干净纸张，用板刷收集，孢子粉经过晾晒，干燥后入塑料袋保存，以供药用。

【药材质量标准】

【性状】赤芝：外形呈伞状，菌盖肾形、半圆形或近圆形，直径10～18 cm，厚1～2 cm。皮壳坚硬，黄褐色至红褐色，有光泽，具环状棱纹和辐射状皱纹，边缘薄而平截，常稍内卷。菌肉白色至淡棕色。菌柄圆柱形，侧生，少偏生，长7～15 cm，直径1～3.5 cm，红褐色至紫褐色，光亮。孢子细小，黄褐色。气微香，味苦涩。

紫芝：皮壳紫黑色，有漆样光泽。菌肉锈褐色。菌柄长17～23 cm。

栽培灵芝：子实体较粗壮、肥厚，直径12～22 cm，厚1.5～4 cm。皮壳外常被有大量粉尘样的黄褐色孢子。

【鉴别】（1）本品粉末浅棕色、棕褐色至紫褐色。菌丝散在或粘结成团，无色或淡棕色，细长，稍弯曲，有分枝，直径2.5～6.5 μm。孢子褐色，卵形，顶端平截，外壁无色，内壁有疣状突起，长8～12 μm，宽5～8 μm。

（2）取本品粉末2 g，加乙醇30 mL，加热回流30 min，滤过，滤液蒸干，残渣加甲醇2 mL使溶解，作为供试品溶液。另取灵芝对照药材2 g，同法制成对照药材溶液。按照薄层色谱法（附录ⅥB）试验，吸取上述两种溶液各4 μL，分别点于同一硅胶G薄层板上，以石油醚（60～90 ℃）-甲酸乙酯-甲酸（15：5：1）的上层溶液为展开剂，展开，取出，晾干，置紫外光灯（365 nm）下检视。供试品色谱中，在与对照药材色谱相应的位置上，显相同颜色的荧光斑点。

（3）取本品粉末1 g，加水50 mL，加热回流1 h，趁热滤过，滤液置蒸发皿中，用少量水分次洗涤容器，合并洗液并入蒸发皿中，置水浴上蒸干，残渣用水5 mL溶解，置50 mL离心管中，缓缓加入乙醇25 mL，不断搅拌，静置1 h，离心（转速为4 000 r/min），取沉淀物，用乙醇10 mL洗涤，离心，取沉淀物，烘干，放冷，加4 mol/L三氟乙酸溶液2 mL，置10 mL安瓿瓶或顶空瓶中，封口，混匀，在120 ℃水解3 h，放冷，水解液转移至50 mL烧瓶中，用2 mL水洗涤容器，洗涤液并入烧瓶中，60 ℃减压蒸干，用70%乙醇2 mL溶解，置离心管中，离心，取上清液作为供试品溶液。另取半乳糖对照品、葡萄糖对照品、甘露糖对照品和木糖对照品适量，精密称定，加70%乙醇制成每1 mL各含0.1 mg的混合溶液，作为对照品溶液。按照薄层色谱法（通则0502）试验，吸取上述两种溶液各3 μL，分别点于同一高效硅胶G薄层板上，以正丁醇-丙酮-水（5：1：1）为展开剂，展开，取出，晾干，喷以对氨基苯甲酸溶液（取4-氨基苯甲酸0.5 g，溶于冰醋酸9 mL中，加水10 mL和85%磷酸溶液0.5 mL，混匀），在105 ℃加热约10 min，在紫外光灯（365 nm）下检视。供试品色谱中，在与对照品色谱相应的位置上，显相同颜色的荧光斑点。其中最强荧光斑点为葡萄糖，甘露糖和半乳糖荧光斑点强度相近，位于葡萄糖斑点上、下两侧，木糖斑点在甘露糖上，荧光斑点强度最弱。

【检查】水分　不得过17.0%（通则0832第二法）。

总灰分　不得过3.2%（通则2302）。

【浸出物】按照水溶性浸出物测定法（通则2201）项下的热浸法测定，不得少于3.0%。

【含量测定】多糖对照品溶液的制备取无水葡萄糖对照品适量，精密称定，加水制成每1 mL含0.12 mg的溶液，即得。

标准曲线的制备 精密量取对照品溶液0.2 mL、0.4 mL、0.6 mL、0.8 mL、1.0 mL、1.2 mL，分别置10 mL具塞试管中，各加水至2.0 mL，迅速精密加入硫酸蒽酮溶液（精密称取蒽酮0.1 g，加硫酸100 mL使溶解，摇匀）6 mL，立即摇匀，放置15 min后，立即置冰浴中冷却15 min，取出，以相应的试剂为空白，照紫外-可见分光光度法（通则0401），在625 nm波长处测定吸光度，以吸光度为纵坐标，浓度为横坐标，绘制标准曲线。

试品溶液的制备 取本品粉末约2 g，精密称定，置圆底烧瓶中，加水60 mL，静置1 h，加热回流4 h，趁热滤过，用少量热水洗涤滤器和滤渣，将滤渣及滤纸置烧瓶中，加水60 mL，加热回流3 h，趁热滤过，合并滤液，置水浴上蒸干，残渣用水5 mL溶解，边搅拌边缓慢滴加乙醇75 mL，摇匀，在4 ℃放置12 h，离心，弃去上清液，沉淀物用热水溶解并转移至50 mL量瓶中，放冷，加水至刻度，摇匀，取溶液适量，离心，精密量取上清液3 mL，置25 mL量瓶中，加水至刻度，摇匀，即得。

测定法 精密量取供试品溶液2 mL，置10 mL具塞试管中，按照标准曲线制备项下的方法，自"迅速精密加入硫酸蒽酮溶液6 mL"起，同法操作，测定吸光度，从标准曲线上读出供试品溶液中无水葡萄糖的含量，计算，即得。

本品按干燥品计算，含灵芝多糖以无水葡萄糖（$C_6H_{12}O_6$）计，不得少于0.90%。

三萜及甾醇对照品溶液的制备 取齐墩果酸对照品适量，精密称定，加甲醇制成每1 mL含0.2 mg的溶液，即得。

标准曲线的制备 精密量取对照品溶液0.1 mL、0.2 mL、0.3 mL、0.4 mL、0.5 mL，分别置15 mL具塞试管中，挥干，放冷，精密加入新配制的香草醛冰醋酸溶液（精密称取香草醛0.5 g，加冰醋酸使溶解成10 mL，即得）0.2 mL、高氯酸0.8 mL，摇匀，在70 ℃水浴中加热15 min，立即置冰浴中冷却5 min，取出，精密加入乙酸乙酯4 mL，摇匀，以相应试剂为空白，按照紫外-可见分光光度法（通则0401），在546 nm波长处测定吸光度，以吸光度为纵坐标、浓度为横坐标绘制标准曲线。

供试品溶液的制备 取本品粉末约2 g，精密称定，置具塞锥形瓶中，加乙醇50 mL，超声处理（功率140 W，频率42 kHz）45 min，滤过，滤液置100 mL量瓶中，用适量乙醇，分次洗涤滤器和滤渣，洗液并入同一量瓶中，加乙醇至刻度，摇匀，即得。

测定法 精密量取供试品溶液0.2 mL，置15 mL具塞试管中，按照标准曲线制备项下的方法，自"挥干"起，同法操作，测定吸光度，从标准曲线上读出供试品溶液中齐墩果酸的含量，计算，即得。

本品按干燥品计算，含三萜及甾醇以齐墩果酸（$C_{30}H_{48}O_3$）计，不得少于0.50%。

【市场前景】

灵芝是有益于健康的名贵中药材。过去，人们对灵芝的认识只限于药品原材料，随着医药科学的不断发展，人们对灵芝防病治病的作用和保健意识的逐步提高，一个服用灵芝的热潮将在全国掀起。灵芝的进一步研发生产将为当今的保健食品消费市场注入新的活力。灵芝这种安全高效、无任何毒副作用的纯天然产品将成为人们健康生活的重要保障。

专业统计部门的调查数据显示，灵芝保健品的年消费额高达数十亿元。而中国13亿人口中，人口老龄化程度呈上升趋势。健康养生的观念已经深入人心，而作为"有病治病、无病养生"的灵芝的神奇保健功效理念已经被90%以上的中老年人群所接受。主张"食补防病，病后调理"的中国养生学已引起世界各国的关注，以中医中药为理论指导的中国传统保健食品，在国际市场竞争中有独特的优势。

2. 茯苓

【来源】

本品为多孔菌科真菌茯苓Poria cocos（Schw.）Wolf 的干燥菌核。

【原植物形态】

茯苓是一种主要生长在松树上的真菌。菌核很大，形状大小不定，小的如拳，大的如3～4 L的容器，重10～15 kg。新鲜时淡褐色，外皮略皱，厚3～8 mm，柔软，内含物粉红色；干后坚实，外皮黑色，极皱，内部变白，其中偶有红筋，为与松根相连处，此即中药茯苓。有性世代的子实层托蜂窝状，生于菌核的表面，初白色，渐变淡褐色，管孔对角形，直径0.5～2 mm，深2～3 mm。担子棍棒形，（19～22）μm×（5～7）μm，上生4个小梗。孢子椭圆形，有时略弯曲，（6～8）μm×（3～4）μm，无间胞。

【资源分布及生物学习性】

云南、湖北、湖南、四川、重庆、安徽等是我国茯苓的主要产区，在重庆主要以丰都区、开州区、万州区、石柱县、彭水县等区县种植面积较大，不完全统计，重庆市现有茯苓种植上万亩，产值近1亿元，仅石柱县就有13个乡镇种植，栽培面积1 000余亩，产值2 000余万元。

茯苓温度适应性较强，菌丝在15～35 ℃都能生长，23～28 ℃最适，5～0 ℃生长缓慢，0 ℃以下停止生长。菌丝能耐40 ℃以上的高温，对严寒抵抗力也很强。茯苓菌丝生长要求较干燥的环境，在土壤湿度在25%

左右，空气湿度为70%左右为宜。形成菌核后，窖内湿度60%即可。茯苓主要营养物质是纤维素、某些微量元素和灰分物质，所以通常情况下接种于松木棒即可。茯苓是好气性真菌，菌丝及菌核在生长过程都要求有新鲜空气供应。土壤以排水良好、疏松通气、沙多泥少的夹沙土为好，土层以50~80 cm深厚、上松下实、含水量25%、pH5~6的微酸性土壤最适宜菌丝生长，切忌在碱性条件下培养。

【规范化种植技术】

1. 选地整地

苓场选择海拔700~1 000 m的山坡，坡度为15°~30°，要求背风向阳，土质偏砂，中性至微酸性，pH为6~7，排水良好的林间。挖窖深45~60 cm，窖的长和宽视段木大小和多少而定。一般长度为1 m，窖与窖相距15~30 cm，窖底顺坡向挖，保持原坡度。场地四周开好排水沟。

2. 菌种生产

菌种又叫"引子"。有菌丝引、肉引和木引3种。以菌丝引为多用。①菌丝引（菌种引）是按松木屑85%+18%麦麸+0.5%石膏+0.5%过磷酸钙（干料重量比）的配方人工生产的纯菌种，接入栽培种瓶内培养，在25 ℃培养半个月至一个月，当菌丝布满全瓶时即可。②肉引。用鲜茯苓切片直接贴在木段上，选浆汁足的状苓，个体中等，每个重0.5~1 kg为宜。③木引。用肉引接种的木段，再繁殖大量菌种的方法。较菌引节约鲜茯苓用种量。在5月上旬选质松泡的干松树，直径10 cm，长40 cm的木段，剥皮留筋后每窖下料3~5根，约10 kg干料，排为1~2层，选新挖出生产木引用的茯苓种，把苓种贴在木料上端靠皮处，然后覆土3 cm左右，待到8月上旬挖出做木引种。生长好的木引种是黄白色，且筋皮下有明显的菌丝，散出茯苓香气，颜色以黄白色为宜。

3. 栽培方法

3.1 段木栽培法

3.1.1 备料

备料要砍树，在头年秋末冬初进行，松树砍到后立即剃枝、剥皮留筋，具体留几条筋，要看树的大小，剥皮要露出木质部，顺树将皮相间纵削，剥一条，留一条，宽3~6 cm。然后将剥皮料按"井"字形堆起干燥，待断口停止排脂，敲击发出清脆声音时锯料。长度60~75 cm，细木料可长些，最长为1 m。再按"井"字形堆在苓场。

3.1.2 挖窖

春栽于春节前后、秋栽于6—7月挖窖为宜。在选好的地块上顺坡挖窖，窖深40 cm，宽1.0 m，窖底呈20°~30°的斜面，长据地块实际情况而定。除去杂草、石块、树根等杂物，再于四周挖人字形沟以便排水。

3.1.3 下种栽培

春栽4—6月；秋栽9—10月，1 000 m以上的山区可提前到8月下种。连续晴天土壤微润时，将挖好的窖底土铲松，把备好的段木按大小搭配下窖，一般每窖二至多段。下窖时，下于窖底顺坡放置两节段木，段木对口为削面，中间留一空隙。在将菌种脱袋，将菌种嵌于两段木间空隙内，间菌种与段木削面紧密接触，再于两段木上方扣放第三段木材，削面朝下，并与菌种接触。如果下层段木较大，上层可不放；如果下层段木较小，下层可再加段木。下种量一般一窝1袋。接种后将四周的土埋入窖中，理成龟背型，覆土厚度以高出断面5~7 cm为宜。最后在窖两侧深挖排水沟。

3.2 树兜栽培法

3.2.1 备料

选择10°～30°向阳坡地砍伐后不超过半年的无腐烂、虫蛀，树皮未脱落的松树兜，所选树兜直径为16 cm以上。在3—6月或头年冬季，将选好适宜栽培茯苓的松树兜周围杂草、灌木或石块清除掉，环树兜挖直径1 m，深40 cm以上的穴，使树兜主根及侧根露出地面，并把直径3 cm以下的侧根砍除，留下的侧根在1 m处砍断。在树兜上削去大部分树皮，只剩下间距相等的4条1指宽树皮，直径3 cm以上树根也削去大部分树皮，只留下树皮与树兜留皮相连。

3.2.2 接种

于树兜外表木质部均匀削2～4条新口，将茯苓木条菌种脱袋后，均匀分成两半，每新口接种半袋菌种，直径20 cm以内的树兜接种一袋菌种，20 cm以上的按树兜大小接种1.5袋或两袋。

3.2.3 覆土

接种后将树兜四周泥土回填进行覆土，覆土厚度以盖住菌种团顶5～10 cm为宜。覆土后四周开挖排水沟。

4. 苓场管理

4.1 查窖补种

段木或树兜接种7～10 d后，可见接种部位周围长出白色的茯苓菌丝，此时需检查菌种生长情况，若发现段木或树兜不长菌丝或有杂菌污染则需进行补种。

4.2 防涝抗旱

茯苓喜干，对水分比较敏感，若苓窖过湿，菌丝及菌核容易死亡（腐烂），因此，若遇连绵雨水天气，需及时搭盖塑膜等覆盖物，避免空窖、烂窖的现象发生。相反，若久晴不雨，也要注意浇水、保湿、控温，防治高温干旱对茯苓生长带来不利影响。

4.3 培土

茯苓结苓后，苓体不断增大或因大雨冲刷表土层而露出土面，出露土面的茯苓生长会受到抑制且容易裂口，严重影响其产量和品质。因此在茯苓生长过程中需勤检查，若发现窖土裂开或苓体露出要及时用细土填培，同时还需拔出杂草及防止人畜踩踏。

4.4 病虫害防治

茯苓生长期间，易着霉菌侵染料筒及菌核，造成病害。防治方法：种植前苓场要翻晒多日；料筒及菌核要严格挑选；发现污染及时处理。虫害主要有白蚁、螨及茯苓虱，噬害木片菌引及菌核。防治方法：选地忌北向及有白蚁潜居的场地；发现白蚁危害，立即挖除蚁巢。

5. 采收加工

茯苓成熟外皮呈黄褐色。选晴天挖茯苓，刷去外皮泥土，堆在不通风处分层摆好，隔2 d翻动1次，待干了水汽，苓皮起褶皱时，用刀剥下外皮，即茯苓皮。呈白色的叫茯苓，呈粉红色的叫赤茯苓，茯苓中心有一木心的称为茯神。去皮后按商品要求切成薄片或方块，并及时烘干，避免霉变。

【药材质量标准】

【性状】茯苓个呈类球形、椭圆形、扁圆形或不规则团块，大小不一。外皮薄而粗糙，棕褐色至黑褐色，有明显的皱缩纹理。体重，质坚实，断面颗粒性，有的具裂隙，外层淡棕色，内部白色，少数淡红色，有的中间抱有松根。气微，味淡，嚼之黏牙。

茯苓块为去皮后切制的茯苓，呈立方块状或方块状厚片，大小不一。白色、淡红色或淡棕色。茯苓片为

去皮后切制的茯苓，呈不规则厚片，厚薄不一。白色、淡红色或淡棕色。

【鉴别】（1）本品粉末灰白色。不规则颗粒状团块和分枝状团块无色，遇水合氯醛液渐溶化。菌丝无色或淡棕色，细长，稍弯曲，有分枝，直径3～8 μm，少数至16 μm。

（2）取本品粉末少量，加碘化钾碘试液1滴，显深红色。

（3）取本品粉末1 g，加乙醚50 mL，超声处理10 min，滤过，滤液蒸干，残渣加甲醇1 mL使溶解，作为供试品溶液。另取茯苓对照药材1 g，同法制成对照药材溶液。按照薄层色谱法（通则0502）试验，吸取上述两种溶液各2 μL，分别点于同一硅胶G薄层板上，以甲苯-乙酸乙酯-甲酸（20:5:0.5）为展开剂，展开，取出，晾干，喷以2%香草醛硫酸溶液-乙醇（4:1）混合溶液，在105 ℃加热至斑点显色清晰。供试品色谱中，在与对照药材色谱相应的位置上，显相同颜色的主斑点。

【检查】水分 不得过18.0%（通则0832第二法）。

总灰分 不得过2.0%（通则2302）。

【浸出物】按照醇溶性浸出物测定法（通则2201）项下的热浸法测定，用稀乙醇作溶剂，不得少于2.5%。

【市场前景】

茯苓被《神农本草经》列为上品，是中药八珍之一，具有利水渗湿、健脾安神、养血生发、降脂减肥等功效，在中医临床使用极为广泛，有"十药九茯苓"之说，是700多种中药方剂及100余种中成药的原料。重庆市既是茯苓重要的生产产区又是重要的消费市场，需求矛盾突出，仅重庆太极集团年销量10亿元的藿香正气液，茯苓的年需求量就达1 700 t，如加上销售收入已达到30亿元的六味地黄丸系列，市场缺口更是难以想象，供需矛盾突出的问题在短期内难于解决。

茯苓是食药两用的品种，有关其食用的记载距今已有千年，为宫廷御膳及民间食品的优良食材，用其加工的茯苓饼、白雪糕、茯苓酒、龟苓膏、茯苓点心、长寿面等深受人们喜爱。

3. 猪苓

【来源】

本品为多孔菌科植物猪苓*Polyporus Umbellatus*的干燥菌核。中药名：猪苓，别名：豕零、猳猪屎、豕橐、司马彪、豨苓、地乌桃、野猪食、猪屎苓、猪茯苓、野猪粪。

【原植物形态】

菌核呈长形块状或不规则块状，有的呈关状，稍扁，表面凹凸不平，棕黑色或黑褐色，有皱纹及窟状突起；断面呈白色或淡褐色，半木质化，较轻。子实体从地下菌核内生出，常多数合生，菌柄基部相连或多分枝，形成一丛菌盖，伞形成伞状半圆形，直径达15 cm以上。菌盖肉质，干后硬而脆，圆形，宽1～8 cm，中部脐状，表面浅褐色至红褐色。菌肉薄，白色。菌管与菌肉同色，与菌柄呈延生；管口多角形。孢子在显微镜下呈卵圆形。

【资源分布及生物学习性】

生长在山林中柞树、枫树、桦树、槭树、橡树的根上，性喜松软凸起不易长草的土壤中，雨季常在凸起处生有一茎多头蘑菇状的子实体。猪苓隐生于地下，地上无苗，寻找较困难。据河北经验，凡生长猪苓的地方，其土壤肥沃，发黑，雨水渗透也快，小雨后地面仍显干燥。分布河北、河南、安徽、浙江、福建、湖南、湖北、四川、重庆、贵州、云南、山西、陕西、甘肃、青海、内蒙古及东北等地。

【规范化种植技术】

1. 选地

室外栽培一般选择在地势高、气候凉爽、进排水良好、土层厚、腐殖质多、沙壤土、土壤比较干燥、春季地温回升快、海拔1 200～3 000 m、有一定郁闭度的山坡向阳阔叶次生林。室内栽培时，将沙土与腐殖土按3：7的比例混匀后使用。

2. 栽培季节的选择

一般除土壤冰冻无法下种外，其余季节均可栽培，以冬季低温回升到9 ℃以上时最佳。

3. 猪苓栽培菌种的培养

培养基采用阔叶木屑75%、米糠20%、腐殖土2%、磷肥1%、葡萄糖1%、石膏粉1%。上述培养料配制时按料水比1：1.5，pH6.5配制。装瓶、灭菌，接种后在22～25 ℃时培养，待菌丝长满菌包，备用。

4. 蜜环菌菌材的制作

选择直径为4～12 cm的枫树、青杠等阔叶树种，在秋季树木落叶后或第二年发芽之前砍伐，取新鲜枝干，截成长50～80 cm的木段，并在其上每隔3～6 cm的间距砍一深入木质部的鱼鳞状小口，然后在小口处接入蜜环菌枝条菌种，备用。在林内或山坡，开深40 cm×100 cm的浅沟，将上述已接种的段木达成井形架排于浅沟，共4层；同时，在段木与段木之间凹沟处撒入木屑菌种，并用腐殖土填平所有空隙，堆成扁圆形覆土层。控制堆温18～20 ℃，保湿培养至新材长出蜜环菌菌素为止。

5. 接种

根据地形条件，可以规则地顺坡挖窖，也可以因地制宜挖窖，长2 m，宽1.2 m，深20 cm，窖底与场地坡度平行，窖四周应深挖排水沟。先在坑底交替摆放培养好的蜜环菌菌材和新材，间隔4～8 cm，空隙间撒入猪苓菌种，覆盖腐殖土或砂土，然后按照十字交法继续摆放菌棒并接种猪苓菌种，最后覆盖一层30 cm厚的腐殖土。

6. 田间管理

6.1 水分和温度管理

猪苓接种后，人工管理主要是调温保湿、严防水涝及人畜践踏。久旱不雨时，应适当浇水，保持土壤湿度，并通过覆盖树枝、杂草、输液、秸秆等措施防止暴晒，保持环境凉爽；久雨不晴时，应及时清理排水沟，防止积水。若室内栽培，还应定期通风换气。

6.2 病虫害防治

猪苓栽培过程中，因菌种活力低、蜜环菌生长受阻、栽培技术不科学、菌材制作污染等导致病虫害的发生。病原菌主要有木霉、青霉、根霉等；虫害主要有蚂蚁、蛴虫、蝼蛄等。

发现有杂菌感染时，用塑料包住感染部分并立即用消过毒的锋利刀或斧将感染杂菌的木块削去，在切口处涂生石灰、多菌灵等消毒。蚂蚁可用灭蚁灵毒杀；蛴虫可用90%敌百虫800倍水溶液喷雾毒杀；将90%晶体敌百虫1 kg用60～70 ℃适量温水溶解成药液，或50%二嗪农乳油1 kg、或50%辛硫磷乳油1 kg用水稀释5倍左右，再与30～50 kg炒香的麦麸或豆饼或棉籽饼或煮半熟的秕谷等拌匀，拌时可加适量水，拌潮为宜（以麦麸为例，用手一握成团，手指一戳即散便可），制成毒饵，用于防治蝼蛄。

7. 采挖加工

第1～2年，猪苓菌核生长缓慢，产量极低，甚至不产。第3～4年，菌核生长发育旺盛，产量迅速增加。第5年，菌核因营养缺乏，逐渐停止生长，产量达到最高，可收获成品猪苓。商品猪苓要用刷子清理菌核外的砂土和杂质（切勿用水洗），晾晒烘干、分级出售。

【药材质量标准】

【性状】本品呈条形、类圆形或扁块状，有的有分枝，长5～25 cm，直径2～6 cm。表面黑色、灰黑色或棕黑色，皱缩或有瘤状突起。体轻，质硬，断面类白色或黄白色，略呈颗粒状。气微，味淡。

【鉴别】（1）本品切面：全体由菌丝紧密交织而成。外层厚27～54 mm，菌丝棕色，不易分离；内部

菌丝无色，弯曲，直径2～10 μm，有的可见横隔，有分枝或呈结节状膨大。菌丝间有众多草酸钙方晶，大多呈正方八面体形、规则的双锥八面体形或不规则多面体，直径3～60 μm，长至68 μm，有时数个结晶集合。

（2）取本品粉末1 g，加甲醇20 mL，超声处理30 min，滤过，取滤液作为供试品溶液。取麦角甾醇对照品，加甲醇制成每1 mL含1 mg的溶液，作为对照品溶液。按照薄层色谱法（通则0502）试验，吸取供试品溶液20 μL、对照品溶液4 μL，分别点于同一硅胶G薄层板上，以石油醚（60～90 ℃）-乙酸乙酯（3∶1）为展开剂，展开，取出，晾干，喷以2%香草醛硫酸溶液，在105 ℃加热至斑点显色清晰。供试品色谱中，在与对照品色谱相应的位置上，显相同颜色的斑点。

【检查】水分　不得过14.0%（通则0832第

二法）。

总灰分　不得过12.0%（通则2302）。

酸不溶性灰分　不得过5.0%（通则2302）。

【含量测定】按高效液相色谱法（通则0512）测定。

色谱条件与系统适用性试验　以十八烷基硅烷键合硅胶为填充剂；以甲醇为流动相；检测波长为283 nm。理论板数按麦角甾醇峰计算应不低于5 000。

对照品溶液的制备　取麦角甾醇对照品适量，精密称定，加甲醇制成每1 mL含50 μg的溶液，即得。

供试品溶液的制备　取本品粉末（过四号筛）约0.5 g，精密称定，置具塞锥形瓶中，精密加入甲醇10 mL，称定重量，超声处理（功率220 W，频率50 kHz）1 h，放冷，再称定重量，用甲醇补足减失的重量，摇匀，滤过，取续滤液，即得。

测定法　分别精密吸取对照品溶液与供试品溶液各 20 μL，注入液相色谱仪，测定，即得。

本品按干燥品计算，含麦角甾醇（$C_{28}H_{44}O$）不得少于 0.070%。

【市场前景】

由于猪苓为多年生菌类，生长周期长，产量有限。近几年，国内外医药企业和科研部门，广泛开展猪苓多聚糖药理研究，其用途逐渐拓宽，中药用量、提取物逐渐增加。与此同时，国际市场对外国猪苓的需求也在逐步增长，每年以10%的速度增长，日本、韩国及东南亚地区各国需求甚多，已成我国中药材出口创汇的一个重要品种，猪苓的开发拉动了猪苓的需求，使年需量逐年增加。因此，发展猪苓人工栽培是一项经济效益和市场效益十分显著的项目。

4. 雷丸

【来源】

本品为白蘑科真菌雷丸*Omphalia lapidescens* Schroet.的干燥菌核。中药名：雷丸；别名：雷矢、雷实、竹苓、白雷丸、竹餐芝、木连子、竹矢、雷公丸。

【原植物形态】

雷丸菌核为不规则块状，歪球形或卵球形，宽0.8~2.5 cm，罕见达4 cm，表面褐色、紫褐色至暗褐色，稍平滑或有细密皱纹，有时在凹处具白色或淡黄色菌丝束。内部粉白色至蜡黄色，颗粒状或粉质，半透明而略带黏性，具同色的纹理，干后极其坚硬；子实体小型，极难发现，菌盖直径1.5~4.0 cm，中间脐凹，浅褐色；菌肉白，薄；菌褶稍延生，白色；菌柄中生，中空，圆柱形，长1.5~5.0 cm，粗0.3~1.0 cm。

【资源分布及生物学习性】

雷丸野生分布于河南、安徽、浙江、福建、广东、广西、湖南、湖北、陕西、四川、重庆、云南、贵州、甘肃等省；生于衰败的杂竹林及油桐、棕榈、柏、枫香、胡颓子等树根际。雷丸为腐生兼弱寄生菌，多生长在日照较短的山凹和山麓坡地上，一般分布在距地面5~40 cm深的土层中，春、秋、冬三季均可采收。雷丸生长环境年均温度14~26 ℃，年均降水量460~1480 mm，土壤以疏松、排水良好的沙壤土或者腐殖土为好。有野生分布的地区均适宜种植，现无规模化种植。重庆各地区均适合种植。

【规范化种植技术】

1. 选地

选排水良好，土质干燥疏松的山林或林边种植，熟地或田边亦可栽培。忌选黏重的黄泥地，亦不宜在竹林内选场，以免败坏竹林。

2. 备料

阔叶树中的枫香、青桐、杨树、栗树、马桑或其他藤本及竹蔸均可，以胡颓子、桂树为好。将树砍成30~60 cm长木段，鲜料及干料各一半，并收集枯枝、落叶和部分半腐烂的木材备用。

3. 栽培种培养

培养基采用：无霉斑的枯竹枝（截成约3 cm长）40%，枯竹叶40%，玉米粉10%，谷糠9%，石膏粉1%。，含水量以手捏不滴水为度，装瓶、灭菌，接种后在22~25 ℃培养，待菌丝长满菌包，备用。

4. 挖窖下料

根据地形条件，可规则地顺坡挖窖，也可因地制宜挖窖，长2 m，宽1.2 m，深20 cm，窖底与场地坡度平行，窖四周应深挖排水沟。先在坑底铺放一层腐殖质土和半腐烂木材，厚2~3 cm。然后每坑放木段3~9根，两段木间隔3~4 cm，顺坡向分层放置。将菌种取出，放于两木段空隙间，菌种应紧挨段木摆放，剩

下的空隙用枯枝落叶填满，并用细土填充余留空隙，覆盖一层腐殖质土，6~9 cm，最后于土面覆盖4~6 cm厚枯草或树叶。

5. 管理

种后5 d检查，菌丝开始萌发。10 d后菌丝伸长，开始向木料上生长，30 d后布满整根木料，40 d后开始出现许多白点和少许较大的米黄色雷丸，50 d后新生雷丸已长到算盘珠大小，呈淡黄色。

6. 采挖加工

一般在栽培后的次年春末夏初采挖，作为商品收获的雷丸，应洗去泥沙晒干或烘干，1 kg鲜雷丸可加工干雷丸0.5 kg。生长雷丸的木材在采收后，加入木屑、碎木块掩埋，还可继续生长雷丸。

【药材质量标准】

【性状】本品为类球形或不规则团块，直径1~3 cm。表面黑褐色或棕褐色，有略隆起的不规则网状细纹。质坚实，不易破裂，断面不平坦，白色或浅灰黄色，常有黄白色大理石样纹理。气微，味微苦，嚼之有颗粒感，微带黏性，久嚼无渣。断面色褐呈角质样者，不可供药用。

【鉴别】（1）本品粉末灰黄色、棕色或黑褐色。菌丝黏结成大小不一的不规则团块，无色，少数黄棕色或棕红色。散在的菌丝较短，有分枝，直径约4 μm。草酸钙方晶细小，直径约至8 μm，有的聚集成群。加硫酸后可见多量针状结晶。

（2）取本品粉末6 g，加乙醇30 mL，超声处理30 min，滤过，滤液蒸干，残渣加甲醇0.5 mL使溶解，作为供试品溶液。取麦角甾醇对照品，加甲醇制成每1 mL含2 mg的溶液，作对照品溶液。按照薄层色谱法（通则0502）试验，吸取上述两种溶液各10 mL，分别点于同一硅胶G薄层板上，使成条状，以石油醚（60~90 ℃）-乙酸乙酯-甲酸（7:4:0.3）为展开剂，展开，取出，晾干，喷以10%磷钼酸乙醇溶液，在140 ℃加热至斑点显色清晰。供试品色谱中，在与对照品色谱相应的位置上，显相同颜色的斑点。

【检查】水分　不得过15.0%（通则0832第二法）。

总灰分　不得过6.0%（通则2302）。

【浸出物】按照醇溶性浸出物测定法（通则2201）项下的热浸法测定，用稀乙醇为溶剂，不得少于2.0%。

【含量测定】对照品溶液的制备　取牛血清白蛋白对照品适量，精密称定，加水制成每1 mL含0.25 mg的溶液，即得。

标准曲线的制备　精密量取对照品溶液0.2 mL、0.4 mL、0.6 mL、0.8 mL与1.0 mL，置具塞试管中，分别加水至1.0 mL，摇匀，各精密加入福林试剂A 5 mL，摇匀，于20~25 ℃放置10 min，再分别加入福林试剂B 0.5 mL，摇匀，于20~25 ℃放置30 min以上，以相应的试剂为空白，按照紫外-可见分光光度法（通则0401），在650 nm波长处测定吸光度，以吸光度为纵坐标，浓度为横坐标，绘制标准曲线。

测定法　取本品细粉约0.3 g，精密称定，置具塞锥形瓶中，精密加入水10 mL，称定重量，浸泡30 min，超声处理（功率250 W，频率33 kHz）30 min，放冷，再称定重量，用水补减失的重量，摇匀，转移至离心管中，离心10 min（转速为3 000 r/ min），精密量取上清液1 mL，置具塞试管中，照标准曲线的制备项下的方法，自"加福林试剂A 5 mL"起，依法测定吸光度，从标准曲线上读出供试品溶液中含牛血清白蛋白的重量（mg），计算，即得。

本品按干燥品计算，含雷丸素以牛血清白蛋白计，不得少于0.60%。

【市场前景】

雷丸为野生冷背小三类药材，年需求量不大，可发展小规模的人工种植。

附　录

附录1
全国各省主产中药材（野生和家种）一览表

北京：黄芩、知母、苍术、酸枣、益母草、玉竹、瞿麦、柴胡、远志等。

天津：酸枣、菘蓝、茵陈、牛膝、北沙参等。

上海：番红花、延胡索、栝楼、菘蓝、丹参等。

重庆：黄连、杜仲、厚朴、半夏、天冬、金荞麦、青蒿、山银花、川白芷、川枳壳、太白贝母、独活、玄参、巫山淫羊藿、党参、川牛膝、黄柏、木香、前胡、天麻、佛手、百部。

河北：知母、黄芩、防风、菘蓝、柴胡、远志、薏苡、菊、北苍术、白芷、桔梗、藁本、紫菀、金莲花、肉苁蓉、酸枣等。

山西：黄芪、党参、远志、杏、小茴香、连翘、麻黄、秦艽、防风、猪苓、知母、苍术、甘遂、半夏等。

辽宁：人参、细辛、五味子、藁本、黄檗、党参、升麻、柴胡、苍术、薏苡、远志、酸枣等。

吉林：人参、五味子、桔梗、党参、黄芩、地榆、紫花地丁、知母、黄精、玉竹、白薇、穿山龙等。

江苏：桔梗、薄荷、菊、太子参、芦苇、荆芥、紫苏、栝楼、百合、菘蓝、芡实、半夏、丹参、夏枯草、牛蒡、银杏等。

浙江：浙贝母、延胡索、芍药、白术、玄参、麦冬、菊、白芷、厚朴、百合、山茱萸、夏枯草、乌药、益母草等。

安徽：芍药、牡丹、菊、菘蓝、太子参、女贞、白前、独活、侧柏、木瓜、前胡、茯苓、苍术、半夏等。

福建：穿心莲、泽泻、乌梅、太子参、酸橙、龙眼、栝楼、金毛狗脊、虎杖、贯众、金樱子、厚朴、巴戟天等。

江西：酸橙、栀子、荆芥、香薷、薄荷、钩藤、防己、蔓荆子、青葙、车前、泽泻、夏天无、蓬蘽等。

山东：忍冬、北沙参、栝楼、酸枣、远志、黄芩、山楂、茵陈、香附、白芷、白芍、牡丹、徐长卿、灵芝、天南星、半夏、丹参等。

河南：地黄、牛膝、菊、薯蓣、山茱萸、辛夷、忍冬、望春花、柴胡、白芷、白附子、牛蒡子、桔梗、款冬花、连翘、半夏、猪苓、独角莲、栝楼、天南星、酸枣等。

湖北：茯苓、黄连、独活、厚朴、续断、射干、杜仲、白术、苍术、半夏、湖北贝母等。

湖南：厚朴、木瓜、黄精、玉竹、牡丹、乌药、前胡、芍药、望春花、白及（白芨）、吴茱萸、莲、夏枯草、百合等。

广东：阳春砂、益智、巴戟天、草豆蔻、肉桂、诃子、化州柚、仙茅、何首乌、佛手、橘、乌药、广防己、红豆蔻、广藿香、穿心莲等。

广西：罗汉果、广金钱草、鸡骨草、石斛、吴茱萸、大蓟、肉桂、千年健、莪术、天冬、郁金、土茯苓、何首乌、八角茴香、栝楼、茯苓、葛根等。

海南：槟榔、阳春砂、益智、肉豆蔻、丁香、巴戟天、广藿香、芦荟、高良姜、胡椒、金线莲等。

四川：川芎、乌头、川贝母、川木香、麦冬、白芷、川牛膝、泽泻、半夏、鱼腥草、川木通、芍药、红花、大黄、使君子、川楝、黄皮树、羌活、黄连、天麻、杜仲、桔梗、花椒、佛手、枇杷叶、金钱草、党参、龙胆、辛夷、乌梅、银耳、川明参、柴胡、川续断、冬虫夏草、干姜、金银花、丹参、补骨脂、郁金、姜黄、莪术、天门冬、白芍、川黄柏、厚朴等。

贵州：天麻、杜仲、天冬、黄精、茯苓、半夏、吴茱萸、川牛膝、何首乌、白及、淫羊藿、黄檗、厚朴、白术、麦冬、百合、钩藤、续断、菊花、山药、瓜蒌、黄柏、桔梗、龙胆、前胡、通草、射干、乌梅、木瓜、三七、石斛、姜黄、桃仁、百部、仙茅、黄芩、草乌、玉竹、赤芍、秦艽、防风、泽泻、独活、茯苓、白芍、白芷、黄连、玄参、大黄、栀子、葛根、雷丸、天花粉、夏枯草、西洋参、鱼腥草、石菖蒲、苍耳子、金银花、南沙参、木蝴蝶、天南星、云木香、薏苡、火麻仁、黔党参、五倍子等。

云南：三七、云木香、黄连、天麻、当归、贝母、千年健、猪苓、儿茶、草果、石斛、诃子、肉桂、防风、苏木、龙胆、木蝴蝶、阳春砂、半夏、红花等。

西藏：羌活、胡黄连、大黄、莨菪、川木香、贝母、秦艽、麻黄等。

陕西：天麻、杜仲、山茱萸、乌头、丹参、地黄、黄芩、麻黄、柴胡、防己、连翘、远志、绞股蓝、薯蓣、秦艽、半夏等。

甘肃：冬虫夏草、当归、大黄、甘草、羌活、秦艽、党参、黄芪、锁阳、麻黄、远志、猪苓、知母、九节菖蒲、枸杞、黄芩、半夏等。

青海：大黄、贝母、甘草、羌活、猪苓、锁阳、秦艽、肉苁蓉等。

宁夏：宁夏枸杞、甘草、麻黄、银柴胡、锁阳、秦艽、党参、柴胡、白鲜、大黄、升麻、远志等。

新疆：甘草、伊贝母、红花、肉苁蓉、牛蒡、紫草、款冬花、枸杞、秦艽、麻黄、赤芍、阿魏、锁阳、雪莲等。

黑龙江：人参、龙胆、防风、苍术、赤芍、黄檗、牛蒡、刺五加、槲寄生、黄芪、知母、五味子、板蓝根等。

内蒙古：甘草、麻黄、赤芍、黄芩、银柴胡、防风、锁阳、苦参、肉苁蓉、地榆、升麻、木贼、郁李等。

附录2
国家认可的中药材专业批发市场一览表

1. 安徽亳州中药材市场

安徽亳州中药材市场是国内规模最大的中药材专业交易市场，该市场占地400亩，建筑面积20万m^2，拥有1 000家中药材经营店面。3.2万m^2的交易大厅有6 000多个摊位；办公主楼建筑面积7 000多m^2，内设中华药都投资股份有限公司办公机构、大屏幕报价系统、交易大厅电视监控系统、中华药都信息中心、优质中药材种子种苗销售部、中药材种苗检测中心、中药材饮片精品超市等。目前，交易中心中药材日上市量高达6 000 t，上市品种2 600余种，中药材年成交额达100多亿元。据了解，亳州中药材专业市场作为亳州唯一经国家4部委审批开办的中药材专业市场和打造"世界中医药之都"的排头兵，市场占地1 000亩，建筑面积120万m^2，总投资35亿元，入驻药企1 000多家，药材摊位超6 000个，药商2万多人，日上市药材2 600余种，日人流量4万～6万人，年交易额400亿人民币，是全球最具影响力的中药材专业市场。

2. 河北安国中药材市场

河北安国东方药城是国家认定的17家中药材专业市场之一，被评为全国百强市场第2名，是中国北方最大的中药材专业市场。安国中药材市场占地1.5 km^2，建筑面积约60万m^2，分上下两层，内有药商门店780余户。中心交易大厅是东方药城集中交易场所，占地15亩，有1 500多个摊位，共经营2 800余种药材。目前，东方药城年成交额在60亿元左右。

3. 河南禹州中药材市场

河南禹州中药材专业市场（又称中华药城）位于禹州市滨河路与药城路交叉口北，占地300亩，中心交易大厅位于中华药城中心位置，占地30亩，建筑面积2万m^2，可容纳摊位5 000个，年交易额达15亿元。

4. 江西樟树中药材市场

江西唯一的中药材市场。市场位于樟树市福城工业园内，是江南最大的药材集散地。市场占地面积400余亩，有1 500多个店面铺位，现有16个省（市）、72个县（市）的近500家经营户常年入驻该市场。市场内日经营品种1 000多个，药材交易辐射全国21个省（自治区、直辖市）、港、澳、台及东南亚地区，年交易额30亿元左右。

5. 重庆解放路中药材市场

重庆解放路中药材市场（原储奇门中药材市场）是国内最早批准的8家中药材专业市场之一，地处重庆市主城区的解放路。市场占地面积2 500 m^2，为六楼一底的大型室内交易市场，建筑面积10 000 m^2，入驻商家200余个，由于解放西路城市改造，现暂时搬迁至菜园坝火车站。

6. 山东鄄城县舜王城药材市场

舜王城中药科技园坐落于山东菏泽市鄄城县南部，北距安国400 km，西距禹州200 km，南距亳州

200 km，区位、交通条件优越。科技园所处的舜王城中药材专业市场是全国仅有的17个国家级中药材专业市场之一，也是山东省唯一取得中药饮片经营许可证的药材市场。园区一期规划占地面积700余亩，总投资7.8亿元；二期（即20 km²舜王城中医药科技产业聚集区）于2011年开建，计划投资20亿元以上，占地面积近3 000亩，另规划有万亩中药材GAP种植区。

7. 广州清平中药材市场

广州清平中药材市场是国内开办最早的专业市场之一，它坐落在珠江河畔，位于清平路、梯云路十字交汇处，市场面积达1.1万 m²，有商铺1 500多家，它是唯一建立在大都市中心区域的中药材市场。该市场还是全国第一个准许经营范围达5大类别的医药展贸平台：中药材、中药饮片、中西成药、医疗器械、保健品。其重金打造9层楼的清平医药中心是其标志性建筑。

8. 黑龙江哈尔滨三棵树中药材市场

黑龙江哈尔滨三棵树中药材市场是经国家批准的全国十七家中药材专业市场之一，也是东北三省唯一的中药材专业市场，市场因位于哈尔滨东部三棵树火车站附近而得名，经多年的建设发展，已成为我国北方中药材经营的集散地。经营业户有200多户，经营上千个品种，既有人参、鹿茸、林蛙油、熊胆等东北特产，也有来自全国各地的中草药，既服务于各中药材经销商，也面向中药厂。

9. 广西玉林中药材市场

广西玉林中药材市场是广西唯一一家中药材专业市场。该市场占地1 032亩，总建筑面积180万 m²。市场拥有设备先进的中药材检疫检测中心，设有中国中药材协会信息中心华南分中心。目前玉林中药材市场经营品种1 000多种，有上千家经营户，市场年成交额超过10亿元。

10. 湖北省蕲春中药材专业市场

蕲春中药材市场地处李时珍的故乡——湖北蕲春县，是全国17家中药材专业市场之一。《本草纲目》记载的1 892种药物中，见诸蕲春的有800余种。目前，该市场占地102亩，总建筑面积25 000 m²，主体建筑为体贸结合的大型标准体育场，共有大小营业厅310间，可容纳万人交易。场内来自省内外常驻药商已达328户，常年从事药材贩运人员1 200人，上市交易品种近1 000个，年实现药物交易额5.5亿元，上交利税100余万元。

11. 湖南岳阳花板桥中药材市场

湖南岳阳市花板桥中药材专业市场由岳阳市农办、农业局、农科所于1992年8月联合创办，是国家首批验收颁证的全国八家中药材专业市场之一。市场位于岳阳市岳阳区花板桥路、金鹗路、东环路交汇处，距107国道5 km，火车站2 km，城陵矶外贸码头8公里，交通十分便利。市场占地123亩，计划投资1.6亿元，现已投资5 800万元，完成建筑面积5.5万 m²，建成封闭门面、仓库、住宅2 000余套（间），并完善了学校、银行、医院、邮电等设施。市场现有来自全国20多个省、区、市的经营户480多户，年成交额近3亿元。

12. 湖南省邵东县廉桥药材专业市场

廉桥药材专业市场坐落于湖南省邵东县廉桥镇，有"南国药都"之称。该市场现有药栈、公司800余家，占地面积约13 340 m²，市场经营药材1 000余种，道地药材有玉竹、金银花等。日成交量超过100 t，年成交额10亿元以上，年上交国税费800余万元。

13. 广东省普宁中药材专业市场

广东普宁中药材市场是全国首批8个国家定点中药材专业市场之一，是广东省内经过国家食品药品监督管理局批准的两个专业中药材市场之一。该市场占地面积6万m²，拥有三层为一单元的铺面300余套，摊档式铺面120家，药材经营户405户。市场日均上市品种1 000多个，年贸易成交额14亿元以上。

14. 昆明市菊花园中药材专业市场

昆明市菊花园中药材市场是全国17个经批准成立的中药材市场之一，也是全国最早实行企业化管理的中药材市场。该市场占地140多亩，场内经营商户近500户，经营的中药材品种4 000多种，该市场交易的药材占全省中药材供给量的80%以上，现年交易额已达20亿元。

15. 成都市荷花池中药材专业市场

成都市荷花池中药材市场是西部地区最大的中药材市场，也是全球最大的虫草集散中心。该市场占地142亩，建筑面积达20万m²，经营品种约4 500种，常见药材近2 000种，是目前全国体量最大、硬件设施最优秀的中药材专业市场。荷花池市场计划容纳4 000家商户，目前入住2 000多家，市场一楼入住率达85%，市场日销售额500多万元。

16. 西安万寿路中药材专业市场

西安万寿路中药材市场是经国家正式批准的全国17个重要的药材经营流通专业市场之一。该市场位于西安市东大门万寿北路，西渭高速公路出口，西安火车集装箱站旁边。该市场始建于1991年12月，目前占地45万m²，有固定、临时摊位共1 500余个，市场经营品种达1 600多种，日成交额150多万元，销售辐射新疆、甘肃、兰州、青海、宁夏及周围市县。

17. 兰州市黄河中药材专业市场

兰州市黄河中药材市场是全国17家国家级中药材专业市场之一。该市场位于兰州市安宁区莫高大道35号，是一个占地约60余亩的现代网络销售物流中心。主要销售的药材如党参、黄芪、甘草、当归、生地、板蓝根等。同时，该中心经营全国其他产地常用中药材及中药饮片约800余种，年销售额在2亿元左右。

其中安徽亳州中药材市场、河北安国中药材市场、河南禹州中药材市场、江西樟树中药材市场被称为"四大药都"。除了上述17个国家认可的中药材专业市场外，重庆三峡中药材批发市场、甘肃陇西首阳镇的文峰中药材专业市场、吉林抚松万良长白山人参市场、河南辉县百泉药材市场以及安徽铜陵、陕西韩城、赤峰牛营子、海南万宁、福建拓荣、甘肃酒泉等季节性地产药材市场在当地都具有很高的影响力，是地产药材的集散地。

附录3
禁限用农药名录

　　《农药管理条例》规定，农药生产应取得农药登记证和生产许可证，农药经营应取得经营许可证，农药使用应按照标签规定的使用范围、安全间隔期用药，不得超范围用药。剧毒、高毒农药不得用于防治卫生害虫，不得用于蔬菜、瓜果、茶叶、菌类、中草药材的生产，不得用于水生植物的病虫害防治。

一、禁止（停止）使用的农药（50种）

　　六六六、滴滴涕、毒杀芬、二溴氯丙烷、杀虫脒、二溴乙烷、除草醚、艾氏剂、狄氏剂、汞制剂、砷类、铅类、敌枯双、氟乙酰胺甘氟、甘氟、毒鼠强、氟乙酸钠、毒鼠硅、甲胺磷、对硫磷、甲基对硫磷、久效磷、磷胺、苯线磷、地虫硫磷、甲基硫环磷、磷化钙、磷化镁、磷化锌、硫线磷、蝇毒磷、治螟磷、特丁硫磷、氯磺隆、胺苯磺隆、甲磺隆、福美胂、福美甲胂、三氯杀螨醇、林丹、硫丹、溴甲烷、氟虫胺、杀扑磷、百草枯、2，4-滴丁酯、甲拌磷、甲基异柳磷、水胺硫磷、灭线磷。

　　注：2，4-滴丁酯自2023年1月23日起禁止使用。溴甲烷可用于"检疫熏蒸梳理"。杀扑磷已无制剂登记。甲拌磷、甲基异柳磷、水胺硫磷、灭线磷，自2024年9月1日起禁止销售和使用。

二、在部分范围禁止使用的农药（20种）

通用名	禁止使用范围
甲拌磷、甲基异柳磷、克百威、水胺硫磷、氧乐果、灭多威、涕灭威、灭线磷	禁止在蔬菜、瓜果、茶叶、菌类、中草药材上使用，禁止用于防治卫生害虫，禁止用于水生植物的病虫害防治
甲拌磷、甲基异柳磷、克百威	禁止在甘蔗作物上使用
内吸磷、硫环磷、氯唑磷	禁止在蔬菜、瓜果、茶叶、中草药材上使用
乙酰甲胺磷、丁硫克百威、乐果	禁止在蔬菜、瓜果、茶叶、菌类和中草药材上使用
毒死蜱、三唑磷	禁止在蔬菜上使用
丁酰肼（比久）	禁止在花生上使用
氰戊菊酯	禁止在茶叶上使用
氟虫腈	禁止在所有农作物上使用（玉米等部分旱田种子包衣除外）
氟苯虫酰胺	禁止在水稻上使用

附录4
国家药品标准规定药材禁用农药不得检出的限量标准

33种禁用农药

编号	农药名称	残留物	定量限/（mg·kg⁻¹）
1	甲胺磷	甲胺磷	0.05
2	甲基对硫磷	甲基对硫磷	0.02
3	对硫磷	对硫磷	0.02
4	久效磷	久效磷	0.03
5	磷胺	磷胺	0.05
6	六六六	α-六六六、β-六六六、γ-六六六和δ-六六六之和，以六六六表示	0.1
7	滴滴涕	4，4′-滴滴涕、2，4′-滴滴涕、4，4′-滴滴伊、4，4′-滴滴滴之和，以滴滴涕表示	0.1
8	杀虫脒	杀虫脒	0.02
9	除草醚	除草醚	0.05
10	艾氏剂	艾氏剂	0.05
11	狄氏剂	狄氏剂	0.05
12	苯线磷	苯线磷及其氧类似物（砜、亚砜）之和，以苯线磷表示	0.02
13	地虫硫磷	地虫硫磷	0.02
14	硫线磷	硫线磷	0.02
15	蝇毒磷	蝇毒磷	0.05
16	治螟磷	治螟磷	0.02
17	特丁硫磷	特丁硫磷及其氧类似物（砜、亚砜）之和，以特丁硫磷表示	0.02
18	氯磺隆	氯磺隆	0.05
19	胺苯磺隆	胺苯磺隆	0.05
20	甲磺隆	甲磺隆	0.05
21	甲拌磷	甲拌磷及其氧类似物（砜、亚砜）之和，以甲拌磷表示	0.02
22	甲基异柳磷	甲基异柳磷	0.02
23	内吸磷	O-异构体与S-异构体之和，以内吸磷表示	0.02

续表

编号	农药名称	残留物	定量限/（mg·kg^{-1}）
24	克百威	克百威与3-羟基克百威之和，以克百威表示	0.05
25	涕灭威	涕灭威及其氧类似物（砜、亚砜）之和，以涕灭威表示	0.1
26	灭线磷	灭线磷	0.02
27	氯唑磷	氯唑磷	0.01
28	水胺硫磷	水胺硫磷	0.05
29	硫丹	α-硫丹和β-硫丹与硫丹硫酸酯之和，以硫丹表示	0.05
30	氟虫腈	氟虫腈、氟甲腈、氟虫腈砜与氟虫腈亚砜之和，以氟虫腈表示	0.02
31	三氯杀螨醇	O，P'-异构体与P，P'-异构体之和，以三氯杀螨醇表示	0.2
32	硫环磷	硫环磷	0.03
33	甲基硫环磷	甲基硫环磷	0.03

Standardized Planting Guide for Chinese Herbal Medicine with
Chongqing Local Characteristics